河南省"十二五"普通高等教育规划教材

普通高等教育机电类系列教材

机 械 设 计

主编 王 军 田同海
参编 何晓玲 陈科家
主审 师忠秀

机 械 工 业 出 版 社

本书按照教育部高等学校机械基础课程教学指导分委员会颁发的《机械设计课程教学基本要求》编写，并在此基础上适当地扩充了内容，建议授课学时为 56~80 学时。

书中尽可能多增加一些由浅入深的典型例题和较详细的解题步骤，并在各章首末辅以内容提示和学习要点，以最大限度地为教师授课和学生自学提供方便。在机械设计传统内容的基础上，适当增加了结构设计的内容，旨在培养学生的工程实践和创新设计能力。

全书共五篇十八章，内容包括：第一篇总论（绪论，机械设计概论，机械零件的强度，摩擦、磨损及润滑），第二篇连接（螺纹连接和螺旋传动，轴毂连接，焊接、铆接和胶接），第三篇机械传动（带传动、链传动、齿轮传动、蜗杆传动），第四篇轴系零、部件（轴、滚动轴承、滑动轴承、联轴器和离合器），第五篇其他零、部件及机械结构设计（弹簧、机械结构设计的方法和准则、机座和箱体的结构设计简介）。

本书可作为机械类各专业机械设计课程的教学用书，也可供其他相关专业的师生及工程技术人员参考。

图书在版编目（CIP）数据

机械设计/王军，田同海主编. —北京：机械工业出版社，2015.6
（2024.6重印）
　普通高等教育机电类系列教材
　ISBN 978-7-111-50246-3

　Ⅰ.①机… Ⅱ.①王…②田… Ⅲ.①机械设计-高等学校-教材
Ⅳ.①TH122

中国版本图书馆 CIP 数据核字（2015）第 101082 号

机械工业出版社（北京市百万庄大街 22 号 邮政编码 100037）
策划编辑：刘小慧　责任编辑：刘小慧　赵亚敏　安桂芳　冯　铗
版式设计：霍永明　责任校对：肖　琳
封面设计：张　静　责任印制：郜　敏
北京富资园科技发展有限公司印刷
2024 年 6 月第 1 版第 9 次印刷
184mm×260mm·28.25 印张·694 千字
标准书号：ISBN 978-7-111-50246-3
定价：55.00 元

电话服务　　　　　　　　　网络服务
客服电话：010-88361066　　机 工 官 网：www.cmpbook.com
　　　　　010-88379833　　机 工 官 博：weibo.com/cmp1952
　　　　　010-68326294　　金 书 网：www.golden-book.com
封底无防伪标均为盗版　机工教育服务网：www.cmpedu.com

前　言

本书基于二十大报告中关于"深入实施科教兴国战略、人才强国战略、创新驱动发展战略"的要求，在详细讲授基础理论知识的同时融入探索性实践内容，以增强学生的自信心和创造力，即用学科理论知识促进学生活跃思维、敢于创新，尽可能地将新思路在实践中进行创造性的转化，推动科学技术实现创新性发展。

机械设计是工科院校中机械类各专业的一门主干技术基础课。主要介绍机械中通用零部件的工作原理、结构特点、基本的设计理论和计算方法。它的任务是通过课堂教学、实验和课程设计使学生具有：设计通用零部件和简单机械系统的能力，对于机械工程问题建立模型、分析求解和论证的能力，在机械工程实践中初步掌握并使用各种技术、技能和现代工程工具的能力。在编写本书时，从机械设计的总体要求和培养学生机械设计基本素质和能力出发，在内容的取舍及阐述方面，注意取材的先进性、实用性，着重于讲清有关基本概念、基本理论和基本方法，并使论述尽可能做到深入浅出，图形简捷、形象、直观，符合学生的认知规律。在机械设计传统内容的基础上，增加了结构设计的内容，旨在培养学生的工程实践和创新设计能力。书中尽可能增加一些典型例题和较详细的解题步骤，并在各章首末辅以内容提示和学习要点，以最大限度地为教师执教和学生自学提供方便。书中的零件图尽可能增加实物或三维图片，增加学生的感性认识，有利于学生理解相关教学内容。

本书与机械工业出版社出版、河南科技大学田同海等编写的《机械设计作业集》（第2版）配套使用。该作业集采用活页形式，方便学生做，利于教师改，并使作业规范化。因此，为节省篇幅，书中各章未编入相关的习题。

本书分为十八章。参加本书编写的有河南科技大学田同海（第一、二、四、五、七、十七、十八章），何晓玲（第三、十、十一章、附录），陈科家（第六、八、九、十六章），王军（第十二、十三、十四、十五章），由王军、田同海担任主编。

本书承教育部机械基础课程教学指导委员会委员、山东省教学名师、青岛大学师忠秀教授精心审阅，并提出宝贵意见，编者在此表示衷心感谢。

本书得到河南科技大学教材出版基金资助，并经河南省普通高等教育教材建设指导委员会审定。

由于编者水平所限，漏误及不当之处在所难免，敬请各位从事机械设计教学的教师和广大读者不吝指正。来信请发电子邮件至 kdjxyl@163.com。

编　者

目　　录

第四篇 轴系零、部件

第五篇 其他零、部件及机械结构设计

第一篇

▶▶▶ 总论

第一章

绪论

提示 ////

本章是本课程的序幕，它介绍了机器的组成，本课程的性质与任务、内容与要求及特点与学习方法。

第一节　本课程的性质和任务

一、机器的组成

机器是人类进行生产以减轻体力、脑力劳动和提高劳动生产率的主要工具。设计制造和广泛使用各种先进机器的水平，是衡量一个国家技术水平和现代化程度的重要标志之一。

机器是执行机械运动的装置，用来变换或传递能量、物料或信息。一般机器可分为两大类：动力机和工作机。提供或转换机械能的机器称为动力机，如内燃机、燃气轮机、电动机等；利用机械能实现各种功能的机器称为工作机，如各种机床、起重机、汽车、洗衣机等。

机器由动力部分、传动部分、执行部分、控制部分和辅助部分组成。

用来进行物料传递和变换的机器，通常称为机械装置或设备，如蒸汽锅炉、蒸发器、热交换器、过滤装置、分离设备等。

用来进行信息传递和变换的机器称为仪器，如测量仪、照相机、录像机、电视机、计算机、监视仪等。

组成机器的不可拆的基本制造单元称为机械零件（简称零件），如螺钉、键、带、齿轮、轴、弹簧等。为完成同一使命在结构上组合在一起并协同工作的零件称为部件，如联轴器、轴承、减速器等。机械零件这一术语也常用来泛指零件和部件。

各种机器中普遍使用的零件称为通用零件，只在一定类型的机器中使用的零件称为专用零件。汽轮机中的叶片，纺织机中的织梭、纺锭，往复机械中的曲轴、活塞等都是专用零件。

经过优选、简化、统一，并给以标准代号的零件和部件称为标准件，如螺纹连接件、V型带、滚子链、滚动轴承等。

本课程的研究对象是：普通工作条件下一般尺寸和参数的通用零件和部件，内容包括它们的基本设计理论和计算方法，以及有关技术资料的应用等。

由许多机器、机械装置或设备以及仪器等组成的大型工程系统，或由零件、部件等组成的机器（甚至机器中的局部），都可以看成是一个机械系统。任何机械系统都是由"输入量—技术系统—输出量"所构成。输入量和输出量可以是能量、物料或信息，技术系统的职能是连接输入量和输出量并完成功能的转变。复杂的机械系统可以按不同的目标分解为若干主系统、分系统、子系统；也可以按不同的功能分解为动力系统、传动系统、执行系统、控制和操纵系统以及辅助系统等。用系统的观点来处理一切工程问题就是既科学又完善的方法之一，也即后续课程机械系统设计的主要内容。

二、本课程的性质与任务

在某一时刻、为某一技术任务给出一个尽可能好的解决方法所必需的一切综合和分析活动称为设计和研制。所谓尽可能好的解，应是指一个十分可靠的、财力方面是可行的而又能满足其他限制条件的解。

机械设计可以是应用新的科学原理或发明，开发创造新的机器，也可以是在已有机器的基础上，重新设计或做局部的改进。因此，提高机器工作能力，合并或简化机器结构，增多或减少机器功能，提高机器效率，降低机器能耗，变更机器零件，改用新材料等，都属于机械设计的范畴。

机械设计课程是培养机械工程类专业学生初步掌握设计机器能力的一门主干技术基础课，为以机械学为主干学科的各专业学生提供机械设计的基本知识、基本理论和基本方法的训练。本课程的主要任务是通过理论学习和课程设计培养学生以下能力：

1）掌握通用机械零件的设计原理、方法和机械设计的一般规律，具有机械系统的综合设计能力，能进行一般机械传动部件和简单机械装置的设计。

2）开发创造性思维和创新能力，了解现代机械设计技术。

3）提高计算机技术应用能力，具有运用标准、规范、手册、图册及网络信息等技术资料的能力。

4）树立正确的设计思想和工作方法，养成有意识地注意和了解国家有关技术经济政策和国内外发展情况的习惯。

5）掌握典型机械零件的实验方法，进行可获得实验技能的基本训练。

第二节 本课程的内容和要求

一、本课程的内容

本课程的内容是在简要介绍关于整台机器设计基本知识的基础上，重点讨论一般尺寸和参数的通用零件（重型、微型及在高速、高压、高温、低温条件下工作的通用零件除外），包括它们的基本设计理论和方法，以及有关技术资料的应用等。

本书讨论的具体内容是：

第一篇 总论——机器及零件设计的基本要求，设计计算理论，材料选择，机械零件的强度以及摩擦、磨损、润滑等方面的基本知识。

第二篇 连接——螺纹连接和螺旋传动，轴毂连接中的键、花键、无键、过盈连接以及销连接，焊接、铆接和胶接。

第三篇 机械传动——带传动，链传动，齿轮传动，蜗杆传动。

第四篇 轴系零、部件——轴，滚动轴承，滑动轴承，联轴器与离合器。

第五篇 其他零、部件及机械结构设计——弹簧，机械结构设计的方法和准则，机座和箱体的结构设计简介。

除理论教学以外，本课程还有一个重要的实践环节——课程设计，它是不可分割的有机组成部分。

二、本课程的要求

（1）要求掌握的基本知识 机械设计一般方法；机械零件的主要类型、性能、结构特点、应用、材料及标准等。

（2）要求掌握的基本理论 机械设计的基本原则；机械零件的工作原理、受力分析、应力分析、失效分析；机械零件工作能力的计算（内容有计算准则、计算载荷、条件性计算、强度计算、当量法或等效转化法、试算法等）；在设计中改善和提高机械零件工作能力和性能的措施。

（3）要求掌握的基本技能 设计计算；校核计算；结构设计和制图技能；技术文件的编制等。

第三节 本课程的特点及学习方法

本课程是理论性、实践性很强的一门技术基础课程，与大学中已经学习过的许多课程有显著的不同，因此必须按照本课程的特点学习、理解它，才能取得好的学习效果。在学习本课程时，应注意以下几个特点及相应的学习方法：

（1）系统性 在本课程中，多数情况是以一种常用机械零件的设计为出发点而展开的，设计该零件即代表一种社会需求，为了满足这一要求，要充分考虑各方面的有关问题。一个好的机械设计必须能够满足使用功能要求，加工和装配简单，安全可靠，美观，便于修理，技术经济价值合理，便于运输，不污染环境，报废后材料可以回收等。这些要求很多情况下是难以完全满足的。因此，设计者必须全面考虑，综合平衡，这就要求设计者具有系统工程的观点。为此要求设计者能正确确定设计要求，合理选择总体设计方案，掌握每个机械零件的特性，选择材料和热处理，通过计算确定零件的主要参数、各部分结构、尺寸和公差配合，进行润滑、密封、散热等设计计算。本课程常按照机械设计的工作步骤和内容进行教学，与过去的理论性课程在体系和内容方面有很大的不同。因此，必须转变学习方法，除了努力研读教材外，还要重视实践性环节内容的学习，把主要精力集中于钻研零件的结构、选材、制法、标准、规范、适用场合、工作情况、受力及应力分析、失效形式及其机理、设计准则、设计方法及步骤，以及可能出现的问题与相应的措施上。在学习过程中抽出一定时间到实验室去，上好机械零件陈列现场课，亲手拆装一台较简单的机器或一个完整的部件（如减速器、滚动轴承、联轴器等），详细了解一下它的构造、功能、零件、材料、毛坯、加工、装配、润滑、密封、运转、维护等，就会帮助你较全面地理解这门课程，掌握较好的学习方法。

（2）综合性 它表现在两个方面：一是在解决机械设计问题时涉及多学科综合性知识的应用，如数学、机械制图、力学、摩擦学、机械工程材料学、机械制造技术、机械原理以及互换性和技术测量等先修课程，因为每个机械零件的设计涉及的知识面是很广泛的。二是机械设计过程要始终贯彻综合选优的思想，如方案优化、参数优化、结构优化等，设计者在满足总功能目标的前提下，要考虑各种因素，对多种甚至是矛盾的需求和约束反复进行斟酌、协调或折中，以期得到最优的设计结果，所以机械设计的思维是创造性的思维，是一种针对总功能目标的发散性思维，是一种对多解问题求优的思维。

（3）工程性 学好本课程要注重理论联系实际，要具有鲜明的工程观点，如机械设计课程的实践性、针对性、实体性、经验性、安全性、经济性观点，选择与比较的观点，实验根据与理论分析相结合的观点等。在设计每个机械零件时要用到大量的数据、表格、标准、资料等，要处理方案选择、零件选型、材料选择、参数选择、结构形式选择等问题，对计算结果要进行分析，有的要圆整，有的要标准化。这些都是处理工程问题时必须具有的能力。所以本课程的习题、作业和课程设计是非常重要的组成部分，要学习和掌握本课程必须十分认真地完成它们。

（4）典型性　机械零件的种类很多，本课程只学习其中的一些典型零、部件，但是设计机械零件的方法和思路是相通的，书中虽然只讨论了一些典型零、部件，但绝不是仅仅为了学会这些典型零、部件的设计理论和方法，而是通过学习这些基本内容去掌握有关的设计规律、技术措施以及设计方法，从而具有设计一切通用零、部件和某些专用零、部件（包括书中没有提到的乃至目前尚未出现的）的能力，逐步提高自己的理论水平、构思能力，特别是提高分析问题及解决问题的能力，为顺利过渡到专业课程的学习及进行专业产品和设备的设计打下宽广而坚实的基础。

 ── **本章学习要点** ──────────────────

1. 了解机器的作用和组成，了解本课程的研究对象为普通工作条件下一般尺寸和参数的通用机械零件和部件。

2. 了解本课程主干技术基础课的地位及学习后要达到的目标（搞清楚为什么学？）。

3. 了解本课程的学习内容和要求（搞清楚学什么？）。

4. 了解本课程的特点及学习方法（搞清楚如何学？）。

第二章

机械设计概论

提示

本章首先从机器设计的基本要求和一般程序出发，引出与机械零件设计有关的一些原则性问题。这些问题，如机械零件的失效形式、零件设计应满足的基本要求、设计准则、设计方法、设计步骤、材料选择及标准化等，始终贯穿在本书以后的各章中。最后对机械现代设计方法也做了简介。

第一节　机械设计的基本要求

机械设计是机械产品生产的第一个环节。设计者根据社会的需求，经过市场调研、分析和设计，提供产品生产所需的全部技术资料，包括全部产品图样、技术文件和计算机软件等，作为产品生产的依据。产品的质量和经济效益取决于设计、制造和管理的综合水平，而产品的设计则是关键，产品的创新来源于设计，机械产品的技术水平和使用性能主要是在设计阶段决定的。据统计，产品质量事故，约有50%是设计不当造成的，产品成本的70%～80%决定于设计阶段。设计的成败往往成为产品在生产和销售中是否能够取得良好经济效益的先决条件，如果设计阶段的错误进入制造和销售阶段，要改正这些错误付出的代价将是巨大的。因此，在机械产品设计中，应特别强调和重视从系统的观点出发，合理地确定系统的功能；应重视机、电技术的有机结合；注意新技术、新工艺及新材料等的应用；应努力提高产品的经济性、可靠性及保证安全性。以下简述机械设计应满足的基本要求。

一、社会需求

机械产品的设计总是以社会需求为前提，一项产品的性能应尽量满足用户的需求。没有需求就没有市场，也就失去了产品存在的价值和依据。社会的需求是变化的，不同时期、不同地点、不同的社会环境就会有不同的市场需求。产品应不断地更新改进，适应市场的变化，否则就会滞销、积压，造成浪费，影响企业的经济效益，严重时甚至导致企业的倒闭。因此，设计者必须确立市场观念，以社会需求和为用户服务作为最基本的出发点。

所谓需求，就是对功能的需求。功能就是产品的效能、用途和作用。用户购买产品就是购买产品的功能，也是使用产品的功能。产品的功能是与技术、经济等因素密切相关的。通常随着功能的增加，产品的成本也随之上升。设计者必须进行市场调研，搞清楚当前市场的需求并能预测今后的需求变化，然后对产品进行功能分析，遵循保证基本功能，满足使用功能，剔除多余功能，增加新颖功能，恰到好处地利用功能原则，提高功能价值，降低实现成本，力求提高产品的竞争力。

二、可靠性要求

可靠性是指产品在规定的条件下和规定的时间内完成规定功能的能力。这里所指的"产品"可以是零件、部件等，也可以是整机系统。"规定条件"是指对产品进行可靠性考核时所规定的使用条件和环境条件，包括载荷状况、工作制度、应力、强度、湿度、粉尘及腐蚀等，也包括操作规程、维修方法等。"规定时间"是指对产品可靠性考核所规定的时间，包括运行时间、应力循环次数、行驶的里程等。"规定功能"是指对产品考核的具体功能。产品规定功能的丧失称为失效；对可修复产品的失效也称为故障。

可靠性是衡量产品质量的一个重要指标。提高产品可靠性的最有效方法是进行可靠性设计。设计者应从整机系统出发，对可能发生的故障和失效进行预测和分析，采取相应的预防措施；对整机系统可靠性有关键影响的零部件应进行可靠性分析和设计。衡量产品可靠性的指标有很多，机械产品常用的可靠性指标主要有可靠度 $R(t)$、失效概率 $F(t)$ 及失效率 $\lambda(t)$ 等。

可靠度 $R(t)$ 是指产品在规定的条件下和规定的时间（寿命）内完成规定功能而不发生故障或失效的概率，$0 \leqslant R(t) \leqslant 1$。设有 N_0 个相同的产品，当到达工作时间 t 时有 N_f 个产品失效，而仍能正常工作的产品为 N 个，则可靠度为

$$R(t) = \frac{N}{N_0} = \frac{N_0 - N_f}{N_0} = 1 - \frac{N_f}{N_0} \tag{2-1}$$

与可靠度 $R(t)$ 对立的是不可靠度，即失效概率 $F(t)$

$$F(t) = \frac{N_f}{N_0} = 1 - R(t)$$

如试验时间不断延长，则 N 将不断地减小，可靠度 $R(t)$ 逐渐降低，失效概率 $F(t)$ 逐渐上升。所以，产品的可靠度 $R(t)$（或失效概率 $F(t)$）是一个时间的函数，且 $R(t) + F(t) = 1$。

失效率 $\lambda(t)$ 是指产品工作到某一时刻后，在单位时间内发生失效或故障的概率，失效率也称为故障率。即

$$\lambda(t) = -\frac{\frac{\mathrm{d}N}{\mathrm{d}t}}{N}$$

式中，负号表示 $\mathrm{d}N$ 的增大将使 N 减小，$\mathrm{d}N$ 表示时间 t 到 $t + \mathrm{d}t$ 的间隔中发生破坏的产品数量。

分离变量并积分有

$$-\int_0^t \lambda(t)\mathrm{d}t = \int_{N_0}^N \frac{\mathrm{d}N}{N} = \ln\frac{N}{N_0} = \ln R(t)$$

即

$$R(t) = \mathrm{e}^{-\int_0^t \lambda(t)\mathrm{d}t} \tag{2-2}$$

机械产品典型的故障率 $\lambda(t)$ 曲线如图 2-1 所示，因其形状像浴盆，故常称为浴盆曲线。

根据故障率 $\lambda(t)$ 的变化趋势，通常将故障分为初期、稳定期（偶发）及耗损期。初期故障通常是由机器中某些可靠性较差的零部件引起的，也可由设计中的不当或制造装配中的

缺陷所致。稳定期故障主要由一些偶发因素引起，如操作不当、运行条件的突然变化、过载及零部件的偶然性缺陷等，所以又称为偶发故障。偶发性故障所对应的运行时间是产品能有效工作的时间，称为功能寿命或有效寿命。当机器运行到耗损期时，其零部件因老化、磨损、疲劳等原因，故障率显著上升，故称为耗损故障。这时机器的效率下降，生产率降低，意味着机器正常寿命的终结。

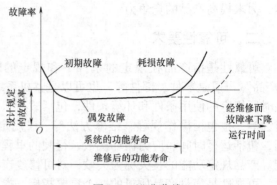

图 2-1 浴盆曲线

在稳定期，机器如能得到良好的维修，及时更换磨损、疲劳及老化的零部件，则整机系统的故障率就会显著下降，功能寿命得以延长，如图 2-1 中虚线所示。因此，在设计阶段就应考虑机器的易维修性，使机器易于检查、发现和排除故障。为了便于维修，整机系统的薄弱环节（易损件等）应尽量做成独立部件或采用标准件、通用件，并设计成容易拆卸和更换的结构等。

三、经济性要求

提高产品的经济性，既是提高产品市场竞争力、赢得用户的需要，也是节约社会劳动、提高社会效益的需要。提高产品的经济性是以寿命周期成本最低为目标的。所谓寿命周期成本，是指产品从规划、设计、制造、使用直至报废的整个寿命周期内所支出费用的总和。寿命周期成本由生产成本和使用成本组成。机械产品寿命周期成本的构成如图 2-2 所示。生产成本又由直接成本和间接成本两部分构成。其中，直接成本主要包括研究与设计、材料及采购、加工和装配等与生产直接有关的各项成本；间接成本主要包括管理、销售、广告、公用事业、保险福利、研究开发及利息等各项非直

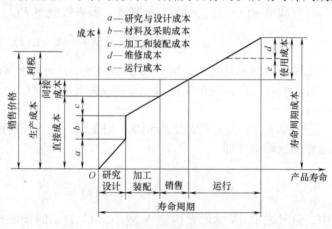

图 2-2 产品的成本分析

接生产环节的支出分摊到该产品的成本。生产成本加上利润和税金则为销售价格。使用成本包括运行成本和维修成本。机械产品通常是寿命周期较长的耐用消费品，其使用费用累积额可能相当可观。根据寿命周期成本的构成，提高产品经济性的途径有以下两个方面：

1. 提高设计和制造的经济性

1）在完成产品功能分析的基础上，通过创新构思、优化筛选得到最佳的功能原理方案。该方案在满足功能要求和可靠性要求的前提下，具有效率高、能耗少、生产成本低及易维修等良好经济性的特点。

2）采用先进的现代设计制造方法，使设计参数最优化，达到尽可能精确的设计结果，保证机器的可靠性。尽可能地应用 CAD/CAM 技术，特别是先进制造技术，提高设计制造效率、降低设计制造成本。

3）尽可能地采用新技术、新工艺、新结构和新材料。

4）努力提高零部件结构的工艺性，使其用料少、易加工、易装配，提高生产率、缩短生产周期，降低生产成本。

5）最大限度地采用标准化、系列化及通用化的零部件。零件结构尽可能采用标准化结构及尺寸。

2. 提高使用和维修的经济性

1）提高产品的效率、降低能耗。机器的效率主要取决于传动系统和执行系统的效率。传动系统的效率通常与传动类型、传动级数、结构形式、工作表面的性态、摩擦润滑状况、润滑剂的种类、润滑方式及工作条件等有关；执行系统的效率与执行机构的类型、机构结构及参数有关。在方案设计和结构设计时，应充分考虑提高效率的措施。

2）合理地确定机器的经济寿命。机器的寿命分为以下三种：机器从开始使用至其主要功能丧失而报废所经历的时间称为功能寿命；机器从开始使用至因技术落后而被淘汰所经历的时间称为技术寿命；机器从开始使用至继续使用其经济效益显著变差所经历的时间称为经济寿命。在科学技术高速发展的时代，机器的经济寿命、技术寿命大大短于功能寿命。按成本最低的观点，机器更新的最佳时间应由其经济寿命确定。设计中单纯追求长寿命是不恰当的。因为机器的长寿命一般是以成本高作为代价的，所以应合理地确定机器的经济寿命。

3）提高维修的经济性。维修能延长机器的使用寿命，是保证良好的技术状况及正常运行的技术措施，但必须以付出一定的维修费用及停机费用为代价。因此，以尽可能少的维修换取尽可能多的使用经济效益，是机器进行维修的原则，在设计阶段必须充分考虑。

四、安全性要求

机器的安全性包括两方面：

1. 机器执行预期功能的安全性

机器执行预期功能的安全性即机器运行时系统本身的安全性，如满足必要的强度、刚度、稳定性、耐磨性等要求。因此，设计者必须按有关规范和准则进行设计计算。另外，为了避免机器由于意外原因造成故障或失效，常需要配置过载保护、安全互锁等装置。如为了保证传动系统在过载时不致损坏，常在传动链中设置安全离合器或安全销。又如，为保证机器安全运行，离合器与制动器必须设计成互锁结构，即离合器与制动器不能同时工作。

2. 人、机、环境系统的安全性

机器是为人类服务的，同时它又在一定的环境中工作，人、机、环境三者构成了一个特定的系统。机器工作时不仅其本身应具有良好的安全性，而且对使用机器的人员及周围的环境也应有良好的安全性。包括两方面的内容。

1）劳动安全。为了保障操作人员的安全，应在机器的醒目位置标明有关安全方面的警告，尤其是机器运行时可能对人体造成伤害的危险部位，应实行切实有效的保护。例如，采用防护罩、安全挡板等，把危险部位同人体隔离开。对人体易误入的危险区域，必须设置保护装置、报警装置等。

2）环境保护安全。所设计的机器应符合环境保护法规及标准，如"三废"治理、除尘、防爆、防火、防毒及噪声控制等方面的要求。

在满足安全性要求的基础上，设计时应以人为主体协调处理好人、机、环境三者的关系，力求产品功能完善，造型色彩大方、宜人，人、机接口亲切、方便，要对人类的生存环境进行保护和改善。

五、其他专用要求

对不同的机器，还有一些为该机器所特有的要求。例如：对机床有长期保持精度的要求；对飞机有质量轻，飞行阻力小而运载能力大的要求；对流动使用的机器（如钻探机械和起重机械）有便于安装和拆卸的要求；对大型机器有便于运输的要求；对生产食品的机械有防锈和保持清洁的要求等。在满足前述共同的基本要求的前提下，还应着重地满足这些特殊要求，以提高机器的使用性能。

第二节　机械设计的类型和一般程序

一、机械设计的类型

机械设计是一项创造性劳动，同时也是对已有成功经验的继承和发扬过程。根据实际情况的不同，可以分成三种类型：

（1）开发性设计　机械产品的工作原理和具体结构等完全未知的情况下，应用新的成熟的科学原理或经过实验证明是可行的新技术，开发设计目前社会上没有的新产品，这是一种完全创新的设计，成功后效益巨大但风险也大。功能设计和结构设计是开发性设计的核心。功能设计时要运用物理学、理论力学、机械原理、流体力学、热力学、摩擦学等基础理论知识；结构设计时要应用机械设计、金属材料及热处理、机械制造工艺、公差配合等知识和生产实践的经验。

（2）适应性设计　工作原理及设计方案保持不变，进行局部变更或增加一些附加的功能，在结构上进行相应的调整，使产品更能适应市场的需求。

（3）变形设计　机械产品的工作原理和功能结构不变，为了适应工艺条件或使用要求，改变产品的具体参数和结构，如为了产品的系列化进行的变形设计。

以上三种设计是根据需要和具体条件决定的。下面介绍开发性设计的典型步骤，其他类型也有类似步骤但重点不同。

二、机械设计的一般程序

机械产品设计的过程是一个复杂的过程，不同类型的产品、不同类型的设计，其产品的设计过程不尽相同。产品的开发性设计过程大致包括规划设计、方案设计、技术设计、施工设计及改进设计等五个阶段，见表 2-1。

表 2-1　机械设计的一般程序

阶　　段	程　　序	要　　求
Ⅰ. 规划设计	1. 提出设计任务,进行市场调研 2. 进行可行性分析 3. 编制设计任务书	提出可行性研究报告和设计任务书
Ⅱ. 方案设计	4. 机器功能分析和综合 5. 提出各种原理性设计方案 6. 进行技术经济分析 7. 决策选定最佳方案	提出最佳的原理性设计方案、原理图和机构运动简图
Ⅲ. 技术设计	8. 设计并绘制总体结构草图 9. 进行技术经济分析 10. 绘制总装配图和部件装配图,绘制传动、电路、润滑系统图等	提出总装配图、部件装配图和传动、电路、润滑等系统图

（续）

阶　段	程　序	要　求
Ⅳ. 施工设计	11. 设计并绘制零件施工（工作）图 12. 编制技术文件	提出零件工作图、计算说明书、使用说明书、外购标准零部件明细表、工艺文件等
Ⅴ. 改进设计	13. 样机试制、试验、测试、综合评价及改进 14. 工艺设计、小批试制 15. 报批投产 16. 收集市场及用户反馈信息 17. 提出改进设计建议和新一代产品的设计方案 18. 做好售后服务	提出样机试制、试验、测试、综合评价及改进报告 进行工艺设计，开始小批试制 提出申请投产报告、经济评价报告 提出产品性能的新要求，提出产品造型、操作简便、防污染等改进报告，为推出新一代产品做好准备

1. 规划设计

（1）市场调查　在明确设计任务的基础上，开展广泛的市场调查。其内容主要包括用户对产品的功能、技术性能、价位、可维修性及外观等具体要求；国内外同类产品的技术经济信息；现有产品的销售情况及对该产品的预测；原材料及配件供应情况；有关产品可持续发展的有关政策、法规等。

（2）可行性分析　针对上述技术、经济、社会等各方面的信息进行详细分析并对开发的可能性进行综合研究，提出产品开发的可行性报告。报告一般包括以下内容：

1）产品开发的必要性，市场需求预测。

2）有关产品的国内外水平和发展趋势。

3）预期达到的最低目标和最高目标，包括设计技术水平、经济效益、社会效益等。

4）在现有条件下开发的可能性论述及准备采取的措施。

5）提出设计、工艺等方面需要解决的关键问题。

6）投资费用预算及项目的进度、期限。

（3）设计任务书　设计任务书下达对开发产品的具体设计要求，它是产品设计、制造、试制等评价决策的依据，也是用户评价产品优劣的尺度之一。设计任务书的具体内容主要包括：产品功能、技术性能、规格及外形要求，主要物理、力学参数，可靠性和寿命要求，生产能力与效率的要求，环境适应性与安全保护要求，经济性要求，操纵、使用维护要求，设计进度要求等。

2. 方案设计

市场需求的满足是以产品功能来体现的。实现产品功能是产品设计的核心。体现同一功能的原理方案可以是多种多样的。因此，这一阶段就是在功能分析的基础上，通过创新构思、优化筛选，取得较理想的功能原理方案。产品功能原理方案的好坏，决定了产品的性能和成本，关系到产品的技术、经济水平和竞争力，它是方案设计阶段的关键。

方案设计包括产品功能分析、功能原理求解，方案的综合、评价及决策，最后得到最佳功能原理方案。对于现代机械产品来说，其机械系统（传动系统和执行系统）的方案设计往往表现为机械运动方案图和机械运动简图的设计。

3. 技术设计

技术设计的任务是将功能原理方案进行具体化、结构化，使其成为机器及其零部件的合理结构。在此阶段要完成产品的参数设计（初定参数、尺寸、材料、精度等）、总体设计（包括总体布置图、传动系统图、液压系统图、电气系统图等）、结构设计、人机工程设计、环境系统设计及造型设计等，最后得到总装配草图。

4. 施工设计

施工设计工作内容包括由总装配草图分拆零件、部件图，进行零部件设计，绘制零件工作图、部件装配图；最后绘制总装配图；编制技术文件，如设计说明书、标准件及外购件明细表、备件和专用工具明细表等。

5. 改进设计

改进设计包括样机试制、试验、测试、综合评价及改进，以及工艺设计、小批生产、报批定型批量生产及市场销售等环节。根据设计任务书的各项要求，对样机试验和测试，发现产品在设计、制造、装配及运行中的问题，细化分析问题。在此基础上，对方案、整机、零部件做出综合评价，对存在的问题和不足加以改进。

工艺设计包括两方面的内容：

1）制定零件制造与装配工艺，设计与生产批量相适应的工艺装备及专用设备。

2）进行标准化、系列化检查，尽量采用标准化、系列化、通用化的零部件，所有文档资料符合标准化的要求。

通过小批量生产及市场销售反馈，对产品设计、工艺设计及生产规模进行实践考核，在进一步完善基础上，进入定型批量生产。

必须强调指出，整个机械设计的过程是一个反复进行的过程。在某一阶段发现问题，必须回到前面的相应阶段进行并行设计。因此，整个机械设计的过程是一个不断反复、不断修改、不断完善的过程，以期逐渐得到最佳的设计结果，并为推出新一代产品做好准备。

第三节　机械零件的主要失效形式

机械零件丧失工作能力或达不到设计要求的性能时，称为失效。失效并不单纯意味着机械零件的破坏。机械零件的主要失效形式有：

一、整体断裂

零件在受拉、压、弯、剪、扭等外载荷作用时，由于某一危险截面上的应力超过零件的强度极限而发生的断裂，或者零件在变应力作用下危险截面上发生的疲劳断裂均属此类。如螺栓的断裂、齿轮轮齿根部的疲劳折断、轴的扭断或弯曲折断等。

二、过大的塑性变形

如果作用于零件上的应力超过了材料的屈服极限，则零件将产生塑性变形。属于整体塑性变形的如过盈连接中包容件和被包容件塑性变形将影响其配合性质；弹簧塑性变形将改变其特性曲线；高速转子轴的塑性挠曲变形，将增大不平衡度，并进一步引起零件的变形。属于表面塑性变形的如平键连接或铰制孔用螺栓连接中工作面的压溃等。

三、过大的弹性变形

机床主轴或电动机轴往往由于刚度不足造成过大的弹性变形，如轴的弯曲挠度或扭转角过大。

四、零件的表面破坏

零件的表面破坏主要是腐蚀、磨粒磨损和接触疲劳。腐蚀是发生在金属表面的一种电化学或化学侵蚀现象。腐蚀的结果是使金属表面产生锈蚀，从而使零件表面遭到破坏。与此同时，对于承受变应力的零件，还会引起腐蚀疲劳的现象。

磨粒磨损是两个接触表面在做相对运动的过程中表面物质丧失或转移的现象。

零件表面的接触疲劳是受到接触变应力长期作用的表面产生裂纹或微粒剥落的现象。腐蚀、磨粒磨损和接触疲劳都是随工作时间的延续而逐渐发生的失效形式。处于潮湿空气中或与水、气及其他腐蚀性介质相接触的金属零件，均有可能发生腐蚀现象；所有做相对运动的零件接触表面都有可能发生磨粒磨损；而在接触变应力条件下工作的零件表面也将有可能发生接触疲劳。

五、破坏正常工作条件引起的失效

有些零件只有在一定的工作条件下才能正常地工作。例如，液体摩擦的滑动轴承，只有在保证完整的润滑油膜时才能正常地工作；带传动和摩擦轮传动，只有在传递的有效圆周力小于临界摩擦力时才能正常地工作；高速转动的零件，只有其转动频率与转动件系统的固有频率避开一个适当的间隔时才能正常地工作等。如果破坏了这些必备的条件，则将发生不同类型的失效。例如，滑动轴承发生的过热、胶合、磨损等形式的失效；带传动发生的打滑失效；高速转子发生共振从而使振幅增大，以致引起的断裂失效；螺纹连接中的螺母松脱等。

零件到底发生哪种形式的失效，与很多因素有关，并且在不同行业和不同的机器上也不尽相同。根据对各种失效所进行的分类统计结果来看，由于腐蚀、磨粒磨损和各种疲劳破坏所引起的失效大约占75%，而由于断裂所引起的失效大约只占5%，所以可以说，腐蚀、磨粒磨损和疲劳是引起零件失效的主要原因。

第四节 机械零件设计应满足的基本要求

机械零件是组成机械的基本要素，零件与机械是局部和整体的关系。因此，机械零件设计的基本要求是从机械设计的基本要求中引申出来的，而且机械设计的基本要求落实于零件的设计要求之中，一般地讲，大致有以下基本要求：

一、满足工作能力的要求

机械零件的工作能力是指在一定的运动、载荷和环境条件下，在预定的使用期限内不发生失效，安全实现规定功能的限度。具体工作能力有强度、刚度、寿命、耐磨性、耐热性和振动稳定性等要求。

1. 强度

零件在工作中发生断裂或过大的塑性变形均属于强度不足。上述失效形式，除了用于安全装置中预定适时破坏的零件外，对任何零件都是应当避免的。因此，具有适当的强度是设计零件时必须满足的最基本要求。

为了提高机械零件的强度，在设计时原则上可以采用以下的措施：采用强度高的材料；使零件具有足够的截面尺寸；合理地设计零件的截面形状，以增大截面的惯性矩；采用热处理和化学热处理方法，以提高材料的力学性能；提高运动零件的制造精度，以降低工作时的动载荷；合理地配置机器中各零件的相互位置，以降低作用于零件上的载荷等。

2. 刚度

零件在工作时所产生的弹性变形不超过允许的限度，即满足了刚度要求。显然，只有当弹性变形过大就会影响机器工作性能的零件（如机床主轴、导轨、电动机轴等），才需要满足这项要求。对于这类零件，设计时除了要进行强度计算外，还必须进行刚度计算。

零件的刚度分为整体变形刚度和表面接触刚度两种。前者是指零件整体在载荷作用下发生的伸长、缩短、挠曲、扭转等弹性变形的程度；后者是指因两零件接触表面上的微观凸峰，在外载荷作用下发生变形所导致的两零件相对位置变化的程度。原则上说，为了提高零件的整体刚度，可采取增大零件截面尺寸或增大截面的惯性矩；增大支承刚度（缩短支承跨距、采用多支点结构、改变轴承类型或合理安排轴上零件的位置）等措施，以减小挠曲变形等。为了提高接触刚度，可采取增大接触面积以降低压力；采用精加工以降低表面粗糙度值等措施。

3. 寿命

零件在规定条件下完成规定功能的延续时间称为零件的寿命。影响零件寿命的主要因素有：材料的疲劳、材料的腐蚀以及相对运动零件接触表面的磨损等三个方面。

大部分机械零件均在变应力条件下工作，因而疲劳破坏是引起零件失效的主要原因。对零件进行精确的强度计算时，都要考虑到零件材料的疲劳问题。影响零件材料疲劳强度的主要因素是：应力集中、零件尺寸大小、零件表面品质及环境状况。在设计零件时，应努力从这几方面采取措施，以提高零件抵抗疲劳破坏的能力。

零件在腐蚀性介质中工作时，就有可能使材料遭受腐蚀。对于这些零件，应选用耐腐蚀材料或采用各种防腐蚀的表面保护，如发蓝、表面镀层、喷涂漆膜及表面阳极化处理等，以提高零件的耐腐蚀性能。

关于磨损及提高耐磨性等问题见第四章。

二、结构工艺性要求

零件具有良好的结构工艺性，是指在既定的生产条件下，能够方便而经济地生产出来，并便于装配成机器这一特性。所以，零件的结构工艺性应从毛坯制造、机械加工过程及装配等几个生产环节加以综合考虑。工艺性与机器生产批量大小及具体的生产条件有关。为了改善零件的工艺性，就应当熟悉当前的生产水平及条件。对零件的结构工艺性具有决定性影响的零件结构设计，在整个设计工作中占有很大的比重，因而必须予以足够的重视。关于零件结构设计的内容与方法可参考各章通用零部件的结构设计和第十七章机械结构设计的方法和准则。

三、经济性要求

零件的经济性首先表现在零件本身的生产成本上。设计零件时，应力求设计出耗费最少的零件。所谓耗费，除了材料的耗费以外，还应当包括制造时间及人工的消耗。

1）要降低零件的成本，首先要采用轻型的零件结构，以降低材料消耗。减小质量的主要措施有：采用缓冲装置来降低零件上所受的冲击载荷；采用安全装置来限制作用在主要零件上的最大载荷；从零件上应力较小处削减部分材料，以改善零件受力的均匀性，从而提高材料的利用率；采用与工作载荷相反方向的预载荷，以降低零件上的工作载荷；采用轻型薄壁的冲压件或焊接件来代替铸、锻零件，以及采用强重比（即强度与单位体积材料所受的重力之比）高的材料等。

2）采用少余量或无余量的毛坯或简化零件结构，以减少加工工时。这些对降低零件成本均有显著的作用。工艺性良好的结构就意味着加工及装配费用低，所以工艺性对经济性有着直接的影响。

3）采用廉价而供应充足的材料以代替贵重材料，对于大型零件采用组合结构以代替整体结构，都可以在降低材料费用方面起到积极的作用。

4）尽可能采用标准化的零、部件以取代特殊加工的零、部件，也可在经济方面取得很大的效益。

四、可靠性要求

零件可靠度的定义和机器可靠度的定义是相同的，即在规定的使用时间（寿命）内和规定的环境条件下，零件能够正常地完成其规定功能的概率。对于绝大多数的机械来说，失效的发生都是随机性的。造成失效具有随机性的原因，在于那些衡量零件工作条件的数量指标的随机性。例如，零件所受的载荷、环境温度等不可能是永远恒定的，而是随机变化的；零件本身的物理及机械性能也是随机变化的。提高零件可靠性的措施有：

1）设计上要力求结构简单，传动链短，零件数少，调整环节少，连接可靠等。

2）设法提高系统中最低可靠度零件的可靠度，尽量选用可靠度高的标准件。

3）避免采用容易出现维护疏忽和操作错误的结构，如采用自动润滑系统代替人工供油，操纵手柄的扳动方向应与机构的运动方向相一致等。

4）结构布置要能直接检查和修理，如油面指示器位置应便于观察油面、设置检查孔等。

5）合理规定维修期。维修期过长，可靠度下降（如润滑油变质、磨损间隙过大等）。

6）必要时增加备用系统，如重要的液体动力润滑滑动轴承备有两套供油系统、采用双列滚动轴承等。

7）设置监测系统以便及时报警故障。如温度监测、微裂纹监测等。

8）增加过载保护装置、自动停机装置等。

第五节　机械零件的设计准则

不同的零件或相同的零件在不同的工作条件下可能有不同的失效方式，设计者在设计零件时首先必须进行失效分析，即按照理论计算、实际观察、分析或实验，预先估计机械零件可能的失效形式。根据失效形式确定的计算零件时所依据的条件或原则称为设计准则。常用的设计准则有：

一、强度准则

强度准则就是指零件中的应力不得超过允许的限度。例如：对一次断裂来讲，应力不超过材料的强度极限；对疲劳破坏来讲，应力不超过零件的疲劳极限；对残余变形来讲，应力不超过材料的屈服极限。这就满足了强度要求，符合了强度计算的准则。其典型的计算公式是

$$\sigma \leqslant \frac{\sigma_{\lim}}{[S]} = [\sigma] \qquad \tau \leqslant \frac{\tau_{\lim}}{[S]} = [\tau] \tag{2-3}$$

式中　$\sigma_{\lim}(\tau_{\lim})$——极限应力（MPa），对受静应力的脆性材料取其强度极限，对受静应力的塑性材料取其屈服极限，对受变应力的零件取其疲劳极限；

$[S]$——许用安全系数，主要考虑三方面的因素，按下式确定

$$[S] = S_1 S_2 S_3$$

式中　S_1、S_2、S_3——计算精确性系数、材料均匀性系数和零件重要性系数，见表2-2。

表2-2　S_1、S_2、S_3 的确定

计算精确性	S_1	材料毛坯	S_2	零件损坏后果	S_3
很高	1	锻件 辗轧件	1.2 ~ 1.5	不造成机器停车	1
一般	1.2 ~ 1.3			造成机器停车	1.1 ~ 1.2
较差	1.4 ~ 1.5	铸件	1.5 ~ 2.5	造成机器损坏	1.2 ~ 1.3
很差	2 ~ 3			造成重大事故	≥1.5

上述是确定 $[S]$ 值的一般方法。事实上，根据长期累积的设计实践经验，许多通用零件包括专用零件通常均有可使用的 $[S]$ 值供直接查取，见后面有关各章节。

二、刚度准则

零件在载荷作用下都将产生弹性变形。对于某些零件，如转轴，要求受载后产生的弯曲挠度 y、偏转角 θ 和扭转角 φ 小于或等于相应的许用值 $[y]$、$[\theta]$ 和 $[\varphi]$，这就满足了刚度要求，或符合了刚度设计准则。其表达式为

$$y \leqslant [y] ; \theta \leqslant [\theta] ; \varphi \leqslant [\varphi] \qquad (2-4)$$

另外，对于某些柔性零件应具有一定的柔度，不要求刚度过高。

三、寿命准则

由于影响寿命的主要因素是腐蚀、磨粒磨损和疲劳，它们各自发展过程的规律不同。迄今为止，还没有提出实用有效的腐蚀寿命计算方法，因而也无法列出腐蚀的计算准则。关于磨粒磨损的计算方法，由于其类型众多，产生的机理还未完全搞清楚，影响因素也很复杂，一般对常规通用零件通常采用条件性的计算准则：一是验算零件摩擦面的压力 p 小于或等于按照磨损率实验得到的许用压力 $[p]$；二是对滑动速度 v 比较大的摩擦表面，为防止局部过快磨损，要限制表面滑动速度 v 小于或等于许用速度 $[v]$；三是为防止摩擦表面胶合失效，对单位接触表面上单位时间产生的摩擦功（fpv）加以限制。其表达式分别为

$$p \leqslant [p] , v \leqslant [v] , pv \leqslant [pv] \qquad (2-5)$$

关于疲劳寿命，通常是求出使用寿命时的疲劳极限或额定载荷作为计算的依据。这在第三、十和十三章中详细介绍。

四、振动稳定性准则

机器中存在着很多的周期性变化的激振源，如滚动轴承中的振动，滑动轴承中的油膜振荡，弹性轴的偏心转动等。如果某一零件本身的固有频率与上述激振源的频率重合或成整倍数关系时，这些零件就会发生共振，这时振幅急剧增大，短期内即能导致零件断裂甚至发生整个系统毁坏的重大事故。因此，对于高速回转的零件（如高速转轴和高速齿轮等），应满足振动稳定性准则，即其周期性激振源的作用频率 f_p 应适当远离其固有频率 f，表达式为

$$\left. \begin{array}{l} 当 f_p > f \text{ 时，要求 } f_p > 1.15f \\ 当 f_p < f \text{ 时，要求 } f_p < 0.85f \end{array} \right\} \qquad (2-6)$$

五、可靠性准则

按常规设计观点，一批受载、材料、加工、名义尺寸相同的零件，只要满足计算准则（如 $\sigma \leqslant [\sigma]$），就被认为是安全的，都能在规定工况、规定使用期限内实现规定的功能。但是实际情况并非如此。由于这批零件的受载、材料、加工、尺寸总是存在或多或少的差异，也即存在一定的离散性，因此都是随机变量，在规定工况、规定使用期限内，总有一定数量的零件会先期失效。这就提出了重要零件在规定工况、规定使用期限内需要有确定的可靠度。例如，对于强度的概念，不能笼统计算零件是"安全的"或"不安全的"，而应计算"安全的概率有多大"。应当指出，可靠性设计不是否定常规设计，而是常规设计方法的补充、发展和深化，是一种更加接近真实情况的现代机械设计方法。

按可靠性理论，机器是零件的串联、并联或混联系统。机器系统的可靠度 R 取决于零件的可靠度。串联时任何一个零件的失效都将导致机器的失效，所以串联系统的可靠度 R 是各个零件可靠度 R_i 的连乘积。即

$$R = \prod_{i=1}^{n} R_i \, (i = 1, 2, \cdots, n) \tag{2-7}$$

可靠度是小于 1 的数，故串联系统的可靠度小于系统中任何一个零件的可靠度。同时，零件的数量越多，机器的可靠度越低。

并联时只有并联中的所有零件都失效，机器才告失效，所以并联系统的失效概率为各个零件失效概率的连乘积，故可靠度为

$$R = 1 - \prod_{i=1}^{n} \left(\frac{N_f}{N_0} \right)_i \, (i = 1, 2, \cdots, n) \tag{2-8}$$

同理，并联系统的失效概率小于系统中任一个零件的失效概率，因此，并联系统的可靠度一般高于单一零件的可靠度。不论串联或并联系统，提高其中任一个零件的可靠度，都将提高整个机器的可靠度。

第六节　机械零件的设计方法

机械零件的设计方法，可从不同的角度做出不同的分类。目前较为流行的分类方法是把过去长期采用的设计方法称为常规的（或传统的）设计方法，近几十年发展起来的设计方法称为现代设计方法。本节主要阐明本书使用的常规设计方法。

一、理论设计计算

机械零件的主要尺寸，常需要根据强度、刚度、耐磨性等要求经过计算确定。在计算中要用到理论力学、材料力学、摩擦学、流体力学、传热学等理论，这也是本课程的主要内容。由于零件的工作条件、复杂程度、重要性不同，采用的计算方法也不同。

对于一般机械零件，常采用经过简化的计算方法，甚至经验公式计算。

对于重要的机械零件，可以采用比较复杂而精确的计算方法，但是往往这些计算也要对实际零件进行合理的简化。

在各种计算中都必须将实际问题简化，建立物理模型。如把受弯曲应力的轮齿简化为悬臂梁，把互相接触的一对轮齿简化为两个圆柱体等。其他像键连接、螺栓连接、滚动轴承、滑动轴承、带传动等，都在合理简化的基础上建立了机械设计常用的物理模型。这是机械设计常用的方法，具有典型性。

二、机械结构设计

机械设计工作，可以分为计算和结构设计两部分，它们是紧密相关、互相联系的。机械设计完成的图样表示的是机器的结构，按图样加工出的机器，应具有使用者要求的功能。所以，机械设计和加工者直接面对的是机械的结构。为了使机械结构具有要求的功能、工作可靠、经济实用，在很多情况下要进行计算。计算作为结构设计的依据，而计算数据必须以机械结构为对象才能得到实现。如强度、刚度计算必须知道机械的有关结构尺寸，计算结果对这些部分的结构设计有重要的指导作用。因此，在机械设计中结构设计与计算经常是互相交叉、反复进行的。机械设计师应该对各种机械结构的使用、性能、加工方法和制造成本，具有非常广泛的知识。本书第十七章将对机械零部件的结构设计做系统的介绍。

三、模型实验设计

对于一些尺寸巨大而结构又很复杂的重要零件，尤其是一些重型整体机械零件，为了提

高设计质量，可采用模型实验设计的方法。即把初步设计的零部件或机器做成小模型或小尺寸样机，通过实验的手段对其各方面的特性进行检验，根据实验结果对设计进行逐步的修改，从而达到完善。这样的设计过程称为模型实验设计。

第七节　机械零件设计的一般步骤

机械零件的设计主要经过以下几个步骤：

1）根据零件的使用要求（包括功率、转速、动力参数、工作情况等）选择零件的类型和结构。为此，必须对各种零件的不同类型、优缺点、特性与使用范围等，进行综合对比并正确选用。

2）根据机器的工作情况，计算作用在零件上的载荷（确定力学模型和载荷大小、方向、性质）。

3）根据零件的类型、结构和所受载荷，分析零件可能的失效形式，从而确定零件的设计准则。

4）根据零件的工作条件及对零件的特殊要求（如要求结构尺寸紧凑、耐冲击或在腐蚀性介质中工作等），选择适当的材料。

5）根据设计准则进行相关的计算，确定出零件的基本尺寸。

6）根据工艺性及标准化等原则进行零件的结构设计。

7）结构细节设计完成后，必要时进行详细的校核计算，以判定结构设计的合理性。

8）画出零件的工作图，并写出计算说明书。

在进行设计时，对于数值的计算，除少数与几何尺寸精度要求有关的尺寸，或必须圆整的尺寸及标准尺寸外，对于零件尺寸一般应保留小数点后 2~3 位有效数字的计算精度。

必须再度强调指出，结构设计是机械零件的重要设计内容之一，在很多情况下，它是设计工作量中的主要部分，一定要给予足够的重视。

绘制的零件工作图应完全符合国家制图标准，并满足加工的要求。

写出的设计说明书要条理清晰，语言简明，数字正确，格式统一，并附有必要的结构草图和计算草图。重要的引用数据，一般要注明来源出处。对于重要的计算结果，要写出简短的结论。

第八节　机械零件的材料及其选用

机械工业所用的材料种类繁多，常用的有钢铁材料（又称黑色金属）、非铁金属材料（又称有色金属）和非金属材料，其中以钢铁材料用得最多。

一、机械零件常用材料

1. 钢铁材料

钢铁材料主要指铁、锰、铬及其合金。在各类工程材料中，钢铁使用最广，据统计，在机械制造产品中，钢铁材料占 90% 以上。

（1）铸铁　铸铁是碳的质量分数为 2.5% ~3.5% 的铁碳合金，它主要的优点是价廉、铸造性好，易铸成形状复杂的零件，但性脆，不能锻造和辗压。铸铁有灰铸铁（HT）、球墨铸铁（QT）、可锻铸铁（KT）和特殊性能的铸铁。

1）灰铸铁除有良好的铸造性外，切削性、减振性也较好，抗压强度约为抗拉强度的四倍，宜制作受压缩载荷的零件，如箱体、机座、机架等。

2）球墨铸铁因其石墨成球状而得名，其强度比灰铸铁高一倍，伸长率和耐磨性较高，常用来代替钢，用于铸造曲轴、差速器壳、支座和弯头等承受冲击载荷的零件。

3）可锻铸铁又称马铁，其韧性和强度都优于灰铸铁，"可锻"说明其韧性较好，并非真的可以锻造。对于小尺寸或形状复杂的零件，当不能用铸钢而灰铸铁的强度和伸长率又不能满足要求时，可以使用可锻铸铁。其应用与球墨铸铁基本相同。

4）特殊性能的铸铁含有不同的合金元素，如锰、铬、镍、铝、铈、镁等，分别用作耐热、耐蚀或耐磨零件的材料。

（2）钢 钢是碳的质量分数不超过 2% 的铁碳合金，它是机械工业中应用最广的材料，其强度、韧性、塑性都比铸铁高，并能用热处理等方法来改善其加工性能和力学性能。钢零件的毛坯可由辗轧、锻造、冲压、铸造或焊接等方法获得。常用的热处理工艺有退火、正火、淬火、回火、调质（淬火后高温回火）、表面淬火以及渗碳、渗氮、碳氮共渗等。

1）按照用途，钢分为结构钢、特殊钢和工具钢。结构钢用来制造一般零件；特殊钢用于制造有不锈、耐热、耐酸等特殊要求的零件；工具钢用于制造量具、刃具、模具等。

2）按照化学成分，钢分为碳素钢和合金钢。碳素结构钢的力学性能主要取决于碳的质量分数，碳的质量分数越高，强度也越高，但塑性越低。碳的质量分数低于 0.25% 者称为低碳钢，其强度极限、屈服极限均较低，但塑性较高，焊接性良好，因而作为冲压零件（如螺钉、螺母）或焊接零件（如机架、箱座）的材料。低碳钢中碳的质量分数低于 0.20% 者可用作渗碳零件的材料，渗碳后表层碳的质量分数增高，淬火后表层硬而耐磨，芯部仍保持良好的韧性，因而经常作为受一定冲击载荷的齿轮材料。碳的质量分数在 0.25% ~ 0.60% 范围内的为中碳钢，它有较高的强度，又有一定的塑性和韧性，综合性能较好，常用作承受中等冲击载荷或中等变载荷的零件材料。碳的质量分数大于 0.6% 的为高碳钢，它有很高的强度和弹性，可用作弹簧、钢丝绳等零件的材料。Q235 ~ Q275 等碳素钢只保证力学性能而不保证化学成分，用来制造受力不大，工作时基本上是静应力的不很重要的零件，一般不进行热处理。15 ~ 45 号等优质碳素钢既保证力学性能，又保证化学成分，用来制造受力较大或承受冲击载荷的零件，并且通常都进行热处理。如载重汽车的后桥壳等重载、大型铸造零件则用铸钢（ZG）制造，其强度性能稍低于同牌号的碳素结构钢，因为它的晶粒较大、组织紧密性较差。与铸铁相比，铸钢的熔点高、液态流动性差、铸造收缩率大，易形成气孔，故壁厚常需大于 10mm，连接处的圆角和过渡部分的尺寸，均应比灰铸铁的稍大。

3）合金结构钢是在优质碳素钢中添加适量合金元素而成的，其性能与化学成分和热处理有关。例如，添加元素锰能提高钢的强度、韧性和耐磨性；钼的作用与锰类似，而且效果更好；硅可提高弹性和耐磨性，但降低了韧性；钒能提高韧性和强度；镍能提高钢的强度而不降低韧性；铬能提高硬度、高温强度和耐腐蚀性。添加不同的元素能适应不同的需要，应用时尽量选用我国资源丰富的硅、锰、硼、钒等合金钢品种。合金元素低于 5% 者为低合金钢，高于 5% 者为高合金钢。

材料的选择是机械零件设计中非常重要的环节。随着工程实际对机械及零件要求的提高，以及材料科学的不断发展，材料的合理选择越来越成为提高零件质量、降低成本的重要手段。

2. 非铁金属材料

钢铁材料以外的材料均称为非铁金属材料。在非铁金属材料中，铝、铜及其合金的应用最多。在机械工业中，主要用作减摩、耐磨、耐蚀、高强度密度比（σ_b/ρ）或装饰材料。

（1）铜合金 铜合金是良好的减摩和耐磨材料，它还具有良好的导电性、导热性、耐蚀性和延展性。它分为黄铜（H）和青铜（Q）两大类。黄铜是铜和锌的合金，有时含有少量其他元素。青铜分锡青铜、无锡青铜两种，锡青铜是铜锡合金，铜和铝、铁、铅、硅、锰、铍等合金统称无锡青铜。无锡青铜的机械强度比锡青铜高，但减摩性较差。黄铜、青铜都可辗压或铸造，辗压的强度高，铸造可得到复杂的形状。铜合金常用来制造滑动轴承的轴承衬、蜗轮和在腐蚀介质中工作的弹簧等。

（2）铝合金　具有高的强度极限与密度之比，此比值高于钢，更高于铸铁。用它制成的零件，在同样的强度下比其他金属材料的质量小。铝锡合金材料也可用作滑动轴承衬的材料，具有良好的减摩和抗黏着性能。

（3）轴承合金　包括巴氏合金、铝基轴承合金、铜基轴承合金。它是锡、铅、锑、铜、铝的合金。具有良好的减摩性能，可用作滑动轴承中轴承衬的材料。

3. 粉末冶金材料

粉末冶金既是制取金属材料的一种冶金方法，又是制造机械零件的一种加工方法。它采用铁、铜等金属粉末（也有掺入部分非金属粉末）做原料，用模具压制成型，再高温烧结或再轧制，制成所需的粉末冶金材料或零件。按用途一般分为结构材料、减摩材料、摩擦材料、多孔材料。

（1）结构材料　这种材料具有高强度、高硬度和韧性好等特点，并有良好的耐蚀性、密封性和耐磨性。主要用于制作各种承受载荷的零件，如传动齿轮、汽车和冰箱压缩机零件等。

（2）减摩材料　这种材料承载能力高，摩擦系数低，具有良好的自润滑性、耐高温性和耐磨性。摩擦时不伤配副零件的摩擦表面，噪声较低。主要用于制作轴承、含油滑动轴承等。

（3）摩擦材料　这种材料摩擦系数大而稳定，耐短时高温，耐磨，导热性好，抗胶合能力强，摩擦时不伤配副零件的摩擦表面。主要用于制作离合器摩擦片、制动器摩擦片等。

（4）多孔材料　这种材料综合性能优良，对孔隙的形态、大小、分布及孔隙度均可控制，主要用来制作过滤、减振和消声元件，以及催化、止火、电极、热交换和人造骨等制品。

4. 有机高分子材料

有机高分子材料又称聚合物，在机械制造中用得较多的是塑料和橡胶。它的优点是，原料丰富，可以从石油、天然气和煤中提取，获取时所需的能耗低。它明显的缺点是容易老化，其中不少材料阻燃性差，总体上讲，耐热性不好。

（1）塑料　塑料的突出优点是密度小、容易加工，可用注塑成型法制成各种形状复杂、尺寸精确的零件。塑料最主要的缺点是导热性差。在工程上通常用塑料作减摩、耐蚀、耐磨、绝缘、密封和减振材料。

（2）橡胶　它的特点是弹性高、弹性模量小（软质橡胶的弹性模量只有 1MPa）。橡胶分为天然橡胶和合成橡胶两大类。按应用范围分：产量大、用途广的通用橡胶，如天然橡胶、丁苯橡胶、顺丁橡胶等；产量较大、用途渐广的准通用橡胶，如丁基橡胶、丁腈橡胶等；具有耐寒、耐热、耐油等特殊性能的特种橡胶。在机械制造中，橡胶主要用作密封、减振元件，传动带，轮胎等。

5. 无机非金属材料

（1）陶瓷　陶瓷一般分为结构陶瓷和功能陶瓷两大类。

1）结构陶瓷。有氧化物陶瓷、氮化物陶瓷、碳化物陶瓷、硼化物陶瓷等。氧化物陶瓷有氧化铝、氧化锆、氧化铍、莫来石陶瓷等。结构陶瓷一般具有耐高温、耐磨、耐腐蚀、抗氧化、难加工等特性，是机械制造近年来才采用的新材料，用来制造轴承、模具、活塞环、气阀座、密封件、挺杆等零件。

2）功能陶瓷。功能陶瓷有电功能陶瓷、磁功能陶瓷、光功能陶瓷、生物和化学功能陶瓷等。它们都是为某一特殊功能要求而采用的材料。

（2）碳石墨材料　碳石墨材料强度不高，但密度低、耐高温、耐化学腐蚀、有自润滑性，在机械工业中广泛用作密封圈、活塞环、轴承、电刷和热交换器等。

（3）聚合物混凝土　聚合物混凝土是用高分子树脂代替水泥作黏合剂的混凝土，其突出特点是具有高的强度，良好的抗化学药品腐蚀的性能（优于不锈钢），减振和消声能力是灰铸铁的七倍，具有良好的耐磨性和电绝缘性。这种材料是金属加工机床底座的理想材料，目前在国内外得到越来越多的应用。

6. 复合材料

复合材料是由两种或两种以上材料，即基体材料和增强材料复合而成的一类多相材料。复合材料既能保持原组成材料的特性，又能通过复合效应使各组分的性能互相补充，获得原组分不具备的许多优良性能。

复合材料的特点是：①比强度和比模量高。比强度高的材料能承受高的应力；比模量高象征材料轻而刚度大。②抗疲劳性能好。③减振性能好，材料内大量界面对振动有反射吸收作用。④高温性能好。

二、材料的选择原则

材料选择是机械设计中的一个重要环节。同一零件如采用不同材料制造，则零件尺寸、结构、加工方法、工艺要求等都会有所不同。

选择材料主要应考虑三个方面问题：使用要求、工艺要求和经济要求。

1. 使用要求

考虑使用要求时主要是以下几个方面：

（1）载荷、应力的大小和性质　对于承受拉伸载荷为主的零件，宜用钢而不宜用铸铁；对于承受压缩载荷为主的零件，可考虑选择铸铁，以发挥其抗压强度比抗拉强度高得多和价廉的优点；对于变应力的零件，选择疲劳强度高的材料；对于承受冲击载荷的零件，选择韧性较好的材料；对于工作表面产生较大接触应力的零件，选择有利于表面硬化处理的材料，如调质钢、渗碳钢和渗氮钢等。

（2）零件的工作情况（指工作环境、介质、温度、摩擦、磨损和重要程度等情况）　对于做相对运动的零件，应选择减摩性、耐磨性好的材料，如适宜进行表面处理的淬火钢、渗碳钢等；对于高、低温下工作的零件，应选择耐热性、耐寒性好的材料；对于在腐蚀性介质中工作的零件，应选用耐腐蚀的材料；对于危及人身和设备安全的重要零件，常选用综合力学性能较好的材料，如高强度的合金钢等。

（3）尺寸和质量的限制　对于要求强度高而质量小的零件，应选择强度极限与密度之比高的材料，如铝合金、钛合金以及高强度合金钢等；对于要求刚度大而质量小的零件，则采用弹性模量与密度之比高的材料。对于合金钢和碳素钢来说，其弹性模量在200℃以下时几乎相同，如果仅仅是为了提高零件刚度，用合金钢代替碳素钢是没有效果的。零件尺寸及质量的大小与材料的品种及毛坯制取方法有关。用铸造材料制造毛坯时，一般可以不受尺寸及质量大小的限制；而用锻造材料制造毛坯时，则须注意锻压机械及设备的生产能力。

2. 工艺要求

工艺要求主要与零件结构的复杂程度及材料的可加工性能有关。

结构复杂的零件宜选用铸造毛坯，或用板材冲压出元件后再经焊接而成。结构简单的零件可用锻造法制取毛坯。

对材料工艺性的了解，在判断可加工性能方面起着重要的作用。铸造材料的工艺性是指材料的液态流动性、收缩率、偏析程度及产生缩孔的倾向性等。锻造材料的工艺性是指材料的延展性、热脆性及冷态和热态下塑性变形的能力等。焊接材料的工艺性是指材料的焊接性及焊缝产生裂纹的倾向性等。材料的热处理工艺性是指材料的淬透性、淬火变形倾向性及热处理介质对它的渗透能力等。冷加工工艺性是指材料的硬度、易切削性、冷作硬化程度及切削后可能达到的表面粗糙度等。这些可参考机械工程材料手册。

3. 经济要求

经济要求主要是指材料的价格、加工费用及其利用率等。

（1）材料本身的相对价格　在机械的生产成本中，材料成本占很大的比重，低者占30%（如中型机床），高者占到70%～80%（如汽车、起重机）。当用价格低廉的材料能满足使用要求时，就不应该选择价格高的材料，这是机械设计的基本原则之一，这对于大批量制造的零件尤为重要。表2-3所示为常用金属材料的相对价格。

表2-3　常用金属材料的相对价格（相同质量）

材料种类	相对价格	材料种类	相对价格	材料种类	相对价格
铸铁	1	铬钒钢	12	槽钢	2.4～2.8
普通碳钢	3	铬钼钢	12	钢管	37～75
优质碳钢	4.5	铬镍钢	12.5～14	黄铜及纯铜板	34～39
弹簧钢	7.5～8.7	轴承钢	13～15	黄铜及纯铜棒	32～37
铬钢	11	钢板	3	铅板	16～18.6
钼钢	11.5	角钢	2.5～3	锌板	16～17.5
镍钢	12	工字钢	2.6～2.8	铝	16

（2）材料的加工费用和利用率　例如，制造某些箱体类零件，虽然铸铁比钢板价廉，但在批量小时，选用钢板焊接反而较有利，因其可以省掉铸模的生产费用。采用少、无切屑毛坯（如精铸、冷镦、模锻、辗扩、冷拉毛坯等），既省料省工，又使金属流线连续、强度提高。例如，滚动轴承套圈的热、冷辗扩工艺就可以显著提高材料的强度和利用率。

（3）采用组合结构　例如，火车车轮是在一般材料的轮芯外部热套上一个硬度高而耐磨损的轮箍，这种选材的方法称为局部品质原则。例如，组合蜗轮是在钢铁材料的轮毂外部套上一个减摩性、耐磨性均较好的铸锡青铜齿圈，这样既可节省价格昂贵的青铜材料，又可以满足轮毂价廉和强度的要求，这种选材的方法称为任务分配原则。

（4）节约稀有材料　用我国富有元素（锰、硅、硼、钼、钒、钛等）合金钢代替稀有元素（铬、镍等）合金钢，如用锰硼系合金钢代替铬镍系合金钢制造轴，用铝青铜代替锡青铜制造轴瓦等。

（5）材料的供应状况　选材时还应考虑到当时当地材料的供应状况。为了简化供应和贮存的材料品种，对于小批量制造的零件，应尽可能地减少同一部机器上使用的材料品种和规格。

第九节　机械零部件设计中的标准化

标准是对科学技术和经济领域中某些多次重复的事物给予公认的统一规定。标准化就是制定、贯彻和推广应用标准的过程。标准化是组织现代化生产的重要手段，是实现科学管理的基础。机械产品标准化的主要内容包括标准化、系列化和通用化这"三化",它们是机械设计的重要设计思想和设计准则之一,也是一种有效的设计方法和优化设计的重要内容,是新产品开发的重要策略。

标准化就是通过对机械零件的种类、尺寸、结构要素、材料性能、检验方法、设计方法、公差配合及制图规范等,制定出各式各样大家共同遵守的标准。常用的标准包括:①各种机械零部件标准,如螺栓、螺母、垫圈、键、花键和滚动轴承等标准零部件。②机械零件参数标准,如标准直径、齿轮模数、螺纹形状、各种机械零件的公差等。③材料标准,如各种材料的牌号、型钢的形状和尺寸等。

系列化是指将产品的主要参数按一定的数列做合理分档,再对其基本形式、尺寸和结构进行统一规定,形成一定系列型谱的产品,这样可用较少规格的产品满足不同的要求,加快品种的发展。如圆柱齿轮减速器按输出功率、桥式起重机按起重量、水泵按流量形成的系列产品。

通用化是对不同类型的产品或同类型不同规格的产品,在设计中尽量采用相同的零部件。如几种类型不同的汽车可以采用相同的轮胎、相同的内燃机和相同的底盘,实际上紧固件、滚动轴承是通用化程度最高的零部件之一。

标准化的特征就是统一、简化。通过标准化的实施,能获得很大的社会经济效益:

1)能以最先进的方法在专业化工厂中对那些用途最广的零件进行大量的、集中的制造。以提高质量,降低成本。

2)统一了材料和零件的性能指标,使其能够进行比较,并提高了零件性能的可靠性。

3)采用了标准结构及零、部件,可以简化设计工作,缩短设计周期,提高设计质量。另外,也同时简化了机器的维修工作。

4)有利于改进和提高产品质量,扩大和开发新产品。

机械制图的标准化保证了工程语言的统一。因此,对设计图样的标准化检验是设计工作中的一个重要环节。

由于标准化的重要性,1947年成立了国际标准化组织(ISO),我国是该组织的成员。我国根据其适用范围分为国家标准、行业标准和企业标准三个等级。国家标准由国家标准化管理委员会批准、发布,在全国范围内统一执行,分为强制性(GB)和推荐性(GB/T)标准两种。行业标准由行业主管机构批准、发布,在一定行业范围内统一执行。企业标准由企业批准、发布,只在企业内部执行。

机械行业的标准分为强制性(JB)和推荐性(JB/T)标准两种。机械行业的国家标准和行业标准,除涉及生命安全的,如锅炉、压力容器和电梯等以外,多数是推荐性的。

第十节 现代机械设计方法简介

一、概述

机械设计在机械生产中占有重要地位。据统计,机械设计工作的费用占机械生产成本的3%~5%,而总成本的80%在设计阶段就已经确定了。一个设计落后的产品,即使生产者尽最大的努力,也难在市场上具有竞争力。因此,机械设计人员在机械产品市场竞争中处于重要地位。近30年来,由于科学和技术迅速发展,特别是计算机技术和信息技术的发展和应用,给机械产品设计和制造带来革命性的变化。另一方面,随着社会进步和人类文明的发展,对现代机械产品设计已不能仅考虑产品本身,而且要充分考虑对系统和环境的影响;不仅考虑当前,还需考虑长远发展。例如,汽车设计不仅要考虑汽车本身的有关技术问题,还要考虑使用者的安全、舒适和操作方便等；此外，还需考虑燃料供应、废气排放污染、车辆存放、道路发展和报废处理等，甚至要考虑地球有限的能源和原料的合理利用问题。总之，机械设计已进入现代设计阶段，它要求在继承和发展传统设计的基础上，将自然科学、技术科学、社会科学及艺术科学等有关知识有机地融合在一起，形成一门崭新的现代机械设计知识体系，实现下述各个方面的转化：

（1）以动态的取代静态的   如以机器结构动力学计算取代静力学计算；以实时在线测试数据作为评价依据等。

（2）以定量的取代定性的   如以有限元法或（和）边界元法计算箱体的尺寸和刚度取代经验类比法的设计。

（3）以变量取代常量   如可靠性设计中用随机变量取代传统设计方法中当作常量的粗略处理方法。

（4）以优化设计取代可行性设计   用相关的设计变量恰当地建立设计目标的数学模型，从众多的可行解（方案）中寻求其最优解（方案）。

（5）以并行设计取代串行设计   并行设计是一种面向整个"产品生命周期"的一体化设计过程，在设计阶段就从总体上并行地综合考虑其整个生命周期中功能结构、工艺规划、可制造性、可装配性、可测试性、可维修性以及可靠性等各方面的要求与相互关系，避免串行设计中可能发生的干涉与返工，从而迅速开发出质优、价廉、低能耗的产品。

（6）以微观的取代宏观的   如以断裂力学理论处理零件材料本身微观裂纹扩展引起的低应力脆断现象，建立以损伤容限为设计判据的设计方法；润滑理论中的微-纳米摩擦学等。

（7）以系统工程法取代分部处理法   将产品的整个设计工作作为一个单级或多级的系统，用系统工程的观点分析划分其设计阶段及组成单元，通过仿真及自动控制等手段，综合最优地处理它们的内在关系及系统与外界环境的关系。

（8）以自动化设计取代人工设计   按照集成化与智能化的要求，充分利用先进的硬件及软件（如计算机、自动绘图机，以及数据库、图形库、知识库、专家系统、评价与决策系统等众多支持系统），极力提高人机结合的设计系统的自动化水平，大大提高产品的设计质量、设计效率和经济效益，并利于设计人员集中精力创新开发更多的高科技产品，无疑是现代设计方法发展的核心目标。

总之，设计工作本质上是一种创造性的活动，是对知识与信息等进行创造性的运作与处理。发展机械现代设计方法，实质上就是不断追求最机智、最恰当而且最迅速地解决用户需求，提高社会效益、经济效益，满足机械内在要求对机械构成的全部约束条件。

二、现代设计方法简介

机械现代设计方法发展很快，目前常见或较易见到的有：计算机辅助设计、并行设计、虚拟设计、可靠性设计、优化设计、有限元设计法、参数化设计（PD：parameterization design）、智能设计（ID：intelligent design）、分形设计（FD：fractal design）、网上设计（OND：on–net design）等。下面简介几种现代设计方法。

1. 计算机辅助设计（CAD：computer aided design）

计算机辅助设计就是设计中应用计算机进行设计和信息处理。它包括分析计算和自动绘图两部分功能。CAD 系统应支持设计过程的各个阶段，即从方案设计入手，使设计对象模型化；依据提供的设计技术参数进行总体设计和总图设计；通过对结构的静态和动态性能分析，最后确定设计参数。在此基础上，完成详细设计和技术设计。因此，CAD 设计应包括二维工程绘图、三维几何造型、有限元分析等方面的技术。

虽然理论上 CAD 的功能是参与设计的全过程，但由于一般使用者认为，通常的设计中制图工作量占的比重较大（50%~60%），因此在应用中，CAD 的重点实际上是放在制图自动化方面。机械系统及其零部件的计算机辅助设计的一般过程是：输入设计所需数据→建立数学模型→进行性能分析→结构设计→自动绘图。也就是说，一个完整的 CAD 系统，应由科学计算、图形系统和工程数据库等组成。目前国际上已有比较成熟的二维和三维绘图软件，最常用的如国外的 AutoCAD、UG、SolidEdge 等。我国也研制和开发了许多具有自主版权的二维和三维 CAD 支撑软件及其应用软件，并得到了较好的推广应用。

随着 CAD 技术的普及应用越来越广泛，越来越深入，CAD 技术正向着开放、集成、智能和标准化的方向发展，并与计算机辅助分析（CAE）、计算机辅助工艺设计（CAPP）、计算机辅助制造（CAM）等技术一起构成了系列技术。

2. 并行设计（CD：concurrent design）

并行设计是一种对产品及其相关过程（包括设计制造过程和相关的支持过程）进行并行和集成设计的系统化工作模式。强调产品开发人员一开始就要考虑产品从概念设计到消亡的整个生命周期里所有相关因素的影响，把一切可能产生的错误、矛盾和冲突尽可能及早地发现和解决，以缩短产品开发周期、降低产品成本、提高产品质量。并行设计作为现代设计理论及方法的范畴，目前已形成的并行设计方法基本上可以分为两大类：

1）基于人员协同和集成的并行化。就是把组成与产品方面有关的，针对给定设计任务的、专门的、综合性的设计团体（企业）协同起来。

2）基于信息、知识协同和集成的并行化。该方法基于计算机网络来实现，各零部件的设计人员通过计算机网络对机电产品进行设计，并进行可制造性、经济性、可靠性、可装配性等内容的分析并及时地反馈信息，并按要求修改各零部件的设计模型，直至整个机电产品完成为止。可以采用面向制造（DFM）和面向装配（DFA）的设计方法，涉及 CAX（CAD、CAE、CAM）技术、产品信息集成（PDM）技术以及与人员协同集成有关的信息技术。

当然，这两种机电产品并行设计方法并不是相互独立的。在实际应用过程中，它们往往是紧密结合在一起的。实例就是汽车整车项目的开发研究。

3. 虚拟设计（VPD：virtual product design）

在达到产品并行设计的目的以后，为了使产品一次设计成功，减少反复，往往会采用仿真技术。而对机电产品模型的建立和仿真又属于虚拟设计的范畴。虚拟设计技术是以虚拟现实技术为基础、以三维产品模型为核心、以实现产品设计高度数字化和高度人机交互为标志、以快速准确直观的产品设计评价优化为目标的计算机辅助设计技术。虚拟设计技术与计算机技术在产品开发中所取得的显著应用成果和成效是密切相关的，特别是 CAX 技术的发展为虚拟设计技术的产生奠定了深厚的技术基础。虚拟设计技术允许设计人员在设计阶段便对产品进行真实的虚拟加工、虚拟装配以及虚拟样机的运行仿真和分析，从而实现在早期设计阶段对产品全面的分析和评价，及时发现和修正设计缺陷，保证产品的质量，缩短因不断返工而人为延长的产品设计和开发周期。

虚拟现实技术（Virtual Reality Technology）是一种三维计算机图形技术与计算机硬件技术发展而实现的高级人机交互技术，允许用户通过视觉、听觉、触觉等多种知觉实时地与计算机所建造的仿真环境发生相互作用，使用户体验虚拟世界丰富的感受。虚拟现实技术摆脱了传统计算机系统的人机交互手段，提供了具有独特输入输出装置的特殊人机界面，如头盔式显示器（HMD）、跟踪器、数据手套等。借助这些虚拟外设，比之传统 CAD 技术，用户有沉浸在仿真环境之中，有"身临其境"的感觉，从而完成在现实世界中难以或不可能完成的工作。虚拟现实系统的主要特征是沉浸感（Immersion）、交互性（Interaction）以及想象力（Imagination）。

虚拟设计技术为改进传统形状设计手段，提高设计效率和激发设计人员创造能力提供了新的方法。例如，汽车车身设计人员所关注的车身形状无法用精确尺寸表达，他们考虑的是汽车车身外形能否满足用户在色彩、动感、大方、美观等多方面的要求。

4. 可靠性设计（RD：reliability design）

机械的可靠性设计又称概率设计，它是将概率论和数理统计理论运用到机械设计中，并将可靠度指标引进机械设计的一种方法。其任务是针对设计对象的失效和防止失效问题，建立设计计算理论和方法，通过设计，解决产品的不可靠性问题，使之具有固有的可靠性。

传统的机械设计往往以许用应力或者安全系数来判断机械零件性能是否满足要求，是否失效。这种设计方法将在一定条件下的材料强度或许用应力、载荷及其产生的应力、材料性能及零件尺寸等都视为常量。然而，由于受许多偶然因素的影响，它们都是在一定范围内取值并服从某种概率密度分布规律的随机量，用来描述这种分布规律的模型很多，如正态分布模型、指数分布模型和威布尔分布模型等。因此，传统的机械设计方法已很难说明所设计的机械零件究竟在多大程度上是安全的。生产和技术的进步，要求能设计出质量小、体积小而又安全可靠的机械产品，这就要求能预先估算出机械零件破坏的概率，并控制在所需要的范围内。可靠性设计法的基本概念，就是将上述各个工程变量作为随机统计变量来处理，使设计的机械零件既轻巧又能保证其预定的功能在预定的寿命期内得到充分的发挥。

可靠性设计的基本原理就是要保证在一定可靠度的前提下，确定有关的设计参数。其核心问题是确定零件的可靠度。可靠性常用的数值标准还有失效率（FailureRate）和平均寿命（MeanUfe）。机电系统的可靠性不仅与组成系统单元（机械单元、电气单元或混合单元）的可靠性有关，还与组成该系统各单元间的组合方式和相互匹配有关。

5. 优化设计（OD：optimization design）

优化设计方法是根据最优化原理和方法并综合各方面的因素，以人机配合的方式或用"自动探索"的方式，借助计算机进行半自动或自动设计，寻求在现有工程条件下最优设计方案的一种现代设计方法。优化设计方法建立在最优化数学理论和现代计算技术的基础之上，首先建立优化设计的数学模型，即设计方案的设计变量、目标函数、约束条件，然后选用合适的优化方法，编制相应的优化设计程序，运用计算机自动确定最优设计参数。

优化设计方案中的设计变量是指在优化过程中经过调整或逼近，最后达到最优值的独立参数。目标函数是反映各个设计变量相互关系的数学表达式。约束条件是设计变量间或设计变量本身所受限制条件的数学表达式。

机械系统及其零部件的优化设计过程，是在给定的工况（如载荷）条件下，在对机械系统的性能、几何尺寸关系或其他因素的限制（约束）范围内，选取设计变量，建立目标函数并获得最优值。

进行机械结构的优化设计一般包括三方面的内容：一是将工程实际问题抽象成为最优化的数学模型，即建立优化方程。二是选择和应用优化数值方法求解这个数学模型，即优化问题的求解。三是对求解结果进行分析评价并做出决策，即设计方案的评价和决策。

对优化结果和方案进行评价、决策，是优化设计的最后环节，必须以适合生产实际条件为评价目标，分析优化参数是否有必要调整，优化结果是否为在给定条件下的最优解等问题，以做出最合理的决策。

6. 有限元法（FEM：finite element method）

所谓有限元，通俗地讲就是对一个真实的系统用有限的单元来描述。

所谓有限元法，即是把求解区域看作由许多小的在节点处相互连接的单元（子域）所构成，其模型给出基本方程分片（子域）近似解，由于单元（子域）可以被分割成各种形状和大小不同的尺寸，所以它能很好地适应复杂的几何形状、复杂的材料特性和复杂的边界条件。再加上它有成熟的大型软件系统支持，使其已成为一种非常受欢迎的、应用极广的数值计算方法。

所谓有限元模型，它是真实系统理想化的数学抽象。它由一些简单形状的单元组成，单元之间通过节点连接，并承受载荷。

所谓有限元分析，则是指利用数学近似的方法对真实物理系统（几何和载荷工况）进行的模拟，也即利用有限个简单而又相互作用的元素（即单元），去逼近无限未知量的真实系统。

有限元法以计算机为工具，不仅能用于工程中复杂的非线性问题、非稳态问题的求解，还可用于工程设计中进行复杂结构的静态和动力分析，并能准确地计算形状复杂零件的应力分布和变形，成为复杂零件强度和刚度计算的有力分析工具。如对形状复杂的机器箱体和汽车车架进行有限元分析。

有限元的作用：①减少模型试验的数量。计算机模拟允许对大量的假设情况进行快速而有效的试验。②模拟不允许在原型上试验的设计，如器官移植、人造膝盖等。③节省费用，降低设计、制造和开发的成本。④节省时间，缩短产品开发的时间和周期；⑤创造出更可靠、高品质的设计。

 本章学习要点

1. 本章重点是在了解机器设计的基本要求、一般程序的前提下，去理解机械零件的主要失效形式、设计零件的基本要求、设计准则、设计方法、一般步骤、材料选择和其标准化。难点不在各节的具体内容，而在于各节的内容要从总体上以及它们的相互联系上予以理解，理解各节之间在逻辑上的相互关系；难点还在于本章的内容非常原则而不具体，它们的具体化要在以后各章中才能体现。

2. 本章分析了机械零件的主要失效形式，要注意的是失效并不单纯指零件的破坏，有些零件并没有破坏，只要它的功能参数降低到规定值以下，或者不能适应技术发展的需要而必须予以淘汰或报废，从广义上讲这也是一种失效。机械零件的设计准则是根据其主要失效形式提出的，在以后的各章中，首先分析某种零件的主要失效形式，然后提出相应的设计准则，再根据设计准则确定零件的主要参数。

3. 根据设计准则只能确定零件的主要参数，通过结构设计才能确定零件的全部尺寸，所以机械零件设计的主要任务是结构设计，这就要求对机械结构的使用、性能、加工方法和制造成本有非常广泛的了解，对机械零件常用材料的类型、性能、加工方法、经济性、选用原则有充分的了解，并在设计中贯彻标准化、系列化及通用化。

4. 介绍了机械现代设计方法的概念以及与传统机械设计方法的区别，介绍了几种常用的机械现代设计方法的内容、特点及其应用。

第三章

机械零件的强度

提示

本章论述机械零件强度计算的理论和方法。机械零件的强度包括其整体强度和表面挤压强度、接触强度。静应力作用下机械零件的强度（静强度）计算，在《材料力学》中已有详细介绍，这里只在此基础上做简要归纳。本章重点介绍在变应力作用下机械零件疲劳强度计算的理论和方法。

第一节 概　　述

机器工作时机械零件承受或传递载荷，强度是保证机械零件在载荷作用下不出现整体断裂、表面接触疲劳和塑性变形等失效形式的工作能力。因此，为保证机器正常工作，所设计的零件必须具有足够的强度。

一、机械零件强度的两种判断方法

机械零件的强度准则是：受拉、压、弯、剪或扭等外载荷作用时，在零件内部或表面上的应力应小于或等于许用应力。

机械零件强度的判断方法可采用应力计算法和安全系数法两种，判别式通常有如下两种形式

$$\sigma \leqslant [\sigma], \tau \leqslant [\tau] \tag{3-1}$$

$$S_\sigma \geqslant [S_\sigma], S_\tau \geqslant [S_\tau] \tag{3-2}$$

式中　σ、τ——作用在机械零件上的计算正应力、计算切应力（MPa）；

$[\sigma]$、$[\tau]$——机械零件的许用正应力、许用切应力（MPa）；

S_σ、S_τ——机械零件的正应力、切应力计算安全系数；

$[S_\sigma]$、$[S_\tau]$——机械零件的正应力、切应力许用安全系数。

许用应力和安全系数分别为

$$[\sigma] = \frac{\sigma_{\lim}}{[S_\sigma]}, [\tau] = \frac{\tau_{\lim}}{[S_\tau]} \tag{3-3}$$

$$S_\sigma = \frac{\sigma_{\lim}}{\sigma}, S_\tau = \frac{\tau_{\lim}}{\tau} \tag{3-4}$$

式中　$\sigma_{\lim}$、$\tau_{\lim}$——机械零件的极限正应力、极限切应力值（MPa）。

机械零件在不同性质的应力作用下，失效形式不同，其极限应力的取值也不同。

二、机械零件的强度种类

1. 按失效位置分

（1）整体强度　零件整体受外载荷作用时，抵抗由于某一危险截面上的应力超过零件的极限应力而发生断裂或塑性变形的能力。

（2）表面强度　零件表面受外载荷作用时，抵抗表面接触疲劳或表面塑性变形的能力。

2. 按失效性质特征分

（1）静强度　零件在静应力或变化次数较少的变应力作用时，抵抗失效的能力。

（2）疲劳强度　零件在变应力作用时，抵抗失效的能力。

不同的强度问题，计算的方法也不同。

第二节　载荷和应力的分类

一、载荷分类

根据载荷是否随时间变化，分为静载荷和变载荷两大类。

（1）静载荷　不随时间变化或变化缓慢的载荷。

（2）变载荷　随时间做周期性或非周期性变化的载荷。

二、应力分类

以正应力 σ 为例进行讨论。根据应力随时间变化的特性不同，分为静应力和变应力，如图 3-1 所示。

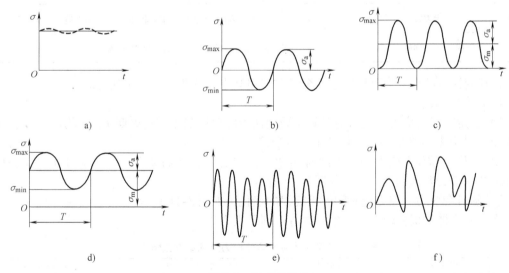

图 3-1　应力的种类

a）静应力　b）对称循环变应力　c）脉动循环变应力

d）非对称循环变应力　e）规律性非稳定变应力　f）随机变应力

1. 静应力

不随时间变化或变化缓慢的应力，称为静应力，如图 3-1a 所示。静应力一般只能在静载荷作用下产生。如拉杆，在大小、方向恒定的拉力作用下，其横截面上产生的应力即为静应力。

2. 变应力

随时间做周期性或非周期性变化的应力，称为变应力，如图 3-1b ~ f 所示。变应力既可以在变载荷作用下产生，也可以在静载荷作用下产生。静载荷作用下产生变应力举例如图 3-2 所示。

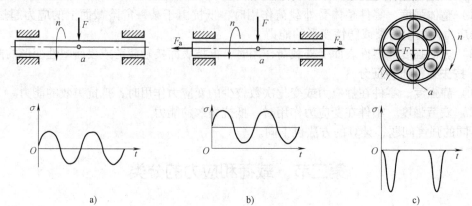

图 3-2   静载荷作用下产生变应力举例

a)、b) 转动心轴 a 点应力   c) 滚动轴承外圈滚道 a 点应力

（1）变应力的基本参数   变应力可用五个基本参数来描述，对应图 3-1d 列于表 3-1。

表 3-1   变应力的基本参数

序号	名　　称	符号	定义及说明	
1	最大应力	σ_{max}	循环变化中的应力最大值	按绝对值大小区分
2	最小应力	σ_{min}	循环变化中的应力最小值	
3	平均应力	σ_{m}	$\sigma_{m} = \dfrac{\sigma_{max} + \sigma_{min}}{2}$，循环变化中不变的应力部分	
4	应力幅	σ_{a}	$\sigma_{a} = \dfrac{\sigma_{max} - \sigma_{min}}{2}$，循环变化中应力变化的幅度，均为正值	
5	循环特性（或称应力比）	r	$r = \dfrac{\sigma_{min}}{\sigma_{max}}$，表示变应力的不对称性，其值为 $-1 \leqslant r \leqslant +1$	

描述规律性的变应力可用以上五个参数，但其中只有两个参数是独立的。

（2）变应力的种类

1）稳定循环变应力   应力随时间做周期性稳定循环变化，其周期 T、平均应力 σ_{m}、应力幅 σ_{a} 均为常数的变应力，如图 3-1b ~ d 所示。

2）非稳定循环变应力   应力随时间做非稳定变化，其周期 T、平均应力 σ_{m}、应力幅 σ_{a} 其中之一不为常数的变应力，如图 3-1e 所示。

3）随机变应力   应力随时间做无规律的变化，如图 3-1f 所示。

常见的几种典型变应力及基本参数特点列于表 3-2。

表 3-2   常见的几种典型变应力及基本参数特点

序号	循环变化名称	循环特性	应力特点	对应图例
1	静应力	$r = +1$	$\sigma_{max} = \sigma_{min} = \sigma_{m}, \sigma_{a} = 0$	图 3-1a
2	对称循环	$r = -1$	$\sigma_{max} = -\sigma_{min} = \sigma_{a}, \sigma_{m} = 0$	图 3-1b
3	脉动循环	$r = 0$	$\sigma_{min} = 0, \sigma_{m} = \sigma_{a} = \dfrac{\sigma_{max}}{2}$	图 3-1c
4	非对称循环	$-1 < r < +1$	$\sigma_{max} = \sigma_{m} + \sigma_{a}, \sigma_{min} = \sigma_{m} - \sigma_{a}$	图 3-1d

当机械零件受切应力 τ 作用时，只需将上述表述中的正应力 σ 换为切应力 τ 即可。

第三节　静应力作用下机械零件的强度

一、极限应力的确定

对于塑性材料，在静应力作用下，主要的失效形式是塑性变形。因此，取材料的屈服极限 σ_s、τ_s 作为极限应力 σ_{lim}、τ_{lim}，即 $\sigma_{lim} = \sigma_s$，$\tau_{lim} = \tau_s$。

对于脆性材料，在静应力作用下，主要的失效形式是脆性断裂。因此，取材料的强度极限 σ_b、τ_b 作为极限应力 σ_{lim}、τ_{lim}，即 $\sigma_{lim} = \sigma_b$，$\tau_{linm} = \tau_b$。

二、强度计算

1. 单向应力作用下的强度计算

单向应力状态下的强度条件为

$$\sigma \leqslant [\sigma], \tau \leqslant [\tau] \tag{3-5}$$

或

$$S_\sigma \geqslant [S_\sigma], S_\tau \geqslant [S_\tau] \tag{3-6}$$

2. 双向（复合）应力作用下的强度计算

双向（复合）应力状态下，塑性材料的强度条件可按第三或第四强度理论确定，脆性材料的强度条件可按第一强度理论确定。对于塑性材料弯扭复合应力，采用第三强度理论，其强度条件为

$$\sigma = \sqrt{\sigma_B^2 + 4\tau_T^2} \leqslant [\sigma] \tag{3-7}$$

或

$$S = \frac{\sigma_s}{\sqrt{\sigma_B^2 + 4\tau_T^2}} \geqslant [S] \tag{3-8}$$

式中　σ_B——弯曲正应力（MPa）；

$\quad\quad\tau_T$——扭转切应力（MPa）；

$\quad[S]$——许用复合安全系数。

取 $\dfrac{\sigma_s}{\tau_s} \approx 2$ 时，则计算复合安全系数

$$S = \frac{\sigma_s}{\sqrt{\sigma_B^2 + \left(\frac{\sigma_s}{\tau_s}\right)^2 \tau_T^2}} = \frac{1}{\sqrt{\left(\frac{\sigma_B}{\sigma_s}\right)^2 + \left(\frac{\tau_T}{\tau_s}\right)^2}} = \frac{S_\sigma S_\tau}{\sqrt{S_\sigma^2 + S_\tau^2}} \tag{3-9}$$

合理选择许用安全系数是强度设计中的一项重要工作。安全系数取值过大，会使机器笨重，在用料、加工、运输等方面都不符合经济性原则；而取值过小机器又可能不够安全。因此，在保证机器安全的前提下，应尽可能选取较小的许用安全系数值。选用时考虑的因素主要有载荷确定的准确性、应力计算的合理性、材料的性质和材质的不均匀性、零件的重要性等。不同的机械制造部门，经过长期生产实践，都已总结制定出了适合本行业的许用安全系数专用规范，设计时可以参考有关设计手册。在无可靠资料直接确定时，许用安全系数 $[S_\sigma]$、$[S_\tau]$、$[S]$ 的取值可参考表 3-3。

表 3-3　许用安全系数 $[S_\sigma]$、$[S_\tau]$、$[S]$ 参考值

材料的性质和材质的均匀性	$[S_\sigma]$、$[S_\tau]$、$[S]$	载荷和应力计算不够准确时,加大
塑性材料	1.2 ~ 2.2	20% ~ 50%
组织不均匀的脆性材料	3 ~ 4	50% ~ 100%
组织均匀的低塑性材料	2 ~ 3	50% ~ 100%

第四节　变应力作用下机械零件的强度

一、疲劳失效的机理及疲劳断裂特征

在变应力作用下，机械零件的主要失效形式是疲劳断裂。疲劳断裂是损伤积累形成的结果，表面无缺陷的金属材料，其疲劳断裂过程可分为三个阶段。第一阶段是零件表面上应力较大处的材料发生剪切滑移，产生初始微裂纹。另外，零件表面的加工痕迹、划伤、腐蚀小坑以及材料中的夹渣、微孔、晶界等都有可能萌生初始裂纹，形成疲劳源。疲劳源可以有一个或数个。第二阶段是裂纹尖端处在切应力应力集中作用下发生反复的塑性变形，随着应力循环次数的增加致使微裂纹逐渐扩展。第三阶段是当裂纹扩展到一定程度使剩余截面不足以承受外载荷时，就发生突然断裂。图 3-3 所示为轴弯曲疲劳断裂的断口，明显地有两个区域：光滑的疲劳区和粗糙的脆断区。光滑是由于零件在变应力的反复作用下，裂纹周期性压紧和分开，使裂纹两表面受到不断摩擦和挤压作用，形成了断口表面的光滑区，并留下标志裂纹发展过程的弧状疲劳纹；粗糙的脆性断裂区是突然断裂时形成的，此区域的大小与所受的载荷大小有关，冲击载荷大，粗糙区也大。

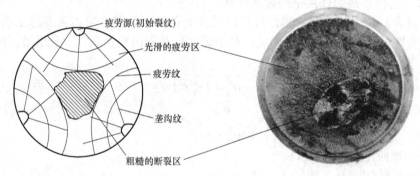

图 3-3　疲劳断裂截面

综上所述，疲劳断裂具有以下特征：

1）疲劳断裂是损伤积累形成的结果。

2）疲劳断裂时的最大应力远比静应力下材料的强度极限低，甚至比屈服极限低。

3）疲劳断口均表现为无明显塑性变形的突然脆性断裂。

二、材料的疲劳极限和疲劳曲线

疲劳断裂不同于一般静力断裂，它是损伤（裂纹扩展）到一定程度后，才发生的突然断裂。所以疲劳断裂与应力循环次数 N（即使用期限或寿命）和应力循环特性 r 密切相关。

1. 疲劳极限

机械零件材料的抗疲劳性能是通过试验来测定的，即对材料的标准试件（直径 $\phi6 \sim \phi10mm$ 的圆棒且表面磨削或抛光）加上一定循环特性的稳定变应力，通常加上循环特性 $r = -1$ 的对称循环变应力或 $r = 0$ 的脉动循环变应力，通过试验，记录出在不同最大应力作用下引起试件疲劳破坏所经历的应力循环次数 N。在循环特性 r 的变应力作用下，经过 N 次循环后，材料不发生疲劳破坏的最大应力称为疲劳极限，以 σ_{rN} 或 τ_{rN} 表示，它是循环变应力作用时的极限应力，即 $\sigma_{lim} = \sigma_{rN}$，$\tau_{lim} = \tau_{rN}$。

2. 材料的疲劳曲线（σ_{rN}-N 曲线）

描述某一循环特性为 r 的变应力时，疲劳极限 σ_{rN} 与循环次数 N 的关系曲线，称为疲劳

曲线（σ_{rN}-N 曲线），如图 3-4 所示。

从图中可以看出，应力越小，试件能经受
的循环次数就越多。

（1）静强度区 当大约循环次数 $N \leqslant 10^3$
时，对应于曲线 AB 段，极限应力值基本不变
或下降很小，故在此阶段变应力作用下可以按
静强度计算。

（2）低周疲劳区 当大约循环次数 $10^3 \leqslant N$
$\leqslant 10^4$ 时，对应于曲线 BC 段，随着循环次数 N 的
增多，疲劳极限下降较大。观察试件在这一阶段
的破坏断口，可见到伴随有材料的塑性变形特

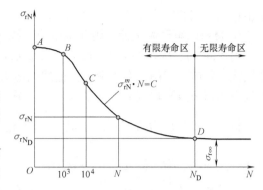

图 3-4 材料的疲劳曲线（σ_{rN}-N 曲线）

征。因此，把该阶段的疲劳现象称为应变疲劳。由于循环次数相对较少，也称为低周疲劳。

（3）有限寿命区 对绝大多数通用零件来说，应力循环次数 N 总是大于 10^4。对应曲线
CD 段，疲劳极限随着循环次数的增多而下降，材料试件经过一定次数的循环变应力作用后
总会发生疲劳破坏。该段曲线上任何一点所代表的疲劳极限 σ_{rN}，称为有限寿命疲劳极限，
此阶段代表有限寿命疲劳阶段。该段曲线的方程为

$$\sigma_{rN}^{m} \cdot N = C(10^4 \leqslant N \leqslant N_D) \tag{3-10}$$

式中 C、m——材料常数，通过试验确定。

（4）无限寿命区 $N \geqslant N_D$ 时，曲线趋向水平，表明疲劳极限不随循环次数的增加而降
低，当作用的变应力最大值不超过 D 点的极限应力时，无论循环多少次，材料都不会疲劳
破坏，故 D 点以后的线段代表无限寿命疲劳阶段，该段曲线的方程为

$$\sigma_{rN} = \sigma_{r\infty}(N \geqslant N_D) \tag{3-11}$$

式中 $\sigma_{r\infty}$——与循环次数 N_D 对应的疲劳极限，常称为持久疲劳极限。

对于各种工程材料来说，N_D 大致在 $10^6 \sim 25 \times 10^7$ 之间。由于 N_D 有时很大，甚至无明显
的 N_D，所以在做疲劳试验时，常规定一个循环次数 N_0，称为循环基数，有时用 N_0 和与之
相对应的疲劳极限 σ_{rN_0}（简写为 σ_r）来近似代替 N_D 和 $\sigma_{r\infty}$。则式（3-10）可以改写为

$$\sigma_{rN}^{m} \cdot N = \sigma_{r}^{m} \cdot N_0 = C(10^4 \leqslant N \leqslant N_D \approx N_0) \tag{3-10'}$$

引入寿命系数
$$K_N = \sqrt[m]{\frac{N_0}{N}} \tag{3-12}$$

利用已知的 N_0 及 σ_r 可以求得有限寿命阶段内任意循环次数 N 对应的疲劳极限 σ_{rN}。即

$$\sigma_{rN} = K_N \sigma_r \tag{3-13}$$

曲线 CD 和 D 点以后两段所代表的疲劳，通常称为高周疲劳，大多数机械零件的失效都
是在高周疲劳阶段。

应用式（3-13）时需注意以下几点：

1）材料常数 m 的值与材质和受载方式有关，由试验决定。钢材在拉、压、弯曲和扭切
疲劳时，青铜在弯曲和扭切疲劳时，一般取 $m = 9$。

2）循环基数 N_0 的值与材料有关。硬度小于或等于 350HBW 的钢，取 $N_0 = 10^7$（也有取
10^6 或 5×10^6）；硬度大于 350HBW 的钢，取 $N_0 = 25 \times 10^7$。这里 $N_0 \approx N_D$。

3）循环次数 $N < N_0$ 时，在有限寿命区，$K_N > 1$，$\sigma_{lim} = \sigma_{rN} > \sigma_r$，但最大不超过 σ_s。

4）循环次数 $N \geqslant N_0$ 时，在无限寿命区，取 $N = N_0$，$K_N = 1$，$\sigma_{lim} = \sigma_r$。

5）循环特性 r 不同时，疲劳曲线也不同。因此，相同的循环次数 N 时，材料的疲劳极

限不相同，实验得出 σ_r 随着 r 的减小而降低，如图 3-5 所示。

3. 材料的等寿命疲劳曲线（极限应力线图）

描述同一应力循环次数 N 时，疲劳极限 σ_{rN} 与循环特性 r 的关系曲线，称为等寿命疲劳曲线或极限应力线图。等寿命疲劳曲线以应力幅 σ_a 与平均应力 σ_m 为纵、横坐标，用疲劳极限应力幅与极限平均应力的关系来表示。图 3-6 所示为应力循环次数为 N_0（无限寿命）时塑性材料的极限应力线图，由于最大应力 $\sigma_{max} = \sigma_m + \sigma_a$，循环特性 $r = \dfrac{\sigma_m - \sigma_a}{\sigma_m + \sigma_a}$，所以曲线上任一点的纵、横坐标之和 $\sigma_a' + \sigma_m' = \sigma_r$，即为循环特性 $r = \dfrac{\sigma_m' - \sigma_a'}{\sigma_m' + \sigma_a'}$ 的疲劳极限。例如，纵坐标轴上的 A' 点，平均应力 $\sigma_m = 0$，循环特性 $r = -1$，$\sigma_{max} = \sigma_a$，所以曲线上 A' 点即为对称循环疲劳极限点，其坐标为 $(0, \sigma_{-1})$；横坐标轴上的 C 点，应力幅 $\sigma_a = 0$，循环特性 $r = +1$，对应静应力，因此 C 点即屈服极限点，其坐标为 $(\sigma_s, 0)$，F 点即强度极限点，其坐标为 $(\sigma_b, 0)$；曲线上 B' 点的坐标为 $\left(\dfrac{\sigma_0}{2}, \dfrac{\sigma_0}{2}\right)$，$\sigma_m = \sigma_a$，对应 $r = 0$ 的脉动循环变应力，故 B' 点为脉动循环疲劳极限点。所以，等寿命疲劳曲线表示循环特性 $-1 \leqslant r \leqslant +1$ 范围内材料的疲劳极限。

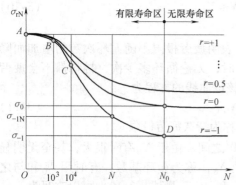

图 3-5 不同 r 时材料的疲劳曲线（$N_0 \approx N_D$）

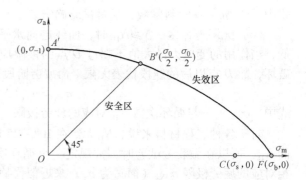

图 3-6 材料的等寿命疲劳曲线（极限应力线图）

当工作应力点 $M(\sigma_m, \sigma_a)$ 位于 $OA'B'F$ 区域的曲线以内时，因其工作最大应力不超过极限应力，则不发生破坏，故曲线以内的区域为安全区，曲线以外的区域为失效区。工作应力点在安全区域内距离曲线越远，安全程度越高；反之，则安全程度越低。

4. 材料的简化极限应力线图

图 3-6 所示的极限应力线图，分别按不同的循环特性 r 由试验得出，为二次曲线。为了减少试验量并便于计算，工程上常用折线近似替代二次曲线，将极限应力线图简化，得到简化极限应力线图。考虑一般机械零件的屈服失效问题，极限应力线图的简化方法如下：

1）用 $A'C$ 直线替代曲线 $A'B'F$，如图 3-7 所示。显然，简化后的极限应力线图，其安全区域 $OA'C$ 大大减小，致使不能充分利用材料的强度，造成浪费，

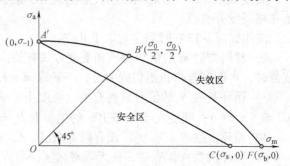

图 3-7 材料的简化极限应力线图之一

因此，该种方法一般不采用。

2）用 $A'D'C$ 折线替代曲线 $A'B'F$，如图 3-8 所示。因 $D'C$ 线为屈服极限曲线，所以，由此获得的简化极限应力线图，其安全区域包括疲劳和屈服安全区。简化后的极限应力线图，其安全区域 OA' $D'C$ 也大为减小，该种方法一般也不采用。

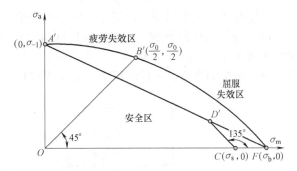

图 3-8　材料的简化极限应力线图之二

3）用 $A'B'$、$D'C$ 两直线替代曲线 $A'B'F$，如图 3-9 所示。具体方法是：由屈服极限点 C 作与 σ_m 轴成 135°夹角的斜直线与 $A'B'$ 连线的延长线交于 D' 点，得到折线 $A'B'D'C$，来替代曲线 $A'B'F$。可见，简化极限应力线图不仅使曲线简化为折线，而且安全区域 $OA'D'C$ 与原安全区域 $OA'B'F$ 非常接近，材料的强度可以得到较好的利用。此即常用的简化极限应力线图。

作材料的简化极限应力线图，只需已知材料的对称循环疲劳极限 σ_{-1}、脉动循环疲劳极限 σ_0 和屈服极限 σ_s 三个值即

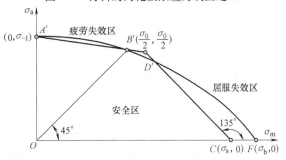

图 3-9　材料的简化极限应力线图之三

可，而这三个值可由试验得到。因此仅利用几个已知常用试验数据就可以求出各种循环特性 r 时的极限应力，简便可行。

在简化极限应力线图 3-9 中，直线 $A'D'$ 上的任何一点（σ'_m，σ'_a）都对应某一循环特性 r 的疲劳极限 σ_r，而直线 $D'C$ 上的任何一点（σ'_m，σ'_a）均对应屈服极限 σ_s。

直线 $A'D'$ 的方程可由已知 A'（0，σ_{-1}）、$B'\left(\dfrac{\sigma_0}{2}, \dfrac{\sigma_0}{2}\right)$ 两点的坐标求得。即

$$\sigma'_a = -\varphi_\sigma \sigma'_m + \sigma_{-1}$$

或

$$\sigma_{-1} = \varphi_\sigma \sigma'_m + \sigma'_a \tag{3-14}$$

直线 $D'C$ 的方程则为

$$\sigma'_a + \sigma'_m = \sigma_s \tag{3-15}$$

式中　σ'_m——试件受循环变应力时疲劳极限的平均应力值；

σ'_a——试件受循环变应力时疲劳极限的应力幅值；

φ_σ——试件受循环变应力时的材料常数，其值由下式确定

$$\varphi_\sigma = \frac{2\sigma_{-1} - \sigma_0}{\sigma_0} \tag{3-16}$$

根据试验：对于碳钢，$\varphi_\sigma = 0.1 \sim 0.2$；对于合金钢，$\varphi_\sigma = 0.2 \sim 0.3$。

当作用切应力时，只需将上述诸式中的正应力 σ 替换为切应力 τ 即可。

三、机械零件的疲劳强度计算

1. 影响机械零件疲劳极限的主要因素

影响机械零件疲劳极限的因素很多，除了前面提到的材料性能、循环特性和应力循环次

数之外，主要有零件几何形状变化引起的应力集中、绝对尺寸、表面加工质量、表面强化工艺、环境介质、加载顺序等，其中前四种因素最为重要。

（1）应力集中的影响　在机械零件剖面的几何形状和尺寸突然变化之处，如孔、圆角、键槽和螺纹等，局部应力要远远大于名义应力，这种现象称为应力集中，如图 3-10 所示。由于应力集中的存在，零件的疲劳极限小于材料试件的疲劳极限。

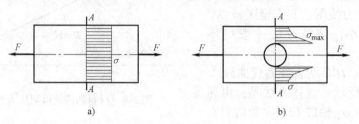

图 3-10　几何尺寸变化引起应力集中

a）无几何尺寸变化时 A—A 截面应力分布　　b）几何尺寸变化时 A—A 截面应力分布

理论应力集中系数 α 为

$$\alpha_\sigma = \frac{\sigma_{\max}}{\sigma}, \alpha_\tau = \frac{\tau_{\max}}{\tau} \tag{3-17}$$

式中　$\sigma_{\max}$、$\tau_{\max}$——最大正应力、切应力（MPa）；

　　　　σ、τ——名义正应力、切应力（MPa）。

理论应力集中系数 α 不能直接判断因局部应力使零件疲劳极限降低的具体量，因为对不同材料制成的零件影响不同。实际上，除考虑几何尺寸变化外，还应考虑材料的性质对应力集中的影响。因此，常用有效应力集中系数 k_σ（或 k_τ）来表示疲劳极限的真正降低程度。

$$k_\sigma = \frac{\sigma_{-1}}{\sigma_{-1k}}, k_\tau = \frac{\tau_{-1}}{\tau_{-1k}} \tag{3-18}$$

式中　σ_{-1}、τ_{-1}——无应力集中试件的对称循环正应力、切应力疲劳极限（MPa）；

　　　　σ_{-1k}、τ_{-1k}——有应力集中试件的对称循环正应力、切应力疲劳极限（MPa）。

$$k_\sigma = 1 + q_\sigma(\alpha_\sigma - 1), k_\tau = 1 + q_\tau(\alpha_\tau - 1) \tag{3-19}$$

式中　q_σ、q_τ——材料的敏性系数，表示材料对正应力、切应力应力集中的敏感程度。

在计算有效应力集中系数 k_σ（或 k_τ）时应注意：

1）若 $q = 0$，表明材料对应力集中不敏感，如铸铁。

2）若 $q = 1$，表明材料对应力集中敏感，如合金钢。一般情况下，材料的强度极限 σ_b 越高，其敏性系数越大，对应力集中越敏感。

3）如果同一个计算截面上同时有几个应力集中源，在进行强度计算时，应采用其中最大有效应力集中系数 k 值。

（2）绝对尺寸的影响　当其他条件相同时，机械零件截面的绝对尺寸越大，材料晶粒相对越粗，出现缺陷的概率就越大，另外机械加工后表面冷作硬化层相对较薄、疲劳裂纹容易形成，故其疲劳极限越低。截面绝对尺寸对疲劳极限的影响，通常用绝对尺寸系数 ε_σ（或 ε_τ）来表示。

$$\varepsilon_\sigma = \frac{\sigma_{-1d}}{\sigma_{-1}}, \varepsilon_\tau = \frac{\tau_{-1d}}{\tau_{-1}} \tag{3-20}$$

式中　σ_{-1d}、τ_{-1d}——直径为 d 的无应力集中试件的对称循环正应力、切应力疲劳极限（MPa）；

σ_{-1}、τ_{-1}——标准试件的对称循环正应力、切应力疲劳极限（MPa）。

（3）表面加工质量的影响　当其他条件相同时，机械零件表面加工的光滑程度，影响零件的疲劳极限。表面加工质量对疲劳极限的影响，通常用表面质量系数 β_σ（或 β_τ）来表示。

$$\beta_\sigma = \frac{\sigma_{-1\beta}}{\sigma_{-1}}, \beta_\tau = \frac{\tau_{-1\beta}}{\tau_{-1}} \tag{3-21}$$

式中　$\sigma_{-1\beta}$、$\tau_{-1\beta}$——某种表面质量试件的对称循环正应力、切应力疲劳极限（MPa）；

σ_{-1}、τ_{-1}——标准试件的对称循环正应力、切应力疲劳极限（MPa）。

（4）表面强化处理的影响　当其他条件相同时，机械零件表面经过各种强化处理，如喷丸、表面热处理或表面化学处理等，可以提高零件的疲劳极限。表面强化处理对疲劳极限的影响，通常用表面强化系数 β_q 来表示。

$$\beta_q = \frac{\sigma_{-1q}}{\sigma_{-1}}\left(或 \frac{\tau_{-1q}}{\tau_{-1}}\right) \tag{3-22}$$

式中　σ_{-1q}、τ_{-1q}——经过表面强化处理试件的对称循环正应力、切应力疲劳极限（MPa）；

σ_{-1}、τ_{-1}——未经表面强化处理的标准试件的对称循环正应力、切应力疲劳极限（MPa）。

有效应力集中系数 k_σ（或 k_τ）、绝对尺寸系数 ε_σ（或 ε_τ）、表面质量系数 β_σ（或 β_τ）和表面强化系数 β_q 的数值可在本书附录或有关设计手册中查得。

以上诸多因素的综合影响，可用一个综合影响系数 K_σ（或 K_τ）来表示。即

$$K_\sigma = \left(\frac{k_\sigma}{\varepsilon_\sigma} + \frac{1}{\beta_\sigma} - 1\right)\frac{1}{\beta_q}, K_\tau = \left(\frac{k_\tau}{\varepsilon_\tau} + \frac{1}{\beta_\tau} - 1\right)\frac{1}{\beta_q} \tag{3-23}$$

由实验得知，应力集中、尺寸大小和表面质量状态主要对机械零件变应力的应力幅部分产生影响，而对平均应力没有明显的影响。

2. 机械零件的疲劳极限及极限应力线图

考虑到应力集中、尺寸大小和表面质量及强化因素对变应力的应力幅部分产生的影响，机械零件的疲劳极限均小于相同材料标准试件的疲劳极限。当已知某机械零件的综合影响系数 K_σ 和相同材料的疲劳极限 σ_{-1} 时，就可以估算出该机械零件的对称循环疲劳极限 σ_{-1e}。即

$$\sigma_{-1e} = \frac{\sigma_{-1}}{K_\sigma} \tag{3-24}$$

对于非对称循环变应力，只将材料的极限应力幅降低，如脉动循环变应力，机械零件的疲劳极限 σ_{0e} 为

$$\sigma_{0e} = \frac{\sigma_0}{2} + \frac{\sigma_0}{2K_\sigma} \tag{3-25}$$

在图 3-9 所示材料的简化极限应力线图中，将对称循环疲劳极限点 A' 下移至点 A，其坐标为 $\left(0, \frac{\sigma_{-1}}{K_\sigma}\right)$；脉动循环疲劳极限点 B' 下移至点 B，其坐标为 $\left(\frac{\sigma_0}{2}, \frac{\sigma_0}{2K_\sigma}\right)$，成为如图 3-11 所示的直线 ABD，而另一直线是屈服极限应力线，按静应力考虑的，

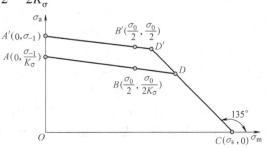

图 3-11　机械零件的简化极限应力线图（$N \geqslant N_0$）

故不需要修正。图 3-11 所示的折线 ADC 即为机械零件的简化极限应力线图。

直线 AD 的方程可由已知的 $A\left(0, \dfrac{\sigma_{-1}}{K_\sigma}\right)$、$B\left(\dfrac{\sigma_0}{2}, \dfrac{\sigma_0}{2K_\sigma}\right)$ 两点坐标求得。即

$$\sigma_{-1e} = \frac{\sigma_{-1}}{K_\sigma} = \sigma_{ae} + \varphi_{\sigma e}\sigma_{me}$$

或
$$\sigma_{-1} = K_\sigma \sigma_{ae} + \varphi_\sigma \sigma_{me} \tag{3-26}$$

直线 DC 的方程则为

$$\sigma_{ae} + \sigma_{me} = \sigma_s \tag{3-27}$$

式中　σ_{me}——机械零件受循环变应力时疲劳极限的平均应力值；

σ_{ae}——机械零件受循环变应力时疲劳极限的应力幅值；

$\varphi_{\sigma e}$——机械零件受循环变应力时的材料常数，其值由下式计算

$$\varphi_{\sigma e} = \frac{\varphi_\sigma}{K_\sigma} = \frac{1}{K_\sigma}\frac{2\sigma_{-1} - \sigma_0}{\sigma_0} \tag{3-28}$$

当应力循环次数 $N < N_0$ 时，寿命系数 $K_N > 1$，对应力幅和平均应力均产生影响，简化极限应力线图中 A、B 点的纵、横坐标值均应进行修正，即 $A\left(0, \dfrac{K_N\sigma_{-1}}{K_\sigma}\right)$、$B\left(\dfrac{K_N\sigma_0}{2}, \dfrac{K_N\sigma_0}{2K_\sigma}\right)$，其简化极限应力线图如图 3-12 所示。

机械零件对称循环 N 次的疲劳极限 σ_{-1Ne} 为

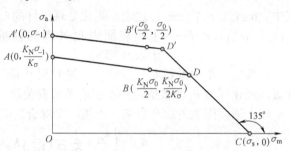

图 3-12　机械零件的简化极限应力线图（$N < N_0$）

$$\sigma_{-1Ne} = \frac{\sigma_{-1N}}{K_\sigma} = \frac{K_N\sigma_{-1}}{K_\sigma} \tag{3-29}$$

直线 AD 的方程为

$$\sigma_{-1Ne} = \frac{K_N\sigma_{-1}}{K_\sigma} = \varphi_{\sigma e}\sigma_{me} + \sigma_{ae}$$

或
$$\sigma_{-1N} = K_\sigma \sigma_{ae} + \varphi_\sigma \sigma_{me} \tag{3-30}$$

直线 DC 的方程则为

$$\sigma_{ae} + \sigma_{me} = \sigma_s \tag{3-31}$$

同样，对于作用切应力时，类比式（3-24）～式（3-31），并将正应力 σ 替换为切应力 τ 即可。

3. 单向稳定变应力时机械零件的疲劳强度计算

在进行机械零件的疲劳强度计算时，首先求出机械零件危险截面上的最大工作应力 σ_{max} 和最小工作应力 σ_{min}，据此计算工作平均应力 σ_m 和工作应力幅 σ_a，然后在零件的简化极限应力线图中即可确定对应于 σ_m 和 σ_a 的工作应力点 M（或 N），如图 3-13 所示。其次确定与工作应力点 M（或 N）相对应的极限应力点在曲线上的位置 M_1（或 N_1）及其坐标值（σ_{me}, σ_{ae}），两者相加即可求出与工作应力点 M（或 N）相对应的极限应力值 σ_{re}。

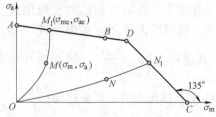

图 3-13　工作应力点 M 在极限应力线图坐标中的位置

于是，机械零件的安全系数及强度条件为

$$S_\sigma = \frac{\sigma_{\lim}}{\sigma_{\max}} = \frac{\sigma_{re}}{\sigma_{\max}} = \frac{\sigma_{me} + \sigma_{ae}}{\sigma_m + \sigma_a} \geqslant [S_\sigma] \tag{3-32}$$

式中　σ_{re}——机械零件的极限应力（MPa），$\sigma_{re} = \sigma_{me} + \sigma_{ae}$；

　　　S_σ——机械零件的计算安全系数；

　　　$[S_\sigma]$——机械零件的许用安全系数。

如何确定极限应力点 M_1（或 N_1）在曲线上的位置是进行强度计算的关键，其方法与应力的变化规律有关。根据机械零件上载荷的变化规律和零件与相邻零件之间相互约束的情况，可能发生的应力变化规律有三种典型的情况，现分述如下。

（1）循环特性 r = 常数　例如，转轴中的弯曲应力状态为对称循环，不论应力值多大，总有 $r = -1$。

如图 3-14 所示，从原点 O 过工作应力点 M 作射线，其上任何一点所代表的 r 均相同。由于

$$r = \frac{\sigma_{\min}}{\sigma_{\max}} = \frac{\sigma_m - \sigma_a}{\sigma_m + \sigma_a} = \frac{1 - \tan\alpha}{1 + \tan\alpha} = 常数$$

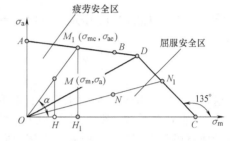

图 3-14　循环特性 r = 常数时的极限应力线图

所以，射线 OM 与极限应力线 AD 的交点为 M_1，即为工作应力点 M 对应的极限应力点。同理，射线 ON 与极限应力线的交点 N_1 即为工作应力点 N 对应的极限应力点。当工作应力点位于 OAD 区域时，极限应力点位于疲劳极限线 AD 上，零件可能发生的是疲劳失效；当工作应力点位于 ODC 区域时，极限应力点位于屈服极限线 CD 上，零件可能发生的是屈服失效。因此，称 OAD 区域为疲劳安全区，ODC 区域为屈服安全区。

1）疲劳安全系数计算。当零件的工作应力点位于 OAD 疲劳安全区时，对应的极限应力点位于疲劳极限线 AD 上，极限应力值为疲劳极限，其安全系数即疲劳安全系数。安全系数的计算方法分为计算法和图解法。

① 计算法。如图 3-14 所示，工作应力点 M 位于疲劳安全区，其极限应力点 M_1 位于疲劳极限线 AD 上，将直线 AD 与 OM 的方程联立，即可求出极限应力点 M_1 的坐标值（σ_{me}，σ_{ae}），两者相加即为与工作应力点 M 相对应的零件的疲劳极限 σ_{re}。

直线 AD 方程　$\sigma_{-1N} = K_\sigma \sigma_{ae} + \varphi_\sigma \sigma_{me}$

直线 OM 方程　$\sigma_{me} = \dfrac{\sigma_m}{\sigma_a}\sigma_{ae}$

联立解得

极限平均应力

$$\sigma_{me} = \frac{K_N \sigma_{-1} \sigma_m}{K_\sigma \sigma_a + \varphi_\sigma \sigma_m} \tag{3-33}$$

极限应力幅

$$\sigma_{ae} = \frac{K_N \sigma_{-1} \sigma_a}{K_\sigma \sigma_a + \varphi_\sigma \sigma_m} \tag{3-34}$$

疲劳极限

$$\sigma_{re} = \sigma_{me} + \sigma_{ae} = \frac{K_N \sigma_{-1} \sigma_{\max}}{K_\sigma \sigma_a + \varphi_\sigma \sigma_m} \tag{3-35}$$

将 σ_{re} 代入式（3-32）得零件的疲劳安全系数及强度条件为

$$S_\sigma = \frac{K_N \sigma_{-1}}{K_\sigma \sigma_a + \varphi_\sigma \sigma_m} \geqslant [S_\sigma] \tag{3-36}$$

分析式（3-36）可知，分子为材料的对称循环疲劳极限 σ_{-1N}，分母为工作应力幅与其综合影响系数的乘积 $K_\sigma\sigma_a$ 再加上平均应力与材料常数的乘积 $\varphi_\sigma\sigma_m$。从实际作用的效果来看，可以把 $\varphi_\sigma\sigma_m$ 看作是一个应力幅，而 φ_σ 是把平均应力 σ_m 折合为相当应力幅的折合系数。因此，$K_\sigma\sigma_a + \varphi_\sigma\sigma_m$ 就相当于一个应力幅，称为当量（或等效）应力幅，可记作 σ_{av}。

$$\sigma_{av} = K_\sigma\sigma_a + \varphi_\sigma\sigma_m \tag{3-37}$$

σ_{av} 就是与原来作用的非对称循环变应力相当（或等效）的对称循环变应力的应力幅。运用此概念，非对称循环变应力均可以转换为当量对称循环变应力。计算安全系数及强度条件为

$$S_\sigma = \frac{K_N\sigma_{-1}}{\sigma_{av}} \geqslant [S_\sigma] \tag{3-38}$$

② 图解法。如图 3-14 所示，根据应力与图中尺寸关系，零件的疲劳安全系数及强度条件为

$$S_\sigma = \frac{\sigma_{re}}{\sigma_{max}} = \frac{\sigma_{me} + \sigma_{ae}}{\sigma_m + \sigma_a} = \frac{\overline{OM_1}}{\overline{OM}} = \frac{\sigma_{ae}}{\sigma_a} = \frac{\overline{M_1H_1}}{\overline{MH}} \geqslant [S_\sigma] \tag{3-39}$$

这种情况下，按最大应力求得的计算安全系数等于按应力幅求得的计算安全系数 S_a。

2）屈服安全系数计算。当零件的工作应力点位于 ODC 屈服安全区时，对应的极限应力点位于屈服极限线 CD 上，极限应力值为屈服极限，其安全系数即屈服安全系数。安全系数的计算方法也分为计算法和图解法。

① 计算法。如图 3-14 所示，工作应力点 N 位于屈服安全区，其极限应力点 N_1 位于屈服极限线 CD 上。因此，极限应力值 $\sigma_{re} = \sigma_s$。

将 σ_{re} 代入式（3-32），屈服安全系数及强度条件为

$$S_\sigma = \frac{\sigma_{re}}{\sigma_{max}} = \frac{\sigma_s}{\sigma_m + \sigma_a} \geqslant [S_\sigma] \tag{3-40}$$

② 图解法。如图 3-14 所示，根据应力与图中尺寸关系，零件的屈服安全系数及强度条件为

$$S_\sigma = \frac{\sigma_{re}}{\sigma_{max}} = \frac{\sigma_{me} + \sigma_{ae}}{\sigma_m + \sigma_a} = \frac{\overline{ON_1}}{\overline{ON}} \geqslant [S_\sigma]$$

（2）平均应力 σ_m = 常数　例如，车辆中减振弹簧的应力状态，由于振动，其应力为循环变应力，但平均应力由车辆的重力产生，重力不变，平均应力则不变。

由于 σ_m 近似为常数，所以如图 3-15 所示，通过工作应力点 M（或 N），平行于纵坐标轴线 σ_a 的直线 MM_1（或 NN_1）上任何一点所代表的应力循环都具有相同的平均应力 σ_m。因此，点 M_1（或 N_1）即为极限应力点。当工作应力点位于 OADD′ 区域时，极限应力点位于疲劳极限线 AD 上；当工作应力点位于 D′DC 区域时，极限应力点位于屈服极限线 CD 上。因此，OADD′ 区域为疲劳安全区，D′DC 区域为屈服安全区。

1）疲劳安全系数计算。如图 3-15 所示，工作应力点 M 位于疲劳安全区，对应的极限应力点位于疲劳极限线 AD 上，极限应力值为疲劳极限，其安全系数即疲劳安全系数。

将直线 AD 与 MM_1 的方程联立，即可

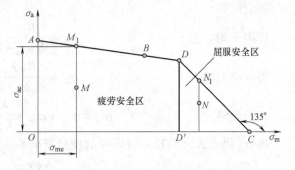

图 3-15　平均应力 σ_m = 常数时的极限应力线图

求出极限应力点 M_1 的坐标值（σ_{me}，σ_{ae}），两者相加即为与工作应力点 M 相对应的零件的疲劳极限 σ_{re}。

直线 AD 方程　$\sigma_{-1N} = K_\sigma \sigma_{ae} + \varphi_\sigma \sigma_{me}$

直线 MM_1 方程　$\sigma_{me} = \sigma_m$

联立解得

极限应力幅

$$\sigma_{ae} = \frac{K_N \sigma_{-1} - \varphi_\sigma \sigma_m}{K_\sigma} \tag{3-41}$$

疲劳极限

$$\sigma_{re} = \sigma_{me} + \sigma_{ae} = \frac{K_N \sigma_{-1} + (K_\sigma - \varphi_\sigma) \sigma_m}{K_\sigma} \tag{3-42}$$

将 σ_{re} 代入式（3-32），求得按最大应力计算的零件疲劳安全系数及强度条件为

$$S_\sigma = \frac{K_N \sigma_{-1} + (K_\sigma - \varphi_\sigma) \sigma_m}{K_\sigma (\sigma_a + \sigma_m)} \geqslant [S_\sigma] \tag{3-43}$$

按应力幅求得的计算安全系数 S_a 及强度条件为

$$S_a = \frac{K_N \sigma_{-1} - \varphi_\sigma \sigma_m}{K_\sigma \sigma_a} \geqslant [S_a] \tag{3-44}$$

2）屈服安全系数计算。如图 3-15 所示，工作应力点 N 位于屈服安全区时，对应的极限应力点位于屈服极限线 CD 上，极限应力值为屈服极限，其安全系数即屈服安全系数。

屈服安全系数及强度条件同式（3-40）。

安全系数的计算，也可以在极限应力线图中量取极限应力点 M_1（或 N_1）的坐标值（σ_{me}，σ_{ae}），并考虑比例尺，图解求出。

（3）最小应力 σ_{min} = 常数　例如，液压缸与缸盖用普通螺栓连接时，螺栓中的应力状态，其最小应力由装配时的预紧力产生，缸体中循环变化的油压产生循环变应力。

由于 $\sigma_{min} = \sigma_m - \sigma_a$ = 常数，所以如图 3-16 所示，通过工作应力点 M（或 N），作与横坐标轴线 σ_m 夹角为 45°的直线 MM_1（或 NN_1），其线上任何一点所代表的应力循环都具有相同的最小应力 σ_{min}。因此，点 M_1（或 N_1）即为极限应力点。

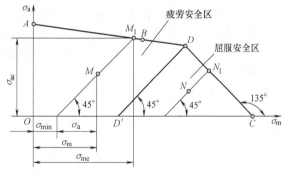

图 3-16　最小应力 σ_{min} = 常数时的极限应力线图

由图 3-16 可知，当工作应力点位于 $OADD'$ 区域时，极限应力点位于疲劳极限线 AD 上；当工作应力点位于 $D'DC$ 区域时，极限应力点位于屈服极限线 CD 上。因此，$OADD'$ 区域为疲劳安全区，$D'DC$ 区域为屈服安全区。

1）疲劳安全系数计算。如图 3-16 所示，工作应力点 M 位于疲劳安全区，对应的极限应力点 M_1 位于疲劳极限线 AD 上，极限应力值为疲劳极限，其安全系数即疲劳安全系数。

将直线 AD 与 MM_1 的方程联立，即可求出极限应力点 M_1 的坐标值（σ_{me}，σ_{ae}），两者相加即为与工作应力点 M 相对应的零件的疲劳极限 σ_{re}。

直线 AD 方程　$\sigma_{-1N} = K_\sigma \sigma_{ae} + \varphi_\sigma \sigma_{me}$

直线 MM_1 方程　$\sigma_{ae} = \sigma_{me} - \sigma_{min}$

联立解得按最大应力计算的零件疲劳安全系数及强度条件为

$$S_\sigma = \frac{2K_N\sigma_{-1} + (K_\sigma - \varphi_\sigma)\sigma_{\min}}{(K_\sigma + \varphi_\sigma)(\sigma_{\min} + 2\sigma_a)} \geqslant [S_\sigma] \tag{3-45}$$

按应力幅求得的计算安全系数 S_a 及强度条件为

$$S_a = \frac{K_N\sigma_{-1} - \varphi_\sigma\sigma_{\min}}{(K_\sigma + \varphi_\sigma)\sigma_a} \geqslant [S_a] \tag{3-46}$$

2）屈服安全系数计算。如图 3-16 所示，工作应力点 N 位于屈服安全区时，对应的极限应力点位于屈服极限线 CD 上。极限应力值为屈服极限，其安全系数即屈服安全系数。

屈服安全系数及强度条件同式（3-40）。

安全系数的计算，也可以在极限应力线图中量出极限应力点 M_1（或 N_1）的坐标值（σ_{me}，σ_{ae}），并考虑比例尺，图解求出。

（4）计算安全系数的注意事项

1）计算法计算安全系数时，因工作应力点所在区域未知，疲劳安全系数和屈服安全系数均需计算，进行比较后取小值作为计算安全系数。

2）若应力循环次数 $N \geqslant N_0$，按无限寿命设计时，只需在以上各计算式中，取寿命系数 $K_N = 1$ 即可。

3）具体设计机械零件时，若难以确定可能的应力变化规律时，在实践中往往按 $r =$ 常数的情况处理，运用相应的计算公式。

4）对于零件受切应力作用时，只需将上述各计算式中的正应力符号 σ 替换为切应力符号 τ 即可。

例 3-1　已知某机械零件材料的对称循环极限应力 $\sigma_{-1} = 180\text{MPa}$，屈服极限 $\sigma_s = 320\text{MPa}$，材料常数 $\varphi_\sigma = 0.2$，综合影响系数 $K_\sigma = 2$，寿命系数 $K_N = 1.2$。

1）作该零件的简化极限应力线图。

2）若工作应力点 M 的平均应力 $\sigma_m = 50\text{MPa}$，应力幅 $\sigma_a = 70\text{MPa}$，$r =$ 常数，计算该零件的极限平均应力、极限应力幅、极限应力及安全系数。

3）当循环特性分别为 $r = 0.2$ 和 0.6，并且要求许用安全系数 $[S_\sigma] = 2$ 时，计算该零件能承受的最大应力 $\sigma_{\max}$。

解　1）确定脉动循环极限应力 σ_0。

因为

$$\varphi_\sigma = \frac{2\sigma_{-1} - \sigma_0}{\sigma_0}$$

所示

$$\sigma_0 = \frac{2\sigma_{-1}}{1 + \varphi_\sigma} = 300\text{MPa}$$

对称循环极限应力点 A 的坐标值为 $\left(0, \dfrac{K_N\sigma_{-1}}{K_\sigma}\right)$，即 $(0, 108)$。

脉动循环极限应力点 B 的坐标值为 $\left(\dfrac{K_N\sigma_0}{2}, \dfrac{K_N\sigma_0}{2K_\sigma}\right)$，即 $(180, 90)$。

屈服极限应力点 C 的坐标值为 $(\sigma_s, 0)$，即 $(320, 0)$。

根据 A、B、C 三点的坐标值作零件的简化极限应力线图，如图 3-17 所示。

2）工作应力点 M 的坐标值为 $(50, 70)$，计算法分别应用式（3-33）~式

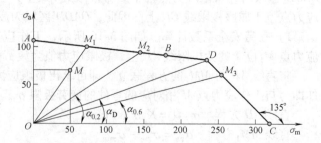

图 3-17　例 3-1 题图

（3-36）、式（3-40）计算，得

极限平均应力　$\sigma_{me} = \dfrac{K_N \sigma_{-1} \sigma_m}{K_\sigma \sigma_a + \varphi_\sigma \sigma_m} = \dfrac{1.2 \times 180 \times 50}{2 \times 70 + 0.2 \times 50}\text{MPa} = 72\text{MPa}$

极限应力幅　$\sigma_{ae} = \dfrac{K_N \sigma_{-1} \sigma_a}{K_\sigma \sigma_a + \varphi_\sigma \sigma_m} = \dfrac{1.2 \times 180 \times 70}{2 \times 70 + 0.2 \times 50}\text{MPa} = 100.8\text{MPa}$

疲劳极限应力　$\sigma_{re} = \sigma_{me} + \sigma_{ae} = 72\text{MPa} + 100.8\text{MPa} = 172.8\text{MPa}$

疲劳安全系数　$S_\sigma = \dfrac{\sigma_{re}}{\sigma_{max}} = \dfrac{172.8}{50 + 70} = 1.44$

屈服安全系数　$S_\sigma = \dfrac{\sigma_s}{\sigma_{max}} = \dfrac{320}{50 + 70} = 2.67$

该零件的安全系数为 $S_\sigma = \min\{1.44, 2.67\} = 1.44$，为疲劳安全系数，表明该零件可能的失效形式为疲劳失效。

安全系数也可图解求得。如图 3-17 所示，工作应力点 M 及对应的极限应力点 M_1。极限应力点 M_1 在疲劳极限线上，所以该零件可能的失效形式为疲劳失效，从图中量取尺寸，其疲劳安全系数为

$$S_\sigma = \frac{\sigma_{re}}{\sigma_{max}} = \frac{\overline{OM_1}}{\overline{OM}} = 1.44$$

3）由于疲劳极限线 AD 与屈服极限线 CD 的交点 D 的坐标值，可通过式（3-30）和式（3-31）联立求解出其坐标值为（235.56，84.44），所以疲劳安全区和屈服安全区的分界线 OD 的斜率为

$$\tan\alpha_D = \frac{84.44}{235.56} = 0.3685$$

① 当循环特性 $r = 0.2$ 时，从坐标原点 O 对应 $r = 0.2$ 直线 OM_2 的斜率为

$$\tan\alpha_{0.2} = \frac{\sigma_a}{\sigma_m} = \frac{\sigma_{max} - \sigma_{min}}{\sigma_{max} + \sigma_{min}} = \frac{1-r}{1+r} = \frac{1-0.2}{1+0.2} \approx 0.6667 > \tan\alpha_D$$

所以，对应的极限应力点 M_2 位于疲劳极限线 AD 上。由式（3-30）与 $\tan\alpha_{0.2} = \dfrac{\sigma_{ae}}{\sigma_{me}} = 0.6667$ 联立求解，得极限应力点 M_2 的坐标值

极限平均应力　$\sigma_{me} = \dfrac{K_N \sigma_{-1}}{K_\sigma \tan\alpha_{0.2} + \varphi_\sigma} = \dfrac{216\text{MPa}}{2 \times 0.6667 + 0.2} \approx 140.86\text{MPa}$

极限应力幅　$\sigma_{ae} = \sigma_{me}\tan\alpha_{0.2} = 140.86 \times 0.6667\text{MPa} \approx 93.91\text{MPa}$

疲劳极限应力　$\sigma_{re} = \sigma_{me} + \sigma_{ae} = 140.86\text{MPa} + 93.91\text{MPa} = 234.77\text{MPa}$

按安全系数 $[S_\sigma] = 2$，该零件能承受的最大应力

$$\sigma_{max} = \frac{\sigma_{re}}{[S_\sigma]} = \frac{234.77}{2}\text{MPa} = 117.385\text{MPa}$$

② 当循环特性 $r = 0.6$ 时，从坐标原点 O 对应 $r = 0.6$ 直线 OM_3 的斜率为

$$\tan\alpha_{0.6} = \frac{\sigma_a}{\sigma_m} = \frac{\sigma_{max} - \sigma_{min}}{\sigma_{max} + \sigma_{min}} = \frac{1-r}{1+r} = \frac{1-0.6}{1+0.6} = 0.25 < \tan\alpha_D$$

所以，对应的极限应力点 M_3 位于屈服极限线 CD 上，极限应力 $\sigma_{re} = \sigma_s$。

按安全系数 $[S_\sigma] = 2$，该零件能承受的最大应力

$$\sigma_{max} = \frac{\sigma_{re}}{[S_\sigma]} = \frac{\sigma_s}{[S_\sigma]} = \frac{320}{2}\text{MPa} = 160\text{MPa}$$

零件能承受的最大应力 $\sigma_{\max}$ 也可用图解法求解。如图 3-17 所示，根据 $\alpha_{0.2} \approx 33.69°$ 作直线 OM_2 与疲劳极限线 AD 相交于 M_2，量得极限应力点 M_2 的纵、横坐标值相加，即为 $r = 0.2$ 时的极限应力，且为疲劳极限应力 $\sigma_{re} = 234.77\text{MPa}$；根据 $\alpha_{0.6} \approx 14.04°$ 作直线 OM_3 与屈服极限线 CD 相交于 M_3，所以 $r = 0.6$ 时的极限应力为屈服极限应力 $\sigma_{re} = \sigma_s$。当许用安全系数 $[S_\sigma] = 2$ 时，该零件能承受的最大应力按下式计算

$$\sigma_{\max} = \frac{\sigma_{re}}{[S_\sigma]}$$

4. 单向非稳定变应力时机械零件的疲劳强度计算

（1）非稳定变应力的种类　非稳定变应力分为随机变应力和规律性非稳定变应力两大类。

随机变应力参数的变化受到许多因素的影响而随机变化，如图 3-1f 所示。例如，车辆的钢板弹簧，就是承受非规律性不稳定变应力作用的典型零件，在其上作用的载荷和应力的大小，受到载重量的大小、路面状况、行车速度、轮胎的气压以及驾驶人员的技术水平等一系列因素的影响。对于这类问题，可以根据大量的试验数据，获得载荷和应力的统计分布规律，再利用随机振动理论来解决。

规律性非稳定变应力的参数是按一定规律变化的，如图 3-1e 所示。例如，汽车、拖拉机或机床变速箱中的轴，就是承受近似于规律性非稳定变应力作用的零件。对于这类问题，通常是根据疲劳损伤累积假说（称为 Miner 理论）进行疲劳强度计算。本章仅讨论这类问题。

（2）疲劳损伤累积假说　疲劳损伤累积理论认为，在变应力作用下，疲劳裂纹形成和扩展的过程中，材料或零件内部的损伤是逐渐积累的，当损伤累积到一定程度时，就会发生疲劳破坏。根据这一理论，材料或零件的疲劳强度计算，应以疲劳损伤累积假说为依据。

为了说明材料或零件在不稳定变应力作用下的疲劳损伤累积，以多级应力作用下的情况为例来讨论。图 3-18a 所示为一规律性非稳定变应力的直方图。其中对称循环变应力的最大应力（或非对称循环变应力的当量对称循环变应力的应力幅）σ_1 作用了 n_1 次，σ_2 作用了 n_2 次，σ_3 作用了 n_3 次等。如图 3-18b 所示，在 σ_{-1N}-N 曲线上，仅在应力 σ_1、σ_2、σ_3 等作用下的有限寿命循环次数分别为 N_1、N_2、N_3 等。假设大于疲劳极限 σ_{-1} 的各应力，每循环一次都对材料的破坏产生相同的作用，则应力 σ_1 每循环一次对材料的损伤率为 $\dfrac{1}{N_1}$，循环作用了 n_1 次的应力 σ_1 对材料的损伤率为 $\dfrac{n_1}{N_1}$。以此类推，循环作用了 n_2 次的应力 σ_2 对材料的损伤

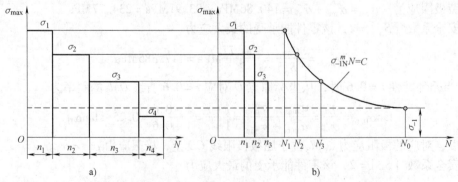

图 3-18　规律性非稳定变应力及其在 σ_{-1N}-N 曲线上的表示

a) 规律性非稳定变应力直方图　b) 规律性非稳定变应力在 σ_{-1N}-N 曲线上的表示

率为$\frac{n_2}{N_2}$等。小于疲劳极限σ_{-1}的应力，如σ_4，因为可以作用无限多次而不引起疲劳破坏，即小于持久疲劳极限σ_{-1}的应力对材料不起损伤作用，故计算时可以不予考虑。

当损伤率总和达到100%时，材料发生疲劳破坏，即对应于极限状态

$$\frac{n_1}{N_1} + \frac{n_2}{N_2} + \frac{n_3}{N_3} = 1$$

一般通式写为

$$\sum_{i=1}^{z} \frac{n_i}{N_i} = 1 \tag{3-47}$$

式中　z——对材料产生损伤作用的应力个数。

式（3-47）称为线性疲劳损伤累积假说（Miner 理论）的方程式。

大量试验表明，试验结果与式（3-47）的计算结果并不完全相符。这是由于各个应力σ_i对材料的疲劳损伤相互干扰并不独立，且各个应力σ_i大小的作用顺序对材料的疲劳损伤也有明显的影响，使得零件断裂时的实际总损伤率不总是等于1，其变化范围如下：

$$\sum_{i=1}^{z} \frac{n_i}{N_i} = 0.7 \sim 2.2 \tag{3-48}$$

1）当各个作用应力σ_i先大后小依次作用时，式（3-48）中等号右边的值小于1，表示应力每一次循环对材料的实际损伤率大于$\frac{1}{N_i}$，递减的变应力易产生破坏。这可解释为：使初始裂纹产生及扩展所需的应力大小是不同的，由于首先作用了最大变应力，引起了疲劳裂纹，在以后施加的应力虽然较小，但应力集中仍然能够使裂纹扩展，对材料有削弱作用。

2）当各个作用应力σ_i先小后大依次作用时，式（3-48）中等号右边的值大于1，表示应力每一次循环对材料的实际损伤率小于$\frac{1}{N_i}$，递升的变应力不易产生破坏。这可解释为：由于先施加较小的应力对材料不但没有产生初始裂纹，而且起到了强化作用。

3）当各个作用应力σ_i无很大差别和无短时的强烈过载或σ_i随机作用时，疲劳损伤积累假说是正确的。由于疲劳试验的数据具有较大的离散性，从平均的意义上来说，设计中应用式（3-47）还是可以得出较为合理的结果。因此，式（3-47）是粗略计算规律性非稳定变应力下零件寿命及其安全性的常用计算公式。

（3）规律性非稳定变应力时的疲劳强度计算　根据式（3-10′）可得

$$N_1 = N_0 \left(\frac{\sigma_{-1}}{\sigma_1} \right)^m, \ N_2 = N_0 \left(\frac{\sigma_{-1}}{\sigma_2} \right)^m, \ \cdots, \ N_i = N_0 \left(\frac{\sigma_{-1}}{\sigma_i} \right)^m, \ \cdots N_z = N_0 \left(\frac{\sigma_{-1}}{\sigma_z} \right)^m$$

将N_1、N_2、$\cdots$、N_i、$\cdots$、N_z代入式（3-47），即可得到规律性非稳定变应力时的极限条件

$$\frac{1}{N_0 \sigma_{-1}^m}(n_1 \sigma_1^m + n_2 \sigma_2^m + \cdots + n_z \sigma_z^m) = \frac{\sum_{i=1}^{z} n_i \sigma_i^m}{N_0 \sigma_{-1}^m} = 1$$

若在各个应力σ_i作用下，材料未达到破坏状态时，则

$$\frac{\sum_{i=1}^{z} n_i \sigma_i^m}{N_0 \sigma_{-1}^m} < 1 \quad 或 \quad \sqrt[m]{\frac{1}{N_0} \sum_{i=1}^{z} n_i \sigma_i^m} < \sigma_{-1} \tag{3-49}$$

令

$$\sigma_{\text{ca}} = \sqrt[m]{\frac{1}{N_0} \sum_{i=1}^{z} n_i \sigma_i^m} \tag{3-50}$$

σ_{ca} 称为规律性非稳定变应力的计算应力，则式（3-49）表示为

$$\sigma_{ca} < \sigma_{-1} \tag{3-51}$$

计算安全系数 S_σ 及强度条件式为

$$S_\sigma = \frac{\sigma_{-1}}{\sigma_{ca}} \geqslant [S_\sigma] \tag{3-52}$$

应用以上各式进行零件的强度计算时，应注意以下问题：

1）当应力 σ_i 为对称循环变应力时，将其乘以零件的综合影响系数 K_σ 进行修正；当应力 σ_i 为非对称循环变应力时，先按式（3-37）计算出各当量的对称循环变应力幅 σ_{av1}、σ_{av2}、…、σ_{avi}，然后再利用式（3-50）和式（3-52）进行计算。

2）若作用切应力时，只需将正应力 σ 替换为切应力 τ 即可。

例3-2 图3-19a所示为一45钢制成的转轴，承受循环变载荷。危险截面 A—A 上作用的对称循环弯曲变应力及其相应的循环次数如图3-19b所示。转轴经调质处理后，其机械性能为 $\sigma_{-1} = 310\text{MPa}$，$N_0 = 5 \times 10^6$，综合影响系数 $K_\sigma = 2$，取许用安全系数 $[S_\sigma] = 1.2$。试计算该轴在应力 σ_1 和 σ_2 作用下的安全系数并判断其安全性。如果再作用应力 σ_3，那么该轴破坏时还能再循环的次数 n_3 是多少？

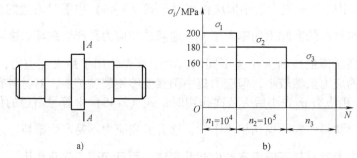

图3-19　转轴及其上作用的应力示意图（例3-2题图）

a）转轴　b）规律性不稳定变应力示意图

解　将作用在零件上的各个应力转化为作用在材料上的各个最大应力。即

$$K_\sigma \sigma_1 [S_\sigma] = 2 \times 200\text{MPa} \times 1.2 = 480\text{MPa} > \sigma_{-1}$$
$$K_\sigma \sigma_2 [S_\sigma] = 2 \times 180\text{MPa} \times 1.2 = 432\text{MPa} > \sigma_{-1}$$
$$K_\sigma \sigma_3 [S_\sigma] = 2 \times 160\text{MPa} \times 1.2 = 384\text{MPa} > \sigma_{-1}$$

应力 σ_1、σ_2、σ_3 的作用对轴均有疲劳损伤，均应考虑。

该轴上作用对称循环弯曲变应力，取 $m = 9$。

根据式（3-50），在 σ_1、σ_2 作用下，该转轴计算应力为

$$\sigma_{ca} = \sqrt[m]{\frac{1}{N_0} \sum_{i=1}^{z} n_i (K_\sigma \sigma_i)^m} = \sqrt[9]{\frac{1}{5 \times 10^6} [10^4 \times (2 \times 200)^9 + 10^5 \times (2 \times 180)^9]} \text{MPa} \approx 239.12\text{MPa}$$

根据式（3-52），该转轴的计算安全系数为

$$S_\sigma = \frac{\sigma_{-1}}{\sigma_{ca}} = \frac{310}{239.12} = 1.3 \geqslant [S_\sigma] = 1.2$$

所以，该转轴是安全的。

根据式（3-10'），计算材料分别对应于 σ_1、σ_2、σ_3 的循环次数

$$N_1 = N_0 \left(\frac{\sigma_{-1}}{K_\sigma \sigma_1 [S_\sigma]} \right)^m = 5 \times 10^6 \times \left(\frac{310}{2 \times 200 \times 1.2} \right)^9 = 0.0977 \times 10^6$$

$$N_2 = N_0 \left(\frac{\sigma_{-1}}{K_\sigma \sigma_2 [S_\sigma]} \right)^m = 5 \times 10^6 \times \left(\frac{310}{2 \times 180 \times 1.2} \right)^9 = 0.2523 \times 10^6$$

$$N_3 = N_0 \left(\frac{\sigma_{-1}}{K_\sigma \sigma_3 [S_\sigma]} \right)^m = 5 \times 10^6 \times \left(\frac{310}{2 \times 160 \times 1.2} \right)^9 = 0.7282 \times 10^6$$

根据式（3-47）有

$$\frac{10^4}{0.0977 \times 10^6} + \frac{10^5}{0.2523 \times 10^6} + \frac{n_3}{0.7282 \times 10^6} = 1$$

则
$$n_3 = 0.7282 \times 10^6 \times \left(1 - \frac{10^4}{0.0977 \times 10^6} - \frac{10^5}{0.2523 \times 10^6} \right) = 0.365 \times 10^6$$

即该转轴再作用 $\sigma_3 = 160\text{MPa}$ 的对称循环变应力，估计尚可承受 0.365×10^6 次应力循环。

实际上，该转轴再工作的循环次数不会准确地等于上述的计算值。若按式（3-48）考虑，则 n_3 将大致在 $0.1466 \times 10^{6\prime} \sim 1.2389 \times 10^{6\prime}$ 范围中。

5. 双向（复合）稳定变应力时机械零件的疲劳强度计算

零件上作用的双向应力，有弯扭组合、拉扭组合等。转轴是最典型的承受弯扭组合双向应力作用的零件。

对于钢材（塑性材料）制作的零件，同时承受同周期、同相位的对称循环双向稳定变应力 σ_a、τ_a 作用时，经过试验得出极限应力关系式为

$$\left(\frac{\sigma_{ae}}{\sigma_{-1e}} \right)^2 + \left(\frac{\tau_{ae}}{\tau_{-1e}} \right)^2 = 1 \tag{3-53}$$

式中 σ_{ae}、τ_{ae}——零件上同时作用的正应力和切应力应力幅的极限值，一般未知；

σ_{-1e}、τ_{-1e}——零件的对称循环正应力和切应力的疲劳极限值，一般由试验得知。

如图3-20所示，在 $\frac{\sigma_a}{\sigma_{-1e}} \sim \frac{\tau_a}{\tau_{-1e}}$ 坐标系中，式（3-53）对应的曲线是一个单位椭圆。圆弧 AB 上任何一点都代表一对极限应力 σ_{ae}、τ_{ae}。圆弧内的区域为疲劳安全区。由于应力是对称循环变应力，故应力幅即为最大应力。若作用于零件上的应力幅 σ_a、τ_a 在坐标中用工作应力点 M 表示，可知此工作应力点 M 位于极限圆以内的疲劳安全区，所以可能是安全的。从原点 O 作直线 OM 与极限圆弧 AB 交于点 M_1，则零件双向应力的复合计算安全系数为

$$S = \frac{\overline{OM_1}}{\overline{OM}} = \frac{\overline{OE_1}}{\overline{OE}} = \frac{\overline{OF_1}}{\overline{OF}} \tag{3-54}$$

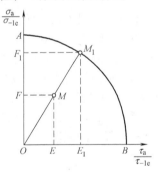

图3-20 双向应力状态下的极限应力线图

其中，各线段的长度分别为 $\overline{OF_1} = \frac{\sigma_{ae}}{\sigma_{-1e}}$、$\overline{OF} = \frac{\sigma_a}{\sigma_{-1e}}$、$\overline{OE_1} = \frac{\tau_{ae}}{\tau_{-1e}}$、$\overline{OE} = \frac{\tau_a}{\tau_{-1e}}$，代入式（3-54）得

$$\frac{\sigma_{ae}}{\sigma_{-1e}} = S \frac{\sigma_a}{\sigma_{-1e}}, \quad \frac{\tau_{ae}}{\tau_{-1e}} = S \frac{\tau_a}{\tau_{-1e}}$$

即
$$\sigma_{ae} = S\sigma_a, \tau_{ae} = S\tau_a \tag{3-55}$$

将式（3-55）代入式（3-53），得

$$\left(\frac{S\sigma_a}{\sigma_{-1e}} \right)^2 + \left(\frac{S\tau_a}{\tau_{-1e}} \right)^2 = 1 \tag{3-53$\prime$}$$

从强度计算的角度来看，$\frac{\sigma_{-1e}}{\sigma_a} = \frac{\sigma_{-1}}{K_\sigma \sigma_a} = S_\sigma$，是零件上仅受正应力 σ_a 时的计算安全系

数，而 $\dfrac{\tau_{-1e}}{\tau_a} = \dfrac{\tau_{-1}}{K_\tau \tau_a} = S_\tau$，是零件上仅受切应力 τ_a 时的计算安全系数，则上式可写为

$$\left(\frac{S}{S_\sigma}\right)^2 + \left(\frac{S}{S_\tau}\right)^2 = 1 \tag{3-53''}$$

故承受对称循环双向稳定变应力时的复合计算安全系数及强度条件为

$$S = \frac{S_\sigma S_\tau}{\sqrt{S_\sigma^2 + S_\tau^2}} \geqslant [S] \tag{3-56}$$

若零件上承受非对称循环双向稳定变应力时，需要先由式（3-36）分别求出

$$S_\sigma = \frac{K_N \sigma_{-1}}{K_\sigma \sigma_a + \varphi_\sigma \sigma_m}, \quad S_\tau = \frac{K_N \tau_{-1}}{K_\tau \tau_a + \varphi_\tau \tau_m}$$

然后按式（3-56）求出零件的复合计算安全系数。

对于低塑性和脆性材料的复合计算安全系数及强度条件为

$$S = \frac{S_\sigma S_\tau}{S_\sigma + S_\tau} \geqslant [S] \tag{3-57}$$

疲劳强度许用安全系数 $[S_\sigma]$、$[S_\tau]$、$[S]$ 的推荐取值可参考表3-4。

式（3-56）、式（3-57）实际上是利用单向应力的实验数据 σ_{-1e}、τ_{-1e}，解决了双向应力状态下零件的疲劳强度计算问题。

表3-4　疲劳强度许用安全系数 $[S_\sigma]$、$[S_\tau]$、$[S]$ 推荐值

载荷和应力计算精度及材质的均匀性	$[S_\sigma]$、$[S_\tau]$、$[S]$
载荷和应力计算精度高、工艺质量和材质的均匀性很好	1.3
载荷和应力计算精度、材质的均匀性较差	1.5 ~ 1.8
载荷和应力计算精度、材质的均匀性很差	1.8 ~ 2.5

例3-3　图3-21a所示为某机器上一单向转动轴，由45钢制作并调质处理，其力学性能见表3-5。转速 $n = 20\text{r/min}$，每天工作8h，要求工作2.5年（每年以300天计）。材料常数 $m = 9$，循环基数 $N_0 = 10^7$，要求许用安全系数 $[S_\sigma] = 1.6$。$E—E$ 截面上承受弯曲应力 $\sigma_B = 30\text{MPa}$，轴向拉应力 $\sigma_C = 10\text{MPa}$，扭转切应力 $\tau_T = 15\text{MPa}$。已知轴与轴上零件过盈配合的有效应力集中系数 $k_\sigma = 2.62$，$k_\tau = 1.89$，过渡圆角的有效应力集中系数 $k_\sigma = 1.93$，$k_\tau = 1.58$，尺寸系数 $\varepsilon_\sigma = 0.81$，$\varepsilon_\tau = 0.7$，表面质量系数 $\beta_\sigma = \beta_\tau = 0.9$，表面强化系数 $\beta_q = 1$，试校核该轴 $E—E$ 截面的强度。

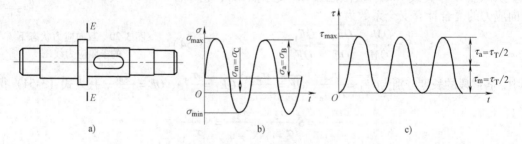

图3-21　例3-3题图

a) 转轴　b) 正应力示意图　c) 扭转切应力示意图

表3-5　45钢调质处理的力学性能　　　　　　　　（单位：MPa）

σ_b	σ_s	σ_{-1}	σ_0	τ_s	τ_{-1}	τ_0
650	550	300	500	300	155	282

解 （1）应力分析与计算

1）$E—E$ 截面上既受正应力又受切应力的作用，所以是双向复合应力状态。

2）正应力包含弯曲应力 σ_B 和拉应力 σ_C 两部分。弯曲应力 σ_B 为对称循环变应力，轴向拉应力 σ_C 为静应力，故正应力为非对称循环变应力，如图 3-21b 所示。

$$\sigma_a = \sigma_B = 30MPa, \quad \sigma_m = \sigma_C = 10MPa, \quad \sigma_{max} = 40MPa$$

考虑轴单向转动，工作不连续等因素，扭转切应力可按脉动循环变应力处理，如图 3-21c 所示。

$$\tau_a = \tau_m = \frac{\tau_T}{2} = 7.5MPa, \quad \tau_{max} = 15MPa$$

3）循环次数 N 及寿命系数 K_N。

$$N = 60nL_h \times 天数 \times 年限 = 60 \times 20 \times 8 \times 300 \times 2.5 = 7.2 \times 10^6$$

由于 $N < N_0$，按有限寿命，由式（3-12）计算寿命系数为

$$K_N = \sqrt[m]{\frac{N_0}{N}} = \sqrt[9]{\frac{10^7}{7.2 \times 10^6}} = 1.037$$

（2）计算综合影响系数 K_σ、K_τ $E—E$ 截面有两个应力集中源，取数值最大者，由式（3-23）计算

$$K_\sigma = \left(\frac{k_\sigma}{\varepsilon_\sigma} + \frac{1}{\beta_\sigma} - 1\right)\frac{1}{\beta_q} = \left(\frac{2.62}{0.81} + \frac{1}{0.9} - 1\right) \times \frac{1}{1} = 3.346$$

$$K_\tau = \left(\frac{k_\tau}{\varepsilon_\tau} + \frac{1}{\beta_\tau} - 1\right)\frac{1}{\beta_q} = \left(\frac{1.89}{0.7} + \frac{1}{0.9} - 1\right) \times \frac{1}{1} = 2.811$$

（3）计算材料常数 φ_σ、φ_τ 由式（3-16）计算

$$\varphi_\sigma = \frac{2\sigma_{-1} - \sigma_0}{\sigma_0} = \frac{2 \times 300 - 500}{500} = 0.2, \quad \varphi_\tau = \frac{2\tau_{-1} - \tau_0}{\tau_0} = \frac{2 \times 155 - 282}{282} = 0.1$$

（4）计算单向应力作用下的疲劳安全系数 S_σ、S_τ 由式（3-36）计算

$$S_\sigma = \frac{K_N\sigma_{-1}}{K_\sigma\sigma_a + \varphi_\sigma\sigma_m} = \frac{1.037 \times 300}{3.346 \times 30 + 0.2 \times 10} = 3.039$$

$$S_\tau = \frac{K_N\tau_{-1}}{K_\tau\tau_a + \varphi_\tau\tau_m} = \frac{1.037 \times 155}{2.811 \times 7.5 + 0.1 \times 7.5} = 7.362$$

（5）计算复合应力作用下的疲劳安全系数 S 由式（3-56）计算

$$S = \frac{S_\sigma S_\tau}{\sqrt{S_\sigma^2 + S_\tau^2}} = \frac{3.039 \times 7.362}{\sqrt{3.039^2 + 7.362^2}} = 2.809$$

（6）计算复合应力作用下的屈服安全系数 S

1）计算单向应力作用下的屈服安全系数 S_σ、S_τ。

$$S_\sigma = \frac{\sigma_s}{\sigma_{max}} = \frac{550}{40} = 13.75, \quad S_\tau = \frac{\tau_s}{\tau_{max}} = \frac{300}{15} = 20$$

2）计算复合应力作用下的屈服安全系数 S。由式（3-9）计算

$$S = \frac{S_\sigma S_\tau}{\sqrt{S_\sigma^2 + S_\tau^2}} = \frac{13.75 \times 20}{\sqrt{13.75^2 + 20^2}} = 11.33$$

或按第三强度理论计算屈服安全系数 S

$$S = \frac{\sigma_s}{\sqrt{\sigma_{max}^2 + 4\tau_{max}^2}} = \frac{550}{\sqrt{40^2 + 4 \times 15^2}} = 11$$

两种方法计算结果接近，采用任一方法均可。

（7）计算安全系数 S 该轴的计算安全系数为 $S = \min \{2.809，11 \text{ 或 } 11.33\} = 2.809 > [S_\sigma] = 1.6$，所以该轴安全。

6. 提高机械零件疲劳强度的措施

在进行机械零件设计时，可通过选用更好的材料、增大危险截面的结构尺寸等措施来提高零件的强度。除此之外，还可以通过如下的一些措施来提高机械零件的疲劳强度。

1）尽可能降低零件上应力集中的影响，这是提高机械零件疲劳强度的首要措施。引起应力集中的原因是由于零件的结构形状和尺寸发生突变。因此，为降低应力集中的影响，应尽量减少零件结构和尺寸的突变或使变化尽可能地平滑过渡，如尽可能增大过渡处的圆角半径。

在产生较大应力集中而又不可避免的结构处，可采用卸载槽来降低应力集中的作用，如图 3-22 所示。

2）选用疲劳极限值高的材料，并配以适当的热处理和表面强化工艺。

3）适当提高零件的表面加工质量。特别是提高有应力集中部位的表面加工质量，必要时表面做适当的防护处理，如在腐蚀介质中工作的零件给予适当的表面保护。

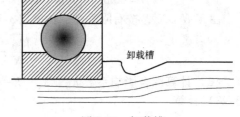

图 3-22   卸载槽

4）尽量地减少或消除零件表面可能发生初始裂纹的尺寸，这对于延长零件的疲劳寿命比提高材料的性能有着更为显著的作用。因此对于重要的零件，在设计的工作图上应规定出严格的检验方法及要求。

第五节   机械零件的表面强度

通常，零件受载时是在较大的体积内产生应力，这种应力状态下的零件强度称为整体强度。而零件之间的载荷传递总是通过两零件的接触来实现的，因此在接触表面上作用有相互挤压的应力，这种应力状态下的零件强度则称为表面强度。根据接触面形态及应力性质的不同，表面强度分为挤压强度和接触强度。

一、机械零件的挤压强度计算

通过面接触传递载荷的零件，在接触面上产生挤压应力，用符号 σ_p 表示。挤压应力可能导致接触表面塑性变形或破碎。平面接触的挤压应力一般可视为均匀分布，计算较为简单。曲面接触的挤压应力的分布，与材料特性和配合状态（间隙大小）有关，计算较为复杂。工程上，通常采用简化方法进行条件性计算，即假设挤压应力 σ_p 在接触曲面的投影面（作用力的垂直面）上均匀分布。挤压强度条件为

$$\sigma_p \leqslant [\sigma_p] \tag{3-58}$$

式中 $[\sigma_p]$——机械零件表面的许用挤压应力（MPa）。

二、机械零件的接触强度计算

如果机械零件之间以高副接触传递载荷时，在理论上，载荷是通过接触点或接触线传递的，如图 3-23 所示。而实际上，零件工作时受载接触部分会产生局部的弹性变形而呈现狭面接触。由于接触的面积很小，因而产生的局部压应力很大，这种局部压应力称为接触应力，这种应力状态下零件表面的强度称为接触强度。如渐开线直齿圆柱齿轮齿面间的接触为

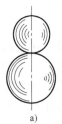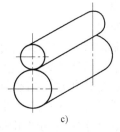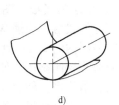

图 3-23　几种曲面接触

a) 外点接触　b) 内点接触　c) 外线接触　d) 内线接触

线接触、滚动轴承中的球状滚动体与套圈的接触为点接触，都是通过很小的接触面积传递载荷的，因此它们的承载能力不仅取决于整体强度，而且取决于表面的接触强度。

本书仅讨论线接触高副传递载荷时的接触应力，所以这里运用两圆柱面接触的情形进行计算。

图 3-24 所示为两个轴线平行的圆柱面相互接触受载后的接触应力分布示意图。未受载时，两圆柱体沿母线接触；受载后，由于材料产生弹性变形，接触线变为一狭长矩形接触面。由图可知，接触面上沿接触宽度不同位置点材料产生的弹性变形量不同，因此，接触面上沿接触宽度 $2a$ 所承受的接触应力也处处不相同，接触面上应力分布呈半椭圆柱状。中心接触线上（初始接触线上）的接触应力最大，以此最大接触应力代表零件之间的接触应力，用符号 σ_H 表示。

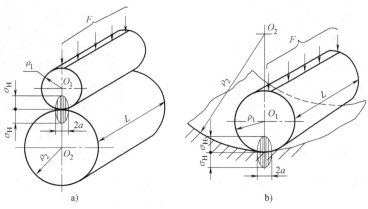

图 3-24　两圆柱体的接触应力分布

a) 外接触　b) 内接触

根据弹性力学，两个圆柱体接触时，在力 F 作用下的最大接触应力 σ_H 值可用赫兹（H. Herts）公式计算

$$\sigma_H = \sqrt{\frac{F}{\pi L} \cdot \frac{\dfrac{1}{\rho_1} \pm \dfrac{1}{\rho_2}}{\dfrac{1-\mu_1^2}{E_1} + \dfrac{1-\mu_2^2}{E_2}}} \qquad (3-59)$$

式中　F——作用在圆柱体上的法向总载荷（N）；

L——受载前两圆柱体的接触线长度（mm）；

E_1、E_2——两圆柱体材料的弹性模量（MPa）；

μ_1、μ_2——两圆柱体材料的泊松比；

ρ_1、ρ_2——接触线处两圆柱体的曲率半径（mm）；

"＋"——用于外接触（图 3-24a）；

"－"——用于内接触（图 3-24b）。

机械零件的接触应力通常是随时间做周期性变化的。如图 3-25 所示，在载荷重复作用下，首先在表层内约 20μm 处产生初始疲劳裂纹，然后在不断的接触过程中，由于润滑油被挤进裂纹内形成密闭高压，使裂纹加速扩展，当裂纹扩展到一定深度以后，导致零件表面的小片状金属剥落下来，使金属零件表面形成一个个小坑。这种现象称为接触疲劳点蚀。发生疲劳点蚀后，减少了接触面积，破坏了零件的光滑表面，因而也降低了承载能力，并引起振动和噪声。接触疲劳点蚀是滚动轴承、齿轮的主要失效形式，如图 3-26 和图 3-27 所示。

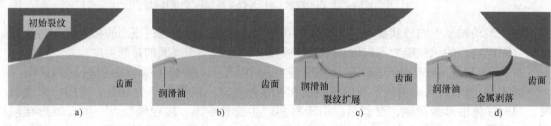

图 3-25　齿轮齿面疲劳点蚀的形成

a）初始裂纹　b）润滑油渗入裂纹　c）裂纹扩展　d）金属剥落

图 3-26　滚动轴承元件的疲劳点蚀

图 3-27　齿轮齿面的疲劳点蚀

影响疲劳点蚀的主要因素是接触应力的大小，因此，在接触应力作用下的强度条件为

$$\sigma_H \leqslant [\sigma_H] = \frac{\sigma_{Hlim}}{[S_H]} \tag{3-60}$$

式中　σ_{Hlim}——由试验测得的材料接触疲劳极限（MPa）；

$[S_H]$——接触疲劳强度许用安全系数。

在进行接触强度计算时应注意：

1）若两接触零件的材料、热处理方法不同时，其接触疲劳极限 σ_{Hlim} 也不同，应以接触疲劳极限 σ_{Hlim} 较小的值计算。由图 3-24 可以看出，作用在两圆柱体上的接触应力大小相等，方向相反，且相对于接触线左右对称，稍离接触区中线即迅速降低。

2）对于任意点处的接触应力都只能在 $0 \sim \sigma_H$ 之间变化，属于脉动循环变应力，在进行接触疲劳强度计算时，极限应力也应用脉动循环的极限接触应力。

本章学习要点

1. 作用在机械零件上的载荷，可以分为静载荷和变载荷。作用在机械零件上的应力，分为静应力和变应力。静应力一般由静载荷产生，而变应力则可以由变载荷产生，也可以由静载荷产生。

2. 强度是指机械零件承受载荷时抵抗断裂或表面接触疲劳、塑性变形等失效形式的工作能力。强度准则是机械零件设计最基本的设计准则。搞清楚什么情况下需要进行静强度计算，什么情况下需要进行疲劳强度计算。重点掌握疲劳强度计算。

3. 疲劳强度计算的重点是理解疲劳曲线、疲劳极限应力线图和疲劳损伤累积假说。

1）疲劳曲线及其方程 $\sigma_{rN}^m \cdot N = C$，表明一定循环特性条件下，疲劳极限与应力循环次数的关系，要重点理解疲劳极限、循环基数 N_0、有限寿命、无限寿命的概念。

2）极限应力线图是描述同一应力循环次数 N 时，疲劳极限 σ_{rN} 与循环特性 r 的关系曲线，所以，也称等寿命疲劳曲线。要重点理解和掌握简化极限应力线图的绘制方法与用途，极限应力、安全系数的计算方法。

3）零件与材料强度的区别，影响零件疲劳强度的因素包括：应力集中、尺寸大小、表面状态等。实验研究表明，上述因素主要影响应力幅，而对平均应力影响较小，以此为依据推导出稳定变应力下零件疲劳强度安全系数的计算式。

4）依据线性疲劳损伤累积假说，推导出非稳定循环变应力下零件疲劳强度安全系数的计算式。

4. 了解机械零件表面挤压和接触应力的区别。通过面接触传递载荷时，在接触面上产生挤压应力，可能导致接触表面塑性变形。在高副接触时，其失效形式为疲劳点蚀（或接触疲劳磨损）。无论两个机械零件的材料、尺寸是否相同，其最大接触应力都是相同的。

5. 强度计算总结

应力种类＼应力状态	单向应力状态		复合应力状态		极限应力 σ_{lim}、τ_{lim}	
	以 σ 为判据	以 S 为判据	以 σ 为判据	以 S 为判据	塑性材料	脆性材料
静应力	$\sigma \leqslant [\sigma] = \dfrac{\sigma_{lim}}{[S_\sigma]}$ $\tau \leqslant [\tau] = \dfrac{\tau_{lim}}{[S_\tau]}$	$S_\sigma = \dfrac{\sigma_{lim}}{\sigma} \geqslant [S_\sigma]$ $S_\tau = \dfrac{\tau_{lim}}{\tau} \geqslant [S_\tau]$	$\sigma_c = \sqrt{\sigma^2 + 4\tau^2} \leqslant [\sigma]$ $[\sigma] = \dfrac{\sigma_{lim}}{S}$	$S = \dfrac{S_\sigma S_\tau}{\sqrt{S_\sigma^2 + S_\tau^2}} \geqslant [S]$	σ_s τ_s	σ_b τ_b
稳定循环变应力 $r = C$	**以 S 为判据**					
	疲劳区		屈服区			
	$S_\sigma = \dfrac{K_N \sigma_{-1}}{K_\sigma \sigma_a + \varphi_\sigma \sigma_m} \geqslant [S_\sigma]$ $S_\tau = \dfrac{K_N \tau_{-1}}{K_\tau \tau_a + \varphi_\tau \tau_m} \geqslant [S_\tau]$				σ_{rNe}	
稳定循环变应力 $\sigma_m = C$	$S_\sigma = \dfrac{K_N \sigma_{-1} + (K_\sigma - \varphi_\sigma)\sigma_m}{K_\sigma(\sigma_a + \sigma_m)} \geqslant [S_\sigma]$ $S_\tau = \dfrac{K_N \tau_{-1} + (K_\tau - \varphi_\tau)\tau_m}{K_\tau(\tau_a + \tau_m)} \geqslant [S_\tau]$		$S_\sigma = \dfrac{\sigma_s}{\sigma_m + \sigma_a} \geqslant [S_\sigma]$ $S_\tau = \dfrac{\tau_s}{\tau_m + \tau_a} \geqslant [S_\tau]$	$S = \dfrac{S_\sigma S_\tau}{\sqrt{S_\sigma^2 + S_\tau^2}} \geqslant [S]$		
稳定循环变应力 $\sigma_{min} = C$	$S_\sigma = \dfrac{2K_N \sigma_{-1} + (K_\sigma - \varphi_\sigma)\sigma_{min}}{(K_\sigma + \varphi_\sigma)(\sigma_{min} + 2\sigma_a)} \geqslant [S_\sigma]$ $S_\tau = \dfrac{2K_N \tau_{-1} + (K_\tau - \varphi_\tau)\tau_{min}}{(K_\tau + \varphi_\tau)(\tau_{min} + 2\tau_a)} \geqslant [S_\tau]$					

第四章

摩擦、磨损及润滑

提示

本章首先介绍了摩擦学的基本概念及其研究对象，主要内容是摩擦和磨损的分类和机理，利用润滑减轻摩擦和磨损的方法，形成油膜的动压和静压原理，以及弹性流体动力润滑的基本知识。

第一节 概　述

众所周知，机器中两个接触的零件表面，如有相对运动或相对运动趋势时，必然会产生抵抗相对运动的阻力，这一自然现象称为摩擦，这时所产生的阻力称为摩擦力。摩擦是一种不可逆过程，其结果必然有能量损耗和摩擦表面物质的损失或迁移，即磨损。据估计，世界上有 $1/3 \sim 1/2$ 的能量被各种形式的摩擦所消耗。磨损会使零件的表面形状和尺寸遭到缓慢而连续的破坏，使机器的效率和可靠性逐渐降低，从而丧失原有的工作性能，最终可能导致零件的破坏。由于磨损而失效的零件约占失效零件总量的 80%。润滑是降低摩擦和减少磨损的最有效、最常用的措施。摩擦、磨损与润滑三者之间的关系十分密切。

摩擦在机械零件工作中产生的作用可以分成三类：一类是造成原动力的无用损耗，如在啮合传动、滚动轴承及滑动轴承中；第二类是传递工作动力的手段，如摩擦轮传动、带传动、离合器传动等；第三类为吸收能量，起缓冲和阻尼的作用，如摩擦制动器、阻尼器、环形弹簧等。

摩擦学（tribology）是综合了人们熟悉的摩擦、磨损、润滑学科知识，以系统综合分析的观点，从多学科、交叉学科的角度研究摩擦副群体的摩擦、磨损、润滑的现象、材料及其系统相关性的新学科。长期以来，人们对摩擦、磨损、润滑这三种相互关联的现象分别做了深入广泛的研究，并且大多是从力学或材料学的单学科角度去解释实际上十分复杂的摩擦、磨损的过程和现象，所以得出的结论和经验有时是片面的，有一定的局限性，甚至相互矛盾。最近 30 多年来，随着理论研究的日益深入和实验技术日益先进，以及计算机软硬件技术的发展，人们开始从宏观进入微观研究，从定性到定量、从静态到动态、从终态到瞬态以及由单一学科的分析进入多学科的系统综合研究。今天人们已认识到摩擦学涉及流体力学、固体力学、流变学、热物理、应用数学、材料科学、物理化学、化学、物理学、石油化工以及机械工程等众多学科，它为机械设计尤其是运动零部件的设计引入了新的概念和新的方法。本章只概略介绍机械设计中有关摩擦学方面的一些基本知识。

第二节 摩 擦

一、摩擦的分类及其基本性质

1. 按摩擦副运动形式分

（1）滑动摩擦 构成移动副的两个相接触的物体，其接触面间产生的摩擦称为滑动摩擦（图4-1a），如导向键、滑键与轮毂键槽；普通螺旋与螺母；轴颈与轴瓦接触面间的摩擦即为滑动摩擦。

（2）滚动摩擦 拟做相对滚动的以点或线接触的两个物体，其接触处产生的摩擦称为滚动摩擦（图4-1b），如滚动螺旋与螺母、火车车轮在钢轨上的运动、滚动轴承中滚动体与内、外套圈之间产生的摩擦均为滚动摩擦。

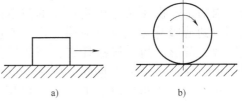

图4-1 （按运动形式分）摩擦的分类
a）滑动摩擦 b）滚动摩擦

2. 按摩擦副接触表面摩擦状态分

（1）干摩擦 摩擦面间无润滑剂时的摩擦称为干摩擦，又称无润滑摩擦。干摩擦时，摩擦表面直接接触，由于表面并非绝对平整光滑而是凹凸不平的，故接触发生在如图4-2a所示的微凸体处，因此干摩擦只与接触表面的相互作用有关，而与物体的内部状态无关，属于外摩擦。在干摩擦表面上，大多具有一层自然沾染膜如氧化膜，对钢—钢表面，摩擦系数为 $f=0.15\sim0.2$。实验研究表明，经洁净处理后的软钢表面在高真空条件下滑动时，摩擦系数可高达100，一旦接触大气受到污染后，摩擦系数立即大大减小。干摩擦的特点是摩擦系数大，摩擦力大，磨损通常很严重，发热量和能耗量大，因而严重降低机械零件的使用寿命，设计时应尽量避免（对依靠摩擦力工作的机械零部件除外）。

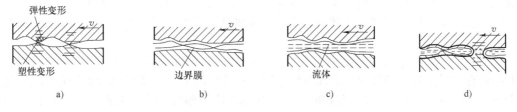

图4-2 （按摩擦状态分）摩擦的分类
a）干摩擦 b）边界摩擦 c）流体摩擦 d）混合摩擦

（2）边界摩擦 摩擦副间添加润滑剂，润滑剂吸附于摩擦副表面，形成如图4-2b所示的一层与介质性质不同的薄膜，其厚度一般在 $0.1\mu m$ 以下，称为边界膜，其摩擦状态称为边界摩擦。由于边界膜厚度极薄，且强度低，因此较易破裂，致使摩擦面间部分表面直接接触，导致磨损。但边界摩擦状态的摩擦和磨损均比干摩擦时小，其摩擦系数见表4-1。

按边界膜形成机理，边界膜分为吸附膜（物理吸附膜及化学吸附膜）和反应膜。润滑剂中脂肪酸的极性分子牢固地吸附在金属表面上，就形成物理吸附膜；润滑剂中分子受化学键力作用而吸附在金属表面上所形成的吸附膜则称为化学吸附膜。吸附膜的吸附强度随温度升高而下降，达到一定温度后，如图4-3所示的软化温度，吸附膜发生软化、乱向、甚至破裂现象，从而使润滑作用降低，磨损率和摩擦系数都将迅速增加。润滑油与金属表面形成吸附膜的能力以及吸附膜的强度统称为油性，它同时与润滑油和金属表面的性质和状况有关。

动物油的油性最好，植物油次之，矿物油一般不含脂肪酸，但通常含有未饱和的碳氢化合物，也具有一定的吸附能力，然而油性较弱。活性金属如铜、铁、铋等吸附能力较强，而镍、铬、铂等金属较弱。

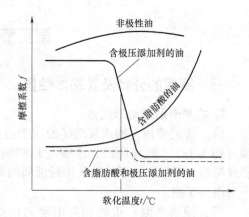

图4-3   油性添加剂和极压添加剂的作用

在润滑油中加入硫、磷、氯等元素的化合物（即添加剂），在较高的温度（通常在150～200℃）下，与金属表面进行化学反应生成硫、磷、氯的化合物（如硫化铁）在油与金属界面处形成的薄膜称为化学反应膜。化学反应膜厚度较厚，所形成的金属盐具有较高的熔点和较低的剪切强度，稳定性也好，故化学反应膜适用于重载、高速和高温下工作的摩擦副。润滑油（含极压添加剂）在金属表面生成化学反应膜的性能称为润滑油的极压性。

合理选择摩擦副材料和润滑剂，降低表面粗糙度值，在润滑剂中加入适量的油性添加剂和极压添加剂，都能提高边界膜强度和降低摩擦系数。图4-3中，非极性油的摩擦系数较大，且随着温度的升高而增大；含脂肪酸的油因易于形成吸附膜，故温度不高时摩擦系数小，达到软化温度后，摩擦系数迅速增大；含有极压添加剂的油在较高温度时因易于形成化学反应膜，故在软化温度之前，摩擦系数较大，达到软化温度后，摩擦系数迅速减小。若在油中同时加入脂肪酸和极压添加剂，则低温时可以靠吸附膜的油性，高温时可以靠化学反应膜的极压性来得到较小的摩擦系数，如图4-3中虚线所示。

（3）流体摩擦   当摩擦面间的润滑膜厚度大到足以将两个表面的轮廓峰完全隔开时，即形成了完全的流体摩擦，如图4-2c所示。这时润滑剂中的分子已大都不受金属表面吸附作用的支配而自由移动，摩擦是在流体内部的分子之间进行，所以摩擦系数极小（见表4-1），属内摩擦。由于摩擦副的表面不直接接触，故理论上没有磨损，使用寿命长，是一种理想的摩擦状态，但必须在一定载荷、速度和流体黏度等工况下才能实现。详见第十四章滑动轴承。

（4）混合摩擦   实际上摩擦副多数处于干摩擦、边界摩擦及流体摩擦的混合状态。摩擦面间仍有少量凸峰直接接触，大部分处于边界和流体润滑，润滑膜厚度大于$0.01\mu m$而小于$1\mu m$，如图4-2d所示。混合摩擦时，如流体润滑膜的厚度增大，表面轮廓峰直接接触的数量就要减小，润滑膜的承载比例也随之增加。所以在一定条件下，混合摩擦能有效地降低摩擦阻力，其摩擦系数要比边界摩擦时小得多。但因表面间仍有轮廓峰的直接接触，所以不可避免地仍有磨损存在。

边界、混合和流体摩擦是在施加润滑剂的情况下呈现的，故又相应称为边界润滑、混合润滑和流体润滑。可以用膜厚比λ来大致估计两滑动表面所处的摩擦或润滑状态。即

$$\lambda = \frac{h_{\min}}{\sqrt{R_{q1} + R_{q2}}} \tag{4-1}$$

式中 $h_{\min}$——两滑动粗糙表面间的最小公称油膜厚度（μm）;

R_{q1}、R_{q2}——两表面轮廓的均方根偏差（约为算术平均偏差Ra_1、Ra_2的$1.20\sim1.25$倍）（μm）；

通常认为：$\lambda \leqslant 1$时呈边界摩擦或润滑状态；$\lambda > 3$时呈流体摩擦或润滑状态；$1 \leqslant \lambda \leqslant 3$时呈混合摩擦或润滑状态。

此外，这三种摩擦状态的实现与一定的工作参数（如载荷、速度、润滑剂的黏度等）条件有关，因此随着工作参数条件的改变，上述三种摩擦状态是可以相互转化的。

二、滑动摩擦理论

人们探索滑动摩擦机理的历史由来已久。早在 1508 年，意大利的达·芬奇首先研究了滑动摩擦现象，指出摩擦力 F_f 与接触面的法向载荷 F_N 成正比。1699 年，法国工程师阿芒顿明确提出了两条摩擦定律。1785 年，法国科学家库仑补充提出了第三条摩擦定律。这三条摩擦定律称为阿芒顿或库仑定律，也称为古典摩擦定律，具体是：

第一定律：摩擦力的大小与接触面积的大小无关。

第二定律：摩擦力的大小与接触面间的法向载荷成正比。

第三定律：摩擦力的大小与滑动速度无关。

为能揭示滑动摩擦的本质，人们经过试验研究提出了众多理论。下面简单介绍一些有代表性的理论。

1. 机械理论

该理论认为物体表面并非平整光滑而是凹凸不平的，所以摩擦应是两接触面之间微凸体之间的啮合所致，由于微凸体的互相啮合，产生了阻碍物体相对滑动的阻力。实践表明，机械理论（以及库仑定律）只能解释常规条件下的摩擦现象，具有较大的局限性。因为，两物体相对滑动时，摩擦力会随表面粗糙度值的减小而增大；当接触表面十分光滑和洁净时，摩擦力会与接触面积成正比；当相对滑动速度较大时，摩擦力会随速度的增高而减小；对于某些极硬或极软的材料（前者如钻石，后者如聚四氟乙烯），摩擦力与法向载荷呈非线性关系。凡此种种，机械理论和库仑定律均不能解释。

2. 黏着理论

黏着理论是英国卡文迪什实验室的科学家鲍登和泰博提出的。黏着理论认为：两个金属表面在法向载荷作用下的接触面积，并非两个金属表面互相覆盖的公称接触面积（或称表观接触面积）A，而是由一些表面轮廓峰接触所形成的接触斑点的微面积的总和，称为真实接触面积 A_r（图 4-4）。由于真实接触面积很小，一般只有表观接触面积 A 的百分之一至万分之一，因此可以认为轮廓峰接触区所受的压力很高。当接触区受到高压而产生塑性变形后，这些微小接触面便发生黏着现象，形成冷焊结点。当两接触面相对滑动时，这些冷焊结点就被剪开（图 4-5）。在干摩擦条件下，可将较硬表面坚硬的轮廓峰在较软表面上犁出"犁沟"时所需克服的阻力忽略不计，则摩擦力就是剪断各个黏着结点所需的各剪切力的总和。即

$$F_f \approx A_r \tau_b \tag{4-2}$$

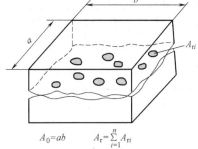

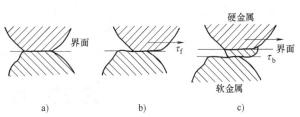

图 4-4　摩擦副真实接触面积

图 4-5　黏着结点受剪切
a）结点　b）界面剪切　c）软金属剪切

其中 τ_b，是结点材料的剪切强度极限。此外，考虑到根据塑性理论，切向摩擦力会增生黏着结点而使真实接触面积增大，并考虑到金属材料表面总是存在着沾染膜（如氧化膜、油膜等），而沾染膜的剪切强度极限 τ_f 低于黏着结点的剪切强度极限 τ_b，若令 $c = \tau_f / \tau_b$，则 $0 < c < 1$。

主要考虑以上所述，鲍登和泰博提出了滑动摩擦系数 f 的计算公式。即

$$f = \frac{c}{\sqrt{\alpha_1 (1 - c^2)}} \tag{4-3}$$

其中，α_1 为系数，定义为 $\alpha_1 = (\sigma_{sy} / \tau_b)^2$，式中 σ_{sy} 为黏着结点材料的压缩屈服极限，对很多金属材料，$\alpha_1 \approx 25$。

由式（4-3）可知，当 $c \to 1$ 时，$f \to \infty$；当 $c \to 0$ 时，$f \to 0$；表明摩擦系数 f 随着 c 值的大小作正比例变化。这就解释了洁净金属在真空中摩擦系数极大，而在大气中因有沾染膜致使摩擦系数大大减小的原因。黏着理论能在相当大范围内对摩擦现象做出合理的解释。

3. 分子—机械理论

分子—机械理论是由前苏联学者克拉盖尔斯基提出的。这一理论认为，摩擦力取决于接触表面分子相互作用的黏着阻力与表面形状改变所引起的机械阻力。前者与真实接触面积 A_r 有关，后者与法向载荷 F_N 有关。因此，可按下式计算摩擦力

$$F_f = \alpha A_r + \beta F_N \tag{4-4}$$

则摩擦系数为

$$f = \alpha \frac{A_r}{F_N} + \beta \tag{4-5}$$

其中，α 为取决于表面物理性质的系数，表示分子作用的强弱程度；β 为取决于表面机械性能的系数。

式（4-4）称为摩擦二项式定律，既适用于干摩擦，也适用于边界摩擦。

分析式（4-5）可知，β 就是由机械啮合理论所确定的摩擦系数，$\alpha A_r / F_N$ 是考虑了分子作用力的影响后对 β 值的修正，它可以是常量，也可以是变量，取决于 A_r / F_N 是否变化。如果 A_r / F_N 呈线性关系，则 f 为常数；如果 A_r / F_N 呈非线性关系，则 f 不是常数。

分子—机械理论已被普遍接受，它实质上是黏着理论与机械理论的组合和相互补充。

表4-1列出了各种摩擦状态时的摩擦系数。

表4-1 摩擦系数

滑动摩擦系数 f			滚动摩擦系数 k	
干摩擦（无润滑）		边界摩擦	软钢-软钢	0.005
钢-钢	0.15	矿物油润湿金属表面 0.15 ~ 0.3	淬火钢-淬火钢	0.001
钢-软钢	0.2	加油性添加剂的油润滑	铸钢-铸钢	0.005
钢-铸铁	0.2 ~ 0.3	钢-钢；尼龙-钢 0.05 ~ 0.10	表面淬火车轮-钢轨	
钢-青铜	0.15 ~ 0.18	流体摩擦	圆锥形车轮	0.08 ~ 0.1
铸铁-铸铁	0.18	流体动力润滑 0.001 ~ 0.008	圆柱形车轮	0.05 ~ 0.07
橡胶-铸铁	0.8	流体静力润滑 < 0.001		

第三节　磨　　损

做相对运动的两接触物体在摩擦作用下，表面的物质不断损失或迁移的现象称为磨损。磨损会使物体的尺寸和形状逐渐发生改变，会损坏零件的工作表面，消耗材料和能量，影响

机械零件和机械的功能，并缩短它们的使用寿命。磨损很难避免，因此，设计机械零件时应力求减少、延缓磨损。当然，一些有益的磨损，如机器磨合以及机械加工中的磨削、研磨和抛光工艺，则为有序、有控和有益磨损。

由磨损引起的材料损失或迁移称为磨损量 W，可用长度、体积、质量等参数表示。单位时间内（或单位行程 B、每一转、每一次摆动）材料的磨损量称为磨损率 ε。即

$$\varepsilon = \frac{\mathrm{d}W}{\mathrm{d}t}\left(\text{或 } \varepsilon = \frac{\mathrm{d}W}{\mathrm{d}B}\text{等}\right) \qquad (4\text{-}6)$$

磨损率是很重要的参数。在规定磨损率下，可以通过试验测定摩擦材料的许用压力 $[p]$、许用速度 $[v]$、许用 $[pv]$ 值；或者在一定 p 和 v 的作用下测定磨损率，以便对不同摩擦材料进行耐磨性比较。耐磨性是指磨损过程中材料抵抗脱落和损失的能力，常用磨损率的倒数来表示。

一、磨损过程

通常，机器或零件的摩擦副从开始运行到破坏都要经历三个阶段：磨合阶段、稳定磨损阶段、剧烈磨损阶段，并表现出不同的磨损特征，这主要是指磨损的严重程度和磨损率的大小。这三个阶段的磨损规律一般用磨损量 W 与时间 t（或距离 B）或磨损率 ε 与时间 t（或距离 B）的关系曲线表述，如图 4-6 所示。

1. 磨合阶段

磨合是指机器使用初期，为改善机器零件的适应性、表面形貌和摩擦相容性的过程。滑动轴承能自行适应轴的挠曲和少量不对中而保持正常运转的性能称为适应性；固体表面的微观几何形状称为表面形貌；配对摩擦材料抵抗黏着磨损的性能称为摩擦相容性。磨合阶段包括摩擦表面轮廓凸峰的形状变化和表面材料被加工、硬化两个

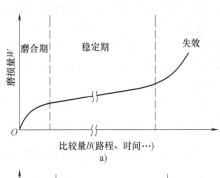

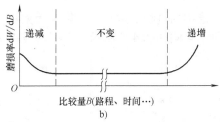

图 4-6 磨损过程
a) 磨损曲线 b) 磨损率曲线

过程。由于零件加工后的表面总具有一定的表面粗糙度，在磨合初期，只有很少的轮廓凸峰接触，因此接触面上真实应力很大，使接触轮廓凸峰压碎和塑性变形，同时薄的表层被冷作硬化，原有的轮廓凸峰逐渐局部或完全消失，产生出形状和尺寸均不同于原样的新轮廓。因此在磨合阶段，摩擦副表面的磨损量迅速增加，磨损率较高。磨合是磨损的不稳定阶段，在整个工作时间内其所占的比例很小。磨合时，应注意由轻至重、缓慢加载，并注意油的清洁，防止磨屑进入摩擦面而造成剧烈磨损和发热。磨合阶段结束，润滑油应更换或过滤后再用。试验证明，各种摩擦副在不同条件下磨合之后，相应于给定摩擦条件下形成稳定的表面粗糙度，在以后的摩擦过程中，此表面粗糙度不会继续改变。磨合后的稳定表面粗糙度是给定摩擦条件（材料、压力、温度、润滑剂与润滑条件）下的最佳表面粗糙度，它与原始表面粗糙度无关，摩擦副的间隙趋于均匀，油膜得以建立，此时磨损量也随之下降，并向稳定磨损阶段过渡。

2. 稳定磨损阶段

在稳定磨损阶段，磨损量变化非常小，而磨损率则由高到低，并维持在一个比较稳定的水平上，表明零件摩擦副表面之间已形成较为稳定的油膜，在润滑油充裕的情况下，大部分

摩擦表面处于流体动力润滑状态。特别是当油膜厚度大大超过两个接触表面的表面粗糙度时，摩擦副处于完全流体动力润滑状态，这时微凸峰之间几乎不接触，摩擦表面依靠油膜传递压力，故磨损率保持在一个非常低的水平上。稳定磨损阶段是机器或零件的正常工作阶段，稳定磨损阶段的长短与机器工况和磨合质量有关。这是因为机器在起动或停止的过程中，也就是摩擦副流体动力油膜建立或消除的过程中，其润滑状态就是边界—混合—完全流体的转变过程或其逆过程。此过程中摩擦表面也将发生磨损。磨合阶段磨合质量好的机器或零件，其正常工作寿命也会较长。

3. 剧烈磨损阶段

经过足够长的稳定磨损阶段后，或由于种种原因，如载荷的变化、润滑失效、摩擦副表面材料在长期交变应力作用下发生疲劳损伤等，零件的表面遭到破坏，运动副中的间隙增大，引起额外的动载荷，出现较大的冲击、振动和噪声。最终会发生磨损加剧，温度升高。通常应该说剧烈磨损是磨损长期累积的结果，一旦发生往往是突发性的和急剧的，因此磨损量曲线和磨损率曲线均呈急剧上升态势。剧烈磨损最终会造成零件的破坏和失效，甚至机器的损坏。由此可见，在设计或使用机器时，应该力求缩短磨合期，延长稳定磨损期，推迟剧烈磨损的到来。

上述磨损过程的三个阶段都是不稳定的。不适当的磨合、非正常的磨损工况，都会导致机器零件的剧烈磨损阶段提前出现，造成机器的早期磨损失效。

二、磨损类型及减少磨损的一般方法

磨损的过程非常复杂，影响因素很多，不同材料、载荷大小、润滑状况、工作温度对磨损量的影响如图 4-7 所示。根据磨损机理的不同，通常分为以下四种基本磨损类型。

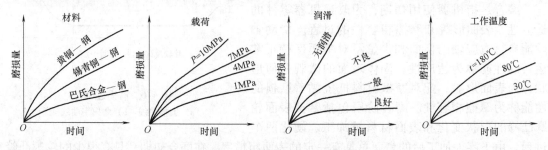

图 4-7　不同因素对磨损的影响

1. 黏着磨损

根据黏着理论，黏着结点在相互滑动过程中受剪切作用而发生剪切断裂，被剪切的材料或脱落成磨屑，或由一个表面迁移到另一个表面，此类磨损统称为黏着磨损。

根据黏结点的强度和破坏位置不同，黏着磨损有几种不同的形式，从轻微磨损到破坏性严重的胶合磨损。它们的磨损形式、摩擦系数和磨损程度虽然不同，但共同的特征是出现材料迁移，以及沿滑动方向形成程度不同的划痕。黏着磨损有以下几种形式：

（1）轻微黏着磨损　当黏结点的强度低于摩擦副两金属的强度时，剪切发生在结合面上，此时虽然摩擦系数增大，但是磨损却很小，材料迁移也不显著，通常在金属表面具有氧化膜、硫化膜或其他涂层时发生此种黏着磨损。

（2）一般黏着磨损　当黏结点的强度高于摩擦副中较软金属的剪切强度时，破坏将发生在软金属表层内，因而软金属黏附在硬金属表面上。这种磨损的摩擦系数与轻微黏着磨损差不多，但磨损程度加剧。如青铜蜗轮齿面的青铜涂抹到钢蜗杆的齿面上。

（3）擦伤磨损　当黏结点的强度高于摩擦副两金属的强度时，剪切破坏主要发生在软金属表层内，破坏形式是沿滑动方向产生细小的划痕。有时硬金属表面也可能划伤。如活塞和气缸壁摩擦时，经常出现擦伤现象。

（4）胶合磨损　它是高速重载摩擦副常见的破坏形式。由于表面较高的滑动速度和极大的压力而产生较高的局部温度，使油膜破裂出现干摩擦，从而使金属发生熔化焊接并迅速转移。这时剪切发生在一方或双方基体金属较深处，产生"撕脱"性破坏，在摩擦副表面产生明显的条状沟纹，危害性很大，甚至使摩擦副之间咬死而不能相对滑动。在蜗杆蜗轮传动中常会产生胶合磨损。图 4-8 所示就是蜗轮的青铜材料胶合熔化后黏着到了蜗杆上。高速重载的齿轮传动也可能产生胶合磨损，如图 4-9 所示。

图 4-8　蜗杆副的黏着磨损

图 4-9　齿轮轮齿的黏着磨损

为了减轻黏着磨损，可以采取下列措施：

1）合理选择摩擦副材料。相同金属比异种金属黏着倾向大；多相金属比单相金属黏着倾向小；脆性材料比塑性材料的抗黏着能力高；采用表面处理（电镀、表面热处理、喷镀等）可防止黏着磨损发生。如在巴氏轴承合金上电镀银，有利于改善轴瓦的耐磨性。

2）采用含有油性和极压添加剂的润滑剂。

3）限制摩擦表面的温度。温度过高易使油膜破坏，发生黏着。

4）限制压强。对于一定硬度的金属材料，磨损率随着压强的增大而增大，当压强过高时磨损率将迅速增大而产生黏着。

2. 磨粒磨损

摩擦面间的游离硬质颗粒（如空气中的沙尘或磨损造成的金属微粒）或较硬表面上的微凸体对较软表面进行切削或刮擦而造成的磨损称为磨粒磨损。磨粒磨损的表面会出现擦伤、沟纹和条痕等材料脱落，它也是一种机械磨损。这种磨损最为常见，如挖掘机铲齿、犁耙、球磨机衬板、密封困难的车轮滚动轴承（图 4-10）和蜗轮轮齿的磨粒磨损（图 4-11）等都是典型的磨粒磨损。据统计，磨粒磨损约占整个磨损情况的 50%。磨粒磨损与摩擦材料的硬度、磨粒的硬度有关。选择合适的摩擦材料，对延长机器磨损寿命具有极其重要的意义。

为了减轻磨粒磨损，可以采取下列措施：

1）长期在低应力下工作的零件，应选用硬度较高的钢；在高应力和冲击状态下工作的零件，应选用韧性好、冷作硬化的钢。

2）在錾削下工作的零件（如冲击钻头），应选用具有一定硬度和高韧性的钢。

3）加强密封、定期更换润滑剂和用闭式传动代替开式传动。

4）设计时，可用较便宜的灰铸铁或耐磨铸铁材料制造易磨损零件，定期更换更符合经济原则。

图 4-10   滚动轴承外圈的磨粒磨损

图 4-11   蜗轮轮齿的磨粒磨损

3. 疲劳磨损

两个相互滚动或滚动兼滑动的摩擦表面，在循环接触应力作用下，材料产生疲劳裂纹，加上润滑油的共同作用，有鳞片金属剥落形成麻点状的小坑，这种现象称为接触疲劳磨损或疲劳磨损，也称疲劳点蚀。疲劳磨损也是一种机械磨损，是闭式齿轮、蜗轮、滚动轴承（参见图 3-26、图 3-27）等高副接触零件经常出现的失效形式。疲劳磨损形成过程非常复杂，影响因素较多，具体成因见第三章。为了提高摩擦副的表面疲劳寿命，除应合理选择摩擦副材料外，还应注意：

1）合理选择表面粗糙度。一般地说，表面粗糙度值越小，疲劳寿命越高。以滚动轴承为例，$Ra0.2\mu m$ 比 $Ra0.4\mu m$ 的轴承寿命高 2～3 倍，所以滚动轴承的套圈滚道和滚动体都要进行磨削和抛光处理。

2）合理选择润滑油黏度。黏度低的油容易渗入裂纹，加速裂纹扩展。黏度高的油有利于接触应力均匀分布，提高抗疲劳磨损的能力。润滑油中使用极压添加剂或固体润滑剂（如二硫化钼），能提高接触表面的抗疲劳性能。润滑油中含水将加速疲劳裂纹的扩展。

3）合理选择表面硬度。以轴承钢为例，硬度为 62HRC 时，抗疲劳磨损能力最大，增加或降低硬度，寿命都有较大下降。

4. 腐蚀磨损

金属表面材料与周围介质起化学反应或电化学反应而造成材料脱落的磨损称为腐蚀磨损。常见的腐蚀磨损有氧化磨损和特殊介质磨损。前者如铁或铝与大气中的氧起反应生成氧化铁或氧化铝后的磨损；后者如金属表面受酸、碱、盐等特殊介质腐蚀后在表面生成色点，逐渐扩展成海绵状空洞，最后在摩擦过程中剥落的现象。氧化磨损一般比较缓慢，但在高温、潮湿环境中，有时也非常严重（图 4-12）。一般润滑油脂具有保护摩擦表面防止腐蚀磨损的作用。

除上述四种基本类型外，还有一些实际表现出来的磨损现象可视为基本磨损类型的派生（如流体磨粒磨损和流体侵蚀磨损）或复合（如微动磨损），下面分别做简单介绍。

流体磨粒磨损是指由流动的液体或气体中所夹带的硬质物体或硬质颗粒作用引起的机械磨损。利用高压空气输送水泥砂浆或用高压水输送碎矿石

图 4-12   汽车零件的腐蚀磨损

时，管道内壁所产生的机械磨损是其实例之一。

流体侵蚀磨损是指当零件和液体接触并做相对运动时，在接触处的局部压力低于液体蒸发压力的情况下，将形成气泡，而溶解于液体中的气体也可能由于流体中瞬时低压状况析出而形成气泡。当气泡流至高压区，如果高压大于气泡压力，则气泡立遭溃灭而于瞬间产生高温和极大的冲击力。气泡形成和溃灭的反复作用，使零件表面产生疲劳破坏，形成麻点直至扩展为海绵状空穴，这种磨损称为气蚀磨损。在水泵零件、水轮机叶片和螺旋桨上，常可看到这种磨损，它是疲劳磨损的一种派生形式。

微动磨损是两个相接触物体之间产生的一种磨损，它发生在名义上相对静止，实际上存在微幅循环滑动的两个紧密接触的表面上。如轴与孔的过盈配合面、滚动轴承套圈的配合面、旋合螺纹的工作面、铆钉的工作面等。微动磨损的产生过程如下：接触压力使结合面上的微凸体产生塑性变形而黏着；微幅振动使黏着结点受剪脱落，露出基体金属表面；脱落的颗粒和新露出的金属表面与大气中的氧起反应生成氧化物；氧化物颗粒（如红褐色的 Fe_2O_3 和黑色的 Al_2O_3）残留在结合面间起磨粒作用；微动磨损点成为应力集中源而产生微观裂纹；疲劳裂纹扩展，最终导致表面完全破坏。可见，微动磨损是黏着磨损、磨粒磨损、疲劳磨损和腐蚀磨损复合作用的结果。

第四节　润滑剂、添加剂和常用润滑方式

润滑就是向摩擦表面间供给润滑剂。通过润滑，可以减轻摩擦和磨损、降低温度、防止锈蚀、缓和冲击、减小振动。使用膏状的润滑脂，既可防止内部的润滑剂外泄，又可阻止外部杂质侵入，起到密封作用。总之，润滑是减轻摩擦、降低或延缓磨损最为直接而有效的方法。

一、润滑剂的类型及其特点

润滑剂可分为气体、液体、半固体和固体四种基本类型。在液体润滑剂中，应用最广泛的是润滑油，包括矿物油、动植物油和合成油。半固体润滑剂主要是指各种润滑脂，它是润滑油和稠化剂的稳定混合物。固体润滑剂有无机化合物（如石墨、二硫化钼、硼砂等）与有机化合物（如聚四氟乙烯、金属皂、动物脂等），使用时常将润滑剂粉末与胶黏剂混合起来使用，也可与金属或塑料等混合后制成自润滑复合材料使用。固体润滑剂适用于高温、重载以及不宜采用液体润滑剂和润滑脂的场合，如宇航设备及卫生要求较高的机械设备中。任何气体都可作为气体润滑剂，其中用得最多的是空气，其特点是黏度低、功耗少、温升小，其黏度随温度变化小，故适用于高温和低温的场合。但承载能力低，主要用在气体轴承中。下面仅介绍润滑油及润滑脂。

1. 润滑油的类型和主要性能指标

润滑油可分为三类：一是有机油，通常是指动植物油；二是矿物油，主要是石油产品；三是化学合成油。其中因矿物油来源充足，成本低廉，适用范围广，而且稳定性好，故应用最多。动植物油中因含有较多的硬脂酸，在边界润滑时有很好的润滑性能。但因其稳定性差，来源不足，所以使用不多，通常仅作添加剂用。化学合成油是通过化学合成方法制成的新型润滑油，它能满足矿物油所不能满足的某些特性要求，如磷酸酯（低温润滑剂）、硅酸盐脂（高温润滑剂）、氟化物（耐氧化润滑剂）以及高速、重载和其他条件，近年来应用面不断拓宽。无论哪类润滑油，若从润滑方面考虑，主要是从以下几个指标评判它们的优劣。

（1）黏度　黏度是指润滑油流动时内摩擦力的量度，它是润滑油最重要的性能之一，

也是润滑油选用的基本参数。

1）动力黏度。如图4-13所示，在两个平行的平板间充满具有一定黏度的润滑油，若平板 A 以速度 v 移动，另一平板 B 静止不动，则由于油分子与平板表面的吸附作用，将使贴近 A 板的油层以同样的速度 v 随 A 板移动，而贴近 B 板的油层则静止不动（$u=0$）。于是形成各油层间的相对滑移，在各层的界面上就存在有相应的切应力。牛顿在1687年提出了黏性液的摩擦定律（简称黏性定律），即流体中任意点的切应力均与该处流体的速度梯度成正比。若用数学形式表示这一定律，即为

$$\tau = -\eta \frac{\partial u}{\partial y} \tag{4-7}$$

式中　τ——流体单位面积上的剪切阻力，即切应力（MPa）；

$\dfrac{\partial u}{\partial y}$——流体沿垂直于运动方向（即沿图4-13中 y 轴方向或流体膜厚度方向）的速度梯度，式中的"–"号表示 u 随 y 的增大而减小；

η——比例常数，即流体的动力黏度，也称绝对黏度（Pa·s）。

摩擦学中把凡是符合这个黏性定律的流体都称为牛顿流体。润滑油一般为牛顿流体。

图4-14所示为长、宽、高各为1m的流体，上、下平面发生1m/s相对滑动速度需要的切向力为1N时，该流体的动力黏度为1N·s/m² 或1Pa·s（帕·秒）。Pa·s是国际单位制的黏度单位。

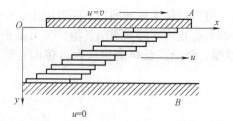

图4-13　平行平板间流体的层流运动

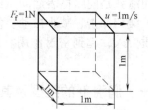

图4-14　流体的动力黏度示意图

2）运动黏度。工程中常用动力黏度 η（Pa·s）与同温度下该流体密度 ρ（kg/m³）的比值表示黏度，称为运动黏度 ν（m²/s）。即

$$\nu = \frac{\eta}{\rho} \tag{4-8}$$

对于矿物油，密度 $\rho = 850 \sim 900$ kg/m³。运动黏度 ν 的国际单位 m²/s 太大，故经常用 mm²/s 表示，1m²/s = 10⁴cm²/s（称为斯，用 St 表示）= 10⁶mm²/s（称为厘斯，用 cSt 表示）。

GB/T 3141—1994规定：以40℃时润滑油的运动黏度中心值（cSt）作为润滑油的黏度等级牌号。润滑油实际运动黏度在相应中心黏度值的 ±10% 偏差以内。常用工业润滑油的黏度分类及相应的运动黏度值见表4-2。

3）条件黏度。条件黏度是指在一定条件下，利用某种黏度计，通过测定润滑油穿过规定孔道的时间来进行计量的黏度。我国常用的条件黏度为恩氏黏度，即在规定温度下200cm³ 的油样流过恩氏黏度计的小孔（$\phi 2.8$mm）所需的时间（s）与同体积的蒸馏水在20℃下流过相同小孔时间的比值，称为该油样的恩氏黏度，以符号 $^{\circ}E_t$ 表示，其角标 t 表示测定时的温度。美国常用赛氏通用秒（SUS），英国常用雷氏秒（R）作为条件黏度单位。

4）影响黏度的主要因素。

表 4-2 工业用润滑油黏度牌号分类（GB/T 3141—1994） （单位：mm²/s）

黏度牌号	运动黏度中心值 （40℃）	运动黏度范围 （40℃）	黏度牌号	运动黏度中心值 （40℃）	运动黏度范围 （40℃）
2	2.2	1.98 ~ 2.42	100	100	90.0 ~ 110
3	3.2	2.88 ~ 3.52	150	150	135 ~ 165
5	4.6	4.14 ~ 5.06	220	220	198 ~ 242
7	6.8	6.12 ~ 7.48	320	320	288 ~ 352
10	10	9.0 ~ 11.0	460	460	414 ~ 506
15	15	13.5 ~ 16.5	680	680	612 ~ 748
22	22	19.8 ~ 24.2	1000	1000	900 ~ 1100
32	32	28.8 ~ 35.2	1500	1500	1350 ~ 1650
46	46	41.4 ~ 50.6	2200	2200	1980 ~ 2420
68	68	61.2 ~ 74.8	3200	3200	2880 ~ 3520

① 温度。润滑油的黏度随温度的变化十分显著。当温度升高时，黏度减小，反之黏度则增大，这种特性称为黏温特性。图 4-15 所示为几种常用全损耗系统用油 L-AN（GB 443—1989）的黏温特性曲线。全损耗系统用油是一种送至摩擦点进行润滑后，不再返回油箱循环使用的通用润滑油，主要有机械油、车轴油等。它仅用来润滑安装在室内、工作温度在 50 ~ 60℃以下的各种轻负荷机械，如纺织机械、各种机床和水压机等。衡量润滑油黏温特性的指标常用黏度指数 VI 表示。黏度指数大，表示油的黏度随温度变化小，即油的黏温特性好；反之，则黏温特性差。

② 压力。当润滑油所受的压力增加时，分子之间的距离减小而分子间的引力增大，因而黏度增加。通常，当润滑油所受压力超过 20MPa 时，黏度随压力的变化就十分显著，随着压力的增加黏度的变化率也增加，

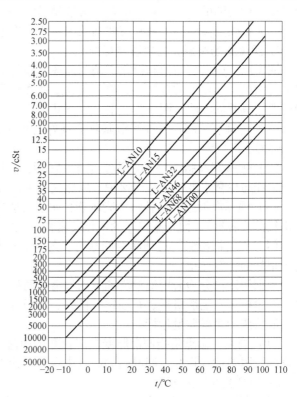

图 4-15 几种常用全损耗系统用油的黏温特性曲线

当压力增加到几个 GPa 时，黏度升高几个量级，直到压力更高时，润滑油丧失液体性质而变成蜡状固体。由此可知，对于重载荷流体动压润滑，特别是弹性流体动压润滑状态，黏压特性是非常重要的问题。试验研究表明，润滑油的黏度随着压力变化可用下式表示

$$\eta = \eta_0 e^{\alpha p} \qquad (4-9)$$

式中 η——润滑油在测试压力下的黏度（Pa·s）；

η_0——润滑油在大气压下的黏度（Pa·s）；

α——润滑油的黏压系数（Pa⁻¹），对一般矿物油，可取 $\alpha = (1 ~ 3) \times 10^{-8} Pa^{-1}$；

p——润滑油的测试压力（Pa）。

（2）油性（或润滑性）　油性是指润滑油中极性分子与金属表面吸附形成一层边界吸附油膜，以减小摩擦和磨损的性能。油性越好，油膜与金属表面的吸附能力越强，越有利于一般条件下的边界润滑。动植物油和脂肪酸的油性较好。目前尚没有一个定量的指标来评价润滑油的油性。

（3）极压性　极压性是指润滑油中加入含硫、氯、磷的有机极性化合物后，油中极性分子在金属表面生成抗磨、耐高压的化学反应边界膜的性能。它在重载、高速、高温条件下，可改善边界润滑性能，降低摩擦系数。

（4）凝点　这是指润滑油在规定条件下，冷却到不能再自由流动时的最高温度。它是润滑油在低温下工作的一个重要指标，直接影响到机器在低温下的起动性能和磨损情况。低温润滑时，应选凝点低的油。一般说来，润滑油的凝点应比使用环境的最低温度低 $5 \sim 7 \, ^{\circ}\!\mathrm{C}$。

（5）闪点　当润滑油在标准仪器中加热蒸发出的油气，遇到火焰即能发出闪光时的最低温度，称为油的闪点。它是衡量润滑油易燃性的一个十分重要的指标。对于高温下工作的机器，应选闪点高的油。通常应使油的闪点比工作温度高 $30 \sim 40 \, ^{\circ}\!\mathrm{C}$。

2. 润滑脂的类型和主要质量指标

润滑脂主要由矿物油和稠化剂调制而成。稠化剂常用锂、钠、钙、铝、锌等金属皂。金属皂是由碱金属以外的金属、金属氧化物或盐类与脂肪酸等作用而生成的肥皂。根据调制润滑脂所用皂基的不同，润滑脂主要有以下几类：

（1）钙基润滑脂　这种润滑脂具有良好的抗水性，但耐热能力差，工作温度不宜超过 $55 \sim 65 \, ^{\circ}\!\mathrm{C}$。

（2）钠基润滑脂　这种润滑脂有较高的耐热性，工作温度可达 $120 \, ^{\circ}\!\mathrm{C}$，但抗水性差。由于它能与少量水乳化，从而保护金属免遭腐蚀，因而比钙基润滑脂有更好的防锈能力。

（3）锂基润滑脂　这种润滑脂既能抗水、又能在高温下工作（适用于 $-20 \sim 145 \, ^{\circ}\!\mathrm{C}$，但价格较前两者贵），而且有较好的机械安定性和化学安定性，是一种多用途的润滑脂。

（4）铝基润滑脂　这种润滑脂具有良好的抗水性，对金属表面有高的吸附能力，故可起到很好的防锈作用。

根据用途可分为通用润滑脂和专用润滑脂两种，前者用于一般机械零件，后者用于拖拉机、铁道机车、船舶机械、石油钻井机械、阀门等。

润滑脂的主要质量指标有：

（1）滴点　滴点是指润滑脂受热溶化开始滴落的最低温度，是润滑脂的重要指标之一，是润滑脂耐热性能指标。润滑脂的滴点决定了它的工作温度。一般来讲，润滑脂应在低于滴点 $20 \sim 30 \, ^{\circ}\!\mathrm{C}$ 温度下工作。

（2）针（锥）入度　针（锥）入度是衡量润滑脂稠度及软硬程度的指标。它是用一个质量为 $0.15\mathrm{kg}$ 的标准锥体，在 $25 \, ^{\circ}\!\mathrm{C}$ 的恒温下，由润滑脂表面经 $5\mathrm{s}$ 后沉入脂内的深度（以 $0.1\mathrm{mm}$ 为单位）来表示。针（锥）入度值越大，表示润滑脂越软；反之就越硬。

一般机械中最常用的润滑油、润滑脂的牌号、性能及适用场合等，将在以后各有关章节中进行介绍，详细资料可参看参考文献。

二、润滑剂的添加剂

润滑剂的添加剂是指为使润滑剂得到某种新的特性或改善润滑剂中已有的一些特性而加入的一种或几种化合物。添加剂的特点是：品种多、添加量少（一般为 $0.1‰ \sim 5\%$）、效果显著。按功能分，添加剂主要有清净剂、分散剂、抗氧抗腐剂、极压抗磨剂、油性剂和摩擦改进剂、抗氧剂、黏度指数改进剂、防锈剂、降凝剂、抗泡沫剂、乳化剂等类型。润滑油是由基础油和添加剂两部分组成。基础油是润滑油的主要部分，决定润滑油的基本性质。添加剂可弥补和改善基础油性能方面的不足，赋予某些新的性能，主要有：

（1）清净分散剂　清净分散剂包括清净剂和分散剂。清净剂具有高碱性，可以持续中和润滑油氧化生成的酸性物质，对发动机积炭具有洗涤作用；分散剂油溶性基因比清净剂大，能有效屏蔽积炭和胶状物相互聚集，使其以小粒子形式悬浮在油中，减少积炭和防止堵塞滤网。清净分散剂主要用于内燃机的机油中。

（2）抗氧抗腐剂　抗氧抗腐剂能抑制油品氧化及保护润滑表面不受水或其他污染物的化学侵蚀。同时生成保护膜，延长润滑油和机器的使用寿命。

（3）极压抗磨剂　极压抗磨剂主要是硫、磷、氯的化合物，在高速重载导致的高摩擦温度条件下，与金属表面发生化学反应，生成高熔点、低剪切和易塑性流动的化学反应膜，可有效地防止或减轻黏着、擦伤及胶合，在高温、高压的苛刻条件下提供润滑。

（4）油性剂和摩擦改进剂　用作油性剂的是某些表面活性物质，如动植物油脂、脂肪酸、酯、胺等。这些化合物和金属有很强的亲和力，能在金属表面形成牢固的吸附膜，在温度不高（低于120℃）的边界润滑的条件下，可以防止金属摩擦面的直接接触。

（5）抗氧剂　抗氧剂能提高润滑油的氧化安定性，延长油品的使用寿命和防止胶状沉淀物的生成。

（6）黏度指数改进剂　它是一些油溶性适度的链状高分子聚合物，温度升高时，基础油黏度下降，棉絮状的聚合物松开，体积变大，从而增大油品的流动阻力，也即增大了油品的黏度，改善了油品的黏温特性。

（7）防锈剂　在金属表面形成吸附膜或反应膜，隔绝氧、水汽、一氧化碳等，阻止或延缓金属锈蚀。

（8）降凝剂　用来降低油品凝固点，改善油品低温流动性。

（9）抗泡沫剂　降低润滑油泡沫稳定性，缩短泡沫寿命。

三、常用润滑方式

润滑剂的供应方式主要应根据机器中零部件的用途和特点、工作条件和规范、摩擦副尺寸和采用的润滑剂以及供应量等来决定。

低速、轻载、工作时间短或不连续运转等需油量较少的机械，一般采用人工定期加油、加脂，滴油或油绳、油垫润滑。尽可能选用各种标准油嘴、油杯、油枪等。

中速、中载、较重要的机械，要求连续供油并起一定冷却作用，常用油浴、油环、飞溅润滑或压力供油润滑。

高速、轻载机械零部件，如齿轮、轴承发热大，采用喷雾润滑效果较好。

高速、重载、供油量大的重要零部件应采用压力供油循环润滑。当有大量润滑点和自动化程度高的重要机械设备或车间、工厂建立自动化润滑系统时，可使用集中润滑装置。

下面介绍几种常用的润滑方式。

1. 人工定期加油（脂）润滑

该方式是直接在需要润滑的部件上制出加油孔即可用油壶、油枪进行加油，也可在油孔处装设油杯，如压配式压注油杯（图4-16a）、直通式压注油杯（图4-16b）、接头式压注油杯（图4-16c）、旋盖式油杯（图4-16d）和旋套式油杯（图4-16e）等。为了供给润滑脂，要用旋盖式油杯，事先装满的润滑脂靠旋拧杯盖而被挤出。压注润滑油和润滑脂都可以使用压注油（脂）枪（图4-17a、b），也可用涂刷方式加脂。

油杯可以储存一定的油（脂）量，还可以防止污物进入，但其供油时间较短，可靠性

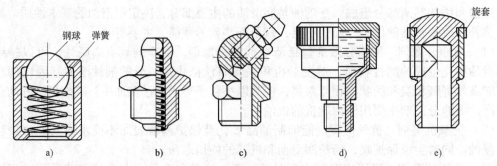

图 4-16　人工定期润滑用压注油（脂）杯

a）压配式压注油杯　b）直通式压注油杯　c）接头式压注油杯　d）旋盖式油杯　e）旋套式油杯

不高。这种方法一般只适用于低速、轻载的简易机械。

2. 滴油杯润滑

滴油润滑主要使用油杯向润滑点供油。油杯多用铝或铝合金等轻金属制成骨架，杯壁的检查孔多用透明的塑料或玻璃制造，以便观察其内部油位。常用的油杯有以下几种：

（1）手动式滴油杯　如图4-18a所示，在机器起动前用手按压手柄1，使活塞2向下运动形成油压顶开下部

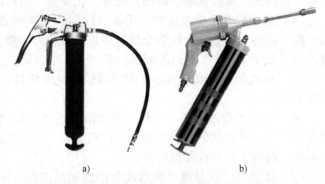

图 4-17　压注油（脂）枪

a）压注油枪　b）高压黄油枪

的密封钢球，供给摩擦副润滑油。弹簧3使活塞回位以便多次按压手柄决定滴油量的多少。这种装置主要用于间歇工作机器的轴承（多为滑动轴承）上。

（2）针阀式滴油杯　如图4-18b所示，利用竖直手柄1开启针阀滴油，平放手柄1关闭针阀停止滴油，用调节螺母4控制针阀5的提升高度，从而调节油孔开口大小和滴油量。这种装置常用于要求供油可靠的机器中。

3. 油绳润滑

油绳润滑是将油绳、毡垫或泡沫塑料等浸在油中，利用毛细管和虹吸管作用吸油，如图4-19所示。这种方式所使用润滑油的黏度应低些。油绳具有一定过滤作用，可保持油的清洁，而且供油连续均匀，缺点是供油量小且油量不易调节。常用于低、中速和轻载的机械上。

4. 油环、油链润滑

油环或油链润滑只能用于水平安装的轴，依靠套在轴上的环或链把油从油池中带到轴上再流向润滑部位，如图4-20所示。这种方法简单、可靠，但需要在油池中保持一定的油位。油环应是整体圆环，为便于装配也可做成拼装式，但接头处要平滑以免妨碍转动。油环的直径一般比轴大1.5～2倍，通常采用矩形截面，如需要增大给油量，可在环的内表面加工出几个圆槽。油环润滑适合于转速为50～3000r/min的轴，转速过高，环将在轴上激烈地跳动；转速过低，则所带油量不足，甚至环将不能随轴转动。油链与轴和油的接触面积较大，低速时能随轴转动和带起较多的油，因此油链润滑最适用于低速机械。

浸油及飞溅润滑主要用于闭式传动的齿轮、凸轮、滚动轴承等零部件和内燃机中曲轴曲柄的润滑；压力强制润滑和喷油润滑用于高速重要的传动场合。

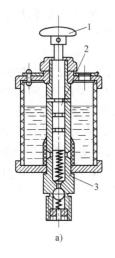 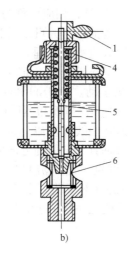

图 4-18 滴油杯

a）手动式 b）针阀式

图 4-19 油绳式油杯

1—手柄 2—活塞 3—弹簧 4—调节螺母 5—针阀 6—观察孔

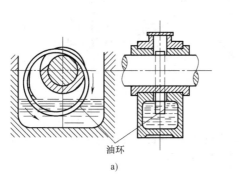 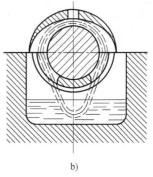

图 4-20 油环、油链润滑

a）油环润滑 b）油链润滑

第五节 流体润滑原理简介

　　根据摩擦面间承载油膜形成的原理，可把流体润滑分为流体动力润滑和流体静力润滑。流体动力润滑是利用摩擦面间的相对运动和楔形间隙而自动形成承载油膜的润滑；流体静力润滑是利用外部液压系统提供液压油，在摩擦面间强制形成承载油膜的润滑。当两个零件通过点、线的高副接触并做相对滚动或滚滑运动时（如一对齿轮的两个轮齿相啮合或滚动轴承中的滚动体与套圈相接触等），若符合一定条件，也能在接触处形成承载油膜。这时在接触区内部压力很高，使接触处产生相当大的弹性变形，同时高压也使润滑剂黏度大为增加。考虑弹性变形和压力对黏度的影响这两个因素的流体动力润滑称为弹性流体动力润滑。

一、流体动力润滑

　　两个做相对运动物体的摩擦表面，用借助于相对速度而产生的黏性流体膜将两摩擦表面完全隔开，由流体膜产生的压力来平衡外载荷，称为流体动力润滑。所用的黏性流体可以是液体（如润滑油），也可以是气体（如空气等），相应地称为液体动力润滑和气体动力润滑。流体动力润滑的主要优点是，摩擦力小，磨损小，并可以缓和冲击和振动。

下面简要介绍流体动力润滑中的楔形效应承载机理。

图4-21a所示A、B两板平行，平板间充满具有一定黏度的润滑油（设为牛顿流体），若B板静止不动，A板以速度v沿x方向运动。由于润滑油的黏性及它与平板间的吸附作用，与A板紧贴的一层油的流速u等于板速v，与B板紧贴的一层油的流速u等于零，两板之间的润滑油呈层流运动，各层油的流速u按线性规律分布。这种流动是由于油层受到剪切作用而产生的，所以称为剪切流。如果沿垂直于纸面的方向取为单位宽度，则图中三角形的面积即为单位宽度润滑油的流量。由图可见，出口流量等于入口流量（符合流量守恒定律）。这时，如果在A板上作用垂直向下的外部载荷，由于压力的作用将使出口流量大于入口流量，两平行平板间的润滑油将被挤干而无法形成承载油膜。

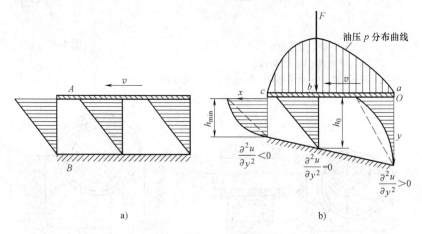

图4-21   两相对运动平板间油层中的速度和压力分布
a）平行平板   b）楔形平板

当两平板相互倾斜使其间形成楔形收敛间隙，且移动件的运动方向是从间隙较大的一方移向间隙较小的一方时，若各油层的分布规律如图4-21b中的虚线所示，那么入口流量必然大于出口流量。设液体是不可压缩的，则进入此楔形间隙的多余油量，必然在其内部形成压力，压力作用下润滑油从进口a及出口c两处被挤出一部分，即产生一种因压力而引起的流动称为压力流。这时，楔形收敛间隙中油层流动速度u将由剪切流和压力流二者叠加而成，压力使进口a处的油少进来一些，流速曲线呈内凹形；压力使出口c处的油多出去一些，流速曲线呈外凸形。压力的调节重新使出口流量等于入口流量，建立一种新的平衡。只要连续充分地提供一定黏度的润滑油，并且A、B两板相对速度足够大，流入楔形收敛间隙的流体就能形成稳定承载的动压油膜。这种具有一定黏性的流体流入楔形收敛间隙而产生压力的效应，称为流体动力润滑的楔形效应。

二、流体静力润滑

流体静力润滑是利用外部液压系统，将具有一定压力的液体送入两摩擦表面之间，利用流体静压力来平衡外载荷F。图4-22所示为典型流体静力润滑原理图。经过加压的液体通过节流阀5送入承载体的油腔3，润滑油再通过油腔周围的封油面2与运动件1的摩擦面形成的间隙流出，并降至环境压力。封油面和油腔总称为油垫，一个油垫可以有一个或几个油腔。一个单油腔油垫不能承受倾覆力矩。两个静止的、平行的摩擦表面间能采用流体静力润滑形成承载油膜。它的承载能力不依赖于流体黏度，故能用黏度极低的润滑剂，使摩擦副承载能力既高、摩擦力矩又低。流体静力润滑具有起动力矩极小，使用寿命长，油膜刚度大，阻尼性能好等优点。但需要一套供油系统，所以成本较高。

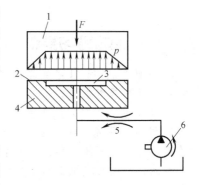

图 4-22 流体静力润滑原理图
1—运动件 2—封油面 3—油腔
4—承载体 5—节流阀 6—液压泵

三、弹性流体动力润滑

流体动力润滑通常研究的是低副零件接触时的润滑问题。由于零件之间通过面接触，可以把摩擦表面视作刚体，同时压力较低可认为润滑剂的黏度不随压力改变。可是在齿轮传动、滚动轴承、凸轮机构等高副机构中，名义上是点、线的接触，但由于受载变形，实际的接触都发生在一个狭小的面积上。接触区的高压，使得接触表面发生弹性变形的同时，还使其间的润滑剂黏度大大增加（可达成千上万倍）。表面的弹性变形及润滑剂黏度的增加，都会使油膜厚度显著增加，并在一定条件下，使两接触表面被润滑剂完全分开。因此，高副接触的润滑问题，除符合经典的流体润滑理论外，还必须考虑接触面的弹性变形和润滑剂的黏压效应。弹性流体动力润滑简称弹流润滑，其油膜厚度与压力分布如图 4-23a 所示。弹流润滑理论的基本要点，就是在流体动力润滑的基础上进一步考虑了接触表面的弹性变形和黏压效应对动压油膜的影响。通常，弹流润滑主要研究名义上点、线接触的高副问题。广义上讲，凡表面的弹性变形量接近和超过最小油膜厚度的流体润滑问题，都属于弹流问题。弹流润滑按两表面分离的情况可分为：全膜弹流和部分膜弹流。图 4-23a、b 所示为全膜弹流润滑，此时两表面被润滑剂完全分开；图 4-23c 所示为部分膜弹流润滑，此时两表面既有油膜，也有一部分表面的微凸峰相互接触，所以也称混合润滑。

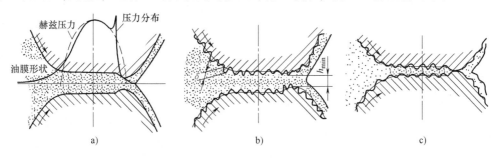

图 4-23 弹流润滑
a) 弹流润滑油膜厚度与压力分布（理想光滑表面） b) 全膜弹流（考虑表面粗糙度） c) 部分膜弹流

弹流润滑理论的基本方程，除考虑黏压效应的广义雷诺方程外，还包括接触体的弹性变形方程——赫兹接触变形方程，润滑剂物理参数变化的黏温、黏压方程，在高速和较高的相对滑动速度条件下考虑热效应时的润滑油能量方程，热量在固体（如齿轮、轴承套圈）中的热传导、润滑油与固体分界面的热交换方程，油膜厚度方程（也称弹性方程）等。所以弹流润滑方程组是一个非线性极强的系统，该系统的解算十分困难。目前弹流润滑理论和实验研究正向实际应用靠拢，并不断提高其水平和精度。在完善理论的同时，科学家们正探索新的有效的弹流测试方法，以验证其理论并解决生产实际需要的润滑状态监控、故障诊断和预报问题。另外，将复杂的理论分析和数值计算结果提炼成实用的公式、图表和资料以解决生产实际中的问题，也是研究的一个重要方面。关于弹流润滑理论的相关问题可参考相关资料。

本章学习要点

1. 本章重点为：①各类摩擦的机理与物理特征；②各类磨损的机理与物理特征；③流体动力润滑的基本原理。

2. 本章难点为楔效应承载理论及弹性流体动力润滑原理。

3. 摩擦学研究的对象应是做相对运动且相互作用的表面及其摩擦副群体系统，摩擦学涉及流体力学、固体力学、流变学、热物理、应用数学、材料科学、物理化学、化学、物理学、石油化工以及机械工程等众多学科，它为机械设计尤其是运动零部件的设计引入了新的概念和新的方法。

4. 了解摩擦、磨损与润滑之间的有机联系。明确摩擦是引起能量损耗的主要原因，磨损是造成零件失效和材料损耗的主要原因，而润滑则是减小摩擦和磨损的最有效的手段。

5. 学习干摩擦时重点理解黏着理论；边界摩擦理解边界油膜的形成和种类；实际上多数形成的是混合摩擦状态。流体动力润滑是一种理想的摩擦润滑状态，它的形成需要具备一定的条件。

6. 需要理解磨损曲线及磨损寿命。磨损的概念相对物理学有所拓宽，重点理解磨粒磨损、黏着磨损和疲劳磨损，这三种磨损在以后几章的学习中均会碰到，把这三种磨损的机理及基本概念与具体的零件磨损联系起来，可以进一步深化概念。

7. 了解润滑的作用、润滑剂的种类及各种润滑方法。理解润滑油的黏度及我国润滑油牌号的含义。理解流体动力润滑的形成原理及需要具备的几个条件。

8. 了解弹性流体动力润滑的原理，理解该理论是研究高副接触的零部件时，在流体动力润滑的基础上进一步考虑弹性变形和压力对黏度的影响这两个因素后的流体动力润滑问题。

第二篇

▶▶▶ 连接

机械产品由许多零部件按一定的形式将它们连接起来才能完成其预定的功能，才能便于机械的制造、安装、运输、维修以及提高劳动生产率等，所以在机械产品中广泛地使用着各种各样的连接。因此，机械设计人员必须熟悉各种机器中常用的连接方法及有关连接零件的结构、类型、性能与适用场合，掌握它们的设计理论或选用方法。

机械连接有两大类：一类是机器工作时，被连接的零部件之间有相对运动的连接，称为机械动连接，如机械原理课程中讨论的各种运动副；另一类则是在机器工作时，被连接的零部件之间不允许产生相对运动的连接，称为机械静连接，这是本篇所要讨论的内容。机械静连接又分为可拆连接和不可拆连接。可拆连接是不需毁坏连接中任一零件就可拆开的连接，故多次装拆无损于其使用性能。常见的有螺纹连接、键连接、花键连接、无键连接以及销连接等，其中螺纹连接、键连接和花键连接应用较广。不可拆连接是至少必须毁坏连接中的某一部分才能拆开的连接，常见的有焊接、胶接、铆钉连接等。另外，还有一种可以做成可拆或不可拆的过盈配合连接，在机器中也常使用。

在设计机械连接时，主要根据使用要求及经济要求确定连接的类型。一般地说，采用不可拆连接多是由于制造及经济上的原因；采用可拆连接多是由于结构、安装、运输、维修上的原因。不可拆连接的制造成本通常较可拆连接低廉。在具体选择连接的类型时，还须考虑到连接的加工条件和被连接零件的材料、形状及尺寸等因素。例如，板件与板件的连接，多选用螺纹连接、焊接、胶接或铆接；杆件与杆件的连接，多选用螺纹连接或焊接；轴与轮毂的连接则常选用键、花键连接或过盈连接等。有时也可综合使用两种连接，如胶—焊连接、胶—铆连接以及键与过盈配合同时并用的连接等。轴与轴的连接则采用联轴器或离合器，这将在第十五章中讨论。

由于上述各种连接使用的广泛性，本篇将着重讨论螺纹连接、键连接和花键连接，并对销连接、焊接、铆钉连接和胶接的基本结构形式和性能，以及过盈连接的基本原理和设计方法做一个概略的介绍。另外，由于螺旋传动也是利用螺纹零件工作的，所以就附在本篇内一并讨论。

第五章

螺纹连接和螺旋传动

提示

本章主要内容包括两部分。第一部分介绍连接螺纹及其主要参数、螺纹连接件及其性能等级；螺纹连接的主要类型、预紧和防松。重点讨论螺纹连接件的预紧力、工作载荷及总载荷的计算方法；螺纹连接的强度计算；螺栓组的结构设计、受力分析及提高螺纹连接强度的措施。第二部分介绍螺旋传动的类型及应用，重点阐述滑动螺旋传动的设计计算方法。

螺纹连接是由螺纹连接件和被连接件构成的可拆连接，这种连接结构简单，装拆方便，工作可靠。由专业工厂大量生产的标准螺纹连接件，成本低廉，供应充足，应用广泛。对螺纹连接的基本要求是连接可靠不松动，受力合理并具有足够的强度。本章主要讨论螺纹连接的结构、受力、强度计算和设计问题。螺旋传动在几何和受力关系上与螺纹连接相似，因此也在本章中介绍。

第一节　螺　　纹

一、螺纹的主要参数

螺纹副由内、外螺纹组成，现以图 5-1 所示的圆柱外螺纹为例，介绍螺纹的主要参数。

（1）大径 d　螺纹的最大直径，即与外螺纹牙顶（或内螺纹牙底）相切的假想圆柱体的直径，在标准中定为公称直径，内螺纹大径用 D 表示。

（2）小径 d_1　螺纹的最小直径，即与外螺纹牙底（或内螺纹牙顶）相切的假想圆柱体的直径，在强度计算中近似作为螺杆危险剖面的计算直径。

（3）中径 d_2　轴向剖面内沟槽和凸起宽度相等处的假想圆柱体的直径，近似等于螺纹的平均直径，$d_2 \approx (d + d_1)/2$。中径是确定螺纹几何参数和配合性质的直径。

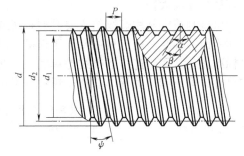

图 5-1　圆柱螺纹的主要参数

（4）线数 n　螺纹的螺旋线数目。为便于制造，一般 $n \leq 4$。

（5）螺距 P　相邻两牙在中径圆柱面母线上对应点间的轴向距离。

（6）导程 Ph　同一螺旋线上相邻两牙在中径圆柱面母线上对应点间的轴向距离，$Ph = nP$。

（7）牙型角 α　螺纹轴向剖面内螺纹牙形两侧边的夹角。

（8）牙型斜角 β　轴向剖面内螺纹牙形工作侧边与螺纹轴线垂直平面间的夹角，也称牙侧角。对于对称牙型，$\beta = \alpha/2$。

（9）螺纹升角 ψ　在中径圆柱面上，螺旋线的切线与垂直于螺杆轴线的平面的夹角。在螺纹的不同直径处，螺纹升角各不相同。通常按螺纹中径 d_2 处计算。即

$$\psi = \arctan \frac{Ph}{\pi d_2} = \arctan \frac{nP}{\pi d_2} \tag{5-1}$$

二、螺纹的类型和应用

螺纹的分类方法有多种：

按母体形状分，分为圆柱螺纹和圆锥螺纹。前者用于一般连接和传动，后者用于管连接。

按螺纹牙形分，分为三角形螺纹、矩形螺纹、梯形螺纹和锯齿形螺纹等。三角形螺纹牙形用于连接，其他螺纹牙形用于传动。

按用途分，分为连接螺纹和传动螺纹。三角形螺纹常用于连接是由于其强度高、自锁性好；矩形、梯形、锯齿形螺纹用于传动是由于其效率高。

按螺旋线旋向分，分为右旋螺纹和左旋螺纹。机械制造中一般多用右旋螺纹，左旋螺纹用于特殊场合。

按螺旋线的线数分，分为单线螺纹和多线（$n \geqslant 2$）螺纹。前者用于连接，后者用于传动。

按螺距（大径 d 相同时）分，分为粗牙（螺距值最大的一个）螺纹和细牙（螺距值较小的其余）螺纹。前者用于一般连接，后者用于细小零件、薄壁管件或受冲击、振动和变载荷的连接。

按制式分，分为米制螺纹和寸制（螺距以每英寸牙数表示）螺纹。我国除管螺纹保留寸制螺纹外，都采用米制螺纹。寸制管螺纹的公称直径是管子内径（英寸），显然螺纹大径比公称直径大。寸制管螺纹又可分为55°英国标准管螺纹和60°美国标准管螺纹，这两种管螺纹仍是目前影响较大、使用最广的管螺纹。米制管螺纹在我国、俄罗斯和德国制定了各自的国家标准，但目前没有被世界上的多数国家接受，因此，应用受到限制。米制管螺纹的公称直径是螺纹大径。

机械制造中常用螺纹的主要类型有普通螺纹、管螺纹、米制锥螺纹、矩形螺纹、梯形螺纹和锯齿形螺纹。前三种主要用于连接，后三种主要用于传动。除矩形螺纹外，其他螺纹均已标准化。常用于连接的螺纹是单线、右旋、粗牙、标准的三角形普通螺纹。标准螺纹的基本尺寸，可查阅有关标准。常用螺纹的类型、特点和应用，见表5-1。

表 5-1　常用螺纹的类型、特点和应用

螺纹类型		牙 形 图	特点和应用
连接螺纹	普通螺纹	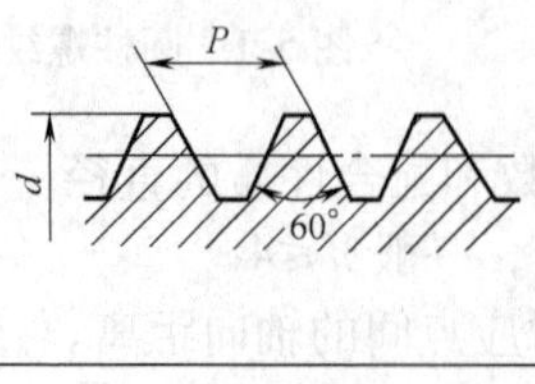	牙形为等腰三角形，牙型角 $\alpha = 60°$。内外螺纹旋合后留有径向间隙。外螺纹牙根允许有较大的圆角，以减小应力集中。同一公称直径按螺距大小，分为粗牙和细牙。细牙螺纹螺距小，升角小，自锁性较好，且牙根厚，小径大，强度较高，但牙细不耐磨，容易滑扣。一般连接多用粗牙螺纹，细牙螺纹常用于细小零件、薄壁管件或受冲击、振动和变载荷的连接中，也可作为微调机构的调整螺纹使用

（续）

螺纹类型		牙形图	特点和应用
连接螺纹	55°非密封管螺纹	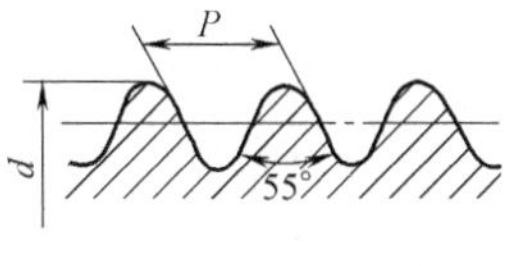	牙形为等腰三角形，牙型角 $\alpha = 55°$（或 $60°$），牙顶有较大的圆角，内外螺纹旋合后无径向间隙。管螺纹为寸制细牙螺纹。螺纹副本身不具有密封性，常用于电线管等不需要密封的管路中的连接。连接要求密封时，可压紧被连接件螺纹副外的密封面，也可在密封面间添加密封物，适用于一般密封要求的管路连接中
	55°密封管螺纹	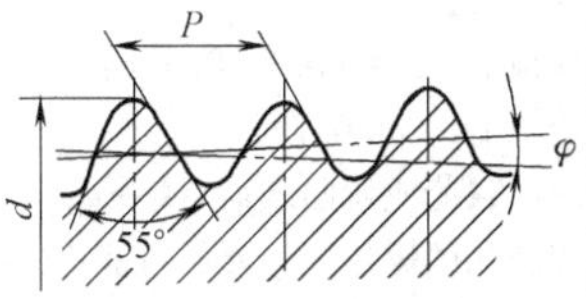	牙形为等腰三角形，牙型角 $\alpha = 55°$（或 $60°$），螺纹分布在 $1:16$ 的圆锥管壁上。它包括圆锥内螺纹与圆锥外螺纹和圆柱内螺纹与圆锥外螺纹两种连接形式。内外螺纹旋合后无径向间隙，利用本身的变形就可以保证连接的紧密性，不需要任何密封填料，密封简单。适用于密封要求较高的管路连接中
	米制锥螺纹	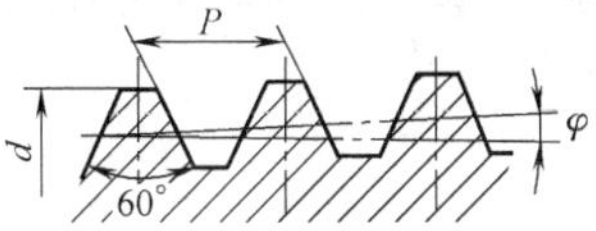	牙型角 $\alpha = 60°$ 的米制管螺纹，螺纹牙顶为平顶，螺纹分布在 $1:16$ 的圆锥管壁上。用于气体或液体管路系统中依靠螺纹密封的螺纹连接处（水、煤气的管螺纹除外）
传动螺纹	矩形螺纹	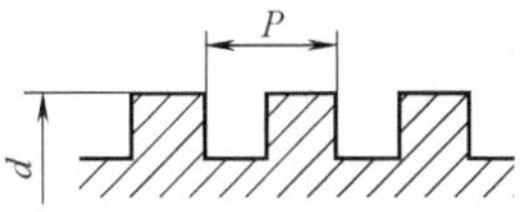	牙形为矩形，牙型角 $\alpha = 0°$，传动效率高于其他螺纹。但牙根强度低，精确制造困难，对中精度低，未标准化，逐渐被梯形和锯齿形螺纹代替
	梯形螺纹	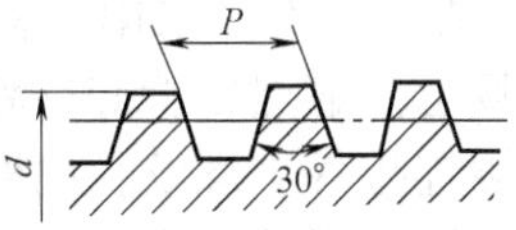	牙形为等腰梯形，牙型角 $\alpha = 30°$，传动效率比矩形螺纹低。但牙根强度高，工艺性好，对中性好，用剖分螺母时可调整间隙，广泛应用于双向受力的传动
	锯齿形螺纹	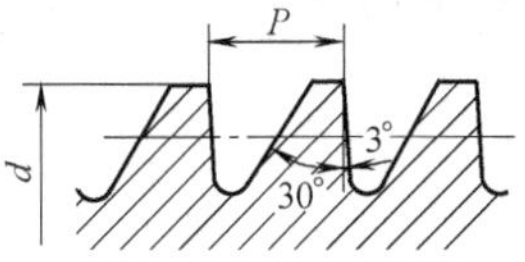	牙形为非对称牙形，工作面的牙侧角 $\beta = 3°$，非工作面的牙侧角 $\beta = 30°$，牙型角 $\alpha = 33°$。它综合了矩形螺纹效率高和梯形螺纹牙根强度高的特点，但只适用于承受单向受力的传动，如螺旋压力机

　　机械制造中除上述的常用螺纹外，还有特殊用途的螺纹，以适应各行业的特殊工作要求，需用时可查阅有关专用标准。

第二节　螺纹连接的类型和标准连接件

一、螺纹连接的基本类型

　　螺纹连接有四种基本类型：螺栓连接、双头螺柱连接、螺钉连接和紧定螺钉连接。

1. 螺栓连接

　　如图 5-2 所示，螺栓连接是利用螺栓穿过被连接件的通孔然后用螺母实现连接。被连接件的孔中无需切制螺纹，使用时不受被连接件材料的限制，常用于被连接件不太厚便于制作通孔的场合。按螺栓主要受力状况不同，可分为受拉螺栓连接和受剪螺栓连接两种，两种连接所用螺栓的结构形式和连接的结构细节也有所不同。

　　（1）普通螺栓连接　如图 5-2a 所示，又称受拉螺栓连接，装配后螺栓杆与通孔之间有间隙（$d < d_0$），螺栓一般受拉伸载荷。这种连接结构简单，装拆方便，孔的精度要求较低，成本较低，应用最广。

　　（2）铰制孔用螺栓连接　如图 5-2b 所示，又称受剪螺栓连接，其螺杆外径 d_s 与孔径

d_0具有同一公称尺寸（$d_s = d_0 > d$），装配后螺栓杆与通孔之间有配合关系，常采用基孔制过渡配合（H7/m6，H7/n6）。这种连接能精确固定被连接件的相互位置，并能承受横向载荷，但通孔需铰制，孔和螺栓精度较高。

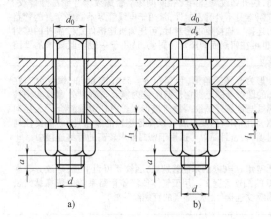

螺纹余留长度 $l_1 > 0$：
    静载荷 $l_1 \geqslant (0.3 \sim 0.5)d$；
    变载荷 $l_1 \geqslant 0.75d$；
    冲击载荷或弯曲载荷 $l_1 \geqslant d$；
    铰制孔用螺栓 l_1 要尽可能小，$l_1 = (0.1 \sim 0.2)d$；
螺纹伸出长度 $a = (0.2 \sim 0.3)d$；
通孔直径 $d_0 = 1.1d$。

图 5-2　螺栓连接
a）普通螺栓连接　b）铰制孔用螺栓连接

2. 双头螺柱连接

双头螺柱连接如图 5-3a 所示。这种连接适用于结构上不能采用螺栓连接的场合，如被连接件之一较厚不宜制成通孔，又需要经常拆装的场合。显然，拆卸这种连接时，只需拆下螺母，不必将双头螺柱从被连接件中拧出，避免了被连接件中螺纹孔的磨损失效。这种连接结构比较复杂，设计时应注意，双头螺柱必须拧紧锁紧在螺纹孔中，这样才能保证拧松螺母时螺柱不会转动。

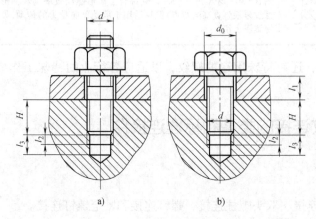

拧入盲孔深度 H，当螺纹孔件材料为：
钢或青铜 $H = d$；
铸铁 $H = (1.25 \sim 1.5)d$；
铝合金 $H = (1.5 \sim 2.5)d$。

图 5-3　双头螺柱连接、螺钉连接
a）双头螺柱连接　b）螺钉连接

3. 螺钉连接

螺钉连接如图 5-3b 所示。这种连接的特点是螺栓（或螺钉）直接拧入被连接件的螺纹孔中，不用螺母，在结构上比双头螺柱连接简单、紧凑。其用途和双头螺柱连接相似，但如经常拆装时，易使螺纹孔磨损滑扣，可能导致被连接件报废或修理困难，故多用于受力不大，或不需要经常拆装的场合。

双头螺柱和螺钉拧入盲孔的深度与被连接件的材料有关，按等强度条件决定的最小拧入深度已在图 5-3 中给出。

4. 紧定螺钉连接

紧定螺钉连接是利用拧入零件螺纹孔中的螺钉末端顶住另一零件的表面或顶入相应的凹坑中，如图 5-4 所示，以固定两个零件的相对位置，并可传递不大的力或转矩。

除上述四种基本螺纹连接类型外，还有一些特殊结构的连接，如起吊较大零部件的吊环螺钉连接（图 5-5a）、固定机器的 T 形槽螺栓连接（图 5-5b）和地脚螺栓连接（图 5-5c）等。

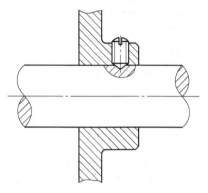

图 5-4　紧定螺钉连接

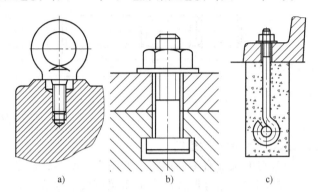

图 5-5　特殊结构的螺栓连接
a）吊环螺钉连接　b）T 形槽螺栓连接　c）地脚螺栓连接

二、标准螺纹连接件

标准螺纹连接件的种类很多，在机械制造中常用的有螺栓、双头螺柱、螺钉、螺母、垫圈和防松零件等。设计机器时应尽量选用标准连接件，首先合理选择类型，再根据相应标准选定规格。按公差等级国家标准把螺纹连接件分成 A、B、C 三级。A 级精度最高，用于装配精度要求高的以及受冲击、振动或变载荷等的重要零部件的连接；B 级精度多用于受载较大且经常装拆、调整的连接；C 级精度多用于一般的螺纹连接。

1. 螺栓

螺栓种类很多，应用最广，其头部有多种形式，最常用的是六角头，还有方头、T 形头等，如图 5-6 所示，其中六角头螺栓应用普遍，能够承受大的拧紧力矩。螺杆部可制出部分螺纹或全螺纹，铰制孔用螺栓的螺栓杆直径 d_s 大于螺纹大径 d，如图 5-7 所示，靠螺栓杆部与被连接件的铰制孔采用过渡配合实现连接。

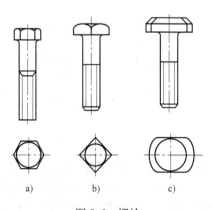

图 5-6　螺栓
a）六角头　b）方头　c）T 形头

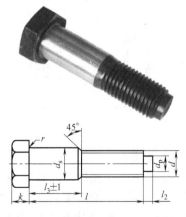

图 5-7　铰制孔用螺栓

2. 双头螺柱

双头螺柱两端都制有螺纹，两端螺纹可相同或不同，螺柱可为带退刀槽的 A 型（图 5-8a）或制成腰杆的 B 型（图 5-8b），也可制成全螺纹的螺柱。螺柱的一端常用于旋入铸铁或非铁金属的螺纹孔中，旋入即不拆卸，另一端则用于安装螺母以固定其他零件。

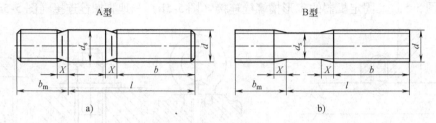

图 5-8　双头螺柱

3. 螺钉和紧定螺钉

螺钉的头部有多种形状，如图 5-9 所示，以适应不同的拧紧程度。头部的槽有一字槽、十字槽和内六角等形式。十字槽螺钉头部强度高、对中性好，有取代一字槽螺钉头的趋势，同时便于自动装配。内六角孔螺钉能承受较大的扳手力矩，连接强度高，可代替六角头螺栓，用于改善结构外形、要求结构紧凑的场合。螺钉和紧定螺钉还有多种形式的末端形状，如图 5-10 所示，以适应不同的使用场合。此外，还有一些特殊用途的螺钉，如起吊箱体用的吊环螺钉等。

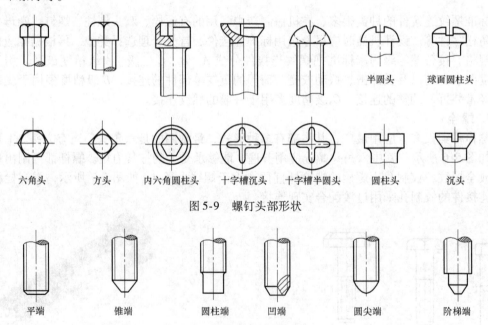

图 5-9　螺钉头部形状

图 5-10　紧定螺钉端部形状

4. 螺母

螺母有六角螺母、六角开槽螺母、圆螺母，如图 5-11 所示。六角螺母按高度分正常、厚、薄三种，正常高度的应用最多。六角厚螺母用于装拆频繁处，六角薄螺母用于空间受限制的场合。六角开槽螺母常与开口销配用，常用作机械防松装置。圆螺母常与止动垫圈（图 5-12）配用，装配时将垫圈内舌插入轴上的槽内，而将垫圈的外舌嵌入圆螺母的槽内，螺母即被锁紧，常用于轴上零件的轴向固定。

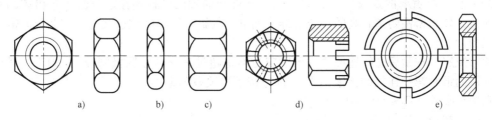

图 5-11 螺母

a) 六角螺母 b) 六角薄螺母 c) 六角厚螺母 d) 六角开槽螺母 e) 圆螺母

5. 垫圈

垫圈是螺纹连接中不可缺少的附件，常放置在螺母和被连接件之间，具有增大支承面积，减小压强，遮盖被连接件支承表面的缺陷，避免拧紧螺母时擦伤被连接件的表面，消除偏心载荷和防松等作用。垫圈的类型很多，图 5-12 所示为常见的圆形平垫圈、方斜垫圈、弹簧垫圈、弹性垫圈和止动垫圈。平垫圈用以保护支承表面，有 A、C 两种精度，选用时应与螺栓、螺母的精度相对应。方斜垫圈是供垫平槽钢、工字钢等倾斜支承面用的专用垫圈，可使螺栓免受附加偏心载荷，从而提高强度。后三种垫圈均用以防松。

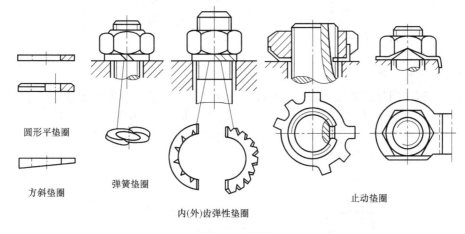

圆形平垫圈

方斜垫圈　弹簧垫圈

内(外)齿弹性垫圈

止动垫圈

图 5-12 垫圈

第三节 螺纹连接的预紧和防松

一、螺纹连接的预紧

1. 预紧力与拧紧力矩

机械产品中使用的螺纹连接，绝大多数安装时都要拧紧到一定程度，称为预紧。此时螺栓所受轴向拉力称为预紧力 F_0，这种连接称为紧螺栓连接。极少数不需要预紧的螺栓连接称为松螺栓连接。预紧的目的在于增强连接的刚性、可靠性、紧密性和防松能力，对于受拉螺栓连接，还可提高螺栓的疲劳强度；对于受剪螺栓连接，有利于增大连接中的摩擦力。特别对于像气缸盖、管路凸缘、齿轮箱、轴承盖等紧密性要求较高的螺纹连接，安装时预紧更为重要。但过大的预紧力会导致整个连接的结构尺寸增大，也会使连接件在工作中偶然过载时断裂而造成事故。因此，为了保证连接所需的预紧力，又不使螺纹连接件过载断裂，对重要的螺纹连接，如内燃机连杆与曲轴的螺栓连接、气缸盖与机体的双头螺柱连接，如紧密性要求较高的高压容器、油缸、气缸、管路螺纹连接等，在装配时需要控制预紧力。

通常规定，拧紧后螺纹连接件的预紧应力不得超过其材料屈服极限 σ_s 的 80%。对于一般连接用的钢制螺栓连接的预紧力 F_0，推荐按下列关系确定：

碳素钢螺栓　　$F_0 \leqslant (0.6\sim0.7)\sigma_s A_1$

合金钢螺栓　　$F_0 \leqslant (0.5\sim0.6)\sigma_s A_1$

式中　　σ_s——螺栓材料的屈服极限（MPa）；

　　　　A_1——螺栓危险截面的面积（mm^2），$A_1 \approx \pi d_1^2/4$，d_1 为螺纹小径（mm）。

在拧紧螺母时，其拧紧力矩 $T = FL$，式中 F 为作用在手柄上的力（N）；L 为扳手力臂长度（mm），如图 5-13 所示。拧紧力矩（扳手力矩）T 用于克服螺旋副的摩擦阻力矩 T_1 和螺母环形端面与被连接件（或垫圈）支承面间的摩擦阻力矩 T_2。由机械原理可知

$$T = T_1 + T_2 = \frac{d_2}{2}F_0\tan(\psi + \varphi_v) + \frac{1}{3}f_c F_0 \frac{D_0^3 - d_0^3}{D_0^2 - d_0^2} \tag{5-2}$$

整理后得

$$T = \frac{1}{2}\left[\frac{d_2}{d}\tan(\psi + \varphi_v) + \frac{2f_c}{3d}\cdot\frac{D_0^3 - d_0^3}{D_0^2 - d_0^2}\right]F_0 d \tag{5-3}$$

式中　　F_0——预紧力（N）；

　　　　d_2——螺纹中径（mm）；

　　　　ψ——螺纹升角；

　　　　φ_v——螺纹当量摩擦角，$\varphi_v = \arctan f_v = \arctan (1.155f)$，$f$ 为摩擦系数，干燥的钢铁零件 $f = 0.1 \sim 0.2$，$\varphi_v = \arctan(0.1155 \sim 0.231) = 6°35' \sim 13°14'$；

　　　　f_c——螺母与被连接件支承面之间的摩擦系数，干燥的钢铁零件可取 $f_c = 0.1 \sim 0.2$；

　　d_0、D_0——螺母支承面的内、外径（mm）。

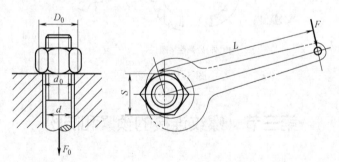

图 5-13　拧紧力矩

对于常用钢制 M10 ~ M68 的普通螺栓，$\psi = 1°42' \sim 3°2'$，$d_2 \approx 0.9d$，$d_0 \approx 1.1d$，$D_0 \approx 1.7d$，则式（5-3）可简化为

$$T = (0.15 \sim 0.25)F_0 d \tag{5-4}$$

由式（5-4）可以看出，拧紧力矩 T 越大，螺栓预紧力 F_0 越大。一般标准扳手手柄的长度 $L = 15d$，式（5-4）与 $T = FL$ 联立可得

$$F_0 = 15F/(0.15 \sim 0.25) = (60 \sim 100)F \tag{5-5}$$

假设作用在手柄上的力 $F = 200N$，则 $F_0 = (60 \sim 100) \times 200N = 12000 \sim 20000N$。

从以上计算可知：人工拧紧螺母时，螺栓受到的预紧力 F_0 大约是人手作用在手柄上的力 F 的 $60 \sim 100$ 倍。如果预紧力过大，螺栓就容易过载拉断，直径小的螺栓更容易过载拉断，因此对于重要的连接，如果没有条件控制预紧力时，不宜采用直径小于 M12 的螺栓，使用时必须严格控制预紧力。

2. 预紧力的控制方法

预紧力的具体数值应根据载荷性质、连接刚度和紧密性等具体工作条件确定。受变载荷的螺栓连接的预紧力应比受静载荷的要大些；有紧密性要求的螺纹连接的预紧力更要大些。

控制螺栓预紧力的方法很多，实际安装中使用的主要有：

（1）控制拧紧力矩　使用指示式扭力扳手（图 5-14a）或定力矩扳手（图 5-14b）进行安装，利用控制拧紧力矩 T 的方法来控制预紧力 F_0 的大小。指示式扭力扳手的工作原理是根据千分表 1 中指示的扳手手柄 2 的弹性变形量来测定拧紧力矩的大小。定力矩扳手的工作原理是当拧紧力矩超过规定值时，弹簧 5 被压缩，扳手卡盘 3 与圆柱销 4 之间打滑，如果继续转动手柄，卡盘即不再转动。拧紧力矩的大小可以通过螺钉 6 调整弹簧压力来加以控制。定力矩扳手或气动扳手（图 5-15）适用于生产线上的批量安装。

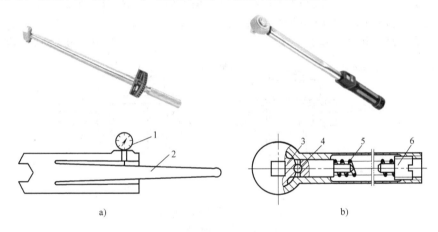

a)　　　　　　　　　　　　　　　b)

图 5-14　指示式扭力扳手和定力矩扳手

a）指示式扭力扳手　b）定力矩扳手

1—千分表　2—扳手手柄　3—扳手卡盘　4—圆柱销　5—弹簧　6—螺钉

由于拧紧力矩的大小还与摩擦系数有关，而摩擦系数和很多因素有关，所以这种方法难以精确控制预紧力，施加同样的拧紧力矩，预紧力的偏差可达 ±25% ～ ±30%。对于不重要的螺栓连接，也可根据螺距和拧紧螺母的转角大小估计螺栓的预紧力值，虽然精确性差些，但简单直观。

（2）控制螺栓或被连接件的变形　当需要精确控制预紧力或是安装大型螺栓时，可采用测量预紧前后螺栓的伸长量或测量应变便可控制预紧力（图 5-16）。这种方法的控制精度较高，偏差为 ±1% ～ ±10%。但操作较困难。采用的具体方法有：①用千分尺（图 5-17）测量预紧前后的螺栓长度，再计算预紧力。但受结构限制较大。②用电测法，将电阻应变片粘贴在被测螺栓光杆部分，通过拧紧时的电阻变化测出预紧力。此法精度最高，偏差只有 ±1%，但费用高。③液压拉伸法。用液压拉伸装置先把螺栓拉伸到一定程度（在材料的弹性范围内），然后拧紧螺母。待螺栓回复后获得规定的预紧力。此法一般用于大规格螺纹紧固件。

图 5-15　气动扳手

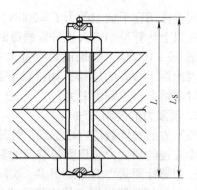

图 5-16　测量螺栓伸长量

（3）采用预紧力指示垫圈　图 5-18a 所示为内套筒式预紧力指示垫圈，在拧紧螺母过程中，当垫圈与外套筒端面接触时，内套筒的压缩变形量 δ 恰好对应设计的预紧力。图 5-18b 所示为碟形式预紧力指示垫圈，在拧紧螺母过程中，当碟形垫圈变形后使间隙 δ 消除时，螺栓受到的即为对应设计的预紧力。该方法操作简单，精度高，预紧力偏差只有 ±10% 。

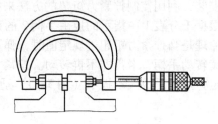

图 5-17　用千分尺测量螺栓伸长量

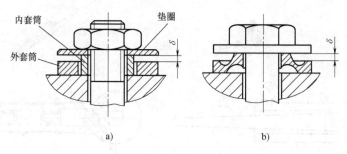

图 5-18　预紧力指示垫圈
a）内套筒式　b）碟形式

二、螺纹连接的防松

螺纹连接件一般采用单线普通螺纹，螺纹升角 ψ 小于螺旋副的当量摩擦角 φ_v，因此，连接螺纹都能满足自锁条件。此外，拧紧以后螺母和螺栓头部等支承面上的摩擦力也有防松作用，所以在静载荷和工作温度变化不大时，螺纹连接不会自动松脱。但在冲击、振动或变载荷的作用下，螺旋副间的摩擦力可能减小或瞬时消失。这种现象多次重复后，就会使连接松脱。在高温或温度变化较大的情况下，由于螺纹连接件和被连接件的材料发生蠕变和应力松弛，也会使连接中的预紧力和摩擦力逐渐减小，最终将导致螺母松脱、连接失效。

螺纹连接一旦出现松脱，轻则会影响机器的正常运转，重则会造成严重事故。因此，为了防止连接松脱，保证连接安全可靠，设计时必须采取有效的防松措施。

防松的根本问题在于防止螺旋副在受载时发生相对转动。防松的方法，按其工作原理可分为摩擦防松、机械防松以及破坏螺纹副防松等。摩擦防松是增大螺纹副中的摩擦力，其结构简单、方便。机械防松是用简单的金属止动件，直接防止螺旋副的相对转动，防松可靠。对于重要的连接，特别是在机器内部不易检查的连接，应采用机械防松。以上两种方法用于可拆连接的防松，在工程上广泛应用。对于不可拆连接的防松，工程上可用焊、粘、铆和冲点的方法，使其破坏螺纹副的相对运动关系。常用的防松装置见表5-2。

表5-2 常用的防松装置

摩擦防松			
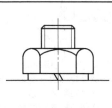 弹簧垫圈 弹簧垫圈材料为弹簧钢，装配后垫圈被压平，其反弹力能使螺纹间保持纵向压紧力和摩擦力。同时垫圈斜口的尖端抵住螺母与被连接件的支承面也有防松作用。 结构简单、使用方便。但由于垫圈的弹力不均匀，在冲击、振动的工作条件下，其防松效果较差，用于一般连接	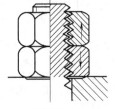 对顶螺母 利用两螺母的对顶作用使螺纹间始终受到附加的纵向压力和摩擦力的作用。工作载荷有变化时，该摩擦力仍然存在。结构简单，可用于低速、重载场合	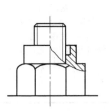 尼龙圈锁紧螺母 螺母末端嵌有尼龙圈，拧上后尼龙圈内孔被胀大，产生横向压紧力，箍紧螺栓	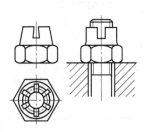 金属锁紧螺母 螺母末端径向开槽后压制收口，拧紧螺母后利用收口的弹性变形使旋合螺纹横向压紧。结构简单，防松可靠，可多次装拆而不降低防松性能
机械防松			
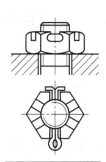 开槽螺母加开口销 拧紧槽形螺母，将开口销穿过螺栓尾部小孔和螺母的凹槽后，掰开开口销尾部至与螺母侧面贴紧，使螺母与螺栓不能相对转动。这种防松装置常用于有较大冲击、振动的高速机械中	 圆螺母加带翅垫片 装配时将垫圈内翅插入螺栓的槽内，拧紧圆螺母后，再将垫圈的外翅之一折嵌入圆螺母的一个槽内，螺母即被锁紧，常用于受力较大的轴上零件的轴向固定及防松	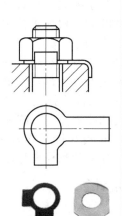 止动垫片 螺母拧紧后，将单耳或双耳止动垫片分别向螺母和被连接件的侧面折弯贴紧，即可将螺母锁住。结构简单，使用方便，防松可靠。常用于较重要的场合	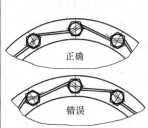正确 错误 串联钢丝 用低碳钢丝穿入各螺钉头部的孔内，将各螺钉串联起来，使其相互制动。使用时必须注意钢丝的穿入方向（上图正确，下图错误），原因是常用的右旋螺纹有松动趋势时，钢丝更加拉紧。这种防松装置适用于螺钉组连接，防松可靠，但装拆不便

（续）

破坏螺纹副防松	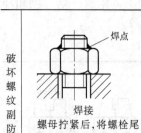 焊接 螺母拧紧后，将螺栓尾与螺母旋合的末端焊死，使其不能松脱，成为不可拆连接	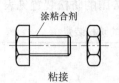 粘接 将粘合剂涂于螺纹旋合表面，拧紧螺母后，粘合剂能自行固化，防松效果良好，但高温时防松不可靠	 铆接 螺纹末端外露长度为$(1\sim1.5)P$（P为螺距），当螺母拧紧后把螺纹末端伸出部分铆住。防松可靠不可拆卸	用冲头冲2～3点 $1\sim1.5P$ 冲点 螺母拧紧后，用冲头在螺栓尾部与螺母旋合的末端处冲点2～3点，破坏螺纹副达到防松目的。这种防松方法可靠，但拆卸后连接件不能重复使用

第四节　单个螺栓连接的受力分析和强度计算

本节讨论单个螺栓连接的受力分析和强度计算，其结论对双头螺柱连接和螺钉连接也同样适用。螺栓连接的失效主要是螺栓的失效，所以强度计算主要是确定或验算螺栓危险截面的尺寸，螺栓其他部分（螺栓头、螺杆、螺纹公称直径）、螺母、垫圈等的结构尺寸，一般都可以从标准中选定，这是因为在制定标准时，已考虑了螺栓、螺母以及垫圈的各部分结构尺寸和等强度问题。

单个螺栓连接的受力形式有两种。一是受横向力（外力方向垂直于螺栓轴线），可以选用普通螺栓也可以选用铰制孔用螺栓；二是受轴向力（外力方向沿螺栓轴线），只能选用普通螺栓。普通螺栓在轴向静载荷的作用下，其主要失效形式是螺杆或螺纹部分的塑性变形或过载断裂。根据螺栓失效统计分析，螺栓在轴向变载荷的作用下，其失效形式多为螺杆或螺纹部分的疲劳断裂，常发生在螺纹根部和有应力集中的部位，其疲劳断裂的发生部位和概率统计如图 5-19 所示。因此，普通螺栓连接的设计准则是

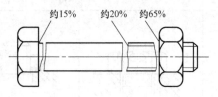

图 5-19　受拉螺栓发生疲劳断裂部位及概率统计

保证螺栓具有足够的静强度和疲劳强度。铰制孔用螺栓主要受横向力，其主要失效形式是螺杆或被连接件孔壁被压溃，也有可能是螺杆被剪断，其设计准则是保证连接具有足够的挤压强度和螺杆具有足够的剪切强度。

一、普通螺栓的强度计算

1. 受拉松螺栓连接

受拉松螺栓连接装配时，螺母不需要拧紧。在承受工作载荷之前螺栓不受力。这种螺栓连接一是很少成组使用，二是只能承受静载荷，应用范围有限。图 5-20 所示的起重滑轮的螺栓连接就是松螺栓连接的一个实例。当滑轮起吊重物时，螺栓所受到的工作拉力仅为工作载荷 F，故螺栓危险截面的拉伸强度条件为

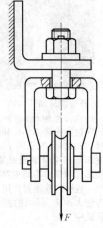

$$\sigma=\frac{4F}{\pi d_1^2}\leqslant[\sigma] \tag{5-6}$$

或

$$d_1\geqslant\sqrt{\frac{4F}{\pi[\sigma]}} \tag{5-7}$$

图 5-20　松螺栓连接

式中　F——螺栓承受的轴向工作载荷（N）；

　　　d_1——螺栓危险截面的直径（mm）；

　　　$[\sigma]$——松螺栓的许用应力（MPa），见表5-6。

若螺杆局部直径小于螺纹小径（如腰状杆螺栓和空心螺栓），应按最小截面计算。

2. 受拉紧螺栓连接

紧螺栓连接装配时，螺母需要拧紧。拧紧螺母时螺栓受预紧力 F_0 和螺纹副间摩擦力矩 T_1 的拉伸和扭转的复合作用，在螺纹小径危险截面上分别产生

拉伸应力　　　　　　　　　　$$\sigma = \frac{4F_0}{\pi d_1^2} \qquad\qquad (5\text{-}8)$$

扭转切应力　　$$\tau = \frac{T_1}{W_T} = \frac{F_0\tan(\psi+\varphi_v)d_2/2}{\pi d_1^3/16} = \frac{\tan\psi+\tan\varphi_v}{1-\tan\psi\tan\varphi_v} \cdot \frac{2d_2}{d_1} \cdot \frac{4F_0}{\pi d_1^2} \qquad (5\text{-}9)$$

对于常用钢制 M10～M68 的普通螺栓，$\varphi_v = 9°45'$，$d_2/d_1 = 1.04 \sim 1.08$，$\psi = 2°50'$，由此可得

$$\tau \approx 0.5\sigma \qquad\qquad (5\text{-}10)$$

由于螺栓是塑性材料，故可根据第四强度理论，求出螺栓预紧状态下的计算应力为

$$\sigma_{ca} = \sqrt{\sigma^2 + 3\tau^2} = \sqrt{\sigma^2 + 3(0.5\sigma)^2} \approx 1.3\sigma \qquad (5\text{-}11)$$

由此可见，对于常用钢制 M10～M68 的普通紧螺栓连接，在拧紧时虽是同时承受拉伸和扭转的复合作用，但在计算时可以只按拉伸强度计算，并将所受的拉力（预紧力）增大30%来考虑扭转的影响。

下面分析受拉紧螺栓连接的受力情况及强度计算。

（1）承受横向工作载荷的紧螺栓连接　在安装如图5-21所示的普通螺栓连接时，扳手拧紧螺母后螺栓的受力即为预紧力 F_0。当连接承受横向工作载荷 F_R 时，是依靠被连接件接合面间的正压力所产生的摩擦力来达到平衡的。该连接承受横向载荷 F_R 前后螺栓受力保持不变，即螺栓仅承受预紧力 F_0 的作用，也就是螺栓的预紧力 F_0 不受横向载荷 F_R 的直接影响，完全取决于扳手的拧紧程度。

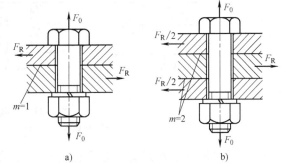

图 5-21　承受横向载荷的紧螺栓连接
a) $m=1$　b) $m=2$

为防止滑移，接合面间的摩擦力应大于或等于横向工作载荷 F_R，同时考虑到接合面间的表面粗糙度、载荷变化以及环境因素的影响导致摩擦力减小，故引入防滑（或称为可靠性）系数 K_s 后有

$$fF_0m \geq K_sF_R \qquad\qquad (5\text{-}12)$$

或　　　　　　　　　　$$F_0 \geq \frac{K_sF_R}{fm} \qquad\qquad (5\text{-}13)$$

式中　F_R——每个螺栓所受的横向工作载荷（N）；

　　　K_s——防滑（可靠性）系数，$K_s = 1.1 \sim 1.3$；

　　　m——摩擦面数（图5-21a，$m=1$；图5-21b，$m=2$）；

　　　f——接合面间的摩擦系数，见表5-3。

表 5-3　连接接合面间的摩擦系数 f

被 连 接 件	表 面 状 态	摩擦系数 f
钢或铸铁零件	干燥的加工表面	0.10 ~ 0.16
	有油的加工表面	0.06 ~ 0.10
钢结构	轧制表面、钢丝刷清理浮锈	0.30 ~ 0.35
	涂富锌漆	0.35 ~ 0.40
	喷砂处理	0.45 ~ 0.55
铸铁对砖料、混凝土或木材	干燥表面	0.40 ~ 0.45

故强度条件为

$$\sigma_{ca} = \frac{4 \times 1.3 F_0}{\pi d_1^2} \le [\sigma] \tag{5-14}$$

或

$$d_1 \ge \sqrt{\frac{4 \times 1.3 F_0}{\pi [\sigma]}} \tag{5-15}$$

式中　$[\sigma]$——紧螺栓的许用应力（MPa），见表5-6。

　　由式（5-12）可知，当 $m = 1$、$f = 0.15$、$K_s = 1.2$ 时，则 $F_0 \ge 8F_R$，说明这种靠摩擦力承受横向载荷的普通紧螺栓连接，预紧力 F_0 较横向工作载荷 F_R 大得多，结果必然是螺栓尺寸大，且在冲击、振动和变载荷下，由于摩擦系数 f 的变化，使连接的可靠性降低，有可能使普通螺栓在受拉伸的情况下又受到剪切破坏。为增加连接的可靠性，减小螺栓直径，提高承载能力，可采用如图5-22所示的减载装置，用减载零件键、套和销承受横向载荷。这种具有减载零件的紧螺栓连接，其连接强度按减载零件的剪切、挤压强度条件计算，而螺栓只起到保证连接的作用，因此预紧力不必很大。

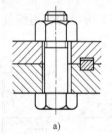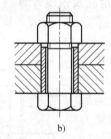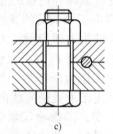

a)　　　　　　　　　b)　　　　　　　　　c)

图 5-22　减载装置
a) 减载键　b) 减载套筒　c) 减载销

　　（2）承受轴向工作载荷的紧螺栓连接　如图5-23所示压力容器中气缸盖的螺栓连接，该连接安装预紧后每个螺栓受预紧力 F_0，充入压力为 p 的气体，即工作时每个螺栓还要受轴向工作载荷 F（$F = F_\Sigma / z$，z 为螺栓个数）。螺栓和被连接件都是弹性体，由于螺栓和被连接件的弹性变形，此时作用在螺栓上的总拉力 F_1 并不等于预紧力 F_0 和轴向工作载荷 F 之和。连接中各零件的受力关系属于静不定问题。下面从螺栓连接的静力平衡和变形协调关系入手，求出螺栓总拉力 F_1 的大小。

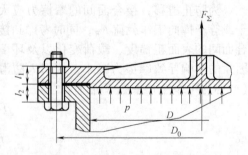

图 5-23　受轴向工作载荷的螺栓连接

　　图5-24表示气缸盖上单个螺栓连接在承受轴向工作载荷前后的受力及变形情况。

　　图5-24a所示为螺母刚好拧到和被连接件相接触，但尚未拧紧，即螺母开始拧紧时的情

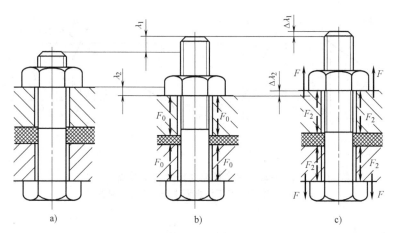

图 5-24 承受轴向工作载荷的紧螺栓连接受力及变形
a）螺母未拧紧 b）螺母已拧紧 c）承受工作载荷时

况。此时螺栓与被连接件均未受力，因而也不产生变形。

图 5-24b 所示为螺母已拧紧，气缸中未充入压力为 p 的气体，螺栓尚未承受工作载荷 F。这时，螺栓只受预紧力 F_0 的拉伸作用，其伸长量为 λ_1，螺栓的刚度为 $C_1 = \tan\theta_1 = F_0 / \lambda_1$。根据静力平衡条件，被连接件所受压力与螺栓所受拉力大小相等，也为 F_0，其压缩量为 λ_2，被连接件的刚度为 $C_2 = \tan\theta_2 = F_0 / \lambda_2$，$\theta_1$ 和 θ_2 如图 5-25a、b 所示。螺栓的刚度 C_1 和被连接件的刚度 C_2 为定值。

图 5-24c 所示为承受工作载荷后的情况。此时若螺栓和被连接件的材料在弹性变形范围内，则两者的受力与变形的关系符合拉（压）胡克定律。当螺栓承受工作载荷后，因所受的拉力由 F_0 增至 F_1 而继续伸长，其伸长增量为 $\Delta\lambda_1$，总伸长量为 $(\lambda_1 + \Delta\lambda_1)$，与此同时，原来被压缩的被连接件因螺栓伸长而被放松一部分，其压缩量也随着减小了 $\Delta\lambda_2$。根据连接的变形协调条件，被连接件压缩变形的减小量 $\Delta\lambda_2$ 应等于螺栓拉伸变形的增加量 $\Delta\lambda_1$，即 $\Delta\lambda_1 = \Delta\lambda_2 = \Delta\lambda$，被连接件的剩余压缩量为 $(\lambda_2 - \Delta\lambda)$，其间的压缩力由 F_0 减至 F_2，F_2 称为剩余预紧力。根据静力平衡条件，螺栓连接承受工作载荷后，螺栓所受的总拉力 F_1 等于轴向工作拉力 F（气压通过气缸盖作用在螺栓上）与剩余预紧力 F_2（被连接件对螺栓的剩余弹性反力）之和。即

$$F_1 = F + F_2 \tag{5-16}$$

为了保证连接的紧密性，以防止连接受载后接合面间产生缝隙，应使 $F_2 > 0$，剩余预紧力的推荐用值为：对于有紧密性要求的连接，$F_2 = (1.5 \sim 1.8)F$；对于一般连接，工作载荷稳定时，$F_2 = (0.2 \sim 0.6)F$，工作载荷不稳定时，$F_2 = (0.6 \sim 1.0)F$；对于地脚螺栓连接，$F_2 \geqslant F$。

为了更清楚地说明连接的受力与变形关系，将上述螺栓与被连接件的受力与变形用图 5-25 所示的受力变形线图表示。图 5-25a、b 分别表示螺栓和被连接件在预紧而未受到轴向工作载荷前的受力变形关系，图 5-25c 是将图 5-25a、b 两图合并且受到工作载荷后的受力变形关系。

由图 5-25c 中的几何关系可得

$$\frac{\Delta F}{F - \Delta F} = \frac{\Delta\lambda \tan\theta_1}{\Delta\lambda \tan\theta_2} = \frac{C_1}{C_2}$$

可得螺栓拉力的增量为
$$\Delta F = \frac{C_1}{C_1 + C_2}F \tag{5-17}$$

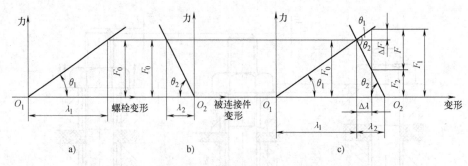

图 5-25 单个螺栓连接受力变形线图

a)、b) 拧紧而未受工作载荷时　c) 受工作载荷时

被连接件压缩力的减量为

$$(F - \Delta F) = \frac{C_2}{C_1 + C_2} F \tag{5-18}$$

螺栓的总拉力为

$$F_1 = F_0 + \Delta F = F_0 + \frac{C_1}{C_1 + C_2} F \tag{5-19}$$

剩余预紧力为

$$F_2 = F_0 - (F - \Delta F) = F_0 - \frac{C_2}{C_1 + C_2} F \tag{5-20}$$

式（5-19）是螺栓总拉力的又一表达式，即螺栓总拉力等于预紧力加上部分工作载荷，式（5-20）可以计算剩余预紧力 F_2，用于检验螺栓连接的紧密性或压力容器的密封性。

在式（5-19）中，$C_1 / (C_1 + C_2)$ 称为螺栓的相对刚度，其大小与螺栓和被连接件的结构尺寸、材料以及垫片、工作载荷的位置等因素有关，其值在 $0 \sim 1$ 之间变化。为了降低螺栓的受力，提高螺栓连接的承载能力，应使 $C_1 / (C_1 + C_2)$ 值尽量小些。一般设计时可参考表 5-4 推荐的数据选取。

表 5-4　螺栓的相对刚度 $C_1 / (C_1 + C_2)$

连　接　形　式	$C_1 / (C_1 + C_2)$	连　接　形　式	$C_1 / (C_1 + C_2)$
连杆螺栓	0.2	钢板连接 + 铜皮石棉垫片	0.8
钢板连接 + 金属垫片或无垫片	0.2 ~ 0.3	钢板连接 + 橡胶垫片	0.9
钢板连接 + 皮革垫片	0.7		

设计时，可先根据连接的受载情况，确定螺栓的工作载荷 F，再根据连接的工作要求选取剩余预紧力 F_2 值，然后按式（5-16）计算螺栓的总载荷 F_1。求得 F_1 值后即可进行螺栓的强度计算。考虑到螺栓在总拉力 F_1 的作用下可能需要补充拧紧，故按前面所述将总拉力增加 30% 以考虑扭转切应力的影响。按式（5-14）和式（5-15）得

$$\sigma = \frac{4 \times 1.3 F_1}{\pi d_1^2} \leqslant [\sigma] \tag{5-21}$$

$$d_1 \geqslant \sqrt{\frac{4 \times 1.3 F_1}{\pi [\sigma]}} \tag{5-22}$$

式中各符号的意义同前。

对于受轴向变载荷的重要螺栓连接，如内燃机气缸盖螺栓连接，由图 5-25c 可知，当螺栓的轴向工作拉力在 $0 \sim F$ 之间变化时，螺栓的总拉力将在 $F_0 \sim F_1$ 之间变化，如果不考虑螺

纹摩擦力矩的扭转作用，总拉力的变化幅值由式（5-17）可知为 $\dfrac{\Delta F}{2} = \dfrac{C_1}{C_1 + C_2} \cdot \dfrac{F}{2}$。这时除需按式（5-21）进行静强度计算外，还应计算应力幅 σ_a，即应进行疲劳强度校核

$$\sigma_a = \frac{\Delta F/2}{\pi d_1^2/4} = \frac{C_1}{C_1 + C_2} \cdot \frac{2F}{\pi d_1^2} \leqslant [\sigma_a] \tag{5-23}$$

式中　$[\sigma_a]$——螺栓的许用应力幅（MPa），其值见表5-6。

二、铰制孔用螺栓的强度计算

计算时，假设螺栓杆与孔壁表面上的压力分布是均匀的，又因装配时施加的预紧力较小，所以不考虑预紧力和螺纹摩擦力矩的影响。如图5-26所示，这种连接主要用于承受横向载荷，螺栓杆与孔壁之间无间隙，接触表面受挤压；在连接接合面处，螺栓杆则受剪切。横向载荷 F_R 是依靠螺杆受剪切以及螺杆和孔壁受挤压来平衡的，其主要失效形式是：螺栓杆被剪断及螺栓杆或孔壁被压溃。因此，应分别按剪切及挤压强度条件计算。

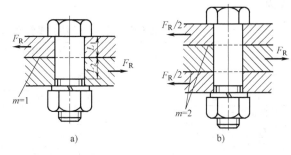

图5-26　铰制孔用螺栓连接
a）$m=1$　b）$m=2$

螺栓杆的剪切强度条件为

$$\tau = \frac{4F_R}{m\pi d_0^2} \leqslant [\tau] \tag{5-24}$$

螺栓杆与孔壁的挤压强度条件为

$$\sigma_p = \frac{F_R}{d_0 L_{min}} \leqslant [\sigma_p] \tag{5-25}$$

式中　F_R——每个螺栓所受的横向工作剪力（N）；

d_0——螺栓剪切面（螺栓杆）的直径（mm）；

$[\tau]$、$[\sigma_p]$——螺栓材料的许用切应力、螺栓或孔壁材料的许用挤压应力（MPa），其值见表5-6；

L_{min}——螺栓杆与孔壁挤压面的最小高度（mm），设计时应使 $L_{min} \geqslant 1.25 d_0$（图5-26a中，$L_{min} = min\,(L_1, L_2)$）；

m——螺栓杆受剪切面数目（图5-26a，$m=1$；图5-26b，$m=2$）。

三、螺纹连接件的材料和许用应力

1. 螺纹连接件的材料

螺纹连接件在机械连接中常起重要作用，实际应用中有不少因螺栓连接失效而引发重大人身或设备事故的事例。因此，首先要求螺纹连接件有足够的强度和可靠性。其次，由于螺纹的形状复杂，引起较大的应力集中，因此要求螺栓、螺母等材料有较大的塑性和韧性，对应力集中不很敏感。此外，螺栓和螺母是大量生产的零件，必须容易切削或滚压，便于加工。

螺纹连接件的常用材料为普通碳钢、优质碳钢，如Q215、Q235、10、15、35和45钢。对于重要的螺纹连接件，可采用力学性能较高的合金钢，如15Cr、20Cr、40Cr、15MnVB、30CrMnSi等。对于特殊用途（如防锈蚀、防磁、导电或耐高温等）的螺纹连接件，可采用特种钢或铜合金、铝合金等。普通垫圈的材料，推荐采用Q235、15和35钢，弹簧垫圈用

65Mn 制造。

　　国家标准（GB/T 3098.1—2010 和 GB/T 3098.2—2000）规定了螺纹连接件按材料的力学性能划分等级，见表5-5。螺栓、螺柱、螺钉的性能等级分为 9 级，螺母的性能等级分为 7 级。螺栓、螺柱、螺钉的性能等级用一个带点的数字来表示，如 6.8。点前数字表示公称抗拉强度 σ_b 的 1/100，点后数字表示屈服强度 σ_s（或 $\sigma_{p0.2}$）与公称抗拉极限 σ_b 的比值（屈强比）的 10 倍。点前数字与点后数字的乘积等于屈服强度的 1/10。一般而言，4.6 ~ 4.8 级用于次要螺栓；5.6 ~ 6.8 级用于一般螺栓；8.8 ~ 9.8 级用于较重要的螺栓；10.9 ~ 12.9 级用于重要螺栓。螺母的性能等级用一位数字来表示，从 4 到 12，该数字表示螺母最小保证应力 σ_{min} 的 1/100。选用时，要注意的是螺母的性能等级应不低于与其相配螺栓的性能等级。

表 5-5　螺栓、螺柱、螺钉和螺母的力学性能等级

螺栓、螺柱和螺钉的性能等级										
性能等级（标记）	4.6	4.8	5.6	5.8	6.8	8.8 $d \leqslant 16$	8.8 $d > 16$	9.8	10.9	12.9
公称抗拉强度 σ_b/MPa	400		500		600	800		900	1000	1200
屈服极限 σ_s（或 $\sigma_{p0.2}$）/MPa	240	320	300	400	480	640		720	900	1080
布氏硬度（HBW_{min}）	114	124	147	152	181	245	250	286	316	380
材料和热处理	碳钢或添加元素的碳钢，也可用易切钢制造					碳钢、添加元素的碳钢（如硼或锰或铬）、合金钢，淬火并回火				合金钢、添加元素的碳钢（如硼或锰或铬），淬火并回火

螺母的性能等级						
性能等级（标记）	4	5	6	8	9	10	12
螺母最小保证应力 σ_{min}/MPa	510 （$d \geqslant 16 \sim 39$）	520 （$d \geqslant 3 \sim 4$）	600 （$d \geqslant 3 \sim 4$）	800 （$d \geqslant 3 \sim 4$）	900 （$d \geqslant 3 \sim 4$）	1040 （$d \geqslant 3 \sim 4$）	1140 （$d \geqslant 3 \sim 4$）
相配螺栓的性能等级	4.6,4.8 （$d > 16$）	4.6,4.8（$d \leqslant 16$）；5.6,5.8（$d \leqslant 39$）	6.8	8.8	9.8 （$d \leqslant 16$）	10.9	12.9

注：1. 规定性能等级的螺栓、螺母在图样中只标出性能等级，不应标出材料牌号。
　　2. 均指粗牙螺纹。
　　3. 8.8 级及更高性能级别屈服强度为 $\sigma_{p0.2}$。
　　4. 9.8 级仅适用于螺纹大径 $d \leqslant 16mm$ 的螺栓、螺钉和螺柱。
　　5. 性能等级为 10、12 的螺母硬度最大值为 38HRC，其余性能等级的螺母硬度最大值为 30HRC。

2. 螺纹连接件的许用应力

　　螺纹连接件的许用应力与许多因素有关，如材料及热处理工艺、载荷性质（静、变载荷）、结构尺寸、制造工艺（车制、滚压螺纹）、装配情况（松、紧连接，是否控制预紧力）和使用条件等。精确选定许用应力必须综合考虑上述因素，一般机械设计可参照表5-5 和表5-6 选定其极限应力、安全系数再确定许用应力。

　　由表5-6 可知，变载荷时的安全系数大于静载荷时的安全系数，这是因为变载荷时螺栓多是疲劳断裂，而疲劳断裂之前不会发生明显的塑性变形，即疲劳断裂更为隐蔽，损失也就更大，所以安全系数应该取得较大。当不控制预紧力时，螺栓直径越小所取安全系数越大。这是因为小直径螺栓拧紧时容易过载拉断，为安全起见，将其安全系数适当定得高些。设计计算时，由于螺栓直径 d 和许用应力 $[\sigma]$ 均未知，需采用试算法，即先假定一个螺栓直径 d，选取相应的安全系数 S 求出 $[\sigma]$，若由强度公式求得的直径 d 与原假定值相符，则计算结果可用。否则，应重新假定螺栓直径 d，再次进行计算，直至求得的直径 d 与假定值基本相符为止。

表5-6　螺纹连接的许用安全系数及许用应力

受载类型				许　用　应　力				
	松连接			$[\sigma]=\sigma_{\rm s}/[S_\sigma]$　　$[S_\sigma]=1.2\sim1.7$				
普通螺栓连接	紧螺栓连接	静载荷		$[\sigma]=\sigma_{\rm s}/[S_\sigma]$				
			材料	不控制预紧力$[S_\sigma]$			控制预紧力$[S_\sigma]$	
				M6~M16	M16~M30	M30~M60	不分直径	
			碳钢	5~4	4~2.5	2.5~2	1.2~1.5	
			合金钢	5.7~5	5~3.4	3.4~3		
		变载荷	按最大应力 $[\sigma]=\sigma_{\rm s}/[S_\sigma]$ 　碳钢	12.5~8.5	8.5	8.5~12.5	1.2~1.5	
			合金钢	10~6.8	6.8	6.8~10		
			按循环应力幅　$[\sigma_{\rm a}]=\varepsilon_\sigma\sigma_{-1{\rm T}}k_{\rm m}\beta/([S_{\rm a}]k_\sigma)$					
			ε_σ—尺寸系数，其值为					
			$d/{\rm mm}$	≤12	16	20	24	27	30	36	42	48	56	64
			ε_σ	1	0.87	0.80	0.76	0.71	0.68	0.65	0.62	0.60	0.57	0.54
			$\sigma_{-1{\rm T}}$—螺栓材料在拉（压）对称循环下的疲劳极限，可近似取 $\sigma_{-1{\rm T}}=0.23(\sigma_{\rm b}+\sigma_{\rm s})$					
			$k_{\rm m}$—螺纹加工工艺系数，车制 $k_{\rm m}=1.0$，辗压 $k_{\rm m}=1.25$					
			β—结构强化系数，受压螺母 $\beta=1.0$，局部或全部受拉螺母 $\beta=1.35\sim1.60$					
			$[S_{\rm a}]$—应力幅安全系数，控制预紧力时：$[S_{\rm a}]=2.5\sim4$					
			k_σ—有效应力集中系数，其值为					
			螺栓材料的抗拉强度 $\sigma_{\rm b}/{\rm MPa}$	400		600		800		1000	
			k_σ	3.0		3.9		4.8		5.2	
铰制孔用螺栓连接	静载荷			钢：$[\tau]=\sigma_{\rm s}/[S_\tau]$，$[S_\tau]=2.5$				
				钢：$[\sigma_{\rm p}]=\sigma_{\rm s}/[S_{\rm p}]$，$[S_{\rm p}]=1.25$；铸铁：$[\sigma_{\rm p}]=\sigma_{\rm b}/[S_{\rm p}]$，$[S_{\rm p}]=2\sim2.5$				
	变载荷			钢：$[\tau]=\sigma_{\rm s}/[S_\tau]$，$[S_\tau]=3.5\sim5$				
				钢或铸铁：$[\sigma_{\rm p}]$按静载荷的值降低20%~30%				

注：1. $\sigma_{\rm s}$、$\sigma_{\rm b}$—螺纹连接件材料的屈服极限和强度极限，见表5-5，常用铸铁连接件的 $\sigma_{\rm b}=200\sim250{\rm MPa}$。
　　2. $[S_\sigma]$、$[S_\tau]$、$[S_{\rm p}]$—拉伸、剪切和挤压的许用安全系数。

第五节　螺栓组连接的设计计算

在机器中，螺栓（或螺钉、螺柱）大多数都是成组使用的，与被连接件构成螺栓组连接。设计时，常根据连接的用途和受载情况来确定螺栓组连接的结构和传力方式。为了提高螺栓组连接的结构工艺性，通常都采用相同的螺栓类型和尺寸。螺栓组连接设计的一般程序是：先进行螺栓组连接的结构设计，然后根据螺栓组所受载荷进行受力分析和计算，求出受力最大的螺栓及其载荷，再按单个螺栓进行强度计算，最后选用其他标准配套连接件和防松装置。

一、螺栓组连接的结构设计

螺栓组连接结构设计的主要目的，在于合理地确定连接接合面的几何形状和螺栓的数目及其布置形式，力求使各螺栓和连接接合面间受力均匀而且较小，避免螺栓受各种附加载荷，同时便于加工和装配等。为此，设计时应综合考虑以下几方面的问题。

1. 连接接合面的几何形状

通常都设计成轴对称的简单几何形状，如圆形、环形、矩形、框形、三角形等（图5-27）。这样不但便于加工制造，而且便于对称布置螺栓，使螺栓组的对称中心和连接接合面的形心重合，以保证连接接合面受力比较均匀。

2. 螺栓的布置

应使各螺栓的受力合理。当螺栓组连接承受弯矩或转矩时，应使螺栓位置尽量远离对称轴，适当靠近连接接合面的边缘，以减小螺栓受力，增加连接的可靠性（图5-28）。对于受横向载荷的螺栓组，沿受力方向布置的螺栓不宜超过6~8个，以免各螺栓受力严重不均匀。如果螺栓同时承受轴向载荷和较大的横向载荷时，应采用销、套筒、键等抗剪零件来承受横向载荷（图5-22），以减小螺栓的预紧力及结构尺寸。

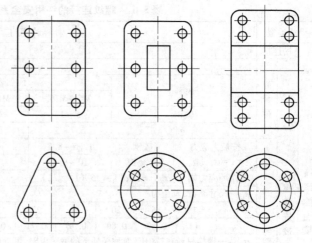

图 5-27 螺栓组接合面常用的形状

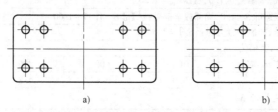

a) b)

图 5-28 螺栓组连接受弯矩或转矩时螺栓的布置
a）合理 b）不合理

3. 分布在同一圆周上的螺栓数目

通常应取 6、8、10、12 等偶数，以便于分度画线和加工。同组螺栓的材料、直径和长度均应相同。

4. 螺栓的布置应有合理的间距、边距

螺栓的周围应留有足够的空间，以方便装配。图5-29中扳手空间的尺寸，可查阅有关设计手册。对于压力容器等紧密性要求高的重要连接，螺栓间距 t_0 不得大于表5-7所推荐的数值。

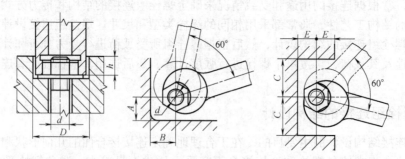

图 5-29 扳手空间

二、螺栓组连接的受力分析

螺栓组连接受力分析的目的是：根据螺栓组连接的结构和受载情况，求出受力最大的螺栓及其所受力的大小和方向，再按单个螺栓进行强度计算，确定螺栓尺寸。

表 5-7 螺栓间距 t_0

	工作压力/MPa					
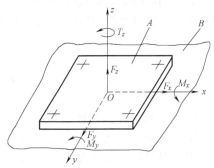	≤1.6	>1.6~4	>4~10	>10~16	>16~20	>20~30
	t_0/mm					
	$7d$	$5.5d$	$4.5d$	$4d$	$3.5d$	$3d$

为了简化计算，对螺栓组连接进行受力分析时做如下假设：①同组中所有螺栓的材料、直径、长度和预紧力均相同；②螺栓为弹性体，其变形在弹性范围内；③螺栓组的对称中心与连接接合面的形心重合，被连接件为刚体，受载后接合面仍保持为平面。

螺栓组连接就是把图 5-30 中机座 A 安装固定在地基 B 上，使之没有相对运动，即约束机座 A 在空间的六个自由度。根据力学分析，可以将螺栓组所受的外载荷向其形心简化，其所受载荷如图 5-30 所示的六种，即沿 x、y、z 三个轴移动的力 F_x、F_y、F_z 及绕三个轴转动的力矩 M_x、M_y、T_z，无论螺栓组受哪种载荷，都可分为以下四种基本类型：①受横向载荷 F_x 或 F_y 的螺栓组连接；②受轴向载荷 F_z 的螺栓组连接；③受旋转力矩 T_z 的螺栓组连接；④受翻转力矩 M_x 或 M_y 的螺栓组连接。下面对螺栓组的四种基本受力类型进行逐一分析。

图 5-30 螺栓组连接的受力类型

1. 受横向载荷的螺栓组连接

图 5-31 所示为受横向载荷的螺栓组连接，横向载荷 $F_{R\Sigma}$ 的作用线与螺栓轴线垂直，并通过螺栓组的对称中心。该连接可以采用普通螺栓和铰制孔用螺栓。

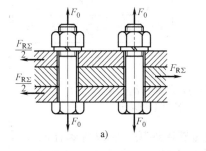
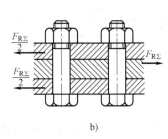

图 5-31 受横向载荷的螺栓组连接

a）普通螺栓 b）铰制孔用螺栓

（1）普通螺栓连接 普通螺栓连接如图 5-31a 所示。该连接依靠预紧后在接合面间产生的摩擦力来承受横向载荷 $F_{R\Sigma}$。为了防止被连接件之间产生相对滑移，接合面间产生的摩擦力必须大于或等于横向载荷，在各螺栓预紧力 F_0 相同，螺栓数目为 z 的情况下，有

$$zmfF_0 \geqslant K_s F_{R\Sigma} \tag{5-26}$$

由此得预紧力为

$$F_0 \geqslant \frac{K_s F_{R\Sigma}}{fzm} \tag{5-27}$$

式中，K_s、f、m、F_R 含义和取值同式（5-12）。由式（5-27）求得预紧力 F_0 后，再由式（5-15）求得所需螺栓直径。

（2）铰制孔用螺栓连接　铰制孔用螺栓连接如图 5-31b 所示。该连接依靠螺栓杆受剪切和挤压承受横向载荷，可以近似认为横向总载荷 $F_{R\Sigma}$ 均匀作用在每个螺栓上，所以有

$$F_R = \frac{F_{R\Sigma}}{z} \tag{5-28}$$

由式（5-28）求得每个螺栓所受横向工作剪力 F_R 后，再由式（5-24）和式（5-25）校核螺栓的剪切强度和挤压强度。

2. 受轴向载荷的螺栓组连接

这种连接只能采用普通螺栓。图 5-23 所示为受轴向载荷的气缸盖螺栓组连接。轴向总载荷 F_Σ 的作用线与螺栓轴线平行，并通过螺栓组形心，可认为总载荷 F_Σ 均匀地作用在每个螺栓上，故每个螺栓所受轴向工作载荷为

$$F = \frac{F_\Sigma}{z} = \frac{\pi D^2 p/4}{z} \tag{5-29}$$

由式（5-29）求得每个螺栓所受轴向工作载荷 F 后，再由式（5-16）或式（5-19）求得每个螺栓的总载荷 F_1，最后由式（5-22）求得所需螺栓直径。

3. 受旋转力矩的螺栓组连接

图 5-32 所示为受旋转力矩的螺栓组连接，旋转力矩 T 作用在连接接合面内，底板有绕通过螺栓组对称中心 O 并与接合面相垂直的轴线回转的趋势。与受横向载荷的螺栓组连接相同，可以采用普通螺栓连接或铰制孔用螺栓连接。

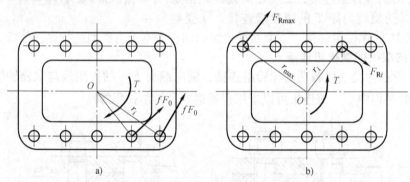

图 5-32　受旋转力矩的螺栓组连接

a）普通螺栓　b）铰制孔用螺栓

（1）普通螺栓连接　图 5-32a 所示为普通螺栓连接。假设各螺栓的预紧力均为 F_0，由预紧力产生的摩擦力为 fF_0，作用在每个螺栓中心处，方向垂直于各螺栓中心与螺栓组对称中心 O 的连线，并与旋转力矩 T 的方向相反。根据底板的力矩平衡条件，同时考虑防滑系数 K_s 得

$$fF_0 r_1 + fF_0 r_2 + \cdots + fF_0 r_z = K_s T \tag{5-30}$$

预紧力为

$$F_0 = \frac{K_s T}{f(r_1 + r_2 + \cdots + r_z)} = \frac{K_s T}{f \sum_{i=1}^{z} r_i} \tag{5-31}$$

式中　r_1、r_2、$\cdots$、r_z——各螺栓中心到螺栓组对称中心 O 的距离（mm）；

f——接合面的摩擦系数，见表 5-3。

由式（5-31）求得预紧力 F_0 后，再由式（5-15）求得所需螺栓直径。

（2）铰制孔用螺栓连接　图 5-32b 所示为铰制孔用螺栓连接，依靠螺栓杆部直接受剪切和杆部与孔壁的挤压承受载荷。根据前面的假设，底板为刚体，因而底板受旋转力矩 T 时，由于螺栓弹性变形，底板有一微小转角，各螺栓的中心与底板中心连线转角相同，因而各螺栓的剪切变形量与该螺栓至转动中心 O 的距离成正比。即距螺栓组对称中心 O 的距离越远，螺栓的剪切变形量越大。又因为各螺栓的剪切刚度相同，所以螺栓的剪切变形量与其所受横向工作剪力 F_R 成正比。即螺栓的剪切变形量越大，其所受横向工作剪力越大。根据此变形协调条件即得

$$\frac{F_{Ri}}{r_i} = \frac{F_{Rmax}}{r_{max}} \tag{5-32}$$

式中　F_{Ri}——第 i 个螺栓的横向工作剪力（N），$i = 1$、2、$\cdots$、z；

$\quad\quad r_i$——第 i 个螺栓中心到螺栓组对称中心 O 的距离（mm）；

F_{Rmax}——受载最大螺栓的工作剪力（mm）；

$\quad r_{max}$——受载最大螺栓的中心到螺栓组对称中心 O 的距离（mm）。

根据底板的静力平衡条件即得

$$F_{R1}r_1 + F_{R2}r_2 + \cdots + F_{Rz}r_z = \sum_{i=1}^{z} F_{Ri}r_i = T \tag{5-33}$$

将式（5-32）代入式（5-33）可得

$$F_{Rmax} = \frac{Tr_{max}}{\sum\limits_{i=1}^{z} r_i^2} \tag{5-34}$$

若 $r_1 = r_2 = \cdots = r$ 时，$F = \dfrac{T}{zr}$，即每个螺栓受相同的工作剪力。因此，受旋转力矩的铰制孔用螺栓连接，在布置螺栓时，应尽量布置在同一个圆周上，并使该圆周的半径 r 尽可能大，这样可减小螺栓的受力，使每个螺栓的工作能力都得到同样的充分发挥。

由式（5-34）求得受力最大螺栓的工作剪力 F_{Rmax} 后，再由式（5-24）和式（5-25）校核螺栓的剪切强度和挤压强度。

4. 受翻转力矩的螺栓组连接

图 5-33 所示为受翻转力矩的螺栓组连接。翻转力矩 M 作用在垂直于接合面的中间平面 x—x 内，底板承受翻转力矩前，由于螺栓已拧紧，各螺栓受相同的预紧力 F_0，有均匀的伸长；地基在各螺栓 F_0 的作用下，有均匀的压缩，如图 5-33b 所示。按前面假设，底板为刚体，当翻转力矩 M 作用后，底板与地基的接合面仍保持为平面，并且有绕着对称轴线 O-O 翻转的趋势，此时，在轴线 O-O 右侧，由于螺栓被进一步拉伸，所以地基被放松，第 i 个螺栓中心到翻转轴线 O-O 的距离为 L_i，其受到的工作载荷为 F_i；而在左侧，由于地基被进一步压缩，所以螺栓被放松，与右侧第 i 个螺栓相对轴线 O-O 对称的左侧位置处，地基给底板的反力用集中力 F_{im} 表示，如图 5-33a 所示。底板的受力情况如图 5-33c 所示。

由于该螺栓组连接只能使用受拉螺栓，所以可用单个螺栓-地基的受力变形图来表示上述过程，如图 5-34 所示。为简便起见，地基与底板的相互作用力用作用在各螺栓中心的集中力代表。斜线 O_1A 表示螺栓的受力变形线，斜线 O_2A 表示地基的受力变形线。在翻转力矩 M 作用以前，螺栓和地基的工作点都处于 A 点，底板上受到的合力为零。当底板上受到外加的翻转力矩 M 后（相当于图 5-33c 的情况），在翻转轴线 O-O 右侧，螺栓与地基的工作

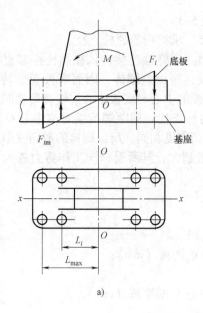
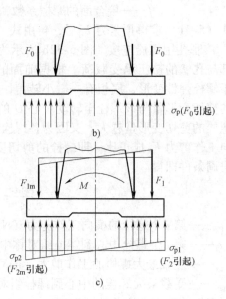
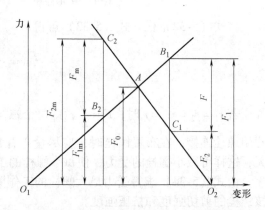

图 5-33　受翻转力矩的螺栓组连接

a）受翻转力矩的螺栓组　b）M 作用前接合面的压力分布　c）M 作用后接合面的压力分布

点分别移至 B_1 与 C_1 点。两者作用到底板上的合力的大小等于螺栓的工作载荷 $F = F_1 - F_2$，方向向下。在翻转轴线 O-O 左侧，螺栓与地基的工作点分别移至 B_2 与 C_2 点，两者作用到底板上的合力等于载荷 $F_m = F_{2m} - F_{1m}$，F_m 等于工作载荷 F，但方向向上（注意左侧螺栓的工作载荷为零）。作用在翻转轴线 O-O 两侧底板上的两个合力 F 和 F_m 形成一个力偶，其力偶矩（也即 F 和 F_m 对翻转轴线 O-O 形成的力矩和）与外加的翻转力矩 M 平衡。考虑到实际上是由多个螺栓构成的螺栓组时，根据底板的静力平衡条件即得

图 5-34　单个螺栓-地基的受力变形图

$$F_1 L_1 + F_2 L_2 + \cdots + F_z L_z = \sum_{i=1}^{z} F_i L_i = M \tag{5-35}$$

由于底板在翻转力矩 M 作用后仍然保持为平面，各螺栓的拉伸变形与其中心到轴线 O-O 的距离成正比，又因各螺栓的拉伸刚度相同，所以螺栓及地基所受工作载荷 F_i 与该螺栓中心至轴线 O-O 的距离 L_i 成正比。根据此变形协调条件即得

$$\frac{F_i}{L_i} = \frac{F_{max}}{L_{max}} \tag{5-36}$$

式中　F_i——第 i 个螺栓的工作载荷（N），$i = 1$、2、$\cdots$、z；

$\quad\quad L_i$——第 i 个螺栓中心到翻转轴线 O-O 的距离（mm）；

$\quad\quad F_{max}$——受载最大螺栓的工作载荷（N）；

$\quad\quad L_{max}$——受载最大螺栓中心到翻转轴线 O-O 的距离（mm）。

联立式（5-35）和式（5-36），得最大工作载荷为

$$F_{max} = \frac{ML_{max}}{\sum\limits_{i=1}^{z} L_i^2} \qquad (5\text{-}37)$$

由式（5-37）求得受载最大螺栓所受轴向工作载荷 F_{max} 后，再由式（5-16）或式（5-19）求得螺栓的总载荷 F_1，最后由式（5-22）求得所需螺栓直径。

当翻转力矩 M 作用前，由于预紧力 F_0 的作用，接合面间的挤压应力分布如图 5-33b 所示，大小为

$$\sigma_p = \frac{zF_0}{A} \qquad (5\text{-}38)$$

在翻转力矩 M 作用后，接合面间的挤压应力分布如图 5-33c 所示，图中左半部分压力增加，右半部分压力减小，由于地基的弹性变形，翻转力矩 M 引起的力的变化包括两部分，一是地基的，二是螺栓的，两者的分配比例与两者的相对刚度成正比，底板（地基）左侧边缘由于翻转力矩 M 引起的压力变化的最大值为

$$\Delta\sigma_{pmax} = \frac{C_2}{C_1 + C_2} \cdot \frac{M}{W} \qquad (5\text{-}39)$$

若地基刚度较大，螺栓刚度较小时，即地基的相对刚度 $C_2/(C_1+C_2) \approx 1$ 时，有

$$\Delta\sigma_{pmax} \approx \frac{M}{W} \qquad (5\text{-}40)$$

为了防止接合面受压最大处（底板左侧边缘）被压溃，有

$$\sigma_{pmax} = \sigma_p + \Delta\sigma_{pmax} = \frac{zF_0}{A} + \frac{C_2}{C_1+C_2} \cdot \frac{M}{W} \approx \frac{zF_0}{A} + \frac{M}{W} \leqslant [\sigma_p] \qquad (5\text{-}41)$$

为了防止接合面受压最小处（底板右侧边缘）出现间隙，有

$$\sigma_{pmin} = \sigma_p - \Delta\sigma_{pmax} = \frac{zF_0}{A} - \frac{C_2}{C_1+C_2} \cdot \frac{M}{W} \approx \frac{zF_0}{A} - \frac{M}{W} > 0 \qquad (5\text{-}42)$$

式中　A——接合面的有效面积（mm^2）；

$\quad\quad z$——螺栓组的螺栓个数；

$\quad\quad W$——接合面的有效抗弯截面系数（mm^3）；

$\quad\quad [\sigma_p]$——接合面材料的许用挤压应力（MPa），可查表5-8。

表5-8　接合面材料的许用挤压应力　　　　　　（单位：MPa）

接合面材料	钢	铸铁	混凝土	砖（水泥砂浆）	砖（白灰砂浆）	木材
$[\sigma_p]$	$0.8\sigma_s$	$(0.4 \sim 0.5)\sigma_b$	$2 \sim 3$	$1.5 \sim 2$	$0.8 \sim 1.2$	$2 \sim 4$

注：1. σ_s 为材料屈服极限（MPa）；σ_b 为材料强度极限（MPa）。

　　2. 当连接接合面的材料不同时，应按强度较弱者选取。

　　3. 连接承受静载荷时，$[\sigma_p]$ 应取表中较大值；承受变载荷时，则应取较小值。

在实际使用中，螺栓组所受的工作载荷常常是以上四种简单受力情况的不同组合。但不论受力情况如何复杂，都可通过力分析将外载荷向螺栓组形心简化，把复杂的受力情况分解成上述四种简单受力情况，先按单一简单受力情况求出每个螺栓受力，再按力的叠加原理把螺栓所受的轴向力和横向力分别进行矢量叠加，求出受力最大的螺栓及其载荷，便可进行单个螺栓的强度计算。图 5-35 给出了两个实例。图 5-35a 中，$F_y = F$，$T_z = FL$，属于受横向力 F_y 和旋转力矩 T_z 的两种简单受力情况组合；图 5-35b 中，$F_x = F\cos\alpha$，$F_z = F\sin\alpha$，$M_y = FH\cos\alpha$，属于受横向力 F_x、轴向力 F_z、翻转力矩 M_y 的三种简单受力情况组合。下面通过例题说明具体的计算步骤。

例**5-1**　如图 5-36 所示，一厚度 $\delta_2 = 12\text{mm}$ 的钢板用四个螺栓连接在厚度 $\delta_1 = 30\text{mm}$ 的铸铁架上，螺栓材料为 Q235 钢，强度为 4.6 级，$[\tau] = 96\text{MPa}$，铸铁架许用挤压应力 $[\sigma_{p1}] = 100\text{MPa}$，钢板许用挤压应力 $[\sigma_{p2}] = 320\text{MPa}$，钢板和铸铁架之间的摩擦系数 $f = 0.15$，载荷 $F = 12\text{kN}$，尺寸 $L = 400\text{mm}$，$a = 100\text{mm}$，防滑系数 $K_s = 1.2$。试问：

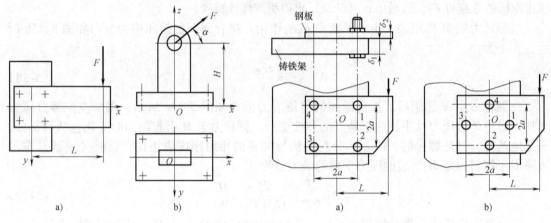

图 5-35　螺栓组受力分析　　　　　　　　　图 5-36　例 5-1 题图

1）图示 a）、b）两种螺栓布置方案，哪个合理？

2）取合理方案，用普通螺栓和铰制孔用螺栓连接，确定螺栓的直径。哪一种螺栓连接合理？

解　1）螺栓组受力分析和合理方案的确定。如图 5-37 所示，将载荷 F 向螺栓组形心 O 点简化，横向力 $F = 12\text{kN}$；旋转力矩 $T = FL = 4800000\text{N} \cdot \text{mm}$。螺栓组受横向力 F 和旋转力矩 T 的共同作用。

F 在每个螺栓中心处引起的横向力 F_F 为

$$F_F = \frac{F}{z} = 3\text{kN}$$

T 在每个螺栓中心处引起的横向力 F_T 为

a）方案：　　　　　　　　　　　　　　　　　b）方案：

普通螺栓：

$$F_{Ta} = \frac{T}{\sum\limits_{i=1}^{z} r_i} = \frac{T}{zr_a} = \frac{T}{4\sqrt{2}a} = 8485\text{N} \qquad F_{Tb} = \frac{T}{\sum\limits_{i=1}^{z} r_i} = \frac{T}{zr_b} = \frac{T}{4a} = 12000\text{N}$$

铰制孔用螺栓：

$$F_{Ta} = \frac{Tr_{max}}{\sum\limits_{i=1}^{z} r_i^2} = \frac{T}{zr_a} = \frac{T}{4\sqrt{2}a} = 8485\text{N} \qquad F_{Ta} = \frac{Tr_{max}}{\sum\limits_{i=1}^{z} r_i^2} = \frac{T}{zr_b} = \frac{T}{4a} = 12000\text{N}$$

注意：求普通螺栓和铰制孔用螺栓由旋转力矩 T 引起的横向力时所用的公式不同，普通螺栓是每个螺栓上的横向力相等，而铰制孔用螺栓是横向力的大小与螺栓中心到形心 O 点的距离成正比。此题目中四个螺栓到 O 点的距离相同，所以计算结果相同。

a）方案中受横向力最大的螺栓是 1 和 2，最大横向力为

$$F_{maxa} = \sqrt{F_F^2 + F_{Ta}^2 - 2F_F F_{Ta}\cos135°} = 10816\text{N}$$

b）方案中受横向力最大的螺栓是 1，最大横向力为

$$F_{\text{maxb}} = F_F + F_{Tb} = 15000\text{N}$$

由于 a) 方案比 b) 方案中受最大横向力的螺栓受力小，所以 a) 方案的螺栓布置合理，取 a) 方案为合理方案。

2) 用 a) 方案，确定螺栓直径。

① 普通螺栓。如图 5-37a 所示，受横向力最大的螺栓是 1 和 2，为防止钢板在最大横向力方向滑动，有

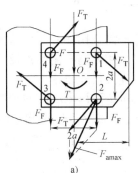
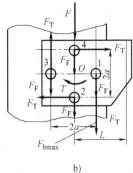

图 5-37　螺栓组受力分析

$$fF_0 = K_s F_{\text{maxa}}$$

即得　$F_0 = \dfrac{K_s F_{\text{maxa}}}{f} = 86528\text{N}$

螺栓强度级别为 4.6，所以 $\sigma_s = 240\text{MPa}$。

不控制预紧力，先试算：假设 $d = 30\text{mm}$，由表 5-6 知：$S = 2.5$，有

$$[\sigma] = \frac{\sigma_s}{S} = \frac{240}{2.5}\text{MPa} = 96\text{MPa}$$

即得　$d_1 = \sqrt{\dfrac{4 \times 1.3 F_0}{\pi [\sigma]}} = 38.6\text{mm}$

与假设相差较大，再设 $d = 42\text{mm}$，$S = 2.3$，有

$$[\sigma] = \frac{\sigma_s}{S} = \frac{240}{2.3}\text{MPa} = 104\text{MPa}$$

即得　$d_1 = \sqrt{\dfrac{4 \times 1.3 F_0}{\pi [\sigma]}} = 37.11\text{mm}$

根据机械设计手册，选用 M42 × 60 的普通螺栓（小径 $d_1 = 37.129\text{mm}$，公称长度 $l = 60\text{mm}$），合适。

② 铰制孔用螺栓。按剪切强度确定螺栓直径。根据式（5-24）有

$$d_0 \geqslant \sqrt{\frac{4 F_{\text{maxa}}}{\pi [\tau]}} = \sqrt{\frac{4 \times 10816}{\pi \times 96}}\text{mm} = 11.98\text{mm}$$

根据机械设计手册，取 M12 的铰制孔用螺栓，如图 5-7 所示，螺栓杆径 $d_s = 13\text{mm}$，公称长度 $l = 35 \sim 180\text{mm}$（5 进位），根据钢板和铸铁架的厚度以及螺栓的公称长度系列值，由图 5-38a 取 $l = 60\text{mm}$，螺纹部分长度 $l_0 = 22\text{mm}$，$L_{\min} = l - l_0 - \delta_1 = 60\text{mm} - 22\text{mm} - 30\text{mm} = 8\text{mm}$，如图 5-38a 所示。

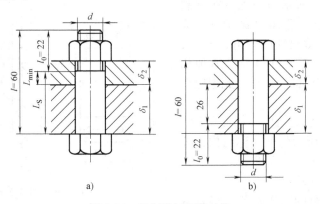

图 5-38　铰制孔用螺栓连接

校核挤压强度。根据式（5-25）有

$$\sigma_{p1} = \frac{F_{maxa}}{d_s \delta_1} = \frac{10816}{13 \times 30} MPa = 27.7 MPa < [\sigma_{p1}] = 100 MPa$$

铸铁架挤压强度足够。

$$\sigma_{p2} = \frac{F_{maxa}}{d_s L_{min}} = \frac{10816}{13 \times 8} MPa = 104 MPa < [\sigma_{p2}] = 320 MPa$$

钢板挤压强度足够。

由上面计算可知，普通螺栓需选用 M42×60 的螺栓，铰制孔用螺栓则需选用 M12×60 的螺栓，尺寸相差较大，所以采用铰制孔用螺栓较好。对于承受横向载荷的螺栓组连接，采用铰制孔用螺栓时工作可靠、连接尺寸较小。

讨论：1）采用长度 $l = 55mm$ 和 $l = 65mm$ 的铰制孔用螺栓是否可行？

如果取螺栓长度 $l = 55mm$，由图 5-38a 可知：$L_{min} = l - l_0 - \delta_1 = 55mm - 22mm - 30mm = 3mm$，此时钢板的挤压应力为 $\sigma_{p2} = \frac{F_{maxa}}{d_s L_{min}} = \frac{10816}{13 \times 3} MPa = 277 MPa < [\sigma_{p2}] = 320 MPa$，虽然挤压强度满足，但不如选取长度 $l = 60mm$ 的螺栓。

如果取螺栓长度 $l = 65mm$，由图 5-38a 可知：$L_s = l - l_0 = 65mm - 22mm = 43mm > \delta_2 + \delta_1 = 42mm$，钢板与铸铁架两个被连接件将无法用螺栓拧紧，所以不能选取 $l = 65mm$ 的铰制孔用螺栓。

2）若被连接件均为铸铁，则上板挤压强度不满足，如何解决最好？

$$\sigma_{p2} = \frac{F_{maxa}}{d_s L_{min}} = \frac{10816}{13 \times 8} MPa = 104 MPa > [\sigma_{p1}] = 100 MPa$$

则上板挤压强度不够，将被压溃。

此时如将螺栓反过来安装，如图 5-38b 所示，$\delta_2 = 12mm$，挤压应力为

$$\sigma_{p2} = \frac{F_{maxa}}{d_s \delta_2} = \frac{10816}{13 \times 12} MPa = 69 MPa < [\sigma_{p1}] = 100 MPa$$

上板满足挤压强度要求。

$$\sigma_{p1} = \frac{F_{maxa}}{d_s (l - \delta_2 - l_0)} = \frac{10816}{13 \times 26} MPa = 32 MPa < [\sigma_{p1}] = 100 MPa$$

下板满足挤压强度要求。

没有改变螺栓连接的任何一个尺寸，只是将螺栓反过来安装，就轻易解决了挤压强度不够这个问题，由此可以看出，在机械设计的学习中要重视结构问题。灵活运用结构知识。

例 5-2　图 5-39 所示为一固定在钢制立柱上的铸铁托架，已知总载荷 $F_{\Sigma} = 6000N$，其作用线与垂直线的夹角 $\alpha = 50°$，底板高 $h = 340mm$，宽 $b = 150mm$，其他相关尺寸见图，单位为 mm。试设计此螺栓组连接。

解　1. 螺栓组结构设计

采用如图 5-39 所示的轴对称结构，螺栓数 $z = 4$，对称布置。

2. 螺栓组受力分析

（1）计算螺栓组的工作载荷　将总载

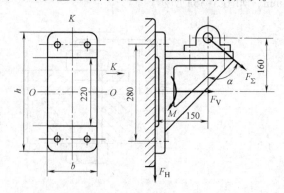

图 5-39　例 5-2 题图

荷 F_Σ 向螺栓组对称中心简化，得到螺栓组承受以下各作用力

轴向力（F_Σ 的水平分力）

$$F_V = F_\Sigma \sin\alpha = 6000\text{N} \cdot \sin 50° = 4596\text{N}$$

横向力（F_Σ 的垂直分力）

$$F_H = F_\Sigma \cos\alpha = 6000\text{N} \cdot \cos 50° = 3857\text{N}$$

翻转力矩

$$M = F_V \times 160 + F_H \times 150 = 1313910\text{N} \cdot \text{mm}$$

（2）计算单个螺栓的最大工作拉力

1）在轴向力 F_V 的作用下，各螺栓承受相同的工作拉力为

$$F_F = F_V/z = 4596\text{N}/4 = 1149\text{N}$$

2）在翻转力矩 M 的作用下，底板有绕 $O\text{-}O$ 轴线顺时针翻转的趋势，则 $O\text{-}O$ 轴线上边的螺栓受力加大，而下边的螺栓受力减小，故上边的两个螺栓受力最大，由式（5-37）确定由 M 引起的工作拉力为

$$F_M = F_{max} = \frac{ML_{max}}{\sum\limits_{i=1}^{z} L_i^2} = \frac{1313910 \times 140}{4 \times 140^2}\text{N} = 2346\text{N}$$

3）上边两个受力最大螺栓总的轴向工作载荷均为

$$F = F_F + F_M = 1149\text{N} + 2346\text{N} = 3495\text{N}$$

（3）计算螺栓的预紧力 F_0

1）按底板接合面间不产生滑移确定预紧力 F_0。在横向力 F_H 的作用下，底板相对立柱在接合面间可能向下产生滑移。在翻转力矩 M 作用下，$O\text{-}O$ 轴线上边的压力减小，但下边的压力以同样的大小增加，所以 M 对接合面间正压（摩擦）力的大小没有影响，不考虑翻转力矩 M 时每个螺栓中心处的剩余预紧力均为 $F_2' = F_0 - F_F C_2/(C_1 + C_2)$，则底板接合面之间不产生滑移的条件为

$$zfF_2' = zf\left(F_0 - \frac{C_2}{C_1 + C_2}F_F\right) \geqslant K_s F_H$$

由表5-3查得接合面间的摩擦系数 $f = 0.16$，由表5-4查得 $C_1/(C_1 + C_2) = 0.25$，则 $C_2/(C_1 + C_2) = 1 - C_1/(C_1 + C_2) = 0.75$，取防滑系数 $K_s = 1.2$，则各螺栓所需的预紧力为

$$F_0 \geqslant \frac{K_s F_H}{zf} + \frac{C_2}{C_1 + C_2}F_F = \left(\frac{1.2 \times 3857}{4 \times 0.25} + 0.75 \times 1149\right)\text{N} = 5490\text{N} \quad\quad\text{（a）}$$

2）按被连接件接合面最下边缘不被压溃确定预紧力 F_0。在翻转力矩 M 的作用下，被连接件接合面最下边缘可能被压溃，按式（5-41）同时考虑到轴向力 F_V 的作用有

$$\sigma_{pmax} = \frac{zF_2'}{A} + \frac{C_2}{C_1 + C_2} \cdot \frac{M}{W} = \frac{z}{A}\left(F_0 - \frac{C_2}{C_1 + C_2}F_F\right) + \frac{C_2}{C_1 + C_2} \cdot \frac{M}{W} \leqslant [\sigma_p]$$

由表5-6查得，铸铁 $[\sigma_p] = \sigma_b/S_p = 250\text{MPa}/2 = 125\text{MPa}$，由图5-39知，接合面面积 $A = 150\text{mm} \times (340 - 220)\text{mm} = 18000\text{mm}^2$，接合面抗弯截面系数 $W = \dfrac{b(h^3 - 220^3)/12}{h/2} = \dfrac{150 \times 340^2}{6}\left(1 - \dfrac{220^3}{340^3}\right)\text{mm}^3 = 2107059\text{mm}^3$，可得预紧力为

$$F_0 \leqslant \frac{A}{z}\left([\sigma_p] - \frac{C_2}{C_1 + C_2}\frac{M}{W}\right) + \frac{C_2}{C_1 + C_2}F_F = \left[\frac{18000}{4}\left(125 - 0.75 \times \frac{1313910}{2107059}\right) + 0.75 \times 1149\right]\text{N} = 561257\text{N}$$

$$\text{（b）}$$

3）按被连接件接合面最上边缘不产生缝隙确定预紧力 F_0。在翻转力矩 M 的作用下，被连接件接合面最上边缘可能离缝，按式（5-42）同时考虑到轴向力 F_V 的作用有

$$\sigma_{pmin} = \frac{zF_2'}{A} - \frac{C_2}{C_1 + C_2} \cdot \frac{M}{W} = \frac{z}{A}\left(F_0 - \frac{C_2}{C_1 + C_2}F_F\right) - \frac{C_2}{C_1 + C_2} \cdot \frac{M}{W} > 0$$

$$F_0 > \frac{A}{z} \cdot \frac{C_2}{C_1 + C_2}\frac{M}{W} + \frac{C_2}{C_1 + C_2}F_F = \frac{18000}{4} \times 0.75 \times \frac{1313910}{2107059}N + 0.75 \times 1149N = 2966N \quad （c）$$

综合考虑螺栓预紧力 F_0 必须满足的上述三个条件，即考虑（a）、（b）和（c）三式，确定预紧力 $F_0 = 5490N$。

3. 计算单个螺栓的总载荷 F_1，确定螺栓直径

（1）计算单个螺栓的总载荷 F_1　根据式（5-19）得

$$F_1 = F_0 + \frac{C_1}{C_1 + C_2}F = 5490N + 0.25 \times 3495N = 6364N$$

（2）确定螺栓直径　选择螺栓材料为碳钢，性能等级为 4.6 的螺栓，由表 5-5 查得材料屈服极限 $\sigma_s = 240MPa$，由表 5-6 按控制预紧力查得安全系数 $[S] = 1.5$，故螺栓材料的许用应力 $[\sigma] = \sigma_s/[S] = 160MPa$。

根据式（5-22）求得螺栓危险截面的小径为

$$d_1 \geqslant \sqrt{\frac{4 \times 1.3F_1}{\pi[\sigma]}} = \sqrt{\frac{4 \times 1.3 \times 6364}{\pi \times 160}}mm = 8.11mm$$

按普通粗牙螺纹标准（GB/T 196—2003），选用螺栓公称直径 $d = 10mm$（螺纹小径 $d_1 = 8.376mm > 8.11mm$）。

（3）校核螺栓的预紧力　碳素钢螺栓的预紧力：$F_0 \leqslant (0.6 \sim 0.7)\sigma_s A_1$，根据已知条件得

$$F_0 \leqslant (0.6 \sim 0.7) \times 240MPa \times \pi d_1^2/4 = (144 \sim 168)N \times \pi \times 8.376^2/4 = (7935 \sim 9257)N$$

要求控制的顶紧力 $F_0 = 5490N < (7935 \sim 9257)N$，故满足要求。

确定螺栓的公称直径后，螺栓的类型、长度、精度以及相应的螺母、垫圈等结构尺寸，可根据底板厚度、螺栓在立柱上的固定方法及防松装置等全面考虑后定出，此处从略。

第六节　提高螺纹连接强度的措施

螺纹连接的强度主要取决于螺栓（螺钉、双头螺柱）的强度，因此，研究影响螺栓强度的因素和提高螺栓强度的措施，对提高螺栓连接的承载能力和可靠性有着重要的意义。

影响螺栓强度的因素很多，主要涉及应力变化幅度、螺纹牙间的载荷分布、应力集中、附加应力、材料的力学性能和制造工艺等方面。下面介绍一些影响螺栓强度的因素和常用提高螺栓强度的措施。

一、降低影响螺栓疲劳强度的应力幅

理论和实践表明，受轴向变载荷的紧螺栓连接，在最大应力不变的条件下，应力幅越小，螺栓的疲劳强度越高。当螺栓所受的工作拉力在 $0 \sim F$ 之间变化时。螺栓的总拉力在 $F_0 \sim F_1$ 之间变化。由应力幅的计算式（5-23）可知，减小螺栓刚度或增大被连接件刚度，都能在工作拉力 F 和剩余预紧力 F_2 不变的情况下降低应力幅。

在图 5-40a 中，螺栓工作载荷 F 和剩余预紧力 F_2（为了保证连接的紧密性）不变的条

件下，减小螺栓刚度 $C_1' = \tan\theta_1' < C_1 = \tan\theta_1$，即 $\theta_1' < \theta_1$，适当增大预紧力，即 $F_0' > F_0$，螺栓的拉力变化幅度减小，即 $\Delta F' < \Delta F$，所以螺栓的应力幅降低。

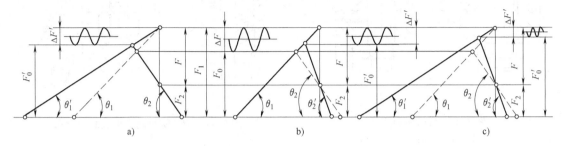

图 5-40　减小螺栓刚度、增大被连接件刚度和增大预紧力来减小应力幅
a）减小螺栓刚度 C_1　b）增大被连接件刚度 C_2　c）减小 C_1、增大 C_2

在图 5-40b 中，同理，在 F 和 F_2 不变的条件下，增大被连接件刚度 $C_2' = \tan\theta_2' > C_2 = \tan\theta_2$，即 $\theta_2' > \theta_2$，适当增大预紧力，即 $F_0' > F_0$，螺栓的拉力变化幅度减小，即 $\Delta F' < \Delta F$，所以螺栓的应力幅降低。

在图 5-40c 中，在 F 和 F_2 不变的条件下，减小螺栓刚度 $C_1' = \tan\theta_1' < C_1 = \tan\theta_1$，即 $\theta_1' < \theta_1$；同时增大被连接件刚度 $C_2' = \tan\theta_2' > C_2 = \tan\theta_2$，即 $\theta_2' > \theta_2$；再加上适当增大预紧力，即 $F_0' > F_0$，螺栓的拉力变化幅度减小更多，即 $\Delta F' \ll \Delta F$，所以螺栓的应力幅降低更多。

减小螺栓刚度的措施有：适当增大螺栓的长度；采用柔性螺栓，包括腰状杆螺栓和空心螺栓（图 5-41）。柔性螺栓受力时变形大，吸收能量大，适用于承受冲击和振动。在螺母下面安装弹性元件（图 5-42），当工作载荷通过被连接件传递时，由于弹性元件的较大变形，也能起到柔性螺栓的作用。

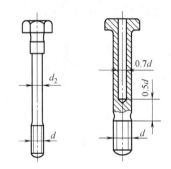

图 5-41　腰状杆螺栓与空心螺栓

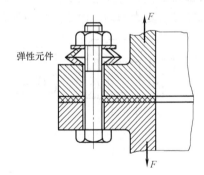

图 5-42　弹性元件

为了增大被连接件的刚度，可以适当增大被连接件的厚度，或采用刚度大的密封垫片。对于有紧密性要求的连接，可用 O 形密度环（图 5-43b）来代替较软的气缸垫片（图 5-43a），这样既不会降低被连接件的刚度，又满足了密封的要求。

二、改善螺纹牙间载荷分布不均的现象

采用普通结构的螺母时，螺栓所受的总拉力 F_1 都是通过螺栓和螺母的螺纹牙面相接触来传递的。由于螺栓与螺母的刚度和变形性质不同，螺栓受拉，螺距增大；而螺母受压，螺距减小，变形不协调。而两者螺纹始终是旋合贴紧的，因此，这种螺距变化差主要靠旋合各圈螺纹牙的不同弯剪变形来补偿。由图 5-44 可知，从螺母支承面算起，第一圈螺纹变形量

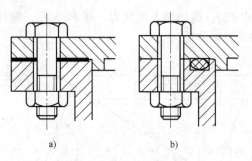

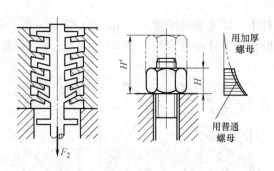

图 5-43　气缸密封元件

a) 金属垫片　b) O 形密封环

图 5-44　旋合螺纹的变形及载荷分布

最大, 受力也最大, 受力约为螺栓所受总拉力的 1/3。以后各圈变形量递减, 受力也递减, 到第八至十圈之后, 几乎不再受力, 所以采用圈数多的厚螺母并不能提高连接的强度。即使制造和装配都很精确, 由于上述原因, 轴向载荷在旋合的螺纹各圈间的分布始终是不均匀的, 第一圈螺纹受力最大, 此处疲劳断裂的概率最大, 所以改善螺纹牙间载荷分布不均的现象, 对提高螺纹连接的疲劳强度至关重要。

为了改善螺纹牙上的载荷分布不均程度, 常采用悬置螺母 (图 5-45a)、环槽螺母 (图 5-45b), 这种结构可以使螺母的旋合部分全部受拉或部分受拉, 其变形性质与螺栓相同, 变形协调, 从而可以减小两者的螺距变化差, 使螺纹牙上的载荷分布趋于均匀。悬置螺母可提高螺栓疲劳强度约 40%, 环槽螺母可提高螺栓疲劳强度约 30%。图 5-45c 所示为内斜螺母, 螺母旋入端有 10°~15° 的内斜角, 原受力较大的下面几圈螺纹受力点外移, 使螺栓螺纹牙刚度减小, 受力后变形大受力小, 使载荷向上面几圈螺纹转移, 使各圈螺纹受力趋于均匀, 可提高螺栓疲劳强度约 20%。图 5-45d 所示螺母同时兼有环槽螺母和内斜螺母的作用, 各圈螺纹受力更为均匀。由于这些特制的螺母成本较高, 一般只在重要场合使用。

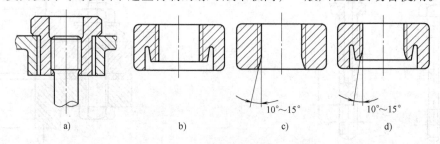

图 5-45　均载螺母结构

a) 悬置螺母　b) 环槽螺母　c) 内斜螺母　d) 环槽、内斜螺母

三、减小应力集中的影响

螺栓上螺纹的牙根、收尾、螺栓头和螺栓杆的过渡处都会产生应力集中。应力集中对螺栓的疲劳强度影响很大。为了减小应力集中, 可以采用较大的圆角半径 (图 5-46a)、切制卸载槽 (图 5-46b)、采用卸载过渡圆弧 (图 5-46c)、在螺纹收尾处用退刀槽等。但螺纹是标准件, 牙形及各部分尺寸、圆角等在国家标准中均有规定。采用以上措施都要特殊制造, 增加成本, 一般只在重要连接时才值得考虑采用。尺寸因素对应力集中也有影响, 随着螺栓直径 (螺距) 增大, 材料的疲劳强度会降低。实验指出: M30~M60 的螺栓材料疲劳极限比 M6~M16 的螺栓材料疲劳极限降低接近 1/2。通常确定螺栓组螺栓数目时, 采用直径较小、

数目较多的螺栓（若总横截面积相同）比采用直径较大、数目较少的螺栓更为有利。

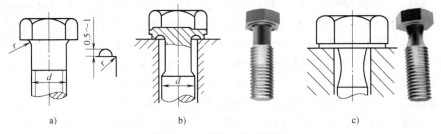

图 5-46　圆角和卸载结构

a）加大圆角　b）卸载槽　c）卸载过渡圆弧

四、避免附加弯曲应力

由于设计不当、制造和装配误差，易使螺栓产生附加弯曲应力。图 5-47a 是由于螺母和螺栓头部支承面的粗糙不平或螺栓轴线偏斜、图 5-47b 是采用了钩头螺栓，都使螺栓受到很大的附加弯曲应力 σ_B（$\sigma_B = 32Fe/(\pi d_1^3) = (8e/d_1)(4F/\pi d_1^2)$，当 $e = d_1$ 时，$\sigma_B = 8\sigma$，$\sigma = 4F/\pi d_1^2$ 为拉伸应力），图 5-47c 是由于被连接件刚度小引起的附加弯曲。为减小或避免附加弯曲应力，应从结构、制造及装配等方面采取措施。如铸、锻件等粗糙表面为支承面时，应制成凸台（图 5-48a）或沉头座（图 5-48b）；为防止螺栓轴线偏斜，应采用球面垫圈（图 5-48c）或环腰螺栓（图 5-48d）；当支承面为倾斜表面时，应采用斜面垫圈（图 5-48e）为支承面。

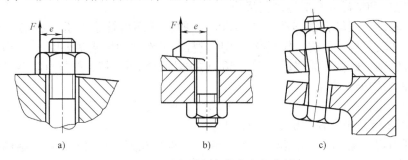

图 5-47　引起附加弯曲应力的实例

a）支承面不平　b）钩头螺栓　c）被连接件刚度小

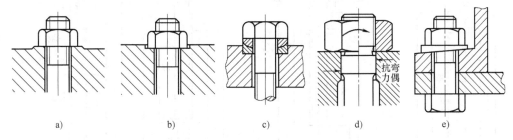

图 5-48　避免附加弯曲应力的措施举例

a）凸台　b）沉头座　c）球面垫圈　d）环腰螺栓　e）斜面垫圈

五、采用合理的制造工艺

制造工艺对螺栓的疲劳强度影响很大，高强度螺栓更为显著。目前采用较多的制造工艺是车制螺纹和滚压螺纹。一般车制螺纹的毛坯是轧制或拉伸棒料，其表面质量较好（晶体拉长）。但车制时将质量较好的表层材料车去，还将金属纤维切断，对螺栓的疲劳强度不利。滚压螺纹工艺比车制螺纹工艺好，滚压利用了材料的塑性变形，使金属纤维连续，如图5-49所示。而且滚压加工时材料冷作硬化，表层留有残余压应力，滚压后金属组织致密，螺纹工作时力流方向与材料纤维方向一致，又可降低应力集中。采用冷镦螺栓头部也有这种效果。因此，滚压螺纹比车制螺纹提高疲劳强度40%～95%。这种滚压螺纹和冷镦螺栓头部工艺本身还可以节省材料、提高生产率和降低制造成本。

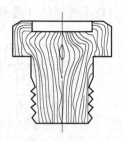

图5-49　冷镦与滚压加工中的金属流线

此外，在工艺上对螺纹表面进行渗氮、碳氮共渗等表面硬化处理，也可提高螺栓的疲劳强度。

第七节　螺旋传动

一、概述

螺旋传动是利用螺杆和螺母组成的螺旋副来实现传动要求的。它主要用于将回转运动转变为直线运动，同时传递运动和动力。

1. 螺旋传动的类型

（1）按螺杆和螺母的相对运动关系分

1）螺杆转动，螺母直线移动（图5-50a），螺杆两端由轴承支承（有的只有一端有支承），螺母有防转机构，结构比较复杂。车床丝杠、刀架移动机构多采用这种结构。

2）螺母转动，螺杆直线移动（图5-50b），螺母有轴承支持，螺杆有防转机构，因而结构复杂。这种结构很少应用。

3）螺母固定，螺杆转动并移动（图5-50c），螺杆在螺母中运动，螺母起支承作用，结构简单。常用于螺旋千斤顶和螺旋压力机中。

4）螺杆固定，螺母转动并移动（图5-50d），螺母在其上转动并移动，结构简单，但精度不高。常用于某些钻床工作台沿立柱上下移动的机构。

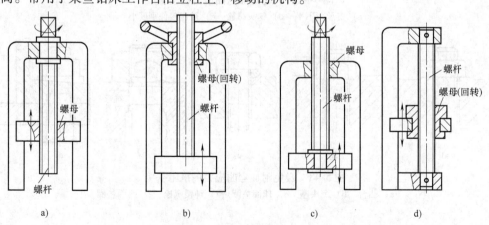

a)　　　　　　　b)　　　　　　　c)　　　　　　　d)

图5-50　螺旋副的四种运动形式
a）螺杆转动，螺母移动　b）螺母转动，螺杆移动　c）螺母固定，
螺杆转动并移动　d）螺杆固定，螺母转动并移动

（2）按螺旋副的摩擦性质分

1）滑动摩擦螺旋。如图 5-51 所示，结构简单，容易制造，传力较大，能够实现自锁要求，应用广泛。最大缺点是容易磨损，传动效率低（一般为 30% ~ 40%）。螺旋千斤顶、夹紧装置、机床的进给装置常采用此类螺旋传动。

2）滚动摩擦螺旋。由于滚道中使用了滚珠，用滚动摩擦代替了滑动摩擦，因此阻力小，传动效率高（可达 90% 以上）。

3）静压螺旋（流体摩擦）。传动效率高（可达 90% 以上），但需要有供油系统。

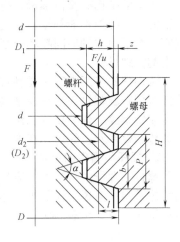

图 5-51　螺旋副受力

滚动螺旋和静压螺旋，由于结构比较复杂，要求精度高，制造成本较高，常用在高精度、高效率的重要传动中，如数控机床进给机构、汽车转向机构等。目前滚动螺旋已作为标准部件由专门工厂批量生产，价格也逐渐降低，应用日益广泛。

2. 螺旋传动的特点

螺旋传动的主要特点有：

1）传动比大，从而可用较小的转矩得到较大的轴向推力。常用于起重、夹紧等。

2）精度比较高，能够准确地调整直线运动的距离和位置。常用于精密机械和测量仪器，特别适用于一些机构的微细调节。

3）滑动螺旋容易实现自锁，适用于垂直举起重物的机构，对于水平推力的运动机构，也能在任意位置得到精确定位，如水平运动的机床工作台进给机构。

4）滑动螺旋摩擦磨损比较大，效率较低，只适用于中小功率传动，如用于传递运动或推力大而速度不高的场合。

3. 螺旋传动的应用

螺旋传动按其用途不同，又可分为以下三种类型：

（1）传力螺旋　以传递动力为主，要求以较小的转矩产生较大的轴向推力，用以克服工件阻力，如各种起重（螺旋千斤顶）或加压装置（螺旋压力机）的螺旋。这种传力螺旋主要是承受很大的轴向力，一般为间歇性工作，每次的工作时间较短，工作速度也不高，而且通常需要自锁。

（2）传导螺旋　以传递运动为主，有时也要传递一定的轴向载荷，常要求较高的传动精度，一般工作速度较高，如金属切削机床的螺旋进给机构等。

（3）调整螺旋　用于调整或固定零件的相对位置，一般在空载下调整，具有可靠的自锁性能，如机床、仪器及测试装置中的微调机构的螺旋。用于精确测量、定量微调时应保证精度，必要时应设置消除间隙的机构。

本节重点讨论滑动螺旋的设计与计算。

二、滑动螺旋的结构和常用材料

1. 滑动螺旋的结构

螺旋传动的结构主要是指螺杆、螺母的固定和支承的结构形式。螺旋传动的工作刚度与精度等和支承结构有直接关系，当螺杆短而粗且垂直布置时，如起重及加压装置的传力螺旋，可以利用螺母本身作为支承（图 5-50c）。当螺杆细长且水平布置时，如机床的传导螺旋（丝杠）等，应在螺杆两端或中间附加支承，以提高螺杆的工作刚度。

螺母的结构有整体螺母、组合螺母和剖分螺母等形式。整体螺母结构简单，但由磨损而产生的轴向间隙不能补偿，只适合在精度要求较低的螺旋中使用。对于经常双向传动的传导螺旋，为了消除轴向间隙和补偿旋合螺纹的磨损，避免反向传动时的空行程，常采用组合螺母或剖分螺母。

滑动螺旋采用的螺纹类型有矩形、梯形和锯齿形。其中以梯形和锯齿形螺纹应用最广。螺杆常用右旋螺纹，只有在某些特殊的场合，如车床横向进给丝杠，为了符合操作习惯，才采用左旋螺纹。传力螺旋和调整螺旋要求自锁时，应采用单线螺纹。对于传导螺旋，为了提高其传动效率及直线运动速度，可采用多线螺纹（线数 $n = 3 \sim 4$，甚至多达 6）。

2. 螺杆和螺母的材料

螺杆和螺母的材料不但应具有足够的强度和良好的耐磨性，还要求两者配合后具有较低的摩擦系数。考虑上述要求，螺杆一般用钢制造，螺母常用青铜等耐磨材料制造。选择螺旋传动材料时可参考表 5-9。

表 5-9　螺旋传动常用材料

	材料牌号	热处理	使用条件
螺杆	Q235、Q275	不热处理	轻载、低速、精度要求不高的传动
	45、50 40Cr、40CrMn 65Mn	正火、调质 调质或淬火、回火 淬火、回火	重载、转速较高、中等精度、重要传动
	T10、T12 20CrMnTi	调质、球化 渗碳淬火	高精度、重要传动
	9Mn2V、CrWMn 38CrMnAlA	淬火、回火 渗氮	尺寸稳定性好，适用于精密传导螺旋传动
螺母	35、球墨铸铁、耐磨铸铁		轻载、低速、精度要求不高的传动
	ZCuSn10P1		高载荷、高速度、高精度螺母用
	ZCuSn5Pb5Zu5		较高载荷、中等速度螺母用
	ZCuAl10Fe3、ZCuAl10Fe3Mn2		载荷大、速度低螺母用
	钢或铸铁　内螺纹表面涂覆青铜或轴承合金		尺寸较大或高速传动

三、滑动螺旋传动的设计计算

1. 滑动螺旋的失效形式及计算准则

滑动螺旋工作时，主要承受转矩及轴向拉力（或压力）的作用，同时在螺杆和螺母的旋合螺纹间有较大的相对滑动。其失效形式主要是螺纹磨损。因此，滑动螺旋的基本尺寸（即螺杆直径与螺母高度），通常是根据耐磨性条件确定的。对于受力较大的传力螺旋，还应校核螺杆危险截面以及螺母螺纹牙的强度，以防止发生塑性变形或断裂；对于要求自锁的螺杆，应校核其自锁性；对于精密的传导螺旋，应校核螺杆的刚度（螺杆的直径应根据刚度条件确定），以免受力后由于螺距的变化引起传动精度降低；对于长径比很大的螺杆，应校核其稳定性，以防止螺杆受压后失稳；对于高速的长螺杆，还应校核其临界转速，以防止产生过度的横向振动等。在设计时，应根据螺旋传动的类型、工作条件及其失效形式等，选择不同的设计准则，而不必逐项进行校核。下面主要介绍耐磨性计算和几项常用的校核计算方法。

2. 耐磨性计算

滑动螺旋螺纹工作面上压力 p 越大，滑动速度越大，其磨损越严重。一般按限制工作压力来限制磨损量，许用压力则由运动副的材料和运动副滑动速度大小决定。

如图 5-51 所示，已知作用于螺杆上的轴向载荷为 F，螺纹中径为 d_2，螺纹工作高度为 h，则每圈螺纹的承压面积为 $\pi d_2 h$。对于单线螺纹，设螺纹的旋合圈数为 $u = H/P$（H 为螺母高度，P 为螺距），则螺纹的工作压力是

$$p = \frac{FP}{\pi d_2 h H} \leqslant [p] \tag{5-43}$$

式（5-43）用于校核。由于设计时螺母高度 H 未知，一般可设 $H = \phi d_2$（ϕ 可根据螺母形式选定。对于整体式螺母，由于磨损后不能调整，取 $\phi = 1.2 \sim 2.5$；对于剖分式螺母，取 $\phi = 2.5 \sim 3.5$），将 $H = \phi d_2$ 代入式（5-43）中，有

$$p = \frac{FP}{\pi d_2^2 h \phi} \leqslant [p]$$

或

$$d_2 \geqslant \sqrt{\frac{FP}{\pi h \phi [p]}} \tag{5-44}$$

式中　$[p]$——许用压力（MPa），其值见表 5-10。

对于矩形或梯形螺纹，$h = 0.5P$；对于锯齿形螺纹，$h = 0.75P$。

表 5-10　螺旋副的许用压力 $[p]$ 和摩擦系数 f

螺杆材料	淬火钢	钢	淬火钢	钢	钢
螺母材料 滑动速度	青铜		耐磨铸铁		铸铁
低速		18 ~ 25		15 ~ 22	
≤3m/min　许用压力 $[p]$/MPa		11 ~ 18		14 ~ 19	12 ~ 16
6 ~ 12m/min	10 ~ 13	7 ~ 10	6 ~ 8	6 ~ 8	4 ~ 7
>15m/min		1 ~ 2			
摩擦系数 f	0.06 ~ 0.08	0.08 ~ 0.10	0.08 ~ 0.10	0.1 ~ 0.2	0.12 ~ 0.15

注：ϕ 小时，$[p]$ 取大值；ϕ 大时，$[p]$ 取小值。

3. 螺杆的强度计算

螺杆工作时承受轴向拉力（或压力）F 产生正应力，承受转矩 T 产生切应力。根据第四强度理论求出其危险截面的当量应力。强度条件为

$$\sigma_{ca} = \sqrt{\sigma^2 + 3\tau^2} = \sqrt{\left(\frac{4F}{\pi d_1^2}\right)^2 + 3\left(\frac{T}{0.2 d_1^3}\right)^2} \leqslant [\sigma] \tag{5-45}$$

式中　d_1——螺杆螺纹小径（mm）。

T——所承受的转矩，$T = F \cdot \dfrac{d_2}{2} \tan(\psi + \varphi_v)$。其中，$\varphi_v$ 为当量摩擦角，$\varphi_v = \arctan f_v$，

f_v 为当量摩擦系数，$f_v = \dfrac{f}{\cos\beta}$，$\beta$ 为螺纹牙型斜角，摩擦系数 f 见表 5-10；d_2 为

螺纹中径（mm）。

$[\sigma]$——许用应力（MPa），见表 5-11。

表 5-11　滑动螺旋副的许用应力

螺杆许用应力 $[\sigma]$ MPa	螺母螺纹牙许用应力		
	许用应力 　　材料	许用切应力$[\tau]$/MPa	许用弯曲应力$[\sigma_{BB}]$/MPa
$[\sigma]=\dfrac{\sigma_s}{3\sim5}$ σ_s 为材料的屈服极限	青铜	$30\sim40$	$40\sim60$
	耐磨铸铁	40	$50\sim60$
	灰铸铁	40	$45\sim55$
	钢	$0.6[\sigma]$	$(1\sim1.2)[\sigma]$

4. 螺母螺纹牙的强度计算

螺纹牙的剪切和弯曲强度也应进行校核。一般螺母材料的强度低于螺杆，故只需计算螺母的螺纹牙强度。

螺杆受有轴向载荷 F，旋合圈数为 u，假设各圈螺纹受载相等，则每圈螺纹承受的载荷为 F/u，作用于螺纹中径上。将螺母一圈螺纹沿螺母大径 D 展开，则可看作宽度为 πD 的悬臂梁，如图 5-52 所示。螺纹牙根部厚度 b 受到剪切和弯曲作用，环形截面 πDb 为危险截面，$(D-D_2)/2$ 为弯曲力臂，所以剪切强度条件为

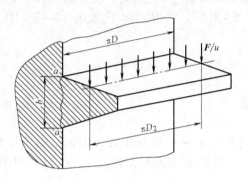

图 5-52　螺母螺纹牙受力

$$\tau=\frac{F}{u\pi Db}\leqslant[\tau]\qquad(5\text{-}46)$$

弯曲强度条件为

$$\sigma_{BB}=\frac{M}{W}\leqslant[\sigma_{BB}]$$

式中　$M=\dfrac{F}{u}\left(\dfrac{D-D_2}{2}\right)$，$W=\dfrac{\pi Db^2}{6}$。

由此可得

$$\sigma_{BB}=\frac{3F(D-D_2)}{\pi Db^2u}\leqslant[\sigma_{BB}]\qquad(5\text{-}47)$$

式中　$[\tau]$——许用切应力（MPa），见表 5-11；

　　　$[\sigma_{BB}]$——许用弯曲应力（MPa），见表 5-11；矩形螺纹 $b=0.5P$，梯形螺纹 $b=0.65P$，30°锯齿形螺纹 $b=0.75P$，P 为螺距。

5. 受压螺杆的稳定性计算

对于长径比大的受压螺杆，当轴向压力 F 超过某一临界值时，螺杆就会突然发生侧向弯曲而丧失稳定性，故需验算其稳定性。根据材料力学螺杆稳定性条件为

$$S_{sc}=\frac{F_{cr}}{F}\geqslant[S_s]\qquad(5\text{-}48)$$

式中　S_{sc}——螺杆稳定性的计算安全系数。

　　　$[S_s]$——螺杆稳定性的许用安全系数。对于传力螺旋（如起重或压力螺杆），$[S_s]=3.5\sim5.0$；对于传导螺旋，$[S_s]=2.5\sim4.0$；对于精密螺旋或水平螺杆，$[S_s]\geqslant4.0$。

　　　F_{cr}——螺杆的临界载荷（N），根据螺杆的柔度 λ_s 值的大小选用不同的公式计算。求

F_{cr} 时应先计算螺杆柔度 λ_s，$\lambda_s = \mu l/i$，此处，μ 为螺杆的长度系数，见表 5-12；l 为螺杆的工作长度（mm），螺杆两端支承时取两支点的距离作为工作长度 l，螺杆一端以螺母支承时以螺母中点到另一端的距离作为工作长度 l；i 为螺杆危险截面的惯性半径（mm），若螺杆危险截面面积 $A = \pi d_1^2/4$（mm^2），则 $i = \sqrt{\dfrac{I}{A}} = \dfrac{d_1}{4}$，$I$ 为螺杆危险截面惯性矩（mm^4），$I = \pi d_1^4/64$。

表 5-12　螺杆的长度系数 μ

端部支承情况	长度系数 μ	端部支承情况	长度系数 μ
两端固定	0.50	两端不完全固定	0.75
一端固定,一端不完全固定	0.60	两端铰支	1.00
一端铰支,一端不完全固定	0.70	一端固定,一端自由	2.00

注：1. 采用滑动支承（d 为轴承孔径，B 为轴承宽度），$B/d < 1.5$ 时为铰支；$B/d = 1.5 \sim 3.0$ 时为不完全固定；$B/d > 3.0$ 时为固定支承。

2. 若以整体螺母为支承时，仍以上述方法确定，此时，取 $B = H$（H 为螺母高度）。

3. 若以剖分螺母为支承时，可作为不完全固定支承。

4. 采用滚动支承，只有径向约束时为铰支；径向与轴向均有约束时为固定支承。

求得 λ_s 后，按 λ_s 大小选择下列公式计算 F_{cr}（N）：

1）当 $\lambda_s \geqslant 80 \sim 90$ 时，临界载荷按欧拉公式计算

$$F_{cr} = \frac{\pi^2 EI}{(\mu l)^2} \tag{5-49}$$

式中　E——螺杆材料的拉压弹性模量（MPa），$E = 2.07 \times 10^5 \, \text{MPa}$。

2）当 $\lambda_s < 80 \sim 90$ 时，按下列公式计算：

对未淬火钢，$\lambda_s < 90$ 时

$$F_{cr} = \frac{340}{1 + 0.00013\lambda_s^2} \cdot \frac{\pi d_1^2}{4} \tag{5-50}$$

对淬火钢，$\lambda_s < 85$ 时

$$F_{cr} = \frac{490}{1 + 0.0002\lambda_s^2} \cdot \frac{\pi d_1^2}{4} \tag{5-51}$$

若上述计算不满足螺杆稳定性条件，应适当增大螺杆小径。

3）Q275 钢当 $\lambda_s < 40$ 时，优质碳素钢、合金钢当 $\lambda_s < 60$ 时，不必进行稳定性计算。

6. 自锁能力计算

对于有自锁要求的螺旋副，应按下式计算自锁能力

$$\psi = \arctan \frac{Ph}{\pi d_2} \leqslant \varphi_v = \arctan \frac{f}{\cos\beta}$$

式中　Ph——导程（mm）；

φ_v——当量摩擦角；

β——牙型斜角；

f——摩擦系数，见表 5-10。

为了保证可靠的自锁，取螺纹升角 $\psi \leqslant \varphi_v - 1°$。

四、滚动螺旋传动简介

1. 工作原理

滚动螺旋传动的结构如图 5-53 所示。螺杆和螺母的螺纹滚道间有适量滚动体（多数为

钢球，少数采用滚子），当螺杆或螺母回转时，钢球依次沿螺纹滚动，经螺母上的导路或反向器出而复入。钢球为中间滚动体，使螺杆和螺母的相对运动形成滚动摩擦，提高了螺旋副的传动效率和传动精度。

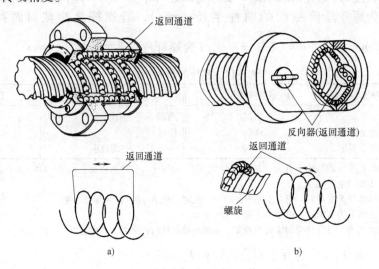

图 5-53　滚动螺旋传动

a）外循环式　b）内循环式

2. 结构类型、特点及应用

（1）按钢球的循环方式分类　有内循环和外循环两种。

1）外循环式（图 5-53a）　分为螺旋槽式和插管式。螺旋槽式是在螺母外圆柱表面有螺旋形回球槽，槽的两端有通孔与螺母的螺纹滚道相切，形成钢球循环通道。插管式和螺旋槽式原理相同，是采用外接套管作为钢球的循环通道。但无论是哪能种结构，为引导钢球在通孔内顺利出入，在孔口都置有挡球器。外循环方式结构简单，但螺母的结构尺寸较大，特别是插管式，同时挡球器端部易磨损。

2）内循环式（图 5-53b）。在螺母上开有侧孔，孔内镶有反向器，将相邻两螺纹滚道连接起来，钢球从螺纹滚道进入反向器，越过螺杆牙顶进入相邻螺纹滚道，形成循环回路。该种循环方式，螺母径向尺寸较小，和滑动螺旋副大致相同。钢球循环通道短，有利于减少钢球数量，减小摩擦损失，提高传动效率。但反向器回行槽加工要求高，不适用于重载传动。

（2）按螺纹滚道法向截面形状分类　有矩形、半圆弧形和双圆弧形三种。

1）矩形滚道面（图 5-54a）。制造方便，但接触应力大，承载能力不高，用于轴向载荷较小、精度要求不高的传动。

2）半圆弧滚道面（图 5-54b）。比值 r_s/D_w 小（常取 $0.51 \sim 0.56$），接触应力较小，接触强度和刚度比矩形滚道面高。磨削滚道的砂轮成形方便，为保证接触角 $\alpha = 45°$，必须严格控制径向间隙，应采取双螺母调整间隙的结构。

3）双圆弧滚道面（图 5-54c）。比值 $r_s/D_w = 0.51 \sim 0.56$，接触强度和刚度高，接触角稳定，但滚道形面加工较复杂。

（3）特点

1）优点。效率高，同样载荷情况下，滚动螺旋所需驱动转矩约为滑动螺旋的 25% ~ 35%，同时逆传动效率接近正传动，所以也可用于把直线运动转换为旋转运动；摩擦阻力稳定，速度对摩擦系数影响很小；摩擦小，寿命长；可以通过预紧完全消除间隙和增大轴向刚

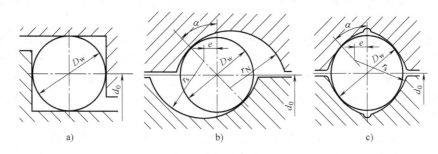

图 5-54　螺纹滚道面的形式
a）矩形　b）半圆弧形　c）双圆弧形

度，所以传动精度高。

2）缺点。不自锁，对要求自锁的场合，必须采用制动装置；结构复杂，成本较高。

（4）应用　实际上由于成批生产降低了成本，近年来选用滚动螺旋成套产品的正逐渐增多。如滚动螺旋传动广泛用于汽车和拖拉机的转向机构、水闸的升降机构、飞机机翼和起落架的控制机构等要求高效率、高精度的场合。

五、静压螺旋传动简介

如图 5-55a 所示，在静压螺旋中，螺杆和螺母为梯形螺纹，在螺母每圈螺纹牙两个侧面的中径处，各开有 3 ~ 4 个油腔，液压油经节流器进入内螺纹牙两侧的油腔，然后经回油通路流回油箱。当螺杆不受力时，处于中间位置，牙两侧的间隙和油腔压力都相等。当螺杆受轴向力 F_a 而左移时，间隙 h_1 减小，压力增大；h_2 增大，压力减小；两侧的压力差产生一向右的液压平衡力。在图 5-55b 中，如果每一螺纹牙侧开三个油腔，则当螺杆受径向力 F_r 下移时，油腔 A 侧间隙减小，压力增高，B 和 C 侧间隙增大，压力降低，从而产生一向上的液

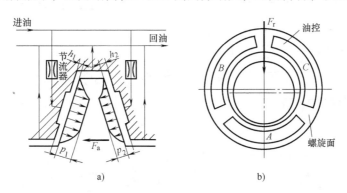

图 5-55　静压螺旋传动的工作原理

压平衡力。当螺杆受弯曲力矩时，也有平衡力矩的产生。

 **本章学习要点**

1. 本章的重点有两个：一是不同螺纹连接类型和不同外载荷情况下，螺栓组中各螺栓的受力分析；二是螺栓连接的强度计算，尤其是承受轴向拉伸载荷的紧螺栓连接的强度计算。

2. 本章的难点是承受轴向拉伸载荷紧螺栓连接的受力分析、承受倾覆力矩的螺栓组连接的受力分析及其设计。

3. 分析承受轴向载荷的紧螺栓连接时，假设螺栓及被连接件均为线弹性体，根据静力平衡条件和变形协调条件才能求出螺栓的总载荷及被连接件的剩余预紧力。要掌握螺栓及被连接件的受力变形图。对于一般的紧螺栓连接，在进行强度计算时，可以将总拉力增大30%以考虑拧紧时扭转切应力的影响。螺栓连接的强度计算方法对于双头螺柱连接和螺钉连接也是适用的。

4. 螺纹及螺纹连接件大都已标准化，设计时，对于一般场合的螺纹连接，只需根据不同情况选用标准件即可；对于重要场合的螺纹连接，设计计算时也只是确定螺栓危险截面的直径，螺栓连接的其他部分尺寸由标准确定。

5. 螺栓组连接的设计要点：一是正确进行结构设计，即合理确定连接接合面的形状及合理布置螺栓的位置、间距和数目；二是通过受力分析找出受力最大的螺栓及其载荷，然后进行强度计算。对于承受倾覆力矩的螺栓组连接，既要进行受力最大螺栓的强度计算，还要分析计算被连接件之间的压溃和离缝问题，注意这时的假定是：底板是刚性的，反转时不变形仍保持为平面，而螺栓和地基是弹性体，这对于刚度较大的底板和弹性地基是适用的。

6. 学习螺纹连接和螺旋传动的设计时，要注意它们的差别：前者属于连接，后者属于传动。对于螺旋传动来讲，由于要传递运动，主要要求保证螺旋副具有较高的传动效率和磨损寿命，而螺纹连接更关心它的连接强度和自锁性。

7. 螺栓组强度计算总结

普通（受拉）螺栓				
受力 形式				
不滑移条件	$F_2fz \geq K_sF_{R\Sigma}$ $\quad$ $F_2f\sum\limits_{i=1}^{z}r_i \geq K_sT$ $F_2 = F_0 - \dfrac{C_2}{C_1+C_2}\dfrac{F_\Sigma}{z}$		$F_0fz \geq K_sF_{R\Sigma}$ $\quad$ $F_0f\sum\limits_{i=1}^{z}r_i \geq K_sT$	
单个螺栓轴向工作载荷	$F = \dfrac{F_\Sigma}{z}$		$F = F_{Mmax} = \dfrac{ML_{max}}{\sum\limits_{i=1}^{z}L_i^2}$	$F_{Mmax} = \dfrac{ML_{max}}{\sum\limits_{i=1}^{z}L_i^2}$ $F = \dfrac{F_\Sigma}{z} + F_{Mmax}$
单个螺栓总载荷	$F_1 = F_0 + \dfrac{C_1}{C_1+C_2}F$ $\quad$ 或 $\quad$ $F_1 = F_2 + F$			
强度条件	$\sigma = \dfrac{1.3F_1}{\dfrac{\pi d_1^2}{4}} \leq [\sigma]$			

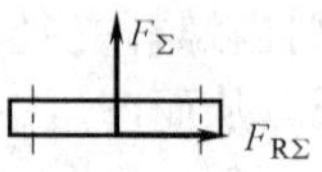

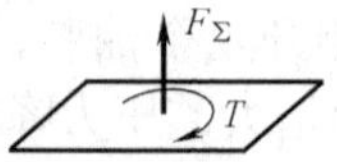

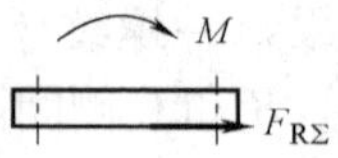

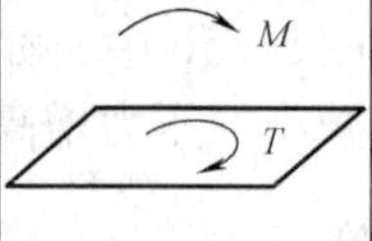

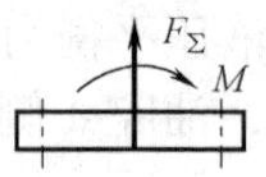

（续）

普通（受拉）螺栓				
不离缝、不压溃			$\sigma_{pmax} \approx \dfrac{zF_0}{A} + \dfrac{M}{W} \leqslant [\sigma_p]$ $\sigma_{pmax} \approx \dfrac{zF_0}{A} - \dfrac{M}{W} > 0$	$\dfrac{zF'_2}{A} + \dfrac{M}{W} \leqslant [\sigma_p]$ $\dfrac{zF'_2}{A} - \dfrac{M}{W} > 0$ $F'_2 = F_0 - \dfrac{C_2}{C_1 + C_2} \dfrac{F_\Sigma}{z}$

普通（受拉）螺栓、铰制孔用（受剪）螺栓		
横向外载荷合成，求得受力最大螺栓所受的横向载荷 $F_{合\,max}$	受拉螺栓	受剪螺栓
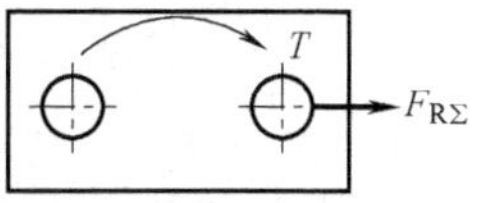	$F_0 \geqslant \dfrac{K_s F_{合\,max}}{fm}$	
强度条件	$\sigma = \dfrac{1.3F_0}{\dfrac{\pi d_1^2}{4}} \leqslant [\sigma]$	$\tau = \dfrac{F_{合\,max}}{\dfrac{\pi d_0^2}{4}} \leqslant [\tau]$ $\sigma_p = \dfrac{F_{合\,max}}{d_0 L_{min}} \leqslant [\sigma_p]$

第六章

轴毂连接

提示

轮毂是指轮类零件（如齿轮、带轮和链轮等）与轴相配合的部分。轴与轮毂的连接称为轴毂连接。轴毂连接的方式有：键连接、花键连接、无键连接（型面连接和弹性环连接）、销连接和过盈连接等。本章主要介绍键连接和花键连接的结构、工作原理、应用特点以及强度校核计算；对无键连接、销连接和过盈连接的结构、工作原理、应用特点仅做简单介绍。

第一节　键　连　接

一、键连接的工作原理和类型

键连接由键、轴与轮毂所组成，主要用来实现轴和轴上零件（如齿轮、带轮和链轮等）之间的周向固定，有时也可以实现轴向固定。

按不同的装配形式可分为两大类，即松键连接（平键和半圆键）和紧键连接（楔键和切向键）。这几种键均已标准化，设计时可按工作要求选用适当的类型和尺寸，然后进行强度校核计算。

1. 平键连接

图 6-1 所示为普通平键连接的结构形式。平键的横截面为矩形，键的两个侧面是工作面，键的上表面和轮毂的键槽底面间则留有间隙。工作时，靠键与轴、轮毂的键槽侧面的挤压和键受剪切来传递转矩。平键连接具有结构简单、装拆方便、对中性较好等优点，因而得

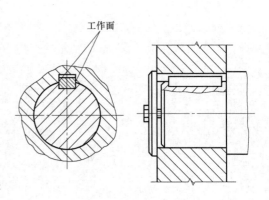

图 6-1　普通平键连接

到广泛应用。这种连接不能承受轴向力，因而对轴上的零件不能起轴向固定的作用，只能起周向固定作用。

根据用途不同，平键分为普通平键、薄型平键、导向平键和滑键四种。

普通平键和薄型平键用于静连接，即轴与轴上零件在轴线方向不能移动的连接。导向平键和滑键用于动连接，即轴与轴上零件在轴线方向上可以移动的连接。

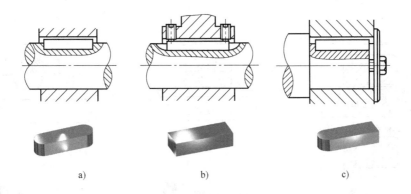

图6-2　普通平键连接

a) 圆头平键（A 型）连接　b) 平头平键（B 型）连接　c) 单圆头平键（C 型）连接

普通平键按键的端部形状不同，分为圆头平键（A 型）、平头平键（B 型）和单圆头平键（C 型）三种形式。圆头平键（图 6-2a）的轴上键槽用指形键槽铣刀加工（图 6-3a），轴上键槽的形状与键的形状相同，键在键槽中轴向固定良好。缺点是键的头部侧面与轮毂上的键槽并不接触，因而键的圆头部分不能承受载荷，而且轴上键槽端部的应力集中较大。平头平键（图 6-2b）的轴上键槽用盘形键槽铣刀加工（图 6-3b），轴上键槽端部的圆弧半径大，应力集中较小；但对于尺寸较大的键，需要用紧定螺钉固定在轴上的键槽中，以防止轴线方向移动。单圆头平键（图 6-2c）的轴上键槽用指形键槽铣刀加工，由于键槽左端铣通，所以左端是平头。单圆头平键只能用于轴的端部。轮毂键槽用键槽插刀或键槽拉刀加工。

薄型平键的结构形式与普通平键基本相同，也分为圆头（A 型）、平头（B 型）和单圆头平键（C 型）三种形式，不同的是薄型平键的高度大约只有普通平键的 2/3，传递转矩的能力较低，常用于薄壁轮毂结构、空心轴及一些径向尺寸受限制的场合。

当被连接的轴上零件在工作过程中需要在轴上移动（如滑移齿轮），则需采用导向平键或滑键。导向平键（图 6-4a）是一种较长的平键，分为圆头平键（A 型）、平头平键（B 型）两种形式。为了使键在键槽中固定，常用两个紧定螺钉将其固定在轴上的键槽中。为了便于拆卸，键上制有起键螺孔，以便拧入螺钉方便拆键。轴上的传动零件则可沿键方向进行轴向滑移。当零件需滑移的距离较大时，因所需导向平键的长度过大，制造困难，故宜采用滑键（图 6-4b），滑键固定在轮毂上，轮毂带动滑键在轴上的键槽中做轴向滑移。这样，只需在轴上铣出较长的键槽，而键可做得较短。

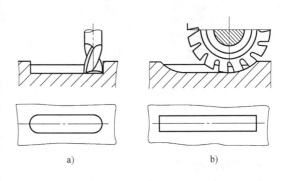

图6-3　轴上键槽加工

a) 指形键槽铣刀加工　b) 盘形键槽铣刀加工（方头）

2. 半圆键连接

半圆键连接如图 6-5 所示。半圆键连接用于静连接，与平键相同，键的两个侧面是工作面，键的上表面和轮毂的键槽底面间则留有间隙（图 6-5b）。轴上键槽用尺寸与半圆键相同的盘形键槽铣刀加工，轴上键槽是圆弧形的，因而键在轴上键槽中能绕其几何中心转动以避

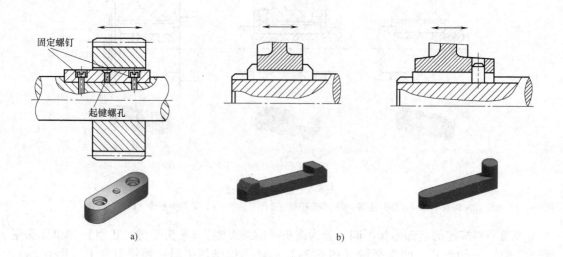

图 6-4 导向平键和滑键连接
a）导向平键连接 b）滑键连接

兔半圆键顶部和轮毂键槽底面接触。这种键连接的优点是工艺性好，装配方便，尤其适用于锥形轴端与轮毂的连接（图 6-5c）。其缺点是轴上键槽较深，对轴的强度削弱较大，故半圆键连接一般用于传递转矩较小的静连接中。

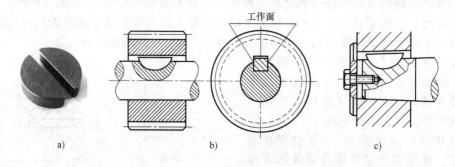

图 6-5 半圆键连接
a）半圆键 b）半圆键的工作面 c）用于锥形轴端

3. 楔键连接

楔键连接如图 6-6 所示。楔键连接属于紧键连接，只能用于静连接。楔键的上、下两表面是工作面，楔键的两侧面与键槽侧面间则留有间隙。楔键的下表面没有斜度，其上表面和与它相配合的轮毂键槽底面均具有 1:100 的斜度，装配时需加外力将键楔入键槽。装配后，键即楔紧在轴和轮毂的键槽里。工作时，靠键的上、下两表面楔紧后轴与轮毂间产生的正压力以及摩擦力来传递转矩，同时还可以承受一定的单向轴向载荷，对轮毂起到单向的轴向固定作用。楔键楔紧后，在轴和轮毂之间产生很大的挤压力，会使轴和轮毂孔产生弹性变形，从而使轴和轮毂产生偏心，影响轮毂与轴的对中性。因此楔键主要用于对中性要求不高、载荷平稳和低速的场合。楔键分为普通楔键和钩头楔键。普通楔键分为圆头楔键（A 型）、平头楔键（B 型）和单圆头楔键（C 型）三种形式，圆头楔键要先放在轴上键槽中，然后打紧轮毂（图6-6a）。平头、单圆头和钩头楔键则在轮毂装好后才将键放入键槽并打紧（图6-6b、c）。钩头楔键常用于轴端，易于拆卸，因而应用较多。但钩头楔键应加防护罩，以保证安全。

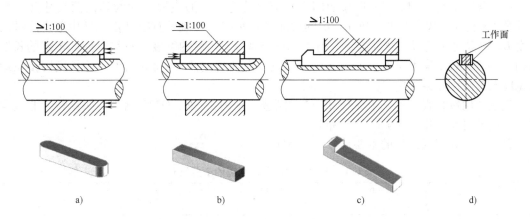

图 6-6 楔键连接

a）圆头楔键连接 b）平头楔键连接 c）钩头楔键连接 d）工作面

4. 切向键连接

切向键连接如图6-7所示。切向键连接属于紧键连接，只能用于静连接。切向键是由一对斜度为1:100的楔键组成（图6-7a）。装配时，把一对楔键分别从轮毂两端打入，使该对楔键斜面紧密贴合，拼合而成切向键，从而使轴与轮毂沿轴的切线方向被楔紧。切向键的工作面是一对楔键沿斜面拼合后相互平行的两个表面，但是必须使一个工作面处于含轴心线的径向平面内，被连接的轴和轮毂上都制有相应的键槽。工作时，靠工作面上的挤压力和轴与轮毂间的摩擦力来传递转矩，因而能传递很大的转矩。用一个切向键时，只能传递单向转矩（图6-7b）；当要传递双向转矩时，必须用两个切向键，且应使两个切向键相隔120°～130°

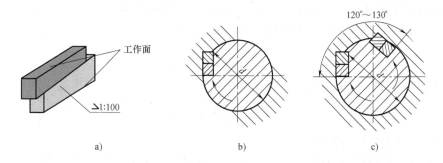

图 6-7 切向键连接

a）切向键组成 b）传递单向转矩 c）传递双向转矩

分布（图6-7c）。由于切向键的键槽对轴的削弱较大，故常用于轴径大于100mm的重型机械的轴上。因此切向键多用于对中性要求不高、载荷较大的重型机械，如用于矿山设备中大型带轮、链轮等与轴的连接。

二、键的选择和键连接的设计计算

键连接设计的主要任务是，选择键连接的类型、键的尺寸，并校核其强度。

1. 键的选择

键的选择包括类型选择和尺寸选择两个方面。键的类型应根据键连接的结构特点、使用要求和工作条件来选择。

键已经标准化，键的尺寸应按照国家标准来确定。键的主要尺寸为其截面尺寸（一般以键宽 $b \times$ 键高 h 表示）与长度 L。键的截面尺寸 $b \times h$，按轴的直径 d 由标准中选定。键的长度 L，一般可按轮毂的宽度而定。但是键长应略短于轮毂的宽度，且符合标准规定的长度系列，一般轮毂的宽度可取为 $L' = (1 \sim 2)d$（d 为轴的直径）。而导向平键的长度则按轮毂的宽度及其滑动距离而定。

键主要用抗拉强度不低于 600MPa 的钢制造，常用 45 钢、Q275 钢等，如轮毂为非金属材料，键的材料可用 20 钢和 Q235 钢等。

普通平键和普通楔键的主要尺寸见表 6-1。

表 6-1　普通平键和普通楔键的主要尺寸　　　　　　　　（单位：mm）

轴的直径 d	6 ~ 8	>8 ~ 10	>10 ~ 12	>12 ~ 17	>17 ~ 22	>22 ~ 30	>30 ~ 38	>38 ~ 44
$b \times h$	2 × 2	3 × 3	4 × 4	5 × 5	6 × 6	8 × 7	10 × 8	12 × 8
轴的直径 d	44 ~ 50	>50 ~ 58	>58 ~ 65	>65 ~ 75	>75 ~ 85	>85 ~ 95	>95 ~ 110	>110 ~ 130
$b \times h$	14 × 9	16 × 10	18 × 11	20 × 12	22 × 14	25 × 14	28 × 16	32 × 18
键的长度系列	6,8,10,12,14,16,18,20,22,25,28,32,36,40,45,50,56,63,70,80,90,100,110,125,140,160,180,200,220,250,280,320,360,400,…							

2. 键连接的强度计算

键连接在选出键的类型和尺寸后，还应进行强度校核计算。

（1）平键连接强度计算　对于采用常见的材料组合和按标准选取尺寸的普通平键连接（静连接），其主要失效形式是键、轴与轮毂上的键槽三者中最薄弱零件的工作面被压溃（图 6-8a、b）。除非有严重过载，一般不会出现键的剪断（图 6-8c）。因此，通常只按工作面上的挤压应力进行强度校核计算。对于导向平键连接和滑键连接（动连接），其主要失效形式是工作面的过度磨损。因此，通常按工作面上的平均压力进行条件性的强度校核计算。

平键连接传递转矩时，连接中各零件的受力情况如图 6-9 所示。

假定载荷在键的工作面上均匀分布，普通平键连接的强度条件为

$$\sigma_{\mathrm{p}} = \frac{2T \times 10^3}{kld} \leqslant [\sigma_{\mathrm{p}}] \tag{6-1}$$

导向平键连接和滑键连接的强度条件为

$$p = \frac{2T \times 10^3}{kld} \leqslant [p] \tag{6-2}$$

式中　T——传递的转矩（N·m）；

　　　k——键与轮毂键槽的接触高度（mm），一般取 $k = 0.5h$，此处 h 为键的高度（mm）；

　　　l——键的工作长度（mm），A 型键（双圆头）：$l = L - b$，B 型键（方头）：$l = L$，C 型键（单圆头）：$l = L - b/2$，此处 L 为键的公称长度，b 为键的宽度；

　　　d——轴的直径（mm）；

　　$[\sigma_{\mathrm{p}}]$——键、轴和轮毂三者中最弱材料的许用挤压应力（MPa），见表 6-2；

　　$[p]$——键、轴和轮毂三者中最弱材料的许用压力（MPa），见表 6-2。

（2）半圆键连接强度计算　半圆键连接只用于静连接，传递转矩时，连接中各零件的受力情况如图 6-10 所示（图中轮毂未表示）。与平键相同，其失效形式是键、轴与轮毂上的键槽三者中最薄弱零件的工作面被压溃。半圆键的挤压强度校核可参照式（6-1）进行计

算，其中键与轮毂键槽的接触高度 k 值可根据键的尺寸从标准中查取，半圆键的工作长度 l 可近似取为键的公称长度 L。

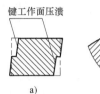
键工作面压溃

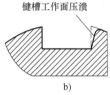
键槽工作面压溃

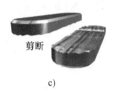
剪断

a)　　　　　　b)　　　　　　c)

图 6-8　键的失效
a) 键工作面压溃　b) 键槽工作面压溃　c) 键被剪断

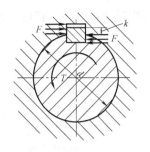

图 6-9　平键连接受力情况

表 6-2　键连接的许用挤压应力和许用压力　　　　　　（单位：MPa）

许用力	连接工作方式	键或轮毂、轴的材料	载荷性质		
			静载荷	轻微冲击	冲击
许用挤压应力 $[\sigma_p]$	静连接	钢	120 ~ 150	100 ~ 120	60 ~ 90
		铸铁	70 ~ 80	50 ~ 60	30 ~ 45
许用压力 $[p]$	动连接	钢	50	40	30

注：1. 许用挤压应力 $[\sigma_p]$ 和许用压力 $[p]$ 应按力学性能较弱的材料选取。
　　2. 如与键有相对滑动的被连接件的表面经过淬火，则动连接的许用压力 $[p]$ 可提高 2 ~ 3 倍。

（3）楔键连接简化强度计算　楔键连接装配后的受力情况如图 6-11a 所示（轮毂未表示），因其只用于静连接，主要失效形式是相互楔紧的工作面被压溃，故应校核各工作面的挤压强度。当传递转矩时，为了简化计算，取键和轴为分离体，并将下方分布在半圆柱面上的径向压力用集中力 F 代替（图 6-11b）。由于这时轴与轮毂有相对转动的趋势，轴与毂也都产生了微小的扭转变形，故沿键的工作长度 l 以及沿宽度 b 上的压力分布情况均较以前发生了变化，压力的合力 F 不再通过轴心。

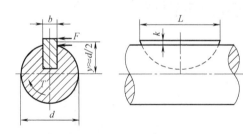

图 6-10　半圆键连接受力情况

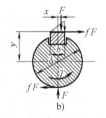

a)　　　　　b)

图 6-11　楔键连接受力情况

假设压力沿键长均匀分布，沿键宽为三角形分布，取

$$x \approx \frac{b}{6}, \quad y \approx \frac{d}{2}$$

根据受力平衡条件可得

$$T = Fx + fFy + fF\frac{d}{2}$$

将上式整理，可得工作面上压力的合力为

$$F = \frac{T}{x + fy + f\dfrac{d}{2}} = \frac{6T}{b + 6fd} \tag{6-3}$$

则楔键连接的挤压强度条件为

$$\sigma_p = \frac{2F}{bl} = \frac{12T \times 10^3}{bl(b + 6fd)} \leqslant [\sigma_p] \tag{6-4}$$

式中　T——传递的转矩（N·m）；

　　　b——键的宽度（mm）；

　　　l——键的工作长度（mm）；

　　　d——轴的直径（mm）；

　　　f——摩擦系数，一般取 $f = 0.12 \sim 0.17$；

　$[\sigma_p]$——键、轴和轮毂三者中最弱材料的许用挤压应力（MPa），见表6-2。

　　（4）切向键连接简化强度计算　切向键连接受力情况如图
6-12 所示（轮毂未表示）。切向键连接只用于静连接，故其主要
失效形式是工作面被压溃。取键和轴为分离体，则当切向键连
接传递转矩时，假定压力在键的工作面上均匀分布，取

$$y = \frac{d - t}{2} \quad , \quad t = \frac{d}{10}$$

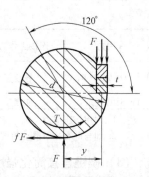

图6-12　切向键连接受力情况

　　按一个切向键来计算时，根据受力平衡条件可得

$$T = Fy + fF\frac{d}{2}$$

　　由上式整理，可得工作面上压力的合力为

$$F = \frac{T}{y + f\dfrac{d}{2}} = \frac{T}{d(0.5f + 0.45)} \tag{6-5}$$

则切向键连接的挤压强度条件为

$$\sigma_p = \frac{F}{(t - C)l} = \frac{T \times 10^3}{(t - C)dl(0.5f + 0.45)} \leqslant [\sigma_p] \tag{6-6}$$

式中　T——传递的转矩（N·m）；

　　　t——键槽的深度（mm）；

　　　C——键的倒角尺寸（mm），查有关手册；

　　　l——键的工作长度（mm）；

　　　d——轴的直径（mm）；

　　　f——摩擦系数，一般取 $f = 0.12 \sim 0.17$；

　$[\sigma_p]$——键、轴和轮毂三者中最弱材料的许用挤压应力（MPa），见表6-2。

　　在进行强度校核后，如果强度不够时，可采用双键。这时应考虑键的合理布置。

　　采用两个平键时，一般沿周向相隔180°布置（图6-13a），目的是工艺性好，并且两键
的挤压力对轴平衡，对轴不产生附加弯矩，受力状态好；采用两个半圆键时，由于半圆键键
槽较深，半圆键对轴的强度削弱较大，两个半圆键不能放在同一横截面上，两个半圆键应布
置在轴的同一条母线上（图6-13b）；采用两个楔键时，应相隔90°~120°布置（图6-13c），
若夹角过小，则对轴的局部削弱过大；若夹角过大，则两个楔键的总承载能力下降；当夹角
为180°时，两个楔键的承载能力大体上只相当于一个楔键的承载能力。考虑到采用双键时
载荷分配的不均匀性，在强度校核中只能按 1.5 个键计算。

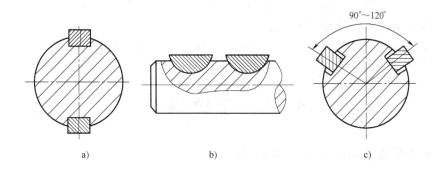

a) b) c)

图 6-13 采用双键连接

a）两个平键连接 b）两个半圆键连接 c）两个楔键连接

如果轮毂允许适当加长，也可采用增加键的长度，来满足键的强度要求。但由于传递转矩时，键上载荷沿其长度分布不均，故键的长度不宜过大。当键的长度大于 2.25d 时，其多出的长度实际上可认为并不承受载荷，故一般采用的键长不宜超过 $(1.6 \sim 1.8)d$。

在各种轴毂连接中，键连接因其结构简单、紧凑，装拆方便，成本低廉，因而获得广泛应用。但键槽削弱了轴、轮毂的承载面积，且会引起应力集中，定心精度也不高。因此，在承受载荷大、定心精度要求高的场合，常用花键连接或无键连接。

例 6-1 图 6-14 所示为某减速器中输入轴的端部安装一 V 带轮，用普通平键构成静连接。已知 V 带轮轮毂材料为 HT200，轴材料为 45 钢，安装 V 带轮处的轴径为 $d = 60$mm，带轮轮毂宽度为 95mm。该连接需传递的转矩为 $T = 850$N·m，载荷有轻微冲击。试设计此键连接。

解 1. 选择键连接的类型和尺寸

V 带轮有一定的定心精度要求，选用普通平键连接。由于 V 带轮在轴端，选用圆头平键（A 型）或单圆头平键（C 型）均可。现选用圆头平键（A 型）。

根据 $d = 60$mm，由表 6-1 查得键的截面尺寸为：宽度 $b = 18$mm，高度 $h = 11$mm，由轮毂宽度并参考键的长度系列，取键长 $L = 80$mm（比轮毂宽度略小些）。

2. 校核键连接的强度

由题意知，静连接只需校核键连接的挤压强度。键和轴的材料是钢，而轮毂的材料是铸铁 HT200，强度较弱。根据轮毂的材料，载荷有轻微冲击，由表 6-2 查得许用挤压应力 $[\sigma_p] = 50 \sim 60$MPa，取其中间值，$[\sigma_p] = 55$MPa。键的工作长度 $l = L - b = 80$mm $- 18$mm $= 62$mm，键与轮毂键槽的接触高度 $k = 0.5h = 0.5 \times 11$mm $= 5.5$mm。

由式（6-1）可得

$$\sigma_p = \frac{2T \times 10^3}{kld} = \frac{2 \times 850 \times 10^3}{5.5 \times 62 \times 60}\text{MPa} = 83.08\text{MPa} > [\sigma_p]$$

可见连接的挤压强度不够。

考虑到相差较大，因此改用双键，相隔 180° 布置。双键的工作长度为

$$l = 1.5(L - b) = 1.5 \times (80 - 18)\text{mm} = 93\text{mm}$$

由式（6-1）可得

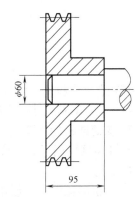

图 6-14 例 6-1 图

$$\sigma_p = \frac{2T \times 10^3}{kld} = \frac{2 \times 850 \times 10^3}{5.5 \times 93 \times 60} \text{MPa} = 55.39 \text{MPa} < [\sigma_p]$$

可见连接的挤压强度满足要求，合适。

键的标记为：GB/T 1096 键 18×11×80（一般圆头平键（A 型）可不标出"A"，对于平头平键（B 型）或单圆头平键（C 型），须将"键"标为"键 B"或"键 C"）。

第二节　花 键 连 接

一、花键连接的特点、类型和应用

1. 花键连接的特点

花键连接由内花键和外花键组成，如图 6-15 所示。内花键是带有多个键槽的轮毂孔，也称为花键孔（图 6-15a），外花键是一个带有多个纵向键齿的轴，也称为花键轴（图 6-15b）。由图可知，花键连接是平键连接在数目上的发展，工作时依靠键齿侧面的挤压传递转矩。但是，由于结构形式和制造工艺的不同，与平键连接相比，花键连接在强度、工艺和使用方面有如下一些优点：

1）因为在轴上、轮毂孔上直接而匀称地制出较多的花键齿与花键槽，故连接受力较为均匀。

2）因槽较浅，齿根处应力集中较小，轴与毂的强度削弱较少，且花键齿较多，总接触面积较大，因而可承受较大的载荷。

3）轴上零件与轴的对中性好（这对高速及精密机器很重要）。

4）轴上零件与轴的导向性较好（这对动连接很重要）。

5）可用磨削的方法提高加工精度及连接质量。

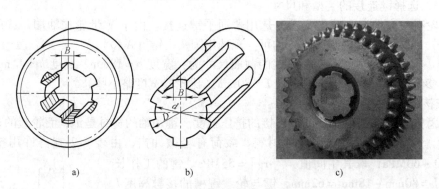

图 6-15　花键连接
a）内花键　b）外花键　c）花键连接

其缺点是齿根仍有应力集中；需用专门设备加工；成本较高。因此，花键连接适用于定心精度要求高、载荷大或经常滑移的动连接。花键连接的齿数、尺寸和配合等均应按标准选取。

2. 花键连接的类型

花键连接可用于静连接或动连接。按其齿形不同，可分为矩形花键和渐开线花键两类，均已标准化。

（1）矩形花键　矩形花键连接如图 6-16 所示，外花键的键齿两侧面为平行平面，形状简单，可用铣削加工制成，内花键一般采用拉削和插削加工制成。国家标准推荐矩形花键连

接的定心方式为小径定心。小径定心如图 6-16 所示，即
外花键和内花键的小径为配合面。由于外花键和内花键的
小径能用磨削的方法消除热处理引起的变形，故定心精度
高，定心的稳定性好，承载能力大。矩形花键连接应用
广泛。

国家标准 GB/T 1144—2001《矩形花键尺寸、公差和
检验》中规定，矩形花键的表示方法为：$z \times d \times D \times B$，代
表花键齿数×小径×大径×花键齿宽。按齿高的不同，矩
形花键的齿形尺寸在标准中规定了两个系列，即轻系列和

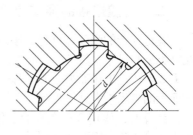

图 6-16 矩形花键连接

中系列。轻系列的承载能力较小，多用于静连接或轻载连接；中系列用于中等载荷的连接。
花键键齿通常需要进行热处理，表面硬度一般应高于 40HRC。

表 6-3 为常用的矩形花键尺寸系列（轻系列）。

表 6-3 常用的矩形花键尺寸系列（轻系列） （单位：mm）

$z \times d \times D \times B$	$6 \times 23 \times 26 \times 6$	$6 \times 26 \times 30 \times 6$	$6 \times 28 \times 32 \times 7$		$8 \times 36 \times 40 \times 7$
倒角 C	0.2	0.3			
$z \times d \times D \times B$	$8 \times 42 \times 46 \times 8$	$8 \times 46 \times 50 \times 9$	$8 \times 52 \times 58 \times 10$	$8 \times 56 \times 62 \times 10$	$8 \times 62 \times 68 \times 12$
倒角 C	0.3			0.4	
$z \times d \times D \times B$	$10 \times 72 \times 78 \times 12$	$10 \times 82 \times 88 \times 12$	$10 \times 92 \times 98 \times 14$		
倒角 C	0.4				

（2）渐开线花键 渐开线花键的齿形齿廓为渐开线。分度圆压力角有 30° 和 45° 两种
（图 6-17），齿顶高分别为 $0.5m$ 和 $0.4m$（m 为模数）。图中 d 为渐开线花键分度圆直径。与
渐开线齿轮相比，渐开线花键的键齿较低，齿根较宽，不发生根切的最少齿数较少。

渐开线花键可以用制造齿轮的方法来加工，工艺性较好，制造精度也较高。与矩形花键
相比，渐开线花键齿的齿根较厚，强度高，应力集中小，其承载能力大。当传递的转矩较大
且轴径也大时，宜采用渐开线花键连接。压力角为 45° 的渐开线花键，由于齿形钝而低，与
压力角为 30° 的渐开线花键相比，对连接件的削弱较少。但齿的工作面高度较小，故承载能
力较低，多用于载荷较轻、直径较小的静连接，特别适用于薄壁零件的轴毂连接。

渐开线花键采用齿形定心。当齿受载时，键齿受力时会产生径向分力，齿上的径向力能
起到自动定心作用，定心精度高，有利于各齿均匀承载。

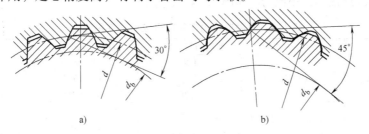

a)   b)

图 6-17 渐开线花键连接
a）$\alpha = 30°$ b）$\alpha = 45°$

表 6-4 为 30° 渐开线花键模数系列。

表 6-4 30° 渐开线花键模数系列

模数 m/mm	0.5，(0.75)，1，(1.25)，1.5，(1.75)，2，2.5，3，(4)，5，(6)，(8)，10
花键齿数 z	10 ~ 100

二、花键连接的强度计算

花键连接的强度计算与键连接相似。首先根据连接的结构特点、使用要求和工作条件选定花键类型和尺寸，然后进行必要的强度校核计算。花键连接的受力情况如图 6-18 所示。其主要失效形式是工作面被压溃（静连接）或工作面过度磨损（动连接）。因此，静连接通常按工作面上的挤压应力进行强度计算，动连接则按工作面上的压力进行条件性的耐磨性计算。

计算时，假定载荷在键的工作面上均匀分布，每个齿工作面上压力的合力 F 作用在平均直径 d_m 处（图 6-18），即传递的转矩为

$$T = zF \frac{d_m}{2}$$

引入系数 ψ 来考虑实际载荷在各花键齿上分配不均的影响，则静连接时花键连接的强度条件为

$$\sigma_p = \frac{2T \times 10^3}{\psi z h l d_m} \leqslant [\sigma_p] \tag{6-7}$$

动连接时花键连接的强度条件为

$$p = \frac{2T \times 10^3}{\psi z h l d_m} \leqslant [p] \tag{6-8}$$

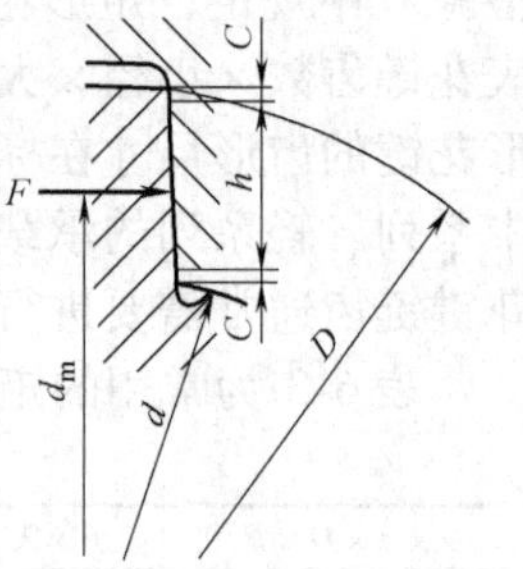

图 6-18 花键连接受力情况

式中　T——传递的转矩（N·m）；

ψ——载荷分配不均系数，与齿数多少有关，一般取 $\psi = 0.7 \sim 0.8$，齿数多时取小值；

z——花键的齿数；

h——花键齿侧面的工作高度（mm）（对于矩形花键，$h = \frac{D-d}{2} - 2C$，此处 D 为外花键的大径，d 为内花键的小径，C 为倒角尺寸，见表 6-3，单位均为 mm；对于渐开线花键，$\alpha = 30°$，$h = m$，$\alpha = 45°$，$h = 0.8m$，m 为模数（mm），见表 6-4）；

l——花键齿的工作长度（mm）；

d_m——花键的平均直径（mm）（对于矩形花键，$d_m = \frac{D+d}{2}$；对于渐开线花键，$d_m = d$，d 为分度圆直径（mm））；

$[\sigma_p]$——花键连接的许用挤压应力（MPa），见表 6-5；

$[p]$——花键连接的许用压力（MPa），见表 6-5。

表 6-5　花键连接的许用挤压应力和许用压力　　　　　　　　（单位：MPa）

许用力	连接方式	使用和制造情况	齿面未经热处理	齿面经热处理
许用挤压应力 $[\sigma_p]$	静连接	不良	35 ~ 50	40 ~ 70
		中等	60 ~ 100	40 ~ 70
		良好	80 ~ 120	20 ~ 35
许用压力 $[p]$	空载下移动的动连接	不良	15 ~ 20	30 ~ 60
		中等	20 ~ 30	40 ~ 70
		良好	25 ~ 40	40 ~ 70
	载荷作用下移动的动连接	不良	—	3 ~ 10
		中等	—	5 ~ 15
		良好	—	10 ~ 20

注：1. 使用和制造情况不良系指：受变载荷，有双向冲击、振动频率高和振幅大、润滑不良（对动连接）、材料硬度不高或精度不高等。

2. 同一情况下，$[\sigma_p]$ 或 $[p]$ 的较小值用于工作时间长和较重要的场合。

3. 花键材料的抗拉强度极限不低于 600MPa。

第三节　无键连接

凡是轴与轮毂的连接不用键或花键时，统称为无键连接。无键连接主要有型面连接、弹性环连接和过盈连接等。本节仅介绍型面连接和弹性环连接。

一、型面连接

型面连接也称成形连接，如图6-19所示。把安装轮毂的那一段轴做成表面光滑的非圆形截面的柱体（图6-19a）或非圆形截面的锥体（图6-19b），并在轮毂上制成相应的孔。这种轴与轮毂孔相配合而构成的连接，称为型面连接。

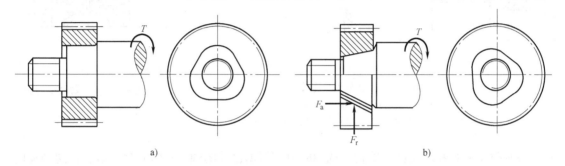

图 6-19　型面连接
a）圆柱面型面连接　b）圆锥面型面连接

型面连接的优点是：装拆方便，能保证良好的对中性；连接面上没有键槽及尖角，应力集中小，与键连接相比，可视为一种使轴的整个截面都参与传力的连接方式，故可传递较大的转矩。但加工比较复杂，特别是为了保证配合精度，非圆截面轴先经车削或铣削加工，轮毂孔先经钻镗或拉削加工，最后工序一般都要在专用机床上进行磨削加工，成本较高，故目前型面连接还没有得到广泛应用。

型面连接常用的型面曲线有摆线和等距曲线两种。等距曲线如图6-20所示，因与其轮廓曲线相切的两平行线 T 间的距离 D 为一常数，故把此轮廓曲线称为等距曲线。与摆线相比，其加工与测量均较简单。

此外，型面连接也有采用正方形、正六边形及带切口的圆形等截面形状的，但其定心精度较差，孔中压力集中较大。

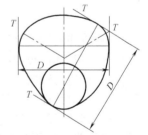

图 6-20　型面连接用等距曲线

二、弹性环连接

弹性环连接也称为胀紧连接，是利用以锥面贴合并挤紧在轴与轮毂之间的内、外弹性钢环（胀紧连接套，简称胀套）组成的连接。如图6-21所示，在轴4与轮毂孔1之间装入以锥面紧密贴合的一对内弹性钢环3、外弹性钢环2，在对外弹性钢环2施加外力后，使轴与轮毂孔被挤紧，用于静连接。

弹性环连接中的弹性钢环，可以是一对，也可以是多对。弹性环一般用45钢或40Cr钢制成，要求表面精加工和配合良好。根据弹性环结构形式的不同，JB/T 7934—1999中规定了五种型号（ $Z_1 \sim Z_5$ 型），下面仅简要介绍 Z_1 、 Z_2 型弹性环连接。

采用 Z_1 型的弹性环连接如图6-21所示，在轴与轮毂孔的圆柱面间，加装一对弹性环

（图6-21a）或两对弹性环（图6-21b）。当拧紧螺母或螺钉时，在轴向压力作用下，两个弹性钢环压紧，内环缩小而箍紧轴，外环胀大而撑紧轮毂孔，于是轴与内环、内环与外环、外环与轮毂孔在接触面间产生很大的正压力，互相楔紧。工作时，利用此压力所引起的摩擦力来传递转矩和轴向力。

采用 Z_2 型的弹性环连接如图6-22所示，与轴、轮毂孔紧密贴合的 Z_2 型弹性环上均开有纵向缝隙（图中未表示出），以利于变形和楔紧。根据传递载荷的大小，可在轴与轮毂孔之间加装一对或多对弹性环。拧紧连接螺钉，便可将轴与轮毂楔紧，以传递载荷。

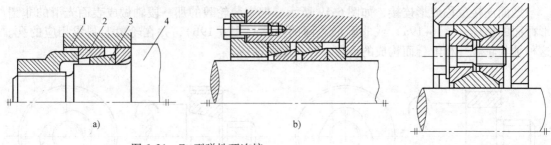

图6-21　Z_1 型弹性环连接
a）一对弹性环　b）两对弹性环
1—轮毂孔　2—外弹性钢环　3—内弹性钢环　4—轴

图6-22　Z_2 型弹性环连接

各种类型的弹性环均已标准化，选用时只需根据设计的轴、轮毂孔尺寸以及传递载荷的大小，查阅有关机械手册选择合适的型号和尺寸，使传递的载荷在许用范围内，也即满足下列条件：

传递转矩时
$$T \leqslant [T] \tag{6-9}$$

传递轴向力时
$$F_a \leqslant [F_a] \tag{6-10}$$

传递联合作用的转矩和轴向力时

$$\sqrt{F_a^2 + \left(\frac{2000T}{d}\right)} \leqslant [F_a] \tag{6-11}$$

式中　T——传递的转矩（N·m）；

$[T]$——一对弹性环的额定转矩（N·m）；

F_a——传递的轴向力（N）；

$[F_a]$——一对弹性环的额定轴向力（N）；

d——弹性环的内径（mm）。

当一对弹性环满足不了要求时，可用两对以上的弹性环串联使用。当采用多对弹性环时，由于摩擦力的作用，轴向压紧力传到后面的弹性环时会降低，从而使在接触面间产生的正压力降低，进而减小接触面的摩擦力。所以，弹性环连接中的弹性钢环对数不宜太多，一般不超过 3~4 对为宜。多对弹性环时传递的总额定载荷为（以转矩为例）

$$[T_n] = m[T] \tag{6-12}$$

式中　$[T_n]$——n 对弹性环的总额定转矩（N·m）；

m——额定载荷系数，见表6-6。

弹性环的材料通常采用弹簧钢，如 65、65Mn、65Si2MnA 等，经过热处理后，表面硬度为 42~56HRC，工作表面粗糙度取为 $Ra = 3.2~1.6\mu m$。

弹性环连接的主要特点是：没有应力集中源，定心性能好，装拆方便，承载能力高，并且有安全保护作用。但由于要在轴和轮毂孔间安装弹性环，受轴与轮毂孔的标准尺寸影响，应用受到一定的限制。

表 6-6　弹性环的额定载荷系数 m 值

连接中的弹性环对数 n	m	
	Z_1 型	Z_2 型
1	1.00	1.00
2	1.56	1.80
3	1.86	2.70
4	2.03	—

第四节　过盈连接

一、过盈连接的概述

1. 过盈连接的特点和应用

过盈连接是利用相互配合的零件间的装配过盈量来实现连接目的的。这种连接也称为紧配合连接，主要用于轴与轮毂的连接、轮圈与轮芯的连接以及滚动轴承与轴或轴承座孔的连接等。图 6-23a 所示为两光滑圆柱面的过盈连接。由于存在装配过盈量，包容件的实际尺寸小于被包容件的实际尺寸，在装配后的配合面上，便产生了一定的径向压力，工作时靠此径向压力产生的摩擦阻力或摩擦阻力矩来传递轴向力（图 6-23a）或转矩（图 6-23b）。

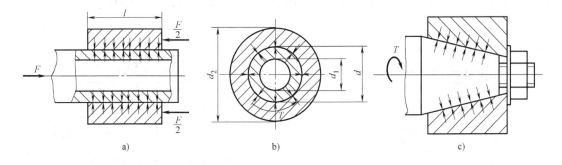

a)　　　　　　　　　　　b)　　　　　　　　　　　c)

图 6-23　过盈连接

a) 圆柱面过盈连接（传递轴向力）　b) 圆柱面过盈连接（传递转矩）　c) 圆锥面过盈连接（传递转矩）

过盈连接的优点是结构简单、对中性好、承载能力大、对轴及轮毂的强度削弱小、耐冲击性好。缺点是配合面加工精度要求高，承载能力和装配产生的应力对实际过盈量很敏感，装配和拆卸不方便。

过盈连接可以是圆柱面配合连接，也可以是圆锥面配合连接（图 6-23c）。圆柱面配合的过盈连接应用广泛。本节主要讨论圆柱面配合的过盈连接，圆锥面配合的过盈连接可参见 GB/T 15755—1995。

2. 过盈连接的装配和拆卸

圆柱面配合的过盈连接的装配方法有压入法和胀缩法（温差法）。

压入法是利用机械工具或压力机将被包容件直接压入包容件中。由于存在过盈量，在压入过程中，配合表面微观不平度的峰尖不可避免地要受到擦伤或压平，因而降低了连接的紧固性。通常在被包容件和包容件上做出导锥，如图 6-24 所示，并对过盈配合表面进行润滑，以方便装配、减轻损伤。如果两个被连接件的材料相同，则应使它们具有不同的硬度，以避免压入过程中发生胶合。如果过盈连接的孔为盲孔，应设有排气孔。压入法一般用于尺寸及过盈量较小的连接中。

当过盈连接的连接面的长度或实际过盈量较大或连接质量要求较高时，应采用胀缩法装配。胀缩法装配是将孔零件加热使其膨胀，或将轴零件冷却使其收缩，或两者同时进行，然后进行装配，装配时配合面间无过盈。胀缩法一般是利用电炉、煤气或在热油中进行加热，对于未经热处理的零件加热时加热温度应不高于400℃，对于经过热处理的零件加热时加热温度应不高于零件的回火温度。冷却时多采用液态氮（可冷却至 –195℃）、低温箱（可冷却至 –140℃）或固态二氧化碳（俗称干冰，可冷却至 –79℃）等方法。加热时应防止配合表面产生氧化皮。加热法常用于配合直径较大时，冷却法则常用于配合直径较小时。

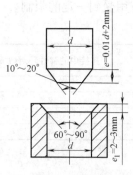

图 6-24　过盈连接的装配结构

对于需要多次装拆、重复使用的过盈连接，为了保证多次装拆后配合仍具有良好的紧固性，可采用液压拆卸，即在配合面间注入高压油，以胀大包容件的内径，缩小被包容件的外径，从而使连接便于拆卸，并减小配合面的损伤。为此在设计中应采取必要的结构措施，在轴和孔零件上制出油孔和环形槽，孔的直径、槽的尺寸和数量可参考有关标准，如图 6-25 所示。拆卸时，也可以同时向轴颈表面和轴端表面注入高压油，但轴向油压力要小于轴颈表面压力（约为轴颈表面压力的 1/5），以保证拆卸过程安全。图 6-26 所示为一种在轴颈表面和轴端表面同时加高压油的过盈连接辅助拆卸结构。在油孔处制出螺纹，拆卸时通过螺纹连接高压油管，通入高压油。为保护螺纹不被损伤，平时在螺纹孔上装有螺塞。

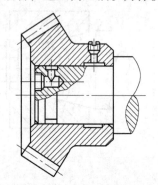

图 6-25　过盈连接的液压拆卸结构

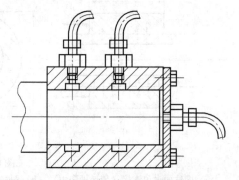

图 6-26　径向和端面加压的液压拆卸结构

二、过盈连接的设计计算

过盈连接计算的假设条件是：①连接零件中的压力处于平面应力状态（即轴向应力 $\sigma_z = 0$）；②零件应变均在弹性范围内；③材料的弹性模量为常量；④连接部分为两个等长的厚壁筒，配合面上的压力均匀分布。

过盈连接主要用于传递轴向力或传递转矩，或者同时兼有以上两种载荷作用。根据前述工作原理，为了保证过盈连接的工作能力，其强度计算应包含两个方面：①在已知载荷作用下，计算配合面间所需产生的压力和产生这个压力所需的最小过盈量；②在选定标准过盈配合下，校核连接的各个零件（如轮毂与轴等）在最大过盈量时的强度。此外，如采用胀缩法装配时，还应计算出加热及冷却的温度，装拆时所需的压入力和压出力，包容件外径的胀大量和被包容件内径的缩小量。

1. 传递载荷所需的最小径向压力 p_{min}

过盈连接的配合面间所需径向压力的大小与配合面间的摩擦系数、所传递的载荷大小和类型有关。

（1）传递轴向力 F 当过盈连接传递轴向力 F 时，如图 6-23a 所示，应保证连接在此载荷作用下，不能产生轴向滑动。即当最小径向压力为 p_{min}，在外载荷 F 的作用下，配合面上所能产生的轴向摩擦阻力 F_{fmin} 应大于或等于外载荷 F。

设配合的公称直径为 d，配合面间的摩擦系数为 f，配合长度为 l，则

$$F_{fmin} = \pi d l p_{min} f$$

因需保证 $F_{fmin} \geqslant F$，故

$$p_{min} \geqslant \frac{F}{\pi d l f} \tag{6-13}$$

式中 F——传递的轴向力（N）。

（2）传递转矩 T 当过盈连接传递转矩 T 时，如图 6-23b 所示，应保证在此转矩作用下，不能产生周向滑移。即当最小径向压力为 p_{min}，在转矩 T 的作用下，配合面上所能产生的轴向摩擦阻力矩 M_{fmin} 应大于或等于转矩 T。

设配合的公称直径为 d，配合面间的摩擦系数为 f，配合长度为 l，则

$$M_{fmin} = \pi d l p_{min} f \frac{d}{2}$$

因需保证 $M_{fmin} \geqslant T$，故

$$p_{min} \geqslant \frac{2T}{\pi d^2 l f} \tag{6-14}$$

式中 T——传递的转矩（N·mm）。

配合面间摩擦系数的大小与配合面的状态、材料及润滑情况等因素有关，可由实验测定。表 6-7 为常用的过盈连接的摩擦系数值。

表 6-7　摩擦系数 f 值

压入法			胀缩法		
连接零件材料	无润滑时 f	有润滑时 f	连接零件材料	结合方式,润滑	f
钢-铸钢	0.11	0.08	钢-钢	油压扩孔,液压油为矿物油	0.125
钢-结构钢	0.10	0.07		油压扩孔,液压油为甘油,结合面排油干净	0.18
钢-优质结构钢	0.11	0.08		在电炉中加热包容件至300℃	0.14
钢-青铜	0.15 ~ 0.20	0.03 ~ 0.06		在电炉中加热包容件至300℃,结合面脱脂	0.20
钢-铸铁	0.12 ~ 0.15	0.05 ~ 0.10	钢-铸铁	油压扩孔,液压油为矿物油	0.10
铸铁-铸铁	0.15 ~ 0.25	0.05 ~ 0.10	钢-铝镁合金	无润滑	0.10 ~ 0.15

（3）同时传递轴向力 F 和转矩 T 当过盈连接同时传递轴向力 F 和转矩 T 时，应保证连接在此载荷联合作用下既不能产生轴向滑动，也不能产生周向滑动。

此时，所需的最小径向压力 p_{min} 为

$$p_{min} \geqslant \frac{\sqrt{F^2 + \left(\dfrac{2T}{d}\right)^2}}{\pi d l f} \tag{6-15}$$

2. 过盈连接的最小有效过盈量 δ_{min}

根据材料力学有关后壁圆筒的计算理论，在径向压力为 p 时的过盈量为

$$\Delta = pd\left(\frac{C_1}{E_1} + \frac{C_2}{E_2}\right) \times 10^3$$

将上式分别与式（6-13）~ 式（6-15）联立可知，过盈连接传递载荷所需的最小过盈量应为

$$\Delta_{min} = p_{min}d\left(\frac{C_1}{E_1} + \frac{C_2}{E_2}\right) \times 10^3 \tag{6-16}$$

式中　Δ、Δ_{min}——径向压力为 p 时的过盈量（μm）、过盈连接传递载荷所需的最小过盈量
　　　　　　（μm）；

　　　　E_1、E_2——被包容件与包容件材料的弹性模量（MPa）；

　　　　C_1、C_2——被包容件与包容件的刚性系数，$C_1 = \dfrac{d^2 + d_1^2}{d^2 - d_1^2} - \mu_1$，$C_2 = \dfrac{d_2^2 + d^2}{d_2^2 - d^2} + \mu_2$；

　　　　d——配合直径（mm）；

　　　d_1、d_2——被包容件的内径与包容件的外径（mm）；

　　　μ_1、μ_2——被包容件与包容件材料的泊松比，对于钢：$\mu = 0.3$，对于铸铁：
　　　　　　$\mu = 0.25$。

由式（6-13）~ 式（6-15）可知，当传递的载荷一定时，配合长度 l 越短，所需的最小径向压力 p_{min} 就越大。再由式（6-16）可知，当最小径向压力 p_{min} 增大时，所需的过盈量 Δ_{min} 也随之增大。因此，为了避免在载荷一定时需用较大的过盈量而增加装配时的困难，配合长度不宜过短，一般推荐采用 $l \approx 0.9d$。但应注意，由于配合面上的应力分布不均匀，当 $l > 0.8d$ 时，应考虑两端应力集中的影响，并从结构上采取降低应力集中的措施。

显然，式（6-16）求出的最小过盈量 Δ_{min} 只有在采用胀缩法装配不致擦去或压平配合表面微观不平度的峰尖时才是有效的。用胀缩法装配时，最小有效过盈量为

$$\delta_{min} = \Delta_{min} \tag{6-17}$$

当采用压入法时，配合表面的微观不平度的峰尖将被擦去或压平一部分，此时按式（6-16）求出的最小过盈量 Δ_{min} 仅为理论值，应再加上被擦去或压平部分。因此用压入法装配时，最小有效过盈量为

$$\delta_{min} = \Delta_{min} + 3.2(Ra_1 + Ra_2) \tag{6-18}$$

式中　Ra_1、Ra_2——被包容件与包容件配合表面粗糙度轮廓算术平均偏差（μm），其值与
　　　　　　配合表面粗糙度有关，见表6-8。

表 6-8　加工方法、表面粗糙度及轮廓算术平均偏差 Ra　　　（单位：μm）

加工方法	精车或精镗、中等磨光、刮平（每平方厘米内有 1.5 ~ 3 个点）		铰、精磨、刮平（每平方厘米内有 3 ~ 5 个点）		钻石刀头镗、镗磨		研磨、抛光、超精加工等		
表面粗糙度代号	$\sqrt{Ra\,3.2}$	$\sqrt{Ra\,1.6}$	$\sqrt{Ra\,0.8}$	$\sqrt{Ra\,0.4}$	$\sqrt{Ra\,0.2}$	$\sqrt{Ra\,0.1}$	$\sqrt{Ra\,0.05}$	$\sqrt{Ra\,0.025}$	$\sqrt{Ra\,0.012}$
Ra	3.2	1.6	0.8	0.4	0.2	0.1	0.05	0.025	0.012

设计过盈连接时，若使用压入法装配，应根据式（6-18）求得的最小有效过盈量 δ_{min}，从国家标准中选出一个标准过盈配合，这个标准过盈配合的最小过盈量应略大于或等于 δ_{min}。若使用胀缩法装配时，由于配合表面微观峰尖被擦去或压平得很少，可忽略不计，即可按式（6-17）求得的最小有效过盈量 δ_{min} 直接选定标准过盈配合。此外，应指出的是：实

践证明，不平度较小的两表面相配合时贴合的情况较好，从而可提高连接的紧固性。

3. 过盈连接的强度计算

本书仅介绍承受载荷时静止或转速不高的过盈连接，对高转速的过盈连接还应考虑离心力的影响。

前已述及，过盈连接的强度包含两个方面，即连接的强度和连接零件本身的强度。由于按照前述方法选出的标准过盈配合已能产生所需的径向压力，即已能保证连接的强度，因此下面仅讨论连接零件本身的强度问题。

过盈连接零件本身的强度，可按材料力学中介绍的厚壁圆筒强度计算方法进行计算。如零件材料为脆性材料，应按第一强度理论进行强度计算（对包容件：校核其最大拉应力；对被包容件：校核其最大压应力），保证其承受最大压力的内表层不发生断裂。如零件材料为塑性材料，则应按第四强度理论进行强度计算，保证其承受最大压力的表层不发生塑性变形。

首先按所选的标准过盈配合种类查出最大过盈量 $\delta_{\max}$（注意：若采用压入法装配时应减去被擦去或压平的部分，即此时的最大过盈量为：$\delta_{\max} - 3.2\,(Ra_1 + Ra_2)$），按下式计算出最大径向压力 $p_{\max}$，然后根据 $p_{\max}$ 来校核连接零件本身的强度。

$$p_{\max} = \frac{\delta_{\max}}{d\left(\dfrac{C_1}{E_1} + \dfrac{C_2}{E_2}\right) \times 10^3} \tag{6-19}$$

1）零件材料为脆性材料时，其强度校核公式为

对于被包容件
$$p_{\max} \leqslant \frac{d^2 - d_1^2}{2d^2}\,\frac{\sigma_{b1}}{2 \sim 3} \tag{6-20}$$

对于包容件
$$p_{\max} \leqslant \frac{d_2^2 - d^2}{d_2^2 + d^2}\,\frac{\sigma_{b2}}{2 \sim 3} \tag{6-21}$$

2）零件材料为塑性材料时，其强度校核公式为

对于被包容件
$$p_{\max} \leqslant \frac{d^2 - d_1^2}{2d^2}\sigma_{s1} \tag{6-22}$$

对于包容件
$$p_{\max} \leqslant \frac{d_2^2 - d^2}{\sqrt{3d_2^4 + d^4}}\sigma_{s2} \tag{6-23}$$

式中　d、d_1、d_2——过盈配合处的公称直径、被包容件的内径（如为实体件则取 $d_1 = 0$）、包容件的外径（mm）；

σ_{b1}、σ_{b2}——被包容件材料的压缩强度极限和包容件材料的拉伸强度极限（MPa）；

σ_{s1}、σ_{s2}——被包容件和包容件材料的屈服极限（MPa）。

4. 过盈连接的最大压入力和最大压出力

当采用压入法装配并准备拆开时，为了选择所需压力机的容量，应将其最大压入力、最大压出力按下列公式计算：

最大压入力
$$F_i = f\pi dl p_{\max} \tag{6-24}$$

最大压出力
$$F_o = (1.3 \sim 1.5)F_i = (1.3 \sim 1.5)f\pi dl p_{\max} \tag{6-25}$$

5. 包容件的加热温度和被包容件的冷却温度

如采用胀缩法装配时，包容件的加热温度 t_2 和被包容件的冷却温度 t_1 按下列公式计算：

包容件的加热温度
$$t_2 = \frac{\delta_{\max} + \Delta_0}{\alpha_2 d \times 10^3} + t_0 \tag{6-26}$$

被包容件的冷却温度

$$t_1 = -\frac{\delta_{max} + \Delta_0}{\alpha_1 d \times 10^3} + t_0 \tag{6-27}$$

式中　Δ_0——装配时，为了避免配合面互相擦伤所需的最小间隙，通常采用同样公称直径

的间隙配合 $\dfrac{H7}{g6}$ 的最小间隙（μm），或从手册查取；

t_0——装配环境的温度（℃），一般取 $t_0 = 20 \sim 30℃$；

α_1、α_2——被包容件及包容件材料的线膨胀系数，查有关设计手册。

6. 包容件外径胀大量和被包容件内径缩小量

过盈连接装配后，包容件的外径胀大量和被包容件的内径缩小量按下列公式计算：

包容件外径最大胀大量

$$\Delta d_{2max} = \frac{2p_{max} d_2 d^2}{E_2(d_2^2 - d^2)} \tag{6-28}$$

被包容件内径最大缩小量

$$\Delta d_{1max} = \frac{2p_{max} d_1 d^2}{E_1(d^2 - d_1^2)} \tag{6-29}$$

式中　Δd_{2max}、Δd_{1max}——包容件外径最大胀大量和被包容件内径最大缩小量（mm）。

例6-2　图 6-27 所示为一过盈连接的组合齿轮，齿圈材料为 45 钢，轮芯材料为铸铁 HT250，已知其传递的转矩为 $T = 7 \times 10^6 N \cdot mm$，结构尺寸如图示，装配后不再拆开，采用压入法装配，装配时配合面用润滑油润滑。试确定其标准过盈量和压入力。

解　1. 确定压力 p

根据式（6-14），并查表 6-7 取 $f = 0.08$，可得

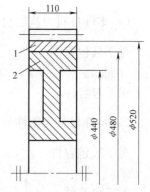

图 6-27　过盈连接的组合齿轮
1—齿圈　2—轮芯

$$p_{min} \geqslant \frac{2T}{\pi d^2 lf} = \frac{2 \times 7 \times 10^6}{3.14 \times 480^2 \times 110 \times 0.08} MPa = 2.20MPa$$

2. 确定最小有效过盈量，选定配合种类

（1）确定最小过盈量 Δ_{min}　对于被包容件：轮芯，材料为铸铁 HT250，$\mu_1 = 0.25$，$E_1 = 1.3 \times 10^5 MPa$；对于包容件：齿圈，材料为 45 钢，$\mu_2 = 0.3$，$E_2 = 2.1 \times 10^5 MPa$。根据式（6-16），可得

被包容件的刚度系数为

$$C_1 = \frac{d^2 + d_1^2}{d^2 - d_1^2} - \mu_1 = \frac{480^2 + 440^2}{480^2 - 440^2} - 0.25 = 11.27$$

包容件的刚度系数为

$$C_2 = \frac{d_2^2 + d^2}{d_2^2 - d^2} + \mu_2 = \frac{520^2 + 480^2}{520^2 - 480^2} + 0.3 = 12.82$$

$$\Delta_{min} = p_{min} d\left(\frac{C_1}{E_1} + \frac{C_2}{E_2}\right) \times 10^3 = 2.20 \times 480 \times \left(\frac{11.27}{1.3 \times 10^5} + \frac{12.82}{2.1 \times 10^5}\right) \times 10^3 \mu m = 156\mu m$$

（2）选择标准配合，确定标准过盈量　设过盈配合处：轴的表面粗糙度为 $Ra1.6\mu m$，孔的表面粗糙度为 $Ra3.2\mu m$。查表 6-8 可知，$Ra_1 = 1.6\mu m$，$Ra_2 = 3.2\mu m$。根据式（6-18），可得最小有效过盈量

$$\delta_{min} = \Delta_{min} + 3.2(Ra_1 + Ra_2) = 156\mu m + 3.2 \times (1.6 + 3.2)\mu m = 171\mu m$$

现考虑到齿轮传递的转矩较大，由公差配合表选 $\dfrac{H7}{s6}$ 配合，其孔公差为 $\phi 480^{+0.063}_{0}$，轴公差为 $\phi 480^{+0.292}_{+0.252}$。此标准配合可能产生的过盈量为

最大过盈量 δ_{max}　$\delta_{max} = 292\mu m - 0 = 292\mu m$

最小过盈量 δ_{min} 　　$\delta_{min} = 252\mu m - 63\mu m = 189\mu m$

显然最小过盈量 $\delta_{min} > 171\mu m$，满足设计要求。

3. 计算过盈连接的强度

所选标准配合的最大过盈量为 $292\mu m$，但因采用压入法装配，考虑配合表面微观峰尖被擦去，故装配后可能产生的最大径向压力 p_{max}，根据式（6-19）可得

$$p_{max} = \frac{\delta_{max} - 3.2(Ra_1 + Ra_2)}{d\left(\dfrac{C_1}{E_1} + \dfrac{C_2}{E_2}\right) \times 10^3} = \frac{292 - 3.2(1.6 + 3.2)}{480\left(\dfrac{11.27}{1.3 \times 10^5} + \dfrac{12.82}{2.1 \times 10^5}\right) \times 10^3}MPa = 3.90MPa$$

由手册查得包容件齿圈材料 45 钢的屈服极限 $\sigma_{s2} = 280MPa$，由式（6-23）可得

$$p_{max} \leqslant \frac{d_2^2 - d^2}{\sqrt{3d_2^4 + d^4}}\sigma_{s2} = \frac{520^2 - 480^2}{\sqrt{3 \times 520^4 + 480^4}} \times 280MPa = 21.46MPa$$

因 $p_{max} = 3.90MPa \ll 21.46MPa$，即齿圈强度足够。

被包容件轮芯材料为 HT250，具有很高的抗压强度，无需进行校核，故连接零件本身强度足够。

4. 计算所需压入力

由表 6-7 查得，摩擦系数 $f = 0.08$，根据式（6-24）可得所需压入力为
$$F_i = f\pi dlp_{max} = 0.08 \times 3.14 \times 480 \times 110 \times 3.90N = 51727N$$

根据上述计算可知，装配此组合齿轮可选用容量为 7.5t 的压力机。

第五节　销　连　接

销连接如图 6-28 所示，是通过销将两个被连接件连接在一起，形成静连接。销主要用来固定零件之间的相对位置，称为定位销（图 6-28），它是组合加工和装配时的重要辅助零件；也可用于连接，称为连接销（图 6-29），可传递不大的载荷；还可作为安全装置中的过载剪断元件，称为安全销（图 6-30）。

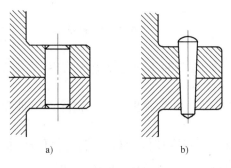

图 6-28　定位销

a) 圆柱销　b) 圆锥销

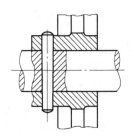

图 6-29　连接销

销有多种类型，如圆柱销、圆锥销、槽销、销轴和开口销等，这些销均已标准化。

圆柱销（图 6-28a）靠过盈配合固定在销孔中，经多次装拆会降低其定位精度和可靠性。圆柱销的直径公差代号有 u8、m6、h8 和 h11 四种，以满足不同的使用要求。

圆锥销（图 6-28b）具有 1:50 锥度，在受横向力时可以自锁。它安装方便，定位精度

高，可多次装拆而不影响定位精度。端部带有螺纹的圆锥销（图6-31）可用于盲孔或拆卸困难的场合。开尾圆锥销（图6-32）适用于有冲击、振动的场合。

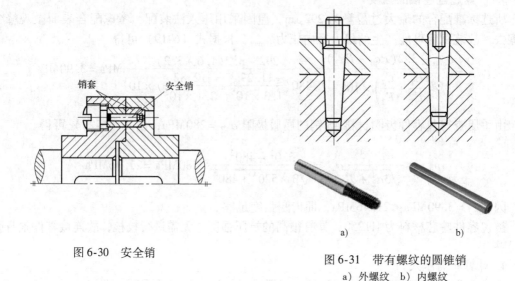

图6-30　安全销

图6-31　带有螺纹的圆锥销
a）外螺纹　b）内螺纹

　　槽销上有辗压或模锻出的三条纵向沟槽，如图6-33所示，将槽销打入销孔后，由于材料的弹性使销挤紧在销孔中，不易松脱，因而能承受振动和变载荷。安装槽销的孔不需要铰制，加工方便，可多次装拆。

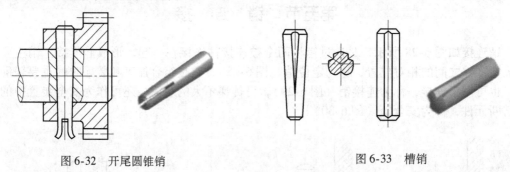

图6-32　开尾圆锥销

图6-33　槽销

　　销轴连接用于两零件的铰接处，构成铰链，如图6-34所示。销轴通常用开口销锁定，工作可靠，拆卸方便。

　　开口销如图6-35所示，装配时，将尾部弯折开，以防脱出。开口销除与销轴配用外，还常用于螺纹连接的防松装置中。

　　定位销通常不受载荷或只受很小的载荷，故不做强度校核计算，其直径可按结构确定，数目一般不少于两个。销装入每一被连接件内的长度，约为销直径的1~2倍。

　　连接销的类型可根据工作要求选定，其尺寸可根据连接的结构特点按经验或规范确定，必要时再按剪切和挤压强度条件进行校核计算。

　　安全销（图6-30）在机器过载时会被剪断，因此，销的直径应按过载时被剪断的条件确定。

　　销的材料为35、45钢（开口销为低碳钢），许用切应力 $[\tau]=80\text{MPa}$，许用挤压应力 $[\sigma_\text{p}]$ 见表6-2。

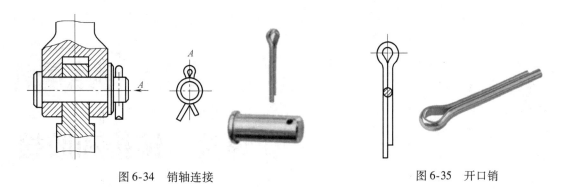

图 6-34　销轴连接　　　　　　　　　　　图 6-35　开口销

本章学习要点

1. 掌握平键连接和花键连接的功用、类型、结构、特点及应用场合；了解半圆键、楔键和切向键的功用、类型、结构、特点及应用场合。

2. 掌握平键连接结构尺寸的确定方法、失效形式、强度校核方法。了解半圆键、楔键和切向键的失效形式及强度校核方法。

3. 了解花键连接的定心方式、失效形式及强度校核方法。

4. 了解型面连接和弹性环连接的工作原理及特点。

5. 了解销连接的类型、特点及应用场合。

6. 了解过盈连接的工作原理及特点。

第七章

焊接、铆接和胶接

提示 ///

本章介绍了焊接、铆接和胶接的基本知识，涉及这些连接的适用场合、结构设计、常用材料、工艺要求、强度计算及许用应力等。这些都与它们各自专业的技术规范或规程相关，因而教材提供的资料只适用于一般的情况，具体设计时，都应以各有关专业的技术资料为依据。

第一节 焊 接

一、概述

利用局部加热或加压使两个或两个以上的金属件（被连接件）在连接处形成原子或分子间的结合而构成的不可拆连接称为焊连接，简称焊接。

1. 焊接的分类及其应用

根据实现金属原子或分子间结合的方式不同，焊接方法可如下分类：

$$
焊接方法 \begin{cases} 熔化焊 \begin{cases} 电弧焊——焊条电弧焊、自动埋弧焊或半自动埋弧焊、气体保护焊等 \\ 气焊 \\ 电渣焊 \\ 等离子弧焊 \\ 电子束焊 \\ 激光焊 \end{cases} \\ 压焊——电阻焊、摩擦焊、冷压焊、超声波焊、爆炸焊等 \\ 钎焊——电阻钎焊、真空钎焊、高频感应钎焊等 \end{cases}
$$

熔化焊是把被焊接件的结合部位加热到熔化状态（通常加入填充金属，如焊条或焊丝等），待冷凝后形成牢固的接头而连成一体。压焊是对被焊接件施加压力（或同时加热），使它们的结合部位接触在一起，形成分子或原子间的结合而连成一体。钎焊是把被焊接件和作为填充金属的钎料加热，被焊接件不熔化，但熔点低的钎料被熔化而充填于被焊接件的结合部位，与固态的被焊接金属相互溶解和扩散，冷凝后连成一体。其中应用最多的是熔化焊，熔化焊中又以电弧焊最为方便、应用最广。本节只概略介绍电弧焊的基本知识。

与其他连接比较，焊接有下列特点：

1) 被焊接件不需要钻孔，其截面的利用较好；焊缝不用搭板（对接时）和角板（T形连接时）等辅助件，因此焊接结构比同样铆接结构质量小 10% ~ 20% 。

2）焊接的工艺过程比较简单，工艺及设备费用均比铆接低。

3）焊缝比铆缝更容易保证紧密性。

4）没有铆合时那样震耳的噪声和强烈的振动，可改善劳动条件。

5）被焊接件可以用各种型材，也可以用铸件、锻件拼焊，给结构设计提供了较大的方便性和灵活性。

6）被焊接件一般会产生残余焊接应力和变形，所以焊接不适宜承受严重的冲击和振动载荷，焊接质量不容易从外部检查。

焊接主要用于下列场合：金属结构、容器、壳体的制造，可以代替铆接；在机械零件制造中，特别是小批量生产，用焊接毛坯代替铸、锻件毛坯，可以降低成本、减小质量、缩短生产周期、改善工艺性；制造巨型或形状复杂的零件时，用分开制造再焊接的方法代替整体铸、锻加工，解决加工设备工作能力不足的困难，简化工艺、降低成本。因此，焊接广泛应用于机械、船舶、汽车、航空航天、石油化工、建筑、电子等各个工业部门。图 7-1 所示为用焊接方法制成的减速器箱体，图 7-2 所示为用焊接方法制成的齿轮毛坯。

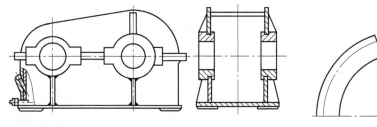

图 7-1　焊接减速器箱体

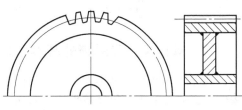

图 7-2　焊接齿轮

2. 焊接件常用材料及焊条

在机械制造中，最常用的焊接件材料是低、中碳钢和低、中碳合金钢，焊接的金属结构和建筑结构常用 Q215、Q235、Q255；焊接的机械零件常用 Q275、15 ~ 50 碳钢，以及 16Mn、50Mn、50Mn2、50SiMn2 等合金钢。低碳钢一般没有淬硬倾向，对焊接受热过程不敏感，焊接性良好，通常在焊后也不需要热处理。

焊条的品种繁多，常用的有非合金及细晶粒钢焊条、热强钢焊条和不锈钢焊条等，它们均已标准化，分别用于相应的被焊接材料。通常，所选焊条的抗拉强度应当等于或稍高于被焊接件材料的抗拉强度。焊条型号是国家标准中规定的焊条代号。标准规定：非合金钢及细晶粒钢焊条和热强钢焊条型号由字母"E"和四位数字组成，见表 7-1 中举例。其中，字母"E"表示焊条；字母"E"后面的紧邻两位数字，表示熔敷金属的最小抗拉强度代号；字母"E"后面的第三和第四两位数字，表示药皮类型、焊接位置和电流类型。热强钢焊条代号短画"–"后的字母、数字或字母和数字的组合，表示熔敷金属化学成分分类代号。其中表示焊条适用的焊接位置："0"及"1"表示焊条适用于全位置焊接（平、立、仰、横），"2"表示焊条适用于平焊及平角焊，"4"表示焊条适用于向下立焊。不锈钢焊条型号由字母"E"和后面的数字组成，字母"E"表示焊条；"E"后面的数字表示熔敷金属化学成分分类代号，数字后面的"L"表示含碳量较低，"H"表示含碳量较高；短画"–"后面的第一位数字表示焊接位置；最后一位数字表示药皮类型和电流种类，见表 7-1 中举例。

表 7-1　几个常用焊条种类、国标标号及型号的含义

焊条品种 国标代号	常用型号 举例	抗拉强度代号/ 最小抗拉强度 值 σ_b/MPa	代号	药皮 类型	焊接位置	电流类型 熔敷金属化学成分
非合金钢及细 晶粒钢焊条 GB/T 5117—2012	E4303	$43/\sigma_b \geq 430$	03	钛型	全位置	交流和直流正、反接
	E4319		19	钛铁矿	全位置	交流和直流正、反接
	E5024	$50/\sigma_b \geq 490$	24	金红石 +铁粉	平焊、 平角焊	交流和直流正、反接
	E5048		48	碱性	全位置和向下 立焊	交流和直流反接
热强钢焊条 GB/T 5118—2012	E5015-1M3	$50/\sigma_b \geq 490$	15	碱性	全位置	直流反接 锰≥1%, 钼≥0.5%
	E5518-CM C-铬, M-钼	$55/\sigma_b \geq 550$	18	碱性 +铁粉	全位置	交流和直流反接 铬和钼的质量分数均≤1%
	E6216-2C1M	$62/\sigma_b \geq 620$	16	碱性	全位置	交流和直流反接 铬=0.05% ~ 0.12%, 钼=0.9% ~ 1.2%
不锈钢焊条 GB/T 983—2012	E308H-15	$\sigma_b \geq 550$	15		全位置	直流反接
	E430-16	$\sigma_b \geq 450$	16		全位置	交流和直流反接
	E630-26	$\sigma_b \geq 930$	26		平焊、平角焊	交流和直流反接

二、焊接接头和焊缝的基本形式

被焊件的结合部位称为接头。根据被焊件在空间的相互位置，焊接接头有四种形式：对接接头、搭接接头、角接接头和 T 形接头，如图 7-3a、b、c、d 所示。焊接时形成的接缝称为焊缝。焊缝有两种：对接焊缝和角焊缝。前者用于对接接头，连接同一平面内的被焊件，焊缝传力比较均匀，重要的受力焊缝要尽量选用；后者用于搭接接头、角接接头和 T 形接头，分别称为搭接、角接和正交角焊缝，连接不同平面内的被焊件，焊缝剖面通常是等腰直角三角形（图 7-3b），腰长 k（或称焊脚）一般等于板厚 δ。

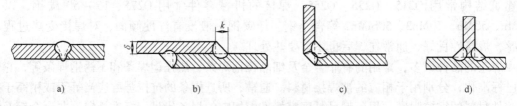

图 7-3　焊接接头和焊缝形式
a）对接接头　b）搭接接头　c）角接接头　d）T 形接头

当被焊件较厚时，需要在焊接部位开坡口。坡口的作用是保证电弧能深入焊缝根部，使根部焊透，便于清除焊渣，以获得较好的焊缝成形和保证焊接质量。焊条电弧焊焊接接头（坡口）的基本形式及尺寸见表 7-2。

1）对接接头。焊件厚度小于或等于 6mm 时，不需要开坡口，在接缝处留出 0 ~ 2mm 的间隙即可，称为 I 形坡口。焊件厚度大于 6mm 时，则应开坡口，其中 Y 形加工方便；双 Y 形，由于焊缝对称，焊接应力与变形小；U 形容易焊透，焊件变形小，用于焊接锅炉、高压容器等重要厚壁件；在板厚相同的情况下，双 Y 形和双 U 形的加工比较复杂、费工。

2）搭接接头中两零件相叠，其中一块开孔，用熔化极焊接方式，通过焊接孔将两板熔化形成焊接的方式称为塞焊。对塞焊焊缝尺寸的规定，主要是沉入角度和焊缝填充深度。

3）角接接头中有单边 V 形、Y 形和 K 形坡口。

4）T 形接头中有单边 Y 形、K 形和单边双 U 形坡口。

表 7-2　焊条电弧焊焊接接头（坡口）的基本形式及尺寸

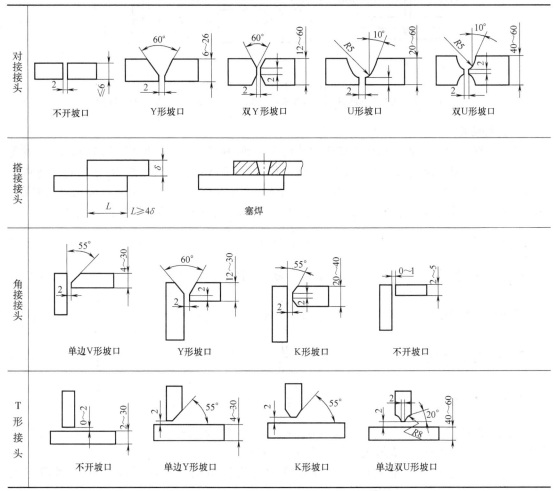

对 I 形、Y 形、U 形坡口，采取单面焊或双面焊均可焊透。当焊件一定要焊透时，在条件允许的情况下，应尽量采用双面焊，因它能保证焊透，如图 7-4 所示。

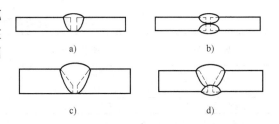

图 7-4　单面焊和双面焊

a）I 形坡口单面焊　b）I 形坡口双面焊

c）Y 形坡口单面焊　d）Y 形坡口双面焊

三、焊缝的强度计算

焊缝的强度计算，通常都是在假设应力均匀分布，且不计残余应力的条件下进行简化计算，并根据实验来取定其许用应力。其原因是：①焊接件受载时，焊缝附近的应力分布非常复杂，应力集中及内应力很难准确确定，做这样的条件性计算可使计算大为简化；②被焊接件及焊缝本身多为塑性好的材料，对应力集中不太敏感；③在设计及制造时，可采取各种措施，保证应力集中和内应力不致过大。

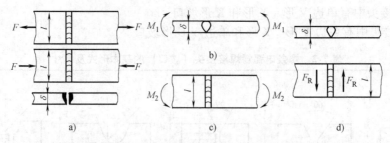

图 7-5　对接焊缝的受力及破坏形式

a) 受拉（压）力和焊缝断裂　b) 受平面弯矩 M_1　c) 受垂直弯矩 M_2　d) 受剪力

1. 对接焊缝

对接焊缝主要用来承受作用于被焊接件所在平面内的拉（压）力 F（图 7-5a）、平面弯矩 M_1（按右手规则确定的 M_1 的方向与焊缝平行）（图 7-5b）、垂直弯矩 M_2（按右手规则确定的 M_2 的方向与焊缝垂直）（图 7-5c）、剪力 F_R（图 7-5d）以及由它们组成的复合载荷。相应的破坏形式是沿焊缝拉断（图 7-5a 下图）、压坏、折断和剪断。强度计算公式为

受拉力 F 时
$$\sigma = \frac{F}{l\delta} \le [\sigma]' \tag{7-1}$$

受压力 F 时
$$\sigma_c = \frac{F}{l\delta} \le [\sigma_c]' \tag{7-2}$$

受平面弯矩 M_1 时
$$\sigma_{B1} = \frac{6M_1}{l\delta^2} \le [\sigma]' \tag{7-3}$$

受垂直弯矩 M_2 时
$$\sigma_{B2} = \frac{6M_2}{l^2\delta} \le [\sigma]' \tag{7-4}$$

受剪力 F_R 时
$$\tau = \frac{F_R}{l\delta} \le [\tau]' \tag{7-5}$$

受复合载荷时
$$\sigma_{ca} = \sqrt{(\sigma + \sigma_{B1} + \sigma_{B2})^2 + 3\tau^2} \le [\sigma]' \tag{7-6}$$

式中　　　　l 和 δ——焊缝的长度和厚度（mm）；

$[\sigma]'$、$[\sigma_c]'$ 和 $[\tau]'$——静载荷时对接焊缝的许用拉应力、许用压应力和许用切应力（MPa），见表 7-3。

表 7-3　静载荷时焊缝的许用应力

焊　　缝	焊缝许用应力	焊条电弧焊 （E43、E50 系列焊条）	焊条电弧焊(低氢焊条) 自动或半自动焊
对接焊缝	许用拉应力 $[\sigma]'$	$0.9[\sigma]$	$1.0[\sigma]$
	许用压应力 $[\sigma_c]'$	$1.0[\sigma]$	$1.0[\sigma]$
对接焊缝和角焊缝	许用切应力 $[\tau]'$	$0.6[\sigma]$	$0.65[\sigma]$

注：母体金属（即被焊接件）的许用拉应力 $[\sigma] = \sigma_s / [S]$，其中 σ_s 为屈服极限；$[S]$ 为许用安全系数，对于碳钢 $[S] = 1.35 \sim 1.60$；对于合金钢 $[S] = 1.50 \sim 1.70$。

2. 搭接角焊缝

在角焊缝中，主要是搭接角焊缝（图 7-6）、角接角焊缝（图 7-3c）和正交角焊缝（图 7-3d）。搭接角焊缝与受力方向垂直的称为正面角焊缝（图 7-6a）；与受力方向平行的称为侧面角焊缝（图 7-6b）；与受力方向倾斜的称为斜角焊缝（图 7-7a）；三者兼有的称为混合角焊缝（图 7-7b）。正面角焊缝通常只用来承受拉力；侧面角焊缝、斜角焊缝及混合角焊缝

可用来承受拉力或垂直弯矩 M_2。角焊缝受载后产生的应力比较复杂，实践证明，凡是角焊缝，它的正常破坏形式均如图 7-6 中所示的截面 $A-A$、$B-B$，并认为是由于剪切而破坏的。角焊缝的横截面一般取为等腰直角三角形，并取其腰长 k 等于板厚 δ，则角焊缝的危险截面的宽度为 $k\sin45° \approx 0.7k$，计算剖面的总面积为 $0.7k\sum l$。对角焊缝进行抗剪切强度的条件性计算，受拉力或压力 F 时角焊缝的强度条件为

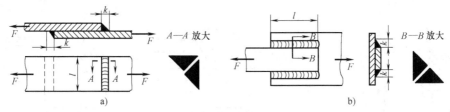

图 7-6　搭接角焊缝的受力及破坏形式
a）正面角焊缝　b）侧面角焊缝

$$\tau = \frac{F}{0.7k\sum l} \leqslant [\tau]' \qquad (7-7)$$

式中　k——焊脚长度（mm）；

　　$[\tau]'$——焊缝的许用切应力（MPa），
　　　　　见表 7-3；

　　$\sum l$——焊缝的总长度（mm）（对图
　　　　　7-6a，$\sum l = l$；对图 7-6b，$\sum l = 2l$；对图 7-7a，$\sum l = l/\sin\beta$；
　　　　　对图 7-7b，$\sum l$ 为各段焊缝长度之和）。

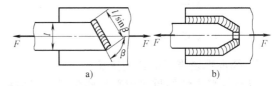

图 7-7　搭接角焊缝中的斜角焊缝和混合角焊缝
a）斜角焊缝　b）混合角焊缝

3. 角接角焊缝和正交角焊缝

角接角焊缝和正交角焊缝的失效形式同搭接角焊缝，其强度计算准则也同搭接角焊缝。不开坡口时（图 7-8），其应力和强度计算公式为

$$\tau = \frac{F}{2 \times 0.7kl} \leqslant [\tau]' \qquad (7-8)$$

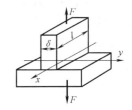

图 7-8　角接角焊缝和
正交角焊缝的受力

四、影响焊缝强度的因素和提高焊缝强度的结构措施

1. 影响焊缝强度的因素

（1）焊接材料　焊缝的熔积金属中既有焊条成分又有母体金属成分，尤其是用自动埋弧焊完成的焊缝中，约有 60% 是母体金属，所以焊缝强度既取决于焊条成分，又决定于母体金属成分。所以在设计焊接件时，应注意恰当选择母体材料及相应的焊条。

（2）焊接工艺　焊缝强度在很大程度上还决定于焊接工艺。不适当的焊接顺序会在焊缝中引起甚高的焊缝应力，甚至在冷却收缩时焊缝就已开裂。不正确的焊接工艺还能造成未焊透、夹渣、咬边等缺陷，如图 7-9 所示，使焊缝强度降低，在变应力下尤其显著。根据被焊件厚度选择接头及坡口形式；合理布置焊缝及焊缝长度；正确安排焊接工艺，以避免施工不便及残余应力源。对于那些有强度要求的重要焊缝，必须按照有关行业的强度规范进行焊缝尺寸的校核，同时还应规定一定技术水平的焊工进行焊接，并在焊后仔细地进行质量检验。

（3）焊缝结构　焊缝结构影响到焊缝中的力流变化和应力分布。合理的结构应能构成

被焊件的平缓结合，并能使焊缝受力比较均匀。从图 7-10c、d 中所示的力流变化可以看出，非等腰三角形截面焊缝在这方面优于等腰三角形截面焊缝；图 7-10a 所示是自动埋弧焊对接焊缝的截面形状，有凸起加强部分，但由于形成了应力集中源，在变载荷作用下反而会削弱焊缝强度，所以在重要的焊缝中，常需用机械加工方法把凸起部分切除（图 7-10b），使力流变得平缓。

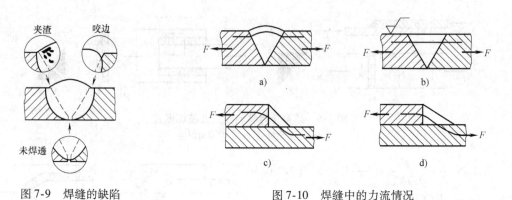

图 7-9 焊缝的缺陷   图 7-10 焊缝中的力流情况

2. 提高焊缝强度的结构措施

导致焊缝失效的重要因素是残余焊接应力和焊接变形，应从设计和工艺两方面采取措施予以处理。

1）减少残余焊接应力的措施有：尽可能减少焊缝的数量和尺寸；不采用交叉焊缝；降低接头的刚性；尽量采用对接焊缝；采用合理的焊接顺序，如先焊接收缩量较大的、受载较大的或错开的焊缝；均匀锤击焊缝，降低内应力；将被焊件高温回火等。

2）防止焊接残余变形的措施有：合理安排焊缝位置；合理确定焊缝的形状和尺寸；采用自动焊；采取反变形（焊前将被焊件反向变形），以抵消焊接变形；刚性固定（用胎夹具增加结构件的刚性），以减小焊接变形等。

第二节 铆 接

一、概述

利用铆钉把两个或两个以上的零件（钢板、型钢、机械零件）固定在一起的连接方法称为铆钉连接，简称铆接。铆钉是用塑性较好的金属（一般是低碳钢，如 Q215、Q235、10、15 等）棒料在锻压机上制成。铆钉一端有预制头，铆接时，将其穿入被连接件的预制孔中（图 7-11a），然后利用压铆机施压或用气动铆枪进行振动冲击再制出另一端的铆钉头（图 7-11b）。当钢铆钉直径小于 12mm 时，铆接时可不加热，称为冷铆；当直径大于 12mm 时，通常需将铆钉全部或局部加热至锻造温度再进行铆接，称为热铆。铝合金铆钉（如 LY1、LY10、L3、L4 等）均采用冷铆。铆钉的类型很多且已标准化。用各种铆钉铆接后的形式如图 7-12 所示，其中以半圆头铆钉应用最广（图 7-12a）；其他钉头形式用于各种特殊情况，如沉头铆钉用于要求连接表面

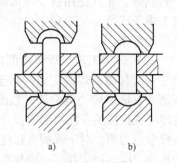

图 7-11 铆钉铆合过程

平滑处（图 7-12f）；平截头铆钉用于要求耐腐蚀处（图 7-12c）。

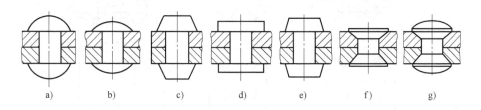

图 7-12　常用铆钉铆接后的形式

铆接具有工艺设备简单、抗振、耐冲击和牢固可靠等优点，但结构一般较为笨重。被连接件（或被铆件）上由于制有钉孔，使强度受到较大的削弱。铆接时一般噪声很大，影响工人健康。近年来由于焊接、胶接以及高强度螺栓连接的发展，铆接的应用已逐渐减少。目前只在轻金属结构（如飞机结构和铝合金门窗）、非金属元件的连接（如制动器中的摩擦片与制动蹄或制动带的连接）以及少数受严重冲击或振动载荷的金属结构（如桥梁、建筑、造船、重型机械等工业部门）中采用。图 7-13 和图 7-14 所示为金属结构和机械零件中铆接的应用实例。

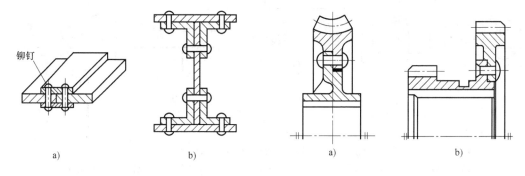

图 7-13　金属结构的铆接　　　　图 7-14　机械零件的铆接

二、铆缝的种类及特性

铆钉和被连接件一起所形成的连接部分统称为铆接缝，简称铆缝。铆缝的结构形式很多，根据工作要求的不同，可分为三种：以强度为基本要求的铆缝称为强固铆缝，如飞机机身框架及其蒙皮、桥梁和建筑物桁架、起重机机架等金属结构上的铆缝；不但要求具有足够的强度，而且要求保证良好的紧密性的铆缝称为强密铆缝，如蒸汽锅炉、高压容器等承受高压器皿的铆缝；仅以紧密性为基本要求的铆缝称为紧密铆缝，如水槽、低压容器或管道中的铆缝。根据铆接接头构造分，铆缝有搭接缝、单盖板对接缝和双盖板对接缝三种（图 7-15a、b、c）。每一种又可制成单排、双排和多排。

三、铆缝的受力、失效和强度计算

设计铆缝时，通常是根据承载情况及具体要求，按照有关专业的技术规范或规程，选出合适的铆缝类型及铆钉规格，进行铆缝的结构设计（如按照铆缝形式及有关要求布置铆钉等），然后分析铆缝受力时可能的破坏形式（图 7-16），并进行必要的强度校核。

铆钉铆合后，被铆件被铆钉头压紧，横向力主要靠摩擦力传递。当横向力超过被铆件之间可能产生的最大摩擦力时，被铆件发生相对滑动，而铆钉杆部将分别与被铆件的孔壁接

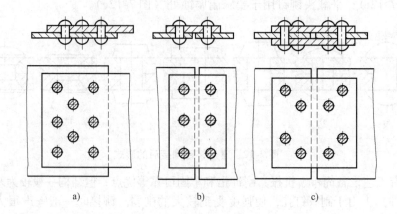

图 7-15　常用铆接接头形式
a）搭接缝　b）单盖板对接缝　c）双盖板对接缝

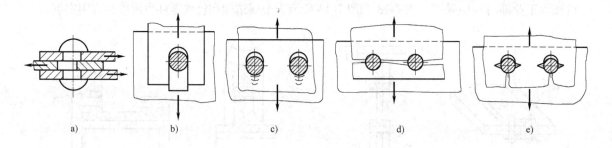

图 7-16　铆缝受横向力及其破坏形式
a）铆钉被剪断　b）板边被剪坏　c）钉孔接触面被压溃　d）板沿钉孔被拉断　e）板边被撕裂

触，于是有一部分载荷将通过杆孔互相挤压时的挤压变形和钉杆的剪切变形来传递。如果载荷过大，超过一定限度，则将发生如图 7-16 所示的各种失效形式。

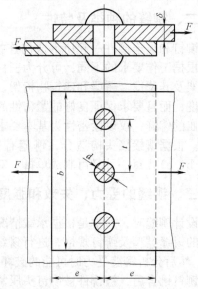

　　在进行受力分析时，一般假定：①一组铆钉中的各个铆钉受力相等；②危险截面上的拉应力、切应力和工作面挤压应力都是均匀分布的；③忽略被铆件贴合面上的摩擦力；④铆缝不受弯矩作用。但实际上，在弹性范围内，不论是沿受力方向的一列铆钉中的切应力，或是铆钉与孔壁间的挤压应力，或是一个被铆件在钉孔附近各个截面上的拉应力，都不是均匀分布的。不过，在达到塑性变形时，上述假定大致上是可以成立的，故可直接按材料力学的基本公式进行强度校核。这里要特别强调指出的是，所用的许用应力必须根据有关专业的技术规范或规程取定。

　　现对图 7-17 所示受横向载荷的单排搭接铆缝（设边距 e 符合规范要求），根据可能出现的失效形

图 7-17　单排搭接铆缝强度分析

式进行强度计算，得出所能传递的载荷为

被铆件不被拉断时

$$F_1 \leqslant (b - zd)\delta[\sigma] \tag{7-9}$$

钉孔壁不被压溃时

$$F_2 \leqslant d\delta z[\sigma_p] \tag{7-10}$$

铆钉不被剪断时

$$F_3 \leqslant \frac{\pi d^2}{4} z[\tau] \tag{7-11}$$

式中　　　δ——被铆件中较薄铆件的厚度（mm）；

　　　　　d——铆钉直径（mm）；

　　　　　b——被铆件宽度（mm）；

　　　　　z——铆钉数目；

$[\sigma]$、$[\sigma_p]$——被铆件的许用拉应力、许用挤压应力（MPa），见表7-4；

　　　　$[\tau]$——铆钉的许用切应力（MPa），见表7-4。

表7-4　强固铆缝各元件静载荷下的许用应力　　　　　　　（单位：MPa）

材料		Q215	Q235	16Mn
被铆件	$[\sigma]$	140～155	155～170	215～240
	$[\sigma_p]$	200～310	310～340	430～480
铆钉	$[\tau]$	145		

注：采用冲孔或各被铆件分开钻孔而不用样板时，$[\sigma]$、$[\sigma_p]$降低15%；板厚大于16mm时，表中数值取小值。

　　显然，此铆缝所能承受的静载荷 F 取决于 F_1、F_2、F_3 中的最小值，同时，还应根据技术规范对铆接设计和工艺提出相应的要求。如在设计铆接接头时，若取多排铆钉时，应使铆钉交错布置；沿载荷方向上铆钉数最多不超过6个，以避免载荷分布不均；铆钉材料一般应与被铆件相同，以免因热膨胀系数不同而影响铆接强度。

第三节　胶　　接

一、概述

1. 胶接及其应用

　　胶接（也称粘接）是利用胶粘剂在一定条件下把预制的元件（如图7-18a中的蜗轮齿圈与其轮芯）连接在一起，并具有一定的连接强度。胶接用于木材由来已久，如木工利用聚醋酸乙烯乳液（乳胶）粘合木质构件就是一例。而在机械制造中采用胶接的金属构件，还是近50年来发展起来的新兴工艺。胶接属于一种不可拆连接。胶接的机理涉及很多化学的与物理的因素，目前虽已有多种理论，但都不能做出圆满的解释，故尚在积极研究中。随着高分子化学，特别是石油化学工业的迅速发展，胶接的理论必将日臻完善。目前，胶接在机床、汽车、造船、化工、仪表、航空航天等工业部门中得到广泛的应用，其应用实例如图7-18所示。

2. 常用胶粘剂及其主要性能与选择原则

　　胶粘剂的品种繁多，分类方法也不同，下面仅按使用目的划分为三类做一简单介绍。

　　（1）结构胶粘剂　这类胶粘剂在常温下的抗剪强度一般不低于8MPa，经受一般高、低温或化学的作用不降低其性能，胶接件能承受较大的载荷。如酚醛-缩醛-有机硅胶粘剂、环

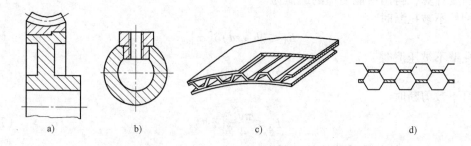

图 7-18　胶接应用实例

a）胶接组合蜗轮　b）螺纹接头与管子胶接　c）飞机机翼蒙皮与型材胶接　d）飞机机翼铝箔蜂窝胶接结构

氧-酚醛胶粘剂和环氧-有机硅胶粘剂等。

（2）非结构胶粘剂　这类胶粘剂在正常使用时有一定的胶接强度，但在受到高温或重载时，性能迅速下降。如聚氨酯胶粘剂和酚醛-氯丁橡胶胶粘剂等。

（3）其他胶粘剂　即具有特殊用途（如防锈、绝缘、导电、透明、超高温、超低温、耐酸、耐碱等）的胶粘剂。如环氧导电胶粘剂和环氧超低温胶粘剂等。

在机械制造中，目前较为常用的是结构胶粘剂中的酚醛-缩醛-有机硅胶粘剂及环氧-酚醛胶粘剂等。

胶粘剂的主要性能是胶接强度（耐热性、耐介质性及耐老化性）、固化条件（温度、压力及保持时间）、工艺性能（涂布性、流动性及贮存期）以及其他特殊性能（如防锈等）。

胶粘剂的选择原则，主要是针对胶接件的使用要求及环境条件，从胶接强度、工作温度、固化条件等方面选取胶粘剂的品种，并兼顾产品的特殊要求（如防锈等）及工艺上的方便。此外，如对受有一般冲击、振动的产品，宜选用弹性模量小的胶粘剂；在变应力条件下工作的胶接件，应选膨胀系数与胶接零件材料的膨胀系数相近的胶粘剂等。

二、胶接接头设计

胶接接头的受力情况有拉伸、剪切、剥离与扯离等（图 7-19）。实践证明，胶缝的抗剪切及抗拉伸能力强，而抗扯离及抗剥离能力弱。

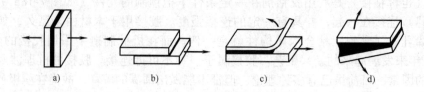

图 7-19　胶接接头的受力情况

a）拉伸　b）剪切　c）剥离　d）扯离

胶接接头的典型结构如图 7-20 所示。胶接接头结构设计的要点是：

1）合理选定接头形式，尽可能使接头所受应力均匀分布，减少应力集中。

2）充分利用接头的承载特性，尽可能使胶层承受剪切或拉伸载荷，而避免承受扯离、特别是剥离载荷。

3）从结构上应采取防止剥离的措施，如图 7-21 所示，以防止从边缘或拐角处脱缝。

4）合理增大胶接面积，提高接头承载能力。

5）在可能条件下，采用胶接与焊接、铆接和螺栓连接的组合，充分发挥各种连接的优点。

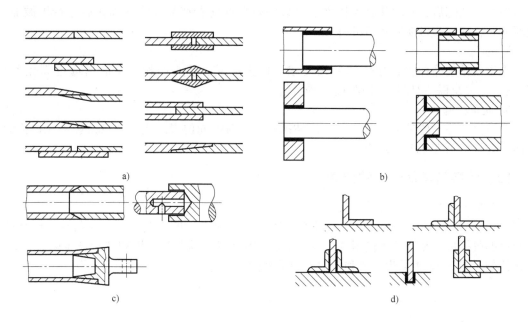

图 7-20　胶接接头的典型结构

a）板件接头　b）圆柱形接头　c）锥形及盲孔接头　d）角接头

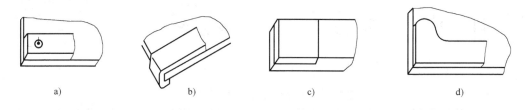

图 7-21　防止剥离的结构措施

a）加装紧固元件　b）边缘卷边　c）制出镶嵌凹座　d）加大胶接面积

三、胶接的基本工艺过程

1. 胶接件胶接表面的制备

胶接表面一般需要经过除油处理、机械处理及化学处理，以便清除表面油污及氧化层，改造表面粗糙度，使其达到最佳胶接表面状态，表面粗糙度值一般应为 $Ra = 1.6 \sim 3.2 \mu m$，过高或过低都会降低胶接的强度。

2. 胶粘剂配制

因大多数胶粘剂是"多组分"的，在使用前应按规定的程序及正确的配方比例恰当配制。

3. 涂胶

采取喷涂、刷涂、滚涂、浸涂、贴膜等方法涂布胶粘剂，以保证涂布层厚薄合适、均匀无缺、无气泡等。根据胶粘剂品种不同选择最佳叠合时间，叠合时应稍加压力，使其全面紧密贴合牢固。

4. 清理

在涂胶装配后，及时清除胶接件上多余的胶粘剂（若产品允许在固化后进行机械加工或喷丸时，这一步可在固化后进行）。

5. 固化

根据胶粘剂品种和胶接件的使用要求、接头形式、接头面积等，恰当选定固化条件（温度、压力及保持时间），使胶接区域固化。

6. 质量检验

对胶接产品主要是进行 X 光、超声波探伤、放射性同位素或激光全息摄影等无损检验，以防止胶接接头存在严重缺陷。

四、胶接与其他连接的比较

与其他连接相比，胶接的主要优点有：

1）适用范围广。胶接不受材料种类和胶接件几何形状的限制，不管厚与薄、硬与软、大与小的胶接件，相同或不同材质之间，都能实现胶接，这是焊、铆和螺栓等连接方法所无法相比的。图 7-22 所示为铰刀和铣刀刀刃的粘接。

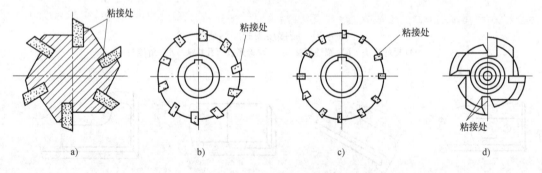

图 7-22　铰刀和铣刀刀刃的粘接
a）铰刀的粘接　b）错齿三面刃铣刀的粘接　c）直齿三面刃铣刀的粘接　d）三面刃铣刀的粘接

2）应力集中小，疲劳强度高。胶接接头处的应力分布均匀，不像铆接、螺栓连接那样需要钻孔，容易产生应力集中。胶接时，一般不需加热，不会产生热变形、裂纹和金相组织的变化，接缝的内应力小。一般胶接的剪切疲劳循环次数为 4×10^6 次，而铆接只有 2×10^5 次，胶接的疲劳寿命比铆接的高很多。胶接薄板，其抗振性能要比铆接或螺栓连接高 $40\% \sim 60\%$。

3）结构质量小，可节省大量材料，省去大量的铆钉、螺栓。采用胶接可使飞机质量减轻 $20\% \sim 25\%$，成本下降 $30\% \sim 35\%$。

4）密封性好。胶接可达到完全密封，进而防止三漏（漏气、漏水、漏油），具有良好的耐水、耐腐蚀、防锈和绝缘性能。

5）制造成本低。胶接工艺简便、对设备的要求低，一般操作容易，利用自动化生产，生产效率高。

其主要缺点是：剥离强度低；在湿热、温度变化大或冲击载荷下寿命不长；一般耐老化、耐酸、碱性能差；对实际加工过程、环境和操作者的技术有时要求高；有机胶粘剂易燃，并有毒等。

 本章学习要点

1. 电弧焊的基本类型、结构、应用场合、受力状况、破坏形式及强度计算。
2. 铆接的类型、结构、应用场合、受力状况、破坏形式及强度计算。
3. 胶接接头类型、结构、应用场合、受力状况、破坏形式及设计要点。

本章重点是这几种连接的结构设计、受力状况、破坏形式、强度计算或设计要点。要求了解这几种连接的类型特点、应用场合、常用材料、有关标准和工艺要求等基本知识。

第三篇

▶▶▶机械传动

一、传动装置的功用

传动装置是机械系统中的重要组成部分，它是连接原动机和执行系统（工作机）的中间环节，其任务是将原动机的运动和动力按执行系统的要求进行转换并传递给执行系统。它的设计直接影响到机器的性能、可靠性、使用寿命、尺寸、造型及制造成本等。因此，机械传动装置的设计是机器设计中至关重要的环节。

传动装置的具体功能包括以下几个方面：

1）减速或增速。通过传动装置将原动机的速度降低或增高，使之与工作机的速度一致，这种传动装置称为减速器或增速器。其中减速器应用最多。

2）变速。原动机转速一定，能得到多种输出速度以满足工作要求的传动装置称为变速器。变速器有两种：一种是可获得有限的几种转速，称为有级变速；另一种是在一定的转速范围内，可使输出转速逐渐变化，称为无级变速。

3）改变运动形式。通过传动装置可以将转动变为移动、摆动或间歇运动，也可以相反。

4）分配运动和动力。通过传动装置，可以将一个原动机的运动分配到机器的不同部分，驱动几个运动形式和速度都不同的工作机构工作。

5）实现停歇、接合、分离、制动和反转。

除以上功能外，某些机器由于结构、位置和其他原因，也有采用传动装置以实现连接和其他功用。

传动装置是大多数机器的主要组成部分。例如，在汽车中，制造传动部件所花费的工作量约占整个汽车的50%，而在金属切削机床中则占60%以上。

二、传动装置的分类

按工作原理可分为机械传动、流体（液体、气体）传动、电力传动三大类。本书仅介绍机械传动。

机械传动的种类很多，可按不同的原则分类。

1. 按传力原理分类

机械传动按传力原理分为啮合传动和摩擦传动两大类。啮合传动工作可靠、寿命长，传动比准确、传递功率大，效率高（蜗杆传动除外），速度范围广。缺点是对加工制造安装的精度要求较高。而摩擦传动工作平稳、噪声低、结构简单、造价低，具有过载保护能力，但外廓尺寸较大、传动比不准确、传动效率较低、元件寿命较短。具体分类见表Ⅲ-1。

2. 按传动比变化情况分类

机械传动按传动比变化情况分为定传动比传动和变传动比传动两大类，见表Ⅲ-2。

表Ⅲ-1 按传力原理分类

传动分类		主要传动形式
啮合传动	齿轮传动	圆柱齿轮传动、锥齿轮传动、非圆齿轮传动
	蜗杆传动	圆柱蜗杆传动、环面蜗杆传动、锥蜗杆传动
	螺旋传动	滑动螺旋、滚动螺旋、静压螺旋
	齿轮系传动	定轴轮系传动、周转轮系传动、摆线针轮传动、谐波传动
	挠性啮合传动	链传动、链式无级变速传动、同步带传动
摩擦传动	摩擦轮传动	圆柱平摩擦轮传动、圆柱槽摩擦轮传动、圆锥摩擦轮传动
	摩擦式无级变速传动	刚性无级变速传动、挠性无级变速传动
	带传动	平带、V带、多楔带、圆带

表Ⅲ-2　按传动比变化情况分类

传动分类		主要传动形式
定传动比传动		齿轮传动、蜗杆传动、带传动、链传动
变传动比传动	有级变速	齿轮变速箱、塔轮传动
	无级变速	刚性无级变速传动、挠性无级变速传动
	周期性变化	非圆齿轮传动、凸轮、连杆机构、组合机构

三、传动装置设计的步骤和基本要求

1. 已知条件

1）传动的功率 P 或主、从动轴上的转矩 T。

2）传动比 i 或主、从动轴的转速 n_1、n_2。

3）主、从动轴在空间的相互位置及对中心距的要求。

4）转矩和转速按时间的变化规律等。

2. 一般步骤

机器的执行系统方案设计和原动机的选择完成后，即可进行传动装置的设计。设计的一般步骤如下：

1）确定传动装置的总传动比。

2）选择传动的类型、拟定总体布置方案并绘制传动装置的运动简图。

3）分配传动比。即根据传动布置方案，将总传动比向各级传动进行合理分配。

4）计算传动装置的性能参数，包括各级传动的功率、转速、效率、转矩等性能参数。

5）通过强度设计和几何计算，确定各级传动的基本参数和主要几何尺寸，如齿轮传动的中心距、齿数、模数、齿宽等。

3. 基本要求

1）传动装置应满足机器的功能要求，而且性能优良。

2）传动效率高。

3）结构简单紧凑、占用空间小。

4）便于操作、安全可靠。

5）可制造性好、加工成本低。

6）维修性好。

7）不污染环境。

四、机械传动的主要特性

在已知条件确定后，一般情况下可以选择几种不同的传动方案，然后按照效率、功率、传动比、外廓尺寸等方面择优选择。各种机械传动的主要特性见表Ⅲ-3。现简述如下：

表Ⅲ-3　各类机械传动的主要特性

特　性	摩擦传动			啮合传动			
	摩擦轮传动	带传动		齿轮传动		蜗杆传动	链传动
		平带	V 带	圆柱齿轮	锥齿轮		
效率 η	闭式 0.90~0.96 开式 0.80~0.88	0.94~0.98	0.90~0.94	闭式 0.96~0.99 开式 0.94~0.96	闭式 0.94~0.98 开式 0.92~0.95	闭式 0.70~0.92 开式 0.50~0.70 自锁 0.40~0.45	闭式 0.95~0.97 开式 0.90~0.93

（续）

特　　性	摩擦传动			啮合传动			
	摩擦轮传动	带传动		齿轮传动		蜗杆传动	链传动
		平带	V带	圆柱齿轮	锥齿轮		
功率 P_{max}/kW	200(20)	3500(20)	500(40)	50000	1000	750(50)	3600(100)
圆周速度 v_{max}/(m/s)	25(20)	60(10~30)	30(10~20)	150(15)	40(5)	$v_{smax}=35(15)$	40(5~20)
单级传动比 i_{max}	20(5~12)	6(2~4)	10(7)	10(3~5)	8(2~3)	1000(8~100)	15(5~8)
中心距 a	小	大	中	小	—	小	中
传动比是否准确	否	否	否	是	是	是	是(平均)
能否过载保护	能	能	能	否	否	否	否
缓冲吸振能力	因轮质而异	好	好	差	差	差	有一些
寿命长短	因轮质而异	短(可换带)	短(可换带)	长	长	中	中
噪声	小	小	小	大	大	小	大
价格(包括轮)	中等	廉	廉	较贵	贵	较贵	中等

注：括号内为常用数据。

1. 功率和效率

各类传动所能传递的功率取决于其传动原理、承载能力、载荷、速度、制造精度和效率等因素。一般说来，啮合传动传递功率的能力高于摩擦传动。

效率 η 表示能量的利用程度，是评定传动优劣的重要指标之一。不断提高传动的效率，就能节约动力，降低运转费用。损失率 $\xi = 1 - \eta$ 表示能量的损耗程度。在机械传动中，功率的损失主要包括轴承摩擦损耗、传动零件间的相对滑动摩擦损耗和搅油损耗等，所损失的能量绝大部分转化为热。如果损失过大，将会使工作温度超过允许的限度，导致传动的失效。因此，效率低的传动装置一般不宜用于大功率传动。在各种传动中，齿轮传动效率最高，其次为链传动、平带传动、V带传动、摩擦轮传动，蜗杆传动效率最低。

2. 传动比

传动比 i 是传动的运动特性之一。啮合传动的 i_{max} 通常受到传动尺寸的限制，如果传动比很大，可考虑采用多级传动。带传动的 i_{max} 一般是受最小包角的限制。

以上所述的传动比都是对减速传动而言。大多数传动都是在减速的情况下工作，这一方面是由于原动机的转速一般都高于工作机的转速，另一方面是由于增速时传动的工作质量较差，尤其在啮合传动中这种现象更为突出。

3. 圆周速度 v

圆周速度 v 也是传动的运动特性之一。提高机器的速度是机器的重要发展方向，但对于不同的传动，限制其圆周速度的因素也各不相同，包括载荷、离心力和传动的平稳性等。例如，对于链传动来说，其圆周速度主要受限于链传动在运动过程中的动载荷，而带传动主要受限于离心应力。

4. 外廓尺寸、质量和成本

传动装置的外廓尺寸和质量与功率、速度密切相关，也与传动零件材料的力学性能和热处理方式等相关。但当这些条件一定时，传动装置的外廓尺寸和质量基本上取决于传动的形式和传动比，因此，在大传动比的多级传动中，传动比的分配对外廓尺寸有很大的影响。

成本是选择传动类型时的重要经济指标。下面以传动功率 $P = 7.5\text{kW}$，传动比 $i = n_1/n_2 = 1000/250 = 4$ 为例，对各种传动的尺寸、质量和成本进行对比，见表Ⅲ-4。

表Ⅲ-4　各类机械传动的尺寸、质量和成本

传动类型	带传动			齿轮传动	蜗杆传动	滚子链传动
	平带传动	有张紧轮的平带传动	普通V带传动			
圆周速度/(m/s)	23.6	23.6	23.6	5.85	5.85	7
中心距/mm	5000	2300	1800	280	280	830
轮宽/mm	350	250	130	160	60	360
质量/kg	500	550	500	600	450	500
相对成本(%)	106	125	100	165	125	140

五、传动类型选择的一般原则

1）小功率宜选用结构简单、价格便宜、标准化程度高的传动，以降低制造费用。

2）大功率宜优先选用传动效率高的传动，以节约能源、降低生产费用。齿轮传动效率最高，自锁蜗杆传动效率最低。

3）速度低、传动比大时，有多种方案可供选择：①采用包括带传动、齿轮传动、链传动等多级传动；②要求结构尺寸小时，宜采用多级齿轮传动、齿轮-蜗杆传动或多级蜗杆传动。传动链应尽量短，以减少零件数目。

4）链传动只能用于平行轴间的传动；带传动主要用于平行轴间的传动，功率小、速度低时，也可用于半交叉或交错轴间的传动；蜗杆传动能用于空间两交错轴间的传动，一般交错角 $\Sigma = 90°$；齿轮传动能适应各种轴线位置。

5）工作中可能出现过载的设备，宜在传动中设置一级摩擦传动，以便起到过载保护的作用。但摩擦有静电发生，在易燃、易爆的场合不能采用。

6）载荷经常变化的传动，宜在传动系统中设置一级能缓冲吸振的传动（如带传动、链传动）。

7）工作温度较高、潮湿、多粉尘、易燃、易爆的场合，宜采用链传动或闭式齿轮传动、蜗杆传动。

8）要求两轴严格同步时，不能采用摩擦传动，只能采用齿轮传动或蜗杆传动。

六、传动装置的布置

传动类型确定后，就要完成总体布置。对传动装置做不同的顺序布置或做不同的传动比分配，就会产生不同的设计效果。因此，合理安排传动路线，适当安排传动顺序，合理分配传动比，才能获得满意的传动性能。

1. 传动路线的确定

传动路线就是机器中的能量从原动机向执行机构流动的路线，即功率传递的路线。传动装置中的传动路线分为串联式、并联式和混联式等。其中串联式比较简单，应用也最广泛，系统中只有一个原动机和一个执行机构。并联式适用于系统中有多个执行机构，但所需总功率不大，由一台原动机驱动的传动系统。混联式是串联式和并联式几种传动路线的混合。

2. 传动顺序的确定

传动装置布置的顺序不同，对机器的性能和结构尺寸有很大影响，在安排各传动装置的顺序时，应遵循如下原则：

1）在圆柱齿轮传动中，如果同时采用斜齿轮传动和直齿轮传动，考虑传动的平稳性，斜齿轮传动重合度大，平稳性好，斜齿轮应布置在高速级。但若考虑承载能力，则斜齿轮传动的承载能力较直齿轮的强，也可以将直齿轮布置在高速级，斜齿轮布置在低速级，可减小

结构尺寸。若同时采用直齿圆柱齿轮（或斜齿轮）传动和锥齿轮传动，一般应将锥齿轮传动布置在高速级，因为高速级转速高，转矩小，齿轮的尺寸小，而大尺寸的锥齿轮加工困难且尺寸大，对误差较敏感。对闭式和开式齿轮传动，为防止闭式齿轮传动尺寸过大，应布置在高速级。而开式齿轮传动外廓尺寸通常没有限制，且润滑条件较差，适宜在低速级工作。

2）带传动一般布置在传动系统的高速级。带传动靠摩擦工作，在传递一定功率时，速度大，力小，不易打滑。另外，带传动具有过载保护的功能，而且带是弹性体，能缓冲吸振。

3）链传动由于多边形效应，链速不均匀，冲击振动较大，而且速度越高越严重，通常布置在传动系统的低速级。

4）对改变运动形式的传动或机构，如齿轮齿条传动、螺旋传动、连杆机构及凸轮机构等一般布置在传动系统的末端，使其与执行机构靠近。这样布置不仅传动链简单，而且可以减小传动系统的惯性冲击。

5）蜗杆传动的传动比大，传动平稳，效率较低，适用于中、小功率和间歇运动的场合；当与齿轮传动同时使用时，宜布置在高速级，使其传递较小转矩，以减小蜗轮尺寸，节约非铁金属。

3. 传动比的分配

传动装置的总传动比确定后，需进行各级传动比的分配，传动比的分配是否合理，将对传动的性能、传动件的质量和寿命、外廓尺寸等都有很大影响。分配传动比时通常应考虑：

1）各级传动的传动比都应在合理范围内，以符合其工作特点并使其结构紧凑。

2）分配传动比时，应使各传动零件尺寸协调、结构均匀合理，避免发生相互干涉。如设计两级齿轮减速传动时，若传动比分配不当，可能会导致中间轴大齿轮与低速轴发生干涉，如图Ⅲ-1所示。另如图Ⅲ-2所示，由于带传动传动比过大，使带轮的半径大于减速器的中心高，造成安装不便。

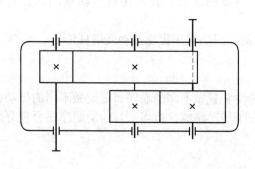

图Ⅲ-1　中间轴大齿轮与低速轴发生干涉

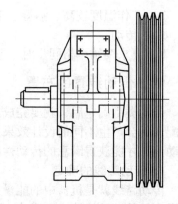

图Ⅲ-2　带轮与地面干涉

3）在多级齿轮减速传动中，传动比的合理分配直接影响减速器的外廓尺寸的大小，承载能力能否充分发挥，以及各级传动零件润滑是否方便等。因此，在分配传动比时应尽量考虑：使各级传动的承载能力接近相等；使减速器获得最小的外廓尺寸和质量；各级传动中大齿轮的浸油深度大致相等，以避免搅油损失过大。图Ⅲ-3所示为不同传动比对减速器外廓尺寸和浸油深度的影响，其中实线表示由 1 - 2 - 3 - 4 齿轮组成的减速系统，两级传动比分别为 $i_{12} = 5.51$ 和 $i_{34} = 3.63$，其外廓尺寸较小，且两大齿轮 2 和 4 的浸油深度大致相等，可将浸油深度取为 H；虚线表示由 1′ - 2′ - 3′ - 4′ 齿轮组成的减速系统，两级传动比分别为

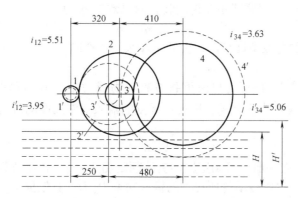

图Ⅲ-3 不同传动比对减速器外廓尺寸和浸油深度的影响

$i'_{12} = 3.95$ 和 $i'_{34} = 5.06$，其外廓尺寸较大，且两大齿轮 2′和 4′的浸油深度差别较大，若将浸油深度取为 H'，则大齿轮 4′的搅油损失较大。

4）某些传动系统要求有较高的传动精度，分配传动比时应尽量减小系统的传动比误差。齿轮传动、链传动的传动比尽量不取整数，以使轮齿磨损均匀。

传动比的分配方案因考虑问题的侧重点不同而不同，应根据具体要求和使用、加工等条件进行选取。

七、运动、动力参数计算

机械传动装置的运动特性通常用运动参数（如传动比、转速等）表示；其动力特性通常用动力参数（如机械效率、功率和转矩等）表示。这些参数是传动装置的重要性能参数，也是对各级传动进行设计计算的依据。

1. 传动比

对于串联式单路传动装置，当传递回转运动时，其总传动比为

$$i = \frac{n_d}{n_c} = i_1 i_2 \cdots i_K \qquad (\text{Ⅲ-1})$$

式中　　　n_d——原动机的转速或传动系统的输入转速（r/min）；

$\quad\quad\quad n_c$——传动系统的输出转速（r/min）；

i_1、i_2、$\cdots$、i_K——各级传动的传动比。

$i > 1$ 时为减速传动，$i < 1$ 时为增速传动。

在各级传动的设计计算完成后，由于多种因素的影响，系统的实际总传动比 i 常与预定值 i' 不完全相符，其传动比相对误差 Δi（也称为传动比误差）可表示为

$$\Delta i = \frac{i' - i}{i} \times 100\% \qquad (\text{Ⅲ-2})$$

各种机器都规定了传动比误差的许用值。

2. 转速

传动系统中，任一传动轴的转速 n_K 可由下式计算

$$n_K = \frac{n_d}{i_1 i_2 \cdots i_{K-1}} \qquad (\text{Ⅲ-3})$$

式中　$i_1 i_2 \cdots i_{K-1}$——从系统的输入轴到该轴之间各级传动比的连乘积。

3. 效率

各种常用机械传动的效率值见表Ⅲ-3。在一个传动装置中，设各传动及传动部件的效率

分别为 η_1、η_2、$\cdots$、η_n，串联式单路传动装置的总效率 η_c 为

$$\eta_c = \eta_1 \eta_2 \cdots \eta_n$$

并联与混联传动的总效率计算已在机械原理课程中论述。

4. 功率

机器执行机构的输出功率 P_w 可由负载参数（力或力矩）及运动参数（圆周速度或转速）求出，设执行机构的效率为 η_z，则传动装置的输入功率或原动机的所需功率 P_d 为

$$P_d = \frac{P_w}{\eta_c \eta_z} \tag{III-4}$$

按 $P_{ed} \geq P_d$ 的要求查手册，可确定原动机的额定功率 P_{ed}、转速及其型号。

设计各级传动时，常以传动件所在轴的输入功率 P_K 为计算依据

$$P_K = P' \eta_1 \eta_2 \cdots \eta_K \tag{III-5}$$

其中，η_1、η_2、$\cdots$、η_K 为从原动机至该轴之前各传动部件的效率，P' 为设计功率。对于批量生产的通用产品，为充分发挥原动机的工作能力，应以原动机的额定功率为设计功率，即取 $P' = P_{ed}$；对于专用的单台产品，为减小传动件的尺寸，降低成本，常以原动机的所需功率为计算功率，即取 $P' = P_d$。

5. 转矩

传动装置中任一传动轴的输入转矩 T_K（N·mm）可由下式求出

$$T_K = 9.55 \times 10^6 \frac{P_K}{n_K} \tag{III-6}$$

式中 P_K——该轴的输入功率（kW）；

n_K——该轴的转速（r/min）。

以上概要介绍了机械传动的类型、特点、选择的一般原则等。连杆机构、凸轮机构和齿轮系等已在机械原理课程中论述，本书不再重复。螺旋传动已合并在第五章讲述。本篇重点论述带传动、链传动、齿轮传动和蜗杆传动。

第八章

带传动

提示

　　本章主要介绍带传动的类型、特点、应用场合、工作原理、带传动的设计计算以及主要参数的选择方法，对同步带传动、高速带传动等仅做简介。本章重点为带传动的工作原理、力和应力分析、失效形式和普通 V 带传动的设计计算以及主要参数的选择。

第一节　概　述

一、工作原理和类型

　　带传动是一种应用很广泛的挠性机械传动，它由主动带轮、传动带和从动带轮组成，如图 8-1所示。根据工作原理的不同，带传动可分为摩擦型带传动（图 8-2）和啮合型带传动（或同步带传动）（图 8-3）两类。前者是利用带和带轮间的摩擦力来传递运动和动力的，而后者则是利用带上凸齿与带轮齿槽的啮合来传递运动和动力的。带传动在机械中应用广泛，除用来传递运动和动力外，有时也用来输送物料等。

三维模型

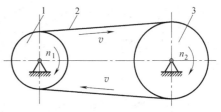

图 8-1　带传动运动示意图

1—主动带轮　2—传动带　3—从动带轮

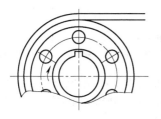

图 8-2　摩擦型带传动

图 8-3　啮合型带传动

　　根据带传动的布置形式，可以分为开口传动（图 8-1）、交叉传动（图 8-4a）和半交叉传动（图 8-4b），其中交叉传动、半交叉传动只能用于平带传动和圆带传动。

　　根据传动带的横截面形状，摩擦型带传动可分为平带传动、V 带传动和圆形带传动，其中 V 带传动又可分为普通 V 带传动、窄 V 带传动、联组 V 带传动、多楔带传动、大楔角 V

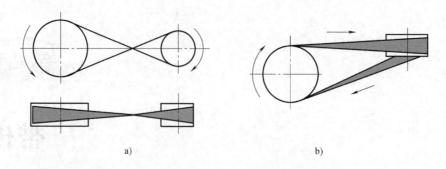

图 8-4 带传动的布置形式
a) 交叉传动 b) 半交叉传动

带传动和宽 V 带传动等多种类型；啮合型带传动可分为梯形齿同步带传动和圆弧齿同步带传动等。摩擦型传动带的类型如图 8-5 所示。由于普通 V 带传动应用最广，其设计理论具有普遍性，故本章重点介绍普通 V 带传动的设计方法，其他类型的 V 带传动的设计方法可查阅有关机械设计手册。

1. 摩擦型带传动

（1）平带传动 平带传动结构简单，传动效率高，带轮容易制造，在传动中心距较大的场合下应用较多。平带截面（图 8-5a）为矩形，常用的平带有胶帆布平带、编织平带（棉织、毛织和缝合棉布带）、锦纶片复合平带和高速环形胶带等。其中胶帆布平带应用最广，它的规格尺寸可查阅国家标准或手册。

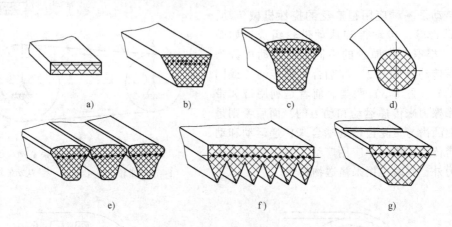

图 8-5 摩擦型传动带的类型
a) 平带 b) 普通 V 带 c) 窄 V 带 d) 圆形带 e) 联组 V 带 f) 多楔带 g) 大楔角 V 带

（2）普通 V 带 普通 V 带的截面（图 8-5b）为等腰梯形，张紧在 V 带轮的楔形槽中。V 带以其两侧面与轮槽接触，承载能力较同尺寸的平带大，分析如下：

图 8-6 所示为平带传动与 V 带传动的工作能力比较。

F_Q 为带对带轮的压紧力，F_N 为平带轮对带的正压力，F_{NV} 为 V 带轮侧面对带的正压力，f 为带与带轮之间的摩擦系数，φ 为 V 带轮的槽楔角。

平带的工作面为与带轮接触的内周面，带与带轮之间的摩擦力 F_f 为

$$F_f = fF_N = fF_Q \tag{8-1}$$

V 带的工作面为两侧面，根据力的平衡条件可知

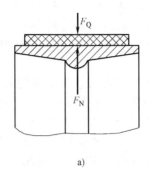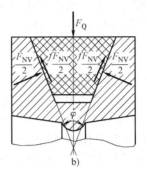

a)　　　　　　　　　　b)

图 8-6　平带与 V 带传动局部剖视图

a）平带传动　b）V 带传动

$$F_Q = F_{NV}\left(\sin\frac{\varphi}{2} + f\cos\frac{\varphi}{2}\right)$$

$$F_{NV} = \frac{F_Q}{\sin\frac{\varphi}{2} + f\cos\frac{\varphi}{2}} > F_N$$

因此，V 带与带轮之间的摩擦力 F_{fV} 为

$$F_{fV} = fF_{NV} = \frac{fF_Q}{\sin\frac{\varphi}{2} + f\cos\frac{\varphi}{2}} = f_v F_Q \qquad (8-2)$$

$$f_v = \frac{f}{\sin\frac{\varphi}{2} + f\cos\frac{\varphi}{2}} > f \qquad (8-3)$$

式中　f_v——当量摩擦系数。

显然，$F_{NV} > F_N$，当量摩擦系数 $f_v > f$，这就是 V 带的楔形增压原理。即在同样条件下，V 带比平带传递的功率大。为保证 V 带两侧面工作可靠，V 带与带轮轮槽底部应有间隙（图 8-6b），否则将显著降低其传递功率的能力。

普通 V 带是无接头的环形带，截面结构如图 8-7 所示。它由四部分组成：用橡胶填充制成的伸张层；由绳芯结构或帘布芯结构构成的强力层；用橡胶填充成的压缩层；由橡胶帆布构成的包布层。绳芯结构比较柔软，V 带挠曲性好，弯曲疲劳强度较高，但抗拉强度低，常用于载荷较小、直径较小的带轮和转速较高的场合。帘布芯结构制造容易，抗拉强度高，一般用途的 V 带多采用这种结构。

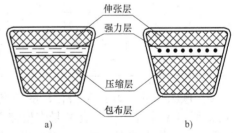

图 8-7　普通 V 带的结构

a）帘布芯结构　b）绳芯结构

V 带的名义长度称为基准长度。基准长度是按照一定的方式测量得到的。当 V 带垂直于其顶面弯曲时，从横截面上看，顶胶变窄，底胶变宽，在顶胶和底胶之间的某个位置处宽度保持不变，这个宽度称为带的节宽 b_p。把 V 带套在规定尺寸的测量带轮上，在规定的张紧力下，沿 V 带的节宽巡行一周，即为 V 带的基准长度 L_d，此时带的节宽对应的直径（节圆直径），即为带轮的基准直径 d_d。V 带的基准长度用于带传动的几何尺寸计算和带的标记，基准长度已经标准化。

普通 V 带按截面尺寸依次由小到大分为 Y、Z、A、B、C、D、E 七种型号，尺寸依次增大，各型号的截面尺寸见表 8-1。普通 V 带的基准长度系列见表 8-6。

普通 V 带的标记为：型号、基准长度、标准号。例如，标记为：B1000　GB/T 11544—2012，表示 B 型带、基准长度为 1000mm。

（3）窄 V 带传动　窄 V 带的横截面结构与普通 V 带类似。窄 V 带的承载层采用聚酯（涤纶）等合成纤维或钢丝绳。普通 V 带高与节宽比为 0.7，窄 V 带高与节宽比为 0.9。窄 V 带按截面尺寸依次由小到大分为 SPZ、SPA、SPB、SPC 四种型号，其结构和有关尺寸已经标准化。

窄 V 带的强力层上移且顶面微呈鼓形（图 8-5c），从而提高了带的强度和承载能力。窄 V 带承载能力高（适用于高速），最高允许速度可达 40~50m/s，适用于传递大功率而又要求结构紧凑的场合。

窄 V 带的截面尺寸见表 8-1。窄 V 带的基准长度系列参见表 8-7。

（4）圆形带传动　圆形带传动结构简单，便于快速装拆，但只能传递很小的功率，可用于需双面传动的场合。一般用于轻型机械，如缝纫机等。圆形带截面（图 8-5d）为圆形，常用的圆形带有圆皮带、圆绳带和圆锦纶带等。

（5）多楔带传动　多楔带传动的特点是在平带的基体下做出若干个 V 带（图 8-5f），带轮也做出相应的 V 形轮槽。多楔带传动兼有 V 带摩擦力大和平带柔韧性好的优点，可传递较大的功率。由于多楔带轻而薄，工作时弯曲应力和离心应力较小，可使用较小的带轮，减小了传动的尺寸，而且带的挠曲性好、载荷沿带宽分布较均匀，可用于有冲击载荷的传动。近年来，多楔带传动的应用已得到迅速发展。其缺点是要求较高的制造和安装精度。

表 8-1　普通 V 带、窄 V 带的截面尺寸和单位长度质量

带　型		节宽	顶宽	高度	楔角	单位长度质量
普通 V 带	窄 V 带	b_p/mm	b/mm	h/mm	φ	q/(kg/m)
Y		5.3	6	4		0.04
Z		8.5	10	6		0.06
	SPZ			8		0.07
A		11.0	13	8		0.10
	SPA			10		0.12
B		14.0	17	11	40°	0.17
	SPB			14		0.20
C		19.0	22	14		0.30
	SPC			18		0.37
D		27.0	32	19		0.60
E		32.0	38	23		0.87

（6）联组 V 带　联组 V 带传动的特点是由几条相同的 V 带在顶面联成一体的 V 带（图 8-5e）。联组 V 带克服了普通 V 带多根带之间的受力不均匀现象，减少了各单根带传动的横向振动，因而使带的寿命提高。其缺点是要求较高的制造和安装精度。

2. 啮合型带传动

啮合型带传动一般也称为同步带传动。与摩擦型带传动比较，同步带传动的带轮与传动带之间无相对滑动，能够保证严格的传动比，故越来越广泛地应用于仪器仪表和办公设备。但是对制造安装要求较高。

二、特点和应用

1. 摩擦型带传动的特点和应用

摩擦型带传动的优点是：

1）带是弹性体，能缓冲吸振，故传动平稳，噪声小。

2）过载时，带在带轮上打滑，因而可防止其他零件损坏，起到过载保护作用。

3）适用于两轴中心距较大的场合。

4）结构简单，制造和安装精度比啮合传动低，易于制造和安装，故成本较低。

主要缺点是：摩擦型带传动有弹性滑动现象，不能保证准确的传动比；传动效率较低；带的寿命较短；需较大张紧力，轴和轴承受力较大；外廓尺寸较大。

摩擦型带传动在多级传动系统中通常用于高速级传动。由于带传动效率较齿轮传动低，所以大功率带传动较为少用，传动功率 P 一般不大于 50kW，带的工作速度通常为 5 ~ 25m/s，特种高速带可达到 60m/s 以上；常用的传动比为 2 ~ 4，平带可达到 5，V 带可以达到 7，有张紧轮时可以达到 10。

2. 啮合型带传动的特点和应用

啮合型带传动的优点是：

1）传动平稳，噪声小，传动效率高（可达 0.98 ~ 0.99）。

2）传动比准确，且传动比大，可达 12 ~ 20，结构紧凑。

3）适用于高速，带速可达 80m/s。

4）双面同步带可用于多轴正反向传动。

主要缺点是：制造、安装精度要求高；中心距要求严格；成本高。

第二节 带传动的工作情况分析

一、受力分析

1. 带传动的有效拉力 F_e

摩擦型带传动在安装时，带必须以一定的初拉力 F_0 紧套在带轮上，由于 F_0 的作用，带和带轮的接触面上产生正压力。在工作前，带的两边拉力相等，均等于 F_0，如图 8-8a 所示。当主动带轮受到驱动转矩 T_1 作用开始转动时，在主动带轮一端，带轮为主动，带为从动，带阻碍带轮转动，带轮给带的摩擦力 $\sum F_f$ 为顺时针绕向；在从动带轮一端，带为主动，带轮为从动，带轮阻碍带传动，故带轮给带的摩擦力 $\sum F_f$ 为逆时针绕向，如图 8-6b 所示。显然，带在摩擦力的作用下，进入主动轮的一边被进一步拉紧，其拉力由 F_0 增大到 F_1，形成紧边；退出主动轮的一边被放松，其拉力由 F_0 减小到 F_2，形成松边。

取主动轮及其一侧的传动带为分离体，根据力矩平衡方程可知

$$F_1 - F_2 = \frac{2T_1}{d_{d1}} = F_e \tag{8-4}$$

式中 d_{d1} ——带轮的基准直径（mm）。

由式（8-4）可知，紧边拉力 F_1 与松边拉力 F_2 的差值等于带传动的有效拉力（圆周力）F_e。

取与主动轮接触的一侧的传动带为分离体，根据力矩平衡方程可知

$$\sum F_f = F_1 - F_2 = F_e \tag{8-5}$$

由式（8-5）知，有效拉力 F_e 等于分布在传动带和带轮接触面上的摩擦力的总和 $\sum F_f$。

有效拉力 F_e 与带传递的功率 P 及带速 v 的关系为

$$P = \frac{F_e v}{1000} \tag{8-6}$$

式中 P——带传递的功率（kW）；

v——带速（m/s）；

F_e——带传动的有效拉力（N）。

式（8-6）说明，带速 v 一定时，有效拉力 F_e 越大，则带传动传递的功率 P 越大，即带传动的工作能力越强。

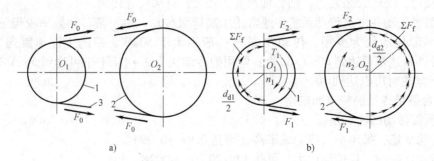

图 8-8 带传动的受力分析

a）工作前 b）工作时

带工作时，松边、紧边拉力不相等。假设带在弹性范围内变化，即符合胡克定律。如果近似认为工作前、后带的总长度不变，则传动带工作时紧边的伸长量增量与松边的缩短量减量相等。因此传动带工作时，紧边拉力的增加量与松边拉力的减小量应相等。即

$$F_1 - F_0 = F_0 - F_2$$

故

$$F_1 + F_2 = 2F_0 \tag{8-7}$$

由式（8-7）可知，带工作前和带工作时，带中的总拉力不发生改变。

在初拉力 F_0、紧边拉力 F_1、松边拉力 F_2 和有效圆周力 F_e 中，只有两个力是独立的。由式（8-5）、式（8-7）联立，可得

$$F_1 = F_0 + \frac{F_e}{2}, \qquad F_2 = F_0 - \frac{F_e}{2} \tag{8-8}$$

因为 $\sum F_f$ 与接触面间的正压力成正比，所以 F_e（$\sum F_f$）必定随着初拉力 F_0 的增大而增大。但 F_0 受材料、强度等因素的限制，不能无限制增大。而接触面间的摩擦系数 f 也受限于某一数值，因此带传动的有效拉力 F_e 必有一极限值 F_{ec}，当 $F_e > F_{ec}$ 时，带就会发生打滑现象。打滑是带传动的主要失效形式之一。带传递的功率 P 一定时，v 越大，F_e 越小，越不易打滑，所以带传动通常布置在高速级上。

2. 离心拉力 F_c

在图 8-9 中取一微弧段带 $\mathrm{d}l$ 进行分析，所对应的包角为 $\mathrm{d}\alpha$，若每米带的质量为 q（表 8-1），当微弧段以速度 v 绕带轮做圆周运动时，具有向心加速度 a_n（ $= 2v^2/d_{d1}$ ）。带上每一质点都受离心惯性力的作用，该微弧段的离心惯性力为

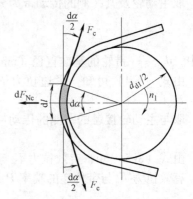

$$\mathrm{d}F_{Nc} = \mathrm{d}ma_n = d_{d1}/2\,\mathrm{d}\alpha\, q\, \frac{v^2}{d_{d1}/2} = qv^2\mathrm{d}\alpha$$

而离心惯性力 $\mathrm{d}F_{Nc}$ 和由其引起的离心拉力 F_c 相平

图 8-9 带传动离心拉力计算简图

衡，沿水平方向，则有

$$\sum F_x = 0, \quad 2F_c \sin \frac{d\alpha}{2} = dF_{Nc}$$

上式中，因 $d\alpha$ 很小，故可取 $\sin \dfrac{d\alpha}{2} \approx \dfrac{d\alpha}{2}$，得离心拉力

$$F_c = qv^2 \tag{8-9}$$

由于带为封闭环形，因此离心拉力 F_c 作用于带的全长。

3. 带传动的极限有效拉力 F_{ec} 及其影响因素

带传动中，当其他条件不变且初拉力 F_0 一定时，带和带轮之间的摩擦力有一极限值，该极限值限制着带的传动能力。

现以平带为例，分析带在即将打滑时紧边拉力 F_1 与松边拉力 F_2 的关系。图 8-10 所示为带传动极限有效拉力计算简图。在带上截取一微弧段 dl，带上各力的平衡条件为

沿垂直方向

$$(F + dF)\cos \frac{d\alpha}{2} - F\cos \frac{d\alpha}{2} - fdF_N = 0$$

式中　dF——紧边拉力增量；

　　dF_N——带轮给微弧段带的正压力。

取 $\cos \dfrac{d\alpha}{2} \approx 1$，整理上式为

$$dF = fdF_N \tag{8-10}$$

沿水平方向

$$F\sin \frac{d\alpha}{2} + (F + dF)\sin \frac{d\alpha}{2} - dF_N - dF_{Nc} = 0$$

取 $dF_{Nc} = qv^2 d\alpha$，$\sin \dfrac{d\alpha}{2} \approx \dfrac{d\alpha}{2}$，略去二阶无穷小量，整理上式为

$$Fd\alpha - dF_N = qv^2 d\alpha \tag{8-11}$$

由式（8-10）、式（8-11）联立，可得

$$dF = f(F - qv^2)d\alpha$$

积分上式，得

$$\int_{F_2}^{F_1} \frac{dF}{F - qv^2} = \int_0^\alpha fd\alpha$$

$$\frac{F_1 - qv^2}{F_2 - qv^2} = e^{f\alpha} \tag{8-12}$$

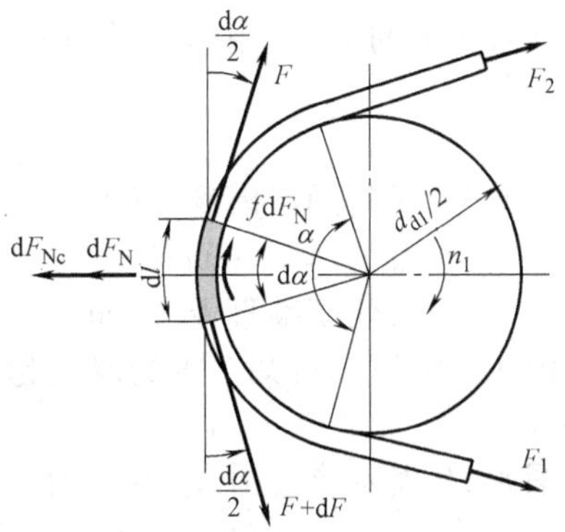

式中　e——自然对数的底数，$e = 2.718$；

　　f——摩擦系数（与带、带轮的材料及工况有关）；

图 8-10　带传动极限有效拉力计算简图

　　α——带在带轮上的包角（rad）。

由于小带轮上的包角 α_1 小于大带轮上的包角 α_2，因此小带轮上的总摩擦力相应地小于大带轮上的总摩擦力。因此，带传动的工作能力取决于小带轮上的总摩擦力，所以上式中包角用 α_1。

由式（8-4）、式（8-12）联立可得，带中紧边极限拉力与松边极限拉力为

$$F_1 = \frac{F_e e^{f\alpha_1}}{e^{f\alpha_1} - 1} + qv^2 \quad , \quad F_2 = \frac{F_e}{e^{f\alpha_1} - 1} + qv^2 \tag{8-13}$$

由式（8-7）和式（8-13）联立可得，带与带轮之间的极限摩擦力 ΣF_{fmax}，即带传动的极限有效拉力 F_{ec} 为

$$F_{ec} = \Sigma F_{fmax} = 2(F_0 - qv^2)\left(\frac{e^{f\alpha_1} - 1}{e^{f\alpha_1} + 1}\right) \tag{8-14}$$

式（8-14）给出的是带传动在极限状态下各力之间的关系，或者说是给出了一个具体的带传动所能提供的最大有效拉力 F_{ec}。当已知带传递的载荷时，可根据式（8-14）确定所需要的最小初拉力 F_{0min}。

由式（8-14）可知，最大有效拉力 F_{ec} 与初拉力 F_0、小轮包角 α_1 以及带与带轮之间的摩擦系数 f 等因素有关，当初拉力 F_0、小轮包角 α_1 以及带与带轮之间的摩擦系数 f 增大时，能传递的最大有效拉力 F_{ec} 增大，带传动的承载能力提高。

上述公式是按平带传动推导的，用于 V 带传动时，应将各式中的摩擦系数 f 用当量摩擦系数 f_v 代替。

二、应力分析

带传动工作时，带中的应力有以下几种：

1. 拉应力

$$\sigma_1 = \frac{F_1}{A}, \qquad \sigma_2 = \frac{F_2}{A} \tag{8-15}$$

式中　σ_1、σ_2——紧边拉应力、松边拉应力（MPa）；

　　　F_1、F_2——紧边拉力、松边拉力（N）；

　　　A——带的横截面积（mm^2）。

2. 离心拉应力

$$\sigma_c = \frac{F_c}{A} = \frac{qv^2}{A} \tag{8-16}$$

3. 弯曲应力

传动带绕在带轮上时，在带中会产生弯曲应力 σ_B。带为弹性体，弯曲应力 σ_B 只发生在带绕在带轮上的部分。由材料力学可知，带最外层的弯曲应力可近似按下式确定

$$\sigma_B = E\frac{h}{d_d} \tag{8-17}$$

式中　E——带的弹性模量（MPa）；

　　　h——带的厚度（mm）；

　　　d_d——带轮基准直径（mm）。

由式（8-17）可知，带的厚度越大、带轮直径越小，弯曲应力就越大，所以带轮直径不宜太小。

图 8-11 表示带工作时的应力分布情况，图中小带轮为主动轮。通常情况下，弯曲应力最大，离心拉应力比较小。离心拉应力仅占紧边拉应力的一小部分，且随着速度的增加而增大。带中可能产生的瞬时最大应力发生在带的紧边开始刚绕上小带轮处，即图 8-11 中 A 点处，此处的最大应力可近似地表示为

$$\sigma_{max} = \sigma_1 + \sigma_{B1} \tag{8-18}$$

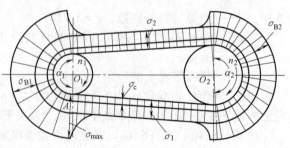

图 8-11　带的应力分布

式中 σ_{B1}——传动带绕经小带轮时产生的弯曲应力（MPa）。

由图可见，带在运动过程中，带上任一点的应力都要发生变化。带每转动一周，相当于应力变化的一个周期。当带工作一定的时间之后，将会发生疲劳破坏（疲劳断裂、强力层与包布层的撕裂等）。

三、运动分析

1. 带的弹性滑动和打滑

传动带是弹性体，在拉力作用下会产生弹性变形。带工作时，由于紧边拉力 F_1 大于松边拉力 F_2，所以紧边的单位变形量 ε_1 大于松边的单位变形量 ε_2。即

$$\varepsilon_1 > \varepsilon_2$$

其中，$\varepsilon_1 = \dfrac{F_1}{AE}$，$\varepsilon_2 = \dfrac{F_2}{AE}$。

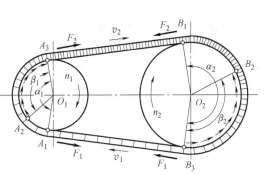

如图 8-12 所示，在小带轮上，带自 A_1 点绕上主动带轮时，带的速度和带轮表面的速度相等，但当带继续前进时，带的拉力由紧边拉力 F_1 逐渐降低到松边拉力 F_2，带的弹性应变量逐渐减少，因此带相对于小带轮表面向后退缩，导致带的速度 v 低于小带轮的线速度 v_1；同理，在大带轮上，带的拉力从松边拉力 F_2 逐渐增大到紧边拉力 F_1，带的弹性应变量逐渐增加，带相对大带轮表面向前伸长，导致带的速度 v 高于

图 8-12 带传动的弹性滑动

大带轮的线速度 v_2。这种由于带的弹性变形和拉力差而引起的带与带轮表面间的相对微量滑动现象，称为带传动的弹性滑动。

由于弹性滑动的存在，大带轮的线速度 v_2 小于小带轮的线速度 v_1，导致了传动功率损失，降低了传动效率，使得带与带轮磨损增加和温度升高。

需要指出的是：弹性滑动和打滑是两个截然不同的概念。

弹性滑动是由带工作时紧边和松边存在拉力差，使带的两边弹性应变不相等，从而引起的带与带轮之间局部而微小的相对滑动。因为带传动工作时，紧边和松边拉力不同，所以弹性滑动是不可避免的，这是摩擦型带传动在正常工作时固有的特性。打滑则是由于过载而引起的带在带轮上的全面滑动。打滑时带的磨损加剧，从动轮转速急剧降低甚至停止运动，导致传动失效。

带在带轮上的弹性滑动并不是发生在全部包角的接触弧上。试验结果表明，弹性滑动只发生在带离开带轮前的部分接触弧 $\overset{\frown}{A_2A_3}$ 和 $\overset{\frown}{B_2B_3}$ 上（图 8-12），这部分接触弧称为滑动弧，而 $\overset{\frown}{A_1A_2}$ 和 $\overset{\frown}{B_1B_2}$ 则称为静止弧。滑动弧所对应的圆心角称为滑动角（β_1 和 β_2）。滑动角随载荷 $F_e = F_1 - F_2$ 的增大而增大，当传递的有效拉力达到极限值 F_{ec} 时，小带轮上的滑动弧逐渐增至全部接触弧，即 $\beta_1 = \alpha_1$。如果载荷继续增大，则带与小带轮接触面间将发生显著的相对滑动，即整体打滑。打滑将使带严重磨损和发热，从动轮转速急剧下降，从而使带传动失效，所以打滑是必须要避免的。但是，当带传动传递的负载功率突然增大而超过设计功率，即传动超载时，打滑却可以起到过载保护的作用，避免其他零件发生损坏。

对于开口传动，带在小带轮上的包角 α_1 总是小于大带轮上的包角 α_2，所以打滑一般首先发生在小带轮上。

2. 滑动率 ε 和传动比 i_{12}

由带的弹性滑动引起的从动带轮相对于主动带轮圆周速度的降低率 ε，称为滑动率。即

$$\varepsilon = \frac{v_1 - v_2}{v_1} \times 100\% \tag{8-19}$$

其中，$v_1 = \dfrac{\pi d_{d1} n_1}{60 \times 1000}$，$v_2 = \dfrac{\pi d_{d2} n_2}{60 \times 1000}$。

式中　　v_1、v_2——主、从动带轮的线速度（m/s）；

　　　　d_{d1}、d_{d2}——主、从动带轮的基准直径（mm）；

　　　　n_1、n_2——主、从动轮的转速（r/min）。

由式（8-19）可得，考虑弹性滑动影响的传动比为

$$i_{12} = \frac{n_1}{n_2} = \frac{d_{d2}}{d_{d1}(1 - \varepsilon)} \tag{8-20}$$

滑动率反映了弹性滑动的大小，它与传递的有效拉力及带的结构、材质等因素有关，通常是变化的，因此带传动不能保持恒定的传动比。

一般 ε 为 1%～2%，粗略计算时可以忽略不计。因此在一般的带传动中，传动比近似地可取为

$$i_{12} = \frac{n_1}{n_2} \approx \frac{d_{d2}}{d_{d1}} \tag{8-21}$$

由于弹性滑动随着有效拉力 F_e 的大小变化，所以滑动率的大小与带传动传递的功率有关。此外，选用弹性模量 E 大的材料，可减小弹性滑动，减小滑动率。

第三节　V 带传动的设计计算

一、失效形式和设计准则

带传动的主要失效形式是打滑和疲劳破坏。因此，带传动的设计准则是：在保证不打滑的条件下，具有一定的疲劳强度和寿命。

二、单根 V 带的基本额定功率

由式（8-5）、式（8-13）可得，带传动不打滑时的极限有效拉力为

$$F_{ec} = \sum F_{fmax} = (F_1 - qv^2)\left(1 - \frac{1}{e^{f_v \alpha_1}}\right) = (\sigma_1 A - qv^2)\left(1 - \frac{1}{e^{f_v \alpha_1}}\right) \tag{8-22}$$

根据带的应力分析，带的疲劳强度条件为

$$\sigma_{max} = \sigma_1 + \sigma_{B1} \leqslant [\sigma] \tag{8-23}$$

式中　$[\sigma]$——由带的疲劳寿命决定的许用拉应力（MPa）。

由式（8-22）、式（8-23）和式（8-6），可得带传动不打滑时，单根 V 带所允许传递的最大功率为

$$P_0 = \frac{F_{ec} v}{1000} = ([\sigma] - \sigma_{B1} - \sigma_c)\left(1 - \frac{1}{e^{f_v \alpha_1}}\right)\frac{Av}{1000} \tag{8-24}$$

单根 V 带所允许传递的最大功率 P_0 称为基本额定功率，它是在特定条件下通过实验得到的。特定条件为：包角 $\alpha_1 = 180°$（即 $i = 1$），特定带长，平稳的工作条件。

由实验得出，在 $10^8 \sim 10^9$ 次应力循环下，V 带的许用应力为

$$[\sigma] = \sqrt[m]{\frac{C L_d}{3600 j_n t_h v}} \tag{8-25}$$

式中　C——由 V 带的材质和结构决定的实验常数;

　　　L_d——V 带的基准长度 (m);

　　　j_n——V 带绕行一周时绕过带轮的数目, 一般取 $j_n = 2$;

　　　t_h——V 带的预期寿命 (h);

　　　m——指数, 对于普通 V 带, $m = 11.1$。

将式 (8-25) 代入式 (8-24), 并取 $f_v = 0.51$, 可得单根 V 带的基本额定功率计算公式为

$$P_0 = \frac{F_{ec}v}{1000} = \left(\sqrt[11.1]{\frac{CL_d}{7200t_hv}} - \sigma_{B1} - \sigma_c \right) \left(1 - \frac{1}{e^{0.51\alpha_1}} \right) \frac{Av}{1000} \tag{8-26}$$

由式 (8-26) 可以看出, 影响带传动能力的主要因素有: 摩擦系数 f_v、小带轮的包角 α_1、带速 v、小带轮的基准直径 d_{d1}、带的型号以及初拉力 F_0 等。

表 8-2 列出了根据式 (8-26) 确定的单根普通 V 带在特定条件下所能传递的基本额定功率 P_0, 表 8-3 列出了根据式 (8-26) 确定的单根窄 V 带在特定条件下所能传递的基本额定功率 P_0, 设计时可直接查用。

表 8-2　单根普通 V 带的基本额定功率 P_0　　　　　(单位: kW)

带型	小带轮基准直径 d_d/mm	小带轮转速 n_1/(r/min)										
		400	700	950	1200	1450	1600	2000	2400	2800	3600	5000
Z	50	0.06	0.09	0.12	0.14	0.16	0.17	0.20	0.22	0.26	0.30	0.34
	56	0.06	0.11	0.14	0.17	0.19	0.20	0.25	0.30	0.33	0.37	0.41
	63	0.08	0.13	0.18	0.22	0.25	0.27	0.32	0.37	0.41	0.47	0.50
	71	0.09	0.17	0.23	0.27	0.30	0.33	0.39	0.46	0.50	0.58	0.62
	80	0.14	0.20	0.26	0.30	0.35	0.39	0.44	0.50	0.56	0.64	0.66
	90	0.14	0.22	0.28	0.33	0.36	0.40	0.48	0.54	0.60	0.68	0.73
A	75	0.26	0.40	0.51	0.60	0.68	0.73	0.84	0.92	1.00	1.08	1.02
	90	0.39	0.61	0.77	0.93	1.07	1.15	1.34	1.50	1.64	1.83	1.82
	100	0.47	0.74	0.95	1.14	1.32	1.42	1.66	1.87	2.05	2.28	2.25
	112	0.56	0.90	1.15	1.39	1.61	1.74	2.04	2.30	2.51	2.78	2.64
	125	0.67	1.07	1.37	1.66	1.92	2.07	2.44	2.74	2.98	3.26	2.91
	140	0.78	1.26	1.62	1.96	2.28	2.45	2.87	3.22	3.48	3.72	2.99
	160	0.94	1.51	1.95	2.36	2.73	2.94	3.42	3.80	4.06	4.17	2.67
	180	1.09	1.76	2.27	2.74	3.16	3.40	3.93	4.32	4.54	4.40	1.81
B	125	0.84	1.30	1.64	1.93	2.19	2.33	2.64	2.85	2.96	2.80	1.09
	140	1.05	1.64	2.08	2.47	2.83	3.00	3.42	3.70	3.85	3.63	1.29
	160	1.32	2.09	2.66	3.17	3.62	3.86	4.40	4.75	4.89	4.46	0.81
	180	1.59	2.53	3.22	3.85	4.39	4.68	5.30	5.67	5.76	4.92	—
	200	1.85	2.96	3.77	4.50	5.13	5.46	6.13	6.47	6.43	4.98	—
	224	2.17	3.47	4.42	5.26	5.97	6.33	7.02	7.25	6.95	4.47	—
	250	2.50	4.00	5.10	6.04	6.82	7.20	7.87	7.89	7.14	5.12	—
	280	2.89	4.61	5.85	6.90	7.76	8.13	8.60	8.22	6.80	—	—
C	200	2.41	3.69	4.58	5.29	5.84	6.07	6.34	6.02	5.01	—	—
	224	2.99	4.64	5.78	6.71	7.45	7.75	8.06	7.57	6.08	—	—
	250	3.62	5.64	7.04	8.21	9.04	9.38	9.62	8.75	6.56	—	—
	280	4.32	6.76	8.49	9.81	10.72	11.06	11.04	9.50	6.13	—	—
	315	5.14	8.09	10.05	11.53	12.46	12.72	12.14	9.43	4.16	—	—
	355	6.05	9.50	11.73	13.31	14.12	14.19	12.57	7.98	—	—	—
	400	7.06	11.02	13.48	15.04	15.53	15.24	11.95	4.34	—	—	—
	450	8.20	12.63	15.23	16.59	16.47	15.57	9.64	—	—	—	—
D	355	9.24	13.70	16.15	17.25	16.70	15.63	—	—	—	—	—
	400	11.45	17.07	20.06	21.20	20.15	18.31	—	—	—	—	—
	450	13.85	20.63	24.01	24.84	22.02	19.59	—	—	—	—	—
	500	16.20	23.99	27.50	26.71	23.59	18.88	—	—	—	—	—
	560	18.95	27.73	31.04	29.67	22.58	15.13	—	—	—	—	—
	630	22.05	31.68	34.19	30.15	18.06	6.25	—	—	—	—	—
	710	25.45	35.59	36.35	27.88	7.99	—	—	—	—	—	—
	800	29.08	39.14	36.76	21.32	—	—	—	—	—	—	—

注: 因为 Y 型带主要用于传动, 所以没有列出。

表 8-3　单根窄 V 带的基本额定功率 P_0　　　　　　（单位：kW）

带型	小带轮基准直径 d_d/mm	小带轮转速 n_1/(r/min)										
		400	700	950	1200	1450	1600	2000	2400	2800	3600	5000
SPZ	63	0.35	0.54	0.68	0.81	0.93	1.00	1.17	1.32	1.45	1.66	1.85
	71	0.44	0.70	0.90	1.08	1.25	1.35	1.59	1.81	2.00	2.33	2.68
	80	0.55	0.88	1.14	1.38	1.60	1.73	2.05	2.34	2.61	3.06	3.56
	90	0.67	1.09	1.40	1.70	1.98	2.14	2.55	2.93	3.26	3.84	4.46
	100	0.79	1.28	1.66	2.02	2.36	2.55	3.05	3.49	3.90	4.58	5.27
	112	0.93	1.52	1.97	2.40	2.80	3.04	3.62	4.16	4.64	5.42	6.14
SPA	90	0.75	1.17	1.48	1.76	2.02	2.16	2.49	2.77	3.00	3.26	3.07
	100	0.94	1.49	1.89	2.27	2.61	2.80	3.27	3.67	3.99	4.42	4.31
	112	1.16	1.86	2.38	2.86	3.31	3.57	4.18	4.71	5.15	5.72	5.61
	125	1.40	2.25	2.90	3.50	4.06	4.38	5.15	5.80	6.34	7.03	6.75
	140	1.66	2.71	3.49	4.23	4.91	5.29	6.22	7.01	7.64	8.39	7.69
	160	2.04	3.30	4.27	5.17	6.01	6.47	7.60	8.53	9.24	9.94	8.28
	180	2.39	3.89	5.04	6.10	7.07	7.62	8.90	9.93	10.67	11.15	7.99
SPB	140	1.92	3.02	3.83	4.55	5.19	5.54	6.31	6.86	7.15	6.89	—
	160	2.47	3.92	5.01	5.98	6.86	7.33	8.38	9.13	9.52	9.10	—
	180	3.01	4.82	6.16	7.38	8.46	9.05	10.34	11.21	11.62	10.77	—
	200	3.54	5.96	7.30	8.74	10.02	10.70	12.18	13.11	13.41	11.83	—
	224	4.18	6.73	8.63	10.33	11.81	12.59	13.49	14.21	15.10	12.23	—
	250	4.86	7.84	10.04	11.99	13.66	14.51	15.47	16.19	16.89	11.48	—
SPC	224	5.19	8.13	10.19	11.89	13.22	13.81	14.58	14.01	—	—	—
	250	6.31	9.95	12.51	14.61	16.21	16.52	17.70	16.69	—	—	—
	280	7.59	12.01	15.10	17.60	19.44	20.20	20.75	18.86	—	—	—
	315	9.07	14.36	18.01	20.88	22.87	23.58	23.47	19.98	—	—	—

三、单根 V 带的额定功率

单根 V 带的基本额定功率 P_0 是在特定条件下进行实验得到的。当带传动的实际工作条件下与特定条件不相符时，应引入附加项和修正系数进行修正，从而得到单根 V 带许用额定功率的计算公式为

$$[P_0] = (P_0 + \Delta P_0)K_L K_\alpha \tag{8-27}$$

式中　ΔP_0——额定功率增量，考虑 $i \neq 1$ 时，带在大轮上的弯曲应力较小，对带的疲劳强度有利，在相同的寿命条件下，额定功率可比 $i = 1$ 时传递的功率大，由表 8-4 或表 8-5 查取；

　　　K_L——长度系数，考虑带长不等于特定带长时的修正系数，见表 8-6 或表 8-7；

　　　K_α——包角系数，考虑 $\alpha_1 \neq 180°$ 时的修正系数，见表 8-8。

表 8-4　单根普通 V 带 $i \neq 1$ 时额定功率的增量 ΔP_0　　　　　　（单位：kW）

带型	传动比 i	小带轮转速 n_1/(r/min)								
		400	700	950	1200	1450	1600	2000	2400	2800
Z	1.00~1.01	0.00	0.00	0.00	0.00	0.00	0.00	0.00	0.00	0.00
	1.02~1.04	0.00	0.00	0.00	0.00	0.00	0.01	0.01	0.01	0.01
	1.05~1.08	0.00	0.00	0.00	0.01	0.01	0.01	0.01	0.02	0.02
	1.09~1.12	0.00	0.00	0.01	0.01	0.01	0.01	0.02	0.02	0.02
	1.13~1.18	0.00	0.00	0.01	0.01	0.01	0.01	0.02	0.02	0.03
	1.19~1.24	0.00	0.00	0.01	0.01	0.02	0.02	0.02	0.03	0.03
	1.25~1.34	0.00	0.01	0.01	0.02	0.02	0.02	0.03	0.03	0.03
	1.35~1.50	0.00	0.01	0.02	0.02	0.02	0.02	0.03	0.03	0.04
	1.51~1.99	0.01	0.01	0.02	0.02	0.03	0.03	0.03	0.04	0.04
	≥2.0	0.01	0.02	0.02	0.03	0.03	0.03	0.04	0.04	0.04

（续）

带型	传动比 i	小带轮转速 n_1/(r/min)								
		400	700	950	1200	1450	1600	2000	2400	2800
A	1.00~1.01	0.00	0.00	0.00	0.00	0.00	0.00	0.00	0.00	0.00
	1.02~1.04	0.01	0.01	0.01	0.02	0.02	0.02	0.03	0.03	0.04
	1.05~1.08	0.01	0.02	0.03	0.03	0.04	0.04	0.06	0.07	0.08
	1.09~1.12	0.02	0.03	0.04	0.05	0.06	0.06	0.08	0.10	0.11
	1.13~1.18	0.02	0.04	0.05	0.07	0.08	0.09	0.11	0.13	0.15
	1.19~1.24	0.03	0.05	0.06	0.08	0.09	0.11	0.13	0.16	0.19
	1.25~1.34	0.03	0.06	0.07	0.10	0.11	0.13	0.16	0.19	0.23
	1.35~1.50	0.04	0.07	0.08	0.11	0.13	0.15	0.19	0.23	0.26
	1.51~1.99	0.04	0.08	0.10	0.13	0.15	0.17	0.22	0.26	0.30
	≥2.0	0.05	0.05	0.11	0.15	0.17	0.19	0.24	0.29	0.34
B	1.00~1.01	0.00	0.00	0.00	0.00	0.00	0.00	0.00	0.00	0.00
	1.02~1.04	0.01	0.02	0.03	0.04	0.05	0.06	0.07	0.08	0.10
	1.05~1.08	0.03	0.05	0.07	0.08	0.10	0.11	0.14	0.17	0.20
	1.09~1.12	0.04	0.07	0.10	0.13	0.15	0.17	0.21	0.25	0.29
	1.13~1.18	0.06	0.10	0.13	0.17	0.20	0.23	0.28	0.34	0.39
	1.19~1.24	0.07	0.12	0.17	0.21	0.25	0.28	0.35	0.42	0.49
	1.25~1.34	0.08	0.15	0.20	0.25	0.31	0.34	0.42	0.51	0.59
	1.35~1.50	0.10	0.17	0.23	0.30	0.36	0.39	0.49	0.59	0.69
	1.51~1.99	0.11	0.20	0.26	0.34	0.0.40	0.45	0.56	0.68	0.79
	≥2.0	0.13	0.22	0.30	0.38	0.46	0.51	0.63	0.76	0.89
C	1.00~1.01	0.00	0.00	0.00	0.00	0.00	0.00	0.00	0.00	0.00
	1.02~1.04	0.04	0.07	0.09	0.12	0.14	0.16	0.20	0.23	0.27
	1.05~1.08	0.08	0.14	0.19	0.24	0.28	0.31	0.39	0.47	0.55
	1.09~1.12	0.12	0.21	0.27	0.35	0.42	0.47	0.59	0.70	0.82
	1.13~1.18	0.16	0.27	0.37	0.47	0.58	0.63	0.78	0.94	1.10
	1.19~1.24	0.20	0.34	0.47	0.59	0.71	0.78	0.98	1.18	1.37
	1.25~1.34	0.23	0.41	0.56	0.70	0.85	0.94	1.17	1.41	1.64
	1.35~1.50	0.27	0.48	0.65	0.82	0.99	1.10	1.37	1.65	1.92
	1.51~1.99	0.31	0.55	0.74	0.94	1.14	1.25	1.57	1.88	2.19
	≥2.0	0.35	0.62	0.83	1.06	1.27	1.41	1.76	2.12	2.47
D	1.00~1.01	0.00	0.00	0.00	0.00	0.00	0.00	—	—	—
	1.02~1.04	0.14	0.24	0.33	0.42	0.51	0.56	—	—	—
	1.05~1.08	0.28	0.49	0.66	0.84	1.01	1.11	—	—	—
	1.09~1.12	0.42	0.73	0.99	1.25	1.51	1.67	—	—	—
	1.13~1.18	0.56	0.97	1.32	1.67	2.02	2.23	—	—	—
	1.19~1.24	0.70	1.22	1.60	2.09	2.52	2.78	—	—	—
	1.25~1.34	0.83	1.46	1.92	2.50	3.02	3.33	—	—	—
	1.35~1.50	0.97	1.70	2.31	2.92	3.52	3.89	—	—	—
	1.51~1.99	1.11	1.95	2.64	3.34	4.03	4.45	—	—	—
	≥2.0	1.25	2.19	2.97	3.75	4.53	5.00	—	—	—

表 8-5　单根窄 V 带 $i \neq 1$ 时额定功率的增量 ΔP_0　　（单位：kW）

带型	传动比 i	小带轮转速 n_1/(r/min)								
		400	700	950	1200	1450	1600	2000	2400	2800
SPZ	1.39~1.57	0.05	0.09	0.12	0.15	0.18	0.20	0.25	0.30	0.35
	1.58~1.94	0.06	0.10	0.13	0.17	0.20	0.22	0.28	0.33	0.39
	1.95~3.38	0.06	0.11	0.15	0.18	0.22	0.24	0.30	0.36	0.43
	≥3.39	0.06	0.12	0.15	0.19	0.23	0.26	0.32	0.39	0.45

（续）

带型	传动比 i	小带轮转速 n_1/(r/min)								
		400	700	950	1200	1450	1600	2000	2400	2800
SPA	1.39~1.57	0.13	0.23	0.30	0.38	0.46	0.51	0.64	0.76	0.89
	1.58~1.94	0.14	0.26	0.34	0.43	0.51	0.57	0.71	0.86	1.00
	1.95~3.38	0.16	0.28	0.37	0.47	0.56	0.62	0.78	0.93	1.09
	≥3.39	0.16	0.30	0.40	0.49	0.59	0.66	0.82	0.99	1.15
SPB	1.39~1.57	0.26	0.47	0.63	0.79	0.95	1.05	1.32	1.58	1.85
	1.58~1.94	0.30	0.53	0.71	0.89	1.07	1.19	1.48	1.78	2.08
	1.95~3.38	0.32	0.58	0.78	0.97	1.16	1.29	1.62	1.94	2.26
	≥3.39	0.34	0.62	0.82	1.03	1.23	1.37	1.71	2.05	2.40
SPC	1.39~1.57	0.79	1.43	1.90	2.38	2.85	3.17	3.96	4.75	—
	1.58~1.94	0.89	1.60	2.14	2.67	3.21	3.57	4.46	5.35	—
	1.95~3.38	0.97	1.75	2.33	2.91	3.50	3.89	4.86	5.83	—
	≥3.39	1.03	1.85	2.47	3.09	3.70	4.11	5.14	6.17	—

表 8-6　普通 V 带的基准长度系列和长度系数 K_L

基准长度 L_d/mm	型号					基准长度 L_d/mm	型号				
	Y	Z	A	B	C		A	B	C	D	E
200	0.81					2000	1.03	0.98	0.88		
224	0.82					2240	1.06	1.00	0.91		
250	0.84					2500	1.09	1.03	0.93		
280	0.87					2800	1.11	1.05	0.95	0.83	
315	0.89					3150	1.13	1.09	0.97	0.86	
355	0.92					3550	1.17	1.10	0.99	0.89	
400	0.96	0.87				4000	1.19	1.13	1.02	0.91	
450	1.00	0.89				4500		1.15	1.04	0.93	0.90
500	1.02	0.91				5000		1.18	1.07	0.96	0.92
560		0.94				5600			1.09	0.98	0.95
630		0.96	0.81			6300			1.12	1.00	0.97
710		0.99	0.83			7100			1.15	1.03	1.00
800		1.00	0.85			8000			1.18	1.06	1.02
900		1.03	0.87	0.82		9000			1.21	1.08	1.05
1000		1.06	0.89	0.84		10000			1.23	1.11	1.07
1120		1.08	0.91	0.86		11200				1.14	1.10
1250		1.11	0.93	0.88		12500				1.17	1.12
1400		1.14	0.96	0.90		14000				1.20	1.15
1600		1.16	0.99	0.92	0.83	16000				1.22	1.18
1800		1.18	1.01	0.95	0.86						

注：1. 无长度系数的规格均无标准 V 带供货。

　　2. 基准长度 L_d 为 V 带在规定的张紧力下，位于测量带轮基准直径 d_d 上的周线长度。

四、参数选择

1. 小带轮的基准直径 d_{d1}

减小带轮直径，将会增加带的弯曲应力，导致带的疲劳寿命降低。另外，在带传递的功率一定时，减小带轮的直径，会减小带速，增加带传动的有效拉力，从而导致 V 带根数的增加。这样不仅增大了带轮的宽度，而且也增大了载荷在 V 带之间分配的不均匀性。一般情况下，应保证 $d_{d1} \geq d_{dmin}$。各种型号 V 带轮的最小基准直径推荐值列于表 8-9 中。

表 8-7 窄 V 带的基准长度系列和长度系数 K_L

基准长度 L_d/mm	型 号				基准长度 L_d/mm	型 号			
	SPZ	SPA	SPB	SPC		SPZ	SPA	SPB	SPC
630	0.82				3150	1.11	1.04	0.98	0.90
710	0.84				3550	1.13	1.06	1.00	0.92
800	0.86	0.81			4000		1.08	1.02	0.94
900	0.88	0.83			4500		1.09	1.04	0.96
1000	0.90	0.85			5000			1.06	0.98
1120	0.93	0.87			5600			1.08	1.00
1250	0.94	0.89	0.82		6300			1.10	1.02
1400	0.96	0.91	0.84		7100			1.12	1.04
1600	1.00	0.93	0.86		8000			1.14	1.06
1800	1.01	0.95	0.88		9000				1.08
2000	1.02	0.96	0.90	0.81	10000				1.10
2240	1.05	0.98	0.92	0.83	11200				1.12
2500	1.07	1.00	0.94	0.86	12500				1.14
2800	1.09	1.02	0.96	0.88					

注：无长度系数的规格均无标准窄 V 带供货。

表 8-8 包角系数 K_α

小带轮包角 α_1/(°)	180	170	160	150	140	130	120	110	100	90
K_α	1.00	0.98	0.95	0.92	0.89	0.86	0.82	0.78	0.74	0.69

表 8-9 V 带轮的最小基准直径 d_{dmin} （单位：mm）

槽 型	Y	Z	A	B	C	D	E
		SPZ	SPA	SPB	SPC		
d_{dmin}	20	50	75	125	200	355	500

2. 传动比 i

传动比大，会减小小带轮的包角（中心距一定时），从而减小极限有效拉力 F_{ec}。当带轮的包角减小到一定程度时，带传动就会打滑，从而无法传递规定的功率。因此，传动比一般为 $i \le 7$，推荐值为 $i = 2 \sim 5$。

分析表 8-2 中数据可知，在大部分速度范围内，V 带的基本额定功率 P_0 都是逐渐升高的，只有在极高速的情况下才会下降。所以，为了充分发挥带的工作能力和减小带传动的总体尺寸，在多级传动中，应将带传动布置在高速级。

3. 带速 v

当带传递的功率一定时，提高带速，可以减小带传动的有效拉力，相应地减少带的根数或者 V 带的横截面积，总体上减小带传动的尺寸；但提高带速，也增大了 V 带的离心力，从而减小带与带轮间的压力，使极限有效拉力 F_{ec} 减小，导致传动能力下降，同时提高带速也增加了单位时间内带的循环次数，不利于提高带传动的疲劳强度和寿命。

由此可见，带速不宜过高或过低，对于普通 V 带，一般推荐 $v = 5 \sim 25$ m/s，最佳带速为 $v = 20 \sim 25$ m/s。

4. 中心距 a

中心距大，可以增加小带轮的包角（带轮直径一定时），减少单位时间内带的循环次数，有利于提高带的寿命。但是中心距过大，则会加剧带的抖动，降低带传动的平稳性，同时增大带传动的整体尺寸。中心距小，则有相反的利弊。一般初选带传动的中心距 a_0 为

$$0.7(d_{d1} + d_{d2}) \le a_0 \le 2(d_{d1} + d_{d2}) \tag{8-28}$$

五、设计计算

1. 已知条件和设计内容

设计带传动时的已知条件为：传递的功率 P，主、从动轮转速 n_1 和 n_2 或传动比 i，对传动装置和总体尺寸的要求，工作条件等。

设计内容为：带的型号、长度和根数，传动中心距，带轮的材料、结构和尺寸，初拉力和作用在轴上的压力，张紧装置等。

2. 设计步骤和方法

（1）确定计算功率 P_{ca}　计算功率 P_{ca} 是根据传递的名义功率 P，并考虑工作机载荷性质、原动机种类和每天运转的时间等因素而确定的。即

$$P_{ca} = K_A P \tag{8-29}$$

式中　K_A——工况系数，见表 8-10。

表 8-10　工况系数 K_A

载荷性质	工 作 机	原 动 机					
		空、轻载起动			重载起动		
		每天运转时间/h					
		<10	10~16	>16	<10	10~16	>16
工作平稳或载荷变动微小	液体搅拌机、离心式水泵、鼓风机和通风机（≤7.5kW）、离心式压缩机、轻型输送机	1.0	1.1	1.2	1.1	1.2	1.3
载荷变动小	带式输送机（不均匀载荷）、通风机（>7.5kW）、发电机、旋转式水泵、机床、压力机、印刷机、锯木机和木工机械	1.1	1.2	1.3	1.2	1.3	1.4
载荷变动较大	螺旋式输送机、斗式提升机、往复式水泵和压缩机、锻锤、粉碎机、纺织机、振动筛、剪床	1.2	1.3	1.4	1.4	1.5	1.6
冲击载荷	破碎机（旋转式、颚式等）、球磨机、棒磨机、起重机、挖掘机、橡胶辊压机	1.3	1.4	1.5	1.5	1.6	1.8

注：1. 在反复起动、正反转频繁、工作条件恶劣等场合，K_A 应乘以 1.2；窄 V 带乘以 1.1。

2. 在增速传动场合，K_A 应乘以下列系数：

增速比 i：　1.25~1.74　　1.75~2.49　　2.50~3.49　　≥3.5

系　数：　　1.05　　　　1.11　　　　1.18　　　　1.25

3. 空、轻载起动—电动机（交流起动、三角起动、直流并励）、四缸以上的内燃机、装有离心式离合器、液力联轴器的动力机。

4. 重载起动—电动机（联机交流起动、直流复励或串励）、四缸以下的内燃机。

（2）选择 V 带型号　根据计算功率 P_{ca} 和小带轮的转速 n_1 由图 8-13 初选带型（窄 V 带型号由图 8-14 选取）。当在两种型号交界线附近时，可以对两种型号同时进行计算，最后择优选定。

（3）确定带轮的基准直径 d_d 并验算带速 v

1）初选小带轮的基准直径 d_{d1}。根据 V 带的带型，查表 8-9、表 8-11 确定小带轮的基准直径 d_{d1}。

2）验算带速 v

$$v = \frac{\pi d_{d1} n_1}{60 \times 1000}$$

一般应符合：$5\text{m/s} \leqslant v \leqslant 25\text{m/s}$，最高不超过 30m/s。

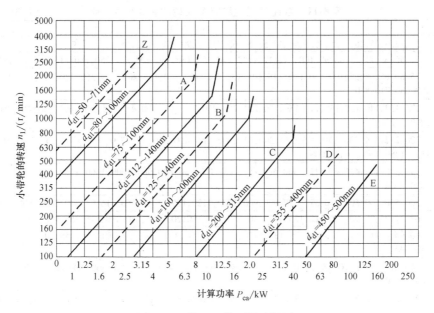

图 8-13 普通 V 带型号选择图

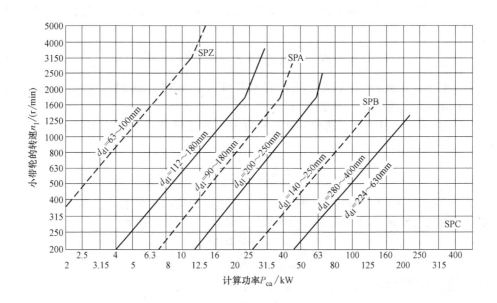

图 8-14 窄 V 带型号选择图

3）计算大带轮的基准直径 d_{d2}。当要求传动比 i 较精确时，应由式（8-21）计算 d_{d2}。一般可忽略滑动率 ε，则

$$d_{d2} \approx \frac{n_1}{n_2} d_{d1} = i_{12} d_{d1}$$

计算出的 d_{d2} 应按表 8-11 中的基准直径系列加以圆整。

（4）确定中心距，并选择 V 带的基准长度 L_d

1）初选中心距 a_0。根据带传动总体尺寸的限制条件或要求的中心距并结合式（8-28）初定中心距 a_0。

表 8-11　普通 V 带轮和窄 V 带轮的基准直径系列　　　　　（单位：mm）

带型	基准直径
Y	20,22.4,25,28,31.5,35.5,40,45,50,56,63,71,80,90,100,112,125
Z	50,56,63,71,75,80,90,100,112,125,132,140,150,160,180,200,224,250,280,315,355,400,500,630
A	75,80,85,90,95,100,106,112,118,125,132,140,150,160,180,200,224,250,280,315,355,400,450,500,560,630,710,800
B	125,132,140,150,160,170,180,200,224,250,280,315,355,400,450,500,560,600,630,710,750,800,900,1000,1120
C	200,212,224,236,250,265,280,300,315,335,355,400,450,500,560,600,630,710,750,800,900,1000,1120,1250,1400,1600,2000
D	355,375,400,425,450,475,500,560,600,630,710,750,800,900,1000,1060,1120,1250,1400,1500,1600,1800,2000
E	500,530,560,600,630,670,710,800,900,1000,1120,1250,1400,1500,1600,1800,2000,2240,2500
SPZ	63,71,75,80,90,100,112,125,132,140,150,160,180,200,224,250,280,315,355,400,500,630
SPA	90,95,100,106,112,118,125,132,140,150,160,180,200,224,250,280,315,355,400,450,500,560,630,710,800
SPB	140,150,160,170,180,200,224,250,280,315,355,400,450,500,560,600,630,710,750,800,900,1000,1120
SPC	224,236,250,265,280,300,315,335,355,400,450,500,560,600,630,710,750,800,900,1000,1120,1250,1400,1600,2000

2）初算带长 L_c 和确定基准带长 L_d。初选 a_0 后，根据传动带的几何关系，可按下式初算带长

$$L_c \approx 2a_0 + \frac{\pi}{2}(d_{d1} + d_{d2}) + \frac{(d_{d2} - d_{d1})^2}{4a_0} \tag{8-30}$$

然后，查表 8-6 或表 8-7 选取相近的基准长度 L_d。如果 L_c 超出该型带的长度范围，则应改变中心距或带轮基准直径重新设计。

3）确定实际中心距 a。因选取的基准长度 L_d 不同于计算长度 L_c，实际中心距 a 需要重新确定。可用下式近似计算

$$a \approx a_0 + \frac{L_d - L_c}{2} \tag{8-31}$$

考虑安装、更换 V 带和调整、补偿初拉力（如带松弛后的张紧）以及带轮的制造误差、带长误差，V 带传动通常设计成中心距可调。中心距的变化范围为

$$\left. \begin{aligned} a_{min} &= a - 0.015L_d \\ a_{max} &= a + 0.03L_d \end{aligned} \right\} \tag{8-32}$$

（5）验算小带轮的包角 α_1。为了提高带传动的工作能力，应使

$$\alpha_1 \approx 180° - \frac{d_{d2} - d_{d1}}{a} \times 57.3° \geq 120° \tag{8-33}$$

特殊情况允许 $\alpha_1 \geq 90°$。

（6）确定 V 带根数 z

$$z \geq \frac{P_{ca}}{[P_0]} = \frac{K_A P}{(P_0 + \Delta P_0)K_L K_\alpha} \tag{8-34}$$

由上式求出的带的根数 z 应进行圆整。为了使各根 V 带受力均匀，带的根数不宜过多。带的根数 z 一般取 1~5 根，最多应不超过 10 根。否则应增大小带轮直径或改选较大型号的 V 带重新设计。

（7）确定初拉力 F_0　初拉力 F_0 小，则带与带轮之间的摩擦力小，带的传动能力小，易

出现打滑；初拉力 F_0 过大，带的应力过大，将使带的寿命大大缩短，同时加大了轴和轴承的受力。

因此，确定初拉力 F_0 时，既要充分发挥带的传动能力，又能保证 V 带具有一定的疲劳寿命，所以单根 V 带所需最小的初拉力可由下式计算

$$F_{0\text{min}} = 500 \frac{(2.5 - K_\alpha)P_{\text{ca}}}{K_\alpha zv} + qv^2 \qquad (8\text{-}35)$$

安装 V 带时，应保证初拉力 F_0 适当大于上述计算值。

初拉力的测定可以采用图 8-15 所示的方法，即在 V 带与两带轮切点的跨度中点 M 施加规定的且与带边垂直的力 G，使带在每 100mm 上产生的挠度 y 为 1.6mm（挠角为 1.8°），此时带中的初拉力 F_0 近似等于式（8-35）的计算值。

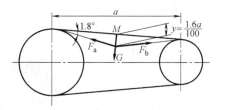

图 8-15 初拉力的测定

测定初拉力所加的力 G 的值，应随 V 带的使用程度不同而改变。G 值的计算方法分别如下：

新安装的 V 带
$$G = \frac{1.5F_0 + \Delta F_0}{16} \qquad (8\text{-}36)$$

运转后的 V 带
$$G = \frac{1.3F_0 + \Delta F_0}{16} \qquad (8\text{-}37)$$

最小的极限值
$$G = \frac{F_0 + \Delta F_0}{16} \qquad (8\text{-}38)$$

式中 G——垂直力（N）；
ΔF_0——初拉力的增量（N），见表 8-12。

表 8-12 初拉力的增量 ΔF_0　　　　　　　　　　　　（单位：N）

带型	Y	Z	A	B	C	D	E
ΔF_0	6	10	15	20	29.4	58.8	108

（8）计算带传动的压轴力 F_Q　为了设计轴和轴承，必须计算 V 带传动作用在轴上的压力（径向力）F_Q。如果不考虑带松紧两边的拉力差和离心拉力的影响，则 F_Q 可近似地按张紧时带两边拉力均为 zF_0 的合力计算（图 8-16）。即

$$F_Q \approx 2zF_0 \sin(\alpha_1/2) \qquad (8\text{-}39)$$

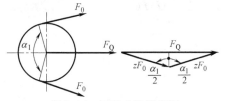

图 8-16 压轴力计算简图

第四节　V 带轮的设计

一、设计内容

根据带轮的基准直径和带轮转速等已知条件，确定带轮的材料，结构形式，轮槽、轮辐和轮毂的几何尺寸、公差和表面粗糙度以及相关技术要求。

二、材料

常用的带轮材料为铸铁，牌号为 HT150 和 HT200。转速较高时宜采用铸钢或用钢板冲

压后焊接而成；小功率时可用铸铝或塑料。

三、结构与尺寸

V带轮由轮缘、轮毂和轮辐（或腹板）组成。轮缘位于外围，用来安装传动带；轮毂位于带轮中间，实现与轴的连接；轮辐（或腹板）介于轮缘和轮毂之间，起连接轮缘和轮毂的作用。

根据轮辐（或腹板）结构的不同，V带轮可以分为实心式、腹板式、孔板式和椭圆轮辐式，如图8-17所示。

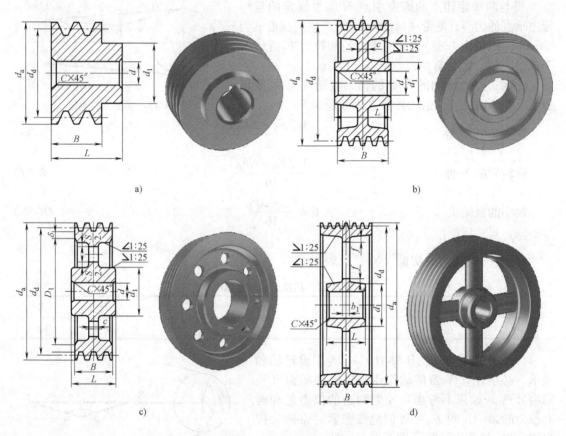

图 8-17 V带轮的结构
a）实心式 b）腹板式 c）孔板式 d）轮辐式

V带轮主要是根据带轮的基准直径选择结构形式。当带轮基准直径为 $d_d \leqslant 2.5d$（d 为安装带轮的轴的直径，mm）时，可采用实心式；当 $d_d \leqslant 300$mm 时，可采用腹板式；当 $d_d \leqslant 300$mm，同时 $D_1 - d_1 \geqslant 100$mm 时，可采用孔板式；当 $d_d > 300$mm 时，可采用轮辐式。轮毂和轮辐的尺寸参见机械设计手册。

四、V带轮的轮槽

V带轮的轮槽和所选用的V带的型号相对应，见表8-13。

V带楔角一般为40°，V带绕在带轮上以后发生弯曲变形，使V带工作面的夹角发生变化（变小）。为了使V带的工作面和带轮的轮槽工作面紧密贴合，同时考虑到V带张紧后产生的横向收缩变形，将 V 带轮的轮槽工作面的夹角做成小于 40°，一般为 32°、34°、36° 和 38° 等，见表 8-13。

V 带安装到轮槽中以后，一般不应超出带轮外圆，也不应与轮槽底部接触。为此，规定了轮槽基准直径到带轮外圆和底部的最小高度 h_{amin} 和 h_{fmin}。

轮槽工作表面的表面粗糙度为 $Ra1.6\mu m$ 或 $Ra3.2\mu m$。

表 8-13 轮槽截面尺寸 （单位：mm）

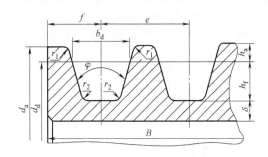

项 目		符 号	槽 型						
			Y	Z SPZ	A SPA	B SPB	C SPC	D	E
基准宽度		b_d	5.3	8.5	11.0	14.0	19.0	27.0	32.0
基准线上槽深		h_{amin}	1.6	2.0	2.75	3.5	4.8	8.1	9.6
基准线下槽深		h_{fmin}	4.7	7.0 9.0	8.7 11.0	10.8 14.0	14.3 19.0	19.9	23.4
槽间距		e	8 ±0.3	12 ±0.3	15 ±0.3	19 ±0.4	25.5 ±0.5	37 ±0.6	44.5 ±0.7
槽边距		f_{min}	6	7	9	11.5	16	23	28
最小轮缘厚		δ_{min}	5	5.5	6	7.5	10	12	15
圆角半径		r_1、r_2	0.2 ~ 0.3						
带轮宽		B	$B = (z-1)e + 2f$　z—轮槽数						
外径		d_a	$d_a = d_d + 2h_a$						
轮槽角 φ	32°	相应的基准直径 d_d	≤60	—	—	—	—	—	—
	34°		—	≤80	≤118	≤190	≤315	—	—
	36°		>60	—	—	—	—	≤475	≤600
	38°		—	>80	>118	>190	>315	>475	>600
极限偏差			±30′						

注：槽间距 e 的极限偏差适用于任何两个轮槽对称中心面的距离，不论是否相邻。

第五节 V 带传动的张紧装置

V 带传动运转一段时间以后，会因为带的塑性变形和磨损而松弛。为了保证带传动正常工作，应定期检查带的松弛程度，采取相应的措施，使带传动重新张紧。常见的有以下几种。

一、定期张紧装置

采用定期改变中心距的方法来调节带的初拉力，使带重新张紧。图 8-18a 所示为滑道式张紧装置，图 8-18b 所示为摆架式张紧装置。

二、自动张紧装置

如图 8-19a 所示，将装有带轮的电动机安装在浮动的摆架上，利用电动机的自重，使带轮随同电动机绕固定轴摆动，以自动保持初拉力。如图 8-19b 所示，利用外加砝码拖动带轮及活动支撑，以自动保持张紧。该装置常用于带传动的实验中。

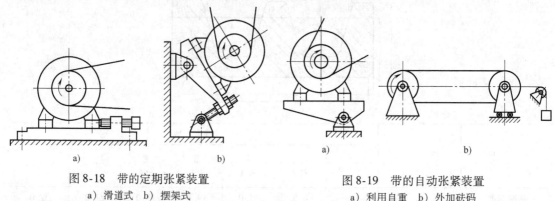

图 8-18　带的定期张紧装置

a）滑道式　b）摆架式

图 8-19　带的自动张紧装置

a）利用自重　b）外加砝码

三、采用张紧轮的张紧装置

当中心距不能调节时，可采用张紧轮将带张紧，如图 8-20 所示。设置张紧轮时应注意：①一般 V 带应放在松边内侧，使带只受单向弯曲，且松边力小，张紧轮受力小，摩擦小；②张紧轮还应该尽量靠近大带轮，以免带在小带轮上的包角减小太多；③张紧轮的轮槽尺寸与带轮相同，且直径小于小带轮的直径。

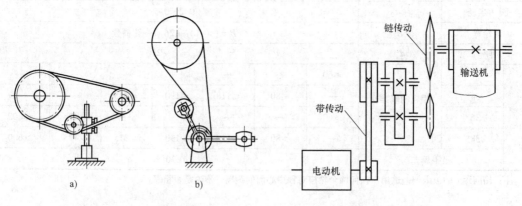

图 8-20　张紧轮装置

a）内侧张紧　b）外侧张紧

图 8-21　带式输送机

如果中心距过小，也可以将张紧轮设置在带的松边外侧，同时应尽量靠近小轮，如图 8-20b 所示。但这种方式使带产生反向弯曲，不利于提高带的疲劳寿命，所以一般应用于平带。

例 8-1　设计一带式输送机用的 V 带传动。如图 8-21 所示，电动机通过 V 带传动驱动齿轮减速器，然后经链传动驱动带式输送机。已知原动机为 Y112-4 异步电动机，额定功率 $P = 11\text{kW}$，转速 $n_1 = 1440\text{r/min}$，传动比 $i = 2$，两班制工作，中等冲击，要求中心距不超过 800mm。

解　1. 确定计算功率 P_{ca}

由表 8-10 查得工况系数 $K_A = 1.3$，由式（8-29）得

$$P_{ca} = K_A P = 1.3 \times 11\text{kW} = 14.3\text{kW}$$

2. 选择带的型号

根据 $P_{ca} = 14.3\text{kW}$ 和 $n_1 = 1440\text{r/min}$，由图 8-13 选 B 型带。

3. 选取带轮基准直径 d_{d1}、d_{d2}

1）由表 8-9 及表 8-11 选取 $d_{d1} = 140\text{mm}$。

2）验算带速 v

$$v = \frac{\pi d_{d1} n_1}{60 \times 1000} = \frac{\pi \times 140 \times 1440}{60 \times 1000}\text{m/s} = 10.55\text{m/s}$$

在 5~25m/s 范围内，带速合适。

3）计算大带轮直径 d_{d2}。由式（8-21）得

$$d_{d2} \approx i_{12} d_{d1} = 2 \times 140\text{mm} = 280\text{mm}$$

查表 8-11，选用推荐的标准系列值，取 $d_{d2} = 280\text{mm}$。

4. 确定中心距 a 和带长 L_d

1）初定中心距 a_0。在 $0.7(d_{d1} + d_{d2}) \leq a_0 \leq 2(d_{d1} + d_{d2})$ 范围内，即 $294\text{mm} \leq a_0 \leq 840\text{mm}$。题意要求中心距不超过 800mm，故初定中心距 $a_0 = 700\text{mm}$。

2）由式（8-30）得

$$L_c \approx 2a_0 + \frac{\pi}{2}(d_{d1} + d_{d2}) + \frac{(d_{d2} - d_{d1})^2}{4a_0} = \left[2 \times 700 + \frac{3.14}{2} \times (140 + 280) + \frac{(280 - 140)^2}{4 \times 700}\right]\text{mm}$$

$$= 2066.4\text{mm}$$

查表 8-6 选定 B 型带的基准带长 $L_d = 2000\text{mm}$。

3）确定中心距 a

$$a \approx a_0 + (L_d - L_c)/2 = [700 + (2000 - 2066.4)/2]\text{mm} = 666.8\text{mm} \approx 667\text{mm}$$

$a = 667\text{mm} < 800\text{mm}$，合适。

中心距变化范围为

$$a_{min} = a - 0.015L_d = 667\text{mm} - 0.015 \times 2000\text{mm} = 637\text{mm}$$

$$a_{max} = a + 0.03L_d = 667\text{mm} + 0.03 \times 2000\text{mm} = 727\text{mm}$$

5. 验算包角 α_1

$$\alpha_1 \approx 180° - (d_{d2} - d_{d1})/a \times 57.3° = 180° - (280 - 140)/667 \times 57.3° = 167.97° \geqslant 120°$$

包角 α_1 合适。

6. 确定带的根数 z

因 $d_{d1} = 140\text{mm}$、转速 $n_1 = 1440\text{r/min}$、传动比 $i = 2$，由表 8-2 查得 $P_0 = 2.82\text{kW}$，由

表 8-4 查得 $\Delta P_0 = 0.46\mathrm{kW}$，由表 8-6 查得 $K_{\mathrm{L}} = 0.98$，由表 8-8 查得 $K_\alpha = 0.97$。则由式 (8-34) 得

$$z \geqslant \frac{P_{\mathrm{ca}}}{[P_0]} = \frac{K_{\mathrm{A}}P}{(P_0 + \Delta P_0)K_{\mathrm{L}}K_\alpha} = \frac{14.3}{(2.82 + 0.46) \times 0.98 \times 0.97} = 4.59$$

取 $z = 5$ 根。

7. 确定初拉力 F_0 及测定初拉力 F_0 和所加力 G

由式 (8-35) 得单根普通 V 带的初拉力

$$F_{0\min} = 500\frac{(2.5 - K_\alpha)P_{\mathrm{ca}}}{K_\alpha zv} + qv^2 = \left[500 \times \frac{(2.5 - 0.97) \times 14.3}{0.97 \times 5 \times 10.55} + 0.17 \times 10.55^2\right]\mathrm{N} \approx 232.7\mathrm{N}$$

新安装的 V 带，查表 8-12，B 型带，初拉力的增量 $\Delta F_0 = 20\mathrm{N}$。

测定初拉力 F_0 所加力 G 为

$$G = \frac{1.5F_0 + \Delta F_0}{16} = \frac{1.5 \times 232.7 + 20}{16}\mathrm{N} = 23\mathrm{N}$$

8. 计算带轮轴所受的压轴力 F_Q

由式 (8-39) 得

$$F_Q \approx 2zF_0\sin(\alpha_1/2) = 2 \times 5 \times 232.7\mathrm{N} \times \sin\frac{167.97°}{2} \approx 2314\mathrm{N}$$

9. 带轮设计（略）

第六节　其他带传动简介

一、同步带传动

同步带传动属于非共轭啮合传动，可以在两轴或多轴间传递运动和动力。同步带的工作面有齿，带轮的轮廓表面也制有相应的齿槽，带与带轮是靠啮合进行传动的（图 8-3），故传动比恒定，张紧力小。

同步带通常以钢丝绳或玻璃纤维绳为承载层，氯丁橡胶或聚氨酯为基体。这种带薄而且轻，故可用于较高速度。传动时的线速度可达 50m/s，传动比可达 10，效率可达 98%，所以同步带的应用日益广泛。其主要缺点是制造和安装精度要求较高，无张紧轮时，中心距要求较严格。

二、高速带传动

带速 $v > 30\mathrm{m/s}$ 或高速轴转速 $n_1 = 10000 \sim 50000\mathrm{r/min}$ 的带传动都称为高速带传动，带速 $v \geqslant 100\mathrm{m/s}$，称为超高速带传动。这种传动主要用于增速以驱动高速机床、粉碎机、离心机等。高速带传动通常是开口的增速传动，增速比一般为 $2 \sim 4$，有时可达 8。小带轮直径一般为 $20 \sim 40\mathrm{mm}$。

高速带传动要求传动可靠、运转平稳、并有一定的寿命。由于高速带传动的离心应力和挠曲次数显著增大，故高速带都采用质量小、厚度薄而均匀、挠曲性好的环形平带，如麻织

带、丝织带、锦纶编织带、薄型强力锦纶带、高速环形胶带等。薄型强力锦纶带采用胶合接头，故应使接头与带的挠曲性能尽量接近。

高速带轮要求质量小而且分布对称均匀、运转时空气阻力小等，通常都采用钢或铝合金制造，带轮各个面均应进行精加工，工作表面的表面粗糙度不得大于 $Ra3.2\mu m$，并按设计要求的精度等级进行动平衡。

为防止掉带，主、从动轮轮缘表面都应加工出凸弧，可制成鼓形面或 2°左右的双锥面，如图 8-22a 所示。为了防止运转时带与轮缘表面间形成气垫，轮缘表面应开设环形槽，环形槽间距为 5~10mm，如图 8-22b 所示。

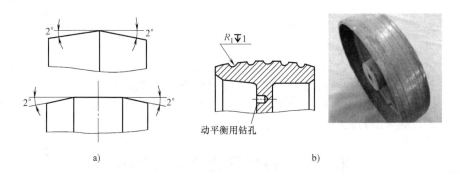

图 8-22　高速带传动

 本章学习要点

1. 了解带传动的工作原理、类型、特点和应用场合。

2. 掌握带传动的受力分析、应力分析、弹性滑动及打滑等基本理论，V 带传动的失效形式及设计准则。掌握单根普通 V 带基本额定功率 P_0 的计算表达式，分析影响带传动能力的主要因素，从而在设计中正确选择参数。了解弹性滑动和打滑的区别。

3. 掌握普通 V 带传动的设计方法和步骤以及参数选择原则。

4. 熟悉普通 V 带及其带轮的结构和标准。

5. 了解 V 带传动的张紧方法和装置。

链传动

本章主要介绍滚子链传动的类型、特点、应用场合、工作原理、链传动的设计计算以及主要参数的选择方法，对齿形链传动仅做简介。本章重点为滚子链传动的运动分析、受力分析、失效形式、链传动的设计以及主要参数的选择。

三维模型

第一节　链传动的特点及应用

链传动由装在平行轴上的主动链轮 1、从动链轮 2 和绕在链轮上的链条 3 组成，如图9-1所示，通过链轮轮齿和链条链节的啮合来传递运动和动力。

链传动是具有中间挠性件的啮合传动，它兼有齿轮传动和带传动的一些特点。

与齿轮传动相比，链传动的制造和安装精度要求较低，成本低廉；适用于大中心距传动（中心距可达到 10m 以上），其结构比齿轮传动轻便。

与摩擦型带传动相比，链传动没有弹性滑动和打滑现象，因而能保持准确的平均传动比，传动效率较高，润滑良好的链传动的效率可达 98%；链条不需要像带那样张得很

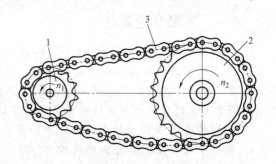

图 9-1　链传动
1—主动链轮　2—从动链轮　3—链条

紧，张紧力较小，故作用于轴上的径向压轴力较小；链条通常采用金属材料制造，在同样的使用条件下，链传动的整体尺寸较小，结构较为紧凑；链传动能在高温、高湿、粉尘等恶劣条件下工作，同时能在低速重载下较好地工作。

链传动的主要缺点是：①只能用于在两根平行轴间的同向传动；②运转时不能保持恒定的瞬时传动比；③磨损后易发生跳齿，导致啮合不良或脱链；④工作时有噪声；⑤不适用于在载荷变化很大、急速正反向和频繁起动的场合；⑥无过载保护作用。

链传动主要用于要求工作可靠、两轴中心距较大、工作环境恶劣的中低速传动，以及其他不宜采用齿轮传动和带传动的场合。如在摩托车上应用了链传动，结构上大为简化，而且使用方便可靠；掘土机的运行机构采用了链传动，它虽然经常受到土块、泥浆和瞬时过载等影响，却依然能很好地工作。

　　链条按照用途不同分为传动链、起重链和输送链三种。传动链在机械传动中主要用来传递运动和动力，应用较为广泛；起重链用于低速下提升重物，工作速度 $v < 0.25\mathrm{m/s}$；输送链主要用于运输机械中输送物料，工作速度 $v = 2 \sim 4\mathrm{m/s}$。

　　传动链按结构的不同又分为传动用短节距精密滚子链（简称滚子链）、齿形链等类型。滚子链常用于传动系统的低速级，传递的功率一般在 100kW 以下，推荐使用的最大传动比 $i_{\max} = 8$，传动速度一般不超过 15m/s。它广泛应用于石油、化工、冶金、农业、采矿、起重、运输、纺织等各种机械和动力传动中。齿形链应用较少。

　　本章主要讨论滚子链，对齿形链仅做简单介绍。

第二节　传动链的结构特点

一、滚子链

　　滚子链的结构如图 9-2 所示，它由内链板 1、外链板 2、销轴 3、套筒 4 和滚子 5 所组成，其中内链板与套筒之间、外链板与销轴之间为过盈配合；滚子与套筒之间、套筒与销轴之间为间隙配合。当内、外链板相对挠曲时，套筒可以绕销轴自由转动。滚子是活套在套筒上的，工作时滚子沿链轮齿廓滚动，滚子和轮齿间主要发生滚动摩擦，这样可以减轻链轮齿廓的磨损。链条的磨损主要发生在销轴和套筒的接触面上。因此，内、外链板之间应留有少许间隙，以便润滑油能渗入销轴和套筒的摩擦面间。

　　链板一般制成 8 字形，以使它的各个横截面具有接近相等的抗拉强度，同时也减小了链的质量和运动时的惯性力。

　　滚子链一般采用单排链。当传递大功率时，可采用双排链（图 9-3）或多排链。多排链是将多个单排链并列，由长销轴连接而成。多排链的承载能力与排数大致成正比，但排数越多，由于链条制造精度的影响，各排链受力不均匀的现象越明显，故排数一般不超过 3 ~ 4 排。当载荷很大要求排数多时，可采用多排链。

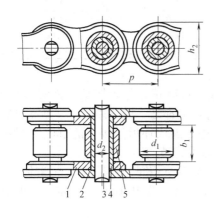

图 9-2　滚子链结构
1—内链板　2—外链板　3—销轴　4—套筒　5—滚子

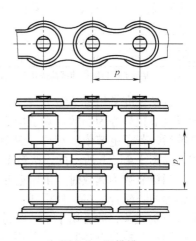

图 9-3　双排链

　　如图 9-2 所示，滚子链和链轮啮合的基本参数是链节距 p、滚子外径 d_1 和内链节内宽 b_1（对于多排链还有排距 p_t，如图 9-3 所示）。链节距 p 是链条的主要参数，它是指滚子链上相邻两销轴中心间的距离。链节距 p 增大，链的各部分尺寸也相应增大，承载能力也相应提高，但质量也随之增大。链条的使用寿命在很大程度上取决于链条的材料及热处理方法，因此组成链条的所有零件均需经过热处理，以提高其强度、耐磨性和耐冲击性。

滚子链已经标准化，由各链条专业厂生产。表 9-1 列出了链条标准 GB/T 1243—2006 中规定的部分规格的滚子链的主要尺寸及抗拉极限载荷，表中链号为用英制单位表示的链节距 p。我国链条标准规定链节距用米制单位（mm），通过下式计算链节距 p 值。即

$$p = 链号 \times \frac{25.4}{16}$$

在表 9-1 中，链号有 A、B 两个系列，其中 A 系列起源于美国，是目前国际流行的标准链，而 B 系列起源于英国，是欧洲流行的标准链。两种系列均已在我国应用多年。本章主要介绍我国使用较多的 A 系列滚子链传动的设计。

表 9-1　滚子链的规格及主要参数

ISO 链号	节距 p	排距 p_t	滚子外径 d_{1max}	内链节内宽 b_{1min}	销轴直径 d_{2max}	内链板高度 h_{2max}	抗拉载荷 F_{lim}		每米质量 q
							单排	双排	
	mm						kN		kg/m
05B	8.00	5.64	5.00	3.00	2.31	7.11	4.40	7.80	0.18
06B	9.525	10.24	6.35	5.72	3.28	8.26	8.90	16.90	0.40
08A	12.70	14.38	7.92	7.85	3.98	12.07	13.80	27.60	0.65
08B	12.70	13.92	8.51	7.75	4.45	11.81	17.80	31.10	0.65
10A	15.875	18.11	10.16	9.40	5.09	15.09	21.80	43.60	1.00
10B	15.875	16.59	10.16	9.65	5.08	14.73	22.20	44.50	1.00
12A	19.05	22.78	11.91	12.57	5.96	18.08	31.30	62.60	1.50
12B	19.05	19.46	12.07	11.68	5.72	16.13	28.90	57.80	1.50
16A	25.40	29.29	15.88	15.75	7.94	24.13	55.60	111.20	2.60
16B	25.40	31.88	15.88	17.02	8.28	21.08	60.00	106.00	2.60
20A	31.75	35.76	19.05	18.90	9.54	30.18	87.00	174.00	3.80
20B	31.75	36.45	19.05	19.56	10.19	26.42	95.00	170.00	3.80
24A	38.10	45.44	22.23	25.22	11.11	36.20	125.00	250.00	5.60
24B	38.10	48.36	25.40	25.40	14.63	33.40	160.00	280.00	5.60
28A	44.45	48.87	25.40	25.22	12.71	42.24	170.00	340.00	7.50
28B	44.45	59.56	27.94	35.99	15.90	37.08	200.00	360.00	7.50
32A	50.80	58.55	28.58	31.55	14.29	48.26	223.00	446.00	10.10
32B	50.80	58.55	29.21	30.99	17.81	42.29	250.00	450.00	10.10

注：过渡链节的极限拉伸载荷按 $0.8F_{lim}$ 计算。

链条长度常用链节数 L_p 表示。为了使链条连成环形时正好是内链板与外链板相连接，所以链节数最好为偶数。除了接头的链节外，链条各链节都是不可分离的。根据需要确定链节数后，若干链节依次相连，最后用一个接头链节将其连成环形。接头链节主要有两种形式，为图 9-4a、b 所示的连接链节和图 9-4c 所示的过渡链节。

当链节数为偶数时，采用连接链节，其形状与一般链节相同，只是链节一侧的外链板与销轴为间隙配合，接头处用开口销（图 9-4a）或弹簧卡片（图 9-4b）来固定，一般前者用于大节距链条，后者用于小节距链条。

当链节数为奇数时，需采用图 9-4c 所示的过渡链节。由于过渡链节的链板兼作内、外链板形成弯链板，受拉时产生附加弯曲应力，易于变形，所以其承载能力仅为通常链节的 80%，链板易疲劳断裂，故设计时应尽量避免使用过渡链节。

滚子链的标记方法为：链号—排数—整链链节数　标准代号

例如：20A-1-80　GB/T 1243—2006　表示：A 系列、节距 31.75mm、单排、80 节的滚子链。

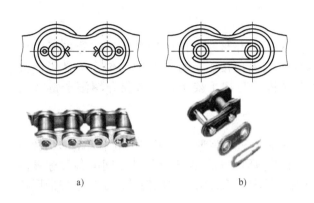
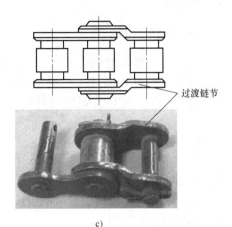

过渡链节

图9-4　滚子链的接头形式
a）开口销　b）弹簧卡片　c）过渡链节

二、齿形链

齿形链又称无声链，它是由一组带有两个齿的齿形链板左右交错并列铰接而成，如图9-5所示。每个链板的两个外侧直边为工作面，其间的夹角称为齿楔角，一般为60°。工作时齿形链板工作面与链轮轮齿相啮合而传递运动。齿形链的铰链可以是转动副、滑动副或滚动副。图9-5c所示为棱柱式滚动副，齿形链板的成形孔内装入棱柱，两组齿形链板转动时，两棱柱相互滚动，可减轻摩擦与磨损，故应用广泛。

齿形链上设有导板，以防止链条工作时发生侧向窜动。导板有内导板和外导板之分。对于内导板齿形链（图9-5a），链轮轮齿上需开出导向槽。内导板齿形链导向性好，工作可靠，适用于高速及重载传动。对于外导板齿形链（图9-5b），不需要在链轮轮齿上开出导向槽。外导板齿形链的链轮结构简单，但导向性差，外导板与销轴铆接处容易松脱。当链轮宽度大于25～30mm时，一般采用内导板齿形链；当链轮宽度较小时，在链轮轮齿上开槽有困难，可采用外导板齿形链。

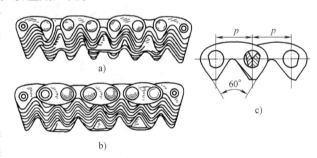

图9-5　齿形链
a）内导板齿形链　b）外导板齿形链　c）齿形链链板

与滚子链相比，齿形链传动平稳、振动及噪声小，且承受冲击性能好，工作可靠，允许的工作速度较高，最大可达到30m/s。故齿形链多用于高速或运动精度要求较高、大传动比和小中心距等工作条件较为严酷的传动装置中。但是齿形链结构复杂，难于制造，质量大，价格较高。

第三节　滚子链链轮的结构和材料

链轮由轮齿、轮缘、轮辐和轮毂组成。链轮设计主要是确定其结构和尺寸，选择材料和热处理方法。

一、链轮齿形

滚子链与链轮的啮合属于非共轭啮合，其链轮齿形的设计比较灵活。链轮齿形应保证链节能平稳自如地进入和退出啮合，啮合时应保证接触良好，受力均匀，不易脱链且齿形便于加工。链轮齿形的设计应能满足上述传动与加工要求。本节仅介绍滚子链链轮齿形。

1. 链轮端面齿形

在链条标准 GB/T 1243—2006 中没有规定具体的链轮齿形，仅规定了最小齿槽形状和最大齿槽形状及其极限参数（表 9-2），凡在最小齿槽形状和最大齿槽形状之间的各种标准齿形均可采用。实际齿槽形状取决于加工轮齿的刀具和加工方法，并应使其位于最小齿槽形状和最大齿槽形状之间。

常用的链轮端面齿形为"三圆弧—直线"齿形，即齿形由 $\overset{\frown}{aa}$、$\overset{\frown}{ab}$、$\overset{\frown}{cd}$ 三段圆弧和 $\overline{bc}$ 线段组成，如图 9-6 所示，其中 a-b-c-d 段为工作齿廓。另外，也可用渐开线齿形。对于上述"三圆弧—直线"齿形，在链轮工作图中，无需绘出其齿形，只需注明节距 p、齿数 z、分度圆直径 d、齿根圆直径 d_f 或滚子直径 d_1，并注明"齿形按 3R GB/T 1243—2006 规定制造"即可。

表 9-2　滚子链链轮的最小齿槽形状和最大齿槽形状

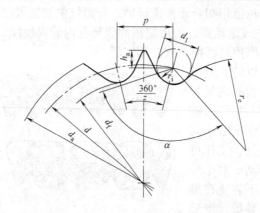

名称	符号	计算公式	
		最小齿槽形状	最大齿槽形状
齿侧圆弧半径	r_e	$r_{emax} = 0.12d_1(z+2)$	$r_{emin} = 0.008d_1(z^2+180)$
滚子定位圆弧半径	r_i	$r_{imin} = 0.505d_1$	$r_{imax} = 0.505d_1 + 0.069\sqrt[3]{d_1}$
滚子定位角	α	$\alpha_{max} = 140° - \dfrac{90°}{z}$	$\alpha_{min} = 120° - \dfrac{90°}{z}$

注：半径精确到 0.01mm，角度精确到分。

2. 链轮轴向齿形

链轮轴向齿形如图 9-7 所示，齿形尺寸见表 9-3。图 9-7a 适用于 A 系列链条，图 9-7b 适用于 B 系列链条，图 9-7c 适用于 A 系列三排链链条。在链轮工作图上须画出轴向齿形，以便于车削链轮毛坯。

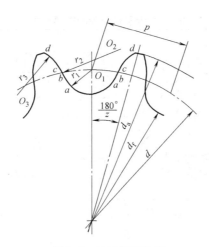

图 9-6　链轮端面齿形

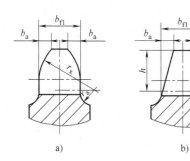 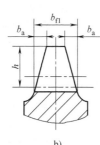 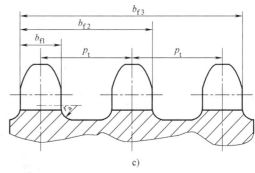

a)　　　　　　　　　　b)　　　　　　　　　　　　　　c)

图 9-7　链轮轴向齿形

a）A 系列　b）B 系列　c）A 系列三排链链轮

表 9-3　滚子链链轮轴向齿形尺寸

名　　称		符号	计算公式		备注
			$p \leqslant 12.7$	$p > 12.7$	
齿宽	单排	b_{f1}	$0.93\,b_1$	$0.95\,b_1$	$p > 12.7$ 时，经使用者和客户同意，也可以使用
	双排、三排		$0.91\,b_1$	$0.93\,b_1$	$p \leqslant 12.7$ 时的齿宽，b_1 为内链节内宽，见表 9-1
齿侧倒角		b_a	$0.13\,p$		
齿侧半径		r_x	p		
齿全宽		b_{fn}	$b_{fn} = (n-1)p_t + b_{f1}$		n 为排数

二、链轮的基本参数和主要尺寸

链轮与齿轮类似，也有分度圆、齿顶圆和齿根圆等。链轮的分度圆是指链轮上被链条节距 p 等分的圆，即链轮上链的各滚子中心所在的圆。链轮工作图应注明节距 p、齿数 z、分度圆直径 d、齿顶圆直径 d_a、齿根圆直径 d_f 等。链轮的主要尺寸和计算公式见表 9-4。

三、链轮的结构

链轮的结构如图 9-8 所示。小直径的链轮可制成整体式（图 9-8a）；中等尺寸的链轮可制成孔板式（图 9-8b）；大直径的链轮可制成组装式，常将齿圈用螺栓连接（图 9-8c）或焊接在轮毂上。齿圈采用螺栓连接，链轮轮齿磨损后可以更换。

表 9-4   滚子链链轮的主要尺寸

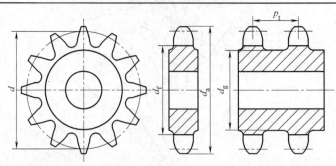

名称	符号	计算公式	备 注
分度圆直径	d	$d = \dfrac{p}{\sin\dfrac{180°}{z}}$	
齿顶圆直径	d_a	$d_{amin} = d + p\left(1 - \dfrac{1.6}{z}\right) - d_1$ $d_{amax} = d + 1.25p - d_1$ 若为三圆弧—直线齿形,则 $d_a = p\left(0.54 + \cot\dfrac{180°}{z}\right)$	d_{amin} 和 d_{amax} 对于最小齿槽形状和最大齿槽形状均可应用。d_{amax} 受到刀具限制 d_1 为链轮齿槽圆弧直径(即滚子直径),见表 9-2
齿根圆直径	d_f	$d_f = d - d_1$	
齿高	h_a	$h_{amin} = 0.5(p - d_1)$ $h_{amax} = 0.625p - 0.5d_1 + \dfrac{0.8p}{z}$ 若为三圆弧—直线齿形,则 $h_a = 0.27p$	h_a 为节距多边形以上部分的齿高,用于绘制放大尺寸的齿槽形状。h_{amin} 和 d_{amin} 对应、h_{amax} 和 d_{amax} 对应
齿侧最大凸缘 (或排间槽)直径	d_g	$d_g = p\cot\dfrac{180°}{z} - 1.04h_2 - 0.76\text{mm}$	h_2 为内链板高度,见表 9-1

注:d_a、d_g 值取整数,其他尺寸精确到 0.01mm。

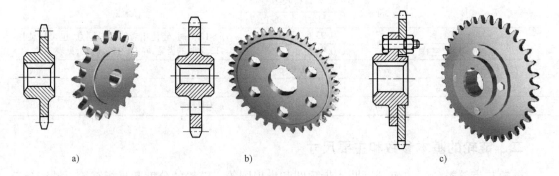

图 9-8   链轮的结构
a) 整体式   b) 孔板式   c) 组装式

四、链轮的材料

链轮轮齿应具有足够的耐磨性和接触强度,故齿面多需进行热处理。由于小链轮轮齿的啮合次数比大链轮多,所受的冲击也较大,故小链轮所用材料一般应优于大链轮。

常用的链轮材料有碳素钢、灰铸铁等,重要的链轮可采用合金钢。表 9-5 所列为链轮常用材料和应用范围。

表 9-5　链轮常用材料和应用范围

材　　　料	热处理	硬度范围	应用范围
15、20	渗碳、淬火、回火	50～60HRC	$z \leqslant 25$，有冲击载荷的主、从动链轮
35	正火	160～200HBW	正常工作条件下，齿数 $z > 25$ 的齿轮
45、50、ZG310-570	淬火、回火	40～50HRC	无剧烈冲击、振动和要求耐磨损的主、从动链轮
15Cr、20Cr	渗碳、淬火、回火	55～60HRC	$z < 30$ 传递较大功率的重要链轮
35SiMn、40Cr、35CrMo	淬火、回火	40～50HRC	要求强度较高和耐磨损的重要链轮
Q235、Q275	焊接后退火	140HBW	中低速、功率不大的较大链轮
普通灰铸铁(不低于 HT150)	淬火、回火	260～280HBW	$z > 50$ 的从动链轮以及外形复杂或强度要求一般的链轮

第四节　链传动的工作情况分析

一、链传动的运动特性

由链条的结构可知，链条是由刚性链节通过销轴铰接而成的，当链条绕在链轮上时，其链节与相应的轮齿啮合后，这一段链条将曲折成正多边形的一部分，如图 9-9 所示。正多边形的边长相当于链节距 p，正多边形的边数相当于链轮齿数 z。链轮每转一周，链条就移动一个正多边形的周长 zp，故链条的平均速度 v 为

$$v = \frac{z_1 p n_1}{60 \times 1000} = \frac{z_2 p n_2}{60 \times 1000} \tag{9-1}$$

式中　p——链节距（mm）；

z_1、z_2——主、从动链轮的齿数；

n_1、n_2——主、从动链轮的转速（r/min）。

链传动的平均传动比为

$$i = \frac{n_1}{n_2} = \frac{z_2}{z_1} \tag{9-2}$$

说明，链传动的平均速度 v 和平均传动比 i 均为常数。

因为链传动为啮合传动，链条和链轮之间没有相对滑动，所以从式（9-1）、式（9-2）求出的链传动的平均速度 v 和平均传动比 i 均为常数。但是仔细分析链传动中铰链链节随同链轮转动的过程可知，链传动的瞬时传动比和链速并不等于常数。链条由刚性的链节板通过铰链连接而成，链条绕在链轮上时，其形状如图 9-9 所示。下面介绍链传动的瞬时传动比的计算方法。

在图 9-9 中，小链轮 1 为主动链轮，大链轮 2 为从动链轮。为了便于分析，假设链的紧边（即主动边）在传动时总处于水平位置。在小链轮 1 上，铰链 A 正在牵引链条沿直线运动，绕在小链轮 1 上的其他铰链并不直接牵引链条，链

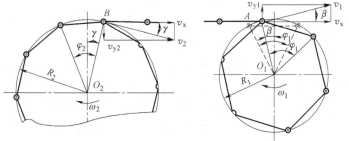

图 9-9　链传动的速度分析

条的运动速度完全由铰链 A 的运动决定。因此计算链条的运动速度仅需分析任一链节从铰链 A 进入啮合开始，到相邻的下一链节进入啮合为止的一段时间的运动情况即可。

设小链轮1以角速度ω_1匀速转动，其分度圆半径为R_1，铰链A也随之做等速圆周运动，其圆周速度$v_1 = R_1\omega_1$。v_1可分解为沿链条前进方向的分速度v_x和垂直链条前进方向的分速度v_{y1}。其值分别为

$$v_x = R_1\omega_1\cos\beta \tag{9-3}$$

$$v_{y1} = R_1\omega_1\sin\beta \tag{9-4}$$

式中　β——铰链A的圆周速度v_1与链条前进方向之间的夹角，在数值上等于铰链A点在小链轮1上的位置角，其变化范围为$[-180°/z_1, +180°/z_1]$。

小链轮1上链条每一链节所对的中心角为φ_1（即$360°/z_1$），因而每一链节从开始到下一链节进入啮合为止，位置角β将在$\pm\varphi_1/2$（即$\pm180°/z_1$）的范围内变化。因为位置角β的大小是变化的，所以即使小链轮1匀速转动，链条的运动速度也是变化的。

当$\beta = \pm\varphi_1/2$（即$\pm180°/z_1$）时，链条前进的速度为最小，$v_{xmin} = R_1\omega_1\cos(\pm180°/z_1)$；当$\beta = 0°$时，前进的速度为最大，$v_{xmax} = R_1\omega_1$。由此可知，链条前进的速度由小变大，再由大变小，每转过一个链节，链速周期性变化一次。链速的变化见表9-6。它使得传动不平稳，并产生周期性的振动。在链速v_{x1}变化的同时，垂直链条前进方向的分速度v_{y1}的大小由$R_1\omega_1\sin(180°/z_1)$（方向向上）到0，又由0到$R_1\omega_1\sin(-180°/z_1)$（方向向下）周期性变化。即链速的变化呈周期性，链轮每转过一个链节，链速就变化一个周期，链速变化的程度与小链轮1的转速n_1和齿数z_1有关。

表9-6　相位角β与链条前进速度v_{x1}、垂直链条前进速度v_{y1}的关系

相位角β	链条前进速度v_{x1}	垂直链条前进速度v_{y1}	位置图
$\pm\dfrac{180°}{z_1}$	$v_{x1min} = \omega_1 R_1\cos\left(\pm\dfrac{180°}{z_1}\right)$	$v_{y1max} = \omega_1 R_1\sin\left(\pm\dfrac{180°}{z_1}\right)$	
0	$v_{x1max} = \omega_1 R_1$	$v_{y1min} = 0$	
$\left(-\dfrac{180°}{z_1}, +\dfrac{180°}{z_1}\right)$	$v_{x1} = \omega_1 R_1\cos\beta$	$v_{y1} = \omega_1 R_1\sin\beta$	

这种链速v_x时快时慢，v_{y1}忽上忽下的链传动的运动特征，称为链传动的运动不均匀性。这种运动特征是由于围绕在链轮上的链条形成了正多边形这一特点所造成的，故又称为链传

动的多边形效应。转速越高，齿数越少，链节距越大，则链传动的运动不均匀性就越严重，运动平稳性就越差。

在小链轮1牵引链条变速运动的同时，大链轮2上也发生着相似的过程。在大链轮2上只需分析某一链节铰链 B 脱离啮合开始，到该链轮下一链节开始退出啮合时为止时间内的运动情况。假设大链轮2的角速度为 ω_2，其分度圆半径为 R_2，铰链 B 的速度为 v_2，由图9-9可知

$$v_2 = \frac{v_x}{\cos\gamma} = \frac{R_1\omega_1\cos\beta}{\cos\gamma} = R_2\omega_2$$

$$\omega_2 = \frac{R_1\omega_1\cos\beta}{R_2\cos\gamma} \tag{9-5}$$

式中 γ——铰链 B 点的圆周速度与链条前进方向之间的夹角，在数值上等于铰链 B 点在大链轮2上的位置角，其变化范围为 $[-180°/z_2, +180°/z_2]$。

由式（9-5）可求得链传动的瞬时传动比 i_t 为

$$i_t = \frac{\omega_1}{\omega_2} = \frac{R_2\cos\gamma}{R_1\cos\beta} \tag{9-6}$$

因为相位角 γ、β 是随时间而变化的，由式（9-5）、式（9-6）可知，即使 ω_1 为常数，但 ω_2 随 γ、β 的变化而变化，瞬时传动比 i_t 也相应随时间而变化，故链传动的瞬时链速和瞬时传动比均为周期性变化，链传动工作不平稳，且与链轮齿数 z_1、z_2 有关。只有在两链轮齿数相等，且链条紧边长恰好是链节距的整数倍时，即 $R_1 = R_2$，γ、β 始终相等，瞬时传动比 i_t 才为常数，大链轮2角速度 ω_2 恒等于小链轮1角速度 ω_1。但瞬时链速 v_x 始终是周期性变化的，合理选择参数，可减小链传动的运动不均匀性。

二、链传动的动载荷

链传动的运动不均匀性造成链条和链轮都是周期性的变速运动，从而引起动载荷。链传动中的动载荷包括外部附加动载荷和链条运动时链速变化产生的内部附加动载荷。

1. 外部附加动载荷

外部附加动载荷是由于工作载荷和原动机的工作特性带来的振动、冲击等因素引起的附加载荷，这种动载荷在工况系数中加以考虑。

2. 内部附加动载荷

内部附加动载荷产生的原因：

1）由于链速 v_x 的周期性变化产生的惯性力为

$$F_{d1} = ma_c \tag{9-7}$$

式中 m——紧边链条的质量（kg）；

a_c——链条变速运动的加速度（m/s²）。

如果主动链轮匀速转动，则

$$a_c = \frac{dv_x}{dt} = \frac{d}{dt}(R_1\omega_1\cos\beta) = -R_1\omega_1^2\sin\beta$$

当 $\beta = \pm\varphi_1/2 = \pm180°/z$ 时，加速度 a_c 达到最大值。即

$$a_{cmax} = \pm R_1\omega_1^2\sin\frac{\varphi_1}{2} = \pm R_1\omega_1^2\sin\frac{180°}{z_1} = \pm\frac{\omega_1^2 p}{2}$$

由上式可知，链轮的转速越高、节距越大，链条的加速度越大，则惯性力就越大，相应的动载荷就越大。

2）从动链轮因角加速度变化引起的惯性力为

$$F_{d2} = \frac{J}{R_2} \frac{d\omega_2}{dt} \tag{9-8}$$

式中　J——从动系统转化到从动链轮轴上的转动惯量（kg·m²）；

　　　ω_2——从动链轮的角速度（rad/s）。

3）垂直链条前进方向的运动分速度 v_y 的周期性变化会产生链传动的横向振动，这种横向振动是链传动动载荷中很重要的一部分，也是引起共振的主要原因。

4）当链节与链轮轮齿啮合的瞬间，由于链节的运动速度与链轮轮齿的运动速度在大小和方向都不同，从而产生瞬时冲击和附加动载荷，如图9-10所示。

此外，由于链条和链轮的制造误差以及安装误差、链条的松弛，在起动、制动、反转、突然超载或卸载情况下出现惯性冲击等，也将产生瞬时冲击和附加动载荷。

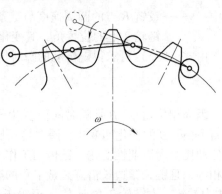

图9-10　啮合瞬时的冲击

3. 动载荷对传动的影响

动载荷将使传动平稳性下降，引起冲击、振动，增加功率消耗，降低链传动的疲劳寿命，造成过大的噪声。

4. 降低动载荷的措施

1）设计中合理选择参数。在满足承载能力和疲劳寿命的前提下，尽可能采用较小的节距 p，增大链轮齿数 z，控制链速 v。

2）必要时采用张紧装置，减小链的抖动。

3）链传动通常放置在传动系统的低速级。

三、链传动的受力分析

安装链传动时，应使链条受到一定的张紧力。链传动张紧的主要目的是防止松边的垂度过大。否则，当松边在下时，会导致链轮啮合齿数较少，链条拉力增大，加速磨损，产生较大振动、跳齿和脱链。又由于链传动是啮合传动，所以与带传动相比，链传动所需的张紧力要小得多。

如果不计传动中的动载荷，则链在传动中的力有：

1）有效圆周力 F_e，作用于紧边

$$F_e = \frac{1000P}{v} \tag{9-9}$$

式中　P——传递的功率（kW）；

　　　v——链速（m/s）。

2）离心拉力 F_c，作用于链条全长，类似于带的离心拉力

$$F_c = qv^2 \tag{9-10}$$

式中 q——链条单位长度的质量（kg/m）。

3）悬垂拉力 F_f，作用于紧边和松边

F_f 为由链条本身质量而产生的悬垂拉力，它取决于传动的布置方式及链在工作时允许的垂度。

$$F_f = \max(F'_f, F''_f) \qquad (9\text{-}11)$$

其中

$$F'_f = K_f q a \times 10^2$$

$$F''_f = (K_f + \sin\alpha) q a \times 10^2$$

式中 a——链传动的中心距（m）；

K_f——垂度系数，如图 9-11 所示，图中 f 为下垂度，α 为中心线与水平面间夹角。

4）链条紧边拉力 F_1

$$F_1 = F_e + F_c + F_f \qquad (9\text{-}12)$$

5）链条松边拉力 F_2

$$F_2 = F_c + F_f \qquad (9\text{-}13)$$

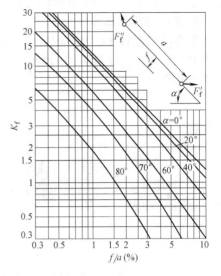

图 9-11 悬垂拉力

第五节 滚子链传动的设计计算

链条是标准件，因而链传动的设计计算主要是根据传动要求选择链条的类型，确定链条的型号和排数、链传动的布置和润滑方式，选用链轮材料和结构。

一、链传动的失效形式

1. 链节板的疲劳破坏

链条在运动过程中，链节板在变应力状态下工作，经过一定的循环次数后，链节板会产生疲劳断裂。在润滑条件良好且设计安装正确的情况下，链节板的疲劳强度是决定链传动能力的主要因素。对于链速 $v \geqslant 0.6\text{m/s}$ 的中、高速链传动，这是其主要失效形式，如图 9-12a、b 所示。

2. 链条铰链磨损

链条在工作过程中，铰链中的销轴和套筒之间不仅承受较大的压力，而且有相对滑动，润滑不充分时将引起铰链磨损，其结果使链节距增大，链条总长度增加，从而使链条的松边垂度增大，链轮节圆增大，同时增大了运动的不均匀性和动载荷，最终将产生跳齿或脱链而使传动失效。

3. 滚子和套筒的冲击疲劳点蚀破坏

工作中由于链条反复起动、制动、正反转或反复承受冲击载荷时承受较大的动载荷，经过多次冲击，滚子、套筒表面产生点蚀，且滚子、套筒和销轴会产生冲击断裂，如图 9-12c、d 所示。此时应力循环次数一般小于 10^4，冲击载荷一般较疲劳破坏允许的载荷要大，但比脆性破断载荷小。

4. 链条铰链的胶合

由于套筒和销轴间存在相对运动，在变载荷的作用下，润滑油膜难以形成，当转速较高、载荷较大时，套筒与销轴间摩擦产生的热量导致套筒与销轴的胶合失效。因此胶合在一

定程度上限制了链传动的极限转速。

5. 链条的静力破坏

当链速较低时（$v < 0.6\text{m/s}$），如果链条负载不增加而变形持续增加，即认为链条可能产生静强度破坏，如图 9-12e 所示。导致链条变形持续增加的最小负载将限制链条能够承担的最大载荷。

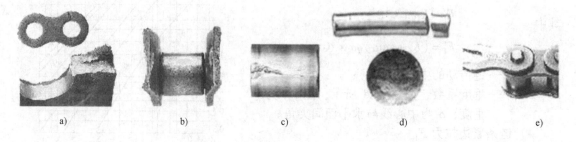

图 9-12   链的失效

a）、b）链节板疲劳断裂   c）滚子疲劳断裂   d）销轴疲劳断裂   e）链条静力拉断

二、滚子链传动的功率曲线

1. 极限功率曲线

链传动的各种失效形式都与链速有关。图 9-13 所示为实验条件下单排链在一定寿命下，小链轮在不同转速时由各种失效形式所限定的极限功率曲线。图中：

曲线 1 是在润滑良好的条件下，由链条铰链磨损破坏限定的极限功率曲线。

曲线 2 是在变应力作用下链板疲劳破坏限定的极限功率曲线。

曲线 3 是由滚子、套筒的冲击疲劳破坏限定的极限功率曲线。

曲线 4 是由销轴与套筒胶合限定的极限功率曲线。

曲线 5 是良好润滑条件下的额定功率曲线，它是设计时所使用的曲线。

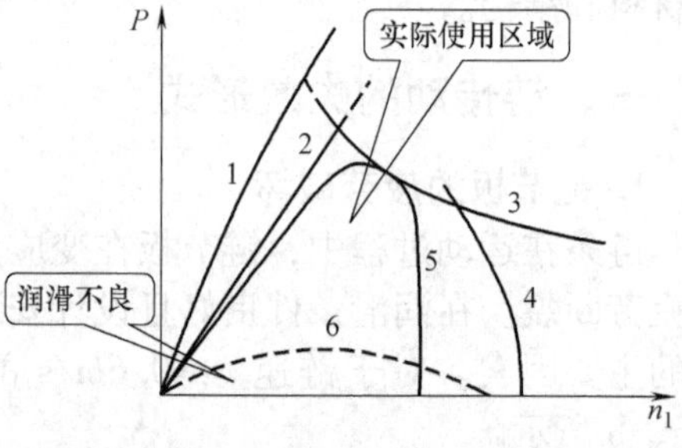

曲线 6 是润滑条件不良或者工作环境恶劣的情况下的极限功率曲线，这种情况下链磨损严重，所能传递的功率甚低。

图 9-13   极限功率曲线

由图 9-13 可见，在中等速度的链传动中，链传动的承载能力主要取决于链板的疲劳强度；随着链轮转速的增高，传动能力主要取决于滚子和套筒的冲击疲劳强度；高速时会出现铰链胶合现象，使链条迅速失效。

2. 额定功率曲线

为了保证链传动工作的可靠性，采用额定功率曲线来限制链传动的实际工作能力，其实际使用区域如图 9-13 所示。

图 9-14 所示为 A 系列单排滚子链在特定条件下，链速 $v > 0.6\text{m/s}$ 时允许传递的额定功率曲线，它是将在特定条件下由实验得到的极限功率曲线（图 9-13 中的曲线 2、3、4）进行修正后得到的。

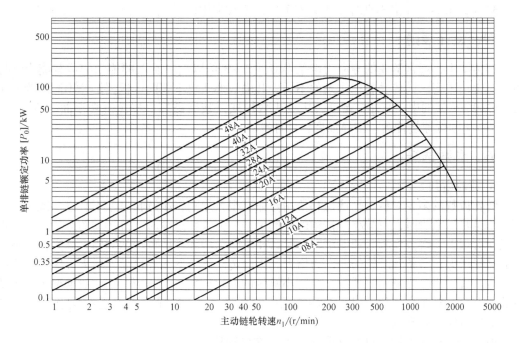

图 9-14　A 系列单排滚子链的额定功率曲线

特定实验条件是指：

1）主动链轮和从动链轮安装在两水平平行轴上，两链轮共面，链条保持规定的张紧度，且主动链轮的齿数 $z_1 = 25$。

2）无过渡链节的单排滚子链。

3）链节数 $L_p = 120$。

4）减速传动，传动比 $i = 3$。

5）平稳运转，无过载、冲击或频繁起动。

6）清洁的环境，合适的润滑方式。

7）链条预期使用寿命为 15000h；链条因磨损而引起的相对伸长量 $\leqslant 3\%$；工作温度为 $-5 \sim +70℃$。

三、链传动推荐的润滑方式

如前述可知，链传动的润滑方式对链传动传递功率的能力影响很大，推荐采用的润滑方式如图 9-15 所示，根据链号或链节距、链速来确定。

当不能按图 9-15 推荐的方式润滑时，应将额定功率值 $[P_0]$ 按如下数值降低：

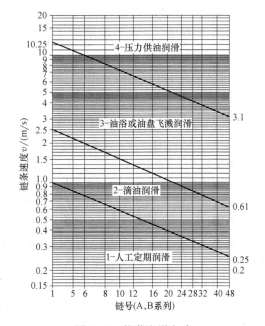

图 9-15　推荐润滑方式

1）$v \leqslant 1.5 \text{m/s}$。润滑不良时取图 9-14 中值的 $30\% \sim 60\%$，无润滑时取图 9-14 中值的 15%（寿命不能保证 15000h）。

2）$1.5 \text{m/s} \leqslant v \leqslant 7 \text{m/s}$。润滑不良时取图 9-14 中值的 $15\% \sim 30\%$。

3）$v > 7\mathrm{m/s}$。润滑不良时该传动不可靠，不宜采用。

四、设计准则

链传动中，通常链轮的寿命为链条寿命的 $2 \sim 3$ 倍以上，所以链传动的承载能力计算主要针对链条进行。链传动的工作条件不同，其失效形式也不相同。根据链速不同分为两种情况：$v \geqslant 0.6\mathrm{m/s}$ 的中、高速链传动，主要失效形式是疲劳破坏，按额定功率曲线设计计算；$v < 0.6\mathrm{m/s}$ 的低速链传动，按静强度设计计算。

五、参数选择

1. 链轮齿数 z_1、z_2

链轮齿数的多少对传动平稳性和使用寿命有很大影响，小链轮齿数不宜过多或过少。

小链轮齿数少时，可减小链传动的外廓尺寸。但齿数过少时，链传动的运动不均匀性和动载荷会很大；链节在进入和退出啮合时，相对转角增大；链传动的圆周力增大，销轴和套筒的磨损增大；链条和链轮的冲击力增大，因而传动的功率损耗也随之增大。因此，小链轮齿数 z_1 不宜过少。当链速很低时，允许小链轮的最少齿数 $z_{1\min} = 9$。在一般情况下，小链轮齿数 $z_1 > 17$，对于高速传动或承受冲击载荷的链传动，小链轮齿数 z_1 应不少于 25，且链轮轮齿应进行淬火处理。

但是小链轮的齿数 z_1 也不宜取得太大。在传动比给定时，z_1 大，大链轮齿数 z_2 也相应增大，其结果不仅增大了传动的总体尺寸和质量，而且容易发生跳齿和脱链，从而影响链条的使用寿命。

如图 9-16 所示，链节距增量 Δp 和直径增量 Δd 的关系为

$$\Delta d = \frac{\Delta p}{\sin \dfrac{180°}{z}} \qquad (9\text{-}14)$$

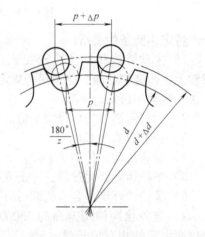

图 9-16　链节距增大量和铰链外移量

式 (9-14) 表明，当磨损量一定，即链节的增长量 Δp 一定时，链轮的齿数 z 越多，链轮上一个链节所对的圆心角就越小，铰链所在圆的直径的增加量 Δd 就越大，铰链会更接近齿顶，当 $d + \Delta d > d_a$（齿顶圆直径）时，链传动将发生跳齿和脱链。所以从这个意义上讲，链轮齿数不宜过多，应控制大链轮的最大齿数 $z_{\max} \leqslant 120$。

由于链节数通常是偶数，为使链条和链轮磨损均匀，常取链轮齿数为奇数，并尽可能与链节数互质。优先选用的链轮齿数系列为：17、19、21、23、25、38、57、76、95 和 114。

在动力传动中，可以根据链条速度选取小链轮齿数。建议小链轮齿数选取如下：链条速度 $v = 0.6 \sim 3\mathrm{m/s}$，$z_1 \geqslant 15 \sim 17$；链条速度 $v = 3 \sim 8\mathrm{m/s}$，$z_1 \geqslant 21$；链条速度 $v > 8\mathrm{m/s}$，$z_1 \geqslant 23 \sim 25$。

2. 传动比 i

传动比过大，链条在小链轮上的包角就会很小，参与啮合的齿数减少，每个轮齿承受的载荷增大，加速轮齿的磨损，且易出现跳齿和脱链现象，破坏正常啮合。一般链传动的传动比 $i \leqslant 6$，常取 $i = 2 \sim 3.5$。但在 $v \leqslant 3\mathrm{m/s}$，载荷平稳，外形尺寸不受限制时，$i_{\max}$ 可达 10。

3. 节距 p 和排数 n

链节距是链传动中非常重要的参数，其大小直接决定了链的尺寸、质量和承载能力，而且也影响链传动的运动不均匀性。链节距越大，链条和链轮轮齿各部分尺寸越大，承载能力就越高，但总体尺寸大，链传动的运动不均匀性越显著，动载荷也越大，振动、冲击和噪声也越严重。为使结构紧凑和延长寿命，在满足承载能力的前提下，尽可能选用较小节距的单排链。在高速重载时，可选用小节距的多排链；低速重载时，选大节距的单排链。

4. 中心距 a

中心距的大小对传动有很大影响。中心距过小，链速一定时，单位时间内链条的绕转次数增多，链条屈伸次数和应力循环次数增多，因而加剧了链条的磨损和疲劳。同时，由于中心距过小，链条在小链轮上的包角变小（$i \neq 1$），每个轮齿所受的载荷增大，且易出现跳齿和脱链现象。但中心距太大，松边垂度过大，传动时会造成松边上下颤动现象，冲击大。

设计时如无结构上的特殊要求，一般可初定中心距 $a_0 = (30 \sim 50)p$，最大取 $a_{0\,max} = 80p$。有张紧装置或托板时，$a_{0\,max}$ 可大于 $80p$；若中心距不能调整，$a_{0min} \approx 30p$。

六、滚子链传动的设计步骤和设计方法

1. 已知条件和设计内容

设计链传动时的已知条件包括：链传动的工作条件，传动装置与总体尺寸限制，所需传递的名义功率 P，主动链轮转速 n_1，从动链轮转速 n_2 或传动比 i。

设计内容包括：确定链条型号，链节数 L_p 和排数，链轮齿数 z_1、z_2 以及链轮的结构、材料和几何尺寸，链传动的中心距 a、压轴力 F_Q、润滑方式和张紧装置等。

2. 设计步骤和设计方法

（1）$v > 0.6 \mathrm{m/s}$ 的中、高速链传动的设计计算

1）选择链轮齿数 z_1、z_2 和确定传动比 i。一般链轮齿数应在 $17 \sim 114$ 之间选取，先选择小链轮齿数 z_1，大链轮的齿数 $z_2 = iz_1$，大、小链轮齿数均应取整数。传动比可按式（9-2）计算。

2）确定修正后当量的单排链的计算功率 P_{ca}。链传动的工作条件与特定实验条件不同时，应根据链传动的工作情况、主动链轮齿数和链传动的排数，将链传动所传递的功率修正为当量的单排链计算功率 P_{ca}。即

$$P_{ca} = P\frac{K_A K_z}{K_p} \qquad (9\text{-}15)$$

式中　K_A——工况系数，见表9-7；

　　　K_z——主动链轮齿数系数，如图9-17所示；

　　　K_p——多排链系数，（双排链时：$K_p = 1.75$，三排链时：$K_p = 2.5$）；

　　　P——传递的名义功率（kW）。

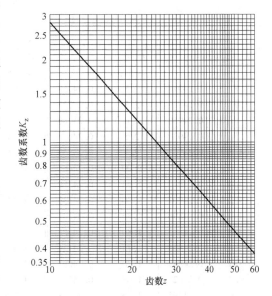

图 9-17　主动链轮齿数系数 K_z

表 9-7　链传动的工况系数 K_A

		主动机械特性		
		运转平稳	轻微冲击	中等冲击
从动机械特性		电动机、汽轮机和燃气轮机、带有液力变矩器的内燃机等	六缸或六缸以上带机械式联轴器的内燃机、经常起动的电动机(一日两次以上)等	少于六缸带机械式联轴器的内燃机等
平稳运转	离心式的泵和压缩机、印刷机械、均匀加料的带式输送机、纸张压光机、自动扶梯、液体搅拌机和混料机等	1.0	1.1	1.3
中等冲击	三缸或三缸以上往复式泵和压缩机、混凝土搅拌机、载荷不均匀的输送机、固体搅拌机和混料机等	1.4	1.5	1.7
严重冲击	刨煤机、电铲、轧机、球磨机、橡胶加工机械、压力机、剪床、石油钻机等	1.8	1.9	2.1

注：轻微冲击时，按平稳运转和中等冲击的平均值左右选取。

3) 确定链条型号和节距。根据当量的单排链的计算功率 P_{ca}、单排链额定功率 $[P_0]$、小链轮转速 n_1，由图 9-14 确定链条型号，查表时应保证

$$P_{ca} \leqslant [P_0] \tag{9-16}$$

然后由表 9-1 确定链条节距 p。

4) 计算链节数和中心距。设计时如无结构上的特殊要求，一般初选中心距 $a_0 = (30 \sim 50)p$。按下式计算链节数 L_{p0}

$$L_{p0} = \frac{2a_0}{p} + \frac{z_1 + z_2}{2} + \left(\frac{z_2 - z_1}{2\pi}\right)^2 \frac{p}{a_0} \tag{9-17}$$

为了避免使用过渡链节，计算出的链节数 L_{p0} 应圆整为偶数。

最大中心距可由下式计算

$$a_{max} = f_1 p [2L_p - (z_1 + z_2)] \tag{9-18}$$

式中　f_1——中心距计算系数，见表 9-8。

表 9-8　中心距计算系数 f_1

$\frac{L_p - z_1}{z_2 - z_1}$	f_1	$\frac{L_p - z_1}{z_2 - z_1}$	f_1	$\frac{L_p - z_1}{z_2 - z_1}$	f_1	$\frac{L_p - z_1}{z_2 - z_1}$	f_1	$\frac{L_p - z_1}{z_2 - z_1}$	f_1
8	0.24978	2.8	0.24758	1.62	0.23938	1.36	0.23123	1.21	0.22090
7	0.24970	2.7	0.24735	1.60	0.23897	1.35	0.23073	1.20	0.21990
6	0.24958	2.6	0.24708	1.58	0.23854	1.34	0.23022	1.19	0.21884
5	0.24937	2.5	0.24678	1.56	0.23807	1.33	0.22968	1.18	0.21771
4.8	0.24931	2.4	0.24643	1.54	0.23758	1.32	0.22912	1.17	0.21652
4.6	0.24925	2.00	0.24421	1.52	0.23705	1.31	0.22854	1.16	0.21526
4.4	0.24917	1.95	0.24380	1.50	0.23648	1.30	0.22793	1.15	0.21390
4.2	0.24907	1.90	0.24333	1.48	0.23588	1.29	0.22729	1.14	0.21245
4.0	0.24896	1.85	0.24281	1.46	0.23524	1.28	0.22662	1.13	0.21090
3.8	0.24883	1.80	0.24222	1.44	0.23455	1.27	0.22593	1.12	0.20923
3.6	0.24868	1.75	0.24156	1.42	0.23381	1.26	0.22520	1.11	0.20744
3.4	0.24849	1.70	0.24081	1.40	0.23301	1.25	0.22443	1.10	0.20549
3.2	0.24825	1.68	0.24048	1.39	0.23259	1.24	0.22361	1.09	0.20336
3.0	0.24795	1.66	0.24013	1.38	0.23251	1.23	0.22275	1.08	0.20104
2.9	0.24778	1.64	0.23977	1.37	0.23170	1.22	0.22185	1.07	0.19848

特别地，当两链轮的齿数相等时，即 $z_1 = z_2 = z$，链条的最大中心距为

$$a_{max} = p\left(\frac{L_p - z}{2}\right) \tag{9-19}$$

一般为了便于链条的安装和保证链条与链轮齿能顺利地啮合，应使链条松边有一定的垂度，实际中心距应较计算中心距小 $2 \sim 5mm$。

链条长度 $L(m)$ 可由下式计算

$$L = \frac{L_p p}{1000} \tag{9-20}$$

5）计算链速 v、确定润滑方式。平均链速按式（9-1）计算。

根据链速 v 和链号（或链节距），由图 9-15 确定合适的润滑方式。

6）计算链传动作用在轴上的压轴力 F_Q。链传动作用在轴上的压轴力可近似取为

$$F_Q \approx K_{FP} F_e \tag{9-21}$$

式中 F_e——有效圆周力（N）；

K_{FP}——压轴力系数（对于水平或倾斜传动：$K_{FP} = (1.15 \sim 1.20)K_A$；对于垂直传动：$K_{FP} = 1.05 K_A$。其中 K_A 为工况系数，见表 9-7）。

7）链轮结构尺寸设计。

（2）$v \leqslant 0.6m/s$ 的低速链传动，按静强度设计 当链速 $v \leqslant 0.6m/s$ 时，其主要失效形式是链条静力拉断，故应进行静强度校核。静强度安全系数应满足下式要求

$$S = \frac{nF_{lim}}{K_A F_1} \geqslant 4 \sim 8 \tag{9-22}$$

式中 n——链的排数；

F_{lim}——单排链的极限拉伸载荷（N），见表 9-1；

K_A——工况系数，见表 9-7；

F_1——链的紧边拉力（N），按式（9-12）计算。

第六节 链传动的布置、张紧和润滑

一、链传动的布置

链传动的布置合理与否，对传动的工作性能和使用寿命有较大影响。布置时，两链轮应位于同一铅垂面内，两链轮共面；链轮的两轴应平行，中心线可以水平，也可以倾斜，但尽量不要处于铅垂位置；一般应紧边在上，松边在下，以免松边在上时，下垂量过大而阻碍链轮的顺利运转。具体布置时，可参考表 9-9。

二、链传动的张紧

链传动张紧的目的，主要是为了避免在链条的松边垂度过大时产生啮合不良和链条的振动现象，同时也为了增加链条与链轮的啮合包角。当中心线和水平线的夹角大于 $60°$ 时，通常设计有张紧装置。

张紧方法根据中心距是否可调分为两大类：

1）当中心距可调时，通过调整中心距来控制张紧程度，调整方法同带传动。

2）当中心距不可调时，可以采取如下方法：

表 9-9 链传动的布置

传动参数	正确布置	不正确布置	说　明
$i = 2 \sim 3$ $a = (30 \sim 50)p$			传动比和中心距中等大小 两轮轴线在同一水平面,紧边在上在下都可以,但紧边在上较好
$i > 2$ $a < 30p$			中心距较小 两轮轴线不在同一水平面,松边应在下,否则松边下垂量增大后,链条易与链轮卡死
$i < 1.5$ $a > 60p$			传动比小,中心距较大 两轮轴线在同一水平面,松边应在下,否则松边下垂量增大后,松边会与紧边相碰,需经常调整中心距
i、a 为任意值			两轮轴线在同一铅垂面内,会减少下链轮的有效啮合齿数,降低传动能力。因此应采用: 1)中心距可调 2)设张紧装置 3)上、下两轮偏置,使两轮轴线不在同一铅垂面内

① 安装张紧轮。如图 9-18 所示,张紧轮一般应压在松边外侧靠近小链轮处。张紧轮可

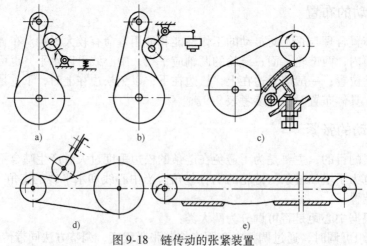

图 9-18　链传动的张紧装置

a) 弹簧张紧　b) 挂重张紧　c) 螺纹张紧　d) 螺旋张紧　e) 托板张紧

以是链轮，也可以是无齿的辊轮，其直径应与小链轮直径接近。张紧轮有自动张紧（图9-18a、b）和定期张紧（图9-18c、d）。

② 中心距较大时，可以用托板张紧（图9-18e）。

③ 缩短链长。在链条磨损变长后可以去掉2个链节，以恢复原有的张紧程度。

三、链传动的润滑

链传动的润滑十分重要，尤其对高速、重载的链传动。良好的润滑有利于减少铰链磨损，提高传动效率，缓和冲击，从而延长链条寿命。通常根据链速和链号按图9-15选择推荐的润滑方式。润滑油可采用L-AN32、L-AN46、L-AN68、L-AN100等全损耗系统用油，环境温度、速度高时宜采用黏度较高的润滑油。对于开式及低速重载传动，可在润滑油中加入 MoS_2、WS_2 等添加剂。对于不便使用润滑油的场合，允许使用润滑脂，但应定期清洗和更换润滑脂。表9-10所列为滚子链的常用润滑方法和供油量。图9-19所示为链传动的润滑方式。润滑时应设法将油注入链条活动关节间的缝隙中，并均匀分布于链宽上。润滑油应加在松边上，因此时链节处于松弛状态，润滑油易进入各摩擦面内。为了安全与防尘，链传动应安装防护罩。

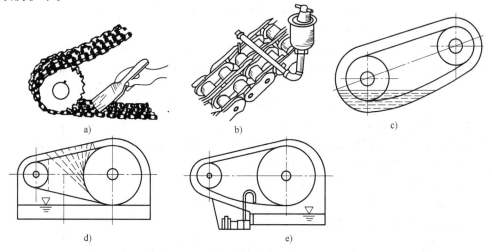

图9-19　链传动的润滑方式

a）定期人工润滑　b）滴油润滑　c）油浴润滑　d）油盘飞溅润滑　e）压力供油润滑

表9-10　滚子链的常用润滑方法和供油量

润滑方式	说　　明	供油量
定期人工润滑（图9-19a）	用油壶或油刷定期在链条松边内、外链板间隙中注油	每班注油一次
滴油润滑（图9-19b）	装有简单外壳，用油杯滴油	单排链，每分钟供油 5~20 滴，速度高时取大值
油浴润滑（图9-19c）	采用不漏油的外壳，使链条从油槽中通过	一般浸油深度为 6~12mm
油盘飞溅润滑（图9-19d）	采用不漏油的外壳，在链轮侧边安装甩油盘，飞溅润滑。甩油盘圆周速度 $v > 3m/s$。当链条宽度大于125mm时，链轮两侧各装一个甩油盘	甩油盘浸油深度为 12~35mm
压力供油润滑（图9-19e）	采用不漏油的外壳，油泵强制供油，带过滤器，喷油管口设在链条啮入处，循环油可起冷却作用	每个喷油口供油量可根据链节距及链速大小查阅有关手册

注：1. 开式传动和不易润滑的链传动，可定期拆下用煤油清洗，干燥后，投入 70~80℃ 润滑油中，待铰链间隙中充满润滑油后，再安装使用。

2. 当链传动的空间狭小，并做高速、大功率传动时，则有必要使用甩油冷却器。

例9-1　设计一带式输送机用的链传动。如图9-20所示，电动机通过联轴器驱动齿轮减速器，然后经链传动驱动带式输送机。已知：小链轮轴功率 $P = 4.8\mathrm{kW}$，小链轮转速 $n_1 = 265\mathrm{r/min}$，传动比 $i = 2.5$，工作载荷平稳，链传动中心距可调，水平布置。

解　1. 选择链轮齿数 z_1、z_2

一般小链轮齿数在 17～114 之间，初估链速 $v = 3\sim5\mathrm{m/s}$，取小链轮齿数 $z_1 = 21$，大链轮的齿数为

$$z_2 = iz_1 = 2.5 \times 21 = 52.5，取 z_2 = 53$$

实际平均传动比 i'

$$i' = \frac{z_2}{z_1} = \frac{53}{21} = 2.52$$

传动比相对误差 ε 为

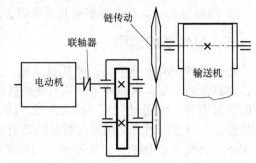

图9-20　带式输送机传动

$$\varepsilon = \left| \frac{i' - i}{i} \right| \times 100\% = \left| \frac{2.52 - 2.5}{2.5} \right| \times 100\% = 0.8\% < 3\% \sim 5\%，合适。$$

大链轮转速 n_2

$$n_2 = n_1/i = 265\mathrm{r/min}/2.52 = 105\mathrm{r/min}$$

2. 计算当量单排链的计算功率 P_{ca}

由表9-7查得：$K_A = 1.4$，由图9-17查得：$K_z = 1.15$。

选择单排链，取 $K_p = 1.0$，则当量单排链的计算功率 P_{ca} 为

$$p_{ca} = \frac{K_A K_z}{K_p} P = \frac{1.4 \times 1.15}{1.0} \times 4.8\mathrm{kW} = 7.728\mathrm{kW}$$

3. 确定链条型号和节距

根据计算功率 $P_{ca} = 7.728\mathrm{kW}$ 和小链轮转速 $n_1 = 265\mathrm{r/min}$，由图9-14确定链条型号为20A，然后由表9-1确定链条节距 $p = 31.75\mathrm{mm}$。

4. 计算链节数 L_p、链条长度 L 和中心距 a

（1）初选中心距，确定链节数　一般中心距初选 $a_0 = (30\sim50)p$，因中心距没有限制要求，取 $a_0 = 40p$，则相应的链节数为

$$L_{p0} = \frac{2a_0}{p} + \frac{z_1 + z_2}{2} + \left(\frac{z_2 - z_1}{2\pi} \right)^2 \frac{p}{a_0} = \frac{2 \times 40p}{p} + \frac{21 + 53}{2} + \left(\frac{53 - 21}{2 \times 3.14} \right)^2 \frac{p}{40p} \approx 117.65$$

链节数应尽量为偶数，故取链节数 $L_p = 118$。

（2）链条长度 L

$$L = L_p p/1000 = (118 \times 31.75/1000)\mathrm{m} = 3.746\mathrm{m}$$

（3）链传动的中心距

$$\frac{L_p - z_1}{z_2 - z_1} = \frac{118 - 21}{53 - 21} = 3.03$$

由表9-7查得中心距计算系数 $f_1 = 0.24795$，则链传动的最大中心距为

$$a = f_1 p [2L_p - (z_1 + z_2)] = 0.24795 \times 31.75\mathrm{mm} \times [2 \times 118 - (53 + 21)] = 1275\mathrm{mm}$$

为了便于链条的安装和保证链条与链轮齿能顺利地啮合，应使链条松边有一定的垂度，实际中心距应较计算中心距小 2～5mm，故取 $a = 1270\mathrm{mm}$。

5. 计算链速 v，确定润滑方式

$$v = \frac{z_1 p n_1}{60 \times 1000} = \frac{21 \times 31.75 \times 265}{60 \times 1000}\mathrm{m/s} \approx 2.94\mathrm{m/s}$$

根据链速和链节距，按图 9-15 选择油浴润滑或油盘飞溅润滑方式。

6. 求作用在轴上的压轴力 F_Q

有效圆周力为

$$F_e = 1000\frac{P}{v} = 1000 \times \frac{4.8}{2.94}\text{N} \approx 1633\text{N}$$

压轴力 F_Q 为

$$F_Q \approx K_{FP}F_e = 1.15K_A F_e = 1.15 \times 1.4 \times 1633\text{N} = 2629\text{N}$$

7. 链条标记

根据设计计算结果，采用单排、20A 滚子链，节距为 31.75mm，链节数为 118，其标记为：20A-1—118　GB/T 1243—2006。

8. 链轮结构尺寸设计

链轮结构尺寸设计，参见机械设计手册（略）。

 本章学习要点

1. 与带传动和齿轮传动相比较，了解链传动的优缺点及适用场合。

2. 了解滚子链和链轮的结构特点及其标准化。

3. 掌握滚子链传动的运动特点。

1）链传动的平均速度和平均传动比均为常数，但瞬时传动比并不等于常数。

2）转速越高，齿数越少，链节距越大，链传动的运动不均匀性（又称为链传动的多边形效应）越严重，动载荷越大，运动平稳性就越差，故在机械传动中，链传动一般布置在低速级。

4. 掌握滚子链传动的失效形式、设计准则、设计步骤以及链传动主要参数的选择原则。

5. 了解链传动的布置要求、张紧目的、张紧方式和润滑方法。

第十章

齿轮传动

提示

本章讨论渐开线齿轮传动的失效形式、设计准则，渐开线圆柱齿轮传动、锥齿轮传动的强度计算、参数选择及结构形式等。重点是齿轮传动的受力分析、设计原理及强度计算方法；难点是针对不同传动条件合理地确定设计准则和选择设计参数。

第一节 概 述

齿轮传动是现代机械传动中最重要的传动之一，传动形式多样，应用广泛。大多数齿轮传动在传递运动的同时还要传递动力。因此，齿轮传动不仅要求运转平稳，而且必须具有足够的承载能力。有关齿轮的啮合原理、几何尺寸计算、切齿原理和方法已在机械原理中论述，本章在此基础上，着重讨论渐开线齿轮传动的受力分析、强度计算、参数选择及结构形式等。

一、齿轮传动的主要特点

1) 传递功率的范围大。可高达数十万千瓦。

2) 圆周速度的范围大。可高达 200m/s。

3) 传动效率高。在常用的机械传动中，齿轮传动的效率高达 99%。

4) 工作可靠、寿命长。在设计制造正确合理、使用维护良好的情况下，齿轮传动非常可靠，工作寿命可达数十年。

5) 传动平稳。传动比恒定，能避免过大冲击、振动和噪声等，这也是齿轮传动获得广泛应用的主要原因之一。

6) 结构紧凑。在工作条件相同的情况下，齿轮传动所需的空间尺寸较小。

7) 制造、安装精度要求高。成本高、价格较贵。

8) 不适宜轴间距离较大的传动。轴间距离较大时，结构尺寸大。

二、齿轮传动的分类

1. 按传动类型分类

直齿圆柱齿轮传动、斜齿圆柱齿轮传动、人字齿轮传动、锥齿轮传动。

2. 按工作条件分类

(1) 闭式传动 齿轮封闭在箱体中，支承刚度大，可保证良好的润滑和精确啮合。如汽车变速器、减速器等。

（2）开式传动　齿轮完全暴露在外边或只有简单的防护罩，外界杂物、灰尘易进入，不能保证良好的润滑，但成本较低。用于低精度、低速场合，如农业机械、建筑机械等。

（3）半开式传动　有油池、防护罩。

3. 按使用情况分类

（1）动力齿轮　以传输动力为主，常为高速重载或低速重载传动。承载能力是设计的主要问题。

（2）传动齿轮　以传递运动为主，一般为轻载高精度传动。精度是设计的主要问题。

4. 按齿面硬度分类

（1）软齿面齿轮　齿面硬度≤350HBW 或 38HRC。

（2）硬齿面齿轮　齿面硬度＞350HBW 或 38HRC。

三、对齿轮传动的基本要求

1. 传动平稳

要求瞬时传动比不变，保证传动的精度，避免过大冲击、振动和噪声等。这主要依靠渐开线齿形及加工精度来保证。

2. 承载能力强

要求在尺寸小、质量小的前提下，齿轮的强度高、寿命长。这主要通过合理选择材料、热处理方式及齿轮的传动参数来保证。

第二节　齿轮传动的主要失效形式及设计准则

一、齿轮传动的主要失效形式

由于齿轮传动的失效（损伤）形式是进行设计计算的依据，因此分析各种失效形式和出现的部位以及产生的机理就显得非常重要。据此采取措施来防止和减轻各种失效，确定设计准则。

齿轮传动的工作条件、装置形式、材料的性能及热处理工艺等决定其失效形式。由于前述各条件的不同，齿轮传动的失效形式是多种多样的。一般来说，齿轮传动的失效主要是轮齿的失效，而齿轮其他部分（如齿圈、轮辐、轮毂等）通常是根据经验设计的，其尺寸对于强度和刚度而言均较富裕，实践中也极少失效。就轮齿的失效而言，可分为轮齿折断和齿面损伤两大类。常见的主要失效形式有以下几种：

1. 轮齿折断

轮齿折断是指受载齿轮的一个或多个轮齿的整体或局部断裂，一般发生在齿根部分。

（1）形式及原因

1）疲劳折断。轮齿受载时，齿根处产生的弯曲应力最大并且循环变化，又由于齿根过渡部分的截面尺寸突变和加工刀痕等引起的应力集中，当齿轮长期工作受载后，齿根弯曲应力超过许用弯曲应力时，齿根处就会产生疲劳裂纹；随着变应力循环次数的增加，裂纹逐步扩展，致使轮齿疲劳断裂，如图 10-1 所示。由于轮齿材料对拉应力敏感，故疲劳裂纹往往从轮齿受拉应力的一侧开始发生。

2）过载折断。由于短时意外过载或冲击载荷的作用，致使齿根的应力超过其极限应力时发生过载折断或剪断。一般此情况属于静强度破坏，多发生于铸铁齿轮、整体淬火钢制齿轮。

此外，对于开式传动齿轮，轮齿经过严重磨损后齿厚过分减小时，即使在正常载荷作用

a)　　　　　　　　　　　　b)

图 10-1　轮齿的折断

a）整体轮齿折断　b）局部轮齿折断

下也会发生轮齿折断。

对于直齿圆柱齿轮，齿根裂纹一般沿轮齿方向扩展，尤其是齿宽较小时，易发生整体的轮齿折断，如图 10-1a 所示；而对于斜齿圆柱齿轮，由于齿面上的接触线为沿齿根齿顶方向的斜线，因此齿根裂纹往往沿接触斜线向齿顶方向扩展而发生轮齿的局部折断，如图10-1b所示。

如果制造和安装不良或轴、支承刚度不足引起轴的弯曲变形过大，造成载荷集中，轮齿局部受载过大时，即便是直齿圆柱齿轮，也会发生局部轮齿折断，尤其是齿宽较大时。

（2）提高抗断齿能力的主要措施

1）通过弯曲强度计算，使齿轮具有足够大的模数。

2）增大齿根过渡圆角半径，消除刀痕以减小应力集中。

3）增大轴及支承的刚度，使轮齿受载均匀。

4）在齿根处进行强化处理，如喷丸、滚压。

5）选用韧性好的材料，如低碳钢或低碳合金钢。

6）采用正变位齿轮，以增大齿根厚度。

2. 齿面疲劳点蚀（接触疲劳磨损）

在润滑良好的闭式软齿面齿轮传动中，齿面疲劳点蚀是最主要的齿面失效形式之一。

（1）形成原因　齿面点蚀是由于轮齿受载时，齿面上的接触应力脉动循环变化，在接触应力反复作用下，当齿面最大接触应力超过许用接触应力时，齿面就会产生疲劳裂纹；润滑油渗入裂纹，当两齿面反复碾压时，在裂纹中形成封闭的压力油腔，促使裂纹逐步扩展；当应力达到一定的循环次数时，裂纹的扩展导致齿面小块金属材料剥落，出现麻点状小坑，即疲劳点蚀，如图 3-25 所示。麻点逐渐扩大，甚至数点连成一片，最后形成了明显的齿面损伤，如图 10-2 所示。

（2）发生部位　齿面疲劳点蚀首先出现在节线附近的齿根面上。其主要原因是：①轮齿在啮合过程中，齿面之间的相对滑动速度起着形成润滑油膜的作用，并且相对滑动速度越大，形成润滑油膜的能力越强，润滑效果越好。轮齿在节线附近啮合时，相对滑动速度小，不易形成润滑油膜，造成润滑不良，使摩擦力较大。②对于直齿圆柱齿轮，因重合度 $\varepsilon_\alpha <$ 2，一般在节线处只有一对轮齿啮合，轮齿的受力及接触应力较大。因此，点蚀最容易在该处出现。观察发生点蚀破坏的实际轮齿发现，齿面的点蚀常首先出现在节线附近的齿根面

上，然后向其他部位扩展。

（3）危害　齿面出现点蚀，损伤渐开线齿面，引起振动，增大噪声，降低传动的平稳性和承载能力。

此外，对于开式齿轮传动，由于齿面磨损较快，而疲劳裂纹是由应力很长时间反复作用形成的，因此表面或次表面材料来不及产生疲劳裂纹即会被迅速磨掉，所以很少出现点蚀。

图 10-2　齿面点蚀

（4）提高抗点蚀能力的措施

1）通过接触疲劳强度计算，合理确定齿轮传动的尺寸。

2）提高齿面硬度，降低表面粗糙度值。

3）选用较高黏度的润滑油，它可以减小摩擦，减缓点蚀。当齿面上出现疲劳裂纹后，润滑油就会渗入裂纹，再次啮合时润滑油在裂纹内受到挤胀，使得裂纹加速扩展。润滑油黏度越高，就越不易渗入裂纹，所以在合理的范围内，润滑油黏度越高，减缓点蚀的效果越好。

4）采用正传动齿轮，增大综合曲率半径，减小齿面接触应力。

3. 齿面磨粒磨损

齿面磨粒磨损是开式齿轮传动的主要失效形式。

（1）形成原因　在齿轮传动过程中，由落入啮合齿面间的硬质颗粒如砂粒、铁屑等（起磨料的作用）引起的磨损，称为磨粒磨损，如图 10-3 所示。

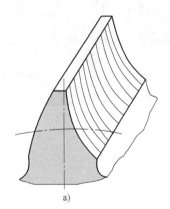

a)

b)

图 10-3　齿面磨损

a）示意图　b）实物图

（2）危害　齿面磨损后使得渐开线齿廓失真，齿形破坏，传动比不再等于常数，传动精度降低；齿侧间隙增大，引起振动、冲击、噪声增大；轮齿变薄，易发生轮齿折断。

（3）减轻齿面磨损的措施

1）改开式传动为闭式传动。

2）提高齿面的硬度，降低表面粗糙度值。

3）注意定时更换润滑油，保持润滑油的清洁。

4. 齿面胶合（黏着磨损）

齿面胶合主要出现在高速重载的闭式齿轮传动中。

（1）形成原因　由于齿面间压力大，瞬时速度高，摩擦功耗产生高温破坏油膜，使两齿面金属直接接触而黏焊在一起；当齿面相对滑动时，黏着点被撕脱，齿面上形成条状沟痕，如图 10-4 所示。齿面胶合主要发生在齿顶、齿根等滑动速度较大的部位。

低速重载时，由于油膜不易形成，也会出现冷焊黏着。

图 10-4　齿面胶合

（2）提高抗胶合能力的措施

1）提高齿面硬度，降低表面粗糙度值。

2）低速传动中选用黏度大的润滑油，高、中速重载传动中采用极压润滑油。

3）采用正变位齿轮，适当减小模数，降低齿高，减小滑动系数。

4）对于高速重载的齿轮传动，可进行抗胶合承载能力计算。

5. 塑性变形

（1）形成原因及特点　低速重载或频繁起动的齿轮传动中，齿轮的齿面由于较大的摩擦力作用，使齿轮材料处于屈服状态而产生塑性流动现象。塑性变形沿摩擦力方向进行，如图 10-5a 所示。在主动轮上，摩擦力方向相背，在节线附近形成凹槽，如图 10-5b 所示；在从动轮上，摩擦力方向相对，在节线附近形成凸脊，如图 10-5c 所示。

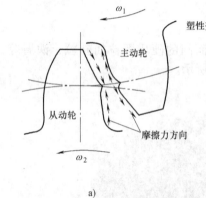

图 10-5　齿面塑性变形

a）齿面塑性流动　b）凹槽　c）凸脊

（2）避免齿面塑性变形的措施

1）提高齿面硬度。

2）选用较高黏度的润滑油。

二、齿轮传动的设计准则

为保证齿轮传动满足工作要求，针对上述各种失效形式，可以建立相应的设计准则。但对于齿面磨损和塑性变形，目前尚无成熟的计算方法；而对于齿面胶合，虽然目前已制定了 GB/Z 6413.1—2003《圆柱齿轮、锥齿轮和准双曲齿轮　胶合承载能力计算方法　第 1 部分：闪温法》，但应用尚不普遍，有些问题尚待研究。因此，在工程实际中，通常只进行齿根弯曲疲劳强度和齿面接触疲劳强度的计算。

对于一般工况下的齿轮传动，其设计准则为：①保证足够的齿根弯曲疲劳强度，以免发生齿根折断；②保证足够的齿面接触疲劳强度，以免发生齿面点蚀。

对于高速重载齿轮传动，除按以上两个设计准则进行设计外，还应按齿面抗胶合能力的准则进行设计。

对于闭式软齿面齿轮传动，由于齿面硬度较低，易发生点蚀，因此应首先按照齿面接触疲劳强度进行设计，然后按照齿根弯曲疲劳强度进行校核。

对于闭式硬齿面齿轮传动，由于齿面硬度较高，不易发生点蚀，而易发生轮齿折断。因此，应首先按照齿根弯曲疲劳强度进行设计，然后按照齿面接触疲劳强度进行校核。

对于开式齿轮传动，由于其主要失效形式是磨损、断齿，一般不会出现点蚀，所以只需按照齿根弯曲疲劳强度设计，然后将计算出的模数 m 加大 10%～15%，以考虑磨损后轮齿减薄的影响。

第三节　齿轮的材料及其选择

一、对齿轮材料性能的要求

由于齿轮的失效主要发生在齿根和齿面，因此齿轮的齿体应具有较高的抗折断能力，而齿面应具有较强的抗点蚀、抗磨损和抗胶合能力等，即要求齿面硬、齿芯韧。此外，还应考虑机械加工和热处理的工艺性以及经济性的要求。

二、常用齿轮材料和热处理

制造齿轮最常用的材料是钢，其次是铸铁，还有非金属材料等。

1. 钢

钢材的强度高、韧性好、耐冲击。许多钢材经过适当的热处理或表面处理后，性能提高，所以是应用最广泛的齿轮材料。钢材分为锻钢（轧制钢材）和铸钢两大类。

（1）锻钢　锻钢的力学性能较铸钢好，因此是首选的齿轮材料。

1）软齿面齿轮（齿面硬度≤350HBW），通常用于对结构尺寸、强度、速度、精度要求不高的齿轮传动。常用的材料主要有中碳钢或中碳合金钢，如 45、50、40Cr、40MnB、42SiMn、38SiMnMo 等。热处理方法一般是调质或正火（常化）处理。在热处理后进行切齿，加工比较容易，生产率较高，易磨合，不需磨齿等设备，齿轮精度一般为 8 级，精密切齿可达 7 级。但这种齿轮承载能力相对较低，齿轮传动尺寸较大。

一对齿轮啮合时，小齿轮的啮合次数多于大齿轮，所以小齿轮容易失效。为了使大小两齿轮寿命接近相等，应使小齿轮的齿面硬度高于大齿轮的齿面硬度 30～50HBW。

2）硬齿面齿轮（齿面硬度＞350HBW），用于高速、重载、要求结构尺寸紧凑的齿轮传动。齿面硬度一般为 40～62HRC，强度和精度较高。加工方法是：齿轮毛坯经过正火或调质处理后切齿，再经齿面硬化处理，之后一般要经过磨齿等精加工，齿轮精度可达到 5 级或 4 级。常用的齿面硬化处理方法有整体淬火、表面淬火、渗碳淬火、渗氮、碳氮共渗等。

（2）铸钢　铸钢的力学性能较好，但应进行退火和正火处理，必要时可进行调质。多用于结构尺寸较大的齿轮（齿顶圆直径 d_a≥400～500mm），如 ZG310-570、ZG340-640 等材料。

2. 铸铁

灰铸铁较脆，其抗弯、抗拉强度较低，抗冲击性和耐磨性都较差，但抗胶合性及抗点蚀能力较强，易加工。灰铸铁中的石墨起自润滑作用。因此对于开式传动、低速、轻载且运动平稳等次要应用场合，常采用 HT300、HT350、QT550-5、QT600-3 等材料。

球墨铸铁的抗冲击等力学性能比灰铸铁高得多，在齿轮传动中得到日益广泛的应用。

另外，非铁金属如铜合金、铝合金在特殊要求情况下也可作为齿轮材料。

3. 非金属材料

对于高速、轻载、精度要求不高的齿轮传动，为了降低噪声，常用非金属材料，如夹布胶木、尼龙等制作小齿轮。由于非金属材料的耐热性和导热性较差，所以大齿轮仍用钢或铸铁制作，以利于散热。同时为了使大齿轮具有足够的抗磨损和抗点蚀能力，齿面硬度应达到250～350HBW。

常用的齿轮材料及其力学性能列于表10-1。

表 10-1　常用的齿轮材料及其力学性能

材料牌号	热处理方法	力学性能		硬　度	
		强度极限 σ_b/MPa	屈服极限 σ_s/MPa	齿芯部（HBW）	齿面淬火（HRC） [渗氮（HV）]
调质钢					
45	正火	569	284	162～217	40～50
		628	343	217～255	
35SiMn	调质	735	441	217～269	45～55
42SiMn			461		
40MnB			490	241～286	
38SiMnMo		686	539	217～269	
35CrMo				217～255	
40Cr			490	241～286	48～55
渗碳钢、渗氮钢					
20Cr	渗碳、淬火、 低温回火	637	392	≥178	渗碳 56～62
20CrMnTi		1079	883	240～300	
20CrMnMo			785	28～33HRC	
38CrMoAlA	调质、渗氮	980	834	229	渗氮 >850
40Cr	碳氮共渗、回火	1373	1177		43～53
铸钢					
ZG310-570	正火	570	310	163～197	
ZG340－640	正火	640	340	179～207	
	调质	700	380	241～269	
ZG42SiMn	正火、回火	588	373	163～217	45～53
	调质	637	441	197～248	
ZG35CrMo	正火、回火	588	392	179～241	
	调质	686	539		
铸　铁					
HT250		250		175～263	
HT300		300		182～273	
HT350		350		197～298	
QT500－7		500	320	170～230	
QT600－3		600	370	190～270	
QT700－2		700	420	225～305	
其　他					
夹布塑胶		100		25～35	

第四节　齿轮传动的精度等级及其选择

一、齿轮传动的精度等级

GB/T 10095.1—2008、GB/T 10095.2—2008《圆柱齿轮　精度制》中规定了圆柱齿轮的

13 个精度等级，按精度高低依次为 0，1 ~ 12；GB/T 11365—1989《锥齿轮和准双曲面齿轮精度》中规定了锥齿轮的 12 个精度等级，按精度高低依次为 1 ~ 12，常用的是 6 ~ 9 级精度。

传动装置的制造和安装误差，如齿形误差、齿距误差、齿向误差和两轴线不平行误差，对传动性能的影响主要表现在：①传递运动的准确性；②传动的平稳性；③载荷分布的均匀性。精度要求分别用第Ⅰ、第Ⅱ、第Ⅲ公差组表示。此外，考虑到齿轮制造误差和工作时轮齿的变形、受热膨胀及齿面的润滑等，齿侧间需要有一定的间隙，为此，精度标准中还规定了 14 种齿厚偏差（均为负值）。

二、齿轮传动精度等级的选择

一般动力传动的精度等级，应根据传动用途、平稳性要求、节圆圆周速度、载荷、运动精度要求等确定。一般情况下，按节圆圆周速度确定第Ⅱ公差组的精度等级，参见表 10-2。按用途选择精度等级范围时，参见表 10-3。

表 10-2　渐开线齿轮传动精度等级的选择

精度等级	圆柱齿轮传动(锥齿轮传动为齿宽中点节圆直径)的圆周速度 $v/(\text{m/s})$		
	直齿圆柱齿轮	斜齿圆柱齿轮	直齿锥齿轮
5 级及其以上	>15	>30	>12
6 级	≤15	≤30	≤12
7 级	≤10	≤15	≤8
8 级	≤6	≤10	≤4
9 级	≤2	≤4	≤1.5

表 10-3　各类机器中齿轮传动的精度等级范围

机器名称	精度等级	机器名称	精度等级
汽轮机	3 ~ 6	拖拉机	6 ~ 8
金属切削机床	3 ~ 8	通用减速器	6 ~ 8
航空发动机	4 ~ 8	锻压机床	6 ~ 9
轻型汽车	5 ~ 8	起重机械	7 ~ 10
载重汽车	7 ~ 9	农业机械	8 ~ 11

注：主传动或重要的齿轮传动，选择偏上限精度等级；辅助传动或一般齿轮传动，选择居中或偏下限精度等级。

第五节　齿轮传动的受力分析和计算载荷

为了计算齿轮的强度，设计轴和轴承，需要分析确定轮齿上作用力的大小、方向和性质。齿轮传动时，传递的转矩为

$$T = 10^6 \frac{P}{\omega} = 9.55 \times 10^6 \frac{P}{n} \qquad (10\text{-}1)$$

式中　P——齿轮传递的名义功率（kW）；

　　　T——齿轮传递的名义转矩（N·mm）；

　　　ω——齿轮的角速度（rad/s）；

　　　n——齿轮的转速（r/min）。

一、轮齿的受力分析

1. 直齿圆柱齿轮传动

图 10-6 所示为直齿圆柱齿轮传动主动轮齿的受力分析。如果忽略齿面间的摩擦力，则作用于轮齿间的总压力为法向力 F_n，其方向沿啮合线垂直于齿面。

为了计算方便，法向力 F_n 用分度圆的尺寸及其上的参数表示。将法向力 F_n 分解为分度圆上相互垂直的两个分力：圆周力 F_t（N）和径向力 F_r（N）。各力的大小分别为

$$\begin{cases} F_t = \dfrac{2T_1}{d_1} \\[2mm] F_r = F_t \tan\alpha \\[2mm] F_n = \dfrac{F_t}{\cos\alpha} \end{cases} \qquad (10\text{-}2)$$

式中　T_1——齿轮传递的名义转矩（N·mm）；

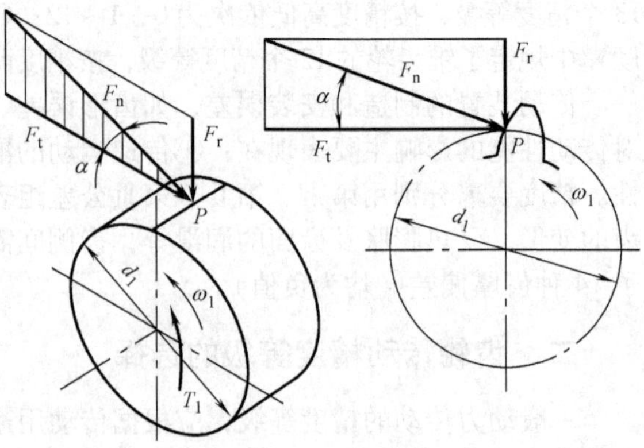

图 10-6　直齿圆柱齿轮传动主动轮齿的受力分析

　　　　d_1——主动轮的分度圆直径（mm）；

　　　　α——分度圆压力角。

以上分析的是主动轮齿上的作用力。作用在从动轮齿上的各分力与主动轮齿上相应分力的大小相等，方向相反。各分力的方向判定如下：

（1）圆周力 F_t　在主动轮齿上是工作阻力，其方向与力作用点的速度方向相反，阻止其转动；在从动轮齿上是驱动力，其方向与力作用点的速度方向相同，驱使其转动。

（2）径向力 F_r　由啮合点沿半径分别指向各自的轮心。

2. 斜齿圆柱齿轮传动

图 10-7 所示为斜齿圆柱齿轮传动主动轮齿的受力分析。如果忽略齿面间的摩擦力，则轮齿间的总法向力 F_n 作用在垂直于轮齿的法面内，用分度圆的尺寸及其上的参数表示。将 F_n 分解为分度圆上相互垂直的三个分力：圆周力 F_t（N）、径向力 F_r（N）和轴向力 F_a（N）。各力的大小分别为

$$\begin{cases} F_t = \dfrac{2T_1}{d_1} \\[2mm] F_r = F_t \tan\alpha_t = \dfrac{F_t \tan\alpha_n}{\cos\beta} \\[2mm] F_a = F_t \tan\beta \\[2mm] F_n = \dfrac{F_t}{\cos\alpha_t \cos\beta_b} = \dfrac{F_t}{\cos\alpha_n \cos\beta} \end{cases} \qquad (10\text{-}3)$$

式中　α_t——端面压力角；

　　　　α_n——法向压力角；

　　　　β——分度圆螺旋角；

　　　　β_b——基圆螺旋角；

其余符号意义和单位同式（10-2）。

圆周力和径向力方向的判定方法与直齿圆柱齿轮相同；轴向力的方向可用"左、右手法则"确定，即：

在主动齿轮上，左螺旋轮齿用左手，右螺旋轮齿用右手，四指按齿轮转动方向弯曲，则拇指的指向即轴向力 F_a 的方向。如图 10-7 所示，主动齿轮 1 为右螺旋轮齿，用右手判定，可得其上轴向力 F_{a1} 的方向向左；作用在从动轮齿上的各分力与主动轮齿上的相应分力大小相等，方向相反。

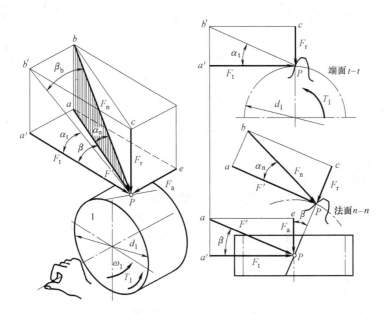

图 10-7　斜齿圆柱齿轮传动主动轮齿的受力分析

在判定轴向力的方向时，应首先确定传动中主动轮的转动方向（简称转向）和轮齿的螺旋方向（简称旋向），当其中之一的方向发生变化时，F_a 的方向将改变。

由式（10-3）可知，轴向力 F_a 与 $\tan\beta$ 成正比，过大的 F_a 对轴承非常不利。为减小或消除不利影响，螺旋角 β 不宜选得过大，一般选取 $\beta = 8° \sim 20°$ 或采用人字齿轮。

3. 直齿锥齿轮传动

图 10-8 所示为轴交角 $\varSigma = 90°$ 的直齿锥齿轮传动主动轮齿的受力分析。通常把轮齿上的总法向力 F_n 视为作用于齿宽中点垂直于轮齿的法面内。F_n 可分解为分度圆锥上相互垂直的

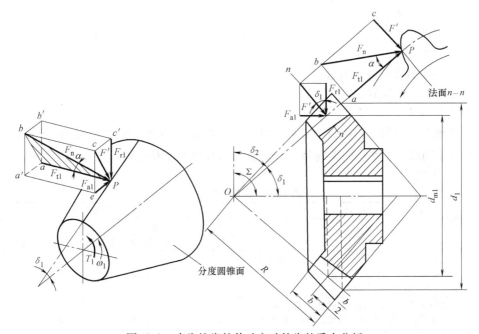

图 10-8　直齿锥齿轮传动主动轮齿的受力分析

三个分力：圆周力 F_t（N）、径向力 F_r（N）和轴向力 F_a（N）。各力的大小分别为

$$\begin{cases} F_t = \dfrac{2T_1}{d_{m1}} \\ F_{r1} = F_t \tan \alpha \cos \delta_1 = F_{a2} \\ F_{a1} = F_t \tan \alpha \sin \delta_1 = F_{r2} \\ F_n = \dfrac{F_t}{\cos \alpha} \end{cases} \tag{10-4}$$

式中　d_{m1}——主动轮齿宽中点的分度圆直径（mm）；

　　　δ_1——主动轮的分度圆锥角。

圆周力和径向力的方向判定与直齿圆柱齿轮相同；轴向力 F_a 的方向由小端指向大端。需要注意的是：对于轴交角 $\Sigma = 90°$ 的锥齿轮传动，如图 10-9 所示，由力平衡条件，F_{t1} 与 F_{t2}、F_{a1} 与 F_{r2}、F_{r1} 与 F_{a2} 大小相等，方向相反。

二、计算载荷

齿轮在实际传动时，由于原动机和工作机的性能，轮齿啮合过程中产生的动载荷，齿轮的制造、安装误差和受载后轮齿、系统产生弹性变形，载荷沿齿面接触线分布不均及载荷在同时啮合的各对轮齿间分配不均等因素的影响，轮齿上的局部受力大于名义载荷沿齿宽的均布力。为此，引入载荷系数 K，将名义载荷 F（N）进行修正得到计算载荷 F_{ca}（N）

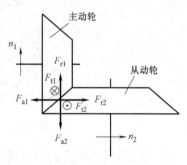

图 10-9　$\Sigma = 90°$ 锥齿轮各力关系

$$F_{ca} = KF \tag{10-5}$$

$$K = K_A K_v K_\alpha K_\beta \tag{10-6}$$

式中　K_A——使用系数；

　　　K_v——动载系数；

　　　K_α——齿间载荷分配系数；

　　　K_β——齿向载荷分布系数。

各系数的意义和取值如下。

1. 使用系数 K_A

K_A 是考虑齿轮外部工作条件引起的附加动载荷的影响系数，所以 K_A 也称为外部动载荷系数。它与原动机、工作机的运转特性和联轴器的缓冲性能及运行状态等因素有关。其值可参考表 10-4 选取。

表 10-4　使用系数 K_A

工作机及工作特性		原动机及工作特性			
载荷状态	举　例	均匀平稳	轻微冲击	中等冲击	严重冲击
		电动机、汽轮机	蒸汽机、各种泵	多缸内燃机	单缸内燃机
均匀平稳	发电机、均匀传送的带式输送或板式输送机、轻型升降机、包装机、机床进给机构、通风机、均匀密度材料搅拌机等	1.00	1.10	1.25	1.50
轻微冲击	不均匀传送的带式输送机或板式输送机、机床的主传动机构、重型升降机、工业与矿用通风机、重型离心机、不均匀密度材料搅拌机等	1.25	1.35	1.50	1.75

（续）

载荷状态	工作机及工作特性		原动机及工作特性			
		举　例	均匀平稳	轻微冲击	中等冲击	严重冲击
			电动机、汽轮机	蒸汽机、各种泵	多缸内燃机	单缸内燃机
中等冲击		橡胶挤压机、橡胶和塑料作间断工作的搅拌机、轻型球磨机、木工机械、钢坯初轧机、单缸活塞泵等	1.50	1.60	1.75	2.00
严重冲击		挖掘机、重型球磨机、橡胶揉合机、破碎机、重型给水泵、旋转式钻探装置、压砖机、带材冷轧机、压坯机等	1.75	1.85	2.00	≥2.25

注：表中所列 K_A 仅适用于减速齿轮传动。对于增速齿轮传动，K_A 值应取表中值的 1.1 倍。当外部机械与所计算齿轮间有挠性连接时，K_A 值可适当减小，但不得小于 1。

2. 动载系数 K_v

K_v 是考虑齿轮副的制造和安装误差、轮齿受载后变形而引起的啮合误差，在轮齿啮合时产生附加动载荷的影响系数。如图 10-10 所示，由于轮齿的误差和变形，其法向齿距（基圆齿距）$p_{b1} \neq p_{b2}$，使得不能正确啮合，引起瞬时传动比变化，产生附加动载荷或冲击。

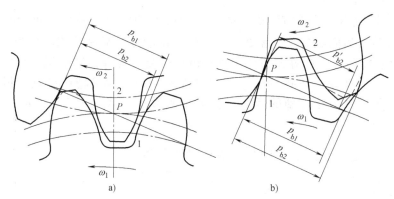

图 10-10　齿轮修缘

a）$p_{b1} > p_{b2}$，主轮轮 1 修缘　b）$p_{b1} < p_{b2}$，从动轮 2 修缘

齿轮的制造精度和圆周速度对动载荷影响很大，因此提高制造精度、减小基圆齿距误差、减小齿轮直径以降低圆周速度，均可减小动载荷。除此之外，还可将轮齿进行适当的齿顶修缘，即把齿顶部的一小段齿形曲线（如分度圆压力角 $\alpha = 20°$ 的渐开线）修整为分度圆压力角 $\alpha > 20°$ 的渐开线。如图 10-10a 所示，因两齿轮的法向齿距 $p_{b1} > p_{b2}$，使得后一对轮齿在进入啮合区时，主动轮的齿根与从动轮的齿顶还未啮合，待前一对轮齿脱离啮合一段距离后，后一对轮齿才能开始接触啮合，在此过程中传动比变化，产生附加载荷。为此将主动轮 1 进行齿顶修缘，如图中虚线齿廓所示，轮齿修缘后，法向齿距 p_{b1}、p_{b2} 的差距缩小，即可减小啮合动载荷。同理，当 $p_{b1} < p_{b2}$ 时，如图 10-10b 所示，后一对轮齿在还未进入啮合区时，就开始接触啮合，从而产生附加动载荷，此时将从动轮 2 进行齿顶修缘，如图中虚线齿廓所示，即可减小啮合动载荷。

对于一般圆柱齿轮传动的动载系数 K_v，可参考图 10-11 选用。图中数字 6 ~ 12 为齿轮传动的精度系数，与齿轮的精度（第 II 公差组）有关，可近似将其看作齿轮精度等级。

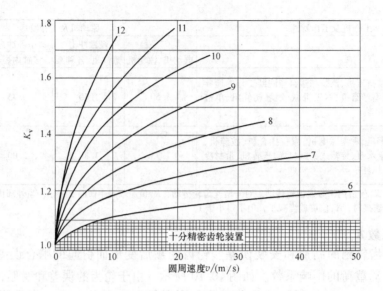

图 10-11　动载系数 K_v

3. 齿间载荷分配系数 K_α

K_α 是考虑同时啮合的各对轮齿之间载荷分配不均的影响系数，可分为用于齿根弯曲疲劳强度计算的齿间载荷分配系数 $K_{F\alpha}$、齿面接触疲劳强度计算的齿间载荷分配系数 $K_{H\alpha}$。由于齿轮传动时，单对齿啮合和双对齿啮合交替进行，制造误差以及轮齿受载后的变形等原因，使得载荷在各对轮齿之间分配不均匀。齿轮精度越低，齿间载荷分配越不均匀。一般圆柱齿轮传动的齿间载荷分配系数可取 $K_{F\alpha} = K_{H\alpha} = K_\alpha$，参考表 10-5 选用。

表 10-5　齿间载荷分配系数 K_α

$K_A F_t / b$		≥100N/mm				<100N/mm
精度等级		5	6	7	8	5 ~ 9
直齿轮	齿面未硬化	1.0		1.0	1.1	≥1.2
	齿面硬化	1.0		1.1	1.2	
斜齿轮	齿面未硬化	1.0		1.1	1.2	≥1.4
	齿面硬化	1.0	1.1	1.2	1.4	

4. 齿向载荷分布系数 K_β

K_β 是考虑载荷沿齿宽方向分布不均匀的影响系数。

由于齿轮的安装误差，轴、轴承以及支座的变形，导致载荷沿齿宽方向分布不均匀。如图 10-12a 所示，当齿轮在两支承之间非对称布置时，受载前，轴无变形，轮齿沿齿宽接触均匀，啮合正常。受载后，轴发生弯曲变形，如图 10-12b 所示。轴的弯曲变形引起轴上齿轮的轮齿偏斜，载荷沿齿宽接触线方向分布不均匀，称为偏载，距离支承近的一侧，轮齿上作用的载荷大，如图 10-12c 所示。同理，轴传递转矩而产生的扭转变形，引起轴上齿轮的周向偏斜，也会使载荷沿齿宽接触线方向分布不均匀，距离转矩输入端近的一侧，轮齿上作用的载荷大，如图 10-12d 所示。因此，综合考虑弯曲、扭转两种变形对载荷分布的影响，应将齿轮布置在远离转矩输入端一侧。

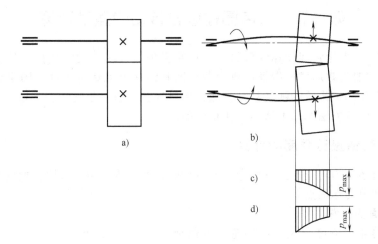

图 10-12 轴承非对称配置及轴的变形引起的齿向载荷分布

a) 轴承非对称配置（受载前） b) 轴的弯曲变形引起齿轮轴线偏斜

c) 轴的弯曲变形引起的齿向载荷分布 d) 轴的扭转变形引起的齿向载荷分布

　　为改善载荷沿齿宽方向分布不均匀的程度，可以提高齿轮的制造和安装精度，增大轴、轴承及支座的刚度，以减小系统变形对齿轮的影响，如齿轮在两支承之间对称布置、适当限制轮齿的宽度、尽量避免齿轮悬臂布置。除此之外，还可以对其中一个齿轮的轮齿进行修形，如图 10-13 所示，把轮齿沿齿宽方向做成鼓形齿，可以减小齿向载荷分布的不均匀性。

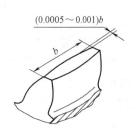

图 10-13 鼓形齿

　　用于齿根弯曲疲劳强度计算的齿向载荷分布系数 $K_{F\beta}$、齿面接触疲劳强度计算的齿向载荷分布系数 $K_{H\beta}$，可简化地取 $K_{F\beta} = K_{H\beta} = K_{\beta}$，并由图 10-14 查取。

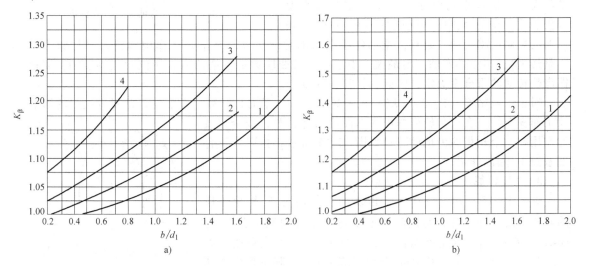

图 10-14 齿向载荷分布系数 K_{β}

a) 两轮或其中之一为软齿面（≤350HBW） b) 两轮均为硬齿面（＞350HBW）

1—齿轮在两支承之间对称布置 2—齿轮在两支承之间非对称布置，轴的刚度较大

3—齿轮在两支承之间非对称布置，轴的刚度较小 4—齿轮悬臂布置

三维模型

第六节 直齿圆柱齿轮传动的强度计算

齿轮强度计算的目的是避免轮齿失效。在一般闭式齿轮传动中，轮齿的主要失效形式是齿根弯曲疲劳折断和齿面接触疲劳点蚀。国家标准中已制定了渐开线圆柱齿轮和锥齿轮的强度计算方法，但是这些方法过于复杂，本章的计算方法是在国家标准规定的计算方法基础上适当简化得到的。

一、轮齿弯曲疲劳强度的计算

如第二节所述，为防止轮齿发生弯曲疲劳折断，就要确定齿根危险截面的位置和齿根产生最大弯矩时载荷的作用点。

1. 危险截面的位置

由于齿轮的轮体刚度较大，可将轮齿近似地简化为悬臂梁，并用 30°切线法确定危险截面的位置。如图 10-15 所示，作与轮齿对称中线成 30°夹角的两条直线，并与齿根圆角过渡曲线相切，过两切点与齿轮轴线平行的截面即为齿根的弯曲危险截面。

2. 力的作用点

对于直齿圆柱齿轮传动，重合度 $1 < \varepsilon_\alpha < 2$，一般情况下轮齿为单对齿啮合和双对齿啮合交替进行。在单对齿啮合区，载荷全部作用在一对轮齿上，而在双对齿啮合区，载荷则由两对轮齿分担，如图10-16所示。当齿顶受载时，虽然弯矩的力臂最大，但因处于双对齿啮合区，作用力并不是最大，所以齿根的弯曲应力不一定是最大值。分析表明，在单对齿啮合区的外界点 D（从动轮

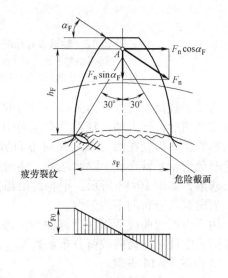

图 10-15 齿根弯曲应力计算简图

齿上为单对齿啮合的开始点，主动轮齿上为单对齿啮合的终止点）作用力较大（尽管力臂不是最大），齿根的弯曲应力最大。由于产生弯曲应力最大值的力作用位置外界点 D，需根据齿轮传动的重合度而定，因此，计算较为复杂。

对于一般精度（7、8、9 级）的齿轮传动，为了简化计算并考虑到齿轮制造误差的影响及工作安全性，在进行轮齿的齿根弯曲应力计算时，按全部载荷作用在一个轮齿的齿顶计算，如图 10-15 所示，再引入重合度系数 Y_ε 加以修正。

3. 强度计算

如图 10-15 所示，将作用于齿顶的总作用力 F_n 移至轮齿的对称中线，并分解为与危险截面平行和垂直的两个分力 F_n
$\cos\alpha_F$ 和 $F_n\sin\alpha_F$。在危险截面上，分力 $F_n\cos\alpha_F$ 产生弯曲应力 σ_{F0} 和切应力 τ_{F0}，分力 $F_n\sin\alpha_F$ 产生压应力 σ_{c0}。其中切应力和

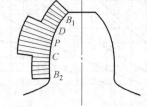

图 10-16 啮合区轮齿受载图

压应力的作用较小，并且疲劳裂纹往往从齿根受拉侧开始发生。通常为简化计算，只考虑弯曲拉应力，则齿根弯曲应力 σ_{F0}（MPa）的计算式为

$$\sigma_{F0} = \frac{M}{W} = \frac{F_n \cos\alpha_F h_F}{bs_F^2/6} \tag{10-7}$$

将上式的分子、分母分别除以模数 m，并将 $F_n = \dfrac{F_t}{\cos\alpha}$ 代入，整理后得

$$\sigma_{F0} = \frac{M}{W} = \frac{F_t}{bm} \cdot \frac{6(h_F/m)\cos\alpha_F}{(s_F/m)^2\cos\alpha}$$

令

$$Y_{Fa} = \frac{6(h_F/m)\cos\alpha_F}{(s_F/m)^2\cos\alpha}$$

于是

$$\sigma_{F0} = \frac{M}{W} = \frac{F_t}{bm} Y_{Fa} \tag{10-8}$$

式中　M——齿根危险截面的弯矩（N·mm）；

　　　W——齿根危险截面的抗弯截面系数（mm³）；

　　　b——轮齿的接触宽度（mm）；

　　　h_F——载荷作用于齿顶时的弯曲力臂（mm）；

　　　s_F——齿根危险截面的厚度（mm）；

　　　α_F——齿顶法向载荷的作用角；

　　　Y_{Fa}——载荷作用于齿顶时的齿形系数，简称齿形系数（由于 h_F、s_F 与模数成正比，所以 Y_{Fa} 与模数无关且无量纲，其值仅取决于轮齿的形状，当齿制（h_a^*、c^*）、压力角 α 一定时，与齿数 z 和变位系数 x 有关，可由图 10-17 查取；对于内齿轮，则取 $Y_{Fa} = 2.055$）。

式（10-8）计算所得的 σ_{F0} 仅为齿根危险截面的理论弯曲应力，实际中还应考虑齿根过渡圆角所引起的应力集中以及切应力和压应力的影响，为此引入应力修正系数 Y_{Sa}；再计入载荷系数 K 及重合度系数 Y_ε，则可得齿根危险截面的弯曲疲劳强度校核计算公式为

$$\sigma_F = \frac{KF_t}{bm} Y_{Fa} Y_{Sa} Y_\varepsilon \leqslant [\sigma_F] \tag{10-9}$$

将 $F_t = \dfrac{2T_1}{d_1}$ 和 $d_1 = mz_1$ 代入式（10-9），则

$$\sigma_F = \frac{2KT_1}{bmd_1} Y_{Fa} Y_{Sa} Y_\varepsilon = \frac{2KT_1}{bm^2 z_1} Y_{Fa} Y_{Sa} Y_\varepsilon \leqslant [\sigma_F] \tag{10-9'}$$

式中　Y_{Sa}——载荷作用于齿顶时的应力修正系数，由图 10-18 查取，对于内齿轮，取 $Y_{Sa} = 2.65$；

　　　Y_ε——齿根弯曲疲劳强度计算的重合度系数，可以理解为载荷作用于单对齿啮合区的外界点 D 与载荷作用于齿顶 B_1 时引起的应力之比，其值按下式计算

$$Y_\varepsilon = 0.25 + \frac{0.75}{\varepsilon_\alpha} \tag{10-10}$$

而

$$\varepsilon_\alpha = \frac{1}{2\pi}\left[z_1(\tan\alpha_{a1} - \tan\alpha') + z_2(\tan\alpha_{a2} - \tan\alpha')\right] \tag{10-11}$$

式中　ε_α——直齿轮的重合度；

　　　α'——啮合角；

α_{a1}、α_{a2}——齿轮1和齿轮2的齿顶圆压力角。

引入齿宽系数 $\phi_d = \dfrac{b}{d_1}$，其值的选取参见表 10-7，并以 $b = \phi_d d_1$ 代入式（10-9'），于是

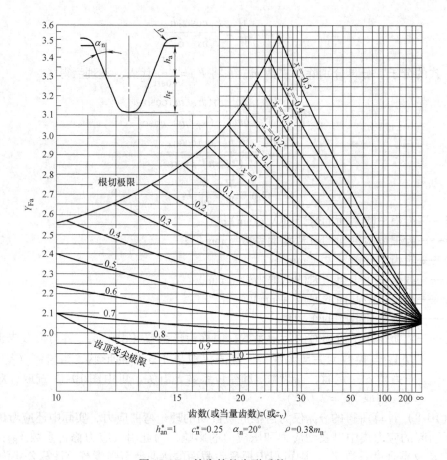

$h_{an}^* = 1$　$c_n^* = 0.25$　$\alpha_n = 20°$　$\rho = 0.38m_n$

图 10-17　外齿轮的齿形系数 Y_{Fa}

得到按齿根弯曲疲劳强度的设计计算公式

$$m \geqslant \sqrt[3]{\frac{2KT_1Y_\varepsilon}{\phi_d z_1^2} \cdot \frac{Y_{Fa}Y_{Sa}}{[\sigma_F]}} \tag{10-12}$$

4. 齿根弯曲疲劳强度计算注意事项

1）齿形系数 Y_{Fa}、应力修正系数 Y_{Sa} 是无量纲量。齿形系数 Y_{Fa} 反映轮齿形状对齿根弯曲应力的影响，只与轮齿的齿廓形状（齿数 z 和变位系数 x）有关，而与轮齿的大小（模数 m）无关。随着齿数 z 的增多，Y_{Fa} 减小，而 Y_{Sa} 增大，但一般两者的乘积减小，即其他条件相同时，如一对齿轮传动，齿数多的大齿轮齿根弯曲应力小。

2）通常一对传动齿轮的齿数 $z_1 \neq z_2$，$Y_{Fa1}Y_{Sa1} \neq Y_{Fa2}Y_{Sa2}$，所以 $\sigma_{F1} \neq \sigma_{F2}$，又两齿轮的齿面硬度、应力循环次数各不相同，所以 $[\sigma_{F1}] \neq [\sigma_{F2}]$，因此应分别计算校核两齿轮的弯曲疲劳强度。

3）校核计算式（10-9′）是用主动轮的 T_1 和 d_1（或 z_1）替换 F_t 代入式（10-9）而得到的。因此，不论计算 σ_{F1} 还是 σ_{F2}，这些值均是相同的，只是 $Y_{Fa1}Y_{Sa1}$ 和 $Y_{Fa2}Y_{Sa2}$ 的值不同。所以 σ_{F1}、σ_{F2} 的关系为

$$\sigma_{F2} = \sigma_{F1}\frac{Y_{Fa2}Y_{Sa2}}{Y_{Fa1}Y_{Sa1}}$$

计算出 σ_{F1} 后，可由上式方便地求得 σ_{F2}。

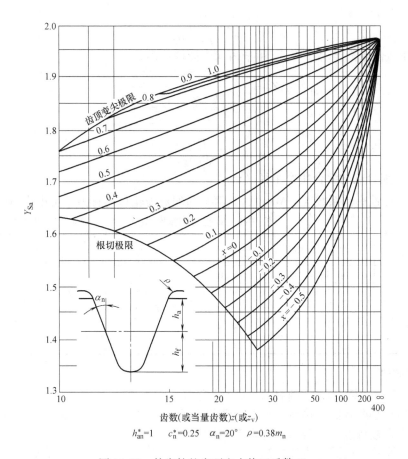

$$h_{an}^* = 1 \qquad c_n^* = 0.25 \qquad \alpha_n = 20° \qquad \rho = 0.38 m_n$$

图 10-18 外齿轮的齿顶应力修正系数 Y_{Sa}

4）齿根的弯曲疲劳强度可用 $\dfrac{[\sigma_F]}{\sigma_F}$ 来衡量。由上述分析可知，σ_{F1}、σ_{F2} 中只有 $Y_{Fa}Y_{Sa}$ 值不同，所以 $\dfrac{Y_{Fa1}Y_{Sa1}}{[\sigma_{F1}]}$、$\dfrac{Y_{Fa2}Y_{Sa2}}{[\sigma_{F2}]}$ 中，数值较大者的齿根弯曲强度较低，应用式（10-12）设计计算时，为满足弯曲疲劳强度较低的齿轮要求，应代入数值较大者计算模数 m，并按标准模数系列选取标准值。对于传递动力的齿轮，为防止轮齿太小而引起意外折断，一般模数 $m \geqslant$ 1.5～2mm。

5）模数 m 反映轮齿大小对齿根弯曲应力的影响。在齿宽系数、材料及齿数已定的情况下，m 是决定齿轮弯曲疲劳强度的主要因素。

二、齿面接触疲劳强度的计算

如第二节所述，为防止齿面发生疲劳点蚀，应进行齿面接触疲劳强度计算。

1. 计算公式

齿面接触应力 σ_H 计算的基本公式是赫兹公式。即式（3-59）

$$\sigma_H = \sqrt{\frac{F_n}{\pi L} \cdot \frac{\dfrac{1}{\rho_1} \pm \dfrac{1}{\rho_2}}{\dfrac{1 - \mu_1^2}{E_1} + \dfrac{1 - \mu_2^2}{E_2}}}$$

令
$$\frac{1}{\rho_\Sigma} = \frac{1}{\rho_1} \pm \frac{1}{\rho_2}$$

"+"用于外啮合齿轮传动，"-"用于内啮合齿轮传动。

$$Z_E = \sqrt{\dfrac{1}{\pi\left(\dfrac{1-\mu_1^2}{E_1} + \dfrac{1-\mu_2^2}{E_2}\right)}}$$

则上式简写为
$$\sigma_H = \sqrt{\frac{F_n}{L\rho_\Sigma}} Z_E \qquad\qquad (10\text{-}13)$$

式中　ρ_Σ——啮合点的综合曲率半径（mm）；

Z_E——弹性影响系数（$\sqrt{\text{MPa}}$），其值与两配对齿轮材料有关，可由表10-6查取。

表 10-6　弹性影响系数 Z_E （单位：$\sqrt{\text{MPa}}$）

齿轮材料	弹性模量 E/MPa	配对齿轮材料			
		锻钢	铸钢	球墨铸铁	灰铸铁
灰 铸 铁	11.8×10^4	162.0	161.4	156.6	143.7
球墨铸铁	17.3×10^4	181.4	180.5	173.9	
铸　　钢	20.2×10^4	188.9	188.0		
锻　　钢	20.6×10^4	189.8			
夹布胶木	0.785×10^4	56.4			

2. 计算假设

式（10-13）计算的是两圆柱体的接触应力，而一对齿轮啮合是渐开曲面接触。因此，假设把两轮齿啮合视为在接触点（啮合点）处渐开线的曲率半径 ρ_1、ρ_2 为半径的两圆柱体的接触。

3. 计算位置的确定

由渐开线的性质知，渐开线齿廓上各点的曲率半径 ρ 不相同，又工作齿廓各点所受的载荷也不相同。因此，按式（10-13）计算 σ_H 时，应同时考虑啮合点的综合曲率半径 ρ_Σ 和所受载荷的大小。对于重合度 $\varepsilon_\alpha < 2$ 的直齿圆柱齿轮传动，如图 10-19 所示，以小齿轮单对齿啮合区的内界点 C 产生的接触应力最大。但由于在节点 P 处啮合时的接触应力 σ_{HP} 与 C 点的 σ_{HC} 相差很小，且当 $z_1 \geqslant 20$ 时，σ_{HP} 与 σ_{HC} 非常接近。同时点蚀也往往出现在节点附近。因此，为了计算简便，通常以节点 P 处啮合时的接触应力作为接触疲劳强度计算的依据。

4. 强度计算

式（10-13）中，以节点处两轮齿廓的曲率半径代替圆柱体的曲率半径。由图 10-19 可知，节点处轮齿的曲率半径为

$$\rho' = \overline{PN} = \frac{d'}{2}\sin\alpha'$$

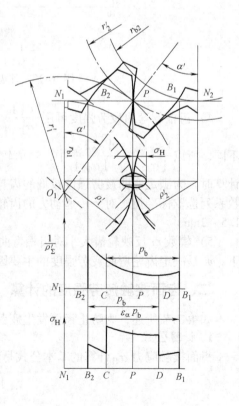

图 10-19　齿面接触应力计算简图

节点处综合曲率 $\dfrac{1}{\rho'_\Sigma}=\dfrac{1}{\rho'_1}\pm\dfrac{1}{\rho'_2}=\dfrac{\rho'_2\pm\rho'_1}{\rho'_1\rho'_2}=\dfrac{2\,(d'_2\pm d'_1)}{d'_1d'_2\sin\alpha'}=\dfrac{2}{d'_1\sin\alpha'}\dfrac{u\pm1}{u}$

式中 u——齿数比，$u=\dfrac{d'_2}{d'_1}=\dfrac{d_2}{d_1}=\dfrac{z_2}{z_1}\geqslant1$，为大齿轮与小齿轮的齿数比（传动比 i 为主动齿
轮与从动齿轮的角（转）速比或从动齿轮与主动齿轮的齿数比。对于减速传
动，$u=i$；对于增速传动，$u=\dfrac{1}{i}$）。

由 $d'=d\dfrac{\cos\alpha}{\cos\alpha'}$代入上式，得$\dfrac{1}{\rho'_\Sigma}=\dfrac{2\cos\alpha'}{d_1\cos\alpha\sin\alpha'}\dfrac{u\pm1}{u}$

两圆柱体的接触宽度即接触线长度 L，由下式计算

$$L=\dfrac{b}{Z_\varepsilon^2}$$

式中 Z_ε——齿面接触疲劳强度计算的重合度系数，其值取决于齿轮传动的重合度 ε_α，按
下式计算

$$Z_\varepsilon=\sqrt{\dfrac{4-\varepsilon_\alpha}{3}} \tag{10-14}$$

将 $F_n=\dfrac{F_t}{\cos\alpha}$、$\dfrac{1}{\rho'_\Sigma}$和 L 代入式（10-13）中，则节点处齿面理论接触应力 σ_{H0}为

$$\sigma_{H0}=\sqrt{\dfrac{F_t}{bd_1}\dfrac{u\pm1}{u}\dfrac{2\cos\alpha'}{\cos^2\alpha\cdot\sin\alpha'}}Z_EZ_\varepsilon$$
$$=\sqrt{\dfrac{F_t}{bd_1}\dfrac{u\pm1}{u}}Z_HZ_EZ_\varepsilon$$

式中 Z_H——节点区域系数，$Z_H=$
$\sqrt{\dfrac{2\cos\alpha'}{\cos^2\alpha\cdot\sin\alpha'}}$，其值可由
图 10-20 查取。图中曲线
为两齿轮的变位系数和
x_1+x_2 与齿数和 z_1+z_2 的
比值。

再计入载荷系数 K，并将 $F_t=\dfrac{2T_1}{d_1}$代入
上式，则可得节点处齿面接触疲劳强度的校
核计算公式

$$\sigma_H=\sqrt{\dfrac{KF_t}{bd_1}\dfrac{u\pm1}{u}}Z_HZ_EZ_\varepsilon$$
$$=\sqrt{\dfrac{2KT_1}{bd_1^2}\dfrac{u\pm1}{u}}Z_HZ_EZ_\varepsilon\leqslant[\sigma_H]$$

$$(10-15)$$

引入齿宽系数 ϕ_d，并以 $b=\phi_dd_1$代入上
式，于是得按齿面接触疲劳强度的设计计算

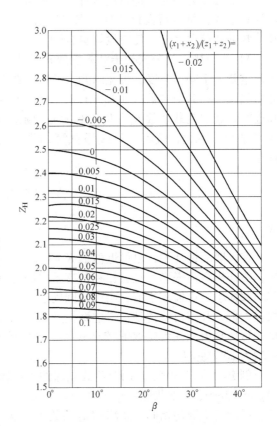

图 10-20　$\alpha_n=20°$时的节点区域系数 Z_H

公式

$$d_1 \geqslant \sqrt[3]{\frac{2KT_1}{\phi_d} \frac{u \pm 1}{u} \left(\frac{Z_H Z_E Z_\varepsilon}{[\sigma_H]}\right)^2} \qquad (10\text{-}16)$$

5. 齿面接触疲劳强度计算注意事项

1) 一对啮合齿轮的齿面接触应力 $\sigma_{H1} \equiv \sigma_{H2} = \sigma_H$，但一般两齿轮的齿面硬度、应力循环次数不同，所以许用应力 $[\sigma_{H1}] \neq [\sigma_{H2}]$。其中许用应力 $[\sigma_H]$ 较小的齿轮，其齿面接触疲劳强度较低。因此，在应用校核式（10-15）和设计式（10-16）计算时，只需按许用应力 $[\sigma_{H1}]$ 和 $[\sigma_{H2}]$ 中的较小值进行校核或计算即可。

2) 小齿轮分度圆直径 d_1 或中心距 a（齿数比 u 一定）反映齿轮传动尺寸对齿面接触应力的影响。在齿宽系数、材料及齿数比已定的情况下，d_1 或 a 是决定齿面接触疲劳强度的主要因素。当 d_1（$= mz_1$）或 $a = \dfrac{mz_1}{2}(1+u)$ 值确定后，不论齿数和模数如何选择组合，接触强度不变。

三、强度计算说明

1) 当配对两齿轮的齿面均为硬齿面时，则可取相同的材料、热处理方法及硬度；当配对两齿轮的齿面均为软齿面时，小齿轮的材料应较大齿轮好或硬度高些。

2) 设计时，根据设计准则按齿根弯曲疲劳强度和齿面接触疲劳强度之一进行设计计算，然后再按另一强度进行校核计算；也可以按齿根弯曲疲劳强度和齿面接触疲劳强度的设计计算公式分别进行设计计算，求出模数 m 和小齿轮分度圆直径 d_1，然后根据 m、d_1 确定其他参数和传动尺寸，使得设计更合理。

3) 当应用设计公式初步计算模数 m 或小齿轮分度圆直径 d_1 时，载荷系数 K 不能预先确定。这是由于圆周速度、齿宽未知，所以动载系数 K_v 和齿间载荷分配系数 K_α 无法确定。为此可先试取一载荷系数，如 $K_t = 1.2 \sim 1.6$，得到试算值 m_t 或 d_{1t}，然后按 d_{1t} 值计算圆周速度和齿宽，查取动载系数 K_v 和齿间载荷分配系数 K_α，并计算载荷系数 K。若计算的 K 值与试取 K_t 值相差不大，就不必修改原试算结果；若两者相差较大，则需要对原试算结果进行修正

$$m = m_t \sqrt[3]{\frac{K}{K_t}} \qquad (10\text{-}17)$$

或

$$d_1 = d_{1t} \sqrt[3]{\frac{K}{K_t}} \qquad (10\text{-}17')$$

在一般的设计中，也可近似取 $K = 1.2 \sim 2$，不再做修正计算。当原动机为电动机、汽轮机，工作机载荷平稳，且齿轮在两支承之间对称布置时，取较小值；当齿轮制造精度高，内部动载荷小，可取较小值；当齿轮圆周速度大时，易产生振动、冲击和噪声，动载荷增大，取较大值；开式齿轮传动，考虑磨损严重，取较大值；斜齿圆柱齿轮较直齿圆柱齿轮传动平稳，可比直齿圆柱齿轮取值较小一些；当用单缸内燃机驱动时，由于动载荷较大，应将 K 值增大 20% 左右。

例 10-1 已知 A、B 两对闭式软齿面直齿圆柱齿轮传动，其中 A 对齿轮：$z_1 = 20$，$z_2 = 40$，$m = 2\text{mm}$，B 对齿轮：$z_1 = 20$，$z_2 = 60$，$m = 3\text{mm}$，各齿轮的材料、热处理方法、制造精度、载荷及工况均相同，忽略载荷系数 K、重合度 ε_α 及应力循环次数对许用应力的影响。试问。1) 若 A 对齿轮的有效齿宽 $b_A = 40\text{mm}$，为使两对齿轮的齿面接触疲劳强度相等，B

对齿轮的有效齿宽 b_B 为多少? 2) 在 1) 的基础上判断哪个齿轮的齿根弯曲疲劳强度最弱?

解 强度的大小用 $\dfrac{[\sigma]}{\sigma}$ 值表示。

由于四个齿轮材料、热处理方法、制造精度及工况等均相同,忽略应力循环次数对许用应力的影响,则许用接触应力 $[\sigma_H]$ 均相同,许用弯曲应力 $[\sigma_F]$ 均相同。

1) 每对啮合齿轮的计算接触应力 $\sigma_{H1} = \sigma_{H2}$,所以每对传动中两齿轮的齿面接触疲劳强度 $\dfrac{[\sigma_H]}{\sigma_H}$ 相等。为使两对齿轮的齿面接触强度相等,即 $\dfrac{[\sigma_H]}{\sigma_{HA}} = \dfrac{[\sigma_H]}{\sigma_{HB}}$,则应使其计算接触应力 $\sigma_{HA} = \sigma_{HB}$。

由式 (10-15)
$$\sigma_H = \sqrt{\frac{2KT_1}{bd_1^2} \cdot \frac{u+1}{u}} Z_H Z_E Z_\varepsilon$$

又载荷 T_1 相同,忽略载荷系数 K 及重合度 ε_α (Z_ε) 的影响,则

$$\sigma_H = \sqrt{\frac{2KT_1}{bd_1^2} \cdot \frac{u+1}{u}} \cdot Z_H Z_E Z_\varepsilon \propto \sqrt{\frac{1}{bd_1^2} \cdot \frac{u+1}{u}}$$

所以
$$b_B = \frac{d_{1A}^2}{d_{1B}^2} \cdot \frac{\dfrac{u_B+1}{u_B}}{\dfrac{u_A+1}{u_A}} \cdot b_A = \left(\frac{2 \times 20}{3 \times 20}\right)^2 \times \left(\frac{\dfrac{3+1}{3}}{\dfrac{2+1}{2}}\right) \times 40\,\text{mm} = 15.8\,\text{mm}$$

2) 每对啮合齿轮 $z_1 < z_2$, $Y_{Fa1} Y_{Sa1} > Y_{Fa2} Y_{Sa2}$,所以小齿轮的计算弯曲应力 $\sigma_{F1} > \sigma_{F2}$,每对传动中的小齿轮齿根弯曲疲劳强度 $\dfrac{[\sigma_F]}{\sigma_F}$ 较低,因此比较 A、B 传动中两小齿轮 σ_{F1} 的值即可。

由式 (10-9′)
$$\sigma_F = \frac{2KT_1}{bm^2 \cdot z_1} Y_{Fa} Y_{sa} Y_\varepsilon$$

又载荷 T_1 相同,忽略载荷系数 K 及重合度 ε_α (Y_ε) 的影响,则

$$\sigma_{F1A} \propto \frac{1}{b_A z_{1A} \cdot m_A^2} Y_{Fa1A} Y_{sa1A} = \frac{1}{40 \times 20 \times 2^2} Y_{Fa1A} Y_{sa1A} = \frac{1}{3200} Y_{Fa1A} Y_{sa1A}$$

$$\sigma_{F1B} \propto \frac{1}{b_B z_{1B} \cdot m_B^2} Y_{Fa1B} Y_{sa1B} = \frac{1}{15.8 \times 20 \times 3^2} Y_{Fa1B} Y_{sa1B} = \frac{1}{2844} Y_{Fa1B} Y_{sa1B}$$

比较以上两式,由于 $z_{1A} = z_{1B}$,则 $Y_{Fa1A} Y_{Sa1A} = Y_{Fa1B} Y_{Sa1B}$,所以 $\sigma_{F1A} < \sigma_{F1B}$,故 B 传动中小齿轮 1 的弯曲疲劳强度最弱。

第七节　齿轮传动的参数选择和许用应力

一、齿轮传动的参数选择

1. 齿数比 u

一对齿轮的齿数比不宜取得过大,否则大小两轮的尺寸相差悬殊,增大传动装置的结构尺寸。一般直齿圆柱齿轮 $u \leqslant 5$;斜齿圆柱齿轮 u 可适当大些。若欲实现较大传动比时,可采用两级或多级齿轮传动。

2. 齿数 z

1) 为避免轮齿根切,对于标准直齿圆柱齿轮,应取齿数 $z \geqslant z_{\min}$。

2）对于闭式软齿面齿轮传动，其主要失效形式是齿面点蚀，传动尺寸主要取决于齿轮的齿面接触疲劳强度。所以，按齿面接触疲劳强度确定小齿轮分度圆直径 d_1 后，可选取较多齿数（模数相应减小），不仅能够增大重合度，提高传动平稳性，而且可降低齿高，减小滑动系数，对于高速传动齿轮可以减小齿面磨损和胶合的危险。另外，还可以减小齿轮的质量，减少金属切削量（模数小则齿槽小），延长刀具使用寿命，减少加工费用等。但是模数减小会使齿厚随之变薄，降低齿根的弯曲强度。因此，在满足弯曲疲劳强度的条件下，齿数宜取多一些。一般取小齿轮的齿数 $z_1 = 20 \sim 40$。

3）对于闭式硬齿面齿轮传动，其主要失效形式是轮齿折断，齿根弯曲疲劳强度相对较弱，所以模数不宜过小，齿数可适当少一些。一般取小齿轮的齿数 $z_1 = 17 \sim 30$。

4）对于开式或半开式齿轮传动，由于轮齿的主要失效形式为磨损，为使磨损后的轮齿不至于太薄，要求有较大的模数，所以齿数不宜取得过多。一般取小齿轮的齿数 $z_1 = 17 \sim 20$。

5）当小齿轮的齿数 z_1 选定后，按齿数比 u 确定大齿轮的齿数 $z_2 = u z_1$（圆整）。为使各个相啮合的齿对磨损均匀，传动平稳，应尽量使两轮齿数 z_1、z_2 互为质数。

3. 齿宽系数 ϕ_d 及齿宽 b

根据强度计算公式可知，齿宽系数 ϕ_d 越大，齿轮的径向尺寸越小（承载能力相同时），传动装置结构越紧凑或承载能力越高（齿轮径向尺寸一定时），所以齿宽系数 ϕ_d 不能过小。但齿宽系数大，齿轮的轴向尺寸（齿宽）大，沿齿宽载荷分布不均匀性增大，故齿宽系数也不宜过大。其值可参照表 10-7 选取。

齿宽按 $b = \phi_\mathrm{d} d_1$ 计算，然后做适当圆整作为大齿轮的齿宽 b_2（注：为便于加工检测，通常将齿宽进行圆整，并优先选取 0、5 作为个位数或就近选取 2、4、6、8 也可），而小齿轮的齿宽 $b_1 = b_2 + (5 \sim 10)\mathrm{mm}$，以防止因装配误差使大小齿轮产生轴向错位时导致实际接触（啮合）齿宽的减小。如图 10-21 所示。

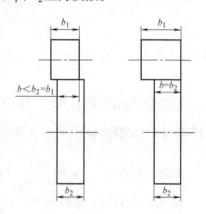

图 10-21　有装配误差时的实际接触（啮合）齿宽

表 10-7　圆柱齿轮的齿宽系数 ϕ_d

齿轮相对于两支承的位置	齿面硬度	
	软齿面（≤350HBW）	硬齿面（>350HBW）
对称布置	0.8 ~ 1.4	0.4 ~ 0.9
非对称布置	0.6 ~ 1.2	0.3 ~ 0.6
悬臂布置	0.3 ~ 0.4	0.2 ~ 0.3

注：轴及支座刚度大时取大值，反之取小值。

4. 变位系数 x

采用变位齿轮，可以避免根切，凑中心距，凑传动比，改善传动性能等。变位系数的大小影响轮齿的几何尺寸和形状、端面重合度、滑动系数、齿根的弯曲应力和齿面的接触应力。

图 10-22 给出了一种简明的适用于齿数 $z > 10$ 的外啮合、减速齿轮传动变位系数的选择线图。它在满足齿轮传动的基本限制条件之下，提供了根据各种具体的工作条件多方面改进传动性能的可能性。利用图 10-22a 可以按不同要求选择两齿轮的变位系数和 x_Σ，然后按图 10-22b 分配变位系数 x_1、x_2。具体方法如下：

1）确定变位系数和 x_Σ。在图 10-22a 中，根据两齿轮的齿数和 $z_\Sigma = z_1 + z_2$，按照对承载能力和传动平稳性的使用要求，选择适宜的变位系数和 $x_\Sigma = x_1 + x_2$。图中 $P_6 \sim P_9$ 为齿根弯曲及齿面接触承载能力较高的区域；$P_3 \sim P_6$ 为轮齿承载能力和运转平稳性等综合性能较好的区域；$P_1 \sim P_3$ 为重合度较大的区域；P_9 以上的"特殊应用区"是具有较大啮合角 α' 而重合度 ε_α 相应减小的区域；P_1 以下的"特殊应用区"是具有较小啮合角 α' 而重合度 ε_α 相应增大的区域，但在这个特殊应用区内，当 $1 < u < 2.5$ 的情况下有齿廓干涉的危险。

2）作变位系数分配线。在图 10-22b 中，通过坐标点 A（$z_\Sigma/2$，$x_\Sigma/2$）按相邻两条 L 射线的方向作一射线 $\overline{OA}$，其上各个点与相邻的两条 L 射线的距离成比例（具体作法：延长相邻两条 L 射线得交点 O，连接 OA 作射线），该射线即为变位系数分配线。图中变位系数分配线 $L_1 \sim L_{17}$ 是根据两齿轮的齿根抗弯强度近似相等，主动轮齿顶的滑动速度稍大于从动轮齿顶的滑动速度，避免过大滑动系数的条件而绘出的。

3）确定变位系数 x_1、x_2。在图 10-22b 中做出的变位系数分配线 $\overline{OA}$ 上，找出与 z_1、z_2 相应的点，其纵坐标即为 x_1、x_2。当 x_1 或 x_2 位于下部的阴影区内时，应验算过渡曲线干涉。

当齿数 $z > 150$ 时，按 $z = 150$ 查取。

此方法也可用于斜齿圆柱齿轮传动，应按当量齿数 $z_v = \dfrac{z}{\cos^3 \beta}$ 选择变位系数，这时选择的是当量齿轮变位系数 x_v，即法向变位系数 x_n。

二、齿轮的许用应力

国家标准规定，齿轮的许用应力是根据试验齿轮的弯曲疲劳极限和接触疲劳极限确定的。试验齿轮为精度等级 4～6 级的直齿圆柱齿轮，其模数 $m = 3 \sim 5$mm，压力角 $\alpha = 20°$，齿宽 $b = 10 \sim 50$mm，圆周速度 $v = 10$m/s，中心距 $a = 100$mm，齿面接触疲劳试验时，齿面表面粗糙度 $Rz = 3\mu$m，齿根弯曲疲劳试验时，齿根圆角表面粗糙度 $Rz = 10\mu$m，并且轮齿单侧受载，失效概率为 1%，进行持久疲劳试验。当设计齿轮的工作条件与上述条件不同时，应加以修正。一般的齿轮传动只考虑应力循环次数对疲劳极限的影响。

应力循环次数 N 的计算公式为

$$N = 60njL_h \tag{10-18}$$

式中　n——齿轮转速（r/min）；

　　　j——齿轮转一周，同侧齿面啮合的次数；

　　　L_h——齿轮的工作寿命（h）。

如果轮齿双侧受载时，按啮合次数较多的一侧计算。

1. 弯曲疲劳许用应力 $[\sigma_F]$

$$[\sigma_F] = \frac{K_{FN}\sigma_{Flim}}{S_F} \tag{10-19}$$

式中　σ_{Flim}——齿轮的弯曲疲劳极限（MPa），由图 10-23 查取，其值是对试验齿轮的弯曲疲劳极限进行应力校正后的结果；

　　　K_{FN}——弯曲疲劳寿命系数，考虑应力循环次数对弯曲疲劳极限的影响，由图 10-24 查取；

　　　S_F——弯曲疲劳强度安全系数，一般取 1.25～1.5。

2. 接触疲劳许用应力 $[\sigma_H]$

$$[\sigma_H] = \frac{K_{HN}\sigma_{Hlim}}{S_H} \tag{10-20}$$

式中　σ_{Hlim}——齿轮的接触疲劳极限（MPa），由图 10-25 查取；

K_{HN}——接触疲劳寿命系数，考虑应力循环次数对接触疲劳极限的影响，由图 10-26
查取；

S_H——接触疲劳强度安全系数，由于点蚀发生后仅加剧振动、噪声，并不会导致
传动齿轮立即停止工作，故可取为 1。

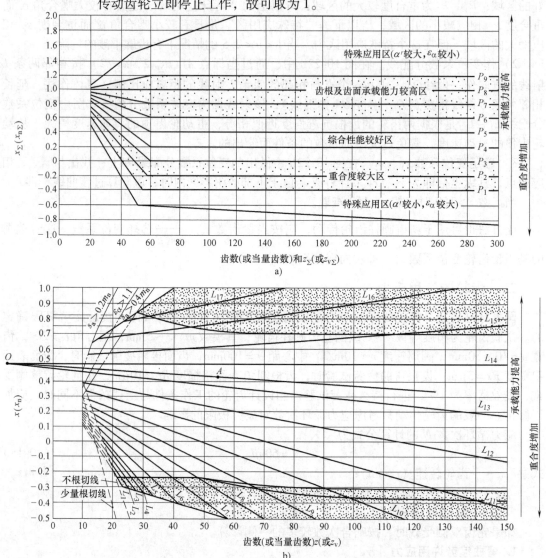

图 10-22　齿数 $z>10$ 的外啮合、减速齿轮传动变位系数的选择线图
a) 选择变位系数和 x_Σ 的线图　b) 分配变位系数 x 的线图

3. 疲劳极限图应用说明

根据齿轮材料的品质不同，疲劳极限在一定范围内变化。图 10-23、图 10-25 所示的
ME、MQ 和 ML 代表材料品质的三个等级，其中 ME 线条代表齿轮材料品质和热处理质量达
到很高要求时的疲劳极限取值线，MQ 线条代表齿轮材料品质和热处理质量达到中等要求时
的疲劳极限取值线，ML 线条代表齿轮材料品质和热处理质量达到最低要求时的疲劳极限取
值线。另外，图中的 MX 线条则代表齿轮材料对淬透性及金相组织有特殊考虑的调质合金钢
的疲劳极限取值线。

　　图 10-23、图 10-25 中的疲劳极限值，一般在 **MQ** 和 **ML** 线条中间选取，即选取中间偏下值。如果齿面硬度超过图中荐用范围，可近似按外插法获得相应的疲劳极限应力值。

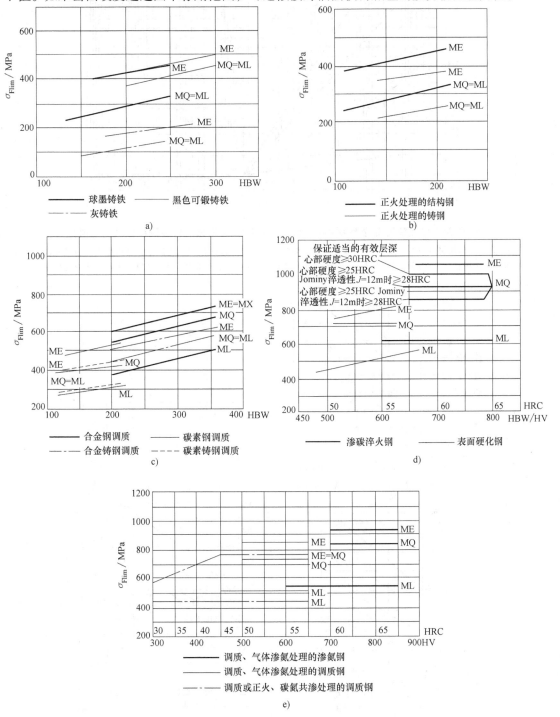

图 10-23　齿轮的弯曲疲劳极限 σ_{Flim}

a）铸铁　b）正火处理钢　c）调质处理钢　d）渗碳淬火钢及表面硬化（火焰或感应淬火）钢　e）渗氮及碳氮共渗钢

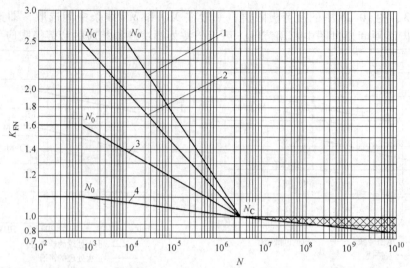

图 10-24　弯曲疲劳寿命系数 K_{FN}（当 $N > N_c$ 时，可根据经验在网纹区域内取值）

1—调质钢；球墨铸铁（珠光体、贝氏体）；珠光体可锻铸铁　2—渗碳淬火的渗碳钢；全齿廓火焰或感应淬火的钢；球墨铸铁　3—渗氮的渗氮钢；球墨铸铁（铁素体）；灰铸铁；结构钢　4—碳氮共渗的调质钢；渗碳钢

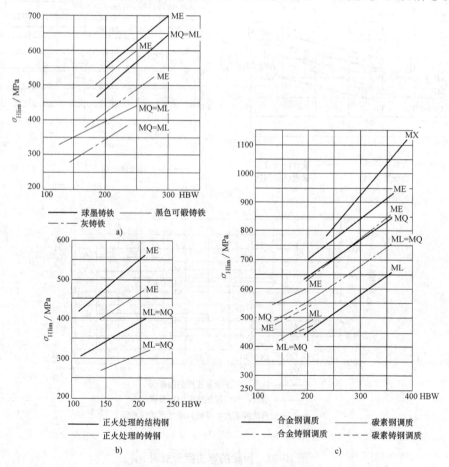

图 10-25　齿轮的接触疲劳极限 σ_{Hlim}

a）铸铁　b）正火处理钢　c）调质处理钢

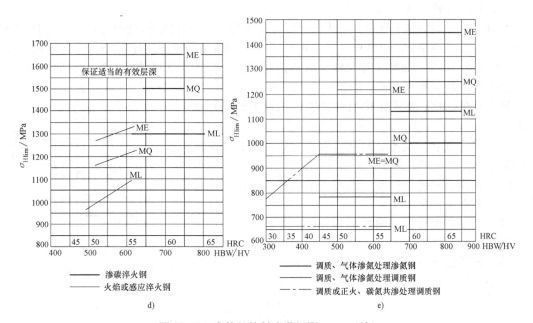

d)　　　　　　　　　　　　　　　　　e)

图 10-25　齿轮的接触疲劳极限 σ_{Hlim} （续）

d) 渗碳淬火钢及表面硬化（火焰或感应淬火）钢　e) 渗氮及碳氮共渗钢

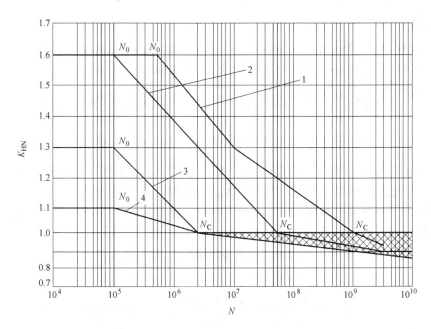

图 10-26　接触疲劳寿命系数 K_{HN} （当 $N > N_c$ 时，可根据经验在网纹区域内取值）

1—允许一定点蚀时的结构钢；调质钢；球墨铸铁（珠光体、贝氏体）；珠光体可锻铸铁；渗碳淬火的渗碳钢
2—结构钢；调质钢；渗碳淬火钢；火焰或感应淬火钢；球墨铸铁；球墨铸铁（珠光体、贝氏体）；
珠光体可锻铸铁　3—灰铸铁；球墨铸铁（铁素体）；渗氮钢；调质钢、渗碳钢
4—碳氮共渗的调质钢、渗碳钢

　　由于齿根弯曲疲劳试验时轮齿单向受载，所以图 10-23 所示的齿根弯曲应力为脉动循环变应力时的疲劳极限应力值。若轮齿双侧受载，齿根弯曲应力为对称循环变应力时，其疲劳

极限应力值仅为图中值的 70%。

例 10-2 如图 10-27 所示，带式输送机传动装置。试设计减速器的高速级直齿圆柱齿轮传动，已知输入功率 $P_1 = 15\text{kW}$，小齿轮转速 $n_1 = 960\text{r/min}$，传动比 $i = 3.2$，电动机驱动，预期工作寿命 10 年，每年工作 300 天，两班制工作，带式输送机传动平稳，单向转动，要求结构尺寸紧凑，传动比误差 $\delta \leqslant 3\%$。

解 根据题意，要求结构尺寸紧凑，该对齿轮采用硬齿面。

1. 选择齿轮传动类型、精度等级、齿数和材料并确定许用应力

（1）选择齿轮传动类型 选用正常齿制直齿圆柱齿轮传动，压力角 $\alpha = 20°$。

（2）选择精度等级 输送机为一般工作机器，速度不高，故初选 8 级精度。

（3）选择齿数 初选小齿轮齿数 $z_1 = 21$，则大齿轮齿数 $z_2 = z_1 i = 21 \times 3.2 = 67.2$，取 $z_2 = 67$，则实际齿数比

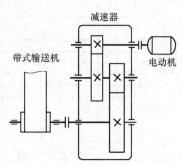

图 10-27 带式输送机传动装置

$$u = \frac{z_2}{z_1} = \frac{67}{21} = 3.1905$$

（4）选择材料 由表 10-1 选择大、小齿轮均用 40Cr 调质后表面淬火，齿面硬度为 48～55HRC。

（5）确定许用应力

1）齿轮弯曲疲劳极限 σ_{Flim}、接触疲劳极限 σ_{Hlim}。由图 10-23d 按材料和齿面硬度查取 $\sigma_{\text{Flim}} = 600\text{MPa}$；由图 10-25d 按材料和齿面硬度查取 $\sigma_{\text{Hlim}} = 1100\text{MPa}$。

2）应力循环次数 N。由式（10-18）计算

$$N_1 = 60n_1 jL_h = 60 \times 960 \times 1 \times (2 \times 8 \times 300 \times 10) = 2.7648 \times 10^9$$

$$N_2 = \frac{z_1}{z_2} N_1 = \frac{21}{67} \times 2.7648 \times 10^9 = 8.6658 \times 10^8$$

3）弯曲疲劳寿命系数 K_{FN}、接触疲劳寿命系数 K_{HN}。由图 10-24 查取 $K_{\text{FN1}} = 0.91$，$K_{\text{FN2}} = 0.93$；由图 10-26 查取 $K_{\text{HN1}} = 0.94$，$K_{\text{HN2}} = 0.95$。

4）弯曲疲劳强度安全系数 S_F、接触疲劳强度安全系数 S_H。取 $S_F = 1.3$，$S_H = 1$。

5）许用应力 $[\sigma]$。由式（10-19）、式（10-20）计算

$$[\sigma_{\text{F1}}] = \frac{K_{\text{FN1}} \sigma_{\text{Flim}}}{S_F} = \frac{0.91 \times 600}{1.3}\text{MPa} = 420\text{MPa}$$

$$[\sigma_{\text{F2}}] = \frac{K_{\text{FN2}} \sigma_{\text{Flim}}}{S_F} = \frac{0.93 \times 600}{1.3}\text{MPa} = 429.23\text{MPa}$$

$$[\sigma_{\text{H1}}] = \frac{K_{\text{HN1}} \sigma_{\text{Hlim}}}{S_H} = \frac{0.94 \times 1100}{1}\text{MPa} = 1034\text{MPa}$$

$$[\sigma_{\text{H2}}] = \frac{K_{\text{HN2}} \sigma_{\text{Hlim}}}{S_H} = \frac{0.95 \times 1100}{1}\text{MPa} = 1045\text{MPa}$$

2. 按齿根弯曲疲劳强度计算

（1）试算模数

1) 设计计算式（10-12）

$$m \geqslant \sqrt[3]{\frac{2KT_1Y_\varepsilon}{\phi_d z_1^2} \cdot \frac{Y_{Fa}Y_{Sa}}{[\sigma_F]}}$$

2) 确定公式中的各计算值。

① 载荷系数。试选 $K_t = 1.3$。

② 小齿轮传递的转矩 T_1。由式（10-1）计算

$$T_1 = 9.55 \times 10^6 \frac{P_1}{n_1} = 9.55 \times 10^6 \times \frac{15}{960} \text{N} \cdot \text{mm} = 14.922 \times 10^4 \text{N} \cdot \text{mm}$$

③ 齿宽系数 ϕ_d。由表 10-7，齿轮在两支承之间非对称布置、硬齿面，选取 $\phi_d = 0.5$。

④ 弯曲疲劳强度重合度系数 Y_ε。由式（10-10）、式（10-11）计算

齿顶圆压力角　　$\alpha_{a1} = \arccos \dfrac{mz_1\cos\alpha}{mz_1 + 2h_a^* m} = \arccos \dfrac{21 \times \cos 20°}{21 + 2 \times 1} = 30.909°$

$$\alpha_{a2} = \arccos \frac{mz_2\cos\alpha}{mz_2 + 2h_a^* m} = \arccos \frac{67 \times \cos 20°}{67 + 2 \times 1} = 24.153°$$

啮合角（按标准齿轮传动）　　$\alpha' = \alpha = 20°$

重合度　$\varepsilon_\alpha = \dfrac{1}{2\pi}[z_1(\tan\alpha_{a1} - \tan\alpha') + z_2(\tan\alpha_{a2} - \tan\alpha')]$

$$= \frac{1}{2\pi}[21 \times (\tan 30.909° - \tan 20°) + 67 \times (\tan 24.153° - \tan 20°)] = 1.685$$

重合度系数　$Y_\varepsilon = 0.25 + \dfrac{0.75}{\varepsilon_\alpha} = 0.25 + \dfrac{0.75}{1.685} = 0.695$

⑤ 齿形系数 Y_{Fa}、应力修正系数 Y_{Sa}。由图 10-17 查取 $Y_{Fa1} = 2.76$，$Y_{Fa2} = 2.26$；由图 10-18 查取 $Y_{Sa1} = 1.56$，$Y_{Sa2} = 1.74$。计算并比较两齿轮的 $\dfrac{Y_{Fa}Y_{Sa}}{[\sigma_F]}$ 值

$$\frac{Y_{Fa1}Y_{Sa1}}{[\sigma_{F1}]} = \frac{2.76 \times 1.56}{420} = 0.01025 > \frac{Y_{Fa2}Y_{Sa2}}{[\sigma_{F2}]} = \frac{2.26 \times 1.74}{429.23} = 0.00916$$

小齿轮 1 的数值较大，弯曲疲劳强度较低，将其代入计算。

3) 计算模数

$$m_t \geqslant \sqrt[3]{\frac{2K_t T_1 Y_\varepsilon}{\phi_d z_1^2} \cdot \frac{Y_{Fa1}Y_{Sa1}}{[\sigma_{F1}]}} = \sqrt[3]{\frac{2 \times 1.3 \times 14.922 \times 10^4 \times 0.695}{0.5 \times 21^2} \times 0.01025} \text{mm} = 2.323 \text{mm}$$

（2）修正模数

1) 计算载荷系数需要的数据。

① 计算小齿轮分度圆直径

$$d_{1t} = m_t z_1 = 2.323 \times 21 \text{mm} = 48.783 \text{mm}$$

② 圆周速度 v

$$v = \frac{\pi d_{1t} n_1}{60 \times 1000} = \frac{\pi \times 48.783 \times 960}{60 \times 1000} \text{m/s} = 2.452 \text{m/s}$$

2) 计算载荷系数。

① 由表 10-4 查得使用系数 $K_A = 1$。

② 根据速度 $v = 2.452 \text{m/s}$，8 级精度，由图 10-11 查得动载系数 $K_v = 1.12$。

③ 根据 $\dfrac{K_A F_t}{b} = \dfrac{2K_A T_1}{\phi_d d_{t1}^2} = \dfrac{2 \times 1 \times 14.922 \times 10^4}{0.5 \times 48.783^2} \text{N/mm} = 250.83 \text{N/mm} > 100 \text{N/mm}$，直齿轮硬

齿面，8 级精度，由表 10-5 查得齿间载荷分配系数 $K_\alpha = 1.2$。

④ 根据 $\dfrac{b}{d_{1t}} = \phi_d = 0.5$，硬齿面，齿轮在两支承之间非对称布置，轴的刚度较小，由图 10-14b 查得齿向载荷分布系数 $K_\beta = 1.14$。

载荷系数 $K = K_A K_v K_\alpha K_\beta = 1 \times 1.12 \times 1.2 \times 1.14 = 1.532$

3）按实际载荷系数修正模数。按式（10-17）计算

$$m = m_t \sqrt[3]{\frac{K}{K_t}} = 2.323 \sqrt[3]{\frac{1.532}{1.3}} \text{mm} = 2.45\text{mm}$$

取标准模数 $m = 2.5\text{mm}$。

4）小齿轮分度圆直径。$d_1 = m z_1 = 2.5 \times 21\text{mm} = 52.5\text{mm}$

3. 按齿面接触疲劳强度计算

（1）设计计算式（10-16）

$$d_1 \geqslant \sqrt[3]{\frac{2KT_1}{\phi_d} \cdot \frac{u+1}{u}\left(\frac{Z_H Z_E Z_\varepsilon}{[\sigma_H]}\right)^2}$$

（2）确定公式中的各计算值

1）齿宽系数 ϕ_d、小齿轮传递的转矩 T_1 同前。

2）载荷系数 K。

① 由表 10-4 查得使用系数 $K_A = 1$。

② 根据速度 $v = \dfrac{\pi d_1 n_1}{60 \times 1000} = \dfrac{\pi \times 52.5 \times 960}{60 \times 1000}\text{m/s} = 2.64\text{m/s}$，8 级精度，由图 10-11 查得动载系数 $K_v = 1.13$。

③ 根据 $\dfrac{K_A F_t}{b} = \dfrac{2K_A T_1}{\phi_d d_1^2} = \dfrac{2 \times 1 \times 14.922 \times 10^4}{0.5 \times 52.5^2}\text{N/mm} = 216.56\text{N/mm} > 100\text{N/mm}$，直齿轮硬齿面，8 级精度，由表 10-5 查得齿间载荷分配系数 $K_\alpha = 1.2$。

④ 根据 $\dfrac{b}{d} = \phi_d = 0.5$，硬齿面，齿轮在两支承之间非对称布置，轴的刚度较小，由图 10-14b 查得齿向载荷分布系数 $K_\beta = 1.14$。

载荷系数 $K = K_A K_v K_\alpha K_\beta = 1 \times 1.13 \times 1.2 \times 1.14 = 1.546$

3）材料的弹性影响系数 Z_E。由表 10-6 查取 $Z_E = 189.8 \sqrt{\text{MPa}}$。

4）节点区域系数 Z_H。由图 10-20 查取 $Z_H = 2.5$。

5）齿面接触疲劳强度的重合度系数 Z_ε。由式（10-14）计算

$$Z_\varepsilon = \sqrt{\frac{4 - \varepsilon_\alpha}{3}} = \sqrt{\frac{4 - 1.685}{3}} = 0.8784$$

6）许用应力 $[\sigma_H] = \min \{[\sigma_{H1}], [\sigma_{H2}]\} = 1034\text{MPa}$。

（3）计算小齿轮分度圆直径

$$d_1 \geqslant \sqrt[3]{\frac{2KT_1}{\phi_d} \cdot \frac{u+1}{u}\left(\frac{Z_H Z_E Z_\varepsilon}{[\sigma_H]}\right)^2}$$

$$= \sqrt[3]{\frac{2 \times 1.546 \times 14.922 \times 10^4}{0.5} \times \frac{3.1905 + 1}{3.1905}\left(\frac{2.5 \times 189.8 \times 0.8784}{1034}\right)^2}\text{mm}$$

$$= 58.18\text{mm}$$

4. 确定齿数

按既满足弯曲疲劳强度的模数 $m = 2.5\text{mm}$，同时又满足接触疲劳强度的小齿轮分度圆直径 $d_1 = 58.18\text{mm}$，确定小齿轮齿数

$$z_1 = \frac{d_1}{m} = \frac{58.18}{2.5} = 23.272$$

取 $z_1 = 24$，$z_2 = uz_1 = 3.2 \times 24 = 76.8$ 取 $z_2 = 77$。

5. 验算传动比误差

$$\Delta i = \frac{\left| 3.2 - \frac{77}{24} \right|}{3.2} \times 100\% = 0.26\% < 3\%$$

满足要求。

6. 计算几何尺寸

（1）分度圆直径 $d_1 = mz_1 = 2.5 \times 24\text{mm} = 60\text{mm}$

（注：基本参数 m、z 确定后，计算出的此 d_1 值应不小于由接触疲劳强度计算出的 $d_1 = 58.18$ mm，否则，不满足接触疲劳强度。）

$$d_2 = mz_2 = 2.5 \times 77\text{mm} = 192.5\text{mm}$$

（2）齿宽 $b = \phi_d d_1 = 0.5 \times 60\text{mm} = 30\text{mm}$。

取 $b_2 = 30\text{mm}$，$b_1 = b_2 + (5 \sim 10)\text{mm} = 35 \sim 40\text{mm}$，取 $b_1 = 35\text{mm}$。

由于齿数大于初选值，齿形系数和应力修正系数的乘积 $Y_{Fa} \cdot Y_{Sa}$ 减小、重合度 ε_α 增大其系数 Y_ε（Z_ε）减小、齿宽圆整后实际齿宽系数增大，这均有利于传动，至于分度圆直径增大引起圆周速度增大对动载系数 K_v 的影响很小，可忽略不计。因此不必返回修正计算。

（3）中心距 $a = \frac{m}{2}(z_1 + z_2) = \frac{2.5}{2}(24 + 77)\text{mm} = 126.25\text{mm}$

为便于相关零件的设计、制造和检测，通常中心距将进行圆整，并优先选取 0、5 作为个位数或就近选取 2、4、6、8 也可。配凑中心距，可通过齿轮变位加工或改变齿数来实现。

7. 计算圆周速度

$$v = \frac{\pi d_1 n_1}{60 \times 1000} = \frac{\pi \times 60 \times 960}{60 \times 1000}\text{m/s} = 3.016\text{m/s}$$

对照表 10-2，选用 8 级精度是合适的。

8. 变位齿轮传动设计

考虑采用正传动，这里将中心距就近圆整为 $a' = 128\text{mm}$，通过齿轮变位的方法来配凑，其他参数保持不变。

（1）确定变位系数

1）计算齿轮变位系数和 x_Σ。

啮合角 $\alpha' = \arccos \frac{a\cos\alpha}{\alpha'} = \arccos \frac{126.25\cos20°}{128} = 20.0517°$

齿数和 $z_\Sigma = z_1 + z_2 = 24 + 77 = 101$

变位系数和 $x_\Sigma = x_1 + x_2 = \frac{(\text{inv}\alpha' - \text{inv}\alpha)z_\Sigma}{2\tan\alpha} = \frac{(\text{inv}20.0517° - \text{inv}20°) \times 101}{2 \times \tan20°} = 0.7350$

中心距变动系数 $y = \frac{a' - a}{m} = \frac{128 - 126.25}{2.5} = 0.7$

降低齿顶高系数 $\Delta y = x_\Sigma - y = 0.7350 - 0.7 = 0.0350$

查图 10-22a 可知，计算所得的变位系数和 x_Σ 在 P_6、P_7 之间，齿根和齿面的承载能力较大。

2）分配变位系数 x_1、x_2。

由图 10-22b 可知，坐标点 $\left(\dfrac{z_\Sigma}{2}, \dfrac{x_\Sigma}{2}\right)$ = （50.5，0.3675）近似位于 L_{13} 线上，由横坐标 $z_1 = 24$、$z_2 = 77$ 作竖直线，与 L_{13} 线交点的纵坐标值分别为 $x_1 = 0.4175$、$x_2 = 0.3175$。

（2）计算几何尺寸

1）齿顶圆直径

$$d_{a1} = mz_1 + 2(h_a^* + x_1 - \Delta y)m = 2.5 \times [24 + 2 \times (1 + 0.4175 - 0.0350)] \text{mm} = 66.9125 \text{mm}$$

$$d_{a2} = mz_2 + 2(h_a^* + x_2 - \Delta y)m = 2.5 \times [77 + 2 \times (1 + 0.3175 - 0.0350)] \text{mm}$$
$$= 198.9125 \text{mm}$$

2）齿根圆直径

$$d_{f1} = mz_1 - 2(h_a^* + c^* - x_1)m = 2.5 \times [24 - 2 \times (1 + 0.25 - 0.4175)] \text{mm} = 55.8375 \text{mm}$$

$$d_{f2} = mz_2 + 2(h_a^* + c^* - x_2)m = 2.5 \times [77 - 2 \times (1 + 0.25 - 0.3175)] \text{mm} = 187.8375 \text{mm}$$

齿轮变位后，啮合参数、几何尺寸发生变化。因此，应重新校核齿轮强度。

（3）齿根弯曲疲劳强度校核

1）校核计算式（10-9′）

$$\sigma_1 = \frac{2KT_1}{bm^2 z_1} Y_{Fa} Y_{Sa} Y_\varepsilon$$

2）确定公式中的各计算值。

① T_1、m、z_1、b 同前述。

② 载荷系数 K。由表 10-4 查得使用系数 $K_A = 1$；根据速度 $v = 3.016 \text{m/s}$，8 级精度，由图 10-11 查得动载系数 $K_v = 1.14$；根据直齿轮硬齿面，8 级精度，$\dfrac{K_A F_t}{b} = \dfrac{2K_A T_1}{bd_1} = \dfrac{2 \times 1 \times 14.922 \times 10^4}{30 \times 60} \text{N/mm} = 165.8 \text{N/mm} > 100 \text{N/mm}$，由表 10-5 查得齿间载荷分配系数 $K_\alpha = 1.2$；根据 $\dfrac{b}{d_1} = \dfrac{30}{60} = 0.5$，硬齿面，齿轮在两支承之间非对称布置，由图 10-14b 查得齿向载荷分布系数 $K_\beta = 1.14$。故载荷系数

$$K = K_A K_v K_\alpha K_\beta = 1 \times 1.14 \times 1.2 \times 1.14 = 1.560$$

③ 弯曲疲劳强度重合度系数 Y_ε。由式（10-10）、式（10-11）计算

啮合角 $\alpha' = 20.0517°$

齿顶圆压力角 $\alpha_{a1} = \arccos \dfrac{d_{b1}}{d_{a1}} = \arccos \dfrac{2.5 \times 24 \times \cos 20°}{66.9125} = 32.5826°$

$\alpha_{a2} = \arccos \dfrac{d_{b2}}{d_{a2}} = \arccos \dfrac{2.5 \times 77 \times \cos 20°}{198.9125} = 24.5776°$

重合度 $\varepsilon_\alpha = \dfrac{1}{2\pi}[z_1(\tan\alpha_{a1} - \tan\alpha') + z_2(\tan\alpha_{a2} - \tan\alpha')]$

$$= \frac{1}{2\pi}[24 \times (\tan 32.5826° - \tan 20.0517°) + 77 \times (\tan 24.5776° - \tan 20.0517°)] = 1.535$$

重合度系数 $Y_\varepsilon = 0.25 + \dfrac{0.75}{\varepsilon_\alpha} = 0.25 + \dfrac{0.75}{1.535} = 0.7386$

④ 齿形系数 Y_{Fa}、应力修正系数 Y_{Sa}。由图 10-17 查取 $Y_{Fa1} = 2.22$，$Y_{Fa2} = 2.12$；由图 10-18 图查取应力修正系数 $Y_{Sa1} = 1.79$，$Y_{Sa2} = 1.87$。计算并比较两齿轮的 $\dfrac{Y_{Fa} Y_{Sa}}{[\sigma_F]}$ 值

$$\frac{Y_{Fa1}Y_{Sa1}}{[\sigma_{F1}]} = \frac{2.22 \times 1.79}{420} = 0.009461 > \frac{Y_{Fa2}Y_{Sa2}}{[\sigma_{F2}]} = \frac{2.12 \times 1.87}{429.23} = 0.009236$$

齿轮 1 的弯曲疲劳强度小于齿轮 2 的弯曲疲劳强度，仅校核齿轮 1 的强度即可。

3）校核齿根弯曲强度

$$\sigma_{F1} = \frac{2KT_1}{bm^2 z_1}Y_{Fa1}Y_{Sa1}Y_\varepsilon = \frac{2 \times 1.560 \times 14.922 \times 10^4}{30 \times 2.5^2 \times 24} \times 2.22 \times 1.79 \times 0.7386 \text{MPa}$$

$$= 303.56\text{MPa} \leqslant [\sigma_{F1}]$$

齿根弯曲疲劳强度满足要求。

（4）齿面接触疲劳强度校核

1）校核计算式（10-15）

$$\sigma_H = \sqrt{\frac{2KT_1}{bd_1^2} \cdot \frac{u+1}{u}} Z_H Z_E Z_\varepsilon$$

2）确定公式中的各计算值。

① K、T_1、m、z_1、b、Z_E 同前述。

② 齿数比 u　$u = \dfrac{z_2}{z_1} = \dfrac{77}{24} = 3.2083$

③ 节点区域系数 Z_H。根据 $\dfrac{x_1 + x_2}{z_1 + z_2} = \dfrac{0.7350}{101} = 0.007277$，由图 10-20 查取 $Z_H = 2.35$。

④ 接触疲劳强度重合度系数 Z_ε。由式（10-14）计算

$$Z_\varepsilon = \sqrt{\frac{4 - \varepsilon_\alpha}{3}} = \sqrt{\frac{4 - 1.535}{3}} = 0.9065$$

3）校核齿面接触强度

$$\sigma_H = \sqrt{\frac{2KT_1}{bd_1^2} \cdot \frac{u+1}{u}} Z_H Z_E Z_\varepsilon$$

$$= \sqrt{\frac{2 \times 1.560 \times 14.922 \times 10^4}{30 \times 60^2} \times \frac{3.2083 + 1}{3.2083}} \times 2.35 \times 189.8 \times 0.9065 \text{MPa}$$

$$= 980.79\text{MPa} \leqslant \min\{[\sigma_{H1}], [\sigma_{H2}]\}$$

齿面接触疲劳强度满足要求。

9. 主要设计结果

选用变位直齿圆柱齿轮传动，两齿轮均选用 40Cr 调质后表面淬火；按 8 级精度设计；齿数 $z_1 = 24$，$z_2 = 77$；模数 $m = 2.5\text{mm}$；压力角 $\alpha = 20°$；变位系数 $x_1 = 0.4175$，$x_2 = 0.3175$；安装中心距 $a = 128\text{mm}$；齿宽 $b_1 = 35\text{mm}$，$b_2 = 30\text{mm}$。

10. 结构设计及绘制齿轮零件工作图

小齿轮齿顶圆直径 $d_{a1} < 160\text{mm}$，宜选用实心式结构，参见图 10-32a 所示。大齿轮齿顶圆直径 $160\text{mm} < d_{a2} < 500\text{mm}$，故宜选用腹板式结构，有关结构尺寸可参见图 10-35a 及荐用的经验值或公式确定，绘制齿轮零件工作图（略）。

第八节　斜齿圆柱齿轮传动的强度计算

三维模型

斜齿圆柱齿轮传动的强度计算与直齿圆柱齿轮传动类似。但不同的是斜齿圆柱齿轮上载荷作用在轮齿的法面之内，齿根处产生的弯曲应力和齿面上产生的接触应力

不仅与载荷和轮齿的大小有关，而且与法面内的齿廓形状有关。所以斜齿圆柱齿轮传动的强度计算是利用与其法向齿形相当的当量直齿轮，运用直齿圆柱齿轮传动的计算公式和结论进行的。再考虑斜齿圆柱齿轮与直齿轮的差别，如由于轮齿倾斜，同时啮合的轮齿对数多，齿面上的接触线为斜线（图10-28），其长度不仅与端面重合度 ε_α 有关，而且受轴向重合度 ε_β 的影响，因此需要对直齿圆柱齿轮传动的计算公式加以修正。

一、齿根弯曲疲劳强度计算

对照直齿圆柱齿轮齿根弯曲疲劳强度的计算式（10-9′），并考虑轮齿倾斜的影响，引入螺旋角影响系数，斜齿圆柱齿轮齿根弯曲疲劳强度校核计算公式为

$$\sigma_F = \frac{2KT_1}{bm_n d_1} Y_{Fa} Y_{Sa} Y_\varepsilon \, Y_\beta \leqslant [\sigma_F] \tag{10-21}$$

式中　m_n——斜齿圆柱齿轮的法向模数；

Y_{Fa}——斜齿圆柱齿轮的齿形系数，按当量齿数 $z_v = \dfrac{z}{\cos^3\beta}$ 由图10-17查取；

Y_{Sa}——斜齿圆柱齿轮的应力修正系数，按当量齿数 z_v 由图10-18查取；

Y_β——弯曲疲劳强度计算的螺旋角影响系数，其值由图10-29根据轴向重合度 $\varepsilon_\beta = \dfrac{b\sin\beta}{\pi m_n}$ 查取；

Y_ε——齿根弯曲疲劳强度计算的重合度系数，按下式计算

$$Y_\varepsilon = 0.25 + \frac{0.75}{\varepsilon_{\alpha v}} \tag{10-22}$$

而

$$\varepsilon_{\alpha v} = \frac{\varepsilon_\alpha}{\cos^2\beta_b} \tag{10-23}$$

式中　$\varepsilon_{\alpha v}$——当量齿轮的重合度；

ε_α——斜齿圆柱齿轮的端面重合度，由式（10-11）计算，其中的 α'、α_a 代换为端面啮合角 α_t' 和端面齿顶圆压力角 α_{at}。

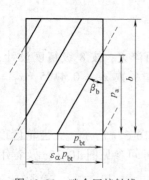

图10-28　啮合区接触线

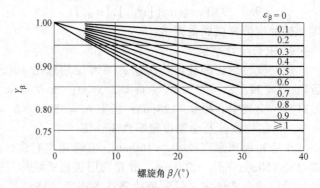

图10-29　螺旋角影响系数 Y_β

其余各符号的意义和单位及取值等均与直齿圆柱齿轮传动相同。

引入齿宽系数 $\phi_d = \dfrac{b}{d_1}$，并以 $d_1 = \dfrac{m_n z_1}{\cos\beta}$ 代入式（10-21），于是得按齿根弯曲疲劳强度的设计计算公式为

$$m_n \geqslant \sqrt[3]{\frac{2KT_1 Y_\varepsilon Y_\beta \cos^2\beta}{\phi_d z_1^2} \cdot \frac{Y_{Fa} Y_{Sa}}{[\sigma_F]}} \qquad (10\text{-}24)$$

二、齿面接触疲劳强度计算

斜齿圆柱齿轮的齿面接触应力仍按式（10-13）计算。需要注意的是：

（1）齿廓节点 P 处的曲率半径应按法向曲率半径计算 如图 10-30 所示，节点 P 处的法向曲率半径 ρ'_n 与端面曲率半径 ρ'_t 之间的几何关系为

$$\rho'_n = \frac{\rho'_t}{\cos\beta_b}$$

而

$$\rho'_t = \frac{d' \sin\alpha'_t}{2}$$

因此，法面内的综合曲率为

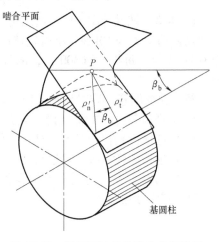

图 10-30 斜齿圆柱齿轮法向曲率半径

$$\frac{1}{\rho'_{n\Sigma}} = \frac{1}{\rho'_{n1}} \pm \frac{1}{\rho'_{n2}} = \frac{\rho'_{n2} \pm \rho'_{n1}}{\rho'_{n1}\rho'_{n2}}$$

$$= \frac{2(d'_2 \pm d'_1)\cos\beta_b}{d'_1 d'_2 \sin\alpha'_t} = \frac{2\cos\beta_b}{d'_1 \sin\alpha'_t} \cdot \frac{u \pm 1}{u}$$

$$= \frac{2\cos\beta_b \cos\alpha'_t}{d_1 \cos\alpha_t \sin\alpha'_t} \cdot \frac{u \pm 1}{u}$$

（2）接触线是倾斜的 实际接触线总长为

$$L = \frac{b}{Z_\varepsilon^2 \cos\beta_b}$$

式中 Z_ε——接触疲劳强度计算的重合度系数，按下式计算

$$Z_\varepsilon = \sqrt{\frac{4 - \varepsilon_\alpha}{3}(1 - \varepsilon_\beta) + \frac{\varepsilon_\beta}{\varepsilon_\alpha}} \qquad (10\text{-}25)$$

当轴向重合度 $\varepsilon_\beta \geqslant 1$ 时，按 $\varepsilon_\beta = 1$ 计算。

将 $\dfrac{1}{\rho'_{n\Sigma}}$、$L$ 和 $F_n = \dfrac{F_t}{\cos\alpha_t \cos\beta_b}$ 代入式（10-13），整理得

$$\sigma_H = \sqrt{\frac{F_t}{bd_1} \cdot \frac{u \pm 1}{u} \cdot \frac{2\cos\beta_b \cos\alpha'_t}{\cos\alpha_t^2 \sin\alpha'_t}} \cdot Z_E Z_\varepsilon = \sqrt{\frac{F_t}{bd_1} \cdot \frac{u \pm 1}{u}} \cdot Z_H Z_E Z_\varepsilon$$

式中 Z_H——节点区域系数，$Z_H = \sqrt{\dfrac{2\cos\beta_b \cos\alpha'_t}{\cos\alpha_t^2 \sin\alpha'_t}}$，由图 10-20 查取。

再计入载荷系数 K，考虑螺旋角的影响，并将 $F_t = \dfrac{2T_1}{d_1}$ 代入上式。则可得节点处齿面接触疲劳强度的校核计算公式

$$\sigma_H = \sqrt{\frac{KF_t}{bd_1} \cdot \frac{u \pm 1}{u}} Z_H Z_E Z_\varepsilon Z_\beta \leqslant [\sigma_H]$$

或

$$\sigma_H = \sqrt{\frac{2KT_1}{bd_1^2} \cdot \frac{u \pm 1}{u}} Z_H Z_E Z_\varepsilon Z_\beta \leqslant [\sigma_H] \qquad (10\text{-}26)$$

式中 Z_β——接触疲劳强度计算的螺旋角影响系数，按下式计算

$$Z_\beta = \sqrt{\cos\beta} \tag{10-27}$$

其余各符号的意义和单位及取值等均与直齿圆柱齿轮传动相同。

引入齿宽系数 $\phi_d = \dfrac{b}{d_1}$，代入式（10-26），于是得按齿面接触疲劳强度的设计计算公式

$$d_1 \geqslant \sqrt[3]{\frac{2KT_1}{\phi_d} \cdot \frac{u\pm1}{u}\left(\frac{Z_H Z_E Z_\varepsilon Z_\beta}{[\sigma_H]}\right)^2} \tag{10-28}$$

例 10-3 试设计图 10-27 所示传动装置中两级齿轮减速器的高速级斜齿圆柱齿轮传动。已知输入功率 $P_1 = 10kW$，小齿轮转速 $n_1 = 960r/min$，传动比 $i = 3.2$，电动机驱动，预期工作寿命 15 年，每年工作 300 天，两班制工作，载荷中等冲击，单向转动，要求传动比误差 $\delta \leqslant 3\%$。

解 根据题意，该对齿轮选用软齿面。

1. 选择齿轮传动类型、精度等级、齿数和材料并确定许用应力

（1）选择齿轮传动类型 选用正常齿制标准斜齿圆柱齿轮传动，压力角 $\alpha_n = 20°$。

（2）选择精度等级 输送机为一般工作机器，速度不高，故初选 8 级精度。

（3）选择齿数 初选小齿轮齿数 $z_1 = 24$，则大齿轮齿数 $z_2 = z_1 i = 24 \times 3.2 = 76.8$，取 $z_2 = 77$，则实际齿数比

$$u = \frac{z_2}{z_1} = \frac{77}{24} = 3.2083$$

（4）选择材料 由表 10-1 选择小齿轮用 45 钢调质，硬度为 217～255HBW，大齿轮用 45 钢正火，硬度为 162～217HBW。

（5）确定许用应力

1）由图 10-23b、c 按齿面硬度查取小齿轮弯曲疲劳极限 $\sigma_{Flim1} = 440MPa$，大齿轮弯曲疲劳极限 $\sigma_{Flim2} = 320MPa$；由图 10-25b、c 按齿面硬度查取小齿轮接触疲劳极限 $\sigma_{Hlim1} = 550MPa$，大齿轮接触疲劳极限 $\sigma_{Hlim2} = 380MPa$。

2）由式（10-18）计算应力循环次数

$$N_1 = 60n_1 jL_h = 60 \times 960 \times 1 \times (2 \times 8 \times 300 \times 15) = 4.1472 \times 10^9$$

$$N_2 = \frac{z_1}{z_2}N_1 = \frac{24}{77} \times 4.147 \times 10^9 = 1.2926 \times 10^9$$

3）由图 10-24 查取弯曲疲劳寿命系数 $K_{FN1} = 0.90$，$K_{FN2} = 0.92$；由图 10-26 查取接触疲劳寿命系数 $K_{HN1} = 0.93$，$K_{HN2} = 0.94$。

4）取弯曲疲劳强度安全系数 $S_F = 1.3$，接触疲劳强度安全系数 $S_H = 1$。

5）计算许用应力。由式（10-19）、式（10-20）计算

$$[\sigma_{F1}] = \frac{K_{FN1}\sigma_{Flim1}}{S_F} = \frac{0.90 \times 440}{1.3}MPa = 304.62MPa$$

$$[\sigma_{F2}] = \frac{K_{FN2}\sigma_{Flim2}}{S_F} = \frac{0.92 \times 320}{1.3}MPa = 226.46MPa$$

$$[\sigma_{H1}] = \frac{K_{HN1}\sigma_{Hlim1}}{S_H} = \frac{0.93 \times 550}{1}MPa = 511.5MPa$$

$$[\sigma_{H2}] = \frac{K_{HN2}\sigma_{Hlim1}}{S_H} = \frac{0.94 \times 380}{1}MPa = 357.2MPa$$

2. 按齿面接触疲劳强度计算

（1）试算小齿轮分度圆直径

1）设计计算式（10-28）

$$d_1 \geqslant \sqrt[3]{\frac{2KT_1}{\phi_d} \cdot \frac{u+1}{u} \left(\frac{Z_H Z_E Z_\varepsilon Z_\beta}{[\sigma_H]}\right)^2}$$

2）确定公式中的各计算值。

① 载荷系数 K。试选 $K_t = 1.5$。

② 小齿轮传递的转矩 T_1。按式（10-1）计算

$$T_1 = 9.55 \times 10^6 \frac{P_1}{n_1} = 9.55 \times 10^6 \times \frac{10}{960} \text{N} \cdot \text{mm} = 9.948 \times 10^4 \text{N} \cdot \text{mm}$$

③ 齿宽系数 ϕ_d。由表 10-7，斜齿圆柱齿轮软齿面、齿轮在两支承之间非对称布置，选取 $\phi_d = 1$。

④ 材料的弹性影响系数 Z_E。由表 10-6 查取 $Z_E = 189.8 \sqrt{\text{MPa}}$。

⑤ 螺旋角 β。初选 $\beta_0 = 14°$。

⑥ 节点区域系数 Z_H。由图 10-20 查取 $Z_H = 2.435$。

⑦ 接触疲劳强度重合度系数 Z_ε。按式（10-25）计算

端面啮合角（压力角） $\alpha_t' = \alpha_t = \arctan \frac{\tan\alpha_n}{\cos\beta_0} = \arctan \frac{\tan 20°}{\cos 14°} = 20.562°$

$$\alpha_{at1} = \arccos \frac{m_t z_1 \cos\alpha_t}{m_t z_1 + 2h_{at}^* m_t} = \arccos \frac{24 \times \cos 20.562°}{24 + 2 \times 1 \times \cos 14°} = 29.974°$$

齿顶圆压力角

$$\alpha_{at2} = \arccos \frac{m_t z_2 \cos\alpha_t}{m_t z_2 + 2h_{at}^* m_t} = \arccos \frac{77 \times \cos 20.562°}{77 + 2 \times 1 \times \cos 14°} = 24.038°$$

端面重合度

$$\varepsilon_\alpha = \frac{1}{2\pi} [z_1(\tan\alpha_{at1} - \tan\alpha_t') + z_2(\tan\alpha_{at2} - \tan\alpha_t')]$$

$$= \frac{1}{2\pi} [24 \times (\tan 29.974° - \tan 20.562°) + 77 \times (\tan 24.038° - \tan 20.562°)] = 1.639$$

轴向重合度 $\varepsilon_\beta = \frac{b\sin\beta_0}{\pi m_n} = \frac{\phi_d d_1 \tan\beta_0}{\pi m_t} = \frac{\phi_d z_1 \tan\beta_0}{\pi} = \frac{1 \times 24 \times \tan 14°}{\pi} = 1.905$

由于 $\varepsilon_\beta > 1$，按 $\varepsilon_\beta = 1$ 计算

$$Z_\varepsilon = \sqrt{\frac{1}{\varepsilon_\alpha}} = \sqrt{\frac{1}{1.639}} = 0.7811$$

⑧ 螺旋角影响系数 Z_β。按式（10-27）计算

$$Z_\beta = \sqrt{\cos\beta_0} = \sqrt{\cos 14°} = 0.985$$

⑨ 许用接触应力。许用应力 $[\sigma_H] = \min\{[\sigma_{H1}], [\sigma_{H2}]\} = 357.2 \text{MPa}$

3）计算小齿轮分度圆直径

$$d_{1t} \geqslant \sqrt[3]{\frac{2KT_1}{\phi_d} \cdot \frac{u+1}{u} \left(\frac{Z_H Z_E Z_\varepsilon Z_\beta}{[\sigma_H]}\right)^2}$$

$$= \sqrt[3]{\frac{2 \times 1.5 \times 9.948 \times 10^4}{1} \times \frac{3.208 + 1}{3.208} \times \left(\frac{2.435 \times 189.8 \times 0.7811 \times 0.985}{357.2}\right)^2} \text{mm} = 72.932 \text{mm}$$

（2）修正小齿轮分度圆直径

1）圆周速度 v

$$v = \frac{\pi d_{1t} n_1}{60 \times 1000} = \frac{\pi \times 72.932 \times 960}{60 \times 1000} \text{m/s} = 3.67 \text{m/s}$$

2）计算载荷系数。

① 由表 10-4 查得使用系数 $K_A = 1.5$。

② 根据速度 $v = 3.67 \text{m/s}$，8 级精度，由图 10-11 查得动载系数 $K_v = 1.16$。

③ 根据 $\dfrac{K_A F_t}{b} = \dfrac{2K_A T_1}{\phi_d d_{1t}^2} = \dfrac{2 \times 1.5 \times 9.948 \times 10^4}{1 \times 72.932^2} \text{N/mm} = 56.12 \text{N/mm} < 100 \text{N/mm}$，斜齿轮软齿面，8 级精度，由表 10-5 查得齿间载荷分配系数 $K_\alpha = 1.4$。

④ 根据 $\dfrac{b}{d_{1t}} = \phi_d = 1$，软齿面，齿轮相对于两支承非对称布置，由图 10-14a 查得齿向载荷分布系数 $K_\beta = 1.0875$。

故载荷系数

$$K = K_A K_v K_\alpha K_\beta = 1.5 \times 1.16 \times 1.4 \times 1.0875 = 2.64$$

3）按实际载荷系数修正小齿轮分度圆直径。按式（10-17'）计算

$$d_1 = d_{1t} \sqrt[3]{\frac{K}{K_t}} = 72.932 \sqrt[3]{\frac{2.64}{1.5}} \text{mm} = 88.055 \text{mm}$$

3. 按齿根弯曲疲劳强度计算

（1）设计计算式（10-24）

$$m_n \geqslant \sqrt[3]{\frac{2K T_1 Y_\varepsilon Y_\beta \cos^2 \beta}{\phi_d z_1^2} \cdot \frac{Y_{Fa} Y_{Sa}}{[\sigma_F]}}$$

（2）确定公式中的各计算值

1）齿宽系数 ϕ_d、小齿轮传递的转矩 T_1、初选螺旋角 β_0、端面重合度 ε_α、轴向重合度 ε_β 同前。

2）载荷系数 K。

① 由表 10-4 查得使用系数 $K_A = 1.5$。

② 根据速度 $v = \dfrac{\pi d_1 n_1}{60 \times 1000} = \dfrac{\pi \times 88.055 \times 960}{60 \times 1000} \text{m/s} = 4.43 \text{m/s}$，8 级精度，由图 10-11 查得动载荷系数 $K_v = 1.17$。

③ 根据 $\dfrac{K_A F_t}{b} = \dfrac{2K_A T_1}{\phi_d d_1^2} = \dfrac{2 \times 1.5 \times 9.948 \times 10^4}{1 \times 88.055^2} \text{N/mm} = 38.49 \text{N/mm} < 100 \text{N/mm}$，斜齿圆柱齿轮软齿面，8 级精度，由表 10-5 查得齿间载荷分配系数 $K_\alpha = 1.4$。

④ 根据 $\dfrac{b}{d_1} = \phi_d = 1$，软齿面，齿轮在两支承之间非对称布置，由图 10-14a 查得齿向载荷分布系数 $K_\beta = 1.0875$。

故载荷系数

$$K = K_A K_v K_\alpha K_\beta = 1.5 \times 1.17 \times 1.4 \times 1.0875 = 2.672$$

3）弯曲疲劳强度的重合度系数 Y_ε。按式（10-22）计算

基圆上的螺旋角 $\beta_b = \arctan(\tan\beta_0 \cos\alpha_t) = \arctan(\tan 14° \cos 20.562°) = 13.140°$

当量齿轮的重合度 $\varepsilon_{\alpha v} = \dfrac{\varepsilon_\alpha}{\cos^2 \beta_b} = \dfrac{1.639}{\cos^2 13.140°} = 1.728$

重合度系数　$Y_\varepsilon = 0.25 + \dfrac{0.75}{\varepsilon_{\alpha v}} = 0.25 + \dfrac{0.75}{1.728} = 0.684$

4）螺旋角影响系数 Y_β。根据轴向重合度 $\varepsilon_\beta = 1.905$，由图 10-29 查取 $Y_\beta = 0.885$。

5）齿形系数 Y_{Fa} 和应力修正系数 Y_{Sa}。

计算当量齿数　$z_{v1} = \dfrac{z_1}{\cos^3 \beta_0} = \dfrac{24}{\cos^3 14°} = 26.27$

$$z_{v2} = \dfrac{z_2}{\cos^3 \beta_0} = \dfrac{77}{\cos^3 14°} = 84.29$$

由图 10-17 查取齿形系数 $Y_{Fa1} = 2.61$，$Y_{Fa2} = 2.225$；由图 10-18 查取应力修正系数 $Y_{Sa1} = 1.59$，$Y_{Sa2} = 1.775$。计算并比较两齿轮的 $\dfrac{Y_{Fa} Y_{Sa}}{[\sigma_F]}$ 值

$$\frac{Y_{Fa1} Y_{Sa1}}{[\sigma_{F1}]} = \frac{2.61 \times 1.59}{304.62} = 0.0136 < \frac{Y_{Fa2} Y_{Sa2}}{[\sigma_{F2}]} = \frac{2.225 \times 1.775}{226.64} = 0.0174$$

大齿轮 2 的数值较大，弯曲疲劳强度较低，将其代入计算。

（3）计算模数

$$m_n \geqslant \sqrt[3]{\frac{2KT_1 Y_\varepsilon Y_\beta \cos^2 \beta_0}{\phi_d z_1^2} \cdot \frac{Y_{Fa2} Y_{Sa2}}{[\sigma_{F2}]}}$$

$$= \sqrt[3]{\frac{2 \times 2.672 \times 9.948 \times 10^4 \times 0.684 \times 0.885 \times \cos^2 14°}{1 \times 24^2} \times 0.0174}\,\text{mm} = 2.092\,\text{mm}$$

取标准模数 $m_n = 2.5\,\text{mm}$。

4. 确定小齿轮齿数

按既满足弯曲疲劳强度的模数 $m_n = 2.5\,\text{mm}$，同时又满足接触疲劳强度的小齿轮分度圆直径 $d_1 = 88.055\,\text{mm}$，确定小齿轮齿数

$$z_1 = \frac{d_1 \cos \beta_0}{m_n} = \frac{88.055 \times \cos 14°}{2.5} = 34.176$$

取 $z_1 = 35$，则 $z_2 = z_1 u = 35 \times 3.2 = 112$。

5. 验算传动比误差

$$\Delta i = \frac{\left| 3.2 - \dfrac{112}{35} \right|}{3.2} \times 100\% = 0$$

满足要求。

6. 计算几何尺寸

（1）中心距

$$a = \frac{m_n}{2\cos \beta_0}(z_1 + z_2) = \frac{2.5}{2\cos 14°}(35 + 112)\,\text{mm} = 189.375\,\text{mm}$$

圆整中心距 $a = 190\,\text{mm}$。

（2）按圆整后的中心距修正螺旋角 β

$$\beta = \arccos \frac{m_n(z_1 + z_2)}{2a} = \arccos \frac{2.5 \times (35 + 112)}{2 \times 190} = 14.7366°$$

（3）分度圆直径

$$d_1 = \frac{m_n z_1}{\cos\beta} = \frac{2.5 \times 35}{\cos 14.7366°}\text{mm} = 90.4762\text{mm}$$

$$d_2 = \frac{m_n z_2}{\cos\beta} = \frac{2.5 \times 112}{\cos 14.7366°}\text{mm} = 289.5238\text{mm}$$

（4）齿宽

$$b = \phi_d\, d_1 = 1 \times 90.476\text{mm} = 90.476\text{mm}$$

圆整取 $b_2 = 90\text{mm}$，$b_1 = b_2 + (5 \sim 10)\text{mm} = 95 \sim 100\text{mm}$，取 $b_1 = 100\text{mm}$。

（5）齿顶圆、齿根圆直径

$$d_{a1} = d_1 + 2h_{an}^* m_n = (90.4762 + 2 \times 1 \times 2.5)\text{mm} = 95.4762\text{mm}$$

$$d_{a2} = d_2 + 2h_{an}^* m_n = (289.5238 + 2 \times 1 \times 2.5)\text{mm} = 294.5238\text{mm}$$

$$d_{f1} = d_1 - 2(h_{an}^* + c_n^*)m_n = [90.4762 - 2 \times (1 + 0.25) \times 2.5]\text{mm} = 84.2252\text{mm}$$

$$d_{f2} = d_2 - 2(h_{an}^* + c_n^*)m_n = [289.5238 - 2 \times (1 + 0.25) \times 2.5]\text{mm} = 283.2738\text{mm}$$

7. 圆周速度

$$v = \frac{\pi d_1 n_1}{60 \times 1000} = \frac{\pi \times 90.4762 \times 960}{60 \times 1000}\text{m/s} = 4.55\text{m/s}$$

对照表 10-2，选用 8 级精度是合适的。

8. 中心距、齿宽圆整后的强度校核

中心距、齿宽圆整后，齿轮的分度圆直径、螺旋角、齿宽系数等发生变化，引起相关的参数，如载荷系数 K，重合度及其影响系数 Z_ε、Y_ε，螺旋角影响系数 Z_β、Y_β 等发生变化。因此应重新校核齿轮的强度。

（1）齿面接触疲劳强度校核

1）校核计算式（10-26）

$$\sigma_H = \sqrt{\frac{2KT_1}{bd_1^2} \cdot \frac{u+1}{u}} Z_H Z_E Z_\varepsilon Z_\beta$$

2）确定公式中的各计算值。

① T_1、d_1、m_n、b、Z_E 同前述。

② 载荷系数 K。由表 10-4 查得使用系数 $K_A = 1.5$；根据速度 $v = 4.55\text{m/s}$，8 级精度，由图 10-11 查得动载系数 $K_v = 1.175$；根据直齿轮软齿面，8 级精度，$\dfrac{K_A F_t}{b} = \dfrac{2K_A T_1}{bd_1} = \dfrac{2 \times 1.5 \times 9.948 \times 10^4}{90 \times 90.4762}\text{N/mm} = 36.65\text{N/mm} < 100\text{N/mm}$，由表 10-5 查得齿间载荷分配系数 $K_\alpha = 1.4$；根据 $\dfrac{b}{d_1} = \dfrac{90}{90.4762} = 0.995$，软齿面，两支承相对于齿轮非对称布置，由图 10-14a 查得齿向载荷分布系数 $K_\beta = 1.0875$。故载荷系数

$$K = K_A K_v K_\alpha K_\beta = 1.5 \times 1.175 \times 1.4 \times 1.0875 = 2.683$$

③齿数比 u　　$u = \dfrac{z_2}{z_1} = \dfrac{112}{35} = 3.2$

④ 节点区域系数 Z_H，由图 10-20 查取 $Z_H = 2.43$。

⑤接触疲劳强度重合度系数 Z_ε。按式（10-25）计算

端面啮合角（压力角）　　$\alpha_t' = \alpha_t = \arctan\dfrac{\tan\alpha_n}{\cos\beta} = \arctan\dfrac{\tan 20°}{\cos 14.7366°} = 20.624°$

齿顶圆压力角

$$\alpha_{at1} = \arccos \frac{m_t z_1 \cos\alpha_t}{m_t z_1 + 2h_{at}^* m_t} = \arccos \frac{35 \times \cos 20.624°}{35 + 2 \times 1 \times \cos 14.7366°} = 27.514°$$

$$\alpha_{at2} = \arccos \frac{m_t z_2 \cos\alpha_t}{m_t z_2 + 2h_{at}^* m_t} = \arccos \frac{112 \times \cos 20.624°}{112 + 2 \times 1 \times \cos 14.7366°} = 23.07°$$

端面重合度

$$\varepsilon_\alpha = \frac{1}{2\pi}[z_1(\tan\alpha_{at1} - \tan\alpha_t') + z_2(\tan\alpha_{at2} - \tan\alpha_t')]$$

$$= \frac{1}{2\pi}[35 \times (\tan 27.514° - \tan 20.624°) + 112 \times (\tan 23.07° - \tan 20.624°)] = 1.6886$$

轴向重合度 $\quad \varepsilon_\beta = \frac{b\sin\beta}{\pi m_n} = \frac{90 \times \sin 14.7366°}{\pi \times 2.5} = 2.915$

由于 $\varepsilon_\beta > 1$ 按 $\varepsilon_\beta = 1$ 计算

$$Z_\varepsilon = \sqrt{\frac{1}{\varepsilon_\alpha}} = \sqrt{\frac{1}{1.6886}} = 0.7695$$

⑥ 螺旋角影响系数 Z_β。按式（10-27）计算

$$Z_\beta = \sqrt{\cos\beta} = \sqrt{\cos 14.7366°} = 0.9834$$

3）校核齿面接触强度

$$\sigma_H = \sqrt{\frac{2KT_1}{bd_1^2} \cdot \frac{u+1}{u}} Z_H Z_E Z_\varepsilon Z_\beta$$

$$= \sqrt{\frac{2 \times 2.683 \times 9.948 \times 10^4}{90 \times 90.4762^2} \times \frac{3.2+1}{3.2}} \times 2.43 \times 189.8 \times 0.7695 \times 0.9834 \text{MPa}$$

$$= 340.35 \text{MPa} \leqslant \min\{[\sigma_{H1}], [\sigma_{H2}]\}$$

齿面接触疲劳强度满足要求。

（2）齿根弯曲疲劳强度校核

1）校核计算式（10-21）

$$\sigma_F = \frac{2KT_1}{bm_n d_1} Y_{Fa} Y_{Sa} Y_\varepsilon Y_\beta$$

2）确定公式中的各计算值。

① K、T_1、d_1、m_n、z_1、b 同前述。

② 弯曲疲劳强度的重合度系数 Y_ε。按式（10-22）、式（10-23）计算

基圆上的螺旋角 $\quad \beta_b = \arctan(\tan\beta\cos\alpha_t) = \arctan(\tan 14.7366°\cos 20.624°) = 13.8296°$

当量齿轮的重合度 $\quad \varepsilon_{\alpha v} = \frac{\varepsilon_\alpha}{\cos^2\beta_b} = \frac{1.6886}{\cos^2 13.8296°} = 1.791$

重合度系数 $\quad Y_\varepsilon = 0.25 + \frac{0.75}{\varepsilon_{\alpha v}} = 0.25 + \frac{0.75}{1.791} = 0.669$

③ 螺旋角影响系数 Y_β。根据轴向重合度 $\varepsilon_\beta = 2.915$，由图 10-29 查取 $Y_\beta = 0.88$。

④ 齿形系数 Y_{Fa}、应力修正系数 Y_{Sa}。

计算当量齿数

$$z_{v1} = \frac{z_1}{\cos^3\beta} = \frac{35}{\cos^3 14.7366°} = 38.69$$

$$z_{v2} = \frac{z_2}{\cos^3\beta} = \frac{112}{\cos^3 14.7366°} = 123.82$$

由图 10-17 查取齿形系数 $Y_{Fa1} = 2.255$，$Y_{Fa2} = 2.19$；由图 10-18 查取应力修正系数 $Y_{Sa1} = 1.645$，$Y_{Sa2} = 1.825$。计算并比较两齿轮的 $\dfrac{Y_{Fa}Y_{Sa}}{[\sigma_F]}$ 值

$$\frac{Y_{Fa1}Y_{Sa1}}{[\sigma_{F1}]} = \frac{2.255 \times 1.645}{304.62} = 0.012177 < \frac{Y_{Fa2}Y_{Sa2}}{[\sigma_{F2}]} = \frac{2.19 \times 1.825}{226.64} = 0.017635$$

大齿轮 2 的数值较大，弯曲疲劳强度较低，仅校核大齿轮 2 的强度即可。

3）校核齿根弯曲强度

$$\sigma_{F2} = \frac{2KT_1}{bm_n d_1} Y_{Fa2} Y_{Sa2} Y_\varepsilon Y_\beta$$

$$= \frac{2 \times 2.683 \times 9.948 \times 10^4}{90 \times 2.5 \times 90.4762} \times 2.19 \times 1.825 \times 0.669 \times 0.88 = 61.7 \text{MPa} \leqslant [\sigma_{F2}]$$

齿根弯曲疲劳强度满足要求。

9. 主要设计结果

选用标准斜齿圆柱齿轮传动，两齿轮均选用 45 钢，小齿轮调质，大齿轮正火；按 8 级精度设计；齿数 $z_1 = 35$，$z_2 = 112$；模数 $m_n = 2.5$mm；压力角 $\alpha_n = 20°$；螺旋角 $\beta = 14.7366°$；安装中心距 $a = 190$mm；齿宽 $b_1 = 100$mm，$b_2 = 90$mm。

10. 结构设计及绘制齿轮零件工作图

小齿轮齿顶圆直径 $d_{a1} < 160$mm，宜选用实心式结构，参见图 10-32a 所示。大齿轮齿顶圆直径 160mm $< d_{a2} < 500$mm，故宜选用腹板式结构，有关结构尺寸可参见图 10-35a 及荐用的经验值或公式确定，绘制齿轮零件工作图（略）。

三维模型

第九节 直齿锥齿轮传动的强度计算

一、几何参数

国家标准规定，直齿锥齿轮的强度计算按齿宽中点处的当量直齿圆柱齿轮进行。为此，需要建立锥齿轮大端与齿宽中点及其当量齿轮的几何参数、尺寸之间的关系。

如图 10-31 所示，直齿锥齿轮传动，两齿轮轴线相交且轴交角 $\Sigma = 90°$。其几何参数、尺寸之间的关系如下：

大端分度圆直径 $d = mz$

齿数比

$$u = \frac{z_2}{z_1} = \frac{d_2}{d_1} = \cot\delta_1 = \tan\delta_2$$

分度圆锥角

$$\sin\delta_1 = \cos\delta_2 = \frac{1}{\sqrt{u^2+2}}$$

$$\cos\delta_1 = \sin\delta_2 = \frac{u}{\sqrt{u^2+1}}$$

锥距

$$R = \sqrt{\left(\frac{d_1}{2}\right)^2 + \left(\frac{d_2}{2}\right)^2} = \frac{m}{2}\sqrt{z_1^2 + z_2^2}$$

$$= d_1 \frac{\sqrt{a^2+1}}{2}$$

$$\frac{d_{m1}}{d_1} = \frac{d_{m2}}{d_2} = \frac{R-0.5b}{R} = 1-0.5\frac{b}{R}$$

令 $\phi_R = \dfrac{b}{R}$，称为锥齿轮的齿宽系数，b 为齿宽，为便于安装调整保证锥顶重合，取 $b_1 = b_2$。通常取 $\phi_R = 0.25 \sim 0.35$。

齿宽中点分度圆直径

$$d_m = d(1-0.5\phi_R)$$

齿宽中点分度圆模数

$$m_m = m(1-0.5\phi_R)$$

齿宽中点当量齿轮分度圆直径

$$d_{mv} = \frac{d_m}{\cos\delta}$$

齿宽中点当量齿轮齿数

$$z_v = \frac{d_{mv}}{m_m} = \frac{d_m}{m_m\cos\delta} = \frac{z}{\cos\delta}$$

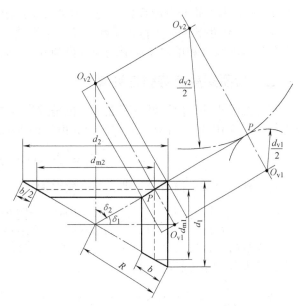

图 10-31 直齿锥齿轮传动的几何关系

当量齿轮的齿数比 $u_v = \dfrac{z_{v2}}{z_{v1}} = \dfrac{z_2\cos\delta_1}{z_1\cos\delta_2} = u^2$

二、齿根弯曲疲劳强度计算

直齿锥齿轮的齿根弯曲疲劳强度计算按齿宽中点的当量直齿圆柱齿轮计算，考虑直齿锥齿轮传动一般用于不太重要的场合，精度较低，取重合度系数 $Y_\varepsilon = 1$。对照直齿圆柱齿轮齿根弯曲应力计算式（10-9′）得

$$\sigma_F = \frac{2KT_{v1}}{bm_md_{mv1}}Y_{Fa}Y_{Sa} \leqslant [\sigma_F]$$

式中 T_{v1}——作用在小锥齿轮齿宽中点的当量直齿圆柱齿轮上的转矩（N·mm）

$$T_{v1} = \frac{F_{t1}d_{mv1}}{2} = \frac{F_{t1}d_{m1}}{2\cos\delta} = \frac{T_1}{\cos\delta}$$

将 T_{v1} 和相应的几何参数代入上式，经整理可得直齿锥齿轮的齿根弯曲疲劳强度的校核计算公式为

$$\sigma_F = \frac{2KT_1}{bm^2(1-0.5\phi_R)^2z_1}Y_{Fa}Y_{Sa} \leqslant [\sigma_F] \tag{10-29}$$

引入齿宽系数 ϕ_R，以 $b = R\phi_R$ 代入式（10-29），可得直齿锥齿轮的齿根弯曲疲劳强度的设计计算公式

$$m \geqslant \sqrt[3]{\frac{4KT_1}{\phi_R(1-0.5\phi_R)^2z_1^2\sqrt{u^2+1}}\frac{Y_{Fa}Y_{Sa}}{[\sigma_F]}} \tag{10-30}$$

式中 K——载荷系数，$K = K_AK_vK_\alpha K_\beta$（其中使用系数 K_A 按表 10-4 选取；动载系数 K_v 按图 10-11 中低一级精度及齿宽中点分度圆圆周速度 v_m（m/s）选取；由于锥齿轮精度较低，可取齿间载荷分配系数 $K_\alpha = 1$；齿向载荷分布系数 K_β 按图 10-14 选取，图中的 b/d_1 应使用 b/d_{m1}）；

Y_{Fa}——锥齿轮的齿形系数，按当量齿数 z_v 由图 10-17 查取；

Y_{Sa}——锥齿轮的应力修正系数，按当量齿数 z_v 由图 10-18 查取。

其余各符号的意义和单位及取值均与直齿圆柱齿轮相同。

三、齿面接触疲劳强度计算

直齿锥齿轮的齿面接触疲劳强度，也是按齿宽中点的当量直齿圆柱齿轮计算。齿面接触应力仍按式（10-13）计算。曲率半径为齿宽中点的当量齿轮在节点 P 处的曲率半径

$$\rho_{mv} = \frac{d_{mv}}{2}\sin\alpha = \frac{d_m \sin\alpha}{2\cos\delta}$$

对于外啮合直齿锥齿轮传动，综合曲率为

$$\frac{1}{\rho_{mv\Sigma}} = \frac{1}{\rho_{mv1}} + \frac{1}{\rho_{mv2}} = \frac{\rho_{mv2} + \rho_{mv1}}{\rho_{mv1}\rho_{mv2}} = \frac{2\cos\delta_1}{d_{m1}\sin\alpha}\cdot\frac{u_v + 1}{u_v} = \frac{2}{d_{m1}\sin\alpha}\cdot\frac{\sqrt{u^2 + 1}}{u}$$

考虑直齿锥齿轮传动一般用于不太重要的场合，精度较低，取重合度系数 $Z_\varepsilon = 1$。啮合线长度 L 取为锥齿轮的齿宽 b。

将 $F_n = \dfrac{F_t}{\cos\alpha}$ 及以上诸关系代入式（10-13），整理可得

$$\sigma_H = \sqrt{\frac{F_{t1}}{bd_{m1}}\cdot\frac{2}{\sin\alpha\cos\alpha}\cdot\frac{\sqrt{u^2 + 1}}{u}}\cdot Z_E = \sqrt{\frac{F_{t1}}{bd_{m1}}\cdot\frac{\sqrt{u^2 + 1}}{u}}\cdot Z_H Z_E$$

式中 Z_H——节点区域系数，$Z_H = \sqrt{\dfrac{2}{\sin\alpha\cos\alpha}}$，其值可由图 10-20 查取。

再计入载荷系数 K，并将 $F_{t1} = \dfrac{2T_1}{d_{m1}}$ 代入上式，则可得直齿锥齿轮齿面接触疲劳强度的校核计算公式及设计计算公式

$$\sigma_H = \sqrt{\frac{2KT_1}{bd_{m1}^2}\cdot\frac{\sqrt{u^2 + 1}}{u}}\, Z_H Z_E \leqslant [\sigma_H]$$

或

$$\sigma_H = \sqrt{\frac{4KT_1}{\phi_R\,(1 - 0.5\phi_R)^2 d_1^3 u}}\, Z_H Z_E \leqslant [\sigma_H] \tag{10-31}$$

$$d_1 \geqslant \sqrt[3]{\frac{4KT_1}{\phi_R\,(1 - 0.5\phi_R)^2 u}\cdot\left(\frac{Z_H Z_E}{[\sigma_H]}\right)^2} \tag{10-32}$$

式中各符号的意义和单位同前。

例 10-4 试设计一单级直齿锥齿轮减速器。已知轴交角 $\Sigma = 90°$，传动比 $i = 2.5$，实际传递的功率 $P = 7\mathrm{kW}$，由电动机驱动，转速 $n_1 = 1440\mathrm{r/min}$，预期工作寿命 10 年，每年工作 300 天，两班制工作，载荷平稳，单向转动。

解 1. 选择齿轮传动类型、精度等级、齿数和材料并确定许用应力

（1）选择齿轮传动类型 选用标准直齿锥齿轮传动，压力角 $\alpha = 20°$。

（2）选择精度等级 初选 8 级精度。

（3）选择齿数 初选小齿轮齿数 $z_1 = 24$，则大齿轮齿数 $z_2 = z_1 i = 24 \times 2.5 = 60$。

（4）选择材料 由表 10-1 选择小齿轮用 40Cr 调质，硬度为 241~286HBW，大齿轮用 45 钢调质，硬度为 217~255HBW。

（5）确定许用应力

1）由图 10-23c 按齿面硬度查取小齿轮弯曲疲劳极限 $\sigma_{F\lim1} = 560\mathrm{MPa}$，大齿轮弯曲疲劳

极限 $\sigma_{\mathrm{F\,lim2}} = 400\mathrm{MPa}$；由图 10-25c 按齿面硬度查取小齿轮接触疲劳极限 $\sigma_{\mathrm{Hlim1}} = 650\mathrm{MPa}$，大齿轮接触疲劳极限 $\sigma_{\mathrm{Hlim2}} = 550\mathrm{MPa}$。

2）由式（10-18）计算应力循环次数

$$N_1 = 60n_1jL_{\mathrm{h}} = 60 \times 1440 \times 1 \times (2 \times 8 \times 300 \times 10) = 4.1472 \times 10^9$$

$$N_2 = \frac{z_1}{z_2}N_1 = \frac{24}{60} \times 4.1472 \times 10^9 = 1.6589 \times 10^9$$

3）由图 10-24 查取弯曲疲劳寿命系数 $K_{\mathrm{FN1}} = 0.91$，$K_{\mathrm{FN2}} = 0.92$；由图 10-26 查取接触疲劳寿命系数 $K_{\mathrm{HN1}} = 0.93$，$K_{\mathrm{HN2}} = 0.94$。

4）取弯曲疲劳强度安全系数 $S_{\mathrm{F}} = 1.3$，接触疲劳强度安全系数 $S_{\mathrm{H}} = 1$。

5）计算许用应力。由式（10-19）、式（10-20）计算

$$[\sigma_{\mathrm{F1}}] = \frac{K_{\mathrm{FN1}}\sigma_{\mathrm{Flim1}}}{S_{\mathrm{F}}} = \frac{0.91 \times 560}{1.3}\mathrm{MPa} = 392\mathrm{MPa}$$

$$[\sigma_{\mathrm{F2}}] = \frac{K_{\mathrm{FN2}}\sigma_{\mathrm{Flim2}}}{S_{\mathrm{F}}} = \frac{0.92 \times 400}{1.3}\mathrm{MPa} = 283.08\mathrm{MPa}$$

$$[\sigma_{\mathrm{H1}}] = \frac{K_{\mathrm{HN1}}\sigma_{\mathrm{Hlim1}}}{S_{\mathrm{H}}} = \frac{0.93 \times 650}{1}\mathrm{MPa} = 604.5\mathrm{MPa}$$

$$[\sigma_{\mathrm{H2}}] = \frac{K_{\mathrm{HN2}}\sigma_{\mathrm{Hlim2}}}{S_{\mathrm{H}}} = \frac{0.94 \times 550}{1}\mathrm{MPa} = 517\mathrm{MPa}$$

2. 按齿面接触疲劳强度计算

（1）试算小齿轮分度圆直径

1）设计计算式（10-32）

$$d_1 \geqslant \sqrt[3]{\frac{4KT_1}{\phi_{\mathrm{R}}(1 - 0.5\phi_{\mathrm{R}})^2 u} \cdot \left(\frac{Z_{\mathrm{E}}Z_{\mathrm{H}}}{[\sigma_{\mathrm{H}}]}\right)^2}$$

2）确定公式中的各计算值。

① 载荷系数 K。试取 $K_{\mathrm{t}} = 1.3$。

② 计算小齿轮传递的转矩 T_1。由式（10-1）计算

$$T_1 = 9.55 \times 10^6 \frac{P}{n_1} = 9.55 \times 10^6 \times \frac{7}{1440}\mathrm{N \cdot mm} = 4.64 \times 10^4 \mathrm{N \cdot mm}$$

③ 齿宽系数 ϕ_{R}。选取 $\phi_{\mathrm{R}} = 0.3$。

④ 材料的弹性影响系数 Z_{E}。由表 10-6 查取 $Z_{\mathrm{E}} = 189.8\ \sqrt{\mathrm{MPa}}$。

⑤ 节点区域系数 Z_{H}。由图 10-20 查取 $Z_{\mathrm{H}} = 2.5$。

⑥许用应力 $[\sigma_{\mathrm{H}}]$。$[\sigma_{\mathrm{H}}] = \min\{[\sigma_{\mathrm{H1}}], [\sigma_{\mathrm{H2}}]\} = 517\mathrm{MPa}$。

3）计算小齿轮分度圆直径

$$d_{1\mathrm{t}} \geqslant \sqrt[3]{\frac{4K_{\mathrm{t}}T_1}{\phi_{\mathrm{R}}(1 - 0.5\phi_{\mathrm{R}})^2 u} \cdot \left(\frac{Z_{\mathrm{E}}Z_{\mathrm{H}}}{[\sigma_{\mathrm{H}}]}\right)^2}$$

$$= \sqrt[3]{\frac{4 \times 1.3 \times 4.64 \times 10^4}{0.3 \times (1 - 0.5 \times 0.3)^2 \times (60/24)} \times \left(\frac{189.8 \times 2.5}{517}\right)^2}\mathrm{mm}$$

$$= 72.117\mathrm{mm}$$

（2）修正小齿轮分度圆直径

1）计算载荷系数需要的数据。

① 小齿轮齿宽中点分度圆直径 d_{m1}

$$d_{m1} = d_{1t}(1 - 0.5\phi_R) = 72.117 \times (1 - 0.5 \times 0.3)\text{mm} = 61.30\text{mm}$$

② 锥距 R $\quad R = \dfrac{d_{1t}}{2}\sqrt{u^2+1} = \dfrac{72.117}{2} \times \sqrt{\left(\dfrac{60}{24}\right)^2 + 1}\,\text{mm} = 97.0905\text{mm}$

③ 齿宽 b $\quad b = \phi_R R = 0.3 \times 97.0905\text{mm} = 29.13\text{mm}$

④ 齿宽中点处的圆周速度 v_m

$$v_m = \frac{\pi d_{m1} n_1}{60 \times 1000} = \frac{\pi \times 61.3 \times 1440}{60 \times 1000}\,\text{m/s} = 4.622\text{m/s}$$

2）计算载荷系数 K。

① 由表 10-4 查得使用系数 $K_A = 1$。

② 根据速度 $v_m = 4.622\text{m/s}$，按 9 级精度（低一级），由图 10-11 查得动载荷系数 $K_v = 1.23$。

③ 取齿间载荷分配系数 $K_\alpha = 1$。

④ 根据 $\dfrac{b}{d_{m1}} = \dfrac{29.13}{61.30} = 0.475$，软齿面，小齿轮悬臂布置，由图 10-14a 查得齿向载荷分布系数 $K_\beta = 1.135$。故载荷系数

$$K = K_A K_v K_\alpha K_\beta = 1 \times 1.23 \times 1 \times 1.135 = 1.396$$

3）按实际载荷系数修正小齿轮分度圆直径 d_1。由式（10-17'）计算

$$d_1 = d_{1t}\sqrt[3]{\frac{K}{K_t}} = 72.117\sqrt[3]{\frac{1.396}{1.3}}\,\text{mm} = 73.8502\text{mm}$$

3. 按齿根弯曲疲劳强度计算

（1）设计计算式（10-30）

$$m \geqslant \sqrt[3]{\frac{4KT_1}{\phi_R(1 - 0.5\phi_R)^2 z_1^2 \sqrt{u^2+1}} \cdot \frac{Y_{Fa}Y_{Sa}}{[\sigma_F]}}$$

（2）确定公式中的各计算值

1）齿宽系数 ϕ_R、小齿轮转矩 T_1 同上。

2）载荷系数 K。

① 由表 10-4 查得使用系数 $K_A = 1$。

② 动载荷系数 K_v。

$$d_{m1} = d_1(1 - 0.5\phi_R) = 73.8502 \times (1 - 0.5 \times 0.3)\text{mm} = 62.773\text{mm}$$

$$v_m = \frac{\pi d_{m1} n_1}{60 \times 1000} = \frac{\pi \times 62.773 \times 1440}{60 \times 1000}\,\text{m/s} = 4.733\text{m/s}$$

根据速度 $v_m = 4.733\text{m/s}$，按 9 级精度（低一级），由图 10-11 查得 $K_v = 1.24$。

③ 取齿间载荷分配系数 $K_\alpha = 1$。

④ 齿向载荷分布系数 K_β。

$$R = \frac{d_1}{2}\sqrt{u^2+1} = \frac{73.8502}{2} \times \sqrt{(60/24)^2 + 1}\,\text{mm} = 99.4239\text{mm}$$

$$b = \phi_R R = 0.3 \times 99.4239\text{mm} = 29.8272\text{mm}$$

根据 $\dfrac{b}{d_{m1}} = \dfrac{29.8272}{62.773} = 0.475$，软齿面，小齿轮悬臂布置，由图 10-14a 查得 $K_\beta = 1.135$。

故载荷系数

$$K = K_A K_v K_\alpha K_\beta = 1 \times 1.24 \times 1 \times 1.135 = 1.4074$$

3）计算当量齿数，查取齿形系数 Y_{Fa} 和应力修正系数 Y_{Sa}。

$$\delta_1 = \arctan \frac{z_1}{z_2} = \arctan \frac{24}{60} = 21.8014°$$

$$\delta_2 = 90° - \delta_1 = \arctan \frac{z_2}{z_1} = \arctan \frac{60}{24} = 68.1986°$$

$$z_{v1} = \frac{z_1}{\cos\delta_1} = \frac{24}{\cos21.8014°} = 25.85$$

$$z_{v2} = \frac{z_2}{\cos\delta_2} = \frac{60}{\cos68.1986°} = 161.56$$

由图 10-17 查取齿形系数 $Y_{Fa1} = 2.61$，$Y_{Fa2} = 2.15$；由图 10-18 查取应力修正系数 $Y_{Sa1} = 1.595$，$Y_{Sa2} = 1.86$。计算并比较大、小齿轮的 $\dfrac{Y_{Fa}Y_{Sa}}{[\sigma_F]}$ 值

$$\frac{Y_{Fa1}Y_{Sa1}}{[\sigma_{F1}]} = \frac{2.61 \times 1.595}{392} = 0.01062 < \frac{Y_{Fa2}Y_{Sa2}}{[\sigma_{F2}]} = \frac{2.15 \times 1.86}{283.08} = 0.01413$$

大齿轮 2 的数值较大，弯曲疲劳强度较低，将其代入计算。

（3）计算模数

$$m \geqslant \sqrt[3]{\frac{4KT_1}{\phi_R(1-0.5\phi_R)^2 z_1^2 \sqrt{u^2+1}} \cdot \frac{Y_{Fa2}Y_{Sa2}}{[\sigma_{F2}]}}$$

$$= \sqrt[3]{\frac{4 \times 1.4074 \times 4.64 \times 10^4}{0.3 \times (1-0.5 \times 0.3)^2 \times 24^2 \times \sqrt{(60/24)^2+1}}} \times 0.01413 \text{mm} = 2.2226\text{mm}$$

取标准模数 $m = 2.5\text{mm}$。

4. 确定齿数

按既满足弯曲疲劳强度的模数 $m = 2.5\text{mm}$，同时又满足接触疲劳强度的小齿轮分度圆直径 $d_1 = 73.8502\text{mm}$，确定小齿轮齿数

$$z_1 = \frac{d_1}{m} = \frac{73.8502}{2.5} = 29.54$$

取 $z_1 = 30$，则 $z_2 = z_1 u = 30 \times 2.5 = 75$。

5. 几何尺寸计算

1）分度圆直径

$$d_1 = mz_1 = 2.5 \times 30\text{mm} = 75\text{mm}$$

$$d_2 = mz_2 = 2.5 \times 75\text{mm} = 187.5\text{mm}$$

2）锥距

$$R = \frac{m}{2}\sqrt{z_1^2 + z_2^2} = \frac{2.5}{2} \times \sqrt{30^2 + 75^2}\text{mm} = 100.9718\text{mm}$$

3）齿宽　$b = \phi_R R = 0.3 \times 100.9718\text{mm} = 30.293\text{mm}$

圆整并取 $b_1 = b_2 = 30\text{mm}$。

4）齿顶圆、齿根圆直径

$$\delta_1 = \arctan \frac{z_1}{z_2} = \arctan \frac{30}{75} = 21.8014°$$

$$\delta_2 = 90° - \delta_1 = 68.1986°$$

$$d_{a1} = d_1 + 2h_a\cos\delta_1 = (75 + 2 \times 1 \times 2.5 \times \cos21.8014°)\text{mm} = 79.6424\text{mm}$$

$$d_{a2} = d_2 + 2h_a\cos\delta_2 = (187.5 + 2 \times 1 \times 2.5 \times \cos68.1986°)\text{mm} = 189.3570\text{mm}$$

$$d_{f1} = d_1 - 2h_f\cos\delta_1 = (75 - 2 \times 1.2 \times 2.5 \times \cos21.8014°)\text{mm} = 69.4291\text{mm}$$

$$d_{f2} = d_2 - 2h_f\cos\delta_2 = (187.5 - 2 \times 1.2 \times 2.5 \times \cos68.1986°)\text{mm} = 185.2717\text{mm}$$

5）小齿轮齿宽中点分度圆直径

$$d_{m1} = d_1 \left(1 - 0.5\frac{b}{R}\right) = 75 \times (1 - 0.5 \times \frac{30}{100.9718}) \text{mm} = 63.8583 \text{mm}$$

6. 圆周速度

$$v_m = \frac{\pi d_{m1} n_1}{60 \times 1000} = \frac{\pi \times 63.8583 \times 1440}{60 \times 1000} \text{m/s} = 4.8148 \text{m/s}$$

对照表 10-2，选用 8 级精度不合适，需改选为 7 级精度。

7. 主要设计结果及分析

选用标准直齿锥齿轮传动，小齿轮选用 40Cr 调质，大齿轮选用 45 钢调质；按 7 级精度设计；齿数 $z_1 = 30$，$z_2 = 75$；模数 $m = 2.5$mm；压力角 $\alpha = 20°$；分度圆锥角 $\delta_1 = 21.8014°$，$\delta_2 = 68.1986°$；齿宽 $b_1 = b_2 = 30$mm；锥距 $R = 100.9718$mm。

设计结果分析：由于齿数 z_1、z_2 大于初选值，齿形系数和应力修正系数的乘积 $Y_{Fa}Y_{Sa}$ 减小，模数 m、分度圆直径 d_1 均大于设计计算值，这皆有利于传动强度的提高；至于实际圆周速度 v_m、b/d_{m1} 略微变化对载荷系数 K 的影响很小，齿宽系数 ϕ_R 略微变化，可忽略不计。因此，设计参数可用，不必返回修正或重新进行强度校核计算。

8. 结构设计及绘制齿轮零件工作图

小齿轮齿顶圆直径 $d_{a1} < 160$ mm，宜选用实心式结构，如图 10-32b 所示。大齿轮齿顶圆直径，160 mm $< d_{a2} < 500$mm，故宜选用腹板式结构，有关结构尺寸可参见图 10-35c 及荐用的经验值或公式确定，绘制齿轮零件工作图（略）。

第十节　齿轮的结构设计

通过齿轮的强度计算确定出齿轮的基本参数后，即可确定其分度圆直径、齿顶圆直径、齿根圆直径和齿宽等。齿圈、轮毂和轮辐等结构形式及尺寸大小，通常需由结构设计而确定。

齿轮的结构与其几何尺寸、材料、加工方法、使用要求及经济性等因素有关。通常先根据齿轮的直径选定合适的结构形式，然后再根据经验公式及数据进行结构设计。

当齿轮齿顶圆直径较小，$d_a \leqslant 160$mm 时，可做成实心结构，如图 10-32 所示。当圆柱齿轮齿根圆到轮毂键槽底部的距离 $e < 2m_t$（端面模数），锥齿轮小端齿根圆到键槽底部的距离 $e < 1.6m$（大端模数）时，应将齿轮与轴做成一体，称为齿轮轴，如图 10-33 所示，否则由于 e 过小易发生轮缘断裂，如图 10-34 所示。当 e 足够大时，不论从方便制造还是从节省贵重金属材料方面考虑，齿轮与轴应分开制造。

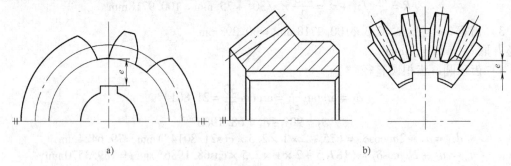

a)　　　　　　　　　　　　　　　b)

图 10-32　实心齿轮
a) 圆柱齿轮　b) 锥齿轮

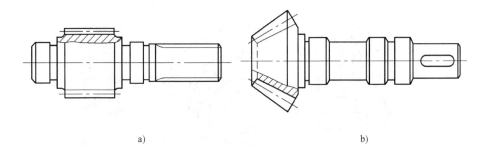

a)   b)

图 10-33 齿轮轴

a) 圆柱齿轮   b) 锥齿轮

当齿轮齿顶圆直径 $d_a \leqslant 500\text{mm}$ 时，可做成腹板式结构，腹板上孔的数目由结构尺寸的大小及需要而定，如图 10-35 所示。

当齿轮为齿顶圆直径 $d_a > 300\text{mm}$ 的铸造锥齿轮时，可做成带加强肋的腹板式结构，如图 10-36 所示。

当齿轮齿顶圆直径 $400\text{mm} < d_a < 1000\text{mm}$ 时，常用铸铁或铸钢制作，并制成轮辐式结构，如图 10-37 所示。

对于尺寸很大的齿轮，为节约贵重金属材料，常采用齿圈套装于轮芯上的组合结构。齿圈用较好的钢材，轮芯用铸铁或铸钢，两者过盈配合，在配合接缝上加装 4～8 个骑缝螺钉，如图 10-38 所示。

图 10-34 轮缘断裂

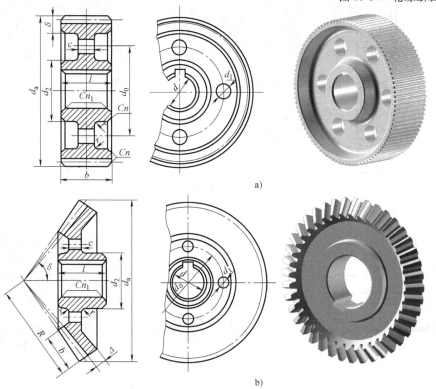

a)

b)

图 10-35 腹板式齿轮结构

a) 圆柱齿轮   b) 锥齿轮

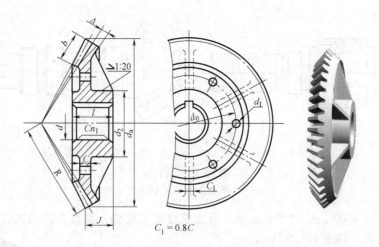

图 10-36　带加强肋的腹板式锥齿轮结构

单件生产的大齿轮，可采用焊接结构。

尼龙等工程塑料模压制造的齿轮，也可参照图 10-32 或图 10-35 所示的结构及尺寸进行结构设计。

齿轮的各部分具体尺寸参看机械设计手册。

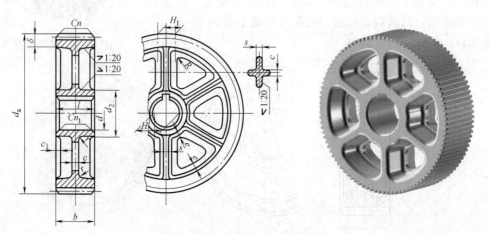

图 10-37　轮辐式圆柱齿轮结构

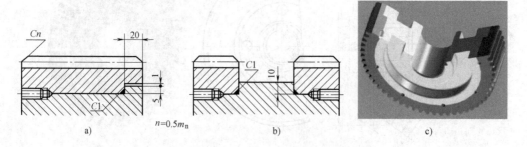

图 10-38　组合式齿轮结构

a）单齿圈齿轮平面结构图　b）双齿圈人字齿轮平面结构图　c）单齿圈齿轮三维示意图

第十一节　齿轮传动的效率和润滑

一、齿轮传动的效率

齿轮传动的功率损失主要包括三个方面：①啮合中的摩擦损耗；②轴承中的摩擦损耗；③润滑油被搅动的油阻损耗。因此，闭式齿轮传动的效率为

$$\eta = \eta_1 \eta_2 \eta_3 \tag{10-33}$$

式中　η_1——齿轮传动的啮合效率；

　　　η_2——轴承效率；

　　　η_3——搅油损耗效率。

采用滚动轴承支承时的齿轮传动，计入上述三种损耗后的平均效率，参见表10-8。

表 10-8　采用滚动轴承支承时齿轮传动的平均效率

传动类型	精度等级和工作条件		
	6 级或 7 级精度的闭式传动	8 级精度的闭式传动	脂润滑的开式传动
圆柱齿轮传动	0.98	0.97	0.95
锥齿轮传动	0.97	0.96	0.94

二、齿轮传动的润滑

齿轮传动时，啮合齿面间存在相对滑动，因此产生摩擦磨损，增加功耗，降低传动效率。啮合齿面间加注润滑剂，既可以避免金属直接接触，减少摩擦损失，还可以起到散热和防锈的作用。因此，为改善轮齿的工作状况，确保齿轮正常运转及预期寿命，需要对齿轮传动进行适当的润滑。

1. 齿轮传动的润滑方式

开式、半开式或速度较低的闭式齿轮传动，通常采用人工定期加油润滑。可用润滑油或润滑脂。

一般闭式齿轮传动的润滑方式，当齿轮的圆周速度 $v \leqslant 12\text{m/s}$ 时，常采用浸油润滑，即将大齿轮的轮齿浸入油池一定深度，如图 10-39 所示。当齿轮运转时，就会把润滑油带到啮合齿面上，同时也把一部分润滑油甩到箱壁上，以便散热。齿轮浸入油中的深度可视其圆周速度的大小而定。对于圆柱齿轮传动，一般不超过一个齿高，但也不应小于 10mm；对于锥齿轮传动，一般不超过全齿宽，但也不应小于半个齿宽。在多级齿轮传动中，当各个大齿轮的直径不相等，且悬殊较大时，可借助于带油轮将油带到未浸入油池齿轮的齿面上，如图 10-40 所示。

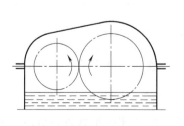

图 10-39　浸油润滑

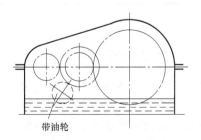

带油轮

图 10-40　用带油轮浸油润滑

　　油池中的油量，根据齿轮传递功率的大小而定，对于单级齿轮传动，每传递功率 1kW，需油量为 0.35~0.7L；对于多级齿轮传动，需油量按级数成倍增加。

　　当齿轮的圆周速度 $v>12\text{m/s}$ 时，不宜采用油池润滑，原因是：①圆周速度过高，轮齿上的油大多被甩出而不能到达啮合区；②搅油激烈，增加油的温升，使润滑性能降低；③搅起油池底部的沉淀杂质，加速齿面磨损。所以应采用喷油润滑，用油泵以一定的压力供油，由油嘴将润滑油直接喷到啮合齿面上，如图 10-41 所示。

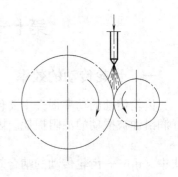

图 10-41　喷油润滑

2. 润滑剂及其选择

　　齿轮传动常用的润滑剂为润滑油或润滑脂。

　　齿轮润滑油的选择，由传动的类型、工况、载荷、速度和温升等条件决定，可参考表 10-9 进行选择。

表 10-9　齿轮润滑油的选择

名　称	代　号	主要用途
全损耗系统用油 （GB 443—1989）	L-AN32 L-AN46 L-AN68 L-AN100 L-AN150	适用于一般要求，齿面接触应力为 350~500MPa 的工业设备齿轮的全能耗系统润滑
中负荷工业齿轮油	L-CKC68 L-CKC100 L-CKC150 L-CKC220 L-CKC320 L-CKC460 L-CKC680	适用于化工、陶瓷、水泥、造纸、煤炭、冶金、船舶海港等工业机械大型闭式齿轮传动装置的润滑，齿面接触应力为 500~1100MPa
重负荷工业齿轮油	L-CKD68 L-CKD100 L-CKD150 L-CKD220 L-CKD320 L-CKD460 L-CKD680	适用于冶金、采矿等工业机械设备齿轮传动装置的润滑，齿面接触应力 >1100MPa
普通开式齿轮油	68 100 150 220 320	适用于一般开式齿轮传动装置的润滑

本章学习要点

　　1. 理解齿轮传动中轮齿的各种失效（损伤）形式的特点、产生的机理和部位，防止和减轻失效（损伤）的措施及相应的设计准则。

　　2. 齿轮传动的精度等级与传动性能的关系。

　　3. 了解对齿轮材料的基本要求，软、硬齿面齿轮的常用材料和热处理方法及配对齿轮材料的选用原则。

4. 掌握齿轮传动的受力分析，正确计算、判断轮齿上各力的大小和方向，尤其是轴向力的方向，直接影响轴和轴承的设计计算。

5. 理解计算载荷、载荷系数的意义及影响因素，减小载荷系数的措施。

6. 掌握直齿圆柱齿轮传动的齿根弯曲疲劳强度和齿面接触疲劳强度计算的基本理论依据、力学模型、应力种类与特性，计算公式中各参数的意义及应用公式时的注意事项；斜齿圆柱齿轮和直齿锥齿轮传动的强度计算应根据其传动特点，运用当量齿轮简化为直齿圆柱齿轮传动的强度计算，并注意它们与直齿轮的异同。

7. 掌握齿轮传动的设计步骤，必要的数据处理（如齿宽、斜齿轮传动的中心距应圆整，模数应取标准值，斜齿轮螺旋角的大小要适当等），合理选择齿轮参数。

8. 根据齿轮的尺寸、生产条件选择毛坯种类与具体的结构形式。

第十一章

蜗杆传动

提示

本章研究蜗杆传动的主要参数对传动性能的影响及合理选择的依据；失效形式、设计准则、强度计算和结构设计等问题，重点是主要参数的选择、受力分析和强度计算。

第一节 概 述

蜗杆传动也是现代机械传动中重要的传动形式之一，用于传递两空间交错轴之间的运动和动力，一般实现减速运动。通常用的是两轴线空间交错相互垂直，轴交错角 $\Sigma = 90°$ 的减速传动，如图 11-1 所示。

一、蜗杆传动的主要特点

（1）传动比大、结构紧凑 因蜗杆头数较少，一般 $z_1 = 1 \sim 4$，蜗轮齿数 z_2 较多，所以可获得大传动比，而零件数目、尺寸又相对较小，因此结构紧凑。传递动力时，传动比一般为 $8 \sim 80$，常用的是 $15 \sim 50$。传递运动时，如分度机构中传动比可达几百甚至 1000。

（2）传动平稳，振动、冲击和噪声较小 由于蜗杆齿是连续的螺旋齿，与蜗轮齿的啮合，是逐渐进入和逐渐退出的，同时参与啮合的轮齿对数又较多。

图 11-1 蜗杆传动

（3）具有自锁性能 当蜗杆的导程角（螺旋升角）γ 小于啮合齿面的当量摩擦角 ϕ_v 时，蜗杆传动具有自锁性。此时，只能蜗杆为主动件做减速传动。

（4）啮合齿面间相对滑动速度大 由于齿面啮合为空间运动，所以在啮合处不仅存在沿齿高方向的相对滑动，而且有沿齿长方向较大的相对滑动。

（5）效率低 啮合齿面间较大的相对滑动，会产生较严重的摩擦和磨损，因此摩擦损失较大，传动效率低。具有自锁性能的蜗杆传动，效率更低，一般低于 50%。

（6）需用非铁金属材料，成本高 为减小摩擦磨损，获得与钢制蜗杆配对组成减摩性良好的滑动摩擦副，需要耗用非铁金属（青铜）制造蜗轮或蜗轮齿圈。

二、蜗杆传动的分类

1. 按蜗杆形状分类

按蜗杆形状不同，蜗杆传动可分为圆柱蜗杆传动、环面蜗杆传动、锥蜗杆传动，如图

11-2 所示。

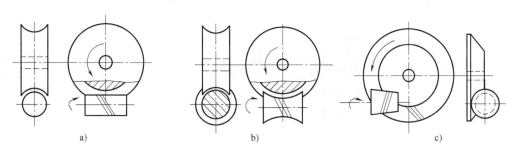

图 11-2　蜗杆传动的类型
a）圆柱蜗杆传动　b）环面蜗杆传动　c）锥蜗杆传动

环面蜗杆传动和圆锥蜗杆传动为新型蜗杆传动，与圆柱蜗杆传动相比，具有啮合性能好，承载能力强和机械效率高等优点，但设计和加工困难，因此较少应用。本章主要介绍圆柱蜗杆传动。

2. 按蜗杆的头数分类

按蜗杆螺旋线数目的多少，分为单头蜗杆和多头蜗杆。要求具有自锁性时，用单头蜗杆；要求传动效率高时，用多头蜗杆。

3. 按轮齿螺旋线的方向分类

按蜗杆螺旋线方向的不同，分左螺旋和右螺旋，简称左旋和右旋。除特殊需要外，一般采用右旋。对于轴交错角 $\Sigma = 90°$ 的蜗杆传动，蜗杆与蜗轮必须同螺旋方向才能啮合传动。

4. 按蜗杆的齿廓曲线形状分类

按蜗杆的齿廓曲线或加工所用刀具的形状不同，圆柱蜗杆传动分为普通圆柱蜗杆传动和圆弧齿圆柱蜗杆传动（工程中用代号 ZC 表示）两类。

在普通圆柱蜗杆传动中，按蜗杆的成形方法和齿廓曲线形状的不同，又可分为阿基米德蜗杆（ZA 型）、渐开线蜗杆（ZI 型）、延伸渐开线蜗杆（ZN 型）和锥面包络蜗杆（ZK 型）等四种。

圆柱蜗杆的成形方法和齿廓曲线形状及特点见表 11-1。

与上述各类蜗杆配对的蜗轮齿廓，则随蜗杆的齿廓而异。一般是在滚齿机上用滚刀或飞刀按展成原理切制的。为了改善蜗杆传动的啮合性能，滚刀与传动蜗杆的尺寸和齿廓相同（仅滚刀齿顶高比传动蜗杆的齿顶高高出 $c^* m$，以便切制出蜗轮与蜗杆传动时的顶隙），滚切时就像蜗杆与蜗轮的啮合传动一样，中心距与蜗杆传动时的中心距也相同。

表 11-1　圆柱蜗杆的类型

类　型	图　形	特　点
普通圆柱蜗杆　阿基米德蜗杆（ZA 型）		它是普通圆柱蜗杆中最简单的一种，加工时切削刃与蜗杆轴线共面，加工出的蜗杆，轴向剖面内的齿形为直线；在法向剖面内的齿形为曲线；在端面上，其齿形为阿基米德螺旋线。应用最为广泛

（续）

类　型	图　形	特　点
普通圆柱蜗杆 渐开线蜗杆（ZI 型）	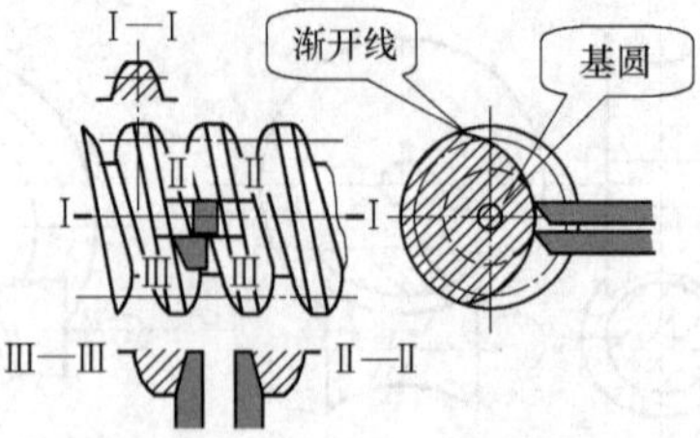	加工时切削刃与蜗杆的基圆柱相切，加工出的蜗杆，轴向剖面内的齿形为曲线，在端面上，其齿形为渐开线
延伸渐开线蜗杆（法向直廓蜗杆）（ZN 型）	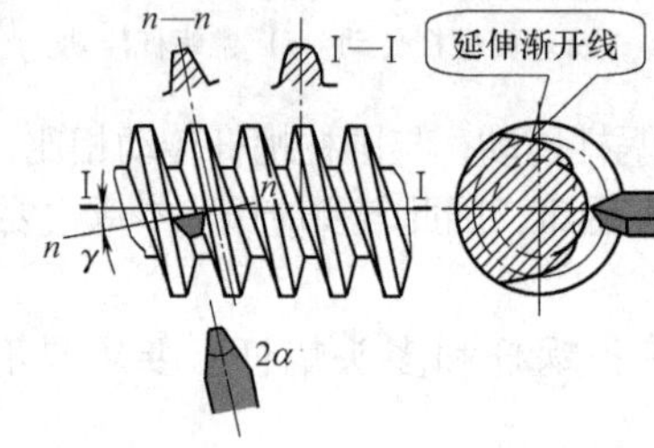	加工时刀具平面垂直于螺线，加工出的蜗杆，轴向剖面内的齿形为曲线；在法向剖面内的齿形为直线；在端面上，其齿形为延伸渐开线。故称为延伸渐开线蜗杆或法向直廓蜗杆
锥面包络蜗杆（ZK 型）	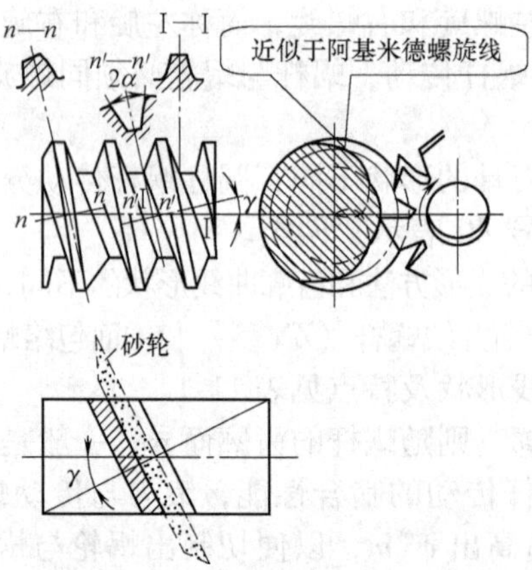	蜗杆的齿面是一种非线性螺旋齿面。不能在车床上加工，而是在铣床上铣制并在磨床上磨削制成的。切削时，工件做螺旋运动，铣刀绕自身轴线回转，铣刀回转曲面的包络面即为蜗杆的螺旋齿面，轴向剖面和法向剖面内的齿形均为曲线。与前述三种普通圆柱蜗杆相比，便于磨削，加工精度高，应用日渐广泛
圆弧齿圆柱蜗杆（ZC 型）	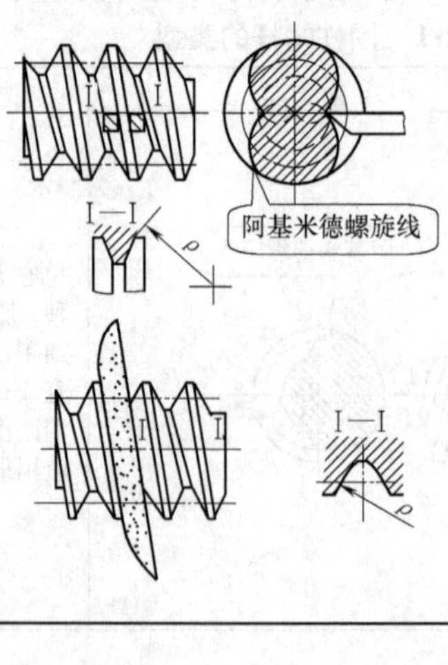	蜗杆的螺旋齿面是用刃边为凸圆弧形的刀具切制而成的。加工方法及刀具安装方式与切制 ZA 蜗杆相同。所以，在轴向剖面内的齿形为凹圆弧形；法向剖面内的齿形为凹曲线。其承载能力比阿基米德蜗杆提高 50% ~ 100%，在蜗杆减速器中已得到广泛应用

第二节　普通圆柱蜗杆传动的主要参数和几何尺寸

如图 11-3 所示，通过蜗杆轴线并与蜗轮轴线垂直的平面，称为中间平面（主平面），它是蜗轮的端面，蜗杆的轴面。在此平面内，阿基米德蜗杆传动相当于齿条与渐开线齿轮的啮合传动。因此，通常以中间平面蜗杆蜗轮的参数和尺寸为基准，并沿用齿轮传动的计算公式，进行蜗杆传动的设计计算。

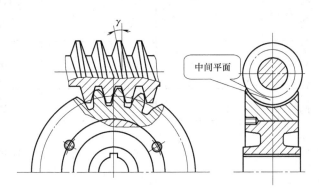

图 11-3　普通圆柱蜗杆传动

一、普通圆柱蜗杆传动的主要参数

普通圆柱蜗杆传动的主要参数，有模数 m、压力角 α、蜗轮齿数 z_2 和变位系数 x_2、蜗杆头数 z_1 和导程角 γ 及分度圆直径 d_1 等。

1. 模数 m 和压力角 α

蜗杆传动与齿轮传动相同，在中间平面内，应满足正确啮合条件，蜗杆的轴向模数 m_{a1} 和轴向压力角 α_{a1} 分别等于蜗轮的端面模数 m_{t2} 和端面压力角 α_{t2}。即

$$m_{a1} = m_{t2} = m$$

$$\alpha_{a1} = \alpha_{t2}$$

中间平面内的模数 m 为标准值，按表 11-2 选用。

阿基米德蜗杆（ZA 型）的轴向压力角为标准值 $\alpha_a = 20°$；渐开线蜗杆（ZI 型）在与基圆柱相切并平行于轴线的平面上，压力角 $\alpha_a = 20°$；延伸渐开线蜗杆（ZN 型）和锥面包络蜗杆（ZK 型）的法向压力角 $\alpha_n = 20°$。轴向压力角与法向压力角的关系为

$$\tan\alpha_n = \tan\alpha_a \cos\gamma$$

式中　γ——蜗杆分度圆柱导程角。

2. 蜗杆分度圆直径 d_1 及直径系数 q

蜗杆的分度圆直径 d_1 也称蜗杆直径或中圆直径。如前所述，加工蜗轮是用相当于蜗杆的滚刀来切制的，所以，蜗杆直径 d_1 不相同时，切制蜗轮的刀具也就不同。为了限制加工蜗轮滚刀的数目，并便于刀具的标准化，国家标准规定将蜗杆的分度圆直径标准化，且与模数、头数等参数相匹配，见表 11-2。

蜗杆的分度圆直径 d_1 与模数 m 的比值称为蜗杆直径系数 q。即

$$q = \frac{d_1}{m} \tag{11-1}$$

因分度圆直径 d_1 与模数 m 为标准值，故直径系数 q 为导出值，不一定为整数。对于动力传动的蜗杆，$q \approx 7 \sim 18$；对于分度传动的蜗杆，$q \approx 16 \sim 30$。

表 11-2　普通圆柱蜗杆的基本尺寸和参数及其与蜗轮参数的匹配

中心距 a/mm	模数 m/mm	蜗杆分度圆直径 d_1/mm	$m^2 d_1$/mm³	蜗杆头数 z_1	蜗杆直径系数 q	蜗杆分度圆导程角 γ	蜗轮齿数 z_2	蜗轮变位系数 x_2
40 50	1	18	18	1	18.000	3°10′47″	62 82	0.000 0.000
40	1.25	20	31.25	1	16.000	3°34′35″	49	−0.500
50 63		22.4	35		17.920	3°11′38″	62 82	+0.040 +0.440
50	1.6	20	51.2	1 2 4	12.500	4°34′26″ 9°05′25″ 17°44′41″	51	−0.500
63 80		28	71.68	1	17.500	3°16′14″	61 82	+0.125 +0.250
40 (50) (63)	2	22.4	89.6	1 2 4 6	11.200	5°06′08″ 10°07′29″ 19°39′14″ 28°10′43″	29 39 51	−0.100 (−0.100) (+0.400)
80 100		35.5	142	1	17.750	3°13′28″	62 82	+0.125 +0.125
50 (63) (80)	2.5	28	175	1 2 4 6	11.200	5°06′08″ 10°07′29″ 19°39′14″ 28°10′43″	29 39 53	−0.100 (+0.100) (−0.100)
100		45	281.25	1	18.000	3°10′47″	62	0.000
63 (80) (100)	3.15	35.5	352.25	1 2 4 6	11.270	5°04′15″ 10°03′48″ 19°32′29″ 28°01′50″	29 39 53	−0.1349 (+0.2619) (−0.3889)
125		56	555.66	1	17.778	3°13′10″	62	−0.206
80 (100) (125)	4	40	640	1 2 4 6	10.000	5°42′38″ 11°18′36″ 21°48′05″ 30°57′50″	31 41 51	−0.500 (−0.500) (+0.750)
160		71	1136	1	17.750	3°13′28″	62	+0.125
100 (125) (160) (180)	5	50	1250	1 2 4 6	10.000	5°42′38″ 11°18′36″ 21°48′05″ 30°57′50″	31 41 53 61	−0.500 (−0.500) (+0.500) (+0.500)
200		90	2250	1	18.000	3°0′47″	62	0.000
125 (160) (180) (200)	6.3	63	2500.47	1 2 4 6	10.000	5°42′38″ 11°18′36″ 21°48′05″ 30°57′50″	31 41 48 53	−0.6587 (−0.1032) (−0.4286) (+0.2460)
250		112	4445.28	1	17.778	3°13′10″	61	+0.2937
160 (200) (225) (250)	8	80	5120	1 2 4 6	10.000	5°42′38″ 11°18′36″ 21°48′05″ 30°57′50″	31 41 47 52	−0.500 (−0.500) (−0.375) (+0.250)

注：1. 本表摘自 GB/T 10085—1988，如不采用标准中规定的中心距和传动比，中心距 a、蜗轮的齿数 z_2 和变位系数 x_2 不受表中数值限制。

2. 蜗杆分度圆柱导程角 γ 小于 3°30′的蜗杆均为自锁蜗杆。

3. 括号中的参数不适用于蜗杆头数 $z_1 = 6$ 时的情况。

3. 蜗杆分度圆柱导程角 γ

蜗杆分度圆柱导程角也称蜗杆导程角。图 11-4 所示为蜗杆分度圆柱展开图，导程 $P_{z1} = z_1 p_{a1} = z_1 \pi m$，则导程角 γ 可由下式计算

$$\tan\gamma = \frac{z_1 p_{a1}}{\pi d_1} = \frac{z_1 \pi m}{\pi d_1} = \frac{z_1 m}{d_1} = \frac{z_1}{q} = \frac{z_2}{iq} = \frac{d_2}{id_1} \quad (11\text{-}2)$$

式中 p_{a1}——蜗杆轴向齿距（mm）；

       z_1——蜗杆头数；

       z_2——蜗轮齿数；

       i——传动比；

       d_2——蜗轮分度圆直径（mm）。

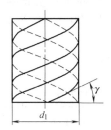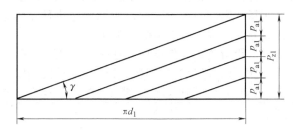

图 11-4 蜗杆分度圆柱导程角 γ

导程角 γ 的取值范围为 $3.5° \sim 33°$，与螺旋传动相同，导程角大，蜗杆传动效率高，反之传动效率低。一般情况下，$\gamma \leqslant 3°30'$ 的蜗杆传动具有自锁性，但在实际工作中，也与支承、工况及工作齿面的表面粗糙度等因素有关。要求效率较高的传动，通常取 $\gamma = 15° \sim 30°$，且采用非阿基米德蜗杆。

为保证轴交错角 $\Sigma = 90°$，蜗杆分度圆柱导程角 γ 应等于蜗轮分度圆的螺旋角 β_2。

4. 齿顶高系数 h_a^* 和顶隙系数 c^*

取蜗杆传动的齿顶高系数 $h_a^* = 1$，顶隙系数为 $c^* = 0.2$。

5. 传动比 i、齿数比 u

传动比 $$i = \frac{n_1}{n_2} = \frac{z_2}{z_1} \quad (11\text{-}3)$$

式中 n_1——主动蜗杆转速（r/min）；

       n_2——从动蜗轮转速（r/min）。

用于蜗杆传动减速装置的传动比公称值为：5、7.5、10、12.5、15、20、25、30、40、50、60、70、80，其中 10、20、40、80 为基本传动比，应优先选用。

齿数比 $$u = \frac{z_2}{z_1} \quad (11\text{-}4)$$

蜗轮与蜗杆齿数之比。

当蜗杆为主动做减速传动时，$u = i$；当蜗杆为从动做增速传动时，$u = \frac{1}{i}$。

应当注意的是，蜗杆传动齿数比或传动比不等于蜗轮、蜗杆的分度圆直径之比，因 $d_1 = mq \neq m z_1$，由式（11-2）知

$$i = u = \frac{z_2}{z_1} = \frac{d_2}{d_1 \tan\gamma} \neq \frac{d_2}{d_1}$$

6. 蜗杆头数 z_1、蜗轮齿数 z_2

蜗杆头数较少，可以获得较大的传动比。但导程角小，传动效率较低，发热量大，故重载传动不宜采用单头蜗杆。当要求反行程自锁时，可取单头蜗杆。蜗杆头数多，传动效率高，但导程角大，不易加工。通常蜗杆头数取为 1、2、4、6。

蜗轮齿数根据齿数比和蜗杆齿数决定，即 $z_2 = u z_1$。z_2 不宜太小，因为：①为避免滚刀切制蜗轮时产生根切，应使 $z_{2min} = 17$；②当 $z_2 < 26$ 时，啮合区急剧减小，将影响啮合传动的平稳性和承载能力；③当 $z_2 > 30$ 时，可实现两对齿啮合，有利于传动趋于平稳。所以蜗轮齿数不宜少于 28。但 z_2 也不宜太大，因为：①在蜗轮直径一定时，z_2 越大，模数越小，将削弱轮齿的弯曲疲劳强度；②在模数一定时，z_2 越大，蜗轮直径将越大，使相啮合的蜗杆支承间距越大，从而降低蜗杆的弯曲刚度，所以蜗轮齿数不宜多于 100。一般取 $z_2 = 32 \sim 80$。用于运动传递，如分度机构，可以不受此限制。

蜗杆头数 z_1、蜗轮齿数 z_2 与传动比 i 关系的荐用值，见表 11-3。

另外，z_2、z_1 之间最好避免有公因数，以利于均匀磨损。

表 11-3　蜗杆头数 z_1、蜗轮齿数 z_2 与传动比 i 关系的荐用值

传动比 i	$5 \sim 8$	$7 \sim 15$	$14 \sim 30$	$29 \sim 82$
蜗杆头数 z_1	6,4	4	2	1
蜗轮齿数 z_2	$29 \sim 32$	$29 \sim 61$	$29 \sim 61$	$29 \sim 82$

7. 中心距 a

蜗杆传动的中心距 a，根据 GB/T 10085—1988 的规定，一般按下列数值选取（单位 mm）：40、50、63、80、100、125、160、(180)、200、(225)、250、(280)、315、(355)、400、(450)、500。其中，括号中数字为第二系列，尽量不用。蜗杆传动的中心距大于 500mm 时，可按 $R20$ 优先数系（公比为 $\sqrt[20]{10}$ 的级数）选用。

8. 变位系数

为了配凑中心距或传动比以使符合标准系列值，同时提高蜗杆传动的承载能力和传动效率，常采用变位蜗杆传动。由于在中间平面内蜗杆传动相当于渐开线齿轮与齿条的啮合传动，故其变位原理和方法与齿轮传动相似。在用滚刀切制蜗轮时，根据需要将刀具相对于蜗轮齿坯径向移动，靠近轮坯中心移位为负变位，远离轮坯中心移位为正变位。但由于切制蜗轮时的滚刀与传动蜗杆的尺寸和齿廓相同，为了保证刀具的尺寸标准化，蜗杆的尺寸是不变动的，因而只能对蜗轮进行变位。变位后的蜗杆传动，蜗轮的节圆与分度圆仍然重合，而在蜗杆的中间平面上与蜗轮节圆（分度圆）相切并纯滚动的节线不再是分度线（中线），如图 11-5 所示。

根据使用场合不同，分别以下面三种情况讨论安装中心距和蜗轮变位系数的计算关系。

（1）标准蜗杆传动　变位系数 $x_2 = 0$，如图 11-5a 所示。

中心距
$$a' = a = \frac{d_1 + d_2}{2} = \frac{m}{2}(q + z_2) \tag{11-5}$$

（2）配凑中心距　变位前后，蜗轮的齿数不变 $z_2' = z_2$；中心距变化 $a' \neq a$，如图 11-5b 所示。

中心距
$$a' = a + x_2 m = \frac{m}{2}(q + z_2 + 2x_2) \tag{11-6}$$

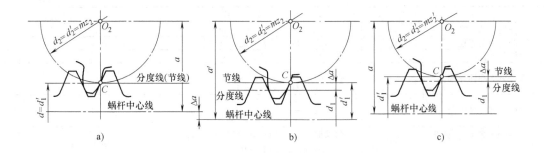

图 11-5 蜗杆传动的变位

a) 标准蜗杆传动 b) 变位传动（配凑中心距） c) 变位传动（配凑传动比）

$$x_2 > 0, \ a' > a, \ z'_2 = z_2 \quad x_2 > 0, \ a' = a, \ z'_2 < z_2$$

$$(若 \ x_2 < 0, \ a' < a, \ z'_2 = z_2) \ (若 \ x_2 < 0, \ a' = a, \ z'_2 > z_2)$$

变位系数
$$x_2 = \frac{a' - a}{m} \tag{11-7}$$

（3）配凑传动比　变位前后，蜗轮的齿数变化 $z'_2 \neq z_2$；中心距不变 $a' = a$，如图 11-5c 所示。

中心距
$$a' = \frac{m}{2}(q + z'_2 + 2x_2) = \frac{m}{2}(q + z_2)$$

故
$$z'_2 + 2x_2 = z_2$$

得变位系数
$$x_2 = \frac{z_2 - z'_2}{2} \tag{11-8}$$

若 $z_2 - z'_2 = \pm 1$，则 $x_2 = \pm 0.5$；若 $z_2 - z'_2 = \pm 2$，则 $x_2 = \pm 1$，可见在中心距不变的情况下，通过变位使蜗轮齿数增加或减少，使传动比成为标准系列值。

变位系数的常用范围为 $-0.5 \leqslant x_2 \leqslant +0.5$，或 $-1 \leqslant x_2 \leqslant 0.5$，尽量取负值改善摩擦磨损状况；选用 $x_2 > 0$ 的正变位蜗轮，有利于提高蜗轮轮齿的接触强度。

二、普通圆柱蜗杆传动的几何尺寸计算

普通圆柱蜗杆传动的几何尺寸，如图 11-6 所示，有关计算公式列于表 11-4。

表 11-4 普通圆柱蜗杆传动的几何尺寸计算公式（轴交错角 $\Sigma = 90°$）

名　称	符号	公　式	备　注
中心距	a	标准传动　$a = \dfrac{m}{2}(q + z_2)$	可按规定选取
	a'	变位传动 $a' = a + x_2 m = \dfrac{m}{2}(q + z_2 + 2x_2)$	
蜗杆轴向齿距	p_{a1}	$p_{a1} = \pi m$	
蜗杆轴向齿厚	s_{a1}	$s_{a1} = \dfrac{\pi m}{2}$	
蜗杆导程	p_{z1}	$p_{z1} = z_1 p_{a1} = z_1 \pi m$	
蜗杆齿顶高	h_{a1}	$h_{a1} = h_a^* m$	按规定值
蜗杆齿根高	h_{f1}	$h_{f1} = (h_a^* + c^*) m$	按规定值
蜗杆齿全高	h_1	$h_1 = h_{a1} + h_{f1} = (2h_a^* + c^*) m$	
蜗杆分度圆直径	d_1	$d_1 = mq$	按规定选取

（续）

名　称	符　号	公　式	备　注
蜗杆齿顶圆直径	d_{a1}	$d_{a1} = d_1 + 2h_{a1} = (q + 2h_a^*)m$	
蜗杆齿根圆直径	d_{f1}	$d_{f1} = d_1 - 2h_{f2} = (q - 2h_a^* - 2c^*)m$	
蜗杆节圆直径	d_1'	$d_1' = d_1 + 2x_2m = m(q + 2x_2)$	
蜗杆分度圆柱导程角	γ	$\gamma = \arctan\dfrac{mz_1}{d_1} = \arctan\dfrac{z_1}{q}$	
蜗杆节圆柱导程角	γ'	$\gamma' = \arctan\dfrac{mz_1}{d_1'} = \arctan\dfrac{z_1}{q + 2x_2}$	
蜗杆齿宽（螺旋齿长度）	b_1	建议取：$z_1 = 1$、2 时，$b_1 \geqslant (12 + 0.1z_2)m$ $z_1 = 3$、4 时，$b_1 \geqslant (13 + 0.1z_2)m$	由设计确定
渐开线蜗杆基圆直径	d_{b1}	$d_{b1} = d_1\dfrac{\tan\gamma}{\tan\gamma_b} = \dfrac{mz_1}{\tan\gamma_b}$	
渐开线蜗杆基圆柱导程角	γ_b	$\gamma_b = \arccos(\cos\gamma\cos\alpha_n)$	
蜗轮螺旋角	β_2	$\beta_2 = \gamma$	
蜗轮齿厚	s_{t2}	按蜗杆节圆处轴向齿槽宽 e_{a1}' 确定	
蜗轮齿顶高	h_{a2}	$h_{a2} = (h_a^* + x_2)m$	
蜗轮齿根高	h_{f2}	$h_{f2} = (h_a^* + c^* - x_2)m$	
蜗轮齿全高	h_2	$h_2 = h_{a2} + h_{f2} = (2h_a^* + c^*)m$	
蜗轮分度圆直径	d_2	$d_2 = mz_2$	
蜗轮喉圆直径	d_{a2}	$d_{a2} = d_2 + 2h_{a2} = (z_2 + 2h_a^* + 2x_2)m$	
蜗轮齿根圆直径	d_{f2}	$d_{f2} = d_2 - 2h_{f2} = (z_2 - 2h_a^* - 2c^* + 2x_2)m$	
蜗轮外圆直径	d_{e2}	$d_{e2} \approx d_{a2} + m$	
蜗轮咽喉母圆半径	r_{g2}	$r_{g2} = a' - \dfrac{d_{a2}}{2}$	
蜗轮节圆直径	d_2'	$d_2' = d_2$	
蜗轮齿宽	b_2	$b_2 \geqslant 0.65\,d_{a1}$	由设计确定
蜗轮齿宽角	θ	$\theta = 2\arcsin\dfrac{b_2}{d_1}$	

注：$\gamma > 15°$ 的渐开线和延伸渐开线蜗杆传动，在计算 d_{a1}、d_{f1}、d_{a2}、d_{f2} 和 d_{e2} 公式中的模数 m 应代入 m_n（$m_n = m\cos\gamma$）。

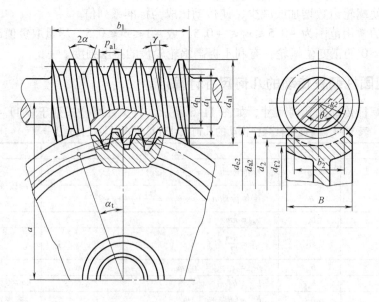

图 11-6　普通圆柱蜗杆传动的几何尺寸

第三节　蜗杆传动的失效形式、设计准则及常用材料

一、失效形式

蜗杆传动的失效形式与齿轮传动类似。常见的失效形式有齿面胶合、磨损、点蚀和轮齿折断等。由于蜗杆传动的齿面之间有很大的相对滑动速度，因而传动效率低，发热量大，易使润滑油温度升高而黏度降低，润滑条件变差，所以蜗杆传动齿面更容易产生胶合（黏着磨损，如图 4-8 所示）、磨损（如图 4-11 所示）和点蚀。

由于蜗杆、蜗轮的材料和轮齿结构等因素，一般情况下，蜗轮轮齿的强度总是低于蜗杆螺旋齿部分的强度，所以失效多发生在蜗轮轮齿上。因此在蜗杆传动中，仅对蜗轮轮齿进行强度计算。

二、设计准则

由于齿面胶合和磨损目前尚无完善的计算方法，所以，通常仅对齿面接触疲劳强度和齿根弯曲疲劳强度进行计算或条件性计算。通过适当选择蜗杆传动副的配对材料，采用良好的润滑和散热方式以及合理选择传动参数，以改善胶合和磨损的情况。此外，在确定许用应力时适当考虑胶合和磨损因素的影响。

在闭式传动中，多发生齿面胶合或点蚀失效，因此通常按齿面接触疲劳强度设计，再按齿根弯曲疲劳强度校核。此外，由于闭式传动散热条件差，温升较高，还需进行散热计算。

对于开式传动，因磨损速度大于点蚀速度，因此，主要发生齿面磨损及齿面严重磨损后的轮齿折断失效，故只需按弯曲疲劳强度进行设计。

对于细长蜗杆或重载蜗杆，必要时对蜗杆进行强度、刚度计算。

三、常用材料

针对蜗杆传动的特点及失效形式，蜗杆传动副的材料组合不仅要求具有足够的强度，更重要的是要具有良好的减摩性、耐磨性和抗胶合能力，同时具有良好的工艺性和经济性。

考虑到蜗杆受力易产生弯曲变形的特点，蜗杆一般采用碳素钢或合金钢制造，并经淬火处理获得较高的齿面硬度。高速重载、载荷变化时，可采用低碳合金钢渗碳淬火，如 20Cr、20CrMnTi、12CrNi3A；高速重载、载荷平稳时，可采用中碳钢、中碳合金钢表面淬火，如 40Cr、45、40CrNi、42SiMn 等；一般不太重要的低速中载蜗杆，可采用 40 或 45 钢，调质处理。

蜗轮一般采用青铜类材料。在高速或重要的蜗杆传动中，蜗轮材料常采用铸锡磷青铜 ZCuSn10P1。这种材料减摩和耐磨性好，抗胶合能力强，但其强度较低，价格较贵，一般其允许滑动速度 $v_s \leqslant 25 \text{m/s}$。在滑动速度 $v_s < 12 \text{m/s}$ 的蜗杆传动中，可采用含锡量低的铸锡锌铅青铜 ZCuSn5Pb5Zn5；在滑动速度 $v_s < 4 \text{m/s}$ 的蜗杆传动中，可采用铸铝铁青铜 ZCuAl10Fe3，它的抗胶合能力远比铸造锡青铜差，但强度较高，价格便宜。在低速轻载、滑动速度 $v_s < 2 \text{m/s}$ 时，蜗轮可用球墨铸铁或灰铸铁（HT150 或 HT200）制造。

四、精度等级及其选择

GB/T 10089—1988 中蜗杆传动规定了 12 个精度等级；1 级精度最高，依次降低，常用精度等级为 6~9 级。蜗杆传动精度等级的选择，主要考虑传递功率、蜗轮圆周速度及使用

条件等因素，可参考表 11-5。与齿轮传动公差类似，蜗杆传动的公差也分为三个公差组。

表 11-5　蜗杆传动的常用精度及应用

精度等级	6	7	8	9
蜗轮圆周速度 $v_2/(\mathrm{m/s})$	≥5	≤7.5	≤3	≤1.5
应　用	1）中等精度机床分度机构 2）高精度机床进给传动系统 3）工业用高速或重载系统调速器 4）一般读数装置	1）一般机床的进给传动系统 2）工业用一般调速器 3）动力传动装置	圆周速度较小、每天工作时间较短的传动	1）低速、不重要的传动 2）手动机构

第四节　圆柱蜗杆传动的设计计算

一、轮齿的受力分析

蜗杆传动的受力分析和斜齿圆柱齿轮传动相似。为简化计算，通常不考虑摩擦力的影响。图 11-7 所示为以右螺旋蜗杆 1 为主动件，蜗杆按图示方向转动时蜗杆、蜗轮的受力情况。由图可见，作用在节点 P 处的法向力 F_n 可以分解为三个互相垂直的分力，即圆周力 F_t（N）、径向力 F_r（N）和轴向力 F_a（N）。由于蜗杆轴线与蜗轮轴线空间交错 90°，由力的平衡条件可知，作用在蜗杆和蜗轮上的三对分力 F_{t1} 与 F_{a2}、F_{a1} 与 F_{t2}、F_{r1} 与 F_{r2}，彼此大小相等，方向相反，各力的大小分别为

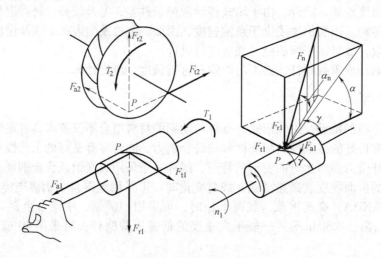

图 11-7　蜗杆传动轮齿的受力分析

$$\begin{cases} F_{t1} = F_{a2} = \dfrac{2T_1}{d_1} \\[2mm] F_{a1} = F_{t2} = \dfrac{2T_2}{d_2} \\[2mm] F_{r1} = F_{r2} = F_{t2}\tan\alpha \\[2mm] F_n = \dfrac{F_{a1}}{\cos\alpha_n\cos\gamma} = \dfrac{F_{t2}}{\cos\alpha_n\cos\gamma} = \dfrac{2T_2}{d_2\cos\alpha_n\cos\gamma} \end{cases} \tag{11-9}$$

式中 T_1——蜗杆的工作转矩（N·mm）；

T_2——蜗轮的工作转矩（N·mm），$T_2 = T_1 i \eta_1$，η_1 为啮合效率；

d_1——蜗杆的分度圆直径（mm）；

d_2——蜗轮的分度圆直径（mm）；

γ——蜗杆分度圆柱导程角；

α_n——蜗杆法向压力角。

蜗杆、蜗轮所受三个分力的方向判定方法与斜齿圆柱齿轮相同，各力的方向如图 11-7 所示。一般蜗轮为从动轮，当圆周力 F_{t2} 方向确定后，因其驱使蜗轮转动，便可确定转向 n_2。

二、强度计算

1. 蜗轮齿面接触疲劳强度计算

蜗轮的齿面接触疲劳强度计算与齿轮传动类似，采用赫兹公式，即式（10-13）

$$\sigma_H = \sqrt{\frac{F_n}{L \rho_\Sigma}} Z_E$$

式中 ρ_Σ——综合曲率半径（mm），对于阿基米德蜗杆传动，在中间平面内相当于齿条与齿轮传动，蜗杆齿的曲率半径 $\rho_1 = \infty$，蜗轮齿的曲率半径 $\rho_2 \approx \dfrac{d_2 \sin\alpha}{2\cos\gamma}$；

F_n——作用在轮齿上的法向力（N），$F_n = \dfrac{2T_2}{d_2 \cos\alpha_n \cos\gamma}$；

L——接触线总长（mm），由于蜗轮轮齿是沿齿宽成弧形包在蜗杆上的，并考虑到重合度和接触线长度的变化，其最小值为

$$L = \lambda \varepsilon_\alpha \frac{\pi d_1 \theta}{360° \cos\gamma}$$

式中 λ——接触线长度变化系数，取 $\lambda = 0.75$；

ε_α——端面重合度，取 $\varepsilon_\alpha = 2$；

θ——蜗轮齿宽角，取 $\theta = 100°$，代入上式得 $L = \dfrac{1.31 d_1}{\cos\gamma}$。

将以上关系代入式（10-13），取 $\alpha_n \approx 20°$，并引入载荷系数 K，蜗轮的齿面接触应力为

$$\sigma_H = \sqrt{\frac{1.62 K T_2}{d_1 d_2} \cdot \left(\frac{2\cos\gamma}{d_2 \sin 20°}\right)} Z_E$$

分度圆柱导程角 γ 一般取为 $\gamma = 3.5° \sim 27°$，则 $\cos\gamma = 0.998 \sim 0.891$，取平均值 $\cos\gamma = 0.95$ 代入上式，经整理得蜗杆传动的接触疲劳强度校核计算公式和设计计算公式为

$$\sigma_H = \sqrt{\frac{9 K T_2}{d_1 d_2^2}} Z_E = \sqrt{\frac{9 K T_2}{d_1 m^2 z_2^2}} Z_E \leqslant [\sigma_H] \tag{11-10}$$

$$m^2 d_1 \geqslant 9 K T_2 \left(\frac{Z_E}{z_2 [\sigma_H]}\right)^2 \tag{11-11}$$

式中 K——载荷系数，$K = K_A K_\beta K_v$（其中 K_A 为工况系数，查表 11-6。K_β 为齿向载荷分布系数，当蜗杆传动在平稳载荷下工作时，载荷分布不均现象将由于工作表面良好的磨合而得到改善，此时可取 $K_\beta = 1$；在变载荷或有冲击的情况下工作时，蜗杆的变形不稳定，难以通过磨合的方法使载荷分布均匀，可取 $K_\beta = 1.1 \sim$

1.6,蜗杆刚度小时取大值,反之取小值。K_v 为动载系数,由于蜗杆传动比齿轮传动平稳,所以 K_v 值较小。当蜗轮圆周速度 $v_2 \leqslant 3\mathrm{m/s}$ 时,取 $K_v = 1.0 \sim 1.1$;$v_2 > 3\mathrm{m/s}$ 时,取 $K_v = 1.1 \sim 1.2$);

Z_E——弹性影响系数($\sqrt{\mathrm{MPa}}$),由表 11-7 查取;

$[\sigma_H]$——蜗轮齿面许用接触应力,按表 11-8 确定。

表 11-6 工况系数 K_A

载荷性质	均匀、无冲击	不均匀、小冲击	不均匀、大冲击
每小时起动次数	<25	25~50	>50
起动载荷	小	较大	大
K_A	1	1.15	1.2

表 11-7 弹性影响系数 Z_E （单位：$\sqrt{\mathrm{MPa}}$）

蜗杆材料	蜗轮材料			
	铸锡青铜	铸铝青铜	灰铸铁	球墨铸铁
钢	155	156	162	181.4

设计时,由设计计算公式(11-11)初定 $m^2 d_1$ 后,可从表 11-2 中查取相应的匹配参数值。

2. 蜗轮齿根弯曲疲劳强度计算

蜗轮轮齿因弯曲疲劳强度不足而失效的情况,多发生在齿数较多($z_2 > 80$)或开式传动中。

由于蜗轮轮齿形状比较复杂,且在距离中间平面的其他平面上的齿厚也各不相同,因此蜗轮齿根弯曲应力难于准确计算。通常把蜗轮近似视为斜齿圆柱齿轮做近似的条件性计算,类比式(10-21),得蜗轮齿根的弯曲应力为

$$\sigma_F = \frac{2KT_2}{\widehat{b}_2 m_n d_2} Y_{Fa2} Y_{Sa2} Y_\varepsilon Y_\beta$$

式中　m_n——法向模数(mm),$m_n = m\cos\gamma$;

$\widehat{b}_2$——蜗轮轮齿的弧线长度(mm),$\widehat{b}_2 = \dfrac{\pi d_1 \theta}{360° \cos\gamma}$,其中取 $\theta = 100°$;

Y_ε——齿根弯曲疲劳强度重合度系数,按重合度 $\varepsilon_\alpha = 2$,可取 $Y_\varepsilon = 0.667$;

Y_{Sa2}——齿根弯曲应力修正系数,计入许用应力 $[\sigma_F]$ 中考虑。

将以上参数代入上式,经整理得到蜗轮轮齿齿根弯曲疲劳强度校核计算公式和设计计算公式

$$\sigma_F = \frac{1.53KT_2}{d_1 d_2 m} Y_{Fa2} Y_\beta \leqslant [\sigma_F] \tag{11-12}$$

$$m^2 d_1 \geqslant \frac{1.53KT_2}{z_2 [\sigma_F]} Y_{Fa2} Y_\beta \tag{11-13}$$

式中　Y_β——螺旋角系数,按 $Y_\beta = 1 - \dfrac{\gamma}{140°}$ 计算;

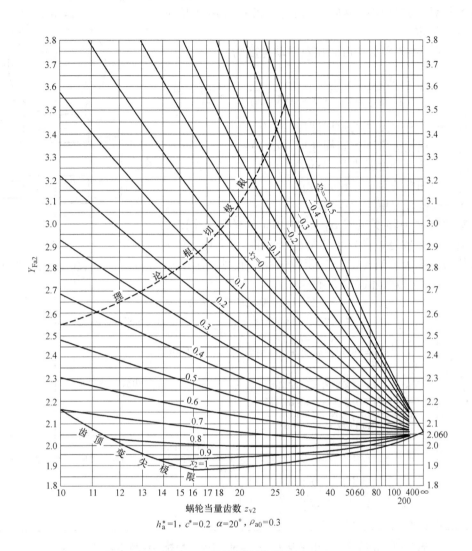

图 11-8　蜗轮的齿形系数 Y_{Fa2}

Y_{Fa2}——蜗轮齿形系数，根据蜗轮的当量齿数和变位系数 x_2，由图 11-8 查取；

$[\sigma_F]$——蜗轮齿根许用弯曲应力，按表 11-8 确定。

其余各符号的意义和单位同前。

设计时，由设计计算公式（11-13）计算出 $m^2 d_1$ 后，可从表 11-2 中查取相应的匹配参数值。

3. 蜗轮的许用应力

蜗轮的许用应力根据表 11-8 确定。

蜗杆传动中，齿面接触疲劳强度计算，条件性地考虑了蜗轮轮齿齿面胶合和磨损失效因素的影响。因此，蜗轮许用接触应力与材料、配对蜗杆齿面硬度以及齿面相对滑动速度等因素有关。

当蜗轮材料为铸铁或强度极限 $\sigma_b \geqslant 300\text{MPa}$ 的青铜时，齿面抗胶合能力较差。因此，传动的承载能力常取决于蜗轮的抗胶合能力。目前胶合尚无成熟的计算方法，但胶合的产生与齿面的相对滑动速度 v_s 有关而与应力循环次数 N 无关，通常采用接触强度计算来作为胶合的条件性计算，其许用接触应力 $[\sigma_H]$ 可根据齿面相对滑动速度 v_s 确定。

如图 11-9 所示，齿面相对滑动速度为

$$v_s = \frac{v_1}{\cos\gamma} = \frac{v_2}{\sin\gamma} = \frac{\pi d_1 n_1}{60 \times 1000 \cos\gamma} \qquad (11-14)$$

式中　v_1——蜗杆分度圆的圆周速度（m/s）；
　　　v_2——蜗轮分度圆的圆周速度（m/s）；
　　　d_1——蜗杆分度圆直径（mm）；
　　　n_1——蜗杆的转速（r/min）；
　　　γ——蜗杆分度圆导程角。

当蜗轮材料为强度极限 $\sigma_b < 300\text{MPa}$ 的铸锡青铜时，齿面抗胶合能力较好，易发生齿面疲劳点蚀。因此，传动的承载能力常取决于蜗轮的接触疲劳强度，此时许用接触应力 $[\sigma_H]$ 与应力循环次数 N 有关。

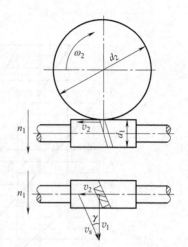

图 11-9　蜗杆转动的相对滑动速度

表 11-8　蜗轮的许用应力 $[\sigma]$

蜗轮材料	铸锡青铜（$\sigma_b < 300\text{MPa}$）	铸铝铁青铜或灰铸铁（$\sigma_b \geq 300\text{MPa}$）
许用接触应力 $[\sigma_H]$	$[\sigma_H] = K_{HN}[\sigma_H]'$ $[\sigma_H]'$—$N = 10^7$ 时蜗轮的基本许用应力值，由表 11-10 查取 K_{HN}—$N \neq 10^7$ 时接触寿命系数，$K_{HN} = \sqrt[8]{\dfrac{10^7}{N}}$ N—应力循环次数，由式(10-18)计算 当 $N > 25 \times 10^7$，取 $N = 25 \times 10^7$ 当 $N < 2.6 \times 10^5$，取 $N = 2.6 \times 10^5$	由表 11-9 查取
许用弯曲应力 $[\sigma_F]$	$[\sigma_F] = K_{FN}[\sigma_F]'$ $[\sigma_F]'$—计入齿根弯曲应力修正系数 Y_{Sa2} 后，$N = 10^6$ 时蜗轮的基本许用弯曲应力值，由表 11-11 查取 K_{HN}—$N \neq 10^6$ 时弯曲寿命系数，$K_{FN} = \sqrt[9]{\dfrac{10^6}{N}}$ N—应力循环次数，由式(10-18)计算 当 $N > 25 \times 10^7$，取 $N = 25 \times 10^7$ 当 $N < 10^5$，取 $N = 10^5$	

表 11-9　灰铸铁或铸铝铁青铜（$\sigma_b \geq 300\text{MPa}$）蜗轮的许用接触应力 $[\sigma_H]$

（单位：MPa）

材料		滑动速度 $v_s/(\text{m/s})$						
蜗杆	蜗轮	<0.25	0.25	0.5	1	2	3	4
20 或 20Cr 渗碳淬火，45 钢淬火，齿面硬度 >45HRC	铸铝铁青铜 ZCuAl10Fe3	—	—	250	230	210	180	160
	灰铸铁 HT150	206	166	150	127	95	—	—
	灰铸铁 HT200	250	202	182	154	115	—	—
45 钢或 Q275	灰铸铁 HT150	172	139	125	106	79	—	—
	灰铸铁 HT200	208	168	152	128	96	—	—

表 11-10　铸锡青铜（$\sigma_b < 300\text{MPa}$）蜗轮的基本许用接触应力 $[\sigma_H]'$　（单位：MPa）

蜗轮材料	铸造方法	蜗杆齿面硬度	
		≤45HRC	>45HRC
铸锡磷青铜 ZCuSn10P1	砂型	150	180
	金属型	220	268
铸锡铅锌青铜 ZCuSn5Pb5Zn5	砂型	113	135
	金属型	128	140

表 11-11　蜗轮的基本许用弯曲应力 $[\sigma_F]'$　　　　　　　　　（单位：MPa）

蜗轮材料	铸锡磷青铜 ZCuSn10P1		铸锡铅锌青铜 ZCuSn5Pb5Zn5		铸铝铁青铜 ZCuAl10Fe3		灰铸铁	
							HT150	HT200
铸造方法	砂型	金属型	砂型	金属型	砂型	金属型	砂型	
单侧工作	40	56	26	32	80	90	40	48
双侧工作	29	40	22	26	57	64	28	34

三、蜗杆的刚度计算

蜗杆受力后，若变形过大，将引起蜗杆牙齿上的载荷集中，影响蜗杆与蜗轮的正确啮合。因此，需要对蜗杆进行刚度校核，主要校核弯曲刚度。通常将蜗杆的螺旋部分，看作以齿根圆为直径的轴段，其最大挠度 y 可按下式进行近似计算

$$y = \frac{\sqrt{F_{t1}^2 + F_{r1}^2}}{48EI}L^3 \le [y] \tag{11-15}$$

式中　F_{t1}——蜗杆所受的圆周力（N）；

F_{r1}——蜗杆所受的径向力（N）；

E——蜗杆材料的弹性模量（MPa）；

I——蜗杆危险截面的惯性矩，$I = \dfrac{\pi d_{f1}^4}{64}$（mm^4），其中 d_{f1} 为蜗杆的齿根圆直径（mm）；

L——蜗杆两端支承间的跨距（mm），初步计算时，可取 $L \approx 0.9d_2$（d_2 为蜗轮的分度圆直径（mm））；

$[y]$——最大许用挠度（mm），一般取 $[y] = d_1/1000$（d_1 为蜗杆的分度圆直径（mm））。

第五节　圆柱蜗杆和蜗轮的结构设计

蜗杆螺旋齿部分的直径较小，所以通常与轴做成一个整体，称为蜗杆轴，如图 11-10 所示。按蜗杆螺旋齿面的加工方法不同，可分为车制蜗杆轴和铣制蜗杆轴两类。图 11-10a 所示为车制蜗杆，轴上应有退刀槽；图 11-10b 所示为铣制蜗杆，可在轴上直接铣出螺旋齿面，不需要退刀槽。

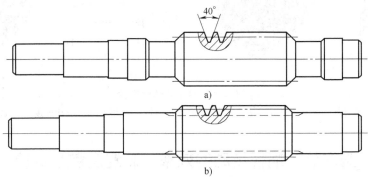

图 11-10　蜗杆的结构形式

a）车制蜗杆　b）铣制蜗杆

蜗轮可制成整体式或装配式。为了节约贵重的非铁金属，大多数蜗轮由青铜齿圈与铸铁轮芯装配组成。常用的蜗轮结构形式有以下几种：

（1）整体式　如图 11-11a 所示，主要用于铸铁蜗轮、铸铝铁青铜蜗轮及直径小于 100mm 的铸锡青铜蜗轮。

（2）齿圈压配式　如图 11-12b 所示，蜗轮的青铜齿圈和铸铁轮芯多采用过盈配合 H7/s6，并沿接合面周围，加装 4~6 个螺钉，以增强连接的可靠性。为了便于钻孔，应将螺纹孔中心线向材料较硬的一边偏移 2~3mm。这种结构用于尺寸不大及工作温度变化较小的蜗轮，以免热膨胀影响啮合质量。

（3）镶铸式　如图 11-11c 所示，这种结构的蜗轮，青铜齿圈浇注在铸铁轮芯上，然后切齿。为防止齿圈与轮芯相对滑动，在轮芯外圆柱上预制出榫槽。此方法只用于大批量生产的蜗轮。

（4）螺栓连接式　如图 11-11d 所示，这种结构的蜗轮，青铜齿圈和铸铁轮芯可采用过盈配合 H7/js6，用普通螺栓连接，也可采用间隙配合 H7/h6，用铰制孔用螺栓连接。蜗轮的圆周力靠螺栓连接来传递，因此螺栓的尺寸和数目必须经过强度计算来决定。这种结构工作可靠、装拆方便，多用于尺寸较大或易于磨损，需更换齿圈的蜗轮。

蜗轮的几何尺寸可按图 11-6、图 11-11 所示的结构尺寸及表 11-4 的计算公式确定，轮芯部分的结构尺寸参考齿轮的结构尺寸确定。

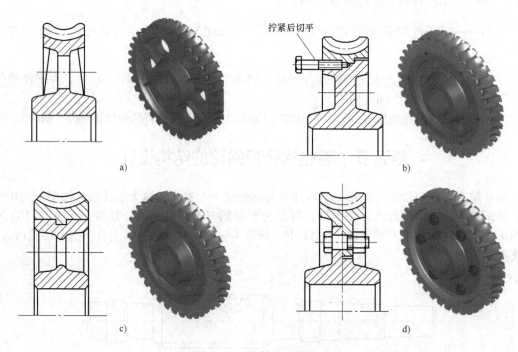

图 11-11　蜗轮的结构形式
a）整体式结构图　b）齿圈压配式结构图　c）镶铸式结构图　d）螺栓连接式结构图

第六节　蜗杆传动的效率、润滑及散热计算

一、蜗杆传动的效率

闭式蜗杆传动的功率损耗包括三个部分，即啮合摩擦损耗、轴承摩擦损耗及浸入油池零件的搅油损耗。因此蜗杆传动的效率为

$$\eta = \eta_1 \eta_2 \eta_3 \tag{11-16}$$

$$\eta_1 = \frac{\tan\gamma}{\tan(\gamma + \varphi_v)} \tag{11-17}$$

式中　η_1——蜗杆传动的啮合效率;

　　　η_2——轴承效率;

　　　η_3——搅油损耗效率;

　　　φ_v——当量摩擦角,其值根据式(11-14)计算齿面相对滑动速度 v_s 由表 11-12 选取。

表 11-12　圆柱蜗杆传动的当量摩擦角 φ_v

蜗轮齿圈材料	锡青铜		无锡青铜	灰铸铁	
蜗杆齿面硬度	≥45HRC	<45HRC	≥45HRC	≥45HRC	<45HRC
滑动速度 v_s/(m/s)	当量摩擦角 φ_v				
0.25	3°43′	4°17′	5°43′	5°43′	6°51′
0.50	3°09′	3°43′	5°09′	5°09′	5°43′
1.0	2°35′	3°09′	4°00′	4°00′	5°09′
1.5	2°17′	2°52′	3°43′	3°43′	4°43′
2.0	2°00′	2°35′	3°09′	3°09′	4°00′
2.5	1°43′	2°17′	2°52′		
3.0	1°36′	2°00′	2°35′		
4.0	1°22′	1°47′	2°17′		
5.0	1°16′	1°40′	2°00′		
8.0	1°02′	1°29′	1°43′		
10	0°55′	1°22′			
15	0°48′	1°09′			
24	0°45′				

注: 1. 硬度≥45HRC 的蜗杆,其 φ_v 值是经过磨削和磨合并有充分润滑的情况。
　　2. 中间值可用插值法求得。

设计蜗杆传动时,由于轴承摩擦及搅油所损耗的功率不大,一般取 $\eta_2\eta_3 = 0.95 \sim 0.96$,所以蜗杆传动的效率主要是啮合效率,蜗杆传动的总效率近似为

$$\eta = (0.95 \sim 0.96)\frac{\tan\gamma}{\tan(\gamma + \varphi_v)} \tag{11-18}$$

在初步设计,进行力分析或强度计算时,为了求出蜗轮轴上的工作转矩 T_2,普通圆柱蜗杆传动的传动效率 η 可根据传动比 i 按下式估算

$$\eta = 1 - 0.035\sqrt{i} \tag{11-19}$$

或根据蜗杆头数按表 11-13 估取。

表 11-13　蜗杆传动效率的估值

蜗杆头数 z_1	1	2	4	6
传动总效率 η	0.7	0.80	0.9	0.95

二、蜗杆传动的润滑

由于蜗杆传动中齿面间的相对滑动速度 v_s 较大,易产生胶合和磨损且效率远低于齿轮传动,所以润滑对于蜗杆传动来说,具有非常重要的意义。为了提高蜗杆传动的抗胶合性能,往往采用黏度较高的矿物油润滑,常在矿物油中加入添加剂。

蜗杆传动所采用的润滑油、润滑方法及润滑装置与齿轮传动基本相同。

闭式蜗杆传动的润滑油黏度和润滑方法,主要依据工作条件、齿面相对滑动速度 v_s 选

择，见表 11-14。开式蜗杆传动的润滑油常采用黏度较高的齿轮润滑油或润滑脂。

闭式蜗杆传动采用油浴润滑，在搅油损失不大时，应有适当多的油量，这样不仅有利于动压油膜的形成，而且有助于散热。对于下置式蜗杆传动，浸油深度至少要保证蜗杆的一个齿高；对于上置式蜗杆传动，浸油深度为蜗轮半径的 1/6 ~ 1/3。

表 11-14　蜗杆传动推荐用润滑油黏度和润滑方法

蜗杆传动的滑动速度 $v_s/(m/s)$	0 ~ 1	0 ~ 2.5	0 ~ 5	5 ~ 10	10 ~ 15	15 ~ 20	> 25
工作条件	重载	重载	中载	—	—	—	—
运动黏度 $v_{40}/(mm^2/s)$	900	500	350	220	150	100	80
给油方法	浸油润滑			喷油润滑或浸油润滑	喷油润滑的喷油压力/MPa		
					0.7	0.2	0.3

三、蜗杆传动的散热计算

由于蜗杆传动的效率低，工作时产生大量的摩擦热。如果闭式蜗杆传动散热条件较差，产生的热量不能及时散逸，将因油温过高而使润滑失效，进而导致磨损加剧，甚至发生齿面胶合。所以，对于闭式蜗杆传动，必须进行散热计算，以保证油温能稳定在规定的范围内。达到热平衡时，传动的发热速率应和箱体的散热速率相等。

摩擦损耗的功率 $P_f = P_1(1 - \eta)$，在单位时间内的发热量为

$$Q_1 = 1000P_1(1 - \eta)$$

式中　P_1——蜗杆传递的功率（kW）；

　　　η——蜗杆传动的总效率。

若为自然冷却方式，则在单位时间内，从箱体外壁散发到周围空气中的热量为

$$Q_2 = \alpha_s A(t_1 - t_0)$$

式中　α_s——箱体表面散热系数（W/(m²℃)），可取 $\alpha_s = 12 ~ 18$，通风良好的环境时，取大值；

　　　A——散热面积（m²），即箱体内表面被油浸着或油能溅到且外表面又被空气冷却的箱体表面积，凸缘及散热片的散热面积按其表面积的 50% 计算；

　　　t_0——环境温度（℃），在常温下可取 $t_0 = 20℃$；

　　　t_1——达到热平衡时的油温（℃）。

根据热平衡条件 $Q_1 = Q_2$，可求出达到热平衡的油温为

$$t_1 = \frac{1000P_1(1 - \eta)}{\alpha_s A} + t_0 \tag{11-20}$$

或在既定条件下，保持正常工作温度所需要的散热面积为

$$A = \frac{1000P_1(1 - \eta)}{\alpha_s(t_1 - t_0)} \tag{11-21}$$

一般可限制 $t_1 < 60 ~ 70℃$，最高不超过 80℃。若 t_1 超过许用值，可采取以下措施，以增加传动的散热能力：

1）在箱体外增加散热片，以增大散热面积 A。加散热片时，还应注意散热片配置的方向要有利于散热。

2）在蜗杆轴端设置风扇，进行人工通风，以增大表面散热系数 α_s，此时 $\alpha_s = 20 ~ 28W/(m^2℃)$，如图 11-12a 所示。

3）在箱体油池中装设蛇形冷却水管，如图 11-12b 所示。

4）采用压力喷油循环冷却润滑，如图 11-12c 所示。

初步计算时，对于有较好散热片的箱体，可用下式估算其散热面积

$$A \approx 9 \times 10^{-5} a^{1.88} \tag{11-22}$$

式中　a——蜗杆传动的中心距（mm）。

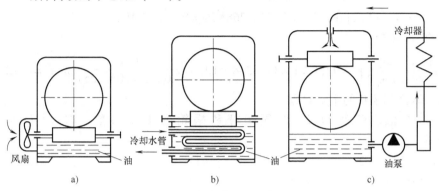

图 11-12　蜗杆传动的冷却方法

a）风扇冷却　b）冷却水管冷却　c）压力喷油冷却

例　设计一搅拌机用闭式圆柱蜗杆减速器中的普通圆柱蜗杆传动。已知输入功率 $P_1 = 10$kW，蜗杆转速 $n_1 = 1460$r/min，传动比 $i = 20$（允许误差 ±5%），单向转动，载荷有轻微的冲击，单班制工作，预计使用寿命 10 年（每年按 250 个工作日计）。

解　1. 选择蜗杆传动类型

根据 GB/T 10085—1988 的推荐，采用阿基米德蜗杆（ZA）传动。

2. 选择材料

考虑到蜗杆传动功率不大，速度中等，选用 45 钢，表面淬火，表面硬度为 45 ~ 55HRC；蜗轮选用铸锡磷青铜 ZCuSn10P1，金属型铸造。为了节约贵重金属，轮芯用灰铸铁 HT100 制造。

3. 按齿面接触疲劳强度进行设计

（1）由设计计算式（11-11）

$$m^2 d_1 \geqslant 9KT_2 \left(\frac{Z_E}{z_2 [\sigma_H]} \right)^2$$

（2）确定公式中的各计算值

1）确定作用在蜗轮上的转矩 T_2。查表 11-3，$i = 20$，取 $z_1 = 2$，由式（11-19）估算效率 η

$$\eta = 1 - 0.035\sqrt{i} = 1 - 0.035 \times \sqrt{20} = 0.8435$$

则　$T_2 = 9.55 \times 10^6 \dfrac{P_2}{n_2} = 9.55 \times 10^6 \dfrac{P_1 \eta i}{n_1} = 9.55 \times 10^6 \times \dfrac{10 \times 0.8435 \times 20}{1460} \text{N} \cdot \text{mm} = 11.0344 \times 10^5 \text{N} \cdot \text{mm}$

2）确定载荷系数 K。因工作载荷较平稳且对称布置，故取 $K_\beta = 1$；由表 11-6 查取工况系数 $K_A = 1.15$；由于转速不高，轻微冲击，可取动载系数 $K_v = 1.05$。则

$$K = K_A K_\beta K_v = 1.15 \times 1 \times 1.05 = 1.21$$

3）确定弹性影响系数 Z_E。查表 11-7，因选用的是铸锡磷青铜蜗轮和钢制蜗杆相配，故 $Z_E = 155 \sqrt{\text{MPa}}$。

4）确定许用接触应力 $[\sigma_H]$。根据蜗轮材料铸锡磷青铜 ZCuSn10P1，金属型铸造，蜗

杆表面硬度 45～55HRC，查表 11-10，得蜗轮的基本许用接触应力 $[\sigma_H]' = 268\text{MPa}$。

应力循环次数　$N = 60 n_2 L_h = 60 \times \dfrac{n_1}{i} \times 10 \times 250 \times 8 = 60 \times \dfrac{1460}{20} \times 20000 = 8.76 \times 10^7$

寿命系数　$K_{HN} = \sqrt[8]{\dfrac{10^7}{N}} = \sqrt[8]{\dfrac{10^7}{8.76 \times 10^7}} = 0.7624$

则　　　　$[\sigma_H] = K_{HN}[\sigma_H]' = 0.7624 \times 268\text{MPa} = 204.325\text{MPa}$

5）计算 $m^2 d_1$ 值

$$m^2 d_1 \geqslant 9 K T_2 \left(\dfrac{Z_E}{z_2 [\sigma_H]} \right)^2 = 9 \times 1.21 \times 11.0348 \times 10^5 \times \left(\dfrac{155}{20 \times 2 \times 204.325} \right)^2 \text{mm}^3 = 4322.08\text{mm}^3$$

4. 确定蜗杆和蜗轮的主要参数

根据 $m^2 d_1$ 值，查表 11-2，匹配蜗杆和蜗轮的主要参数，取 $m^2 d_1 = 5120\text{mm}^3$ $> 4322.08\text{mm}^3$。

1）蜗杆头数 $z_1 = 2$。

2）模数 $m = 8\text{mm}$。

3）蜗杆分度圆直径 $d_1 = 80\text{mm}$。

4）蜗杆直径系数 $q = 10.000$。

5）蜗杆分度圆柱导程角 $\gamma = 11°18'36''$。

6）蜗轮齿数 $z_2 = 41$。

7）标准传动时的中心距 $a = \dfrac{m}{2}(q + z_2) = \dfrac{8}{2} \times (10 + 41) = 204\text{mm}$。

8）取标准系列中心距 $a' = 200\text{mm}$。

（若取 $z_2 = i z_1 = 40$，$a = \dfrac{m}{2}(q + z_2) = \dfrac{8}{2} \times (10 + 40)\text{mm} = 200\text{mm}$ 为标准传动，但不利于轮齿间均匀磨损。）

实际传动比误差 $\Delta i = \dfrac{z_2/z_1 - 20}{20} \times 100\% = \dfrac{41/2 - 20}{20} \times 100\% = 2.5\% < 5\%$ 满足要求。

9）蜗轮变位系数 $x_2 = \dfrac{a' - a}{m} = \dfrac{200 - 204}{8} = -0.5$。

5. 主要几何尺寸计算

（1）蜗杆

1）轴向齿距 $p_{a1} = \pi m = 25.133\text{mm}$

2）蜗杆轴向齿厚 $s_{a1} = \dfrac{\pi m}{2} = 12.5664\text{mm}$

3）齿顶圆直径 $d_{a1} = d_1 + 2 h_a^* m = 80\text{mm} + 2 \times 8\text{mm} = 96\text{mm}$

4）齿根圆直径 $d_{f1} = d_1 - 2(h_a^* + c^*)m = (80 - 2 \times 1.2 \times 8)\text{mm} = 60.8\text{mm}$

5）齿宽（螺旋齿长度）$b_1 \geqslant (12 + 0.1 z_2)m = (12 + 0.1 \times 41) \times 8\text{mm} = 128.8\text{mm}$，取 $b_1 = 130\text{mm}$。

（2）蜗轮

1）分度圆直径 $d_2 = m z_2 = 8 \times 41\text{mm} = 328\text{mm}$

2）喉圆直径 $d_{a2} = d_2 + 2(h_a^* + x_2)m = 328\text{mm} + 2 \times (1 - 0.5) \times 8\text{mm} = 336\text{mm}$

3）齿根圆直径 $d_{f2} = d_2 - 2(h_a^* + c^* - x_2)m = 328\text{mm} - 2 \times (1 + 0.2 + 0.5) \times 8\text{mm} = 300.8\text{mm}$

4）咽喉母圆半径 $r_{g2} = a' - \dfrac{d_{a2}}{2} = 200\text{mm} - \dfrac{336}{2}\text{mm} = 32\text{mm}$。

5）齿宽 $b_2 \geqslant 0.65d_{a1} = 0.65 \times 96\text{mm} = 62.4\text{mm}$，取 $b_2 = 65\text{mm}$。

6. 计算蜗轮圆周速度 v_2 和齿面相对滑动速度 v_s

$$v_2 = \frac{\pi d_2 n_2}{60 \times 1000} = \frac{\pi d_2 z_1 n_1}{60 \times 1000 z_2} = \frac{\pi \times 328 \times 2 \times 1460}{60 \times 1000 \times 41}\text{m/s} = 1.223\text{m/s}$$

由于 $v_2 < 3\text{m/s}$，所以选取动载系数 $K_v = 1.05$ 合适。

由式（11-14）计算

$$v_s = \frac{v_1}{\cos\gamma} = \frac{\pi d_1 n_1}{60 \times 1000\cos\gamma} = \frac{\pi \times 80 \times 1460}{60 \times 1000 \times \cos 11°18'36''}\text{m/s} = 6.237\text{m/s}$$

由于 $v_s < 25\text{m/s}$，所以蜗轮材料选取铸锡磷青铜 ZCuSn10P1 可用。

7. 计算传动效率 η

已知 $\gamma = 11°18'36''$；根据齿面相对滑动速度 $v_s = 6.237\text{m/s}$，由表 11-12 用插值法得当量摩擦角 $\varphi_v = 1.17°$，代入式（11-18），得

$$\eta = (0.95 \sim 0.96)\frac{\tan\gamma}{\tan(\gamma + \varphi_v)} = 0.8585 \sim 0.8675$$

其结果大于原估计值 0.8435，需重新验算。

8. 啮合效率 η_1、蜗轮上的转矩 T_2

$$\eta_1 = \frac{\tan\gamma}{\tan(\gamma + \varphi_v)} = \frac{\tan 11°18'36''}{\tan(11°18'36'' + 1.17°)} = 0.9036$$

$$T_2 = 9.55 \times 10^6 \frac{P_2}{n_2} = 9.55 \times 10^6 \frac{P_1\eta_1 i}{n_1} = 9.55 \times 10^6 \times \frac{10 \times 0.9036 \times 41/2}{1460}\text{N} \cdot \text{mm} = 12.1166 \times 10^5\text{N} \cdot \text{mm}$$

9. 验算齿面接触疲劳强度

校核计算式（11-10）

$$\sigma_H = \sqrt{\frac{9KT_2}{d_1 d_2^2}} \cdot Z_E = \sqrt{\frac{9 \times 1.21 \times 11.1166 \times 10^5}{80 \times 328^2}} \times 155\text{MPa} = 191.919\text{MPa} \leqslant [\sigma_H]$$

接触强度满足要求。

10. 校核蜗轮齿根弯曲疲劳强度

（1）由校核计算式（11-12）

$$\sigma_F = \frac{1.53KT_2}{d_1 d_2 m}Y_{Fa2}Y_\beta \leqslant [\sigma_F]$$

（2）确定公式中的各计算值

1）载荷系数 K、蜗轮转矩 T_2 同前。

2）齿形系数 Y_{Fa2}。

当量齿数 $\quad\quad z_{v2} = \dfrac{z_2}{\cos^3\gamma} = \dfrac{41}{\cos^3(11°18'36'')} = 43.48$

根据 $z_{v2} = 43.48$，$x_2 = -0.5$，查图 11-8，选取齿形系数 $Y_{Fa2} = 2.87$。

3）螺旋角系数 $Y_\beta = 1 - \dfrac{\gamma}{140°} = 1 - \dfrac{11.18'36''}{140°} = 0.92$

4）许用弯曲应力 $[\sigma_F] = K_{FN}[\sigma_F]'$

由表 11-11 查得，铸锡磷青铜 ZCuSn10P1 制造的蜗轮基本许用应力 $[\sigma_F]' = 56\text{MPa}$。

寿命系数 $\quad\quad K_{FN} = \sqrt[9]{\dfrac{10^6}{N}} = \sqrt[9]{\dfrac{10^6}{8.76 \times 10^7}} = 0.6084$

$$[\sigma_F] = 56 \times 0.6084 \text{MPa} = 34.07 \text{MPa}$$

5）计算弯曲应力

$$\sigma_F = \frac{1.53 KT_2}{d_1 d_2 m} Y_{Fa2} Y_\beta = \frac{1.53 \times 1.21 \times 12.1166 \times 10^5}{80 \times 328 \times 8} \times 2.87 \times 0.92 \text{MPa} = 28.215 \text{MPa} < [\sigma_F]$$

弯曲强度满足要求。

11. 散热计算

（1）工作油温计算式（11-20）

$$t_1 = \frac{1000 P_1 (1 - \eta)}{\alpha_s A} + t_0$$

（2）确定公式中的各计算值

1）按箱体通风条件适中，取表面散热系数 $\alpha_s = 15 \text{W}/(\text{m}^2 \text{℃})$。

2）散热面积。由式（11-22）

$$A \approx 9 \times 10^{-5} a^{1.88} = 9 \times 10^{-5} \times 200^{1.88} \text{ m}^2 = 1.906 \text{m}^2$$

3）常温下取 $t_0 = 20 \text{℃}$。

4）计算工作油温

$$t_1 = \frac{1000 P_1 (1 - \eta)}{\alpha_s A} + t_0 = \frac{1000 \times 10 \times [1 - (0.8585 \sim 0.8675)]}{15 \times 1.906} \text{℃} + 20 \text{℃} = 69.49 \sim 68.34 \text{℃} < 70 \text{℃}$$

可满足散热要求，达到热平衡。

12. 精度等级选择

该蜗杆传动是动力传动装置，蜗轮圆周速度 $v_2 = 1.223 \text{m/s} < 3 \text{m/s}$，选择 8 级精度。

13. 选择润滑方式

查表 11-14，齿面相对滑动速度 $v_s = 6.237 \text{m/s}$，在 5 ~ 10 m/s 之间，选用运动黏度 $v_{40} = 220 \text{mm}^2/\text{s}$ 润滑油，喷油或浸油润滑。

14. 主要设计结果

模数 $m = 8 \text{mm}$，压力角 $\alpha = 20°$，中心距 $a = 200 \text{mm}$；蜗杆头数 $z_1 = 2$，分度圆直径 $d_1 = 80 \text{mm}$，分度圆柱导程角 $\gamma = 11°18'36''$，齿宽（螺旋齿长度）$b_1 = 130 \text{mm}$；蜗轮齿数 $z_2 = 41$，变位系数 $x_2 = -0.5$，齿宽 $b_2 = 65 \text{mm}$；蜗杆材料选取 45 钢，齿面淬火，蜗轮材料选取铸锡磷青铜 ZCuSn10P1，金属型铸造。

15. 结构设计及绘制工作图（略）

 本章学习要点

1. 掌握蜗杆传动主要参数对传动性能的影响及合理选择的依据。

2. 蜗杆传动的主要失效形式是胶合、点蚀、磨损。注意：由于结构和材料的原因，其失效主要发生在蜗轮上。设计准则中，除了齿面接触疲劳强度计算和齿根弯曲疲劳强度计算外，还需对蜗杆进行刚度计算，对闭式蜗杆传动进行散热计算。

3. 由于蜗杆传动齿面滑动速度较大，因此在选择材料时特别要注意材料应具有良好的减摩性、耐磨性和抗胶合能力。

4. 在蜗杆传动受力分析时，特别要注意与斜齿圆柱齿轮受力分析的区别，作用在蜗杆和蜗轮上的三对分力 F_{t1} 与 F_{a2}、F_{a1} 与 F_{t2}、F_{r1} 与 F_{r2}，彼此大小相等，方向相反。

5. 掌握蜗杆传动的强度计算方法。

6. 了解蜗杆、蜗轮的结构形式及适用场合。

第四篇

▶▶▶ 轴系零、部件

第十二章

轴

提示

本章讨论轴的设计问题，包括轴的分类、材料、结构设计和强度、刚度计算等内容，重点是轴的结构设计及强度计算。

第一节 概 述

轴是组成机器的重要零件之一，主要功用是支承旋转零件（如齿轮、链轮、带轮等），并传递运动和动力。

一、轴的分类

1. 按照轴线的形状分

按照轴线的形状不同，轴可分为直轴、曲轴和钢丝软轴。

直轴按外形不同又分为光轴（图 12-1a）和阶梯轴（图 12-1b）。光轴形状简单、加工方便、轴上应力集中小，但轴上零件定位不便。阶梯轴各轴段直径不同，一般是中间大、两端小，便于轴上零件的安装和定位，且轴受力较合理，符合等强度的设计原则。

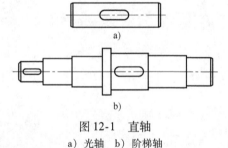

图 12-1　直轴
a）光轴　b）阶梯轴

曲轴（图 12-2）常用于往复式机械中，是内燃机、空气压缩机及曲轴压力机等机器的专用零件；钢丝软轴（图 12-3）可以不受任何空间的限制，能将扭转或旋转运动灵活地传到任何所需的位置，常用于医疗设备、操纵机构、仪表等机械。本章主要讨论直轴。

2. 按照轴承受载荷的性质分

按照轴承受载荷的性质不同，轴可分为心轴、转轴和传动轴。

转轴是既支承旋转零件又传递动力，即工作时同时承受弯矩和转矩的轴。转轴是机器中最常用的轴，如减速器中的轴，如图 12-4a 所示。

心轴只起支承旋转零件作用而不传递动力，即只承受弯矩而不传递转矩的轴。心轴有固定心轴与转动心轴两种。转动心轴工作时随转动件一起转动，轴上承受的弯曲应力按对称循环变化，如图 12-4b 所示；固定心轴工作时不转动，轴上承受的弯曲应力为静应力，如图 12-4c 所示。

工作时主要用于传递转矩而不承受弯矩，或所承受的弯矩很小的轴称为传动轴，如图

12-4d 所示的汽车中连接变速器与后桥之间传递动力的轴。

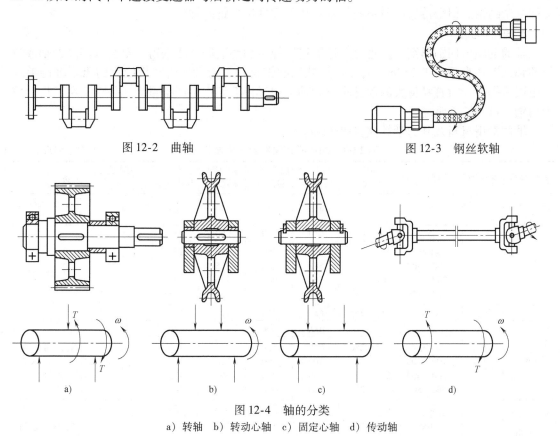

图 12-2 曲轴　　　　　　　　　　　图 12-3 钢丝软轴

图 12-4 轴的分类
a) 转轴　b) 转动心轴　c) 固定心轴　d) 传动轴

二、轴的材料与毛坯

1. 轴的材料

轴的材料首先应具有足够的强度，并对应力集中敏感性低，同时还应满足刚度、耐磨性和耐蚀性及良好的加工工艺性能。常用的材料有碳钢、合金钢、球墨铸铁和高强度铸铁。

常用碳素钢为 35、45、50 钢，其中最常用的是 45 钢。为了改善轴的机械性能，通常进行调质或正火处理。对受力较小或不重要的轴，可用 Q235、Q275 等碳素结构钢。

碳素钢比合金钢价廉，对应力集中的敏感性低，力学性能也比较好，所以应用较为广泛。

合金钢比碳素钢具有更高的机械强度和更好的热处理性能，但对应力集中比较敏感，价格也较贵，因此多用于受力较大，轴的尺寸或质量受到限制及有某些特殊要求的场合。常用的合金钢有 12CrNi2、20Cr、40Cr、20CrMnTi、40MnB 等。例如：采用滑动轴承的高速轴，常用 20Cr、20CrMnTi 等低碳合金钢，经渗碳淬火后可提高轴颈耐磨性；汽轮发电机转子轴在高温、高速和重载条件下工作，必须具有良好的高温力学性能，常采用 40CrNi、38CrMoAl 等合金钢制造。

在设计合金钢轴时尤其要注意从结构上减小应力集中，并减小其表面粗糙度值。另外，在一般工作温度下（低于 200℃），各种合金钢与碳素钢的弹性模量均相差不多，故用合金钢替代碳素钢不能提高轴的刚度。

球磨铸铁和高强度铸铁的强度比碳钢低，但具有铸造工艺性好，易于得到较复杂的外形，成本低廉，吸振性、耐磨性好，对应力集中的敏感性低等优点。适用于制造尺寸较大或结构复杂的轴。但因铸造品质不易控制，故可靠性不如钢制轴。

2. 轴的毛坯

轴的毛坯可用圆形钢材，也可通过锻造、焊接和铸造等方法获得。对要求不高的轴或较长的轴，毛坯直径小于 150mm 时，可用轧制圆钢材；受力大、生产批量大的重要轴的毛坯可由锻造提供；对直径特大的单件小批量轴可用焊接毛坯；生产批量大、外形复杂、尺寸较大的轴，可用铸造毛坯。

轴的常用材料及其力学性能见表 12-1。

表 12-1　轴的常用材料及其力学性能　　　　　　　　（单位：MPa）

材料牌号	热处理	毛坯直径/mm	硬度（HBW）	抗拉强度极限 σ_b	屈服强度极限 σ_s	弯曲疲劳极限 σ_{-1}	扭转疲劳极限 τ_{-1}	许用弯曲应力 $[\sigma_{-1}]$	备　注
Q235 Q235F				440	240	180	105	40	用于不重要或载荷不大的轴
45	正火	25	≤241	610	360	260	150	55	应用最广泛
	正火	≤100	170～217	600	300	240	140	55	
		>100～300		580	290	235	135		
	回火	>300～500	162～217	560	280	225	130		
		>500～750	156～217	540	270	215	125		
	调质	≤200	217～255	650	360	270	155	60	
40Cr	调质	25		1000	800	485	280	70	用于载荷较大，而无很大冲击的重要轴
		≤100	241～286	750	550	350	200	70	
		>100～300		700	500	320	185		
		>300～500	229～269	650	450	295	170		
		>500～800	217～255	600	350	255	145		
35SiMn 42SiMn	调质	25		900	750	445	255	70	性能接近 40Cr，用于中小型轴
		≤100	229～286	800	520	355	205	70	
		>100～300	217～269	750	450	320	185		
		>300～400	217～255	700	400	295	170		
		>400～500	196～255	650	380	275	160		
40MnB	调质	25		1000	800	485	280	70	性能同 40Cr，用于重要的轴
		≤200	241～286	750	500	335	195	70	
40CrNi	调质	25		1000	800	485	280	75	用于很重要的轴
20Cr	渗碳淬火回火	15	表面56～62HRC	850	550	375	215	60	用于要求强度、韧性均较高的轴（如齿轮轴、蜗杆）
		30		650	400	280	160		
		≤60		650	400	280	160		
20CrMnTi	渗碳淬火回火	15	表面56～62HRC	1100	850	525	300	100	
QT500-7			187～255	500	380	180	155		用于结构形状复杂的轴
QT600-3			197～269	600	420	215	185		

注：1. 表中所列疲劳极限数据，均按下式计算 $\sigma_{-1} \approx 0.27(\sigma_b + \sigma_s)$，$\tau_{-1} \approx 0.156(\sigma_b + \sigma_s)$。其他性能，一般可取 $\tau_s \approx (0.55 \sim 0.62)\sigma_s$，$\sigma_0 \approx 1.4\sigma_{-1}$，$\tau_0 \approx 1.5\tau_{-1}$。

2. 球墨铸铁 $\sigma_{-1} \approx 0.36\sigma_b$，$\tau_{-1} \approx 0.31\sigma_b$。

3. 许用静应力 $[\sigma_{+1}] = \sigma_b/[S]$，许用疲劳应力 $[\sigma_{-1}] \approx \sigma_{-1}/[S]$。选用 $[\sigma_{-1}]$ 时，重要零件取小值，一般零件取大值。

三、轴的失效形式及轴设计的主要内容、步骤

1. 轴的失效形式

轴的失效形式主要有因疲劳强度不足而产生的疲劳断裂、因静强度不足而产生的塑性变

形或脆性断裂、磨损和超过允许范围的变形和振动等。轴的失效实例如图 12-5 所示。

a)   b)

c)

图 12-5 轴的失效实例

a）轴的疲劳失效 b）曲轴的疲劳失效 c）花键轴的塑性变形

2. 轴设计的主要内容

轴设计的主要内容包括工作能力计算和结构设计两个方面。工作能力计算指的是轴的强度、刚度和振动稳定性方面的计算，多数情况下轴的工作能力主要取决于轴的强度；对于刚度要求较高的轴（如机床主轴、跨度较大的蜗杆轴等），还应进行刚度计算；对于一些高速机械的轴（如高速磨床主轴、汽轮机主轴等）还应进行振动稳定性计算。另外，要根据装配、加工和受力等具体要求，合理确定轴的形状和各部分结构尺寸，即进行轴的结构设计。

3. 轴设计的一般步骤

1）根据工作要求选择轴的材料及热处理方式。

2）根据轴在机械设备中的位置、轴上零件的结构和安装要求、载荷情况等，估算轴的最小直径。

3）根据轴上零件的定位和装配及轴的支承等条件，进行轴的结构设计，即确定轴的几何形状和尺寸大小，得到轴的跨距和各力的作用点。

4）进行轴的强度校核计算，对于在变应力条件下工作的轴，要进行疲劳强度校核计算；对于受短时较大载荷的轴，还要进行尖峰载荷下的静强度计算。

5）对于在使用中变形过大会影响其正常工作的轴，还要进行刚度计算。

6）对于高速转动的轴，还要进行振动稳定性计算，以避免因发生共振而破坏。

在以上设计过程中，轴的设计计算和结构设计交叉进行，采用边计算、边画图、边修改，即所谓的"三边"设计方法，这是转轴设计的特点，如图 12-6 所示。

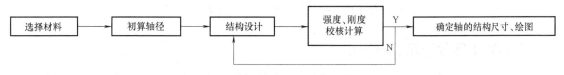

图 12-6 轴的设计步骤

第二节 轴的结构设计

轴的结构设计任务是根据工作条件及要求，确定轴的合理形状和全部尺寸。其主要要求是：①轴的结构形状应能满足使用要求，轴和轴上零件要有准确的工作位置；②轴应便于加工，轴上零件要易于装拆；③设计时应注意改善轴的受力状况，减小应力集中。

轴的结构取决于受载情况、轴上零件的布置和固定方式、轴承的类型和尺寸、轴的工艺性等。由于影响轴结构的因素很多，因此轴并没有标准的结构形式，设计时需根据具体情况，全面考虑问题，才能得出较合理的结构。

一、确定轴上零件的装配方案

结构设计前，首先应确定轴上零件的装配方案，即确定出轴上零件的装配方向、装配顺序和相互关系。装配方案不同，得到的轴的结构形式也不同。因此，在确定装配方案时，要有多个方案进行充分的比较，从中选定最佳方案。例如，图 12-7a、b 所示就是轴上零件的两种装配方案。图 12-7a 所示方案齿轮从右边装入，图 12-7b 所示方案齿轮从左边装入，相比较而言，图 12-7b 方案采用了一个用于轴向定位的长套筒，从而使轴系的质量增加。因此，图 12-7a 方案较为合理。

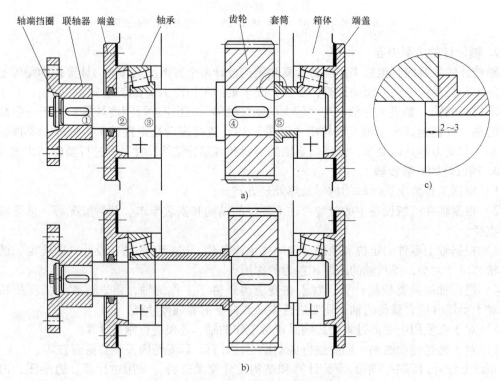

图 12-7 轴上零件的两种装配方案
a）装配方案 1 b）装配方案 2 c）轴肩③处放大图

二、轴上零件的定位与固定

为保证轴上零件能正常工作，其在轴上必须有准确的固定位置，而且应保证其在承受载荷时不产生沿轴向或周向的相对运动，因此，轴上零件不仅需要有准确的定位，还要固定可靠，以保证能传递要求的运动和动力。

1. 零件的轴向定位与固定

轴上零件的轴向定位和固定的目的是使零件在轴向具有确定的位置和承受轴向载荷，轴上零件除了有特殊要求（如游动或空转）的结构外，必须定位准确、可靠。常用的轴向定位方法有轴肩、套筒、螺母或轴端挡圈（又称压板）等形式。

（1）轴肩和轴环　轴肩定位结构简单，定位可靠，能承受较大的轴向力，应用广泛。但轴肩处轴的截面和尺寸突变易引起应力集中。轴肩分为定位轴肩（图 12-7a 中的轴肩①、③、④）和非定位轴肩（图 12-7a 中的轴肩②、⑤）两种。定位轴肩的高度 h 一般取为 $h \geq 3 \sim 5\text{mm}$ 或 $h = (0.07 \sim 0.1)d$，d 为与零件相配处轴的直径（mm）。滚动轴承的定位轴肩高度必须低于轴承内圈端面的高度，以便拆卸轴承，其尺寸可查阅机械设计手册中的轴承安装定位尺寸。为了使轴上零件能靠紧轴肩而定位可靠，轴肩圆角半径 r、毂孔圆角半径 R 或倒角尺寸 C 应满足如下关系：$r < C$，$r < R$，$h > C$，如图 12-8 所示。轴和零件的倒角和圆角尺寸的常用范围见表 12-2。非定位轴肩是为了便于加工和装配方便而设置的，其高度没有严格的规定，一般取为 $h = 1 \sim 2\text{mm}$。

轴环的功用和尺寸与轴肩相同，宽度 $b \geq 1.4h$，如图 12-8 所示。

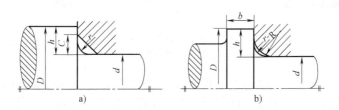

图 12-8 轴肩的轴环的尺寸

a）轴肩　b）轴环

表 12-2　零件倒角 C 与圆角半径 R 的推荐值　　　　（单位：mm）

直径 d	>6～10		>10～18	>18～30	>30～50		>50～80	>80～120	>120～180
C 或 R	0.5	0.6	0.8	1.0	1.2	1.6	2.0	2.5	3.0

（2）套筒　套筒定位结构简单，定位可靠，轴上不需开槽、钻孔，可将零件的轴向力不经轴而直接传到轴承上，如图 12-7 所示。多用于轴上两个零件距离不大，或受某些条件限制不便加工出轴肩的地方。因套筒与轴的配合较松，如轴的转速很高，不宜采用。

（3）圆螺母　圆螺母定位可以承受较大的轴向力。但轴上螺纹及退刀槽处有较大的应力集中，会降低轴的疲劳强度。圆螺母定位有双圆螺母（图 12-9）和圆螺母加止动垫片（图 12-10）两种形式。圆螺母多用于固定轴端零件和两零件间距离较大不易使用套筒定位的场合。

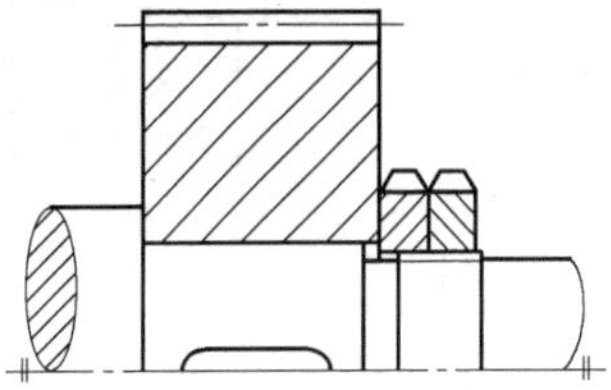

图 12-9　双圆螺母

（4）轴用弹性挡圈　弹性挡圈定位结构简单，装拆方便，多用于轴向尺寸受限的场合。由于弹性挡圈较薄，不能承受大的轴向力，且轴上的沟槽会引起应力集中而削弱轴的强度，如图 12-11 所示。

（5）轴端挡圈　轴端挡圈适用于固定轴端零件，它常与轴肩或圆锥面联合使用，可以

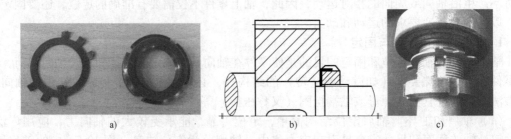

图 12-10　圆螺母加止动垫片

a) 圆螺母和止动垫片　b) 结构图　c) 安装实物图

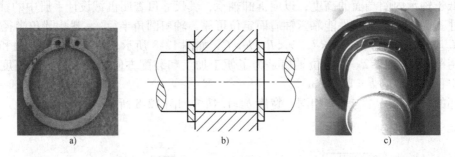

图 12-11　轴用弹性挡圈

a) 轴用弹性挡圈　b) 结构图　c) 安装实物图

承受较大的轴向力。与圆锥面联合使用可使轴与轴上零件保持较好的同轴度，可用于高速及承受冲击载荷的场合。轴端挡圈可用螺母固定（图 12-12a），也可用平螺钉（图 12-12b）或双螺栓（图 12-12c）固定。螺钉连接防松可采用弹性垫圈、止动垫片或串联钢丝防松（图 12-12c）。

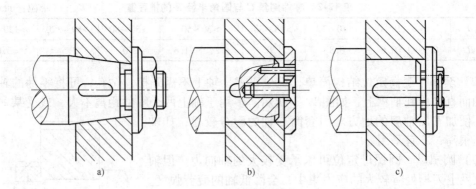

图 12-12　轴端挡圈

a) 螺母固定　b) 螺钉固定加定位销　c) 螺栓固定加串联钢丝防松

（6）紧定螺钉　紧定螺钉定位常用于光轴上零件的轴向和周向定位，容易调整轴上零件的位置，装拆方便。但不能承受大的轴向力，不适于高速转动的轴。紧定螺钉可以单独使用，也可与轴肩定位联合使用。如图 12-13 所示。

上述的各种轴向定位和固定方法可联合使用。

2. 零件的周向定位与固定

轴上零件的周向定位和固定的目的是限制轴上零件与轴发生相对转动，可靠地传递运动和动力。常用的周向定位和固定方法有键、花键、销、紧定螺钉及过盈配合等。

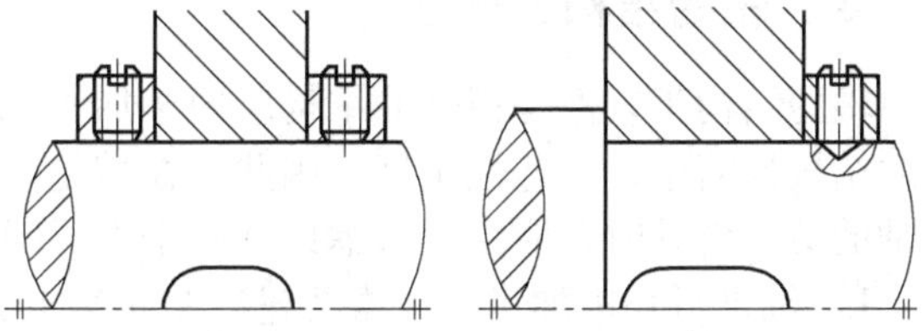

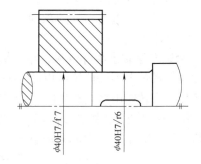

图 12-13　紧定螺钉
a）紧定螺钉　b）轴肩-紧定螺钉

三、确定轴的各段直径和长度

零件在轴上的布置方案确定后，可以确定轴的各段直径和长度及轴与轴上零件的配合类型。

1. 确定轴的各段直径

各轴段的直径与轴所受载荷的大小有关。初步确定轴的直径时，还不能确定支反力的作用点，所以还不能按轴所受的载荷及应力来确定轴的各段直径。但在进行轴的结构设计前，轴所受的转矩是已知的，因此可按轴所受的转矩初步估算轴的直径，作为该轴的最小直径 d_{min}（具体方法见本章第三节），然后再按轴上零件的装配方案和定位要求，从 d_{min} 处起逐一确定各轴段的直径。在实际设计中，轴的直径也可根据经验或参考同类机器用类比的方法确定。

有配合要求的轴段注意配合零件的要求，尽量采用标准直径。

与标准件配合的轴段采用相应的标准值，如滚动轴承、联轴器、密封装置等，应满足相应的装配尺寸要求。

有键槽的轴段应相应增加轴径尺寸，以补偿键槽对轴强度的削弱。

安装轴上零件或轴承时，为了缩短压配距离，减小配合表面的擦伤，方便装拆，应在配合轴段前设置装配轴肩（图 12-7a 中的轴肩②，或加工出锥度（图 12-14），或采取相同的名义尺寸而选用不同的公差配合（图 12-15）。

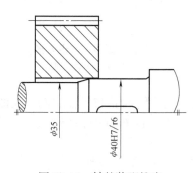

图 12-14　轴的装配锥度

图 12-15　不同的公差配合

2. 确定轴的各段长度

确定各轴段的长度时，应尽可能使结构紧凑，还要考虑轴上零件的轴向尺寸、轴上相邻零件之间的距离及轴上零件装拆和调整所需的空间等。

对于安装齿轮、带轮和链轮的轴段，要考虑轮毂的长度。轮毂长度 L 一般取为轴直径 d 的 $1.25 \sim 2$ 倍，即 $L = (1.25 \sim 2)d$。

为了保证轴上零件轴向定位可靠，轴的各段长度应比与之相配合的轮毂长度缩短 $2 \sim 3$mm，如图 12-7c 所示。

四、轴的结构工艺性

轴的结构工艺性是指轴的结构应便于加工和装配，并且生产率高，成本低。一般来说，轴的结构越简单，工艺性越好，因此，在满足使用要求的前提下，应尽可能简化轴的结构。在轴的结构设计时，应主要考虑以下几个主要问题：

1）轴进行切削加工时通常要进行多次装夹，为了使装夹中能方便地获得有足够精度的定位基准，通常在轴的两端设有中心孔。

2）为了减少刀具品种，节省换刀时间，方便加工和检验，同一根轴上所有的圆角半径 r、倒角尺寸 C、环形切槽和键槽的宽度应尽可能一致（图 12-16）。

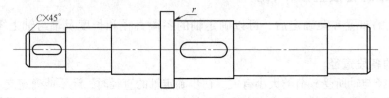

图 12-16　键槽布置在同一母线上及轴端 45°倒角

3）为了减少装夹工件的时间，同一轴上不同轴段的键槽应布置在同一母线上（图 12-16）。

4）轴需要磨削的轴段，定位轴肩处应设有砂轮越程槽，需切削螺纹的轴段应设有螺纹退刀槽，如图 12-17 所示。

5）为了便于装配零件，轴端应加工出 45°的倒角（图 12-16）。过盈配合零件的装入端常加工出导向锥面（图 12-14），或采用不同的公差配合（图 12-15）。

五、提高轴的强度和刚度的措施

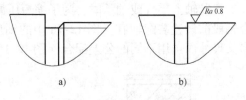

图 12-17　越程槽和退刀槽
a）退刀槽　b）越程槽

轴和轴上零件的结构、工艺以及轴上零件的安装布置等对轴的强度和刚度有很大影响，在设计时应充分考虑，以提高轴的承载能力，减小轴的尺寸和机器质量，降低制造成本。

1. 合理布置轴上零件位置，减小轴上载荷

合理布置轴上零件位置可以减小轴所受的载荷。例如，当转矩由多轮输出时，为了减小轴所受转矩，应将输入轮布置在中间。如图 12-18a 所示，轴的最大转矩为 $T_1 = T_2 + T_3 + T_4$；而在图 12-18b 的布置中，轴的最大转矩为 $T_1 = T_3 + T_4$，减小了轴的最大转矩。

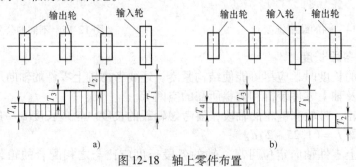

图 12-18　轴上零件布置
a）不合理　b）合理

2. 改进轴上零件的结构，减小轴上载荷

通过改进轴上零件的结构也可减小轴上的载荷。例如，图 12-19 所示为起重机卷筒的两种结构方案。图 12-19a 中大齿轮将转矩通过轴传到卷筒，因而卷筒轴既受弯矩又受转矩，而图 12-19b 所示方案中，大齿轮和卷筒连在一起，转矩经大齿轮直接传给卷筒，卷筒轴只受弯矩而不受转矩。在同样载荷 F 的作用下，后者比前者轴径小。

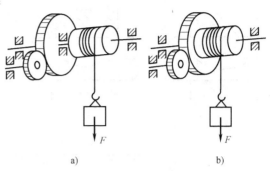

图 12-19　起重机卷筒的两种结构布置
a）不合理　b）合理

又如，图 12-20 所示的轮毂结构。图 12-20a 中轴受到的最大弯矩 M_{max} 较图 12-20b 中的大，即改进卷筒的轮毂结构后，不仅可以减小轴的弯矩，提高轴的强度和刚度，而且使轴与轮毂的配合良好。

3. 改进轴的结构，减小应力集中，提高轴的疲劳强度

零件截面发生突然变化的地方，如轴肩、键槽、环槽等，都会产生应力集中现象，使轴产生疲劳破坏，这也是轴破坏的主要形式，因此为了提高轴的疲劳强度，应尽量减少应力集中源和降低应力集中的程度。合金钢对应力集中比较敏感，尤其应加以注意。

对于阶梯轴，在截面尺寸变化处应采用圆角过渡，圆角半径不宜过小，并尽量避免在轴上（特别是应力大的部位）开横孔、切口或凹槽。必须开横孔时，孔边要倒圆。在重要的结构中，可采用卸载槽（图 12-21a）、过渡肩环（图 12-21b）或内凹圆角（图 12-21c），以增加轴肩处过渡圆角半径来减小应力集中。

当轴和轮毂为过盈配合时，配合边缘处会产生较大的应力集中（图 12-22a）。为了减小应力集中，可在轮毂上或轴上开卸载槽（图 12-22b、c），或者加大配合轴段的直径（图 12-22d）。由于配合的过盈量越大，引起的应力集中也越严重，因而在设计中应合理选择零件与轴的配合。

轴上有键槽的部分应力集中较严重，因此为了不使键槽的应力集中与轴肩处的应力集中相叠

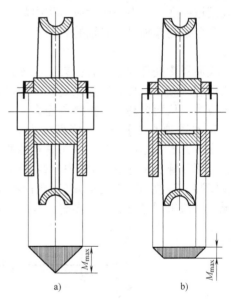

图 12-20　两种轮毂结构
a）不合理　b）合理

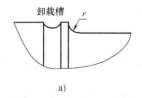

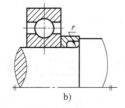

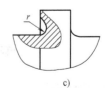

图 12-21　阶梯轴减小应力集中的结构
a）卸载槽　b）过渡肩环　c）内凹圆角

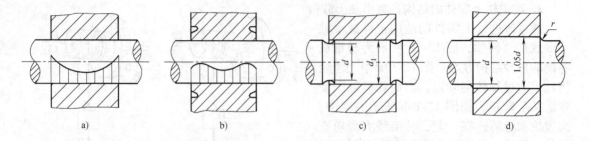

图 12-22　轴毂过盈配合处的应力集中及其降低方法

a）过盈配合处的应力集中　b）轮毂上开卸载槽　c）轴上开卸载槽　d）增大配合处轴径

加，要避免把键槽铣至轴肩部位（图 12-23）；用盘形铣刀加工比用指形齿轮铣刀加工的键槽应力集中小。渐开线花键比矩形花键的应力集中小。这些在轴的结构设计时应加以考虑。此外，由于切制螺纹处的应力集中较大，应尽量避免在轴上受载较大的中间轴段切制螺纹。

4. 改进轴的表面质量，提高轴的疲劳强度

轴的表面粗糙度和表面强化处理方法也会对轴的疲劳强度产生影响。轴的表面越粗糙，疲劳强度也越低。因此，应合理减小轴的表面及圆角处的加工表面粗糙度值。当采用对应力集中甚为敏感的高强度合金钢制作轴时，对轴的表面质量尤其应予以注意。

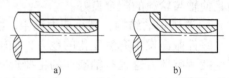

图 12-23　避免键槽铣至阶梯部位

a）不合理　b）合理

表面强化处理的方法有：表面高频感应淬火等热处理；表面渗碳、碳氮共渗、渗氮等化学热处理；碾压、喷丸等强化处理。通过碾压、喷丸进行表面强化处理时可使轴的表层产生预压应力，从而提高轴的抗疲劳能力。

5. 改进轴的支承方式，提高轴的刚度

支承方式和零件在轴上的布置对轴的刚度影响很大，因此轴应尽量采用简支支承方案，避免采用悬臂支承方案。如图 12-24 所示锥齿轮传动中，小锥齿轮常因结构布置原因设计成悬臂安装，若改为简支支承方案，则不仅可提高轴的强度和刚度，还可以改善锥齿轮的啮合情况。必须采用悬臂支承方案时，也应尽量减小悬臂长度。

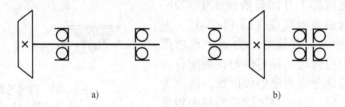

图 12-24　小锥齿轮支承方案

a）悬臂支承方案　b）简支支承方案

第三节　轴的工作能力计算

工作能力计算指的是轴的强度、刚度和振动稳定性方面的计算，在进行轴的工作能力计算前已初步完成轴的结构设计，计算时需做出轴的计算简图（即力学模型）。

一、轴的计算简图

首先，要根据轴所受载荷及支承的类型，做出轴的计算简图。

1. 轴上载荷的简化

在各种机械中，轴所受载荷的性质、分布、大小和方向各不相同，因此，在复杂的受载条件下，应合理做出轴的简化力学模型，它将直接影响轴的计算的合理性及准确性。载荷简化应考虑如下方面：

1）轴上载荷是从轴上零件传来的，计算时，通常将轴上的分布力简化为集中力，其作用点取为轮毂宽度的中点，如图 12-25a 所示。

2）轮毂采用过盈配合时，由于轴的弹性变形，载荷分布要向轴的两端集中，可按图 12-25b 所示方法简化，图中 a 的数值也可查手册。

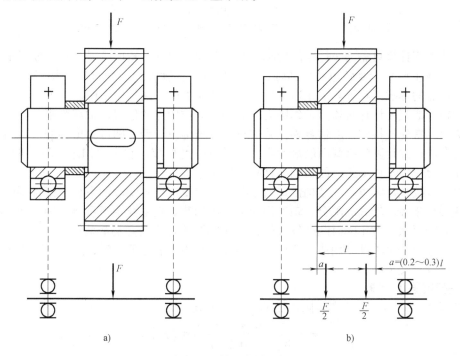

图 12-25　轴上载荷的简化

a）一般配合时轴上载荷的简化　b）过盈配合时轴上载荷的简化

3）作用在轴上的转矩从传动件轮毂宽度中点算起。

4）忽略轴及轴上零件的自重及轴承中的摩擦力。

2. 轴支承的简化

轴支承反力的作用点与轴承的类型和布置方式有关，可按图 12-26 来确定。图 12-26c 中的 a 值可查滚动轴承样本或设计手册。图 12-26d 中的 e 值与滑动轴承的宽径比 B/d 有关。当 $B/d \leq 1$ 时，取 $e = 0.5B$；当 $B/d > 1$ 时，取 $e = 0.5d$，但不小于 $(0.25 \sim 0.35)B$；对于调心轴承，$e = 0.5B$。

二、轴的强度计算

轴的强度计算应根据轴所受载荷情况，采用相应的计算方法。常见轴的强度计算方法有三种：按扭转强度计算、按弯扭合成强度计算和安全系数校核计算。

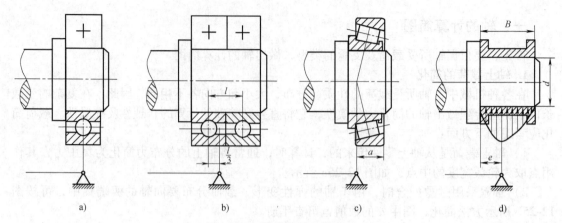

图 12-26   轴的支反力作用点

a）深沟球轴承   b）并列深沟球轴承 c）圆锥滚子轴承   d）滑动轴承

按扭转强度计算只需已知转矩的大小，方法简便，但计算精度较低。它主要用于下列情况：①仅（或主要）承受转矩的传动轴；②初步估算转轴轴径以便进行结构设计；③不重要的轴，弯矩的影响可在计算中用适当降低许用切应力的方法加以考虑。

按弯扭合成强度计算必须已知作用力的大小和力作用点的位置、轴承跨距、各段轴径等参数，为此，常先按扭转强度估算轴径并进行轴的结构设计后，即可画出轴的弯矩图和转矩图，然后合成，并计算危险截面的最大应力，进行强度校核。它主要用于计算一般重要的、在弯、扭复合应力条件下工作的转轴，计算精度中等。

安全系数校核计算也要在结构设计后进行，不仅要定出各轴段的直径，而且要确定轴肩处的过渡圆角半径、轴毂的配合、轴表面粗糙度等细节。它主要用于重要的轴，计算精度较高，但计算较复杂。对于瞬时载荷较大的轴，还要校核其静强度安全系数。

以上三种方法可单独使用或联合使用。强度计算不能满足要求时，应修改结构设计，两者常相互配合，交叉进行。

1. 按扭转强度计算

受转矩 T（N·mm）的实心圆截面轴，其强度条件为

$$\tau_T = \frac{T}{W_T} = \frac{9.55 \times 10^6 P}{0.2 d^3 n} \leqslant [\tau_T] \tag{12-1}$$

写成设计公式，轴的最小直径为

$$d \geqslant \sqrt[3]{\frac{9.55 \times 10^6}{0.2 [\tau_T]}} \cdot \sqrt[3]{\frac{P}{n}} = A_0 \sqrt[3]{\frac{P}{n}} \tag{12-2}$$

式中 τ_T——扭转切应力（MPa）；

$[\tau_T]$—许用扭转切应力（MPa），见表 12-3；

T——轴所受转矩（N·mm）；

P——轴传递的功率（kW）；

W_T——轴的抗扭截面系数（mm³），圆截面 $W_T = \dfrac{\pi d^3}{16} \approx 0.2 d^3$；

d——计算截面处轴的直径（mm）；

n——轴的转速（r/min）；

A_0——由轴的材料和承载情况确定的常数，$A_0 = \sqrt[3]{\dfrac{9.55 \times 10^6}{0.2 [\tau_T]}}$，由表 12-3 查得。

表 12-3 常用材料的 A_0 值和 $[\tau_T]$ 值

轴的材料	Q235、20	Q275、35	45	40Cr、35SiMn 等合金钢
$[\tau_T]$/MPa	12 ~ 20	20 ~ 30	30 ~ 40	40 ~ 52
A_0	160 ~ 135	135 ~ 118	118 ~ 107	107 ~ 98

注：1. 当弯矩相对转矩很小或只受转矩时，$[\tau_T]$ 取较大值，A_0 取较小值；反之则 $[\tau_T]$ 取较小值，A_0 取较大值。

2. 当用 Q235、Q275 或者 35SiMn 时，$[\tau_T]$ 取较小值，A_0 取较大值。

轴上有键槽时，则对轴的强度有削弱，因此，应适当增大轴的直径。对于直径 $d \leq 100\text{mm}$ 的轴，在同一截面上，单键 d 值应增大 5% ~ 7%；双键 d 值应增大 10% ~ 15%；对于直径 $d > 100\text{mm}$ 的轴，在同一截面上，单键 d 值应增大 3%；双键 d 值应增大 7%。

用此方法求出的直径应作为轴上受转矩作用轴段的最小直径 $d_{\min}$。

2. 按弯扭合成强度计算

对于同时受弯矩和转矩的钢制轴，可用第三强度理论求出危险截面的当量应力 σ_e，其强度条件为

$$\sigma_e = \sqrt{\sigma_B^2 + 4\tau_T^2} \leq [\sigma_{-1}] \tag{12-3}$$

式中 σ_B——危险截面上弯矩 M 产生的弯曲应力（MPa）。

对于直径为 d 的实心圆截面轴

$$\sigma_B = \frac{M}{W} = \frac{M}{\frac{\pi d^3}{32}} \approx \frac{M}{0.1d^3}$$

$$\tau_T = \frac{T}{W_T} = \frac{T}{2W}$$

式中 W、W_T——轴的抗弯截面系数和抗扭截面系数（mm^3），计算公式见表 12-4。

表 12-4 抗弯、抗扭截面系数计算公式

截 面	W	W_T	截 面	W	W_T
	$\frac{\pi d^3}{32} \approx 0.1d^3$	$\frac{\pi d^3}{16} \approx 0.2d^3$		$\frac{\pi d^3}{32} - \frac{bt(d-t)^2}{d}$	$\frac{\pi d^3}{16} - \frac{bt(d-t)^2}{d}$
	$\frac{\pi d^3}{32}(1-\beta^4)$ $\approx 0.1d^3(1-\beta^4)$ $\beta = \frac{d_1}{d}$	$\frac{\pi d^3}{16}(1-\beta^4)$ $\approx 0.2d^3(1-\beta^4)$ $\beta = \frac{d_1}{d}$		$\frac{\pi d^3}{32}(1-1.54\beta)$ $\beta = \frac{d_1}{d}$	$\frac{\pi d^3}{16}(1-\beta)$ $\beta = \frac{d_1}{d}$
	$\frac{\pi d^3}{32} - \frac{bt(d-t)^2}{2d}$	$\frac{\pi d^3}{16} - \frac{bt(d-t)^2}{2d}$		$[\pi d^4 + (D-d)(D+d)^2 zB]/32D$ z—花键齿数	$[\pi d^4 + (D-d)(D+d)^2 zB]/16D$ z—花键齿数

注：近似计算时，单、双键槽一般可忽略，花键轴截面可视为直径等于平均直径的圆截面。

将 σ_B 和 τ_T 值代入式（12-3）得

$$\sigma_e = \sqrt{\left(\frac{M}{W}\right)^2 + 4\left(\frac{T}{2W}\right)^2} = \frac{1}{W}\sqrt{M^2 + T^2} \leq [\sigma_{-1}] \tag{12-4}$$

由于一般转轴的弯曲正应力为对称循环变应力，而扭转切应力的循环特性往往不是对称循环，考虑两者循环特性不同的影响，对上式中的转矩 T 乘以折合系数 α。即

$$\sigma_e = \frac{M_e}{W} = \frac{1}{W}\sqrt{M^2 + (\alpha T)^2} = \frac{1}{0.1d^3}\sqrt{M^2 + (\alpha T)^2} \leqslant [\sigma_{-1}] \qquad (12\text{-}5)$$

式中　M_e——当量弯矩（N·mm），$M_e = \sqrt{M^2 + (\alpha T)^2}$；

　　　α——根据转矩性质而定的折算系数（对于不变的转矩，τ_T 为静应力，取 $\alpha \approx 0.3$；当转矩脉动变化时，τ_T 为脉动循环变应力，取 $\alpha \approx 0.6$；对于频繁正反转的轴，τ_T 为对称循环变应力，取 $\alpha = 1$。若转矩的变化规律不清楚，并考虑到轴经常起动、停车和载荷的变化，一般按脉动循环处理）；

$[\sigma_{-1}]$——对称循环变应力时的许用弯曲应力（MPa），其值按表 12-1 选用。

由式（12-5）可得到设计公式

$$d \geqslant \sqrt[3]{\frac{M_e}{0.1[\sigma_{-1}]}} \qquad (12\text{-}6)$$

心轴只承受弯矩而不承受转矩，在计算式（12-5）或式（12-6）时，应取 $T = 0$。转动心轴的弯曲应力为对称循环，取 $[\sigma_{-1}]$ 为其许用应力；固定心轴应用在较频繁地起动、停车状态时，其弯曲应力可视为脉动循环，取 $[\sigma_0]$ 为其许用应力，$[\sigma_0] \approx 1.7[\sigma_{-1}]$。

在上述计算中，没有考虑轴向力所引起的拉、压应力，这是因为这部分拉或压应力相对于弯曲应力较小，所以忽略不计。

按弯扭合成强度计算，只能在轴的结构设计完成之后，弯矩、转矩都已知的条件下进行。其一般步骤如下：

1）做出轴的空间受力图，一般将作用力分解为垂直平面受力和水平平面受力。

2）分别做出垂直平面和水平平面的受力图，并求出这两个面上各支点的支反力。

3）做出垂直平面的弯矩 M_V 图和水平平面的弯矩 M_H 图。

4）求出合成弯矩 M，并做出合成弯矩图。

$$M = \sqrt{M_V^2 + M_H^2} \qquad (12\text{-}7)$$

5）做出转矩 T 图。

6）做出当量弯矩 M_e 图，$M_e = \sqrt{M^2 + (\alpha T)^2}$，确定危险截面及其当量弯矩的数值。

7）按式（12-5）校核轴危险截面的强度。

在同一轴上各截面的直径不一定相同，各处所受的应力也不同，设计计算时应选择若干危险截面（即弯矩和转矩较大而轴径较小的截面）进行计算，力求使最危险的截面满足强度要求。

3. 安全系数校核计算

对于一般用途的轴，按上述方法设计计算即可。对于重要的轴，应采用安全系数法对轴的危险截面进行疲劳强度校核计算。

（1）轴的疲劳强度校核计算　疲劳强度校核计算的目的是确定轴在变应力下的安全程度，应考虑应力集中、尺寸、表面质量和强化因素等方面的影响。与弯扭合成强度计算方法相同，应在做出轴的弯矩 M 图和转矩 T 图以后，选择轴的危险截面进行校核。

根据危险截面上受到的弯矩和转矩可求出弯曲应力和扭转切应力，由两项循环应力及循环特性确定平均应力 σ_m 和 τ_m 及应力幅 σ_a 和 τ_a。然后分别求出弯矩作用下的安全系数 S_σ 和转矩作用下的安全系数 S_τ，计算式为

$$S_\sigma = \frac{\sigma_{-1}}{K_\sigma \sigma_a + \varphi_\sigma \sigma_m} \qquad (12\text{-}8)$$

$$S_\tau = \frac{\tau_{-1}}{K_\tau \tau_a + \varphi_\tau \tau_m} \qquad (12\text{-}9)$$

按第三章的强度计算式（3-56），求出复合应力状态下的安全系数 S 并满足强度条件

$$S = \frac{S_\sigma S_\tau}{\sqrt{S_\sigma^2 + S_\tau^2}} \geqslant [S] \qquad (12\text{-}10)$$

以上三式中的符号及有关数据已在第三章中说明。许用安全系数 $[S]$ 值可按下述情况选取：

1）当材料均匀，载荷和应力计算精确时，取 $[S]=1.3 \sim 1.5$。

2）当材料不够均匀，载荷和应力计算精确度较低时，取 $[S]=1.5 \sim 1.8$。

3）当材料均匀性及载荷和应力计算精确度很低，或尺寸很大的转轴，取 $[S]=1.8 \sim 2.5$。

4）重要的轴，破坏后会引起重大事故时，应适当增大 $[S]$。

（2）轴的静强度校核计算　静强度校核计算的目的是确定轴对塑性变形的抵抗能力。轴上瞬时的尖峰载荷即使作用时间很短或出现次数很少，不足以引起疲劳破坏，但却能使轴产生塑性变形甚至断裂。所以设计时应按尖峰载荷来进行静强度校核。静强度校核的强度条件为

$$S_s = \frac{S_{s\sigma} S_{s\tau}}{\sqrt{S_{s\sigma}^2 + S_{s\tau}^2}} \geqslant [S_s] \qquad (12\text{-}11)$$

式中　S_s——轴危险截面静强度安全系数；

　　　$S_{s\sigma}$——只考虑弯矩和轴向力的安全系数；

　　　$S_{s\tau}$——只考虑转矩的安全系数；

　　　$[S_s]$——静强度许用安全系数，其值可按下述情况选取：对于高塑性材料（$\sigma_s/\sigma_b \leqslant 0.6$）制成的钢轴，取 $[S_s]=1.2 \sim 1.4$；对于中等塑性材料（$\sigma_s/\sigma_b = 0.6 \sim 0.8$）制成的钢轴，取 $[S_s]=1.4 \sim 1.8$；对于低塑性材料制成的钢轴，取 $[S_s]=1.8 \sim 2$；对于铸造轴，取 $[S_s]=2 \sim 3$。

式（12-11）中 $S_{s\sigma}$ 和 $S_{s\tau}$ 按下式计算

$$S_{s\sigma} = \frac{\sigma_s}{\dfrac{M_{max}}{W} + \dfrac{F_{amax}}{A}} \qquad (12\text{-}12)$$

$$S_{s\tau} = \frac{\tau_s}{\dfrac{T_{max}}{W_T}} \qquad (12\text{-}13)$$

式中　M_{max}、T_{max}——尖峰载荷时轴危险截面上受到的最大弯矩、最大转矩（N·mm）；

　　　F_{amax}——尖峰载荷时轴危险截面上受到的最大轴向力（N）；

　　　A——轴危险截面的面积（mm^2）；

　　　σ_s、τ_s——材料的弯曲和剪切屈服极限（MPa）。

三、轴的刚度计算

轴属于细长杆件类零件，受载后会发生弯曲和扭转变形，变形量过大时将影响轴的正常

工作。例如，机床主轴的弯曲变形会影响机床的加工精度；安装齿轮的轴若产生过大的偏转角或扭角，将使齿轮沿齿宽方向接触不良，齿面载荷分布不均匀，影响齿轮的啮合性能；采用滑动轴承的轴，若产生过大的偏转角，轴颈和滑动轴承会形成边缘接触，造成不均匀磨损和过度发热；电动机轴产生过大的挠度，就会改变转子和定子间的间隙，使电动机的性能下降。因此，对于重要的或有刚度要求的轴，要进行弯曲刚度和扭转刚度计算。

轴的弯曲刚度用轴的挠度 y 或偏转角 θ 来度量，扭转刚度用轴的扭转角 φ 来度量。轴的刚度计算，就是计算轴在工作载荷下的变形量，并要求其在允许的范围内。

1. 弯曲刚度计算

常见的轴大多可视为简支梁。光轴可直接用材料力学中的公式计算其 y 和 θ；对于阶梯轴，如果对计算精度要求不高，则可用当量直径法做近似计算。即把阶梯轴看成是当量直径为 d_v 的光轴，然后再按材料力学中的公式计算。等效光轴直径的计算公式为

$$d_v = \sqrt[4]{\dfrac{L}{\sum\limits_{i=1}^{z} \dfrac{l_i}{d_i^4}}} \qquad (12\text{-}14)$$

式中　l_i——阶梯轴第 i 段的长度（mm）；

　　　d_i——阶梯轴第 i 段的直径（mm）；

　　　z——阶梯轴计算长度内的轴段数；

　　　L——阶梯轴的计算长度（mm）（当载荷作用于两支承之间时，$L = l$（l 为支承跨距）；当载荷作用于悬臂端时，$L = l + K$（K 为轴段的悬臂长度））。

若作用于光轴的载荷 F 位于支承跨距 L 的中间位置时，则轴在该处的挠度 y（mm）和支承处的偏转角 θ（rad）分别为

$$y = \frac{Fl^3}{48EI}, \quad \theta = \frac{Fl^2}{16EI} \qquad (12\text{-}15)$$

式中　E——材料的弹性模量（MPa）；

　　　I——轴截面的惯性矩（mm⁴），$I = 0.05 d_v^4$。

轴的弯曲刚度条件为

挠度　　　　　　　　　　　　　$y \leqslant [y]$ 　　　　　　　　　　　(12-16)

偏转角　　　　　　　　　　　　$\theta \leqslant [\theta]$ 　　　　　　　　　　(12-17)

式中　$[y]$、$[\theta]$——轴的许用挠度、许用偏转角，其值参见表 12-5。

2. 扭转刚度计算

轴受转矩作用时，对于圆轴，扭转角的计算公式为

光轴　　　　　　　　　　$\varphi = 5.73 \times 10^4 \dfrac{T}{G I_P}$ 　　　　　　　　(12-18)

阶梯轴　　　　　　　$\varphi = 5.73 \times 10^4 \dfrac{T}{LG} \sum\limits_{i=1}^{z} \dfrac{T_i l_i}{I_{Pi}}$ 　　　　　(12-19)

式中　T——轴所受的转矩（N·mm）；

　　　φ——轴的单位长度的扭转角（°/m）；

　　　G——材料的切变模量（MPa），对于钢材，$G = 8.1 \times 10^4$ MPa；

　　　I_P——轴截面的极惯性矩（mm⁴）；

T_i、l_i、I_{Pi}——第 i 段轴所受的转矩、长度和极惯性矩，单位同前；

　　　z——阶梯轴受转矩作用的轴段数。

轴的扭转刚度条件为

$$\varphi \leqslant [\varphi] \tag{12-20}$$

式中 $[\varphi]$——轴的许用扭转角，其值参见表 12-5。

表 12-5 轴的许用挠度 $[y]$、许用偏转角 $[\theta]$ 和许用扭转角 $[\varphi]$

应用场合	许用挠度 $[y]$/mm	应用场合	许用偏转角 $[\theta]$/rad	应用场合	许用扭转角 $[\varphi]$(°/m)
一般用途的轴	$(0.0003 \sim 0.0005) l$	滑动轴承	0.001	一般传动	$0.5 \sim 1$
刚度要求较严的轴	$0.0002l$	深沟球轴承	0.005	较精密的传动	$0.25 \sim 0.5$
感应电动机轴	0.1Δ	调心球轴承	0.05	重要传动	$\leqslant 0.25$
安装齿轮的轴	$(0.01 \sim 0.03) m_n$	圆柱滚子轴承	0.0025		
安装蜗轮的轴	$(0.02 \sim 0.05) m_t$	圆锥滚子轴承	0.0016		
蜗杆	$0.0025d_1$	安装齿轮处轴截面	$0.001 \sim 0.002$		

注：l 为支承之间的跨距（mm）；Δ 为电动机定子与转子之间的空隙（mm）；m_n 为齿轮的法向模数（mm）；m_t 为蜗轮端面模数（mm）；d_1 为蜗杆分度圆直径（mm）。

四、轴的振动与临界转速

轴在旋转过程中，轴的实体会产生反复的弹性变形，这种现象称为轴的振动。轴的振动有弯曲振动（又称横向振动）、扭转振动和纵向振动三类。

由于轴及轴上零件材质分布不均匀以及制造和安装误差等因素的影响，导致轴系零件的质心偏离其回转中心，使轴系转动时受到以离心惯性力为表征的周期性强迫力的作用，从而引起轴的弯曲振动。如果这种强迫振动的频率与轴的弯曲固有频率相重合，就会出现弯曲共振现象。当轴由于传递的功率有周期性的变化而产生周期性的扭转变形时，就会产生扭转振动。如其强迫振动的频率与轴的扭转固有频率相重合，就会出现扭转共振现象。若轴受到周期性的轴向干扰力时，也会产生纵向振动。但由于轴的纵向刚度很大，纵向固有频率很高，一般不会产生纵向共振，且纵向振幅较小，因此常忽略不计。下面只对轴的弯曲振动进行粗略分析。

轴发生共振时的转速称为轴的临界转速。如果继续提高转速，运转又趋平稳，但当转速达到另一较高值时，共振可能再次发生。即临界转速有许多个，最低的一个称为一阶临界转速，其余为二阶、三阶……。如果轴的工作转速在临界转速附近，轴的变形将迅速增大，以至达到使轴甚至整个机器遭受破坏的程度。因此，对于高速转动的轴，必须计算其临界转速，使其工作转速 n 避开其各阶临界转速 n_{c1}、n_{c2}、…，以防止轴共振的发生。

现以装有单圆盘的轴为例，介绍弯曲振动一阶临界转速的计算方法。

如图 12-27 所示，设圆盘的质量为 m，轴的质量相对圆盘的质量很小，忽略不计，并假定圆盘材料不均匀或制造有误差而存在不平衡，其质心 c 与轴线间的偏心距为 e。当圆盘以角速度 ω 旋转时，圆盘的偏心质量将产生离心惯性力 F，其大小为

$$F = m\omega^2(y + e) \tag{12-21}$$

其中，y 是在离心惯性力 F 作用下轴的挠度。设轴的弯曲刚度为 k，则轴弯曲变形时产生的弹性力 ky 应与离心惯性力 F 平衡，则有

$$F = ky \tag{12-22}$$

联立以上两式，则有

$$y = \frac{e}{\dfrac{k}{m\omega^2} - 1} \tag{12-23}$$

当轴的角速度 ω 逐渐增大时，挠度 y 也

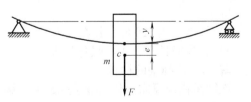

图 12-27 单圆盘轴振动计算简图

随之增大。在没有阻尼的情况下，当 $\dfrac{k}{m\omega^2}$ 趋近于 1 时，则挠度 y 趋近于无穷大。这就意味着轴会产生极大的变形而导致破坏。此时所对应的角速度称为轴的一阶临界角速度，用 ω_{c1} 表示，其值为

$$\omega_{c1} = \sqrt{\dfrac{k}{m}} \tag{12-24}$$

由上式可知，轴的临界角速度只与轴的刚度和圆盘的质量有关，而与偏心距无关。

将轴的刚度计算式 $k = mg/y_0$ 代入式（12-24），得轴的一阶临界角速度为

$$\omega_{c1} = \sqrt{\dfrac{g}{y_0}} \tag{12-25}$$

式中　g——重力加速度（$\mathrm{mm/s^2}$）；

　　　y_0——轴的静挠度（mm）。

如以 $g = 9810\,\mathrm{mm/s^2}$ 代入上式，并将角速度换成轴的转速，则可得到装有单圆盘的轴（不计轴的质量时）的一阶临界转速为

$$n_{c1} = \dfrac{30}{\pi}\sqrt{\dfrac{g}{y_0}} \approx 946\sqrt{\dfrac{1}{y_0}} \tag{12-26}$$

工作转速低于一阶临界转速的轴称为刚性轴（工作于亚临界区），超过一阶转速的轴称为挠性轴（工作于超临界区）。一般情况下，对于刚性轴，应使其工作转速 $n < 0.85 n_{c1}$；对于挠性轴，应使其工作转速 $1.15 n_{c1} < n < 0.85 n_{c2}$（$n_{c1}$、$n_{c2}$ 分别为轴的一阶、二阶临界转速）。若轴的工作转速很高时，应使其转速避开相应的高阶临界转速。满足上述条件的轴就是具有了弯曲振动的稳定性。

当轴上装有多个回转零件时，其临界转速有多种计算方法，可参考相关文献。

例　某输送装置如图 12-28 所示，由 V 带和减速器进行减速，试设计减速器的高速轴。该装置水平布置，运转平稳，载荷变化小，输出轴单向回转。已知

1）电动机主要参数：型号 Y160M-4，功率 $P = 11$ kW，转速 $n = 1460$ r/min。

2）V 带传动主要参数：带轮基准直径 $d_{d1} = 112$ mm，$d_{d2} = 265$ mm，传动比 $i_1 = 2.37$，大小带轮宽度均为 $b = 50\,\mathrm{mm}$，带轮压轴力 $F_Q = 2300\mathrm{N}$。

3）齿轮传动主要参数：模数 $m_n = 4\mathrm{mm}$，齿数 $z_1 = 29$，$z_2 = 81$，传动比 $i_2 = 2.79$，分度圆螺旋角 $\beta = 12.26°$，齿宽 $b_1 = 54$ mm，$b_2 = 48$ mm。

4）轴承选用 7209C，其宽度 $B = 19\mathrm{mm}$，$a = 18.2\mathrm{mm}$。

5）轴表面精车，未经强化处理。

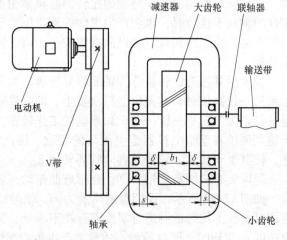

图 12-28　输送装置简图

解　1. 选择轴的材料

该轴无特殊要求，因此选用 45 钢，调质处理。由表 12-1 知，轴的表面硬度为 217 ~ 255HBW，$\sigma_b = 650\mathrm{MPa}$。

2. 初步估算轴的直径

此轴为转轴，按扭转强度估算轴的最小轴径。首先确定减速器输入轴的输入功率

$$P_1 = P\eta$$

其中，η 为带传动的效率，取 $\eta = 0.95$。$P_1 = 11\text{kW} \times 0.95 = 10.45\ \text{kW}$；输入轴转速为 $n_1 = n/i_1 = 1460\text{r}/\text{min}/2.37 = 616.03\text{r}/\text{min}$。

根据式（12-2），查表 12-3，取 $A_0 = 110$，得

$$d_{\min} \geqslant A_0 \sqrt[3]{\frac{P_1}{n_1}} = 110 \sqrt[3]{\frac{10.45}{616.03}}\text{mm} = 28.26\text{mm}$$

由于安装大带轮位置需要安装键，轴径应增加 5%，$d_{\min} = 29.68\text{mm}$，从机械设计手册上查得，带轮孔径为 35 mm，故选择轴端与带轮连接处的轴径为 35 mm。

3. 轴的结构设计

根据轴上主要安装零件的布置和初步估算出的轴最小直径 $d_{\min}$，进行轴的结构设计。

（1）轴上零件的轴向定位　如图 12-29 所示，采用齿轮从左端装入方案，齿轮右端靠轴肩定位，左端靠套筒定位；齿轮两端安装的轴承采用同一型号，以便于加工、安装和维修，因此安装轴承处的轴径应当相同；为便于装拆轴承，轴承处轴肩不宜太高，故右边轴承与齿轮之间设置两个轴肩。带轮右端也依靠轴肩定位，左端采用轴端挡圈。

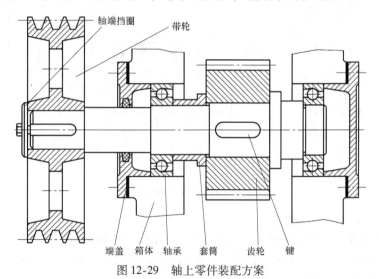

图 12-29　轴上零件装配方案

（2）确定轴的各段直径　如图 12-30 所示，各段直径按照定位轴肩 $h \geqslant 3 \sim 5\text{mm}$、非定位轴肩 $h = 1 \sim 2\text{mm}$ 及标准件按标准系列选取的原则，从轴端直径最小处安装带轮开始依次向右取 $\phi35\text{mm} \rightarrow \phi42\text{mm}$（定位轴肩且符合密封圈尺寸）$\rightarrow \phi45\text{mm}$（非定位轴肩且符合轴承内圈尺寸）$\rightarrow \phi50\text{mm}$（非定位轴肩）$\rightarrow \phi60\text{mm}$（齿轮定位轴肩）$\rightarrow \phi52\text{mm}$（轴承定位轴肩）$\rightarrow \phi45\text{mm}$（符合轴承内圈尺寸）。

（3）确定轴的各段长度　各轴段的长度，取决于轴上零件的宽度及它们的相对位置，如图 12-30 所示。

$\phi35$ 轴段根据带轮宽度确定，带轮宽度 50mm，为保证带轮定位可靠，取长度为 47mm。

$\phi42$ 轴段根据轴承（7209C）的位置和宽度、轴承盖结构尺寸、箱体壁厚、连接螺栓凸缘宽度、轴承盖与带轮之间的距离等确定，取长度为 58mm。

$\phi45$ 轴段根据轴承宽度 B 及齿轮的位置确定，考虑转动齿轮与固定箱壁之间应留有间

隙，取齿轮端面距箱体内壁的距离 $\delta = 20\text{mm}$，考虑滚动轴承润滑时要设挡油环（图中未画出），取轴承端面距箱体内壁的距离 $s = 9\text{mm}$，所以取该轴段长度为50mm。

$\phi50$ 轴段根据齿轮宽度确定，齿轮宽度54mm，为保证齿轮定位可靠，取长度为52mm。

$\phi60$ 轴段为轴环，其长度约为1.4倍轴肩高度，取长度为10mm。

$\phi52$ 轴段根据轴承的位置确定，取长度为19mm。

$\phi45$ 轴段根据轴承的宽度确定，取长度为21mm。

（4）轴上零件的周向定位　齿轮、带轮与轴的周向定位均采用平键连接。齿轮与轴的连接选用 A 型平键，按机械设计手册查得截面尺寸 $b \times h = 18\text{mm} \times 11\text{mm}$，长度 $L = 45\text{mm}$，大带轮毂宽度50mm；带轮与轴的连接选用 C 型平键，截面尺寸为10mm×8mm，长度 $L = 40\text{mm}$。

为了保证传动平稳可靠，同时安装方便，齿轮轮毂与轴的配合、带轮与轴的配合均选用H7/k6，滚动轴承与轴的周向定位借助于过盈配合来保证，此处选择轴的直径尺寸公差为k6。

（5）考虑轴的结构工艺性　考虑轴的结构工艺，取轴端倒角为 C2，安装轴承位置需要磨削加工，因此右端轴段需要砂轮越程槽，两键槽位置应在轴的同一母线上。最后得到的结构设计如图 12-30 所示。

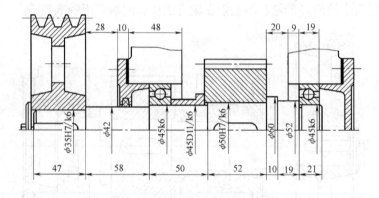

图 12-30　轴的结构设计

4. 按弯扭合成校核轴的强度

轴的受力计算简图（即力学模型）如图 12-31a 所示，取集中载荷作用于齿轮及带轮中点，滚动轴承的受力点位置按照 $a = 18.2\text{mm}$ 确定，则有 $l_{AB} = 101.2\text{mm}$、$l_{BC} = 56.8\text{mm}$、$l_{CD} = 56.8\text{mm}$。

1）齿轮上作用力大小

$$d_1 = \frac{m_n z_1}{\cos\beta} = \frac{4 \times 29}{\cos 12.26°}\text{mm} = 118.707\text{mm}$$

$$T_1 = 9.55 \times 10^6 \frac{P_1}{n_1} = 9.55 \times 10^6 \times \frac{10.45}{616.03}\text{N} \cdot \text{mm} = 162 \times 10^3 \text{N} \cdot \text{mm}$$

$$F_{t1} = \frac{2T_1}{d_1} = \frac{2 \times 162 \times 10^3}{118.707}\text{N} = 2729.36\text{N}$$

$$F_{a1} = F_{t1} \tan\beta = 2729.36\text{N} \times \tan 12.26° = 593.1\text{N}$$

$$F_{r1} = F_{t1} \frac{\tan\alpha_n}{\cos\beta} = 2729.36\text{N} \times \frac{\tan 20°}{\cos 12.26°} = 1016.59\text{N}$$

各力的方向如图 12-31a 所示。

2）求水平面支反力 F_{BH}、F_{DH} 和弯矩 M_H，作水平面弯矩 M_H 图（图 12-31c）。

$$F_{BH} = \frac{F_{r1} \times l_{CD} - F_{a1} \times \dfrac{d_1}{2} - F_Q \times (l_{AB} + l_{BC} + l_{CD})}{l_{BC} + l_{CD}}$$

$$= \frac{1016.59 \times 56.8 - 593.1 \times \dfrac{118.707}{2} - 2300 \times (101.2 + 56.8 + 56.8)}{56.8 + 56.8} N = -4150.54N$$

$$F_{DH} = F_{r1} - F_{BH} - F_Q = 1016.59N - (-4150.54)N - 2300N = 2867.13N$$

$$M_{BH} = F_Q \times l_{AB} = 2300 \times 101.2N \cdot mm = 232.76 \times 10^3 N \cdot mm$$

$$M_{CH右} = F_{DH} \times l_{CD} = 2867.13 \times 56.8N \cdot mm = 162.86 \times 10^3 N \cdot mm$$

$$M_{CH左} = M_{CH右} - F_{a1}\frac{d_1}{2} = 162.86 \times 10^3 N \cdot mm - 593.1 \times \frac{118.707}{2}N \cdot mm = 127.66 \times 10^3 N \cdot mm$$

3）求垂直面支反力 F_{BV}、F_{DV} 和弯矩 M_V，作垂直平面弯矩 M_V 图（图 12-31e）。

$$F_{BV} = F_{DV} = \frac{F_{t1}}{2} = \frac{2729.36}{2}N = 1364.68N$$

$$M_{CV} = F_{BV} \times l_{BC} = 1364.68 \times 56.8N \cdot mm = 77.51 \times 10^3 N \cdot mm$$

4）计算合成弯矩，作合成弯矩 M 图（图 12-31f）。

$$M_B = \sqrt{M_{BH}^2 + M_{BV}^2} = \sqrt{232.76^2 + 0^2}N \cdot mm = 232.76 \times 10^3 N \cdot mm$$

$$M_{C左} = \sqrt{M_{CH左}^2 + M_{CV}^2} = \sqrt{127.66^2 + 77.51^2} \times 10^3 N \cdot mm = 149.35 \times 10^3 N \cdot mm$$

$$M_{C右} = \sqrt{M_{CH右}^2 + M_{CV}^2} = \sqrt{162.86^2 + 77.51^2} \times 10^3 N \cdot mm = 180.36 \times 10^3 N \cdot mm$$

除 B、C 截面外，再取 E、F 两截面计算，这两个截面弯矩不是最大，但直径较小。

$$M_E = \sqrt{(F_Q \times l_{AE})^2 + M_{EV}^2} = \sqrt{(2300 \times 25)^2 + 0}N \cdot mm = 57.5 \times 10^3 N \cdot mm$$

$$M_F = \sqrt{(F_Q \times l_{AF})^2 + M_{FV}^2} = \sqrt{(2300 \times 83)^2 + 0}N \cdot mm = 190.9 \times 10^3 N \cdot mm$$

5）计算转矩，作转矩 T 图（图 12-31g）。

$$T = T_1 = 162 \times 10^3 N \cdot mm$$

6）计算当量弯矩，作当量弯矩 M_e 图（图 12-31h）。轴单向回转，转矩按脉动循环处理，取 $\alpha = 0.6$。各截面当量弯矩为

$$M_{Ae} = \sqrt{0^2 + (\alpha T)^2} = \sqrt{0^2 + (0.6 \times 162)^2} \times 10^3 N \cdot mm = 97.2 \times 10^3 N \cdot mm$$

$$M_{Be} = \sqrt{M_B^2 + (\alpha T)^2} = \sqrt{232.76^2 + (0.6 \times 162)^2} \times 10^3 N \cdot mm = 252.24 \times 10^3 N \cdot mm$$

$$M_{C左e} = \sqrt{M_{C左}^2 + (\alpha T)^2} = \sqrt{149.35^2 + (0.6 \times 162)^2} \times 10^3 N \cdot mm = 178.19 \times 10^3 N \cdot mm$$

$$M_{C右e} = \sqrt{M_{C右}^2 + (\alpha T)^2} = \sqrt{180.36^2 + (0.6 \times 162)^2} \times 10^3 N \cdot mm = 204.88 \times 10^3 N \cdot mm$$

$$M_{Ee} = \sqrt{M_E^2 + (\alpha T)^2} = \sqrt{57.5^2 + (0.6 \times 162)^2} \times 10^3 N \cdot mm = 112.93 \times 10^3 N \cdot mm$$

$$M_{Fe} = \sqrt{M_F^2 + (\alpha T)^2} = \sqrt{190.9^2 + (0.6 \times 162)^2} \times 10^3 N \cdot mm = 214.22 \times 10^3 N \cdot mm$$

7）按弯扭合成应力校核轴的强度。综合以上计算，截面 B 当量弯矩最大，故截面 B 为可能危险截面。而截面 E、F 当量弯矩虽不是最大，但轴径较小，所以取 B、E 和 F 三个截面进行校核。查表 12-1，$[\sigma_{-1b}] = 60MPa$，则

$$\sigma_{BB} = \frac{M_{Be}}{W_B} = \frac{252.24 \times 10^3}{0.1 \times 45^3}MPa = 27.68MPa < [\sigma_{-1}]$$

$$\sigma_{BE} = \frac{M_{Ee}}{W_E} = \frac{112.93 \times 10^3}{0.1 \times 35^3}MPa = 26.33MPa < [\sigma_{-1}]$$

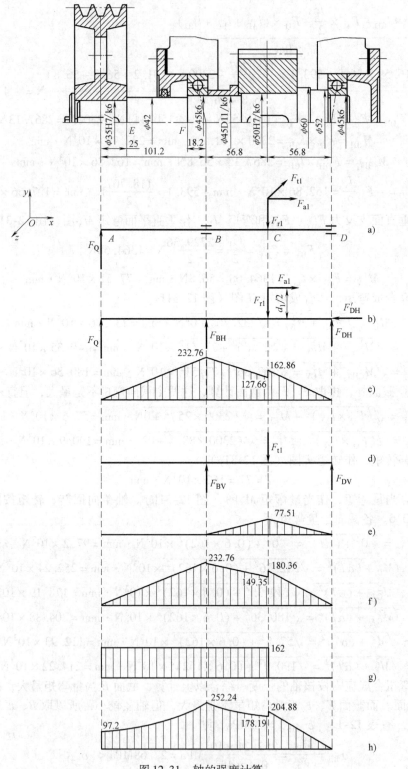

图 12-31 轴的强度计算

a) 轴受力简图   b) 水平面受力图 (xOy)   c) 水平面弯矩 M_H 图 (xOy)   d) 垂直面受力图 (xOz)

e) 垂直面弯矩 M_V 图 (xOz)   f) 合成弯矩 M 图   g) 转矩 T 图   h) 当量转矩 M_e 图

$$\sigma_{BF} = \frac{M_{Fe}}{W_F} = \frac{214.22 \times 10^3}{0.1 \times 42^3} MPa = 28.91 MPa < [\sigma_{-1}]$$

所以轴的强度足够。

5. 按安全系数校核轴的疲劳强度

（1）判断危险截面　从受载荷情况考虑，截面 B、E、F（直径比截面 E 略有减小）应力较大。从应力集中对轴的疲劳强度的影响考虑，截面 B、E、F 处过盈配合引起的应力集中较严重，F 处还有轴肩引起的应力集中，故确定截面 B、E、F 为危险截面。

（2）截面 B　轴的材料为 45 钢，调质处理，由表 12-1 查得 $\sigma_b = 650MPa$，$\sigma_{-1} = 270MPa$，$\tau_{-1} = 155MPa$。

弯曲应力为

$$\sigma_{BB} = \frac{M_B}{W_B} = \frac{232.76 \times 10^3}{0.1 \times 45^3} MPa = 25.54 MPa$$

弯曲应力为对称循环，其应力幅和平均应力为

$$\sigma_a = \sigma_{BBB} = 25.54 MPa \qquad \sigma_m = 0$$

扭转应力为

$$\tau_{TB} = \frac{T}{W_{TB}} = \frac{162 \times 10^3}{0.2 \times 45^3} MPa = 8.88 MPa$$

扭转切应力按脉动循环计算，其应力幅和平均应力为

$$\tau_a = \tau_m = \frac{\tau_{TB}}{2} = \frac{8.88}{2} MPa = 4.44 MPa$$

过盈配合，查附表 1-8，$\phi45k6$ 按 $\phi45H7/r6$ 线性插值，得

$$\frac{k_\sigma}{\varepsilon_\sigma} = 3.35, 取 \frac{k_\tau}{\varepsilon_\tau} = (0.7 \sim 0.8)\frac{k_\sigma}{\varepsilon_\sigma} = 2.51$$

轴表面精车，未经过强化处理，根据附图 1-4 查得表面质量系数 $\beta_\sigma = \beta_\tau = 0.93$，强化系数 $\beta_q = 1$，则由式（3-23），得综合影响系数

$$K_\sigma = \left(\frac{k_\sigma}{\varepsilon_\sigma} + \frac{1}{\beta_\sigma} - 1\right)\frac{1}{\beta_q} = \left(3.35 + \frac{1}{0.93} - 1\right)\frac{1}{1} = 3.43$$

$$K_\tau = \left(\frac{k_\tau}{\varepsilon_\tau} + \frac{1}{\beta_\tau} - 1\right)\frac{1}{\beta_q} = \left(2.51 + \frac{1}{0.93} - 1\right)\frac{1}{1} = 2.59$$

又由第三章可知，对于碳钢，$\varphi_\sigma = 0.1 \sim 0.2$，取 $\varphi_\sigma = 0.1$；$\varphi_\tau = 0.05 \sim 0.1$，取 $\varphi_\tau = 0.05$，则按式（12-8）～式（12-10），可得（轴向力 F_{a1} 引起的压应力应作为 σ_m 计入，但其值甚小，故忽略不计）

$$S_\sigma = \frac{\sigma_{-1}}{K_\sigma\sigma_a + \varphi_\sigma\sigma_m} = \frac{270}{3.43 \times 25.54 + 0.1 \times 0} = 3.08$$

$$S_\tau = \frac{\tau_{-1}}{K_\tau\tau_a + \varphi_\tau\tau_m} = \frac{155}{2.59 \times 4.44 + 0.05 \times 4.44} = 13.22$$

$$S = \frac{S_\sigma S_\tau}{\sqrt{S_\sigma^2 + S_\tau^2}} = \frac{3.08 \times 13.22}{\sqrt{3.08^2 + 13.22^2}} = 3 > [S] = 1.5 \sim 1.8$$

故可知安全。

（3）截面 E

弯曲应力为

$$\sigma_{BE} = \frac{M_E}{W_E} = \frac{57.5 \times 10^3}{0.1 \times 35^3} \text{MPa} = 13.41 \text{MPa}$$

弯曲应力为对称循环，其应力幅和平均应力为

$$\sigma_a = \sigma_{BE} = 13.41 \text{MPa}, \sigma_m = 0$$

扭转应力为

$$\tau_{TE} = \frac{T}{W_{TE}} = \frac{162 \times 10^3}{0.2 \times 35^3} \text{MPa} = 18.89 \text{MPa}$$

扭转切应力按脉动循环计算，其应力幅和平均应力为

$$\tau_a = \tau_m = \frac{\tau_{TE}}{2} = \frac{18.89}{2} \text{MPa} = 9.45 \text{MPa}$$

此截面上有轴肩和过盈配合，现计算有效应力集中系数进行比较。

过盈配合：查附表 1-8，$\phi 35k6$ 线性插值，得

$$\frac{k_\sigma}{\varepsilon_\sigma} = 2.276, \text{取} \frac{k_\tau}{\varepsilon_\tau} = (0.7 \sim 0.8)\frac{k_\sigma}{\varepsilon_\sigma} = 1.707$$

轴肩：理论应力集中系数查附表 1-1，由 $D/d = 42/35 = 1.2$，轴肩处圆角半径 $r = 2\text{mm}$，$r/d = 2/35 = 0.057$，经线性插值后可查得

$$\alpha_\sigma = 2.406, \alpha_\tau = 1.957$$

又由附图 1-1，可查得材料的敏性系数为

$$q_\sigma = 0.8, q_\tau = 0.84$$

故由式（3-19），得有效应力集中系数为

$$k_\sigma = 1 + q_\sigma(\alpha_\sigma - 1) = 1 + 0.8(2.406 - 1) = 2.125$$
$$k_\tau = 1 + q_\tau(\alpha_\tau - 1) = 1 + 0.84(1.957 - 1) = 1.804$$

由附图 1-2 和附图 1-3 得尺寸系数 $\varepsilon_\sigma = 0.78$，$\varepsilon_\tau = 0.88$，则

$$\frac{k_\sigma}{\varepsilon_\sigma} = \frac{2.125}{0.78} = 2.724 \qquad \frac{k_\tau}{\varepsilon_\tau} = \frac{1.804}{0.88} = 2.05$$

取两者之中较大值，即

$$\frac{k_\sigma}{\varepsilon_\sigma} = \frac{2.125}{0.78} = 2.724$$

轴表面精车，未经过强化处理，根据附图 1-4 查得表面质量系数 $\beta_\sigma = \beta_\tau = 0.93$，强化系数 $\beta_q = 1$，则由式（3-23），得综合影响系数为

$$K_\sigma = \left(\frac{k_\sigma}{\varepsilon_\sigma} + \frac{1}{\beta_\sigma} - 1\right)\frac{1}{\beta_q} = \left(2.724 + \frac{1}{0.93} - 1\right)\frac{1}{1} = 2.799$$

$$K_\tau = \left(\frac{k_\tau}{\varepsilon_\tau} + \frac{1}{\beta_\tau} - 1\right)\frac{1}{\beta_q} = \left(2.05 + \frac{1}{0.93} - 1\right)\frac{1}{1} = 2.125$$

又由第三章可知，对于碳钢，$\varphi_\sigma = 0.1 \sim 0.2$，取 $\varphi_\sigma = 0.1$；$\varphi_\tau = 0.05 \sim 0.1$，取 $\varphi_\tau = 0.05$，则按式（12-8）~ 式（12-10），可得（轴向力 F_{a1} 引起的压应力应作为 σ_m 计入，但其值甚小，故忽略不计）

$$S_\sigma = \frac{\sigma_{-1}}{K_\sigma \sigma_a + \varphi_\sigma \sigma_m} = \frac{270}{2.799 \times 13.41 + 0.1 \times 0} = 7.19$$

$$S_\tau = \frac{\tau_{-1}}{K_\tau \tau_a + \varphi_\tau \tau_m} = \frac{155}{2.125 \times 9.45 + 0.05 \times 9.45} = 7.54$$

$$S = \frac{S_\sigma S_\tau}{\sqrt{S_\sigma^2 + S_\tau^2}} = \frac{7.19 \times 7.54}{\sqrt{7.19^2 + 7.54^2}} = 5.2 > [S] = 1.5 \sim 1.8$$

故可知安全。

（4）截面 F

弯曲应力为

$$\sigma_{BF} = \frac{M_F}{W_F} = \frac{190.9 \times 10^3}{0.1 \times 42^3} \text{MPa} = 25.77 \text{MPa}$$

弯曲应力为对称循环，其应力幅和平均应力为

$$\sigma_a = \sigma_{BBF} = 25.77 \text{MPa} \qquad \sigma_m = 0$$

扭转应力为

$$\tau_{TF} = \frac{T}{W_{TF}} = \frac{162 \times 10^3}{0.2 \times 42^3} \text{MPa} = 10.93 \text{MPa}$$

扭转切应力按脉动循环计算，其应力幅和平均应力为

$$\tau_a = \tau_m = \frac{\tau_{TF}}{2} = \frac{10.93}{2} \text{MPa} = 5.47 \text{MPa}$$

此截面上有轴肩和过盈配合，过盈配合与截面 B 相同，截面 B 计算安全，现只需计算轴肩处（$\phi 42$mm）的安全系数。

轴肩形成的理论应力集中系数查附表 1-1，由 $D/d = 45/42 = 1.07$，轴肩处圆角半径 $r = 1.5$mm，$r/d = 1.5/42 = 0.0357$，经线性插值后可查得

$$\alpha_\sigma = 1.928, \alpha_\tau = 1.32$$

又由附图 1-1，可查得材料的敏性系数为

$$q_\sigma = 0.8, q_\tau = 0.84$$

故由式（3-19），得有效应力集中系数为

$$k_\sigma = 1 + q_\sigma(\alpha_\sigma - 1) = 1 + 0.8(1.928 - 1) = 1.742$$
$$k_\tau = 1 + q_\tau(\alpha_\tau - 1) = 1 + 0.84(1.32 - 1) = 1.269$$

由附图 1-2 和附图 1-3 得尺寸系数 $\varepsilon_\sigma = 0.76$，$\varepsilon_\tau = 0.86$。

轴表面精车，未经过强化处理，根据附图 1-4 查得表面质量系数 $\beta_\sigma = \beta_\tau = 0.93$，强化系数 $\beta_q = 1$，则由式（3-23），得综合影响系数

$$K_\sigma = \left(\frac{k_\sigma}{\varepsilon_\sigma} + \frac{1}{\beta_\sigma} - 1\right)\frac{1}{\beta_q} = \left(\frac{1.742}{0.76} + \frac{1}{0.93} - 1\right)\frac{1}{1} = 2.367$$

$$K_\tau = \left(\frac{k_\tau}{\varepsilon_\tau} + \frac{1}{\beta_\tau} - 1\right)\frac{1}{\beta_q} = \left(\frac{1.269}{0.86} + \frac{1}{0.93} - 1\right)\frac{1}{1} = 1.551$$

又由第三章可知，对于碳钢，$\varphi_\sigma = 0.1 \sim 0.2$，取 $\varphi_\sigma = 0.1$；$\varphi_\tau = 0.05 \sim 0.1$，取 $\varphi_\tau = 0.05$，则按式（12-8）~式（12-10），可得（轴向力 F_{a1} 引起的压应力应作为 σ_m 计入，但其值较小，故忽略不计）

$$S_\sigma = \frac{\sigma_{-1}}{K_\sigma \sigma_a + \varphi_\sigma \sigma_m} = \frac{270}{2.367 \times 25.77 + 0.1 \times 0} = 4.426$$

$$S_\tau = \frac{\tau_{-1}}{K_\tau \tau_a + \varphi_\tau \tau_m} = \frac{155}{1.551 \times 5.47 + 0.05 \times 5.47} = 17.7$$

$$S = \frac{S_\sigma S_\tau}{\sqrt{S_\sigma^2 + S_\tau^2}} = \frac{4.426 \times 17.7}{\sqrt{4.426^2 + 17.7^2}} = 4.29 > [S] = 1.5 \sim 1.8$$

故可知安全。

6. 绘制轴的工作图（略）

—— **本章学习要点** ———————————————————

1. 了解轴的类型，根据轴所受载荷判断轴的类型及所受应力特性。

2. 掌握如何选择轴的材料，重点是掌握碳素钢与合金钢的应用场合。

3. 掌握轴的结构设计方法，重点是轴的轴向定位、周向定位方法，轴的直径及长度的确定方法，提高轴结构工艺性的措施。

4. 掌握轴的强度计算方法，按扭转强度计算与按弯扭合成强度计算的适用范围，注意按扭转切应力性质而定的折算系数 α 的含义。

5. 了解轴的刚度计算方法。

第十三章

滚动轴承

提示

　　多数滚动轴承已经标准化，因此在机械设计中主要解决两个问题：一是根据工作条件选用合适的滚动轴承的类型和尺寸；二是进行滚动轴承的组合结构设计。

　　重点是滚动轴承的类型选择、寿命计算及组合结构设计，难点是向心推力轴承（包括角接触球轴承和圆锥滚子轴承）的受力分析及轴向载荷的计算。

第一节　概　　述

　　轴承是机械中广泛应用的零部件之一，用来支承轴及轴上零件，保持轴的旋转精度，减少摩擦和磨损。根据轴承中摩擦性质不同，可把轴承分为滑动轴承和滚动轴承两大类。滑动轴承的设计计算等内容将在第十四章详细介绍。

　　滚动轴承由于摩擦系数小，起动阻力小等优点，得到了广泛的应用。从宇宙飞船、汽车、火车到生活中的自行车、电风扇等，凡是有转动的地方一般都要安装滚动轴承。滚动轴承的用量大、类型多，为了便于组织生产、降低生产成本、确保制造质量、保证互换性及用户选用方便，滚动轴承已经标准化，集中在专业化轴承工厂根据国家标准大批量生产和供应。对于机械设计工作者来说，只需要根据具体的工作条件正确选择轴承的类型和尺寸，同时考虑安装、调整、润滑和密封等相关问题进行组合结构设计。

一、滚动轴承的组成

　　典型的滚动轴承组成如图 13-1 所示，由内圈、外圈、滚动体和保持架四部分组成。内圈与轴颈配合，外圈与轴承座孔配合。一般情况下，内圈与轴一起旋转，外圈静止，但也有内圈静止，外圈旋转，或内圈、外圈同时旋转的场合。

　　滚动体是滚动轴承的核心元件，它使相对运动表面间的滑动摩擦变为滚动摩擦，它的大小及数量直接影响滚动轴承的承载能力。常用的滚动体形状如图 13-2 所示，有球、圆柱滚子、圆锥滚子、球面滚子、非对称球面滚子、滚针等多种类型。

　　保持架的主要作用是均匀地将滚动体隔开，避免滚动体间的相互摩擦、磨损。

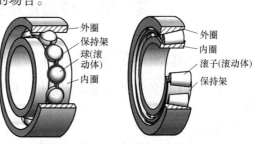

图 13-1　滚动轴承的基本结构

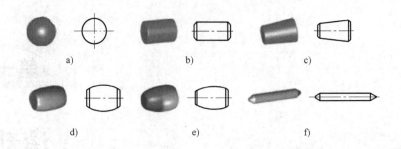

图 13-2　常用的滚动体形状

a）球　b）圆柱滚子　c）圆锥滚子　d）球面滚子　e）非对称球面滚子　f）滚针

常见的保持架有冲压保持架（图 13-3a）、实体保持架（图 13-3b）等。

除了滚动体是滚动轴承的核心元件，不可缺少外，在某些情况下，滚动轴承可以没有内圈、外圈或保持架。此外，还有一些轴承除了以上四种基本零件外，还增加有其他特殊零件，如在外圈上加止动环或带密封盖等。

二、滚动轴承的材料

轴承的内、外圈和滚动体要求强度高、耐磨性好，一般采用高碳铬轴承钢（如 GCr15、GCr15SiMn）或渗碳轴承钢（如 G20Cr2Ni4A）材料制造，淬火后硬度一般不低于 60 ~ 65HRC，工作表面要求磨削抛光。保持架一般用塑性好的低碳钢板冲压制

图 13-3　保持架

a）冲压保持架　b）实体保持架

成，实体保持架常用减摩性好的铝合金、铜合金或塑料等材料制成。

三、滚动轴承的优缺点

与滑动轴承比较，滚动轴承因具有下列优点而获得了广泛的应用：摩擦系数小，起动力矩小，效率高；轴向尺寸小，可使机器结构简化、紧凑；多数滚动轴承能够同时承受径向和轴向载荷；内部间隙小，旋转精度高，还可以通过预紧消除间隙，进一步提高旋转精度；润滑简便，润滑剂消耗小，维护保养成本低；属于标准件，互换性好，使用和更换十分方便。

滚动轴承的缺点是：抗冲击能力较差，高速旋转时噪声大，径向尺寸较大，工作寿命不及液体摩擦滑动轴承长。

第二节　滚动轴承的类型、代号及选择

一、滚动轴承的游隙、接触角和极限转速

为了便于了解各种类型轴承的结构和工作特性，现介绍表征轴承结构和工作特性的几个要素。

1. 游隙 u_r、u_a

滚动轴承中的滚动体与内外圈滚道之间的间隙称为轴承的游隙，可分为径向游隙和轴向

游隙。当轴承的一个套圈固定，另一个套圈沿径向或轴向从一个极端位置到另一个极端位置的位移量，称为滚动轴承的径向游隙 u_r 和轴向游隙 u_a，如图 13-4 所示。

　　轴承游隙的大小对轴承的寿命、温升、噪声和轴的旋转精度等有很大影响，因此需要根据具体工作条件和要求对轴承游隙的大小进行适当的选择和调整。

2. 接触角 α

　　滚动体与套圈接触处的法线与轴承的径向平面之间的夹角称为轴承的公称接触角，用 α 表示。它是滚动轴承的一个重要参数，滚动轴承的分类和受力分析都与之相关。α 越大，轴承承受轴向载荷的能力越强。表 13-1 列出了几类球轴承的公称接触角。

3. 极限转速 $n_{\lim}$

　　极限转速即指滚动轴承允许的最大转速，与轴承的类型、尺寸、精度、载荷、润滑条件、滚动体类型、游隙、保持架结构等因素有关。在轴承样本中给出的极限转速 $n_{\lim}$ 是指载荷不太大（当量动载荷 $P \leqslant 0.1C$，C 为基本额定动载荷，见本章第四节），冷却条件正常，向心轴承仅承受径向载荷，推力轴承仅承受轴向载荷时，0 级公差的轴承所能允许的最大工作转速。

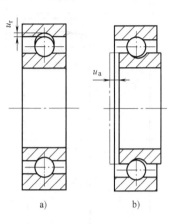

图 13-4　轴承的游隙
a）径向游隙　b）轴向游隙

表 13-1　各类球轴承的公称接触角

轴承类型	向心轴承		推力轴承	
	径向接触轴承	向心角接触轴承	推力角接触轴承	轴向接触轴承
公称接触角 α	$\alpha = 0°$	$0° < \alpha \leqslant 45°$	$45° < \alpha < 90°$	$\alpha = 90°$
图　例				

二、滚动轴承的类型

　　滚动轴承可以按不同方法进行分类：按滚动体的形状，可分为球轴承和滚子轴承；按调心性能可分为调心轴承和非调心轴承；按轴承承受的载荷方向与公称接触角的不同分为向心轴承和推力轴承两大类（表 13-1）。向心轴承主要用于承受径向载荷，其公称接触角从 0°到 45°，其中径向接触轴承（如深沟球轴承、圆柱滚子轴承等）$\alpha = 0°$；向心角接触轴承（如角接触球轴承、圆锥滚子轴承等）$0° < \alpha \leqslant 45°$。推力轴承主要用于承受轴向载荷，其公称接触角从大于 45°到 90°，其中推力角接触轴承（如推力角接触球轴承、推力调心滚子轴承等）$45° < \alpha < 90°$；轴向接触轴承（如推力球轴承、推力圆柱滚子轴承等）$\alpha = 90°$。

　　常用滚动轴承的类型及性能特点见表 13-2。

表 13-2　常用滚动轴承的类型及性能特点

类型代号	类型名称	结构简图	结构代号	承载方向	基本额定动载荷比[①]	极限转速比[②]	性能特点
1	调心球轴承	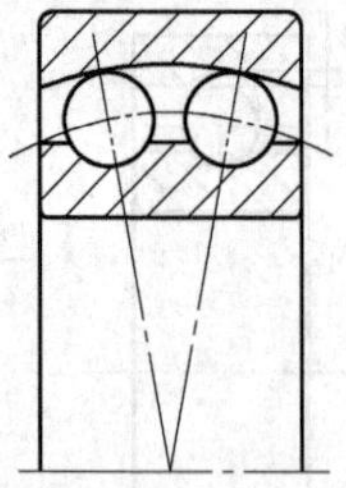	10000		0.6~0.9	中	主要承受径向载荷,也能够同时承受少量的双向轴向载荷,外圈滚道为球面,具有自动调心性能。允许内、外圈轴线相对偏斜2°~3°,适用于多支点轴、弯曲刚度小的轴以及难以精确对中的支承
2	调心滚子轴承	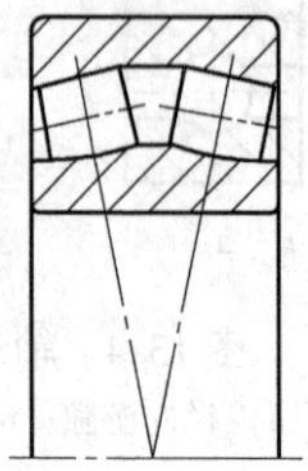	20000	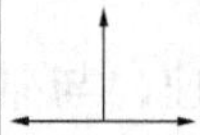	1.8~4	低	特性与调心球轴承相同,但径向承载能力比调心球轴承大,允许内、外圈轴线相对偏斜1.5°~2.5°
	推力调心滚子轴承	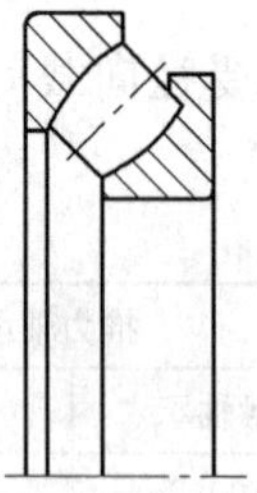	29000	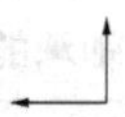	1.6~2.5	低	用于承受以轴向载荷为主的轴向、径向联合载荷。运转中滚动体受离心力矩作用,滚动体与滚道之间产生滑动,并导致轴圈与座圈分离,为保证轴承正常工作,需施加一定的轴向预载荷。允许内、外圈轴线相对偏斜1.5°~2.5°
3	圆锥滚子轴承	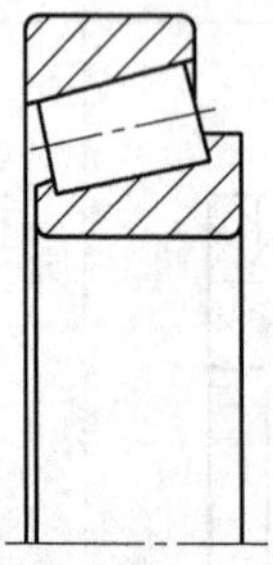	30000		1.5~2.5	中	能够承受较大的径向载荷和单向轴向载荷,外圈可分离,安装时可以调整游隙,一般成对使用,对称安装
5	推力球轴承	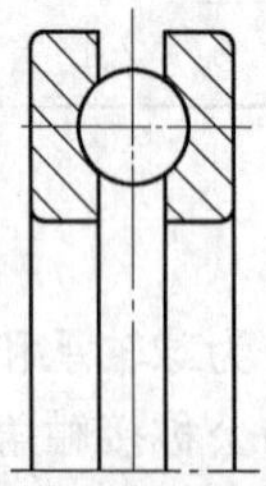	51000		1	低	只能承受单向轴向载荷,两个圈的内径不一样大,内径较小的是轴圈安装在轴上,内径较大的是座圈安装在机座上。为了防止滚动体与滚道之间的滑动,工作时需施加一定的轴向载荷
	双向推力球轴承	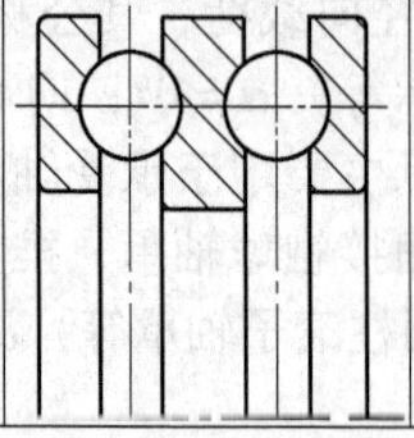	52000		1	低	能够承受双向轴向载荷,中间圈为轴圈,与轴配合,另外两个圈是座圈。高速时离心力大,滚动体与保持架因摩擦而发热严重,寿命降低,故极限转速很低

（续）

类型代号	类型名称	结构简图	结构代号	承载方向	基本额定动载荷比[1]	极限转速比[2]	性能特点
6	深沟球轴承	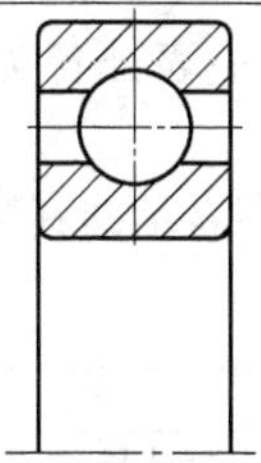	60000		1	高	主要承受径向载荷,也能够承受少量的双向轴向载荷,摩擦阻力小,极限转速高,在高速时,可以用来替代推力球轴承。结构简单,价格便宜,应用最为广泛
7	角接触球轴承	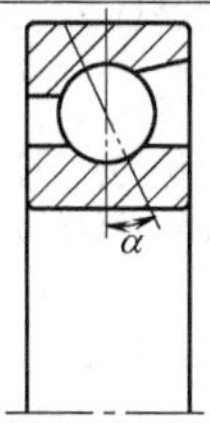	70000C（$\alpha=15°$）		1.0~1.4	高	能够承受径向载荷和单向轴向载荷,极限转速较高,公称接触角 α 有 15°、25°、40° 三种,接触角越大,轴向承载能力也越大。一般成对使用,对称安装
			70000AC（$\alpha=25°$）		1.0~1.3		
			70000B（$\alpha=40°$）		1.0~1.2		
N	外圈无挡边的圆柱滚子轴承	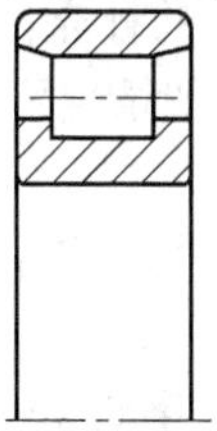	N0000		1.5~3.0	高	只能够承受径向载荷,由于外圈(或内圈)可分离,故不能承受轴向载荷。承载能力比同尺寸的球轴承大,能够承受冲击载荷,极限转速较高。对轴的偏斜敏感,允许内、外圈轴线相对偏斜 2′~4′,故只能用于刚度较大的轴上,并要求轴承座孔很好地对中。工作时允许内、外圈有少量的轴向位移
	内圈无挡边的圆柱滚子轴承	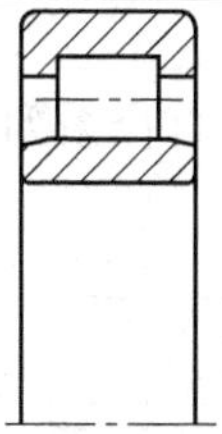	NU0000				
	内圈单挡边的圆柱滚子轴承	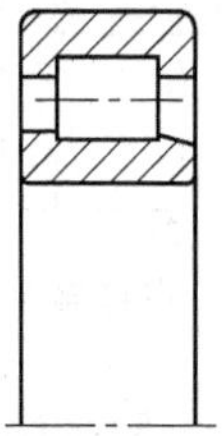	NJ0000				
NA	滚针轴承	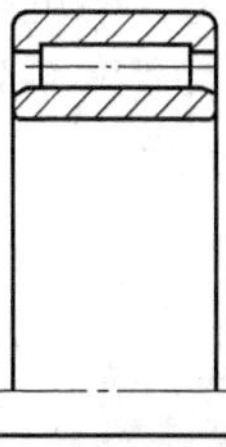	NA0000		—	低	径向结构紧凑,内、外圈可分离,有较大的径向承载能力,不能承受轴向载荷,摩擦系数较大,极限转速低

① 基本额定动载荷比:指同一尺寸系列（直径及宽度）各种类型和结构形式的轴承的基本额定动载荷与单列深沟球轴承（推力轴承则与推力球轴承）的基本额定动载荷之比。

② 极限转速比:指同一尺寸系列 0 级公差的各类轴承脂润滑时的极限转速与单列深沟球轴承脂润滑时的极限转速之比。高、中、低的意义为:高为单列深沟球轴承极限转速的 90%~100%;中为单列深沟球轴承极限转速的 60%~90%;低为单列深沟球轴承极限转速的 60% 以下。

三、滚动轴承的代号

滚动轴承的类型繁多，在常用的各类滚动轴承中，每一类又有不同的结构、尺寸、游隙和精度等级等，以便能够适应不同的技术要求，因此为了能够统一表征各类轴承的特点，便于选用和制造，GB/T 272—1993 规定了轴承代号的表示方法。

轴承代号由基本代号、前置代号和后置代号组成，用字母和数字表示，其构成见表13-3。

表13-3 滚动轴承代号的构成

轴承代号													
前置代号	基本代号					后置代号							
	五	四	三	二	一								
		尺寸系列代号											
轴承分部件代号	类型代号	宽（高）度系列代号	直径系列代号	内径代号		内部结构代号	密封与防尘结构代号	保持架及其材料代号	轴承材料代号	公差等级代号	游隙组别代号	配置代号	其他代号

基本代号是轴承代号的核心。前置代号和后置代号都是轴承代号的补充，只有在遇到对轴承结构、形状、材料、公差等级和技术要求等有特殊要求时才使用，一般情况可部分或全部省略。

1. 基本代号

基本代号由五位数字组成，表示轴承的基本类型、结构和尺寸。它由轴承的类型代号、尺寸系列代号和内径代号构成。其排列见表13-3。

（1）类型代号 轴承类型代号用基本代号右起第五位数字或字母表示，其表示方法见表13-2。

（2）尺寸系列代号 尺寸系列代号由轴承的宽度系列代号和直径系列代号组合而成。

轴承的直径系列（即结构相同、内径相同的轴承在外径和宽度方面的变化系列）用基本代号右起第三位数字表示。直径系列代号有7、8、9、0、1、2、3、4和5，对应于相同内径轴承的外径宽度尺寸依次递增。部分直径系列之间的尺寸对比如图13-5所示。

轴承的宽（高）度系列（即结构相同、内径和直径系列都相同的轴承在宽度方面的变化系列。对于推力轴承，是指高度系列）用基本代号右起第四位数字表示。宽度系列代号有8、0、1、2、3、4、5和6，对应于相同内径轴承的宽度尺寸依次递增。当宽度系列为0时，对于多数轴承在代号中可省略，但对于调心滚子轴承和圆锥滚子轴承，宽度系列代号0应标出。调心滚子轴承宽度系列之间的尺寸对比如图13-6所示。相同内径，不同尺寸系列的轴承实物如图13-7所示。

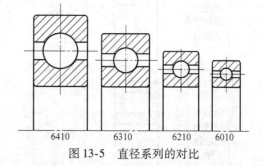

图13-5 直径系列的对比

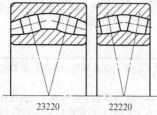

图13-6 宽度系列的对比

图13-7 相同内径不同尺寸系列的轴承实物

向心轴承、推力轴承的尺寸系列代号表示方法见表13-4。

（3）内径代号　轴承公称内径代号用基本代号右起第一、二位数字表示，见表13-5。

表13-4　轴承尺寸系列代号

直径系列代号	向心轴承								推力轴承			
	宽度系列代号								高度系列代号			
	8	0	1	2	3	4	5	6	7	9	1	2
	尺寸系列代号											
7	—	—	17	—	37				—	—	—	—
8	—	08	18	28	38	48	58	68	—	—	—	—
9	—	09	19	29	39	49	59	69	—	—	—	—
0	—	00	10	20	30	40	50	60	70	90	10	
1	—	01	11	21	31	41	51	61	71	91	11	—
2	82	02	12	22	32	42	52	62	72	92	12	22
3	83	03	13	23	33				73	93	13	23
4	—	04		24					74	94	14	24
5										95		

表13-5　轴承内径代号

代　号	00	01	02	03	04~96	/内径尺寸
内径 d/mm	10	12	15	17	代号数字×5	$d<10,d>500,d=22,28,32$

2. 前置、后置代号

前置、后置代号是轴承在结构形状、尺寸、游隙、精度等技术要求有改变时，在其基本代号前后添加的补充代号。

前置代号表示轴承的分部件，以字母表示。如 K 代表滚子轴承的滚子和保持架组件，L 代表可分离轴承的可分离套圈等。

后置代号共有八组，其顺序和含义见表13-3。常用的有轴承内部结构、公差等级、游隙组别及配置代号等。

内部结构代号表示同一类型轴承不同的内部结构。用字母紧跟基本代号表示，如 C、AC、B 分别代表公称接触角为 15°、25°和 40°的角接触轴承；E 代表为增大轴承承载能力而进行结构改进的加强型轴承。

轴承公差等级代号按精度依次由高级到低级分为六个级别，2 级、4 级、5 级、6 级（或 6x 级）和 0 级，其代号分别为/P2、/P4、/P5、/P6（/P6x）、/P0，其中，6x 级仅适用于圆锥滚子轴承，0 级为普通级（在轴承代号中可省略），是最常用的轴承公差等级。

轴承径向游隙组别代号按游隙由小到大分为六个组别，1 组、2 组、0 组、3 组、4 组和 5 组，0 组游隙是常用的游隙组别，在轴承代号中不标出，其余的游隙组别在轴承代号中分别用/C1、/ C2、/ C3、/ C4、/C5 表示。

配置代号表示成对安装的轴承有三种配置方式，如图 13-8 所示，分别用三种代号表

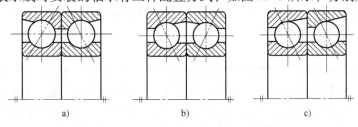

图 13-8　成对轴承的配置安装

a）背对背（/DB）　b）面对面（/DF）　c）串联（/DT）

示：/DB 表示背对背安装；/DF 表示面对面安装；/DT 表示串联安装。例如，32208/DF 表示成对的圆锥滚子轴承面对面安装。

其余前置、后置代号的说明见有关的国家标准或轴承产品样本。

例 13-1　试说明轴承代号 6202、N2208、30313、7410AC/P5 的含义。

解

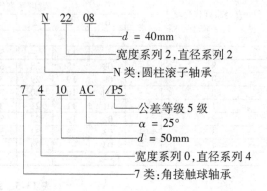

四、滚动轴承类型的选择

轴承的类型很多，选用时应考虑多种因素。具体选择时，可参考以下原则：

1. 载荷

轴承所承受工作载荷的大小、方向和性质是选择轴承类型的主要依据。

（1）载荷的大小与性质　由于球轴承中主要元件是点接触，适用于轻、中及波动较小的载荷；滚子轴承中主要元件是线接触，适用于承受重载荷及波动较大的载荷。

（2）载荷的方向　承受纯径向载荷时，可选用深沟球轴承、圆柱滚子轴承或滚针轴承；承受纯轴向载荷时，一般选用推力轴承；既承受径向载荷又承受不大的轴向载荷时，可选用深沟球轴承或接触角不大的角接触球轴承或圆锥滚子轴承；同时承受较大的轴向载荷时，可选用接触角较大的角接触球轴承或圆锥滚子轴承，也可以选用深沟球轴承和推力轴承组合，分别承担径向载荷和轴向载荷。

2. 转速

1）球轴承与滚子轴承相比较，有较高的极限转速，故在高速时应优先选用球轴承。

2）同类轴承内径相同时，外径越小，则滚动体就越小，运转时滚动体加在外圈滚道上的离心力也就越小。故在高速时应优先选用超轻、特轻和轻系列的轴承。

3）保持架的材料与结构对轴承转速影响较大。实体保持架比冲压保持架允许高一些的极限转速，青铜实体保持架允许更高的极限转速。

4）推力轴承的极限转速均很低。当工作转速较高，轴向载荷不是很大时，可选用角接触球轴承或深沟球轴承。

5）若工作转速略高于样本中规定的极限转速，可以通过选用较高公差等级的轴承，或者选用较大游隙的轴承，改善润滑条件，加强冷却等方法来改善轴承的高速性能。

3. 调心性能

各种轴承使用时的偏转角应控制在允许范围内，否则会增大轴承的附加载荷而降低寿命。当由于加工、安装误差等原因，轴承座孔不平行（图 13-9a），轴承座孔不同轴（图 13-9b），或因轴弯曲变形大（图 13-9c）等原因导致轴承的内、外圈轴线发生偏斜，就要求轴承具有一定的调心性能，应选用具有调心性能的轴承，如调心球轴承、调心滚子轴承等，如图 13-10 所示。

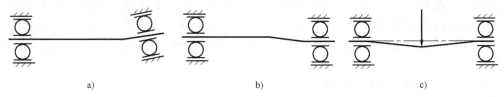

图 13-9　轴线偏斜的几种情况

a）轴承座孔不平行　b）轴承座孔不同轴　c）轴弯曲变形

4. 安装和拆卸

当轴承座不是剖分式而必须沿轴向安装和拆卸轴承时，可优先选用内、外圈可分离的轴承，如圆柱滚子轴承、圆锥滚子轴承等。当轴承在长轴上安装时，为了便于装拆，可以选用内圈为圆锥孔，并配以紧定衬套安装的轴承，如图 13-11 所示。

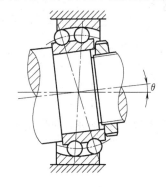

图 13-10　调心轴承的调心作用

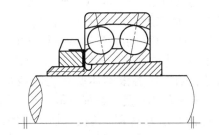

图 13-11　带有紧定套的圆锥孔调心球轴承

5. 经济性

经济性也是在选择轴承类型时应当考虑的一个因素，一般球轴承比滚子轴承价格低，轴承的精度越高则价格越高，同型号尺寸公差等级为 P0、P6、P5、P4、P2 的滚动轴承价格比约为 1:1.5:2:7:10。所以在满足工作要求的前提下，应尽量选择成本较低的轴承。

6. 其他

（1）外廓尺寸　若要求径向尺寸较小，宜选用小直径系列轴承或滚针轴承；若要求轴向尺寸较小时，宜选用窄宽度系列轴承。

（2）刚度　在相同载荷下，采用滚子轴承（线接触）的刚度比球轴承（点接触）的刚度大。

（3）轴承游动　当一根轴的两个支承距离较远，或工作前后有较大的温差时，为适应轴和外壳不同热膨胀的影响，防止轴承卡死，只需把一端的轴承轴向固定，而另一端的轴承使之可以轴向游动。游动端轴承只能选用深沟球轴承和圆柱滚子轴承。

第三节　滚动轴承的载荷分布、失效形式及计算准则

一、滚动轴承的载荷分布

1. 向心轴承的径向载荷分布

向心轴承在径向载荷作用下载荷的分布如图 13-12 所示。为了简化受力分析，假定轴承仅承受径向载荷 F_r；内、外圈不变形；滚动体的变形在弹性范围内；径向游隙为零。径向载荷通过轴颈作用于内圈，位于上半圈的滚动体不承受载荷，而由下半圈的滚动体将此载荷

传到外圈上。根据力的平衡条件和变形条件，滚动体与套圈接触处产生的变形量在中间最大，两边逐渐减小，因此位于径向载荷 F_r 作用线上的滚动体受力最大，两边逐渐减小，即滚动体在不同的位置承受载荷的大小在变化。滚动体从开始受力到受力终止所对应的区域称为承载区。

实际上，由于轴承内部存在游隙和内、外圈变形的影响，由径向载荷产生的承载区范围将小于半圈，即滚动体所受的最大载荷将增加。

受载最大滚动体所受载荷经分析为

对点接触的球轴承　　$F_0 \approx \dfrac{5}{z} F_r$

对线接触的滚子轴承　$F_0 \approx \dfrac{4.6}{z} F_r$

式中　z——滚动体的个数。

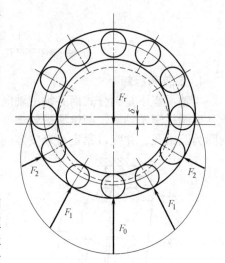

图 13-12　向心轴承径向载荷分布

2. 推力轴承的轴向载荷分布

当接触角 $\alpha = 90°$ 的单向推力轴承或双向推力轴承仅有一列滚动体承受一个中心轴向载荷 F_a 时，理论上可以认为载荷由各滚动体平均分担，即各滚动体承受相同大小的载荷。实际上由于制造、安装等方面的误差，轴承中各滚动体所承受的载荷并不完全相等，有些滚动体承受的载荷可能大于平均值。

3. 向心推力轴承（角接触轴承）**的载荷分布**

角接触球轴承和圆锥滚子轴承可以同时承受径向载荷 F_r 和轴向载荷 F_a 的作用，其内部载荷的分布较为复杂。在径向载荷和轴向载荷的联合作用下，轴承中承受载荷的滚动体的数目是不同的，可能是少半圈、半圈或整圈滚动体承受载荷，其载荷分布情况主要取决于轴向载荷和径向载荷的比例关系。当 F_a/F_r 的值很小时，轴向载荷的影响较小，轴承中可能是少半圈滚动体承受载荷；随着 F_a/F_r 增大，受载滚动体的数目将会增多，这对轴承的寿命是有利的，但作用并不显著，故在寿命计算时，可忽略轴向载荷的影响，仍按纯径向载荷处理。研究表明，当 $F_a/F_r \approx 1.25\tan\alpha$ 时，约有半圈滚动体承受载荷；当 $F_a/F_r \approx 1.7\tan\alpha$ 时，开始使全部滚动体承受载荷。对于实际工作的角接触球轴承和圆锥滚子轴承，为了保证其可靠地工作，应至少保持有半圈滚动体承受载荷。当 F_a/F_r 较大时，则必须计入轴向载荷 F_a 对轴承寿命的不利影响。

二、轴承元件上的载荷和应力的变化

由轴承的载荷分布可知，滚动轴承工作时，滚动体所处位置不同，轴承各元件所受的载荷和应力是不同的。在承载区内，滚动体所受的载荷由零逐渐增加到最大值，然后再逐渐减小到零，所以滚动体承受的是变载荷和变应力。

滚动轴承工作时，可以是外圈固定、内圈转动，也可以是内圈固定、外圈转动。对于转动的套圈来说，其上某一点与滚动体接触一次，就受一次载荷作用，载荷由零逐渐增加到最大值，然后再逐渐减小到零，所以转动套圈上某一点也承受周期性非稳定的脉动循环载荷和接触应力，如图 13-13a 所示。对于固定套圈，处在承载区内的各接触点，按其所处位置不同，将受到不同的载荷。对于某个点来说，每当一个滚动体滚过时，便承受一次载荷，其大小是不变的，所以固定套圈某点受稳定的脉动循环载荷和接触应力作用，如图 13-13b 所示。

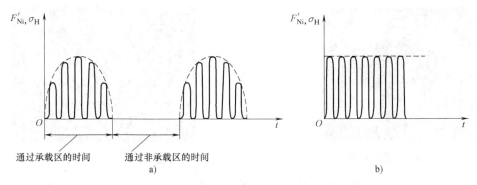

图 13-13　轴承零件上的载荷及应力变化
a）滚动体和转动套圈上的载荷及应力变化　b）固定套圈上的载荷及应力变化

三、滚动轴承的失效形式及计算准则

滚动轴承在工作过程中，如出现异常发热、振动和噪声时，则轴承元件可能已经失效，这时轴承不能正常工作。常见的滚动轴承的失效形式主要有如下几种：

1. 接触疲劳点蚀

轴承工作时，滚动体和套圈滚道表面受变化的接触应力作用，经过一段时间后，出现疲劳裂纹并继续扩展，使金属表面产生麻坑或片状剥落，造成疲劳点蚀失效。通常发生失效的部位在内、外圈滚道或滚动体上，如图 13-14 所示。轴承疲劳点蚀破坏后，在运转时通常会出现较强烈的振动、噪声和发热现象。

2. 塑性变形

转速很低或间歇往复摆动的轴承，一般不会发生疲劳点蚀，但在很大的静载荷或冲击载荷作用下，会使套圈滚道和滚动体接触处的局部应力超过材料的屈服极限，以致表面出现塑性变形，如图 13-15 所示的塑性凹坑，使得旋转精度降低，摩擦力矩增大，并会出现强烈振动和噪声而不能正常工作。

图 13-14　轴承的接触疲劳点蚀

图 13-15　轴承的塑性变形

3. 磨损

在润滑不良和密封不好的情况下，轴承工作时易发生磨粒磨损（图 4-10）。转速较高、载荷较大，如润滑不好，发热严重时，可能使滚动体或套圈回火，甚至产生胶合磨损，如图 13-16 所示。轴承磨损后会降低旋转精度，甚至失效。

除以上主要失效形式外，若轴承维护保养不当，还会出现轴承元件破裂的失效，如图 13-17 所示。

图 13-16　轴承外圈回火

图 13-17　轴承元件破裂

在确定轴承尺寸（型号）时，应针对轴承的主要失效形式进行必要的计算。其计算准则是：对一般工作条件下的滚动轴承，经常发生点蚀，主要进行寿命计算，必要时进行静强度校核；对于摆动或转速低（如 $n \leqslant 10\text{r/min}$）的轴承，要求控制塑性变形，只需进行静强度计算；对于高速轴承，由于发热而造成的黏着磨损、烧伤胶合是更为常见的失效形式，除进行寿命计算外，还需校验极限转速。

另外，滚动轴承组合结构设计的合理性，轴承充分的润滑和可靠的密封，对提高轴承寿命，保证轴承正常工作都是非常重要的。

第四节　滚动轴承的寿命计算

大部分滚动轴承的失效形式是疲劳点蚀。滚动轴承寿命计算的目的是防止轴承在预期工作时间内产生疲劳点蚀破坏。

一、基本额定寿命、基本额定动载荷

1. 基本额定寿命

轴承的寿命是指轴承套圈或滚动体中任一元件出现疲劳点蚀前，所经历的总转数或在一定转速下工作的小时数。

大量实验证明，由于材料、热处理和制造等方面的差异，即使同一批生产的轴承（结构、尺寸、材料、热处理以及加工等完全相同），在完全相同的条件下工作，其寿命是相当离散的，最长和最短寿命甚至可能相差几十倍。图 13-18 所示为某一轴承典型的寿命分布曲线。实际应用中，可以采用数理统计的方法，确定一定可靠度下轴承的寿命。

将一批相同型号的轴承，在相同条件下运转时，90% 的轴承不发生点蚀破坏前的总转数或一定转速下工作的小时数，定义为轴承的基本额定寿命，用 L_{10}（单位为 10^6r）或 L_{10h}（单位为 h）表示，对于单个轴承来说，意味着能够达到此基本额定寿命的可靠度为 90%。

2. 基本额定动载荷

轴承的寿命与所受载荷的大小有关，工作载荷越大，引起的接触应力也就越大，因而在发生点蚀之前所能经受的应力变化次数也就越少，即轴承的寿命越短。

滚动轴承的基本额定动载荷是指在特定条件下，轴承承受恒定载荷的能力。对向心轴承来说，是承受大小和方向恒

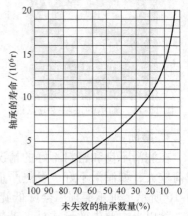

图 13-18　滚动轴承的寿命分布曲线

定的纯径向载荷的能力，称为径向基本额定动载荷，以 C_r 表示；对推力轴承来说，是承受大小和方向恒定的纯轴向载荷的能力，称为轴向基本额定动载荷，以 C_a 表示。对角接触轴承来说，是指只使轴承套圈间产生相对径向位移的载荷（复合载荷）的径向分量，以 C_r 表示。

特定条件包括：①轴承材料为高质量淬硬钢；②不发生点蚀破坏的可靠度为 90%；③轴承基本额定寿命为 10^6 r；④向心轴承的套圈之间只产生径向位移，推力轴承的套圈之间只产生轴向位移；⑤载荷平稳，温度 $t \leqslant 120℃$。

基本额定动载荷是衡量轴承承载能力的主要指标。其值越大，轴承抵抗点蚀破坏的能力越强，承载能力越大。轴承在基本额定动载荷作用下，可以工作 10^6 r 而不发生点蚀失效，其可靠度为 90%。基本额定动载荷的大小与轴承类型、结构、尺寸和材料等有关，可以查阅轴承样本或有关机械设计手册。

二、当量动载荷

如前所述，滚动轴承的基本额定动载荷是在特定的条件下确定的，实际上，向心轴承或角接触轴承在许多应用场合，常常同时承受径向载荷 F_r 和轴向载荷 F_a。因此，在进行轴承寿命计算时，必须把实际复合载荷转换为与确定基本额定动载荷的载荷条件相一致的当量动载荷 P，即在 P 的作用下，轴承的寿命与实际复合载荷 F_r 和 F_a 共同作用下的轴承寿命相同。当量动载荷的计算公式为

$$P = XF_r + YF_a \tag{13-1}$$

式中　F_r、F_a——轴承实际承受的径向载荷与轴向载荷；

　　　X、Y——径向、轴向动载荷系数，其值见表 13-6。

对于只能承受纯径向载荷 F_r 的轴承

$$P = F_r \tag{13-2}$$

对于只能承受纯轴向载荷 F_a 的轴承

$$P = F_a \tag{13-3}$$

表 13-6　径向动载荷系数 X 和轴向动载荷系数 Y

轴承类型		相对轴向载荷	判断系数	单列轴承				双列轴承（或成对安装单列轴承）			
				$F_a/F_r \leqslant e$		$F_a/F_r > e$		$F_a/F_r \leqslant e$		$F_a/F_r > e$	
名称	代号	F_a/C_{0r}	e	X	Y	X	Y	X	Y	X	Y
深沟球轴承	60000	0.014	0.19	1	0	0.56	2.3	1	0	0.56	2.3
		0.028	0.22				1.99				1.99
		0.056	0.26				1.71				1.71
		0.084	0.28				1.55				1.55
		0.11	0.3				1.45				1.45
		0.17	0.34				1.31				1.31
		0.28	0.38				1.15				1.15
		0.42	0.42				1.04				1.04
		0.56	0.44				1				1
角接触球轴承	70000C $\alpha=15°$	0.015	0.38	1	0	0.44	1.47	1	1.65	0.72	2.39
		0.029	0.40				1.40		1.57		2.28
		0.058	0.43				1.30		1.46		2.11
		0.087	0.46				1.23		1.38		2.00
		0.120	0.47				1.19		1.34		1.93
		0.170	0.50				1.12		1.26		1.82
		0.290	0.55				1.02		1.14		1.66
		0.440	0.56				1.00		1.12		1.63
		0.580	0.56				1.00		1.12		1.63
	70000AC $\alpha=25°$	—	0.68	1	0	0.41	0.87	1	0.92	0.67	1.41
	70000B $\alpha=40°$	—	1.14	1	0	0.35	0.57	1	0.55	0.57	0.93

（续）

轴承类型		相对轴向载荷	判断系数	单列轴承				双列轴承(或成对安装单列轴承)			
				$F_a/F_r \leqslant e$		$F_a/F_r > e$		$F_a/F_r \leqslant e$		$F_a/F_r > e$	
名称	代号	F_a/C_{0r}	e	X	Y	X	Y	X	Y	X	Y
圆锥滚子轴承	30000	—	$1.5\tan\alpha$	1	0	0.40	$0.4\cot\alpha$	1	$0.45\cot\alpha$	0.67	$0.67\cot\alpha$
调心球轴承	10000	—	$1.5\tan\alpha$	1	(Y_1)	0.65	(Y_2)	1	$0.42\cot\alpha$	0.65	$0.65\cot\alpha$
调心滚子轴承	20000	—	$1.5\tan\alpha$	1	(Y_1)	0.67	(Y_2)	1	$0.45\cot\alpha$	0.67	$0.67\cot\alpha$

注：1. C_0 是轴承基本额定静载荷；α 是接触角。
2. 表中括号内的系数 Y_1、Y_2 的值应查轴承手册，对不同型号的轴承，有不同的值。
3. 深沟球轴承的 X、Y 值仅适用于 0 组游隙的轴承，对于其他游隙组别的轴承可查轴承手册。
4. 对于深沟球轴承先根据求得的相对轴向载荷值查出对应的 e 值，然后再得出相应的 X、Y 值。对于表中未列出的 F_a/C_0 值，可按线性插值法求得相应的 e、X、Y 值。

表 13-6 中的 e 为判断系数，用以判断计算当量动载荷时是否应计及轴向载荷 F_a 的影响，其值由实验确定。当 $F_a/F_r \leqslant e$ 时，说明轴向载荷 F_a 的影响较小，计算当量动载荷时可忽略不计；若 $F_a/F_r > e$ 时，表示轴向载荷的影响较大，计算当量动载荷时要考虑。

深沟球轴承和角接触球轴承（7000C 型）的 e 值随 F_a/C_{0r} 的增加而增大。比值 F_a/C_{0r} 反映了轴向载荷的相对大小，而轴向载荷能使实际接触角 α 发生变化，从而改变 Y 和 e 值的大小。7000AC 和 7000B 型的角接触球轴承，由于公称接触角 α 较大，在承受不同的轴向载荷时，其实际接触角 α 变化很小，故 e 值近似按常数处理。而对于圆锥滚子轴承、调心球轴承和调心滚子轴承等，因结构关系，接触角 α 不随轴向载荷而改变，e 为定值。

上述当量动载荷的计算公式只是求出了理论值，实际上在许多支承中还会出现一些附加力，如冲击力、惯性力以及轴挠曲或轴承座变形产生的附加力等，这些因素很难从理论上精确计算。通常可以对当量动载荷乘上一个根据经验得到的载荷系数 f_p，其值见表 13-7。因此实际计算时，轴承的当量动载荷应为

$$P = f_p(XF_r + YF_a) \tag{13-4}$$

表 13-7 载荷系数 f_p

载荷性质	f_p	举 例
无冲击或轻微冲击	$1.0 \sim 1.2$	电动机、汽轮机、通风机、水泵等
中等冲击	$1.2 \sim 1.8$	车辆、机床、起重机、冶金设备、内燃机等
剧烈冲击	$1.8 \sim 3.0$	破碎机、轧钢机、石油钻机、振动筛等

三、滚动轴承的寿命计算

1. 基本额定寿命的计算

轴承的基本额定寿命与所受载荷的大小有关，作用载荷越大，引起的接触应力也就越大，因而在发生点蚀破坏前所经历的总转数也就越少，即轴承的寿命越短。实验证明，滚动轴承当量动载荷 P 与基本额定寿命 L_{10} 之间的关系如图 13-19 所示，称为载荷-寿命曲线（P-L_{10} 曲线），它与一般金属材料的疲劳曲线 σ-N 相似。其方程为

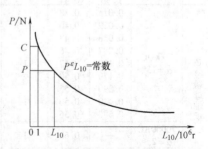

图 13-19 轴承的载荷-寿命曲线

$$P^{\varepsilon} L_{10} = 常数$$

式中　ε——寿命指数。球轴承，$\varepsilon = 3$；滚子轴承，$\varepsilon = 10/3$。

　　由基本额定动载荷的定义知，当 $L_{10} = 1$ 时，轴承的载荷恰好为基本额定动载荷 C，故

$$P^{\varepsilon} L_{10} = C^{\varepsilon} \times 1 = 常数$$

故得

$$L_{10} = \left(\frac{C}{P} \right)^{\varepsilon} \tag{13-5}$$

　　上式中 L_{10} 是以 10^6r 为单位的。实际计算时，常用小时作为寿命单位，若轴承的转速为 n（r/min），式（13-5）可以改写为

$$L_{10\text{h}} = \frac{10^6}{60n} \left(\frac{C}{P} \right)^{\varepsilon} \tag{13-6}$$

式中　$L_{10\text{h}}$ 的单位为小时（h）。

　　若温度超过120℃，则轴承元件材料组织产生变化，硬度将降低，润滑条件恶化，从而导致 C 值降低，此时，应采用经过特殊热处理或特殊材料制造的轴承。若仍使用轴承样本中查出的 C 值，需加以修正。即

$$C_{\text{t}} = f_{\text{t}} C$$

式中　C_{t}——高温轴承的基本额定动载荷（N）；

　　　f_{t}——温度系数，见表13-8。

　　考虑温度系数后轴承寿命计算的基本公式可写为

$$L_{10\text{h}} = \frac{10^6}{60n} \left(\frac{f_{\text{t}} C}{P} \right)^{\varepsilon} \tag{13-7}$$

表13-8　温度系数 f_{t}

轴承工作温度/℃	≤120	125	150	175	200	225	250	300	350
温度系数 f_{t}	1.00	0.95	0.90	0.85	0.80	0.75	0.70	0.60	0.50

　　当已知轴承转速 n、当量动载荷 P 和轴承预期寿命为 $L'_{10\text{h}}$ 时，所需轴承应具有的基本额定动载荷 C' 为

$$C' = \frac{P}{f_{\text{t}}} \sqrt[\varepsilon]{\frac{60n L'_{10\text{h}}}{10^6}} \tag{13-8}$$

　　所选轴承的基本额定动载荷 C 应大于或等于 C'，方可保证满足预期寿命的要求。

　　机械设计中常以机器的中修或大修年限作为轴承的预期设计寿命。表13-9 所列为常用机器轴承预期寿命值，可供参考。

表13-9　轴承预期寿命值 $L'_{10\text{h}}$

使用条件		示　例	预期寿命/h
不经常使用的仪器设备		闸门启闭装置等	300~3000
间断使用的机械	中断使用不致引起严重后果	手动机械、农业机械、自动送料装置等	3000~8000
	中断使用将引起严重后果	发电站辅助设备、带式运输机、车间起重机等	8000~12000
每日工作 8h 的机械	经常不满载使用	电动机、压碎机、起重机、一般齿轮装置等	10000~25000
	满载使用	机床、木材加工机械、工程机械、印刷机械等	20000~30000
24h 连日工作的机械	正常使用	压缩机、泵、电动机、纺织机械等	40000~50000
	中断使用将引起严重后果	电站主要设备、纤维机械、造纸机械、给排水设备等	≈100000

2. 不同可靠度时额定寿命的计算

　　滚动轴承样本中所列的基本额定动载荷是在不失效概率（即可靠度）为90%时的数据。由于许多重要的机械设备希望以更高的可靠度来计算轴承的使用寿命，因此需要引入可靠度

寿命修正系数 α_1，对可靠度为90%时的基本额定寿命计算公式进行修正，以获得不同可靠度时轴承的修正额定寿命

$$L_n = \alpha_1 L_{10} \tag{13-9}$$

式中　L_n——可靠度为 $(100-n)\%$ 时轴承的寿命，即失效概率为 $n\%$ 时的寿命（$10^6 r$）；

　　　L_{10}——可靠度为90%时轴承的寿命，即基本额定寿命（$10^6 r$）；

　　　α_1——可靠度不为90%时的寿命修正系数，其值见表13-10。

表 13-10　不同可靠度时的寿命修正系数

可靠度(%)	90	95	96	97	98	99
L_n	L_{10}	L_5	L_4	L_3	L_2	L_1
α_1	1	0.62	0.53	0.44	0.33	0.21

四、滚动轴承的载荷计算

1. 径向载荷的计算

在按式（13-4）计算各轴承的当量动载荷 P 时，其中的径向载荷 F_r（F_{r1} 和 F_{r2}）是由作用在轴上的径向外载荷 F_{re} 根据力平衡条件求得的。若是空间力系，F_r 应由水平面和垂直面的径向反力矢量合成。

2. 轴向载荷的计算

（1）角接触轴承

1）内部轴向力 F_d。角接触轴承承受径向载荷 F_r 时，由于存在接触角 α，承载区内每个滚动体的反力都是沿滚动体与套圈接触点的法线方向传递的，如图13-20所示。轴承下半圈第 i 个滚动体上的反力 F_i 可分解为径向分力 F_{ri} 和轴向分力 F_{di}，各受载滚动体轴向分力之和用 F_d 表示。由于 F_d 是由于轴承的内部结构随径向载荷产生的轴向力，故称其为内部轴向力（或派生轴向力）。按半圈滚动体受载，可按近似公式计算，即 $F_d \approx 1.25 F_r \tan\alpha$。各种角接触轴承内部轴向力 F_d 的计算公式见表13-11。

表 13-11　约有半数滚动体受载时内部轴向力的计算公式

圆锥滚子轴承	角接触球轴承		
	70000C($\alpha=15°$)	70000AC($\alpha=25°$)	70000B($\alpha=40°$)
$F_d = \dfrac{F_r}{2Y}$ [①]	$F_d = eF_r$ [②]	$F_d = 0.68F_r$	$F_d = 1.14F_r$

① Y 是对应表13-6中 $\dfrac{F_a}{F_r} > e$ 的 Y 值。

② e 值由表13-6查出。

内部轴向力 F_d 的方向与轴承的安装方式有关，但总是由外圈的宽边指向窄边。F_d 通过内圈作用在轴上，为了避免轴在 F_d 作用下产生轴向移动，角接触轴承通常应成对使用，反向安装，使 F_d 方向相反，互相抵消一部分。

2）支反力作用点（或称为载荷作用中心）。计算轴的支反力时，需确定支反力作用点，对于角接触轴承，由于结构的原因，其支反力作用点不在轴承宽度的中点，而是位于滚动体法向反力作用线与轴线的交点 O，如图13-20所示，O 点与轴承外侧端面的距离 a 可根据轴承型号由轴承样本或手册中查出，也可用下式计算

$$a = B/2 + (D_{pw}/2)\tan\alpha \tag{13-10}$$

式中　B——轴承宽度（mm）；

　　　D_{pw}——滚动轴承平均直径，$D_{pw} = (D+d)/2$，D 和 d 为轴承外径、内径（mm）；

α——接触角。

通常，两轴承支点跨距较大时，可取轴承宽度中点作为支反力作用点，计算方便且误差也不大，而对跨度较小的轴应以载荷作用中心作为支反力作用点。

3）轴承安装方式及轴向载荷的计算。轴承有两种不同的安装方式，即"面对面"（也称为"正装"）和"背对背"（也称为"反装"）。正装时轴承外圈窄边相对，内部轴向力相对，如图 13-21a 所示；反装时轴承外圈宽边相对，内部轴向力相背，如图 13-21b 所示。

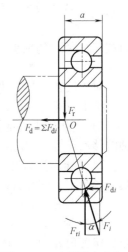

图 13-20　内部轴向力和
支反力作用点

在按式（13-4）计算各轴承的当量动载荷 P 时，轴承的轴向载荷 F_a 并不完全由轴向外载荷（外加轴向力）F_{ae} 产生，而是应该根据整个轴上的轴向载荷（包括因径向载荷 F_r 产生的内部轴向力 F_d）之间的平衡条件得出。

下面以图 13-21a 所示角接触球轴承的正装方式为例来讨论角接触球轴承的轴向载荷的计算。

取轴和与其相配合的轴承内圈为分离体，其上的轴向力有以下三种关系：

① 当 $F_{ae} + F_{d2} = F_{d1}$ 时，轴系处于轴向平衡状态，轴承 1、2 所受的总轴向力分别为其本身的内部轴向力。即

$$F_{a1} = F_{d1} \qquad (13\text{-}11)$$
$$F_{a2} = F_{d2} \qquad (13\text{-}12)$$

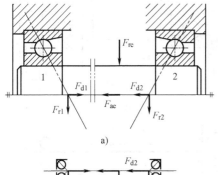

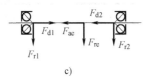

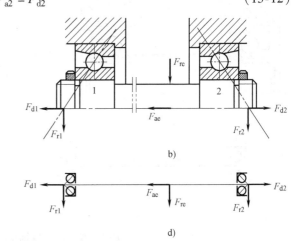

图 13-21　角接触球轴承的载荷分析
a）正装　b）反装　c）正装简图　d）反装简图

② 当 $F_{ae} + F_{d2} > F_{d1}$ 时，则轴系有向左移动的趋势，由轴系结构，轴承外圈相对箱体固定不动，而内圈随轴运动，故轴承 1 被"压紧"，轴承 2 被"放松"。箱体必然要通过轴承外圈施加一个附加的轴向力来防止轴的移动，所以被"压紧"的轴承 1 所受的总轴向力 F_{a1} 必与 $F_{ae} + F_{d2}$ 相平衡。即

$$F_{a1} = F_{ae} + F_{d2} \qquad (13\text{-}13)$$

而被"放松"的轴承 2 只受其本身派生的内部轴向力 F_{d2}。即

$$F_{a2} = F_{d2} \qquad (13\text{-}14)$$

③ 当 $F_{ae} + F_{d2} < F_{d1}$ 时，则轴系有向右移动的趋势，使得轴承 2 被"压紧"，轴承 1 被"放松"。被"放松"的轴承 1 只受其本身派生的轴向力 F_{d1}。即

$$F_{a1} = F_{d1} \qquad (13-15)$$

而被"压紧"的轴承 2 所受的总轴向力 F_{a2} 为

$$F_{a2} = F_{d1} - F_{ae} \qquad (13-16)$$

对于反装，与上述分析相似，在此不再赘述。

综上所述，计算角接触球轴承和圆锥滚子轴承所受轴向载荷的方法可以归结为：

1）判明轴上全部轴向力（包括外载荷 F_{ae} 和内部轴向力 F_{d1}、F_{d2}）合力的指向，确定轴的移动趋势，判定"压紧""放松"端轴承。

2）"压紧"端轴承的轴向力等于除本身的内部轴向力外其他所有轴向力的代数和，使其压紧为正，使其放松为负。

3）"放松"端轴承的轴向力等于其本身的内部轴向力。

（2）深沟球轴承　深沟球轴承受轴向载荷的情况如图 13-22 所示。由于深沟球轴承的公称接触角 $\alpha = 0$，内部轴向力 $F_d = 0$。实际上，当深沟球轴承受到轴向外载荷 F_{ae} 时，实际接触角 $\alpha \neq 0$，轴承也受到内部轴向力的作用（只是实际接触角 α 较小，内部轴向力较小，这里就忽略了）。图 13-22a 所示为两端单向固定支承方式（见本章第五节），轴向外载荷 F_{ae} 指向哪一端，该端轴承就承受该轴向载荷，即 $F_a = F_{ae}$。对于图 13-22b 的一端固定，一端游动支承方式，固定端轴承承受双向轴向外载荷，游动端轴承只承受径向外载荷，即不论 F_{ae} 指向哪端，固定端轴承 1 的轴向力 $F_{a1} = F_{ae}$，而游动端轴承 2 的轴向力 $F_{a2} = 0$。

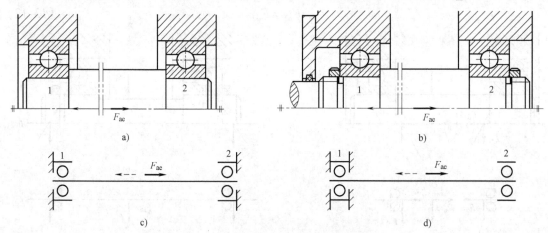

图 13-22　深沟球轴承的轴向载荷分析

a）两端固定支承　b）一端固定，一端游动支承　c）两端固定支承简图　d）一端固定，一端游动支承简图

五、滚动轴承的静载荷计算

静载荷是指轴承套圈相对转速为零时作用在轴承上的载荷。为了限制轴承在静载荷下产生过大的接触应力和永久变形，需进行静载荷计算。

1. 基本额定静载荷

GB/T 4662—2012 规定，使受载最大的滚动体与滚道接触中心处引起的接触应力达到一定值时（调心球轴承为 4600MPa，其他球轴承为 4200MPa，滚子轴承为 4000MPa）的载荷，作为轴承静强度的界限，称为基本额定静载荷，用 C_0（或 C_{0r}、C_{0a}）表示。其值可由轴承

样本或设计手册查取。

2. 当量静载荷

当轴承同时承受径向载荷 F_r 和轴向载荷 F_a 时，应将实际载荷转化为假想的当量静载荷 P_0，在该载荷的作用下，滚动体与滚道上的接触应力与实际载荷作用时相同。

对 $\alpha \neq 0$ 的向心轴承（深沟球轴承、角接触轴承、调心轴承等）

$$\left.\begin{array}{l} P_{0r} = X_0 F_r + Y_0 F_a \\ P_{0r} = F_r \end{array}\right\} 取两式中大值 \tag{13-17}$$

式中　X_0、Y_0——径向、轴向静载荷系数，查表 13-12。

对 $\alpha = 0$ 的向心轴承（圆柱滚子轴承、滚针轴承等）

$$P_{0r} = F_r \tag{13-18}$$

对 $\alpha = 90°$ 的推力轴承（推力球轴承、推力滚子轴承等）

$$P_{0a} = F_a \tag{13-19}$$

对 $\alpha \neq 0$ 的推力调心滚子轴承，当 $F_r \leqslant 0.55 F_a$ 时

$$P_{0a} = F_a + 2.7 F_r \tag{13-20}$$

表 13-12　径向静载荷系数 X_0 和轴向静载荷系数 Y_0

轴承类型		单列轴承		双列轴承	
名　称	代　号	X_0	Y_0	X_0	Y_0
深沟球轴承	60000	0.6	0.5	0.6	0.5
角接触球轴承	70000C $\alpha = 15°$	0.5	0.46	1	0.92
	70000AC $\alpha = 25°$	0.5	0.38	1	0.76
	70000B $\alpha = 40°$	0.5	0.26	1	0.52
圆锥滚子轴承	30000	0.5	$0.22\cot\alpha$	1	$0.44\cot\alpha$
调心球轴承	10000	0.5	$0.22\cot\alpha$	1	$0.44\cot\alpha$
调心滚子轴承	20000	—	—	1	$0.44\cot\alpha$

3. 静强度条件

按轴承承受静载荷能力选择轴承的公式为

$$\frac{C_0}{P_0} \geqslant S_0 \tag{13-21}$$

式中　S_0——轴承的静强度安全系数。静止轴承和缓慢摆动轴承、旋转轴承，其值见表 13-13；推力调心滚子轴承，无论其旋转与否，均应取 $S_0 \geqslant 4$；轴承箱刚度较低时取较高值，反之取较低值。

表 13-13　静强度安全系数 S_0

工 作 条 件		S_0	
		球轴承	滚子轴承
旋转轴承	对旋转精度及平稳性要求高，或受冲击载荷	1.5 ~ 2	2.5 ~ 4
	正常使用	0.5 ~ 2	1 ~ 3.5
	对旋转精度及平稳性要求较低，没有冲击载荷	0.5 ~ 2	1 ~ 3
静止或摆动轴承	水坝闸门装置、附加动载荷较小的大型起重机吊钩	$\geqslant 1$	
	吊桥、附加动载荷较大的小型起重机吊钩	$\geqslant 1.5 ~ 1.6$	

六、同一支点成对安装角接触轴承的计算特点

两个相同型号的单列角接触轴承（角接触球轴承或圆锥滚子轴承）以面对面或背对背

形式作为一个支承整体安装在同一个支点上，可以承受以径向载荷为主的较大径向、轴向联合载荷。安装时轴承组可预紧，具有较好的支承刚度和旋转精度。参见图 13-26，轴系处于三支点静不定状态，一般情况下可近似认为轴右端支反力作用点位于两轴承中点，内部轴向力相互抵消。寿命计算可按双列轴承进行，即计算当量动载荷时按双列轴承选取 X、Y 及 X_0、Y_0 的值，e 值与单列轴承相同。

其基本额定动载荷 C_Σ 和额定静载荷 $C_{0\Sigma}$ 按下式计算

$$\left.\begin{array}{l} C_{r\Sigma} = 2^{0.7} C_r \approx 1.62 C_r（球轴承）\\ C_{r\Sigma} = 2^{7/9} C_r \approx 1.71 C_r（滚子轴承）\end{array}\right\} \qquad (13\text{-}22)$$

$$C_{0r\Sigma} = 2C_{0r} \qquad (13\text{-}23)$$

式中　C_r、C_{0r}——单列角接触轴承的基本额定动载荷和额定静载荷。

例 13-2　锥齿轮减速器输入轴由一对代号为 30206 的圆锥滚子轴承支承，已知两轴承外圈间距为 72mm，锥齿轮平均分度圆直径 d_m = 56.25mm，齿轮上的圆周力 F_{te} = 1240N，径向力 F_{re} = 400N，轴向力 F_{ae} = 240N，各力方向如图 13-23 所示，设该轴的转速 n = 1440r/min，运转中有中等冲击载荷，工作温度小于 120℃，求轴承的当量动载荷 P_1、P_2，并计算轴承的寿命。

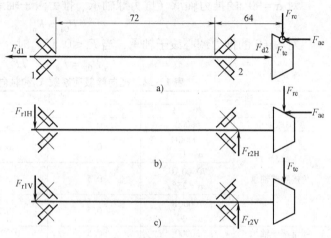

图 13-23　锥齿轮减速器轴系的受力分析
a) 受力图　b) 水平面受力图　c) 垂直面受力图

解　1. 计算径向载荷 F_{r1}、F_{r2}

将轴系部件受到的空间力系分解为水平面 H（图 13-23b）和垂直面 V（图 13-23c）两个平面力系。

查轴承手册可知，轴承 30206 力作用点到轴承外圈端面的距离为 a = 14mm。在水平面 H 和垂直面 V 内，由力平衡得

$$F_{r1H} = \frac{-F_{ae} \times \dfrac{d_m}{2} + F_{re} \times (64-14)}{72 + 14 \times 2} = \frac{-240 \times \dfrac{56.25}{2} + 400 \times 50}{100} N = 132.5N$$

$$F_{r2H} = F_{re} + F_{r1H} = 400N + 132.5N = 532.5N$$

$$F_{r1V} = \frac{F_{te}(64-14)}{72 + 2 \times 14} = \frac{F_{te}}{2} = \frac{1240}{2} N = 620N$$

$$F_{r2V} = F_{te} + F_{r1V} = 1240N + 620N = 1860N$$

轴承 1 和轴承 2 所受的径向力应为 V、H 面内所受的径向力的合力。即

$$F_{r1} = \sqrt{F_{r1V}^2 + F_{r1H}^2} = \sqrt{132.5^2 + 620^2} \ N = 634N$$

$$F_{r2} = \sqrt{F_{r2V}^2 + F_{r2H}^2} = \sqrt{532.5^2 + 1860^2} \ N = 1935N$$

2. 确定轴向力 F_{a1}、F_{a2}

对于 30206 轴承，按表 13-11，内部轴向力 $F_d = \dfrac{F_r}{2Y}$，查轴承手册，可知 $\dfrac{F_a}{F_r} > e$ 时，X = 0.4，Y = 1.6，e = 0.37，因此

$$F_{d1} = \frac{F_{r1}}{2Y} = \frac{634}{2 \times 1.6}N = 198N$$

$$F_{d2} = \frac{F_{r2}}{2Y} = \frac{1935}{2 \times 1.6}N = 605N$$

两轴承反装，F_{d1}、F_{d2} 方向如图 13-23a 所示。

$$F_{ae} + F_{d1} = 240N + 198N = 438N < F_{d2} = 605N$$

轴承 1 被"压紧"，轴承 2 被"放松"

$$F_{a1} = F_{d2} - F_{ae} = 605N - 240N = 365N$$

$$F_{a2} = F_{d2} = 605N$$

3. 求轴承的当量动载荷 P_1 和 P_2

根据题意，中等冲击载荷，查表 13-7，$f_p = 1.2 \sim 1.8$，取 $f_p = 1.8$。

$$\frac{F_{a1}}{F_{r1}} = \frac{365}{634} = 0.576 > e = 0.37 \quad X_1 = 0.4, Y_1 = 1.6$$

$$\frac{F_{a2}}{F_{r2}} = \frac{605}{1935} = 0.313 < 0.37 = e \quad X_2 = 1, Y_2 = 0$$

由式（13-4），得

$$P_1 = f_p(X_1 F_{r1} + Y_1 F_{a1}) = 1.8 \times (0.4 \times 634 + 1.6 \times 365)N = 1507N$$

$$P_2 = f_p(X_2 F_{r2} + Y_2 F_{a2}) = 1.8 \times 1935N = 3483N$$

4. 计算轴承寿命 L_h

因 $P_2 > P_1$，且两轴承类型、尺寸相同，故只按轴承 2 计算其寿命即可，取 $P = P_2$。

查轴承手册可知，30206 轴承 $C = 43200N$；工作温度小于 120℃，查表 13-8，$f_t = 1$；圆锥滚子轴承 $\varepsilon = 10/3$，则

$$L_h = \frac{10^6}{60n}\left(\frac{f_t C}{P}\right)^\varepsilon = \frac{10^6 h}{60 \times 1440} \times \left(\frac{1 \times 43200}{3483}\right)^{\frac{10}{3}} = 51115h$$

第五节　滚动轴承的组合结构设计

为了保证轴承的正常工作，除了正确选择轴承的类型和尺寸外，还要合理地进行轴承的组合结构设计。轴承的组合结构设计，包括轴承的固定、调整、预紧、配合、装拆、润滑和密封等。

一、支承端结构形式

一般来说，一根轴需要两个支点，每个支点可由一个或一个以上的轴承组成。为保证滚动轴承轴系能正常传递轴向力且不发生轴向窜动及轴受热膨胀后不致将轴承卡死，必须合理地设计轴系支承端的结构形式。常见的滚动轴承支承端结构形式有以下三种：

（1）两端各单向固定　普通工作温度下的短轴（跨距 $L < 400mm$），支点常采用两端各单向固定的结构形式，每个轴承分别承受一个方向的轴向力，从而确定轴的位置。轴向力不太大时，可采用一对深沟球轴承；轴向力较大时，可采用一对角接触球轴承或一对圆锥滚子轴承，如图 13-24 所示。

为了补偿轴的受热伸长，外圈端面与轴承盖之间留有 $c = 0.25 \sim 0.4mm$ 的轴向间

隙，这个间隙不能太大，否则在开始工作时轴温度尚低，轴承间隙过大而易产生窜动，如图 13-24a 所示（一般在结构图中可不画出）。间隙量常用调整垫片或调整螺钉调节。

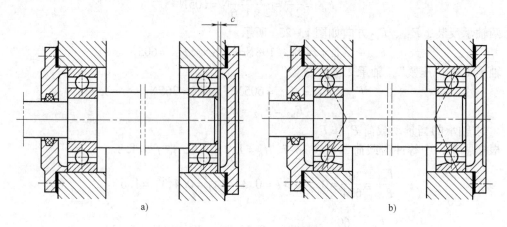

图 13-24　两端各单向固定
a）深沟球轴承　b）角接触球轴承

（2）一端双向固定、一端游动　当轴较长（$L \geqslant 400mm$）或工作温度较高时，轴的热膨胀伸缩量大，通常采用一端双向固定、一端游动的支点结构形式。作为固定端的轴承，应能承受双向轴向载荷；作为补偿轴的热膨胀的游动支承端，则应保证轴伸缩时能自由游动。固定端轴承可以采用单个深沟球轴承，用来承受不大的双向轴向载荷（图 13-25）；或采用一对圆锥滚子轴承（或角接触球轴承），用来承受较大的双向轴向载荷（图 13-26）；或采用深沟球轴承和一对推力球轴承组成，分别承受径向载荷和双向较大的轴向载荷（图 13-27）。而游动端轴承，可采用深沟球轴承（图 13-25），靠轴承外圈与机座的游动保证轴的自由伸缩；或采用圆柱滚子轴承（图 13-26），靠该轴承允许内、外圈有少量的轴向位移保证轴的自由伸缩，这时应注意轴承的内、外圈均要双向固定。

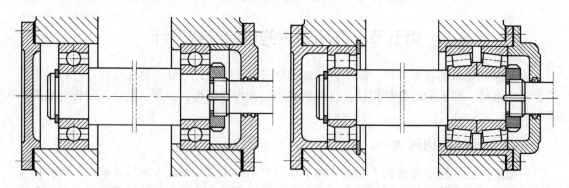

图 13-25　一端双向固定，一端游动（例1）　　图 13-26　一端双向固定，一端游动（例2）

（3）两端游动　当要求轴能够轴向双向移动时，可以采用两端游动的形式。如图 13-28 所示，人字齿轮的主动小齿轮轴两端轴承均为游动形式。由于人字齿轮两端螺旋角加工误差的原因，两端轴向力不完全相等，齿轮啮合时，轴将左右移动，为使轮齿受力均匀，应采用允许轴系能够轴向双向游动的支承形式，两端都选用圆柱滚子轴承。但是为确保轴系有确定位置，与其相啮合的从动大齿轮轴系应采用两端固定支承形式。

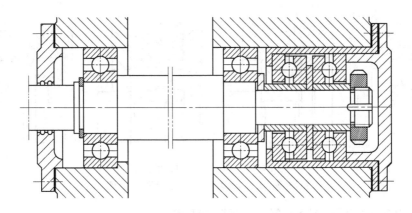

图 13-27　一端双向固定、一端游动（例 3）

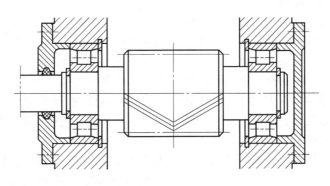

图 13-28　两端游动

二、滚动轴承的轴向固定

滚动轴承的轴向固定，包括轴承外圈在机座内的固定和轴承内圈在轴上的固定。

图 13-29 所示为常用的内圈轴向固定的方法。图 13-29a 采用嵌入轴上凹槽的轴用弹性挡圈来固定轴承内圈，主要用于轴向载荷不大及转速不高的场合；图 13-29b 采用轴端挡圈锁紧轴承内圈，可用于中载、高速的场合；图 13-29c 采用止动垫圈和圆螺母锁紧，多用于重载、高速的场合。内圈的另一端，常以轴肩作

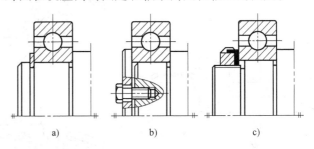

图 13-29　内圈轴向固定的方法
a）弹性挡圈　b）轴端挡圈　c）止动垫圈和圆螺母

为定位面。为了便于轴承拆卸，轴肩的高度应低于轴承内圈的高度。

图 13-30 所示为常用的轴承外圈在座孔内轴向固定的方法。图 13-30a 采用嵌入轴承座孔的孔用弹性挡圈来固定，用于轴向力不大且需要减小轴承组合尺寸的场合；图 13-30b 采用嵌入轴承外圈的止动环来固定，用于轴承座孔不便做凸肩且为剖分式结构的场合；图 13-30c 采用轴承端盖固定，用于转速高、轴向力大的场合；图 13-30d 采用螺纹环固定，用于转速高、轴向力大且不适用轴承端盖固定的场合。

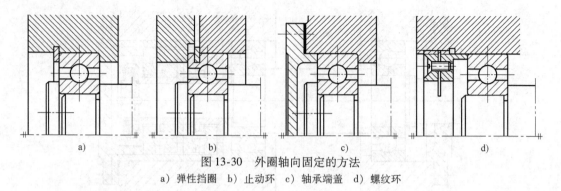

图 13-30　外圈轴向固定的方法
a）弹性挡圈　b）止动环　c）轴承端盖　d）螺纹环

三、轴系轴向位置和滚动轴承游隙的调整

1. 轴系轴向位置的调整

由于加工、装配等因素的影响，轴上的传动零件往往不能处于正确的工作位置，因此有必要对轴系的轴向位置加以调整。有些传动件如带轮、圆柱齿轮等，对轴向位置要求不高，一般不需要严格地调整。但对于锥齿轮，为了保证正确啮合，要求两个节锥顶点重合，因此必须使轴系能如图 13-31 a 所示的水平和垂直两个方向进行调整。图 13-31b、c 所示为小锥齿轮轴的两种支承结构。图 13-31b 所示结构方案采用一对圆锥滚子轴承正装，图 13-31c 采用一对圆锥滚子轴承反装，这两个方案的轴承都装在套杯内。通过改变套杯与箱体间调整垫片 1 的厚度，即可实现轴系位置的调整。

对于蜗杆传动，要求蜗轮中间平面通过蜗杆轴线，因此必须使蜗轮轴系能如图 13-32a

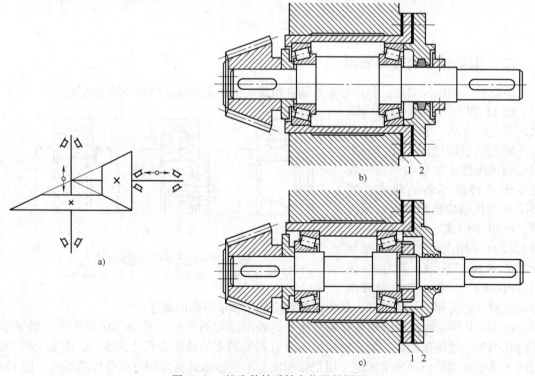

图 13-31　锥齿轮轴系轴向位置的调整
a）简图　b）轴承正装结构图　c）轴承反装结构图
1、2—垫片

所示的方向进行调整。在图 13-32b 所示的结构中，轴承座左右各包含一个大端盖，它与机体之间的调整垫片组 1 主要用于调整蜗轮的位置。

2. 轴承游隙的调整

如前所述，游隙的大小对轴承的寿命、效率、旋转精度、温升和噪声等都有较大的影响。有些类型的轴承在制造装配时，其游隙已经按标准规定值预留在轴承内部，如深沟球轴承、调心球轴承、圆柱滚子轴承、调心滚子轴承等，有些类型的轴承则需在安装时进行调整，如角接触球轴承、圆锥滚子轴承、推力球轴承、推力调心滚子轴承等。

调整轴承游隙的方法很多。在图 13-31b、图 13-32b 中，通过增加或减少轴承端盖与轴承座之间的垫片 2 来调整轴承的游隙；图 13-31c 则是利用圆螺母调整轴承游隙，但调整需在套杯内进行，因此不如前者方便；图 13-33 为采用嵌入式轴承盖时，通过螺钉和压板来调整轴承的游隙。

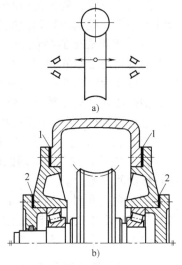

图 13-32　蜗轮轴系位置的调整
a）简图　b）结构图
1、2—垫片

四、滚动轴承的配合

轴承的配合主要是指轴承内圈与轴颈的配合以及轴承外圈与座孔的配合。

1. 配合的特点

1）由于滚动轴承是标准件，因此轴承内圈与轴的配合采用基孔制，外圈与座孔的配合采用基轴制。

2）一般圆柱体的配合中，基孔制孔的公差为正值，而轴承内圈孔的基孔制公差为负值，所以轴承内圈与轴的配合比圆柱公差标准中规定的基孔制同类配合要紧得多，如图 13-34 所示。

3）在装配图中标注配合时，不需标注轴承内径及外径的公差代号，只标注轴颈的直径及座孔的直径公差代号，如图 13-35所示。

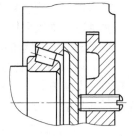

图 13-33　通过螺钉和压板调整轴承游隙

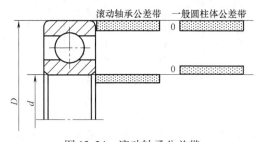

图 13-34　滚动轴承公差带

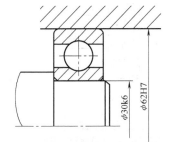

图 13-35　滚动轴承配合尺寸标注

2. 配合的选择

轴承配合的选取，应保证轴承正常运转，防止转动套圈与其配合件在工作时发生相对转动。应考虑以下因素：

（1）载荷的大小和方向　载荷较大时，在载荷作用下配合容易松动，应采用较紧的配合；当载荷方向固定时，固定套圈受到局部载荷作用，为避免载荷长时间作用在一个点上，造成轴承过早失效，固定套圈应选用较松的配合，使其在工作过程中能稍做转动，从而变换套圈的受力位置，延长使用寿命。旋转套圈受到循环载荷的作用，为避免套圈松动造成相配合零件磨损，应选用较紧的配合。

（2）工作温度的高低和变化　一般来说，轴承套圈的温度常高于其相邻零件的温度。温度的变化使轴承外圈与孔的实际配合比常温时更紧，轴承内圈与轴的实际配合比常温时更松，这可能导致内圈在其支承面上的配合松脱，而外圈膨胀则可能妨碍外圈在其轴承座内所需的轴向位移和周向转动。所以，当轴承在工作中发热量较大，散热条件较差时，应将外圈的配合选得稍松一些，内圈的配合选得稍紧一些。

（3）转速高低　转速较高时，振动强烈的轴承，应选用较紧的配合。

（4）支承方式　固定端的轴承，应选用较紧的配合；游动端的轴承，外圈与座孔应选用较松的间隙配合。

（5）装拆条件　剖分式轴承座与轴承外圈应选用较松的配合；经常装拆或更换的轴承，尤其是装拆困难的重型机械上的轴承，应选用较松的配合。

（6）旋转精度　过松的配合不利于提高轴承的旋转精度和减小振动。

五、提高轴系刚度的措施

提高轴系的刚度对提高轴的旋转精度、减少振动和噪声、改善传动件的工作性能和保证轴承寿命都是十分重要的。下面介绍几种措施：

1. 提高轴承座的刚度

提高轴系的刚度首先应提高轴承座的刚度，以保证轴承座孔受力时能保持正确的形状。可以通过适当加大壁厚、增加加强肋的方法增加支承的刚度，如图 13-36 所示。

2. 合理安排轴承的组合方式

两个轴承用不同方式组合，其支承刚度不同。在同一支点上成对采用同型号角接触轴承时有两种安装方式，如图 13-37 所示，其中图 13-37a 为面对面（正装）方式，图 13-37b 为背对背（反装）方式，显然两轴承载荷作用中心距 $B_2 > B_1$，即反装时支承有较大的刚度。

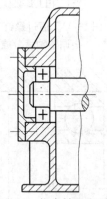

图 13-36　提高轴承座刚度

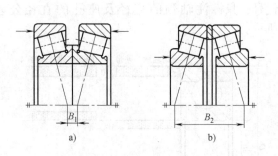

图 13-37　同一支点上圆锥滚子轴承的组合方式
a）正装　b）反装

对于成对使用但在不同支点的角接触轴承，其安装方式对轴系的支承刚度也有较大影响，具体情况如表 13-14 所示。

3. 轴承预紧

对于回转精度和刚度要求较高的轴系（如机床的主轴），常采用预紧的方法增加轴承的支承刚度，提高旋转精度，延长轴承寿命。所谓预紧，是指在安装轴承时，用一定的方法产生并保持一定的预紧力，从而消除轴承的游隙，并使滚动体和内、外圈之间产生一定的预变

表 13-14 角接触轴承不同安装方式对轴系刚度的影响

安装方式	轴的支承方式	
	简 支	悬 臂
正装	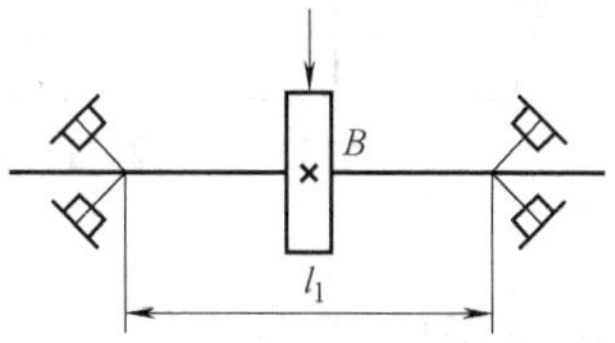 （图：简支正装，标注 B，l_1）	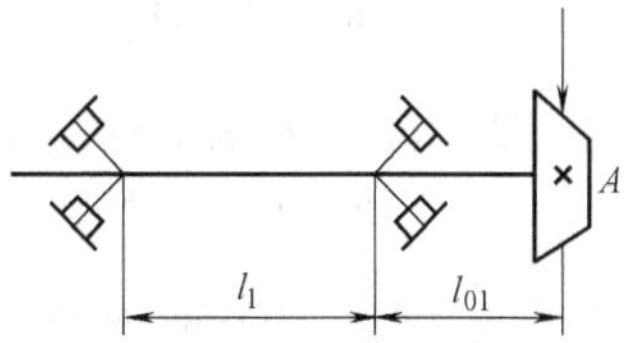 （图：悬臂正装，标注 A，l_1、l_{01}）
反装	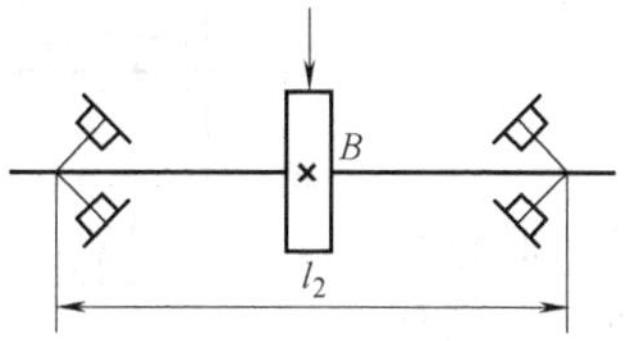 （图：简支反装，标注 B，l_2）	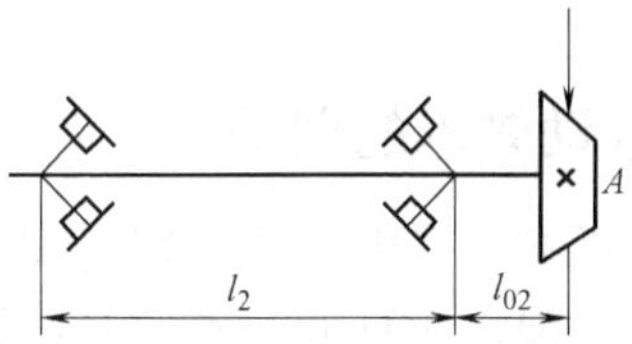 （图：悬臂反装，标注 A，l_2、l_{02}）
轴系刚度	$l_1 < l_2$，正装轴系刚度好	$l_1 < l_2$，反装轴系刚度好

形，以保持内、外圈之间处于压紧的状态。由于预紧时滚动体与滚道有了弹性变形，使轴承工作表面的接触面积增大，各滚动体受力也趋于均匀，故可以显著地提高支承的刚度和旋转精度，同时因有预载荷，轴承的阻尼增大，提高了抗振性能。但应注意预紧量的大小，预紧量太小达不到预期目的，太大会增加滚动摩擦阻力，反而降低了轴承寿命。

轴承的预紧包括轴向预紧与径向预紧，通常大多采用轴向预紧，其方法如下：

（1）磨窄内圈（或外圈）预紧 对于配对使用的角接触球轴承，如轴承后置代号为 DB（背靠背）、DF（面对面）、DT（串联）的轴承，在生产中已考虑预紧变形量的大小，在配对的两个轴承中，按照所要求的预紧变形量，在内圈或外圈端面磨去相应的宽度，在安装轴承时，用圆螺母或轴承盖使其相应的端面靠紧，两轴承即处于预紧状态，如图 13-38 所示。

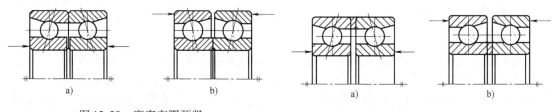

图 13-38 磨窄套圈预紧
a) DB 磨窄内圈 b) DF 磨窄外圈

图 13-39 间隔垫片预紧
a) 外圈用间隔垫片 b) 内圈用间隔垫片

（2）间隔垫片或不等厚套筒预紧 两个角接触球轴承成对安装，在内圈或外圈之间置以间隔垫片。如图 13-39a 所示，背靠背安装时，在两个外圈之间置一垫片，拧紧螺母使内圈两端面靠近，从而产生预紧力；如图 13-39b 所示，面对面安装时，将垫片置于两内圈之间，拧紧轴承端盖使外圈两端面靠近，从而产生预紧力。

为了提高轴承组合部件的刚度，两个角接触球轴承常相隔一定的距离安装，其结构如图 13-40 所示，在内圈和外圈之间加不同厚度的套筒实现预紧。

（3）弹簧预紧 如图 13-41 所示，将弹簧安装在轴承部件中，始终用弹簧顶住不旋转的外圈，以实现预紧。

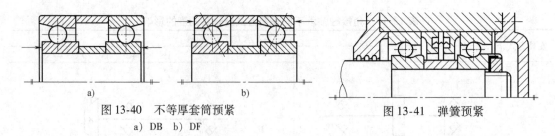

图 13-40 不等厚套筒预紧
a）DB b）DF

图 13-41 弹簧预紧

（4）夹紧一对圆锥滚子轴承的外圈预紧 对圆锥滚子轴承，只需夹紧外圈，施加预紧力，便可达到预紧的目的，如图 13-42 所示。

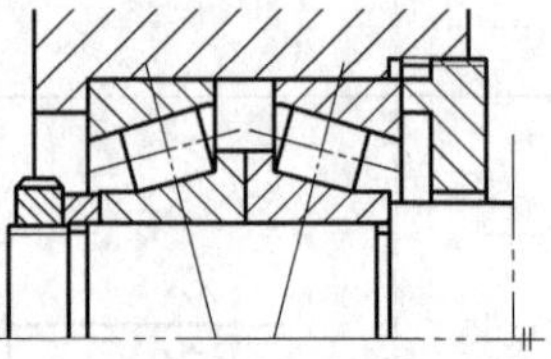

六、滚动轴承的润滑

滚动轴承在工作中处于良好的润滑状态，不仅能降低摩擦阻力，减少磨损，而且能起到散热、缓冲、吸振及密封、防锈等作用，因此滚动轴承的润滑具有重要的意义。

图 13-42 圆锥滚子轴承的预紧

滚动轴承的润滑方式分为脂润滑、油润滑和固体润滑等。一般高速时采用油润滑，低速时采用脂润滑，某些特殊环境如高温和真空条件下采用固体润滑。滚动轴承的润滑方式可根据速度因数 dn 值选择（d 为轴承内径，单位为 mm；n 为轴颈转速，单位为 r/min），见表 13-15。

表 13-15 滚动轴承润滑方式的选择

轴承类型	速度因数 dn /(mm·r/min)				
	脂润滑	浸油飞溅润滑	滴油润滑	喷油润滑	油雾润滑
深沟球轴承	1.6×10^5	2.5×10^5	4×10^5	6×10^5	$>6 \times 10^5$
调心球轴承				5×10^5	—
角接触球轴承				6×10^5	$>6 \times 10^5$
圆柱滚子轴承	1.2×10^5				
圆锥滚子轴承	1.0×10^5	1.6×10^5	2.3×10^5	3×10^5	
推力球轴承	0.4×10^5	0.6×10^5	1.2×10^5	1.5×10^5	
调心滚子轴承	0.8×10^5	1.2×10^5	—	2.5×10^5	

1. 脂润滑

脂润滑的优点是密封结构及润滑设施简单，维护保养简便，润滑脂不易泄漏，有一定的防止水、气、灰尘和其他有害杂质侵入轴承的能力，因此在一般情况下，润滑脂得到广泛的应用。缺点是转速较高时，摩擦损失较大，故其填充量应适当，通常以填充轴承和轴承壳体空间的 1/3～1/2 为宜。若加脂过多，由于搅拌发热，会使润滑脂变质恶化或软化。高速时应仅填充 1/3 或更少。当转速较低时，为防止外部异物进入轴承内，可以填满壳体空间。

2. 油润滑

在高速、高温等场合，通常选用油润滑。油润滑的优点是摩擦阻力较小，散热效果好，并对轴承有清洗作用，缺点是需要复杂的密封装置和供油设备。黏度是润滑油性能的重要指标之一，是选择合适润滑油的主要依据。润滑油黏度与温度有关，它随温度上升而下降，为了保证滚动体与滚道接触表面间形成足够的润滑油膜，润滑油在工作温度下必须保持一定的黏度。黏度过低，不能充分形成油膜，造成轴承异常磨损和寿命下降；黏度过高，由于黏性阻力而造成发热，增加了阻力损失。一般来说，转速越高，应选用黏度越低的润滑油；载荷越大，应选用黏度越高的润滑油。

油润滑有多种方式，适用于不同的工作条件。油浴润滑多用于中、低速轴承。轴承部分浸油，油面不超过最低滚动体中心；滴油润滑多用于转速较高的小型轴承；飞溅润滑是一般闭式齿轮减速器中润滑轴承常用的方法，利用传动零件溅油润滑轴承；喷油润滑是用油泵经喷嘴将高压油喷射到轴承中，用于高速重载轴承；油雾润滑是利用一定压力的空气配合油泵将极少的润滑油吹送到轴承中进行润滑，特别适用于高速轴承。

3. 固体润滑

在某些特殊环境如高温或真空条件下，脂润滑和油润滑的使用受到限制时可采用固体润滑。常用的固体润滑方法有：

1）用粘接剂将润滑剂粘接在套圈滚道、保持架和滚动体上，形成固体润滑膜。

2）把固体润滑剂加入工程塑料和粉末冶金材料中，制成有自润滑性能的轴承零件。

3）用电镀、高频溅射、离子镀层、化学沉积、溶射等技术使固体润滑剂或者软金属（金、银、铅等）在轴承零件摩擦面上形成一层均匀致密的薄膜。

常用的固体润滑剂有二硫化钼、石墨、聚四氟乙烯以及一些软金属等。

七、滚动轴承的密封

为使轴承保持良好的润滑条件和正常的工作环境，充分发挥轴承的性能，滚动轴承必须具有适当的密封装置，以防止润滑剂的泄露和外部杂质、灰尘、水分、空气或其他污物侵入轴承。轴承密封形式可分为接触式和非接触式两大类。

1. 接触式密封

在轴承盖内放置软材料与转动轴直接接触而起密封作用。密封件与轴直接接触，因而有摩擦和磨损，转速较高时不易采用。常用的软材料有毛毡、橡胶、皮革、软木等，或者放置减摩性好的硬质材料，如石墨、青铜、耐磨铸铁等。

（1）毡圈密封 在轴承盖上加工出梯形槽，将毛毡按标准制成环形或带形，放置在梯形槽中与轴密合接触，如图 13-43a 所示；或者在轴承盖上加工缺口放置毡圈，然后用压板压在轴承盖上，以调整毡圈与轴的密封程度，从而提高密封的效果，如图 13-43b 所示。毡圈密封结构简单，便于安装，但摩擦阻力较大，适用于滑动速度小于 $4\sim5\mathrm{m/s}$ 的脂润滑。当与毡圈油封相接触的轴表面经过抛光且毛毡质量较好时，可用于滑动速度 $7\sim8\mathrm{m/s}$ 的场合。

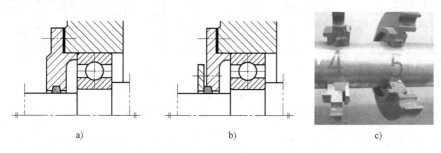

图 13-43 毡圈密封
a）毡圈放在梯形槽中 b）毡圈靠压板固定 c）实物图

（2）唇形密封圈 在轴承盖中，放置一个用耐油橡胶制成的唇形密封圈，靠弯折橡胶的弹力和附加环形螺旋弹簧的扣紧作用而紧套在轴上，从而起到密封的作用。有的唇形密封圈还带有骨架，可与端盖更精确地装配。唇形密封圈密封唇的方向要朝向密封的方向，即如果主要作用是封油，密封唇应对着轴承，如果主要作用是防止外来物质侵入，则密封唇应背向轴承, 如图 13-44a 所示; 如果需要达到两个目的, 则使用密封唇反向放置的两个唇形密封圈, 如图 13-44b 所示, 它一般用于接触面滑动速度小于 10m/s 的油润滑或脂润滑。轴上与唇形密封圈接触处最好经过表面硬化处理, 以增加耐磨性。

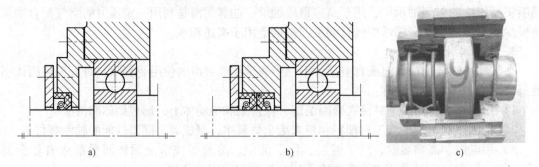

图 13-44　唇形密封圈密封

a) 单个唇形密封圈　b) 两个唇形密封圈　c) 实物图

2. 非接触式密封

非接触式密封工作时, 密封装置与其相对运动的零件不接触, 在工作中几乎不产生摩擦热, 没有磨损, 适用于高速与高温场合。

(1) 间隙密封　在轴承盖的孔壁和轴之间留出一个很窄的间隙, 间隙 δ 通常为 0.1 ~ 0.3 mm, 如图 13-45a 所示。间隙越小, 密封效果越好。如果在轴承盖上加工环形槽, 如图 13-45b 所示, 并填入润滑脂, 可以提高密封的效果。这种密封适用于干燥清洁环境、脂润滑轴承。图 13-45c 所示为利用挡油环和轴承座之间的间隙实现密封的装置。工作时挡油环随轴一起转动, 利用离心力甩去油和杂物。挡油环应突出箱体内壁 $\Delta = 1 \sim 2\mathrm{mm}$。该结构常用于机箱内的密封, 如齿轮减速器内齿轮用油润滑而轴承用脂润滑的场合。

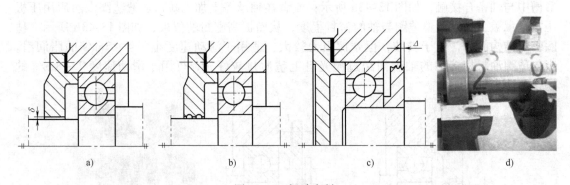

图 13-45　间隙密封

a) 间隙密封　b) 间隙密封加环形槽密封　c) 挡油环和轴承座孔之间的间隙密封　d) 实物图

(2) 甩油密封　如图 13-46a 所示, 油润滑时, 在轴上加工沟槽, 或如图 13-46b 所示, 装入一个环, 都可以把欲往外流的油沿径向甩到轴承盖的集油腔, 再经轴承盖上的油孔流回轴承腔。或者如图 13-46c 所示, 在轴上加工螺旋油槽, 也可有效地防止油外流。但这时轴必须只按一个方向旋转, 以便将欲往外流出的油通过螺旋送回到轴承腔内。

(3) 曲路密封 (也称为迷宫式密封)　密封曲路是由旋转零件和固定的密封零件之间拼合成的曲折缝隙所形成, 缝隙中填入润滑脂, 可以增加密封的效果。根据部件的结构, 曲路的布置可以是径向的, 如图 13-47a 所示, 也可以是轴向的, 如图 13-47b 所示。采用轴向曲

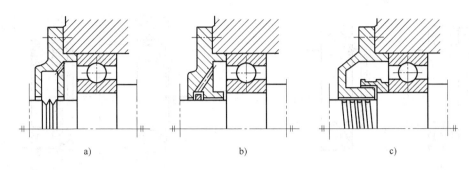

图 13-46　甩油密封
a）轴上加工沟槽　b）轴上装环　c）轴上加工螺旋油槽

路密封时，轴承端盖应为剖分式。当轴因温度变化而伸缩或采用调心轴承时，可能造成曲路中密封零件的接触，设计时应加以考虑。当环境比较脏和潮湿时，采用曲路密封是相当可靠的。

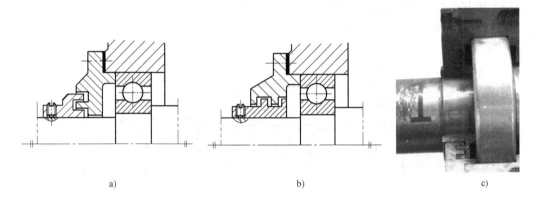

图 13-47　曲路密封
a）径向曲路密封　b）轴向曲路密封　c）实物图

3. 组合密封

当密封要求较高时，可将上述密封装置组合使用，以提高密封效果。如图 13-48 所示，采用毡圈密封和曲路密封组合，密封效果更好。

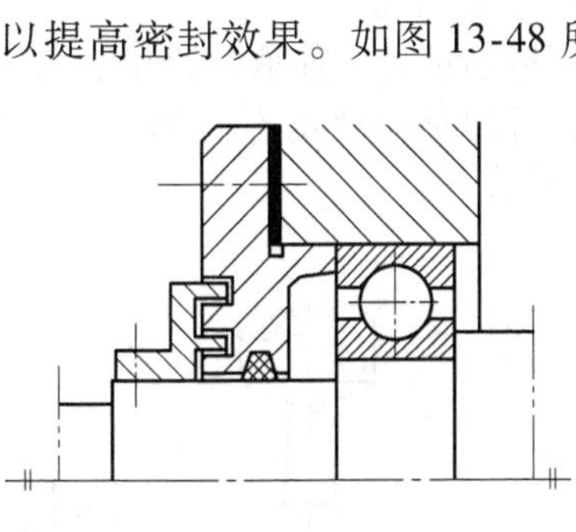

八、滚动轴承的装拆

设计轴承装置时，应使轴承便于装拆。由于滚动轴承的配合较紧，为防止损坏轴承，应采用合理的安装和拆卸方法。

1. 施力方法

在装拆轴承时，应把力加在要装拆的套圈上，不允许通过滚动体来传力，以免使滚道或滚动体造成损伤，如图 13-49、图 13-50 所示。

图 13-48　组合密封

2. 装配方法

1）安装小尺寸轴承时，可以用铜棒均匀地轻轻敲击装入。

2）安装尺寸较大的轴承或大批量安装轴承时，应采用压力机，禁止用铁锤直接敲击轴承。

3）对于尺寸较大且配合较紧的轴承，安装阻力很大，根据热胀冷缩的原理，需将轴冷

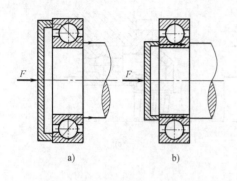

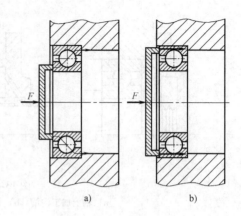

图 13-49　安装内圈时施力方法　　　　　　　　　图 13-50　安装外圈时施力方法
　　　　a）错误　b）正确　　　　　　　　　　　　　　　　a）错误　b）正确

却或座孔加热，也可将轴承加热或冷却，形成适当的间隙后再进行装配。

　　滚动轴承的安装如图 13-51 所示。

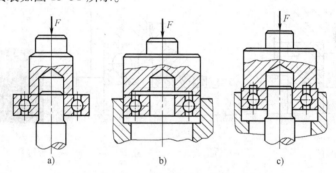

图 13-51　滚动轴承的安装
a）内圈的压入　b）外圈的压入　c）内、外圈同时压入

3. 拆卸方法

　　更换轴承时，轴承要拆卸下来。经过长期运转的轴承，由于轴承的配合较紧，拆卸相当困难，拆卸时应使用专门的工具。常用的拆卸方法有压力机拆卸和拆卸工具拆卸，如图 13-52所示。

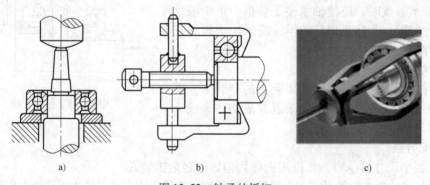

图 13-52　轴承的拆卸
a）压力机拆卸　b）拆卸工具拆卸　c）拆卸工具实物图

　　为便于拆卸，设计时轴肩高度通常不大于轴承内圈高度的 3/4，如图 13-53 所示。若轴肩高度无法满足要求，也可在轴上加工出沟槽来拆卸轴承，但对轴的削弱较大，如图 13-54 所示。加力于外圈拆卸轴承时，其要求也相同，座孔的结构应留出拆卸高度，如图 13-55 所示，或在壳体上加工供拆卸用的螺纹孔，利用螺钉拆卸轴承外圈，如图 13-56 所示。

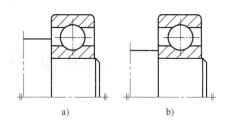

图 13-53　拆卸轴承时轴肩的高度
a）错误　b）正确

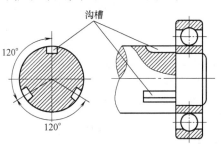

图 13-54　拆卸轴承时在轴上加工沟槽

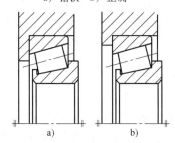

图 13-55　拆卸轴承时座孔的尺寸
a）错误　b）正确

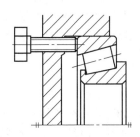

图 13-56　用螺钉拆卸轴承

　　本章学习要点

　　1. 掌握滚动轴承的基本构造、主要类型和主要特征。滚动轴承的作用是支承轴和轴上的传动件，典型结构由内圈、外圈、滚动体和保持架组成。按受载荷方向分：向心轴承、推力轴承、向心推力轴承；按滚动体的形状分：球轴承、滚子轴承。

　　2. 掌握滚动轴承基本代号，并会合理地选用滚动轴承。

　　3. 了解滚动轴承的主要失效形式和设计准则。一般转速的滚动轴承，疲劳点蚀是其主要的失效形式；转速极低或做摆动的轴承，失效形式为塑性变形。所以一般转速的滚动轴承，设计准则是防止产生疲劳点蚀，进行疲劳寿命的计算；转速极低或做摆动的轴承，设计准则是防止产生塑性变形，进行静强度计算。

　　4. 理解滚动轴承的基本额定寿命、基本额定动载荷、基本额定静载荷、当量动载荷和当量静载荷的概念。

　　5. 熟练掌握滚动轴承的寿命计算方法。理解寿命计算公式中各参数的意义，其中的难点是角接触轴承轴向载荷的计算。计算角接触球轴承和圆锥滚子轴承所受轴向力的方法可以归结为：先通过内部轴向力及外加轴向载荷的分析与计算，判定被"放松"和被"压紧"的轴承；然后确定被"放松"轴承的轴向力仅为其本身的内部轴向力，被"压紧"轴承的轴向力则为除去本身内部轴向力外其余各轴向力的代数和。

　　6. 掌握滚动轴承的组合结构设计，包括滚动轴承的配置、固定、调整、配合、润滑、密封和装拆等问题。

第十四章

滑动轴承

提示

本章主要介绍滑动轴承的基本概念和设计理论，包括滑动轴承的特点、类型、结构形式、轴瓦和轴承衬的材料、润滑剂的选用原则和润滑方法、滑动轴承的基本设计理论。重点是非流体、流体润滑径向滑动轴承的设计计算。难点是流体动压润滑径向滑动轴承的设计计算。

第一节 概　　述

滚动轴承具有产品标准化、系列化、摩擦阻力小、起动方便等优点，在一般机械中得到了广泛应用。但是，在某些特殊的场合，滑动轴承有其独特的优势，因而也得到了广泛的应用。

一、滑动轴承的类型

1. 按承受载荷的方向分

（1）径向滑动轴承　主要承受垂直于轴线方向的径向载荷 F，如图 14-1a 所示。

（2）推力滑动轴承　主要承受沿轴线方向的轴向载荷 F_a，如图 14-1b 所示。

2. 按其表面间润滑状态分

（1）流体润滑滑动轴承（完全流体润滑滑动轴承）　在流体润滑滑动轴承中，轴颈与轴承的摩擦面间形成压力油膜，将轴颈和轴瓦表面完全隔开。两滑动表面没有直接接触，处于流体摩擦状态，轴承的阻力只是润滑油内部的流体摩擦力，因而摩擦系数很小，一般为 $0.001 \sim 0.008$。由于始终能保持稳定的流体润滑状态，这种轴承适用于高速、高精度、重载和

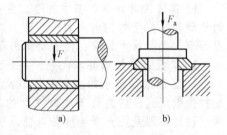

图 14-1　滑动轴承
a）径向滑动轴承　b）推力滑动轴承

长期连续运转且维修困难等场合，但是制造精度要求也较高，并需要在一定条件下才能实现。

流体润滑滑动轴承按承载机理可分为：

1）流体动力润滑滑动轴承（简称流体动压滑动轴承）：这是指靠相对运动带入两摩擦面之间的润滑油形成动压油膜隔开两摩擦表面，并承受载荷的滑动轴承。

2）流体静压润滑滑动轴承（简称流体静压滑动轴承）：这是指靠液压泵（或其他压力

流体源）将压力油送入两摩擦表面，建立静压承载油膜，并承受载荷的滑动轴承。

（2）非流体润滑滑动轴承（不完全流体润滑滑动轴承）　非流体摩擦滑动轴承依靠吸附于轴颈和轴承表面的油膜进行润滑，虽然工作表面间有润滑油存在，但不能完全将两摩擦表面隔开，在表面局部突起部分仍有一部分金属直接接触，滑动表面处于边界摩擦或混合摩擦状态，因而摩擦系数较大，一般为 0.1 ~ 0.3。如果润滑油膜被破坏，将会出现剧烈摩擦、磨损，甚至发生胶合破坏。这种轴承结构简单，对制造精度和工作条件要求不高，故在机械设备中仍然有广泛的应用。

二、滑动轴承的性能特点

滑动轴承的性能特点主要是与滚动轴承比较，且不同类型的滑动轴承也相差较大，表 14-1 列出了滚动轴承和各类滑动轴承性能特点对比，供选择轴承时参考。

表 14-1　滚动轴承和滑动轴承性能对比

性　　质		滚动轴承	不完全流体润滑滑动轴承	完全流体润滑滑动轴承	
				动压滑动轴承	静压滑动轴承
承载能力与转速的关系		一般无关，特高速时，滚动体的离心力要减小承载能力	随转速增高而减小	随转速增高而增大	与转速无关
受冲击载荷的能力		较低	一般	油膜有承受较大冲击载荷的能力	较高
高速性能		一般，受限于滚动体的离心力及轴承的温升	不高，受限于轴承的发热和磨损	高，受限于油膜的振荡和润滑油的温升	高
起动阻力		小	大	大	小
噪声		较大	不大	工作不稳定时有噪声，工作稳定时基本无噪声	轴承本身噪声不大，但油泵噪声较大
轴承的刚度		大	一般	一般	一般
旋转精度		较高	较低	一般到高	较高到最高
轴承尺寸	径向	大	小	小	小
	轴向	$(0.2 \sim 0.5)d$	$(0.5 \sim 4)d$	$(0.5 \sim 4)d$	中等
寿命		有限，受限于材料点蚀	有限，受限于材料磨损	长，载荷稳定时理论上寿命无限，实际上受限于轴瓦的疲劳破坏	理论上无限
价格		中等	大量生产时价格不高	较高	连同供油系统，价格最高

三、滑动轴承的应用场合

鉴于以上特点，滑动轴承常用于以下场合：

1）高速、高精度。如汽轮发电机、精密磨床等的主轴轴承。

2）承受特重型的载荷。流体动压润滑滑动轴承承载能力大、寿命长、相对单件小批量生产的大型滚动轴承造价低，所以一般大功率的机械如水轮发电机、汽轮机等采用滑动轴承。低速巨型设备，如天文望远镜等的轴承。

3）承受巨大的冲击与振动载荷。如轧钢机、破碎机、锻压设备、铁路机车及车辆等轴承。

4）特殊结构。如内燃机曲轴轴承必须制成剖分式的；组合钻床径向尺寸受限制时。

5）特殊条件（水、腐蚀介质）。如军舰推进器的轴承。

6) 低速、低精度。如农业机械、建筑机械等，这些轴承用灰铸铁或耐磨铸铁制造滑动轴承的轴套或轴瓦。

四、滑动轴承的设计内容

本章主要讨论流体动压滑动轴承的设计计算，主要包括以下内容：
1) 确定轴承的结构形式。
2) 选择轴瓦和轴承衬的材料。
3) 确定轴承结构参数。
4) 选择润滑剂和润滑方法。
5) 计算轴承工作能力。

第二节 滑动轴承的主要结构形式

一、径向滑动轴承的结构形式

1. 整体式径向滑动轴承

整体式径向滑动轴承结构如图 14-2 所示，由轴承座和轴套组成。轴承座用螺栓与机

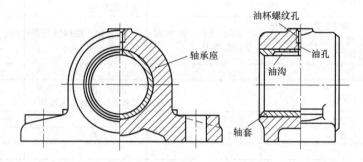

图 14-2 整体式径向滑动轴承

座相连接，为轴的回转提供支承。轴承座顶部有油孔，并在轴套的内表面开设有油沟，分别用来注油和导油。这种轴承结构简单，价格低廉，由于轴承必须由轴的两端装入或拆卸，故装拆不方便，磨损后轴承的径向间隙无法调整，适用于轻载、低速或间歇工作的场合。

2. 剖分式（对开式）径向滑动轴承

如图 14-3 所示，剖分式径向滑动轴承由轴承座、轴承盖、剖分轴瓦、双头螺柱和螺母、垫片等组成。为了安装时容易定位对中和防止横向错动，轴承座和轴承盖接合面做成阶梯形。

轴承盖上有螺纹孔，便于安放油杯或油管。剖分式轴瓦由上、下轴瓦组成，上轴瓦开设有油孔和油沟，便于润滑轴承。轴承所受的径向载荷方向一般不超过剖分面垂直线左右35°的范围，否则应使用倾斜式剖分面径向滑动轴承，如图 14-4 所示。上、下轴瓦的剖分面之间放有垫片，当轴瓦工作表面磨损之后，可适当取出一些垫片，并进行修刮轴瓦内孔，可调整轴颈和轴瓦之间的间隙。剖分式径向滑动轴承装拆方便，应用十分广泛。

3. 自位调心滑动轴承

当轴颈较长（宽径比 $B/d > 1.5 \sim 1.75$），轴的刚度较小，或者由于两滑动轴承安装同

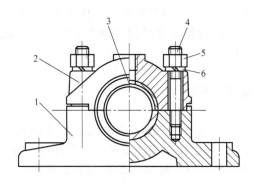

图 14-3　剖分式径向滑动轴承
1—轴承座　2—轴承盖　3—剖分轴瓦
4—双头螺柱　5—螺母　6—垫片

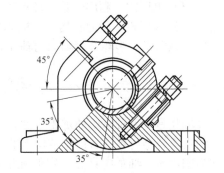

图 14-4　倾斜式剖分面径向滑动轴承

心度较难保证时，都会造成轴瓦端部的局部接触，如图 14-5a 所示，使轴瓦局部严重磨损。为此，可采用能相对轴承座自行调节轴线位置的滑动轴承，即自位调心滑动轴承，如图 14-5b 所示。其轴瓦外表面制成球面形状，与轴承支座孔的球状内表面相接触，能自动适应轴在弯曲时产生的偏斜，可以减少局部磨损。

二、推力滑动轴承的结构形式

推力滑动轴承由轴承座和止推轴颈组成，常用的结构形式如图 14-6 所示，可分为四种形式：

（1）实心式　轴颈端面的边缘处线速度最大而中心处线速度为零，导致支承面磨损极不均匀，润滑油不易进入，润滑条件差。

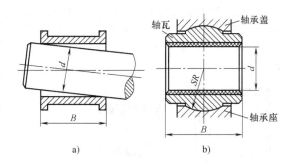

图 14-5　轴瓦端部的局部接触
a）普通轴承　b）调心轴承

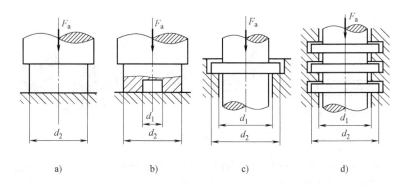

图 14-6　推力轴承座和止推轴颈形状
a）实心式　b）空心式　c）单环式　d）多环式

（2）空心式　轴颈端面的中空部分能存油，压力也比较均匀，承载能力比实心式有所改善。

（3）单环式　利用轴颈的环形面止推，结构简单，广泛应用于低速、轻载的场合。

（4）多环式　压力较均匀，能承受较大轴向载荷，但各环之间载荷分布不均匀，因此环数不宜太多。多环推力轴承的轴瓦必须采用剖分式结构。

第三节　轴瓦结构

轴瓦是滑动轴承中的重要零件，其结构设计对滑动轴承的承载性能影响很大。有时为了节约贵重合金材料或者由于结构上的需要，常在轴瓦的内表面上浇注或轧制一层轴承合金，称为轴承衬。轴瓦应具有一定的强度和刚度，定位可靠，便于输入润滑剂且容易散热，装拆、调整方便。

一、轴瓦的形式和构造

轴瓦按结构形式可分为整体式和剖分式两种。图 14-7 所示为整体式轴瓦（俗称轴套），图 14-8 所示为剖分式轴瓦。剖分式轴瓦有承载区和非承载区，一般载荷向下，故上瓦为非承载区，下瓦为承载区。整体式轴瓦需从轴端安装和拆卸，可修复性差。而剖分式轴瓦可以直接从轴的中部安装和拆卸，可修复。

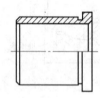

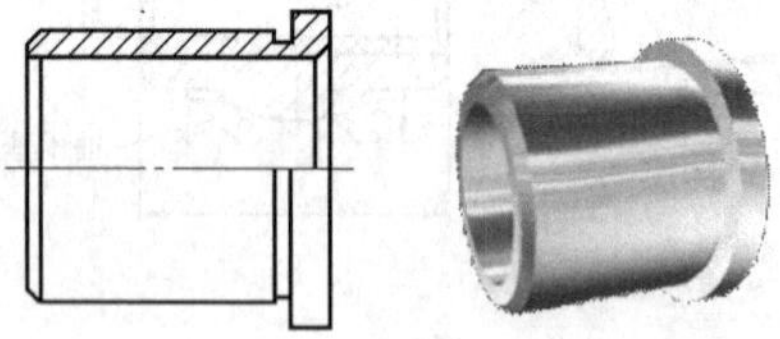

图 14-7　整体式轴套

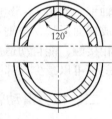

图 14-8　剖分式轴瓦

剖分式轴瓦有厚壁轴瓦和薄壁轴瓦之分。厚壁轴瓦（图 14-9）具有足够的强度和刚度，可降低对轴承座孔的加工精度要求。厚壁轴瓦常用铸造方法制造，内表面可附有一层或两层减摩材料，通常称为轴承衬，常将轴承合金用离心浇注法浇注在铸铁、钢或青铜轴瓦的内表面上。为使轴承合金与轴瓦贴附得好，常在轴瓦内表面制出各种形式的榫头、凹沟或螺纹。

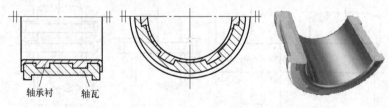

轴承衬　轴瓦

图 14-9　剖分式厚壁轴瓦

薄壁轴瓦（图 14-10）节省材料，但刚度不足，对轴承座孔的加工精度要求高。薄壁轴瓦由于能用双金属板连续轧制等新工艺进行大量生产，故质量稳定，成本低。轴瓦受力后，其形状完全取决于轴承座的形状，因此，轴瓦和轴承座均需精密加工。薄壁轴瓦在汽车发动机、柴油机上得到广泛应用。

轴瓦按材料还可分为单材料和多材料轴瓦。单材料轴瓦是用强度足够的材料直接做成，如黄铜、灰铸铁。若轴瓦衬强度不足，可采用多材料制作轴瓦。

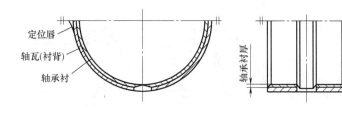

图 14-10 剖分式薄壁轴瓦

二、轴瓦的定位

轴瓦定位的目的是防止轴瓦相对于轴承座产生轴向和周向的相对移动。

为了防止轴瓦移动，可将轴瓦的一端或两端做出凸缘来轴向定位（图 14-7、图 14-8），也可以用紧定螺钉（图 14-11a）或销钉（图 14-11b）将其固定在轴承座上，或在轴瓦剖分面上冲出定位唇（图 14-11c）以供定位用。

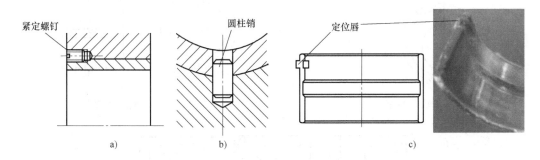

图 14-11 轴瓦的定位
a）紧定螺钉 b）圆柱销 c）定位唇

三、油孔及油槽

为了将润滑油导入滑动轴承，使其分布到整个轴颈表面，常在轴承上开设油孔和油槽。油孔用来供油，油槽用来输送和分布润滑油。油孔和油槽的位置和形状对滑动轴承的良好润滑和承载能力有很大的影响。开设油槽、油孔时应注意：

1）尽量开在非承载区，否则会降低油膜的承载能力，如图 14-12 所示。

2）轴向油槽一般不开通，以免润滑油从两端流失。

3）周向油槽一般只开半圈，不要延伸到承载区。

4）如果载荷方向经常变化，油槽也可开在轴颈上。

5）要求润滑油单向流动时，可开设螺旋油槽，但须注意螺旋的方向应与油流的方向一致，如图 14-13 所示。

6）垂直放置的轴承，应

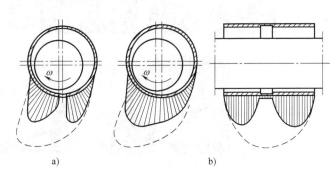

图 14-12 油槽对轴承承载能力的影响
a）轴向油槽的影响 b）周向油槽的影响

将环形油槽开在轴承的上端。

7）油槽边缘应光滑，以保证润滑油能顺畅地流入被润滑表面。

对于流体动压径向轴承，轴向油槽又分为单轴向及双轴向。对于整体式径向轴承，轴颈单向回转时，单轴向油槽最好开在最大油膜厚度位置（图14-14），以保证润滑油从压力最小的位置流入。剖分式径向轴承，常把轴向油槽开在轴承剖分面处，如果轴颈双向回转，可在轴承剖分面上开设双向油槽（图14-15）。对于不完全流体润滑径向轴承，

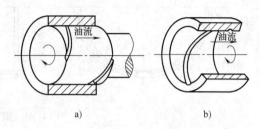

图 14-13　螺旋油槽
a）开在轴颈上　b）开在轴套上

常用油槽形状如图14-16所示，设计时，可以将油槽从非承载区延伸到承载区。油槽尺寸可查有关手册。各种油槽实物图如图14-17所示。

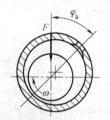

图 14-14　单轴向油槽

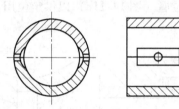

图 14-15　双轴向油槽

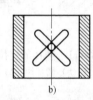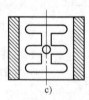

图 14-16　油槽形式
a）直线式　b）十字式　c）王字式

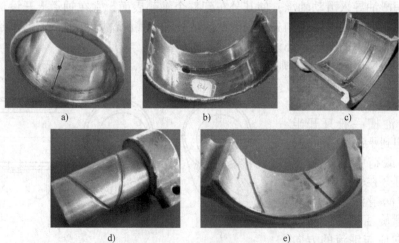

图 14-17　各种油槽实物图
a）轴向　b）周向　c）双向　d）螺旋（轴颈上）　e）螺旋（轴瓦上）

第四节　滑动轴承的失效形式及常用材料

一、主要失效形式

1. 磨粒磨损

进入滑动轴承间隙的硬质颗粒（如灰尘、砂粒、杂质等）可能嵌入轴承表面，或者游离于间隙中并随轴一起转动，都将对轴颈和轴承表面起研磨作用。在起动、停车或轴颈发生边缘接触时，都加剧轴承磨损，导致几何形状改变，精度降低，轴承间隙加大，使轴承性能在预期寿命期限内急剧恶化。图 14-18a 所示为轴瓦上的轴承衬被磨损掉，形成磨粒磨损。

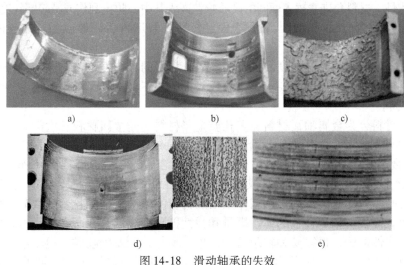

图 14-18　滑动轴承的失效
a）磨粒磨损　b）胶合　c）疲劳剥落　d）腐蚀　e）刮伤

2. 黏附磨损（胶合）

当轴承温升过高、载荷过大导致油膜破裂时，或者润滑油供应不足的条件下，轴和轴颈的相对运动表面材料发生黏附和迁移，从而造成轴承损坏。严重时甚至可能导致相对运动终止而发生咬死现象。图 14-18b 所示为轴承材料迁移到轴瓦油槽中的黏附磨损失效。

3. 疲劳剥落

在载荷反复作用下，轴承表面出现与滑动方向垂直的疲劳裂纹，当裂纹向轴承衬与衬背结合面扩展后，造成轴承衬材料的剥落，如图 14-18c 所示。

4. 腐蚀

润滑剂在使用中不断氧化，所生成的酸性物质对轴承材料有腐蚀性，此外，硫对含银或含铜的轴承材料的腐蚀，润滑油中水分对铜铅合金的腐蚀，都应予以注意。材料腐蚀易形成点状剥落，如图 14-18d 所示。

5. 刮伤

进入轴承间隙的硬颗粒或轴颈表面粗糙的轮廓凸峰，在轴承上划出线状伤痕，导致轴承因刮伤而失效，如图 14-18e 所示。

此外，在安装时，如果轴瓦安装不正确，引起扭曲或局部接触，在工作时就很容易使轴瓦局部损坏。同时由于工作条件不同，滑动轴承还可能出现气蚀、流体侵蚀、电侵蚀和微动磨损等损伤。

二、轴承材料

1. 轴承材料应具备的性能

轴瓦和轴承衬的材料统称为轴承材料。考虑滑动轴承的失效形式，对轴承材料要求如下：

（1）减摩性　轴颈材料和轴瓦材料组成的摩擦副应当具有较小的摩擦系数。

（2）耐磨性　材料抵抗磨粒磨损的性质，通常以磨损率表示。

（3）抗咬黏性　材料的耐热性和抗黏附性。抗黏附磨损的能力。

（4）摩擦顺应性　材料通过表层弹塑性变形来补偿轴承滑动表面初始配合不良和轴的挠曲的能力。

（5）嵌入性　材料允许摩擦表面间的硬质颗粒嵌入其中，防止刮伤或减轻磨粒磨损的能力。

（6）磨合（跑合）性　轴瓦与轴颈表面经短期轻载运行后，形成相互吻合的表面形状和降低表面粗糙度值的能力。

此外，材料还应有足够的强度和抗腐蚀能力，良好的导热性、工艺性和经济性。

一种材料很难满足上述全部要求，可制成双金属或三金属轴瓦满足上述多种性能要求。

2. 常用材料

常用轴承材料分为金属轴瓦材料、多孔质金属材料、非金属材料三大类。

（1）金属轴瓦材料　常用如轴承合金、铜合金、铝基合金和铸铁等。

1）轴承合金（也称巴氏合金或白合金）。轴承合金是锡（Sn）、铅（Pb）、锑（Sb）、铜（Cu）的合金，以锡或铅作基体，其内含有锑锡（Sb-Sn）、铜锡（Cu-Sn）的硬晶粒。悬浮在基体中的硬晶粒起抗磨作用，软基体则增加材料的塑性。硬晶粒受到载荷时可以嵌入软基内，增大承载面积。轴承合金的弹性模量和弹性极限都很低，在所有轴承材料中，它的嵌入性及摩擦顺应性最好，很容易和轴颈磨合，也不易与轴颈发生咬黏。但轴承合金的强度很低，不能单独制作轴瓦，只能贴附在青铜、钢或铸铁轴瓦上作轴承衬。轴承合金适用于重载、中高速场合，价格较贵。

2）铜合金。铜合金具有较高的强度，较好的减摩性和耐磨性。青铜的性能比黄铜好，是最常用的材料。青铜有锡青铜、铅青铜和铝青铜等几种，其中锡青铜的减摩性最好，应用较广。但锡青铜比轴承合金硬度高，磨合性及嵌入性差，适用于重载及中速场合。铅青铜抗黏附能力强，适用于高速、重载轴承。铝青铜的强度及硬度较高，抗黏附能力较差，适用于低速、重载轴承。

铜合金具有较高的疲劳强度和承载能力，优良的耐磨性和导热性，且摩擦系数低，能在250℃以下正常工作，适用于高速、重载轴承，如高速柴油机、航空发动机轴承等。常用牌号是 ZCuSn10P1、ZCuPb30。

3）铝基轴承合金。铝基轴承合金是以铝为基础，加入锡等元素组成的合金。这种合金的导热性、耐蚀性、疲劳强度和高温强度均较高，且价格便宜，适合制造高速（13 m/s）、重载（3200 MPa）的发动机轴承，但膨胀系数较大，抗咬合性差。铝基轴承合金可制成单金属零件如轴套、轴承等，也可制成双金属零件，如双金属轴瓦（以铝基合金为轴承衬，以钢作衬背）。目前，高锡铝基轴承合金应用最广泛，常用牌号为 ZAlSn6Cu1Ni1。

4）灰铸铁及耐磨铸铁。普通灰铸铁，加有镍、铬等合金成分的耐磨灰铸铁以及球墨铸铁，都可以用作轴承材料。这类材料中的片状或球状石墨覆盖材料表面后，可形成一层起润滑作用的石墨层，具有一定的减摩性和耐磨性。但铸铁性脆、磨合性差，只适用于轻载、低速和不受冲击载荷的场合。

（2）多孔质金属材料（粉末冶金）　粉末冶金是用不同金属粉末经压制、烧结而成的轴承材料。这种材料是多孔结构，孔隙占体积的 10%～35%。使用前先把轴瓦在热油中浸渍数小时，使孔隙中充满润滑油，因而通常把这种材料制成的轴承称为含油轴承，具有自润滑性。但材料韧性较小，宜用于平稳无冲击载荷及中低速度场合。常用的粉末材料有多孔铁和多孔质青铜。多孔铁常用来制作磨粉机轴套、机床油泵衬套、内燃机凸轮轴衬套等。多孔质青铜常用来制作电唱机、电风扇、纺织机械及汽车发动机的轴承，需要时可根据机械设计手册选用。

（3）非金属材料　非金属材料中应用最多的是各种塑料（聚合物）如酚醛树脂、尼龙、聚四氟乙烯等。这些材料具有良好的减摩性、耐磨性、耐蚀性，但强度和导热性较差。

常用轴瓦材料及性能见表 14-2。

表 14-2　常用轴承材料及性能

轴承材料		最大许用值			最高工作温度 $t/℃$	轴颈硬度（HBW）	备　注
		$[p]$ /MPa	$[v]$ /(m/s)	$[pv]$ /(MPa·m/s)			
锡基轴承合金	ZSnSb11Cu6 ZSnSb8Cu4	平稳载荷			150	150	用于高速、重载的重要轴承，变载荷下易于疲劳，价格高
		25	80	20			
		冲击载荷					
		20	60	15			
铅基轴承合金	ZPbSb15Sn5Cu3Cd2	5	8	5	150	150	用于中速、中等载荷轴承，不宜受显著冲击
	ZPbSb16Sn16Cu2	15	12	10			
	ZPbSb15Sn10	20	15	15			
锡青铜	ZCuSn10P1 （10-1 锡青铜）	15	10	15	280	300～400	用于中速、重载及受变载荷的轴承
	ZCuSn5Pb5Zn5 （5-5-5 锡青铜）	8	3	15			用于中速、中载的轴承
铅青铜	ZCuPb30 （30 铅青铜）	25	12	30	280	300	用于高速、重载轴承，能承受变载荷及冲击载荷
铝青铜	ZCuAl10Fe3 （10-3 铝青铜）	15	4	12	280	300	最宜用于润滑充分的低速重载轴承
黄铜	ZCuZn16Si4 （16-4 硅黄铜）	12	2	10	200	200	用于中速、中载的轴承
	ZCuZn40Mn2 （40-2 锰黄铜）	10	1	10	200	200	用于高速、中载轴承，强度高、耐腐蚀、表面性能好
铝基轴承合金	2% 铝锡合金	28～35	14	—	140	300	
耐磨铸铁	HT300	0.1～6	0.75～3	0.3～4.5	150	<150	宜用于低速、轻载的不重要轴承，价格低
灰铸铁	HT150～HT250	1～4	0.5～2	—	—	—	
非金属材料	尼龙	14	3	0.11(0.05m/s) 0.09(0.5m/s) <0.09(5m/s)	90	—	摩擦系数低，耐磨性好，无噪声
	聚四氟乙烯	3	1.3	0.04(0.05m/s) 0.06(0.5m/s) <0.09(5m/s)	250		摩擦系数很低，自润滑性能好，耐化学药品侵蚀，适用温度范围宽，但价格高，承载能力低
	碳-石墨	4	13	0.5(干) 5.25(润滑)	400		有自润滑性，导磁性和导电性好，耐蚀能力强，常用作水泵和风动设备的轴套
	橡胶	0.34	5	0.53	65	—	隔振、降低噪声、减小动载、补偿误差。导热性差，需加强冷却，高温易老化

注：$[pv]$ 为不完全流体润滑下的许用值。

第五节　滑动轴承的润滑

滑动轴承工作时需要有良好的润滑，这对减轻摩擦，提高效率；减少磨损，延长寿命；冷却和散热以及保证轴承正常工作都十分重要。

一、润滑剂及其选择

滑动轴承润滑剂分为气体、流体、半固体和固体四种基本类型。

流体润滑剂中应用最广泛的是润滑油，包括矿物油、动植物油、合成油和各种乳剂。半固体润滑剂主要是指各种润滑脂。固体润滑剂是在摩擦表面上形成固体膜以减少摩擦阻力的物质，如石墨、二硫化钼、聚四氟乙烯等。任何气体都可作为气体润滑剂，其中用得最多的是空气，主要用在气体轴承中。

1. 润滑油

目前使用的润滑油大部分为石油产品，即矿物油。对流体动压润滑轴承，黏度是选择润滑油最重要的参考指标，选择黏度时，应考虑如下基本原则：

1）低速重载，应选黏度高的润滑油，以有利于形成油膜。

2）高速易形成油膜，应选黏度低的润滑油，以免过大的摩擦损失和发热。

3）工作温度高易降低润滑油的黏度，特别是黏度高的润滑油黏度下降更大，应选择黏温特性好的润滑油，以保证工作温度下要求的黏度。

4）加工粗糙或未经磨合的轴，应选择黏度稍高的润滑油。

5）循环润滑、油芯润滑时，应选用黏度较低的润滑油，飞溅润滑应选用品质高，能防止氧化变质或因激烈搅动而乳化的润滑油。

6）低温时应选用凝点低的润滑油。

7）轴承间隙小应选用黏度低的润滑油，轴承间隙大，端泄大，应选用黏度较高的润滑油。

不完全流体润滑轴承润滑油的选择参考表 14-3。流体润滑轴承润滑油的选择参考表 4-2。

表 14-3　滑动轴承润滑油的选择（不完全流体润滑、工作温度 <60℃）

轴颈圆周速度 v/(m/s)	平均压力 p <3MPa	轴颈圆周速度 v/(m/s)	平均压力 p = 3~7.5MPa
<0.1	L-AN68、110、150	<0.1	L-AN150
0.1~0.3	L-AN68、110	0.1~0.3	L-AN100、150
0.3~2.5	L-AN46、68	0.3~0.6	L-AN100
2.5~5	L-AN32、46	0.6~1.2	L-AN68、100
5~9.0	L-AN15、22、32	1.2~2.0	L-AN68
>9.0	L-AN7、10、15		

2. 润滑脂

润滑脂是由润滑油和各种稠化剂（如钙、钠、铝、锂等金属皂）混合稠化而成。工程上有时为改善某些性能，还经常加入一些添加剂。润滑脂具有不易流失、不需要经常添加、密封简单等优点，但是摩擦损耗较大，机械效率较低。常用在要求不高、难以经常供油，或者低速重载以及做摆动运动的轴承中。润滑脂的主要性能指标是锥入度，选用的一般原则是：

1）当压力高和滑动速度低时，选择锥入度小一些的品种；反之，选择锥入度大一些的品种。

2）所用润滑脂的滴点，一般应较轴承的工作温度高 20~30℃，以免工作时润滑脂过多地流失。

3）在有水淋或潮湿的环境下，应选择防水性能强的钙基或铝基润滑脂。在温度较高处应选用钠基或复合钙基润滑脂。

常用的润滑脂的选择可参考表 14-4。

表 14-4　滑动轴承润滑脂的选择

压力 p/MPa	轴颈圆周速度 v/(m/s)	最高工作温度/℃	牌　　号
≤1.0	≤1	75	3 号钙基脂
1.0 ~ 6.5	0.5 ~ 5	55	2 号钙基脂
≥6.5	≤0.5	75	3 号钙基脂
≤6.5	0.5 ~ 5	120	2 号钠基脂
>6.5	≤0.5	110	1 号钙钠基脂
1.0 ~ 6.5	≤1	−50 ~ 120	锂基脂
>6.5	0.5	60	2 号压延机脂

注：1. 在潮湿环境，温度在 75 ~ 120℃ 的条件下，应考虑选用钙钠基润滑脂。
　　2. 在潮湿环境，温度在 75℃ 以下，没有 3 号钙基脂时也可以用铝基脂。
　　3. 工作温度在 110 ~ 120℃ 可选用锂基脂或钡基脂。
　　4. 集中润滑时，锥入度要大些。

3. 固体润滑剂

固体润滑剂有石墨、二硫化钼（MoS_2）、聚氟乙烯树脂等多种品种，主要用在高温、低速、重载等不宜采用润滑油或脂的工作场合。目前，将固体润滑剂涂覆、烧结在摩擦表面形成覆盖膜，用固结成型的固体润滑剂嵌装在轴承中等方法已逐渐扩展其应用领域。

二、润滑方法及选择

选定润滑剂后，需要采用适当的方法和装置将润滑剂送至润滑表面以进行润滑。

1. 油润滑

滑动轴承的供油方法很多，常分为间歇供油和连续供油。

间歇供油主要用于低速和间歇工作的轴承，可用油壶、压配式油杯或旋套式油杯定时向轴承的油孔内注油。

连续供油比较可靠，用于比较重要的轴承，主要有：滴油润滑、油芯润滑、油环润滑、飞溅润滑和压力循环润滑，前几种润滑方法已在第四章介绍，而压力循环润滑则是利用油泵系统将润滑油经油路送入轴承表面，油泵的供油压力通常为 0.1 ~ 0.5MPa。这是一种比较完善的润滑方法，不仅润滑效果好，且还能起冷却冲洗作用，但结构复杂，成本较高。

2. 脂润滑

润滑脂通常间歇供应，常用的装置是旋盖式油脂杯。

3. 润滑方法的选择

滑动轴承的润滑方法，可计算求得 k 值后选择

$$k = \sqrt{pv^3}$$

式中　p——轴颈的平均压力（MPa）；

　　　v——轴颈的圆周速度（m/s）。

当 $k \leq 2$ 时，用润滑脂润滑，用油壶或黄油枪定期向润滑孔和油杯内注油或注脂。

当 $k > 2 ~ 16$ 时，用针阀式油杯润滑。

当 $k > 16 ~ 32$ 时，用油环润滑或飞溅润滑。

当 $k > 32$ 时，用油泵进行连续压力供油润滑。

第六节　不完全流体润滑滑动轴承的设计计算

大多数轴承实际处在不完全流体摩擦状态，即边界摩擦、流体摩擦与干摩擦同时存在的

混合摩擦状态，其主要失效形式是工作表面的磨损和由于边界膜破裂导致的工作表面胶合。其可靠工作的条件是：维持边界油膜不受破坏，以减少发热和磨损，并根据边界膜的机械强度和破裂温度来决定轴承的工作能力。因边界膜强度与温度、轴承材料、轴颈和轴承表面粗糙度、润滑油供给等有关，目前尚无精确的计算方法，所以目前所采用的计算方法仍限于简化的条件性计算。

一、径向滑动轴承

径向滑动轴承计算示意图如图 14-19 所示。已知轴承承受的径向载荷 F（N），轴颈转速 n（r/min）及轴颈直径 d（mm），通常进行以下验算：

1. 验算轴承的平均压力 p

限制轴承平均压力的目的是避免工作表面过度磨损。即

$$p = \frac{F}{Bd} \leq [p] \tag{14-1}$$

式中　B——轴颈宽度（mm）；

　　$[p]$——轴瓦材料的许用压力（MPa），见表 14-2。

2. 验算轴承的压力速度值 pv

pv 值与摩擦功率损耗成正比，反映了单位面积上的摩擦功耗与发热，pv 越高，轴承温升越高，容易引起边界膜的破裂。所以，限制 pv 值的目的是限制滑动轴承的温升，避免发生胶合。应满足

$$pv = \frac{F}{Bd} \times \frac{\pi dn}{60 \times 1000} = \frac{Fn}{19100B} \leq [pv] \tag{14-2}$$

式中　v——轴颈圆周速度（m/s）；

　　$[pv]$——轴承材料的许用 pv 值（MPa·m/s），其值见表 14-2。

3. 验算滑动速度 v

当压力 p 较小时，即使 p 与 pv 值都在许用范围内，也可能因滑动速度 v 过大而加剧磨损。故要求

$$v = \frac{\pi dn}{60 \times 1000} \leq [v] \tag{14-3}$$

式中　$[v]$——轴承材料的许用 v 值（m/s），其值见表 14-2。

在非流体润滑滑动轴承中，为了保证一定的旋转精度，应合理地选择轴承的配合，以保证一定的间隙。轴承间隙主要由轴的转速确定，转速越高，间隙应当越大。在相同转速下，载荷越大，间隙应当越小。一般可选 H7/f7、H7/f8 或 H7/d8 等。

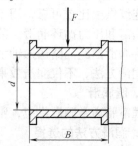

图 14-19　径向滑动轴承计算示意图

二、推力滑动轴承

推力滑动轴承的计算可参考图 14-6。已知轴承所受的轴向载荷 F_a（N），轴颈转速 n（r/min）、轴环直径 d_2（mm）和轴承孔直径 d_1（mm）及止推环数目 z，通常进行以下验算：

1. 验算轴承的平均压力 p

$$p = \frac{F_a}{z \frac{\pi}{4}(d_2{}^2 - d_1^2)K} \leq [p] \tag{14-4}$$

式中　$[p]$——许用压力（MPa），其值见表14-5；

　　　K——考虑油槽使支承面积减小的系数，一般取 $K = 0.85 \sim 0.95$。

2. 限制轴承的 pv_m 值

$$pv_m = \frac{F_a}{z\frac{\pi}{4}(d_2^2 - d_1^2)K} \times \frac{\pi n(d_1 + d_2)}{60 \times 1000 \times 2} = \frac{F_a n}{30000z(d_2 - d_1)K} \leqslant [pv] \quad (14\text{-}5)$$

式中　v_m——止推环平均直径处的圆周速度（m/s），$v_m = \frac{\pi d_m n}{60 \times 1000}$；

　　　d_m——止推环平均直径（mm），$d_m = (d_1 + d_2)/2$；

　　　$[pv]$——pv 的许用值（MPa·m/s），其值见表14-5。

由于推力轴承采用平均速度进行计算，因而不能采用表14-2中所列的 $[p]$、$[pv]$ 值，而应适当降低一些，见表14-5，对于多环轴承，还应适当降低。

表14-5　推力轴承的 $[p]$、$[pv]$ 值

轴的材料	未淬火钢			淬火钢		
轴承(瓦)材料	铸铁	青铜	轴承合金	青铜	轴承合金	淬火钢
$[p]$/MPa	2~2.5	4~5	5~6	7.5~8	8~9	12~15
$[pv]$/MPa·m/s	1~2.5			1~2.5		

例 14-1　一减速器使用的不完全流体润滑径向滑动轴承，轴颈直径 $d = 60\text{mm}$，转速 $n = 450\text{r/min}$，载荷 $F = 36000\text{N}$，轴瓦材料为 ZCuAl10Fe3。试校核该轴承是否可用？如不可用，应如何改进？

解　查表14-2，轴瓦材料 ZCuAl10Fe3 的许用值为：$[p] = 15\text{MPa}$，$[pv] = 12\text{MPa·m/s}$，$[v] = 4\text{m/s}$。

取宽径比为 $B/d = 1$，即轴瓦工作宽度 $B = 60\text{mm}$，则

$$p = \frac{F}{Bd} = \frac{36000}{60 \times 60}\text{MPa} = 10\text{MPa}$$

$$v = \frac{\pi dn}{60 \times 1000} = \frac{3.14 \times 60 \times 450}{60 \times 1000}\text{m/s} = 1.413\text{m/s}$$

$$pv = \frac{F}{Bd} \cdot \frac{\pi dn}{60 \times 1000} = \frac{36000}{60 \times 60} \cdot \frac{3.14 \times 60 \times 450}{60 \times 1000}\text{MPa·m/s} = 14.13\text{MPa·m/s}$$

由计算可知，$p < [p]$，$v < [v]$，但是 $pv > [pv]$，不能满足材料要求，有可能发生胶合，故可考虑如下改进方法进行改进。

改进方案1：增大轴颈以降低平均压力。

将轴颈 d 由 60mm 增大到 75mm，则

$$p = \frac{F}{Bd} = \frac{36000}{75 \times 75}\text{MPa} = 6.400\text{MPa}$$

$$v = \frac{\pi dn}{60 \times 1000} = \frac{3.14 \times 75 \times 450}{60 \times 1000}\text{m/s} = 1.766\text{m/s}$$

$$pv = \frac{F}{Bd} \cdot \frac{\pi dn}{60 \times 1000} = \frac{36000}{75 \times 75} \cdot \frac{3.14 \times 75 \times 450}{60 \times 1000}\text{MPa·m/s} = 11.302\text{MPa·m/s}$$

可满足要求。

改进方案2：保持轴颈 $d = 60\text{mm}$ 不变，宽径比改为 $B/d = 1.4$，即轴瓦工作宽度 $B = 84\text{mm}$，则

$$p = \frac{F}{Bd} = \frac{36000}{84 \times 60}\text{MPa} = 7.143\text{MPa}$$

$$pv = \frac{F}{Bd} \cdot \frac{\pi dn}{60 \times 1000} = \frac{36000}{84 \times 60} \cdot \frac{3.14 \times 60 \times 450}{60 \times 1000} \mathrm{MPa \cdot m/s} = 10.093 \mathrm{MPa \cdot m/s}$$

可满足要求。

改进方案 3：将轴承材料改为 10-1 锡青铜等，也可满足要求。

上述三种改进方案中，方案 1 改变了轴颈尺寸，将导致轴上零件的尺寸都要相应改变，给结构设计带来不便。方案 2 宽径比加大，导致端泄减小，轴承温度升高。方案 3 采用较好的材料，经济性变差。故在实际设计中，要综合考虑各种因素，采用相应的改进方案。

第七节　流体动力润滑径向滑动轴承的设计计算

流体动力润滑的楔形效应承载机理已在第四章做过简要介绍，本章将讨论流体动力润滑的基本方程及其在流体动力润滑径向滑动轴承设计计算中的应用。

一、流体动力润滑的基本方程——雷诺方程

流体动力润滑理论的基本方程是描述流体膜压力分布的微分方程。方程的推导建立在以下基础上：①两平板间的流体呈层流状态，并符合牛顿黏性定律；②忽略压力对流体黏度的影响；③与流体的黏性阻力相比，忽略流体的惯性力及重力；④流体不可压缩；⑤假定压力、黏度沿流体膜厚度方向为常量，即$\frac{\partial p}{\partial y} = 0$，$\frac{\partial \eta}{\partial y} = 0$。

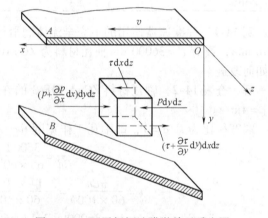

图 14-20　两平板间油膜微单元受力图

1. 雷诺方程

图 14-20 所示为两块呈楔形间隙的平板，间隙中充满黏度为 η 的润滑油。假设两平板在 z 方向为无限宽（即假设润滑油在 z 方向没有流动），取楔形油膜中一个微单元体 $\mathrm{d}x\mathrm{d}y\mathrm{d}z$ 进行分析。

由受力平衡条件 $\sum F_x = 0$，有

$$p\mathrm{d}y\mathrm{d}z - \left(p + \frac{\partial p}{\partial x}\mathrm{d}x\right)\mathrm{d}y\mathrm{d}z + \tau\mathrm{d}x\mathrm{d}z - \left(\tau + \frac{\partial \tau}{\partial y}\mathrm{d}y\right)\mathrm{d}x\mathrm{d}z = 0$$

整理后得

$$\frac{\partial p}{\partial x} = -\frac{\partial \tau}{\partial y} \tag{14-6}$$

将牛顿黏性定律公式 $\tau = -\eta \frac{\partial u}{\partial y}$ 代入上式并积分，即可得到描述油膜场中各点流速 u 的表达式。即

$$u = \frac{v}{h}(h - y) + \frac{1}{2\eta}\frac{\partial p}{\partial x}(y - h)y \tag{14-7}$$

其中，h 为任意位置 x 处的油膜厚度。

由式 (14-7) 可见，油层的速度 u 由两部分组成：式中前一项是由平板运动引起的速度分布，呈线性分布；后一项是由压力变化引起的，呈抛物线分布，如图 4-21b 所示。

设在 z 方向取单位长度，则单位时间内流经任意位置 x 处的流量为 $q_x = \int_0^h u \, dy$，将速度 u 的表达式（14-7）代入，积分可得任意截面沿 x 方向的单位宽度流量

$$q_x = \frac{vh}{2} - \frac{h^3}{12\eta} \cdot \frac{\partial p}{\partial x}$$

如图 4-21 所示，设以 h_0 表示油膜中油压最大处（b 截面）的油膜厚度（即 $\frac{\partial p}{\partial x} = 0$ 时 $h = h_0$），在此截面上 $q = \frac{vh_0}{2}$，当润滑油连续流动时，各截面的流量相等，由此得

$$\frac{vh_0}{2} = \frac{vh}{2} - \frac{h^3}{12\eta} \cdot \frac{\partial p}{\partial x}$$

整理后得

$$\frac{\partial p}{\partial x} = 6\eta v \, \frac{h - h_0}{h^3} \tag{14-8}$$

式（14-8）称为无限宽轴承流体动压润滑基本方程，又称一维雷诺方程。雷诺方程描述了油膜场中各点油压 p 的分布规律，它是流体润滑理论的基础。

2. 形成动压油膜的必要条件

从式（14-8）可以看出，如两块平板互相平行，即在任何 x 位置处都是 $h - h_0 = 0$，则 $\frac{\partial p}{\partial x} = 0$，也即油压 p 沿 x 方向无变化，则油膜场中如无外压供应，油膜不能自动产生动压。

如图 4-21 所示，如果两块平板沿动平板运动速度 v 方向呈收缩形间隙，则动平板依靠黏性将润滑油由间隙 h 大的空间带向间隙小的空间，由此而使油的压力高于入口压力。由式（14-8）可知，当 $h > h_0$ 时，$\frac{\partial p}{\partial x} > 0$，即油压随 x 的增加而增大，这在图 4-21 中相当于从油膜大端到 h_0（ab 段）；当 $h < h_0$ 时，$\frac{\partial p}{\partial x} < 0$，即油压随 x 的增加而减小，这在图 4-21 中相当于从 h_0 向左到油膜小端（bc 段）。而油压在 $h = h_0$ 处最大，这证明有收敛油膜时能建立流体动压润滑。油压分布曲线沿整块动平板的积分即为其总承载能力，当轴承油膜承载能力与外载荷 F 平衡时，油膜场维持在一定油膜厚度下工作。

由上述可知，两相对运动表面间建立动压而保持连续油膜的条件是：

1）相对运动的两表面间形成收敛的楔形间隙。

2）被油膜分开的表面必须有一定的相对运动速度，其运动方向使润滑油由大口流进，从小口流出。

3）润滑油必须有一定黏度，供油要充分。

二、径向滑动轴承形成流体动压润滑的过程

径向滑动轴承在制造装配时，轴颈与轴瓦之间为间隙配合，如图 14-21 所示。静止时轴颈处于轴承孔的最低位置并与轴瓦接触，轴心处于图 14-21a 所示的 O 位置，此时轴颈和轴瓦表面间自然形成收敛的楔形空间；当径向滑动轴承低速起动后，带入轴承间隙中的油量较少，轴瓦对轴颈摩擦力的方向与轴颈表面圆周速度方向相反，迫使轴颈沿孔壁向右爬升，轴心处于图 14-21b 所示的位置；随着转速的增大，带入楔形空间的油量也逐渐增加，右侧楔形区域的润滑油产生的动压作用逐渐形成，承载的油膜将轴颈向左浮起（图 14-21c）。当轴颈达到稳定运转时，轴心稳定在一定的偏心位置上（图 14-21d）。这时，轴颈与轴瓦之间处

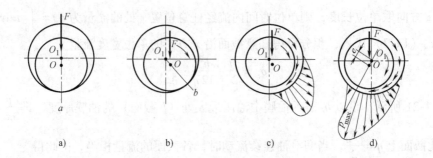

图 14-21　建立流体动力润滑的过程

于流体动力润滑状态，油膜产生的动压力与外载荷 F 相平衡。由于轴承内的摩擦阻力仅为流体的内阻力，故摩擦系数达到最小值。转速 n 越高，则轴颈中心 O 越趋近轴承中心 O_1，从理论上说，当转速 n 趋近于无穷大时，偏心距 $e = 0$，但这时形成动压润滑的楔形空间的条件就不存在了。因此，在有限转速内，$e \neq 0$。

三、流体动压润滑径向滑动轴承的几何关系和承载能力计算

1. 几何关系

径向滑动轴承工作时轴颈的位置和油膜压力分布如图 14-22 所示，取轴颈中心 O 和轴承孔中心 O_1 的连心线 OO_1 为极坐标轴，O 为极坐标原点建立极坐标系。轴承孔和轴颈直径分别用 D 和 d 表示，半径分别用 R 和 r 表示，相关的几何关系有

（1）直径间隙

$$\Delta = D - d \qquad (14-9)$$

（2）半径间隙

$$\delta = R - r = \frac{\Delta}{2} \qquad (14-10)$$

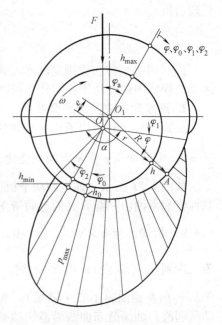

图 14-22　径向滑动轴承工作时轴颈的位置和油膜压力的分布

（3）相对间隙　直径间隙与轴颈公称直径之比为相对间隙，以 ψ 表示。

$$\psi = \frac{\Delta}{d} = \frac{\delta}{r} \qquad (14-11)$$

（4）偏心距 e　轴颈在稳定运转时，其中心与轴承孔中心的距离 $\overline{OO_1}$。轴颈不转动时，偏心距 e 等于半径间隙 δ，轴承转动或载荷不同时，e 值也不同。

（5）偏心率 χ　偏心距与半径间隙之比。即

$$\chi = \frac{e}{\delta} = \frac{e}{R - r} \qquad (14-12)$$

（6）最小油膜厚度 $h_{\min}$

$$h_{\min} = \delta - e = \delta(1 - \chi) = r\psi(1 - \chi) \qquad (14-13)$$

（7）任意位置油膜厚度 h　对应于任意角度 φ（φ 的度量，从连心线 OO_1 开始），可由 $\triangle O_1 OA$ 通过余弦定理求得。即

$$R^2 = e^2 + (r + h)^2 - 2e(r + h)\cos\varphi$$

解上式，并略去微量 $\left(\dfrac{e}{R}\right)^2 \sin^2\varphi$，整理得

$$h = r\psi(1 + \chi\cos\varphi) \qquad (14\text{-}14)$$

在压力最大 φ_0 处的油膜厚度 h_0 为

$$h_0 = r\psi(1 + \chi\cos\varphi_0) \qquad (14\text{-}15)$$

偏心率 χ 的大小反映了轴承的承载能力。载荷越大，偏心率 χ 就越大。当载荷很小或轴颈转速很高时，χ 接近于 0，此时轴颈中心与轴承中心接近重合，油楔消失，而 $h_{\min} \approx \delta$；当载荷很大或轴颈转速很低时，$\chi \approx 1$，此时轴颈与轴瓦接触，$h_{\min} = 0$，油膜被破坏。通常，χ 值在 0.5 ~ 0.95 范围内。

2. 承载能力计算

图 14-22 中，α 为轴承包角，是轴瓦连续包围轴颈所对应的角度；φ_a 为偏位角，是轴承中心 O_1 和轴颈中心 O 的连心线与载荷 F 作用线的夹角；φ_1 为起始油膜角，φ_2 为终止油膜角（φ_1、φ_2 的度量，均从连心线 OO_1 开始）。

为了分析问题方便，假设轴承为无限宽，即认为润滑油沿轴向没有流动。将一维雷诺方程式（14-8）改写成极坐标的形式，即将 $\mathrm{d}x = r\mathrm{d}\varphi$，$v = r\omega$ 及式（14-14）、式（14-15）代入，可得到极坐标形式的雷诺方程

$$\frac{\mathrm{d}p}{\mathrm{d}\varphi} = 6\eta\,\frac{\omega}{\psi^2}\,\frac{\chi(\cos\varphi - \cos\varphi_0)}{(1 + \chi\cos\varphi)^3} \qquad (14\text{-}16)$$

将上式从油膜起始角 φ_1 到任意角 φ 积分，可得任意位置的油膜压力。即

$$p_\varphi = 6\eta\,\frac{\omega}{\psi^2}\int_{\varphi_1}^{\varphi}\frac{\chi(\cos\varphi - \cos\varphi_0)}{(1 + \chi\cos\varphi)^3}\mathrm{d}\varphi \qquad (14\text{-}17)$$

压力 p_φ 在外载荷方向的分量为

$$p_{\varphi y} = p_\varphi\cos[180° - (\varphi_a + \varphi)] = -p_\varphi\cos(\varphi_a + \varphi) \qquad (14\text{-}18)$$

将上式在 φ_1 到 φ_2 的区间内积分，就得出在轴承单位宽度上的油膜承载力。即

$$p_y = \int_{\varphi_1}^{\varphi_2} p_{\varphi y}\,r\mathrm{d}\varphi = -\int_{\varphi_1}^{\varphi_2} p_\varphi\cos(\varphi_a + \varphi)\,r\mathrm{d}\varphi$$

$$= 6\frac{\eta\omega r}{\psi^2}\int_{\varphi_1}^{\varphi_2}\left[\int_{\varphi_1}^{\varphi}\frac{\chi(\cos\varphi - \cos\varphi_0)}{(1 + \chi\cos\varphi)^3}\mathrm{d}\varphi\right][-\cos(\varphi_a + \varphi)]\mathrm{d}\varphi \qquad (14\text{-}19)$$

为了求出油膜的承载能力，理论上只需将 p_y 乘以轴承宽度 B 即可。但在实际轴承中，由于润滑油可能从轴的两个端面流出，故必须考虑端泄的影响。这时，压力随轴承宽度的变化呈抛物线分布，而且其油膜压力也比无限宽轴承的油膜压力低，如图 14-23 所示。考虑端泄后，p_y 可修正为

$$p_y' = p_y C'\left[1 - \left(\frac{2z}{B}\right)^2\right] \qquad (14\text{-}20)$$

式中　z——轴承宽度方向的坐标；

C'——端泄修正系数，其值取决于宽径比 B/d 和偏心率χ。

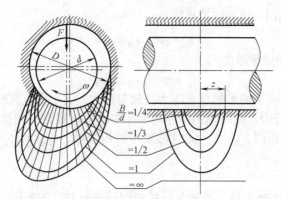

图 14-23　不同宽径比时沿轴承周向和轴向的压力

对于有限宽轴承，油膜的总承载能力为

$$F = \int_{-B/2}^{+B/2} p'_y \mathrm{d}z$$

$$= 6\,\frac{\eta\omega r}{\psi^2}\int_{-B/2}^{+B/2}\left\{\iint_{\varphi_1}^{\varphi_2}\Big[\int_{\varphi_1}^{\varphi}\frac{\chi(\cos\varphi-\cos\varphi_0)}{(1+\chi\cos\varphi)^3}\mathrm{d}\varphi\Big]\big[-\cos(\varphi_a+\varphi)\big]\mathrm{d}\varphi\right\}C'\Big[1-\Big(\frac{2z}{B}\Big)^2\Big]\mathrm{d}z \quad (14\text{-}21)$$

令 $\;C_p = 3\int_{-B/2}^{+B/2}\left\{\iint_{\varphi_1}^{\varphi_2}\Big[\int_{\varphi_1}^{\varphi}\frac{\chi(\cos\varphi-\cos\varphi_0)}{(1+\chi\cos\varphi)^3}\mathrm{d}\varphi\Big]\big[-\cos(\varphi_a+\varphi)\big]\mathrm{d}\varphi\right\}C'\Big[1-\Big(\frac{2z}{B}\Big)^2\Big]\mathrm{d}z \quad (14\text{-}22)$

式（14-21）可变为

$$F = \frac{2\eta vB}{\psi^2}C_p \tag{14-23}$$

或

$$C_p = \frac{F\psi^2}{2\eta vB} \tag{14-24}$$

式中　C_p——承载量系数，是一个无量纲的量；

　　　η——润滑油在轴承平均工作温度下的动力黏度（$\mathrm{N\cdot s/m^2}$）；

　　　B——轴承宽度（m）；

　　　F——外载荷（N）；

　　　v——轴颈圆周速度（m/s）。

由于 C_p 的积分非常困难，因而常采用数值积分的方法进行求解。为便于应用，常将求解结果制作成相应的线图或表格。表 14-6 给出了轴承包角 α 为 180°时的承载量系数，供设计时使用。

表 14-6　有限宽轴承的承载量系数 C_p

B/d	偏 心 率 χ													
	0.3	0.4	0.5	0.6	0.65	0.7	0.75	0.8	0.85	0.9	0.925	0.95	0.975	0.99
	承 载 量 系 数 C_p													
0.3	0.0522	0.0826	0.128	0.203	0.259	0.347	0.475	0.699	1.122	2.074	3.352	5.73	15.15	50.52
0.4	0.0893	0.141	0.216	0.339	0.431	0.573	0.776	1.079	1.775	3.195	5.055	8.393	21.00	65.26
0.5	0.133	0.209	0.317	0.493	0.622	0.819	1.098	1.572	2.428	4.261	6.615	10.706	25.62	75.86
0.6	0.182	0.283	0.427	0.655	0.819	1.070	1.418	2.001	3.036	5.214	7.956	12.64	29.17	83.21

（续）

B/d	偏 心 率 χ													
	0.3	0.4	0.5	0.6	0.65	0.7	0.75	0.8	0.85	0.9	0.925	0.95	0.975	0.99
	承 载 量 系 数 C_p													
0.7	0.234	0.361	0.538	0.816	1.014	1.312	1.720	2.399	3.580	6.029	9.072	14.14	31.88	88.90
0.8	0.287	0.439	0.647	0.972	1.199	1.538	1.965	2.754	4.053	6.721	9.992	15.37	33.99	92.89
0.9	0.339	0.515	0.754	1.118	1.371	1.745	2.248	3.067	4.459	7.294	10.753	16.37	35.66	96.35
1.0	0.391	0.589	0.853	1.253	1.528	1.929	2.469	3.372	4.808	7.772	11.38	17.18	37.00	98.95
1.1	0.440	0.658	0.947	1.377	1.669	2.097	2.664	3.580	5.106	8.186	11.91	17.86	38.12	101.15
1.2	0.487	0.723	1.033	1.489	1.796	2.247	2.838	3.787	5.364	8.533	12.35	18.43	39.04	102.90
1.3	0.529	0.784	1.111	1.590	1.912	2.379	2.990	3.968	5.586	8.831	12.73	18.91	39.81	104.42
1.5	0.610	0.891	1.248	1.763	2.099	2.600	3.242	4.266	5.947	9.304	13.34	19.68	41.07	106.84
2.0	0.763	1.091	1.483	2.070	2.446	2.981	3.671	4.778	6.545	10.091	14.34	20.97	43.11	110.79

由式（14-22）、式（14-23）可知：

1）承载量系数 C_p 取决于轴承包角 α、偏心率 χ 和宽径比 B/d。当 α 给定时，C_p 随宽径比 B/d、偏心率 χ 的增大而增大。

2）当轴承工作情况和参数（即 η、v、B、ψ）一定时，C_p 与外载荷 F 的变化相一致，即承载量系数 C_p 越大（即偏心率 χ 越大，最小油膜厚度 h_{min} 越小），轴承承载能力越大。否则，C_p 与外载荷 F 的变化不一定一致，C_p 大，不一定承载能力大。

3）当外载荷 F 一定时，增大润滑油黏度 η、增大轴承宽度 B、提高转速 n、减小相对间隙 ψ，均可使轴承的偏心率 χ（偏心距 e）减小，最小油膜厚度 h_{min} 增大，从而提高承载能力。

3. 最小油膜厚度 h_{min} 的确定

由前述可知，在其他条件不变的情况下，偏心率 χ 越大，最小油膜厚度 h_{min} 越小，轴承承受的载荷越大。然而，最小油膜厚度 h_{min} 是不能无限减小的，它受到轴颈和轴承表面粗糙度、轴的刚性及轴承与轴颈的几何形状误差等的限制。为了确保轴承能处于流体摩擦状态，以避免两工作表面凸峰的直接接触，最小油膜厚度 h_{min} 必须大于或等于最小油膜厚度的许用值。即

$$h_{min} = r\psi(1-\chi) \geqslant [h] \tag{14-25}$$

考虑到轴和轴瓦的制造和安装误差以及工作时的变形，为了工作可靠，一般取

$$[h] = 4S(Ra_1 + Ra_2) \tag{14-26}$$

式中 Ra_1、Ra_2——轴颈和轴承孔的表面粗糙度值（表 6-8）（一般轴承取 Ra_1 和 Ra_2 的值分别为 $0.8\,\mu m$ 和 $1.6\,\mu m$ 或 $0.4\,\mu m$ 和 $0.8\,\mu m$；对重要轴承，取值分别为 $0.2\,\mu m$ 和 $0.8\,\mu m$ 或 $0.05\,\mu m$ 和 $0.1\,\mu m$）。

S——安全系数，常取 $S \geqslant 2$。

4. 轴承的热平衡计算

即使轴承在完全流体润滑状态下工作，由于流体内部之间的摩擦仍然会造成功率损耗。摩擦功耗将转化为热量，造成轴承升温。温度过高会加速润滑油的氧化，缩短使用期限，并降低油的黏度，导致油膜厚度减薄，甚至转变为非流体摩擦；温度过高也会降低轴承材料性能，从而导致轴承不能正常工作，严重时出现胶合。因此，必须进行热平衡计算，控制温升不超过许用值。

热平衡的条件是：单位时间内轴承摩擦损耗所产生的热量 Q 等于同一时间内润滑油带走的热量 Q_1 及轴承散发热量 Q_2 的总和。即

$$Q = Q_1 + Q_2 \tag{14-27}$$

轴承摩擦损耗产生的热量 Q 为

$$Q = fFv \tag{14-28}$$

润滑油带走的热量 Q_1 为

$$Q_1 = q\rho c(t_2 - t_1) \tag{14-29}$$

除了润滑油带走的热量，由轴承金属表面通过传导和辐射散发的热量 Q_2 为

$$Q_2 = \alpha_s \pi dB(t_2 - t_1) \tag{14-30}$$

热平衡时

$$fFv = q\rho c(t_2 - t_1) + \alpha_s \pi dB(t_2 - t_1) \tag{14-31}$$

于是得出热平衡时润滑油的温升 Δt 为

$$\Delta t = t_2 - t_1 = \frac{fFv}{q\rho c + \alpha_s \pi dB} \tag{14-32}$$

将 $p = \dfrac{F}{Bd}$ 代入上式，则有

$$\Delta t = t_2 - t_1 = \frac{\dfrac{f}{\psi}p}{\rho c \left(\dfrac{q}{\psi v dB}\right) + \dfrac{\pi \alpha_s}{\psi v}} \tag{14-33}$$

式中　f——摩擦系数，$f = \dfrac{\pi}{\psi}\dfrac{\eta\omega}{p} + 0.55\psi\xi$

其中 ξ 为随轴承宽径比而变化的系数，当 $B/d < 1$ 时，$\xi = (d/B)^{1.5}$；当 $B/d \geqslant 1$ 时，$\xi = 1$；ω 为轴颈角速度（rad/s）；B、d 为轴承的宽度、直径（mm）；p 为轴承的平均压力（Pa）；η 为润滑油的动力黏度（Pa·s）；

F——轴承受到的外载荷（N）；

v——轴颈圆周速度（m/s）；

c——润滑油的比热容，一般取 $1680 \sim 2100 \mathrm{J/(kg \cdot ℃)}$；

ρ——润滑油密度，一般取 $850 \sim 900 \mathrm{kg/m^3}$；

q——润滑油流量（$\mathrm{m^3/s}$），可按润滑油流量系数 $C_q = \dfrac{q}{\psi v dB}$ 计算得出，润滑油流量系数 C_q 可根据轴承的宽径比 B/d 和偏心率 χ 查表 14-7；

Δt——润滑油的出口温度 t_2 与入口温度 t_1 之差（温升）（℃）；

α_s——轴承表面的散热系数（$\mathrm{W/m^2 \cdot ℃}$），依轴承结构尺寸和通风条件而定（对于轻型轴承或散热困难的环境，$\alpha_s = 50$；中型轴承及一般通风条件时，$\alpha_s = 80$；重型轴承及散热条件良好时，$\alpha_s = 140$）。

表 14-7　润滑油流量系数 C_q（包角 $\alpha = 180°$）

B/d ＼ χ	0.5	0.6	0.7	0.8	0.9	1.0	1.1	1.2	1.3	1.5
0.300	0.109	0.105	0.100	0.095	0.090	0.085	0.081	0.076	0.072	0.065
0.400	0.135	0.129	0.122	0.115	0.107	0.102	0.096	0.091	0.086	0.076
0.500	0.166	0.156	0.147	0.138	0.129	0.121	0.113	0.106	0.100	0.088
0.600	0.194	0.182	0.169	0.158	0.146	0.136	0.127	0.118	0.111	0.098
0.650	0.206	0.192	0.178	0.165	0.153	0.141	0.131	0.122	0.114	0.101
0.700	0.217	0.200	0.185	0.170	0.157	0.145	0.139	0.124	0.117	0.101

（续）

B/d χ	0.5	0.6	0.7	0.8	0.9	1.0	1.1	1.2	1.3	1.5
0.750	0.222	0.203	0.186	0.172	0.156	0.143	0.132	0.122	0.114	0.090
0.800	0.224	0.203	0.185	0.168	0.153	0.138	0.128	0.119	0.110	0.096
0.850	0.218	0.198	0.176	0.158	0.143	0.130	0.119	0.110	0.102	0.088
0.900	0.208	0.184	0.163	0.146	0.131	0.119	0.109	0.100	0.092	0.080
0.925	0.194	0.170	0.150	0.133	0.119	0.108	0.098	0.090	0.084	0.072
0.950	0.178	0.153	0.134	0.118	0.106	0.096	0.087	0.080	0.074	0.064
0.975	0.145	0.123	0.107	0.099	0.084	0.075	0.068	0.063	0.058	0.050

润滑油温升 Δt 一般不得超过 30℃。

上式只是求出了润滑油的平均温差。实际上润滑油从入口至出口，温度是逐渐升高的，油膜各点温度不同，因而油的黏度也不同。研究表明，一般近似可按润滑油的平均温度确定油的工作黏度，计算轴承的承载能力。润滑油的平均温度为

$$t_m = t_1 + \frac{\Delta t}{2} \qquad (14\text{-}34)$$

为了保证轴承的承载能力，一般控制平均温度不超过 75℃。设计时，通常先假定平均温度 t_m，按式（14-32）求出的温升 Δt 来校核油的入口温度 t_1。即

$$t_1 = t_m - \frac{\Delta t}{2} \qquad (14\text{-}35)$$

轴承入口温度 t_1 一般高于工作环境温度，在 35～45℃ 之间。若 $t_1 > 45℃$，说明初定的平均温度偏高，意味着在所设计的参数下，轴承的承载能力未充分发挥。可采取如下措施：

1）增大表面粗糙度值，降低制造成本。

2）减小轴承间隙，提高旋转精度。

3）加宽轴承，充分利用轴承的承载能力。

若 $t_1 < 35℃$，说明初定的平均温度偏低，意味着在所设计的参数下，轴承的承载能力不足。可采取如下措施：

1）外设冷却装置。

2）在保证承载能力不下降的前提下，适当增大轴承间隙。

3）提高轴及轴承的加工精度，降低表面粗糙度值。

4）适当减小轴承宽度。

采取相应措施和改变设计参数后，需要重新计算，直到满足要求为止。

综上所述，为了保证流体动压轴承在完全流体摩擦状态下工作，首先要满足形成动压油膜的三个必要条件，同时，要保证轴承工作时 $h_{min} \geq [h]$ 及热平衡条件 $\Delta t \leq 30℃$（或入口温度 $t_1 = 35～45℃$）。

四、参数选择

参数选择是流体动压润滑滑动轴承设计中的重要工作。参数选择恰当与否，对滑动轴承的设计结果和工作性能有很大影响，甚至关系到能否建立流体动压润滑，应给予足够的重视。

1. 宽径比 B/d

宽径比 B/d 对轴承的承载能力、耗油量和轴承温升有较大的影响。B/d 值越大，滑动轴承的承载能力越大，但润滑油越不容易从两端泄出，温升也越高，同时轴承占用空间也越

大。通常 B/d 控制在 $0.3 \sim 1.5$ 范围内，高速重载轴承温升高，有边缘接触危险，B/d 宜取小值；低速重载轴承为提高承载能力和轴承刚度，B/d 宜取大值；高速轻载轴承，如无刚性过高要求，B/d 可取小值。一般机器常用的 B/d 值见表 14-8。

表 14-8 各种机器宽径比 B/d 的常用值

机　器	B/d
汽轮机、鼓风机	$0.3 \sim 1$
电动机、发电机、离心泵、齿轮变速器	$0.6 \sim 1.5$
机床、拖拉机	$0.8 \sim 1.2$
轧钢机	$0.6 \sim 0.9$

2. 相对间隙 ψ

相对间隙主要根据载荷和速度选取。相对间隙 ψ 越小，轴承承载能力越强。但另一方面，相对间隙小，润滑油不易流出，增大了摩擦系数和轴承温升，降低油的黏度，反而使轴承承载能力下降。相对间隙对运转平稳性也有较大影响，减小相对间隙可提高轴承运转平稳性。通常情况，载荷重、速度低时宜取较小的值；载荷轻、速度高时宜取较大的值；旋转精度要求高的轴承宜取较小的值。设计时，可按以下经验公式计算。即

$$\psi \approx \frac{\left(\dfrac{n}{60}\right)^{\frac{4}{9}}}{10^{\frac{31}{9}}} \tag{14-36}$$

各种典型机器常用的轴承相对间隙 ψ 的推荐值见表 14-9。

表 14-9 各种机器的相对间隙 ψ 推荐值

机　器	相对间隙 ψ
汽轮机、电动机	$0.001 \sim 0.002$
轧钢机、铁路机车	$0.0002 \sim 0.0015$
内燃机	$0.0005 \sim 0.001$
风机、离心泵、齿轮变速器	$0.001 \sim 0.003$
机床	$0.0001 \sim 0.0005$

3. 润滑油黏度 η

黏度是轴承设计中的一个重要参数，它对轴承的承载能力、摩擦功耗和温升都有很大影响。黏度大，则轴承承载能力强，但摩擦功耗大，流量小，轴承温升高。因此，润滑油黏度应根据载荷大小、运转速度高低选取。一般原则为：载荷大，速度低时，选用黏度大的润滑油；载荷小，速度高时，选用黏度低的润滑油。设计时，可先假定轴承平均温度（一般取 $t_m = 50 \sim 75\text{℃}$），初选润滑油黏度，进行初步设计计算。最后再通过热平衡计算来验算入口油温 t_1 是否在 $35 \sim 45\text{℃}$ 之间，否则应重新选择润滑油黏度再做计算。

对于一般轴承，也可按轴颈转速 n 初估润滑油的动力黏度 η'，即按以下经验公式计算

$$\eta' = \frac{\left(\dfrac{n}{60}\right)^{-\frac{1}{3}}}{10^{\frac{7}{6}}} \tag{14-37}$$

例 14-2 一机床用径向滑动轴承，采用剖分式结构。已知工作载荷 $F = 90000\text{N}$，轴颈 $d = 200\text{mm}$，转速 $n = 600\text{r/min}$。试选择轴承材料并进行流体动力润滑计算。

解 1. 选择轴承宽径比

根据表 14-8，取宽径比 $B/d = 1$。

2. 计算轴承宽度

$B/d = 1$，则 $B = d = 200\text{mm}$。

3. 计算轴颈圆周速度

$$v = \frac{\pi d n}{60 \times 1000} = \frac{\pi \times 200 \times 600}{60 \times 1000}\text{m/s} = 6.2832\text{m/s}$$

4. 计算轴承平均压力 p

$$p = \frac{F}{dB} = \frac{90000}{200 \times 200}\text{MPa} = 2.25\text{MPa}$$

5. 计算 pv 值

$$pv = \frac{F}{dB} \cdot \frac{\pi d n}{60 \times 10000} = 2.25 \times 6.2832\text{MPa} \cdot \text{m/s} = 14.1372\text{MPa} \cdot \text{m/s}$$

6. 选择轴瓦材料

查表 14-2，选择轴瓦材料为 ZCuSn10P1，其许用值：$[p] = 15\text{MPa}$，$[pv] = 15\text{MPa} \cdot \text{m/s}$，$[v] = 10\text{m/s}$。满足要求。

7. 初估润滑油动力黏度

由式（14-37）得

$$\eta' = \frac{\left(\dfrac{n}{60}\right)^{-\frac{1}{3}}}{10^{\frac{7}{6}}} = \frac{\left(\dfrac{600}{60}\right)^{-\frac{1}{3}}}{10^{\frac{7}{6}}}\text{Pa} \cdot \text{s} = 0.03162\text{Pa} \cdot \text{s}$$

8. 计算运动黏度

取润滑油密度 $\rho = 900\text{kg/m}^3$，由式（4-8）得

$$\nu' = \frac{\eta'}{\rho} \times 10^6 = \frac{0.03162}{900} \times 10^6\text{cSt} = 35.1364\text{cSt}$$

9. 选择平均油温

选择平均油温 $t_m = 50℃$。

10. 选定润滑油牌号

查表 4-2，选定黏度牌号为 68 的润滑油。

11. 确定 t_m 下的运动黏度

由图 4-15 查得，$\nu_{50} = 40\text{cSt}$。

12. 确定 t_m 下的动力黏度

$$\eta_{50} = \rho\nu_{50} \times 10^{-6} = 900 \times 40 \times 10^{-6}\text{Pa} \cdot \text{s} = 0.036\text{Pa} \cdot \text{s}$$

13. 计算相对间隙

由式（14-36）$\psi \approx \dfrac{\left(\dfrac{n}{60}\right)^{\frac{4}{9}}}{10^{\frac{31}{9}}} = \dfrac{\left(\dfrac{600}{60}\right)^{\frac{4}{9}}}{10^{\frac{31}{9}}} = 0.001$，取 $\psi = 0.001$。

14. 计算直径间隙

$$\Delta = \psi d = 0.001 \times 200\text{mm} = 0.2\text{mm}$$

15. 计算承载量系数

由式（14-24）得

$$C_p = \frac{F\psi^2}{2\eta v B} = \frac{90000 \times 0.001^2}{2 \times 0.036 \times 6.2832 \times 0.2} = 0.9947$$

16. 查出轴承偏心率

查表 14-6，经过插值计算求出偏心率 $\chi = 0.53543$。

17. 计算最小油膜厚度

由式（14-25）得

$$h_{\min} = r\psi(1-\chi) = \frac{200}{2} \times 0.001 \times (1 - 0.53543)\,\text{mm} = 0.046457\,\text{mm} = 46.457\,\mu\text{m}$$

18. 计算许用油膜厚度

按加工精度要求，查表 6-8 得轴颈 $Ra_1 = 0.8\,\mu\text{m}$，轴承孔 $Ra_2 = 1.6\,\mu\text{m}$，取安全系数 $S = 2$，由式（14-26），有

$$[h] = 4S(Ra_1 + Ra_2) = 4 \times 2 \times (0.8 + 1.6)\,\mu\text{m} = 19.2\,\mu\text{m}$$

$h_{\min} > [h]$，满足要求。

19. 计算轴承与轴颈摩擦系数

因轴承的宽径比 $B/d = 1$，取 $\xi = 1$，由摩擦系数计算公式

$$f = \frac{\pi}{\psi}\frac{\eta\omega}{p} + 0.55\psi\xi = \frac{\pi}{0.001}\frac{0.036 \times 600 \times \pi/30}{2.25 \times 10^6} + 0.55 \times 0.001 \times 1 = 0.003708$$

20. 确定润滑油流量系数

由宽径比 $B/d = 1$，$\chi = 0.53543$，查表 14-7，经过插值计算求出润滑油流量系数 $C_q = 0.126341$。

21. 计算润滑油温升

按润滑油密度 $\rho = 900\,\text{kg/m}^3$，取比热容 $c = 1800\,\text{J/(kg} \cdot \text{℃)}$，表面散热系数 $\alpha_s = 80\,\text{W/}(\text{m}^2 \cdot \text{℃)}$，由式（14-33）有

$$\Delta t = t_2 - t_1 = \frac{\dfrac{f}{\psi}p}{\rho c\left(\dfrac{q}{\psi vdB}\right) + \dfrac{\pi\alpha_s}{\psi v}} = \frac{\dfrac{0.003708}{0.001} \times 2.25 \times 10^6}{1800 \times 900 \times 0.1263 + \dfrac{\pi \times 80}{0.001 \times 6.2832}}\,\text{℃} = 34.10711\,\text{℃}$$

22. 计算润滑油入口温度

由式（14-35）得

$$t_1 = t_m - \frac{\Delta t}{2} = 50\,\text{℃} - \frac{34.10711}{2}\,\text{℃} = 32.94645\,\text{℃}$$

因为 $\Delta t > 30\,\text{℃}$，$t_1 < 35\,\text{℃}$，说明轴承不满足热平衡条件，可采取减小宽径比，适当加大相对间隙等措施。现将采取这两项措施后的计算结果列表如下。

	方案1 $B/d = 1$ $\psi = 0.001$	方案2 仅将宽径比减小为 $B/d = 0.8$	方案3 仅将相对间隙增大为 $\psi = 0.00125$
直径间隙 Δ	0.2mm	0.2mm	0.25mm
承载量系数 C_p	0.9947	1.243399	1.554249
偏心率 χ	0.53543	0.65655	0.65327
最小油膜厚度 $h_{\min}$	46.457μm	27.476μm	43.341μm
摩擦系数 f	0.003708	0.003077	0.003214
流量系数 C_q	0.1263	0.1657	0.1413
润滑油温升 Δt	34.1071℃	28.0612℃	22.1796℃
润滑油入口温度 t_1	32.9464℃	35.9694℃	38.9102℃

23. 选择配合

取方案3，根据直径间隙 $\Delta = 0.25\,\text{mm}$，选择配合 $\dfrac{\text{F6}}{\text{d7}}$，查得轴承孔尺寸公差为 $\phi 200^{+0.079}_{+0.050}$，轴颈尺寸公差为 $\phi 200^{-0.170}_{-0.216}$。

24. 求最大、最小间隙

$$\Delta_{max} = 0.079mm - (-0.216)mm = 0.295mm$$

$$\Delta_{min} = 0.050mm - (-0.170)mm = 0.22mm$$

因 $\Delta = 0.25mm$ 在 Δ_{max} 和 Δ_{min} 之间，故所选配合合适。

25. 校核轴承的承载能力、最小油膜厚度、润滑油温升和入口温度

按 Δ_{max} 和 Δ_{min} 进行校核：

$$\Delta_{max} = 0.295mm \ 时，\psi_{max} = 0.00148$$

$$\Delta_{min} = 0.22mm \ 时，\psi_{min} = 0.0011$$

校核结果如下：

	$\psi = 0.00125$	$\psi_{max} = 0.00148$	$\psi_{min} = 0.0011$
直径间隙 Δ	0.25mm	0.295mm	0.22mm
承载量系数 C_p	1.554249	2.164136	1.2036
偏心率 χ	0.65327	0.72177	0.58765
最小油膜厚度 h_{min}	43.341μm	41.0387μm	45.3582μm
摩擦系数 f	0.003214	0.002952	0.003476
流量系数 C_q	0.1413	0.14413	0.13415
润滑油温升 Δt	22.1796℃	17.28166℃	28.12831℃
润滑油入口温度 t_1	38.9102℃	41.35917℃	35.58984℃

全部在允许值范围内，计算完成，可绘制轴承工作图（略）。

第八节 其他形式滑动轴承简介

一、多油楔滑动轴承

前述流体动压润滑径向滑动轴承只有一个油楔产生动压油膜，这种轴承称为单油楔滑动轴承。这种轴承的承载能力大，但是工作时，如果轴颈受到某些微小干扰而偏离平衡位置，使其难以自动恢复到原来的平衡位置，则轴颈将做一种新的有规则或无规则的运动，这种状态称为轴承失稳。为了提高轴承的工作稳定性和旋转精度，常把轴承做成多油楔形状，这种轴瓦按瓦面是否可调分为固定和可倾两类。

1. 固定瓦多油楔轴承

图 14-24 所示为常见的多油楔轴承示意图，与单油楔轴承相比，多油楔轴承稳定性好，

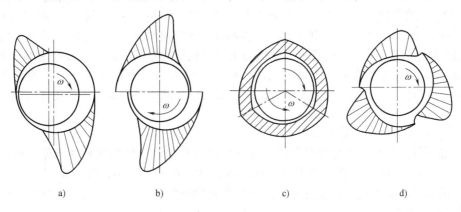

a)   b)   c)   d)

图 14-24 多油楔轴承示意图

a) 双油楔（椭圆轴承）　b) 双油楔（错位轴承）　c) 三油楔（双向）　d) 三油楔（单向）

旋转精度高，宜于高速条件下工作，但承载能力低，摩擦损耗大。它的承载能力等于各油楔中油膜压力的矢量和。

2. 可倾瓦多油楔轴承

可倾瓦多油楔径向轴承示意图如图14-25所示，轴瓦由三块或三块以上（通常为奇数）扇形块组成，扇形块的背面有球形窝，并用调整螺钉支持。轴瓦的倾斜度可以随轴颈位置不同而自动调整，以适应不同的载荷、速度、轴的弹性变形和倾斜，并建立流体摩擦，以保证轴承处于稳定运转状态，这是其优于固定油楔轴承之处。

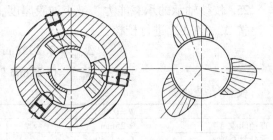

二、流体静压轴承

图14-25　可倾瓦多油楔径向轴承示意图

流体静压轴承是利用专门的供油装置，把具有一定压力的润滑油送入轴承静压油腔，形成具有压力的油膜，利用静压腔间压力差，平衡外载荷，保证轴承在完全流体润滑状态下工作。

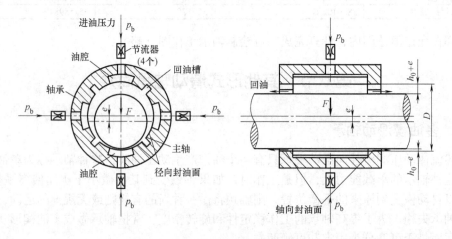

图14-26　流体静压径向轴承示意图

图14-26所示为流体静压径向轴承示意图。高压油经节流器进入静压油腔，各静压油腔的压力由各自的节流器自动调节。当轴承载荷为零时，轴颈与轴孔同心，各油腔压力彼此相等，当轴承受载荷为 F 时，轴颈下移 e，各静压油腔附近间隙发生变化。受力大的油膜减薄，流出的流量随之减少，据管道内各截面上流量相等的连续性原理，流经这部分节流器的流量也减少，在节流器中的压力降也减小，但是，因供油压力 p_b 保持不变，所以下油腔中压力增大。同理，上油腔的压力则相反，间隙增大压力减小。形成上下油腔压力差平衡外载荷 F。

流体静压轴承的主要特点如下：

1）静压轴承是依靠外界供给的压力油而形成承载油膜，使轴颈和轴承处于流体摩擦润滑状态，摩擦系数小，一般 $f = 0.0001 \sim 0.0004$，因此起动力矩小，效率高。

2）提高油压就可提高承载能力，所以在重载的条件下（如球磨机和轧钢机的轴承）可以获得流体摩擦润滑状态。

3）静压轴承承载能力和润滑状态与轴颈转速的关系很小，即使轴颈不旋转，也可形成油膜，具有承载能力，因而在转速极低的条件下（如巨型天文望远镜的轴承）也可以获得流体摩擦润滑。

4）静压轴承的承载能力不是靠油楔作用形成的。因此，工作时不需要偏心距，因而旋转精度高。

5）静压轴承必须有一套专门的供油装置，结构较复杂，成本高。

三、气体轴承

气体轴承是用气体作润滑剂的滑动轴承，空气因其黏度仅为机械油的 1/4000，且受温度变化的影响小，被首先采用。气体轴承可在高速下工作，轴颈转速可达每分钟几十万转。气体轴承也分为动压轴承和静压轴承两大类。动压气体轴承形成的气膜很薄，最大不超过 20μm，故对气体轴承的制造要求十分精确。气体轴承不存在油类污染，密封简单，回转精度高，运行噪声低，主要缺点是承载量不大，常用于高速磨头、陀螺仪、医疗设备等方面。

 —— **本章学习要点** ————————————————————————————

1. 了解滑动轴承的特点、类型、应用、轴承材料的分类、选择原则。重点是掌握轴承的结构，材料的特点、轴承失效形式。因其主要失效形式是胶合和磨损，因此在材料选择方面应当主要考虑这两方面，轴承材料包括青铜、轴承合金、多孔质金属材料和非金属材料等，其中轴承合金只能用来做轴承衬。

2. 掌握非流体润滑轴承的校核计算方法。重点理解限制 $p \leqslant [p]$、$pv \leqslant [pv]$、$v \leqslant [v]$ 的目的。即通过校核 $p \leqslant [p]$ 限制其过度磨损，校核 $pv \leqslant [pv]$ 限制其胶合，校核 $v \leqslant [v]$ 限制其加剧磨损。

3. 理解雷诺方程的含义，掌握流体动压形成的原理和形成条件。即相对运动的两表面间必须形成收敛的楔形间隙；被油膜分开的表面必须有一定的相对运动速度，其运动方向必须使润滑油由大口流进，从小口流出；润滑油必须有一定黏度，供油要充分。

4. 掌握流体动压润滑径向滑动轴承的设计原理和设计方法，它系统地反映了应用雷诺方程解决实际问题的全过程，包括几何计算、流量计算、摩擦功耗计算和热平衡计算。特别应注意：

1）了解宽径比、半径间隙、相对间隙、偏心率、最小油膜厚度等参数的意义和相应关系，以及它们的大小对轴承性能的影响。

2）了解承载量系数的推导过程，掌握与承载量系数相关的参数及这些参数对轴承承载能力的影响。

3）掌握轴承热平衡的计算方法，特别是理解热平衡计算最后归结为控制润滑油入口温度 $t_1 = 35 \sim 45℃$。掌握若不满足热平衡条件应采取何种措施改进设计。

4）掌握宽径比、相对间隙、润滑油黏度的选择方法及对轴承工作情况的影响。

5）为了保证流体动压轴承在完全流体摩擦状态下工作，首先要满足形成动压油膜的三个必要条件，同时，要保证轴承工作时 $h_{min} \geqslant [h]$ 及热平衡条件 $t_1 = 35 \sim 45℃$。

第十五章

联轴器和离合器

提示

　　本章介绍联轴器和离合器的功用、类型、结构特点、应用范围和选择方法，重点是联轴器和离合器的选用。

　　联轴器和离合器是机器中常见的传动部件，其功用是连接两轴一起转动，并在其间传递运动和转矩。联轴器只有在机器停止运转时，经过拆卸后才能使两轴分离。而离合器则在机器工作中不用停车就能方便地使两轴分离或接合。联轴器和离合器是机械中常用部件，大多数已经标准化和系列化了，并由专业化生产企业批量生产，可依据机器的工作条件合理选用。

第一节　联轴器的类型和特性

一、联轴器的组成和分类

　　联轴器一般由两个半联轴器及连接件组成，半联轴器与主动轴、从动轴常采用键、花键等连接，联轴器连接的两轴一般属于两个不同的机器或部件。

　　由于制造及安装误差、承载后的变形以及温度变化的影响，一般无法保证被连接的两轴精确同心，往往存在着某种程度的相对位移与偏斜，两轴间会产生轴向位移 x、径向位移 y、角位移 α 以及由这些位移形成的综合位移，如图 15-1 所示。因此，设计联轴器时要从结构上采取各种不同的措施，使联轴器具有补偿各种相对位移的能力，以避免传动时在联轴器、轴和轴承间产生附加动载荷，甚至引起强烈振动。因而，联轴器除了能传递所需的转矩外，还应具有补偿两轴线的相对位移或偏差、缓冲与减振以及保护机器等性能。

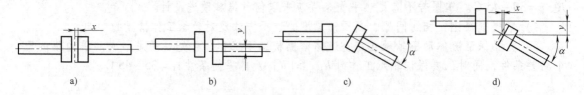

图 15-1　两轴间的相对位移
a) 轴向位移 x　b) 径向位移 y　c) 角位移 α　d) 综合位移 x、y、α

　　根据联轴器对相对位移是否有补偿能力，联轴器可分为刚性联轴器和挠性联轴器两大类。刚性联轴器对相对位移无补偿能力，适用于无冲击、被连接的两轴线严格对中，而且机器运转过程中两轴不发生相对偏移的场合。对相对位移有补偿能力的联轴器称为挠性联轴器，适用于允许两轴线有一定偏移的场合。刚性联轴器和无弹性元件的挠性联轴器均无缓冲作用，有弹性元件的挠性联轴器具有缓冲减振作用。联轴器的分类及常用类型见表 15-1。

表 15-1　联轴器的分类及常用类型

刚性联轴器			挠性联轴器								
			无弹性元件挠性联轴器				有弹性元件挠性联轴器				
凸缘联轴器	套筒联轴器	夹壳联轴器	滑块联轴器	齿式联轴器	万向联轴器	滚子链联轴器	弹性套柱销联轴器	弹性柱销联轴器	梅花形弹性联轴器	轮胎式弹性联轴器	膜片联轴器

二、刚性联轴器

刚性联轴器由刚性元件组成，连接后成为一刚性整体，工作中无相对运动，用于无位移补偿要求、轴的对中性好的场合。刚性联轴器有凸缘式、套筒式、夹壳式等。

1. 凸缘联轴器

凸缘联轴器是应用最广的刚性联轴器，它用螺栓将两个半联轴器的凸缘连接起来，以实现两轴连接。联轴器中的螺栓可以用普通螺栓，也可以用铰制孔螺栓。

凸缘联轴器有两种主要的结构形式：一种是普通凸缘联轴器，如图 15 – 2b 所示，靠铰制孔用螺栓来实现两轴同心，螺杆承受挤压与剪切来传递转矩。另一种是有对中榫的凸缘联轴器，如图 15 – 2c 所示，靠凸肩和凹槽（即对中榫）来实现两轴同心，通过预紧普通螺栓在凸缘接触表面产生的摩擦力传递转矩。为安全起见，凸缘联轴器的外圈还应加上防护罩或将凸缘制成轮缘形式。制造安装凸缘联轴器时，应准确保证两半联轴器的凸缘端面与孔的轴线垂直，使两轴精确同心。

凸缘联轴器的材料通常为铸铁，如 HT200，重载或圆周速度 $v \geqslant 30\text{m/s}$ 时，可采用铸钢或锻钢，如 ZG270 – 500 或 35 钢。

凸缘联轴器的结构简单，使用方便，应用较广，可传递较大的转矩。但不能缓冲吸振，对两轴的对中性的要求很高。常用于载荷较平稳、两轴对中性较好的场合。

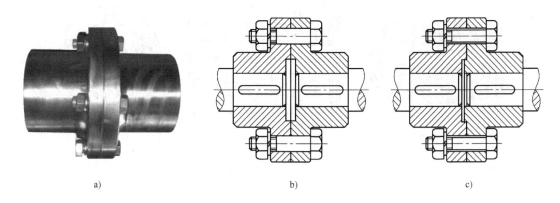

a)　　　　　　　　　　　b)　　　　　　　　　　　c)

图 15-2　凸缘联轴器

a）实物图　b）铰制孔螺栓对中　c）凸肩和凹槽对中（对中榫）

另外，凸缘联轴器还有一种安全销方式，如图 6 – 30 所示，销轴起对中和传递转矩的作用。过载时，销被剪断，切断动力，可确保机器中其他零件的安全。销的直径按剪切强度计算。

2. 套筒联轴器

套筒联轴器是一种结构最简单的联轴器，由一个圆柱形套筒和两个平键或圆锥销连接来传递转矩，如图15-3所示。被连接的轴径一般不超过80mm，套筒用35或45钢制造，其优点是径向尺寸小，结构简单，成本低。但传递的转矩小，不能缓冲吸振，被连接的两轴必须严格对中，装拆时轴要做轴向移动，如机床上就经常采用这种联轴器。此种联轴器尚无标准，需要自行设计。

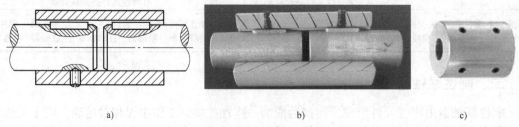

图15-3 套筒联轴器
a）结构图 b）模型 c）实物图

当用销传递转矩时，如果销尺寸设计恰当，过载时销被剪断，可防止损害机器的其他零件，起到过载保护作用，如图15-4所示，这种能起安全作用的联轴器称为安全式套筒联轴器。

3. 夹壳联轴器

夹壳联轴器是将套筒做成剖分式夹壳结构，通过拧紧螺栓产生的预紧力使两夹壳与轴连接，并依靠键以及夹壳与轴表面之间的摩擦力来传递转矩，如图15-5所示。其优点是无需沿轴向移动即可方便装拆。但不能连接直径不同的两轴，外形复杂且不易平衡，高速旋转时会产生离心力。主要用于低速、工作平稳的场合。

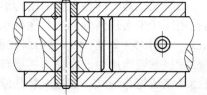

图15-4 安全式套筒联轴器

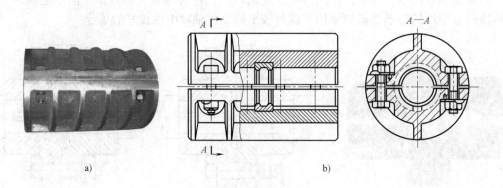

图15-5 夹壳联轴器
a）实物图 b）结构图

三、挠性联轴器

1. 无弹性元件的挠性联轴器

无弹性元件的挠性联轴器只有刚性中间元件，两轴相对位移的补偿是利用联轴器中零件间的相对滑动、间隙等来实现的，不能缓冲和减振。常用的有以下几种：

（1）滑块联轴器　滑块联轴器由两个半联轴器与十字滑块组成，如图 15-6 所示。十字滑块两侧互相垂直的凸榫分别与两个半联轴器的凹槽组成移动副。联轴器工作时，十字滑块随两轴转动，同时又相对于两轴移动以补偿两轴的径向位移。这种联轴器径向位移

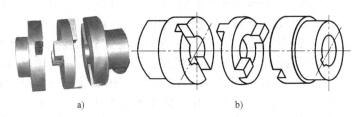

图 15-6　滑块联轴器
a）实物图　b）三维图

补偿能力较大，同时也有少量的角度和轴向补偿能力，一般允许的径向位移为 $y \leq 0.04d$（d 为轴的直径），角位移为 $\alpha \leq 30'$，如图 15-7 所示。如果两轴线不同心或偏斜，滑块将在凹槽内滑动，会产生离心力和磨损，并给轴和轴承带来附加动载荷，所以不宜用于高速场合，一般转速不超过 300r/min。这种联轴器多用中碳钢制成，其摩擦表面需淬火处理。滑块联轴器结构简单，制造容易，应用较广。

（2）齿式联轴器　齿式联轴器是由两个有外齿的套筒和两个有内齿的外壳所组成，如图 15-8a 所示。套筒与轴用键相连，两个外壳用螺栓连成一体。为了减少轮齿的磨损和相对移动时的摩擦阻力，在壳内储有润滑油；为防止润滑油泄漏，内外套筒之间设有密封圈。工作时靠啮合的轮齿传递转矩。内齿轮齿数、模数和外齿轮相

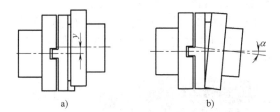

图 15-7　滑块联轴器补偿相对位移
a）径向位移　b）角位移

等，齿数一般为 30～80，轮齿通常采用压力角为 20°的渐开线齿廓。

由于轮齿间留有较大的间隙，外齿轮的齿顶制成球形，同时外齿做成鼓形齿，如图 15-8b 所示，能补偿两轴的径向位移和角位移，一般允许的角位移为 $\alpha \leq 30'$，如图 15-8c 所示。若将外齿做成鼓形齿，角位移 α 可达 3°。

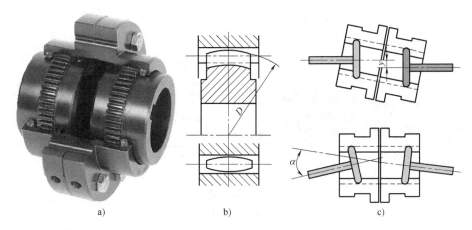

图 15-8　齿式联轴器
a）实物图　b）齿形　c）补偿相对位移

齿轮材料通常为 45 钢或 ZG310-570，齿面需淬火，齿轮圆周速度小于 3m/s 时，可调质处理。

齿式联轴器能传递很大的转矩，并可补偿适量的综合位移，工作可靠，安装精度要求不高。但结构复杂，质量大，制造成本高，常用于重型机械中。

（3）万向联轴器　万向联轴器中间是一个相互垂直的十字头，十字头的两对圆销通过铰链分别与两轴上的叉形接头相连，叉形接头分别与两轴通过销相连接，如图15-9所示，因此，当一轴的位置固定后，另一轴可以在任意方向偏斜，角位移 α 可达35°~45°。机器运转时 α 角改变仍可正常工作，但 α 角过大效率会显著降低。

这种联轴器的主要缺点是：当两轴不在同一轴线时，即使主动轴转速 ω_1 恒定，从动轴转速 ω_2 也做周期性变化，其变化范围为：$\omega_1\cos\alpha\leqslant\omega_2\leqslant\dfrac{\omega_1}{\cos\alpha}$。角速度 ω_2 变化的幅度与两轴的夹角 α 有关，α 越大，则 ω_2 变动越大，从而引起动载荷，使传动失去平稳性，对传动不利。

为了克服单个万向联轴器的上述缺点，机器中常将万向联轴器成对使用，称为双万向联轴器，如图15-10所示。对于连接相交或平行两轴的双万向联轴器，欲使主、从动轴的角速度相等，必须满足以下两个条件：

1）主动轴、从动轴与中间件的夹角必须相等，即 $\alpha_1 = \alpha_2$。

2）中间件两端的叉面必须位于同一平面内。

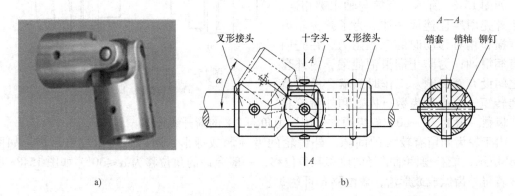

图 15-9　单万向联轴器
a）实物图　b）结构图

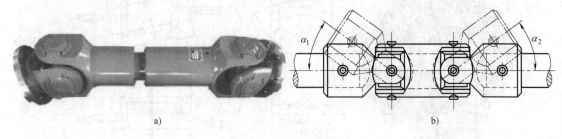

图 15-10　双万向联轴器
a）实物图　b）结构图

显然，中间件本身的转速是不均匀的，但因它的惯性小，由它产生的动载荷、振动等一般不致引起显著危害。

万向联轴器常用合金钢制造，其结构紧凑，维修方便，能补偿较大的角位移，广泛应用于汽车、拖拉机、轧钢机和组合机床等机械的传动系统中。

（4）滚子链联轴器　滚子链联轴器的半联轴器为两个齿数相同的链轮，分别用键与两轴连接，双排环形滚子链同时与两个半联轴器的链轮啮合，从而实现两轴连接和转矩传递，如图 15-11 所示。

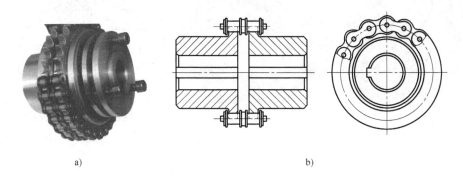

a)　　　　　　　　　　　　　　b)

图 15-11　滚子链联轴器
a）实物图　b）结构图

滚子链联轴器的润滑对其性能影响很大。转速较低时应定期涂润滑脂，转速高时应充分润滑，并安装罩壳。

滚子链联轴器结构简单，尺寸紧凑，质量小，成本低，装拆方便，维修容易，工作可靠，使用寿命长，可在恶劣环境下工作，具有一定的位移补偿和缓冲吸振性能。由于链条的套筒与其相配零件之间存在间隙，故不适用于正反转变化多、起动频繁的传动和立轴传动，不宜用于高速传动。

2. 有弹性元件的挠性联轴器

挠性联轴器包含有弹性元件，利用弹性元件的弹性变形补偿两轴间的相对位移，还具有缓冲吸振的能力。用于频繁起动和正反向传动、承受变载荷、高速运转和两轴对中不精确的场合。常用的有弹性套柱销联轴器、弹性柱销联轴器、梅花形弹性联轴器、轮胎式联轴器等。

（1）弹性套柱销联轴器　弹性套柱销联轴器结构上和凸缘联轴器很相似，只是用带橡胶弹性套的柱销代替了连接螺栓，与轴连接可采用圆柱孔或圆锥孔形式，如图 15-12 所示。为了更换橡胶套时简便而不必拆移机器，设计中应注意留出距离 A。为了补偿轴向位移，安装时两半联轴器间应留出相应的间隙 c。这种联轴器能缓冲吸振，可补偿轴线的 x、y 位移和综合位移的影响。

半联轴器的材料常用 HT200，有时也采用 35 钢或 ZG270-500，柱销材料多用 35 钢。这种联轴器可按标准（GB/T 4323—2002）选用，必要时应验算其承载能力。

弹性套柱销联轴器制造容易，装拆方便，成本较低。但弹性套易磨损，寿命较短，工作环境温度为 $-20 \sim 70℃$。弹性套应采用耐油橡胶制造。常用于载荷平稳、正反转或起动频繁、转速高、传递中小转矩的场合。

（2）弹性柱销联轴器　弹性柱销联轴器是利用非金属材料制成的柱销置于两个半联轴器凸缘的孔中，以实现两轴连接的联轴器。柱销通常用尼龙材料制成，具有一定的弹性。为防止柱销脱落，两侧装有挡板，如图 15-13 所示。这种联轴器与弹性套柱销联轴器相比，结构简单，制造安装方便，寿命长，适用于轴向窜动较大，正反转或起动频繁，转速较高的场合。由于尼龙柱销对温度较敏感，故工作温度应限制在 $-20 \sim 70℃$ 的范围内。

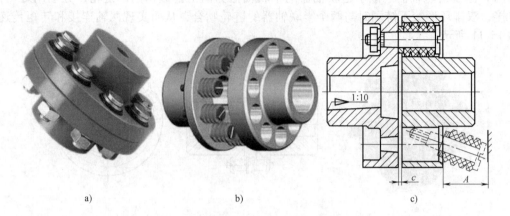

图 15-12 弹性套柱销联轴器

a) 实物图　b) 三维图　c) 结构图

弹性柱销联轴器能缓冲、吸振。依靠弹性柱销的变形，允许两轴有一定的轴向、径向和角位移。适用于正反向变化多、起动频繁的高速轴，最大转速可达 8000r/min。

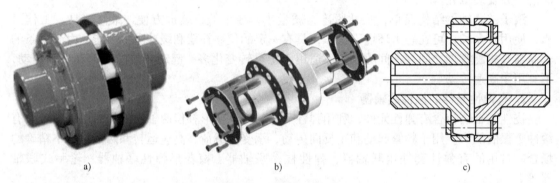

图 15-13 弹性柱销联轴器

a) 实物图　b) 三维图　c) 结构图

（3）梅花形弹性联轴器　梅花形弹性联轴器是由两个带凸爪形状相同的半联轴器和弹性元件组成，利用梅花形弹性元件置于两半联轴器凸爪之间，以实现两半联轴器的连接，如图 15-14 所示。梅花形弹性元件的材料常采用橡胶或尼龙，根据不同工况条件选用不同材料。

梅花形弹性联轴器具有工作稳定可靠、补偿两轴相对位移、缓冲减振、径向尺寸小、结构简单、承载能力较高、维护方便等特点，但更换弹性元件时两半联轴器需沿轴向移动。适用于连接两同轴线、起动频繁、正反转变化、中高速、中小功率的场合。工作温度范围为 $t = -35 \sim +80℃$，短时工作温度可达 $100℃$，传递的公称转矩范围为 $T = 16 \sim 25000 N \cdot m$。

（4）轮胎式弹性联轴器　轮胎式弹性联轴器是由橡胶或橡胶织物制成的轮胎弹性元件 1，通过压板 2 和螺栓 3 与两半联轴器 4 相连，如图 15-15 所示。这种联轴器结构简单、工作可靠，径向尺寸较大，但轴向宽度较窄，有利于缩短串联机组的总长度，其最大转速可达 5000r/min。因具有橡胶轮胎弹性元件，可补偿较大的径向位移，能缓冲吸振，绝缘性能好，运转时无噪声，故适用于潮湿多尘，冲击大，起动频繁及经常正反转的场合。

（5）膜片联轴器　膜片联轴器的结构如图 15-16 所示，其弹性元件为多个环形金属薄

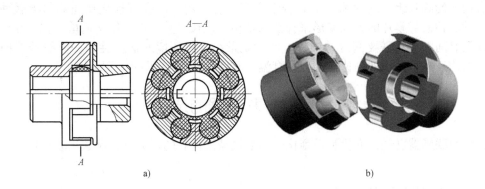

图 15-14　梅花形弹性联轴器

a）结构图　b）实物图

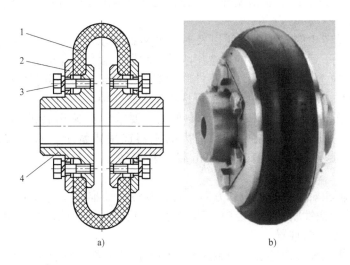

图 15-15　轮胎式弹性联轴器

a）结构图　b）实物图

1—轮胎弹性元件　2—压板　3—螺栓　4—半联轴器

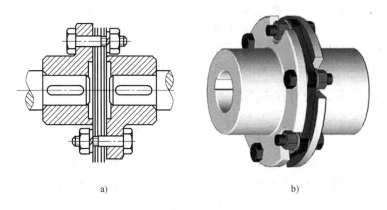

图 15-16　膜片联轴器

a）结构图　b）三维图

片叠合而成的膜片组，膜片圆周上有若干个螺栓孔，用铰制孔螺栓交错间隔与半联轴器连接。膜片联轴器靠膜片的弹性变形来补偿两轴相对位移。其特点是结构简单，弹性元件的连接之间没有间隙，不需要润滑，维护方便，质量小，对环境的适应性强。但扭转减振性能差。主要用于载荷平稳的高速传动以及高温、有腐蚀介质工况环境下的传动。

第二节 联轴器的选择

大多数联轴器已经标准化和系列化，一般机械设计者的任务是正确选用联轴器的类型和规格。

一、联轴器类型的选择

对于标准联轴器而言，其选择的主要任务是确定联轴器的类型和型号。一般可根据载荷、转速、被连接两部分的安装精度等，参考各类联轴器的特性进行类型选择，具体选择时应考虑以下几点：

1）联轴器传递转矩的大小、性质以及对缓冲减振要求。一般载荷平稳，传递转矩大，转速稳定，同轴度好，无相对位移的，选用刚性联轴器。载荷变化较大，要求缓冲吸振或同轴度不易保证的，应选用有弹性元件的挠性联轴器。如对于大功率重载传动，可选用齿式联轴器；对有严重冲击或要求减振的传动，可选用轮胎式联轴器。

2）联轴器工作转速的高低和正、反转变化的要求。高速运转的轴，宜选用平衡精度较高的联轴器，如膜片联轴器。动载荷大的机器选用质量小、转动惯量小的联轴器。正、反转变化多，起动频繁，有较大冲击载荷及安装不易对中的场合，应选用挠性联轴器。

3）联轴器两轴相对位移的大小和方向。安装调整两轴难以精确对中，或者工作中产生较大位移时，应选用挠性联轴器。径向位移较大时，可选用滑块联轴器。角位移较大，或两轴相交时，可选用万向联轴器。

4）联轴器可靠性和工作环境。由金属制成的不需要润滑的联轴器工作比较可靠；需要润滑的联轴器，其性能易受润滑完善程度的影响，且可能污染环境，因此，对污染有严格要求时，不宜选用以油作为润滑剂的联轴器；含有橡胶等非金属元件的联轴器对温度、腐蚀介质、强光等比较敏感，而且容易老化，所以不宜选用。

5）联轴器的制造、安装、维护和经济性。在满足使用要求的前提下，应选择装拆方便、维护简单、成本低廉的联轴器。刚性联轴器不仅结构简单，而且装拆方便，可用于低速、刚性大的传动；挠性联轴器具有较好的综合性能，广泛应用于一般的中、小功率传动。

6）安全性要求。有安全保护要求的轴，应选用安全联轴器。

二、联轴器型号、尺寸的确定

对于已标准化的联轴器，选定类型后，可按转矩、轴径和转速确定其型号和结构尺寸。步骤如下：

（1）确定联轴器的型号 考虑机器起动时的惯性力、机器在工作中承受过载和受到可能的冲击等因素，按轴上的最大转矩作为计算转矩 T_{ca}。T_{ca} 按下式确定

$$T_{ca} = K_A T \tag{15-1}$$

式中 K_A——工作情况系数，其值见表 15-2；

T——联轴器传递的名义转矩（$N \cdot m$）。

表 15-2 工作情况系数 K_A

工 作 机	原 动 机			
	电动机、汽轮机	单缸内燃机	双缸内燃机	四缸和四缸以上内燃机
转矩变化很小的机械,如发电机、小型通风机、小型离心泵	1.3	2.2	1.8	1.5
转矩变化较小的机械,如透平压缩机、木工机械、运输机	1.5	2.4	2.0	1.7
转矩变化中等的机械,如搅拌机、增压机、有飞轮的压缩机	1.7	2.6	2.2	1.9
转矩变化和冲击载荷中等的机械,如织布机、水泥搅拌机、拖拉机	1.9	2.8	2.4	2.1
转矩变化和冲击载荷较大的机械,如挖掘机、碎石机、造纸机械	2.3	3.2	2.8	2.5
转矩变化和冲击载荷大的机械,如压延机、起重机、重型轧机	3.1	4.0	3.6	3.3

根据计算转矩 T_{ca} 在标准中选择适当的联轴器型号。保证联轴器的计算转矩

$$T_{ca} \leqslant [T] \tag{15-2}$$

式中 $[T]$——联轴器的许用转矩（N·m）。

（2）校核最大转速 为确保联轴器连接的两轴能正常工作,应满足

$$n_{max} \leqslant [n] \tag{15-3}$$

式中 $[n]$——联轴器的许用最高转速（r/min）。

（3）调整轴孔直径尺寸和形状 被连接两轴的直径应当在联轴器的孔径范围内。每一型号的联轴器适用的轴径都有一个范围,被连接两轴的直径应当在此范围内。一般情况下两轴的直径可以不同,轴端的形状（圆柱、圆锥）也可以不同。

（4）进行必要的校核 联轴器除了要满足转矩、转速和轴径的要求外,必要时还应对联轴器中承载的零件进行强度校核,如对连接螺栓进行强度校核。使用非金属弹性元件的联轴器,还要对非金属元件进行许用温度校核。

例 某电动机、减速器、带式输送机组成的传动系统如图 15-17 所示,电动机功率为 $P = 11\text{kW}$,转速 $n = 970/\text{min}$,电动机轴伸的直径 $d = 42\text{mm}$,试选择联轴器 1、2 的类型,并确定联轴器 1 的型号。

解 1. 类型选择

由于联轴器 1 在高速轴上,转速较高,且电动机与减速器不在同一基础上,其两轴线位置必有相对偏差,因而选用有弹性元件的挠性联轴器,如弹性套柱销联轴器或弹性柱销联轴器。

联轴器 2 在低速轴上,转速较低,但载荷较大,且同样两轴线位置有相对偏差,因而也可选用有弹性元件的挠性联轴器,如承载能力较大的弹性柱销联轴器。

2. 载荷计算（仅计算联轴器 1）

公称转矩

$$T = 9.55 \times 10^3 \frac{P}{n} = 9.55 \times 10^3 \times \frac{11}{970} \text{N·m} = 108.3 \text{N·m}$$

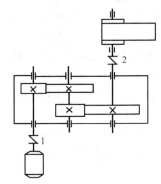

图 15-17 带式输送机传动装置

由表 15-2 查得 $K_A = 1.5$，则计算转矩

$$T_{ca} = K_A T = 1.5 \times 108.3 \text{N} \cdot \text{m} = 162.45 \text{N} \cdot \text{m}$$

3. 型号选择

查 GB/T 4323—2002，选择 TL6 型弹性套柱销联轴器，$[T] = 250 \text{N} \cdot \text{m}$，$[n] = 3800/\text{min}$，$d = 32 \sim 42 \text{mm}$，满足要求。

第三节　离合器

离合器在机器运转过程中，可使两轴随时接合或分离；用来操纵机器的起动、停车、变速或换向，从而减小起动力矩，停车不必关闭原动机，满足机器的不同速度和运动方向的要求。

一、离合器的组成和分类

离合器一般由主动部分、从动部分、接合部分、操纵部分等组成。主动部分与主动轴固定连接，主动部分还常用于安装接合元件。从动部分有的与从动轴固定连接，有的可以相对于从动轴做轴向移动并与操纵部分相连，从动部分上安装有接合元件。操纵部分控制接合元件的接合与分离，以实现两轴间转动和转矩的传递或中断。

离合器应满足的基本要求是：①分离、接合迅速，平稳无冲击，分离彻底，动作准确可靠；②结构简单，质量小，惯性小，外形尺寸小，工作安全，效率高；③接合元件耐磨性好，使用寿命长，散热条件好；④操纵方便省力，制造容易，调整维修方便。

离合器按其工作原理可分为牙嵌式和摩擦式两类；按操纵方式可分为机械式、电磁式、液压式和气压式，电磁式离合器在自动化机械中作为控制转动的元件而被广泛应用；按控制方式不同可分为操纵式和自动式，自动式离合器有超越离合器、离心离合器和安全离合器等，能够在特定的工作条件下（如一定的转矩、转速或回转方向）自动接合与分离。

二、常用离合器

1. 牙嵌离合器

牙嵌离合器主要由两个端面带牙的半离合器 1、3 组成，如图 15-18 所示。一个半离合器（主动部分）用平键与主动轴连接，另一个半离合器（从动部分）用导向平键或花键与从动轴连接，并可用操纵机构操纵使其轴向移动以实现离合器的接合与分离。为使两半离合器能够对中，在主动轴端的半离合器上固定一个对中环 2，从动轴可在对中环内自由转动。滑环 4 操纵离合器的分离与接合。牙嵌离合器常用的牙型有：三角形、梯形、锯齿形和矩形等，如图 15-19 所示。

（1）三角形牙　便于接合与分离，强度较弱，用于传递小转矩的低速离合器，牙数一般为 15 ~ 60。

（2）梯形牙　牙的强度高，承载能力大，能自行补偿磨损产生的间隙，并且接合与分离方便，但啮合齿间的轴向力有使其自行分离的可能。这种牙型的离合器应用广泛，牙数一般为 3 ~ 15。

（3）锯齿形牙　牙的强度高，承载能力最大，但只能单向工作，反向工作时齿面间会产生很大的轴向力使离合器自行分离而不能正常工作，牙数一般为 3 ~ 15。

（4）矩形牙　无轴向分力，齿的强度低，磨损后间隙无法补偿，接合困难，只能用于

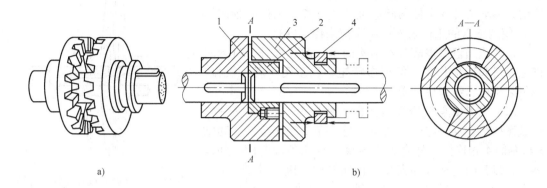

图 15-18　牙嵌离合器

a）三维图　b）结构图

1、3—半离合器　2—对中环　4—滑环

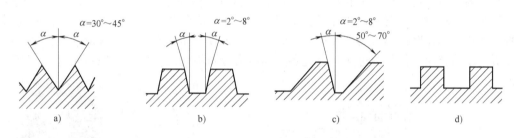

图 15-19　各种牙型

a）三角形　b）梯形　c）锯齿形　d）矩形

静止状态下手动离合的场合，应用较少。

　　牙嵌离合器常用材料为低碳合金钢，如 20Cr、20MnB，经渗碳淬火等热处理后使牙面硬度达到 56 ~ 62HRC。有时也采用中碳合金钢，如 40Cr、45MnB，经表面淬火等热处理后硬度达 48 ~ 58HRC。

　　牙嵌离合器的特点是结构简单，尺寸紧凑，工作可靠，承载能力大，传动准确，但在运转时接合有冲击，容易打坏牙齿，所以一般牙嵌离合器离合操作只在低速或静止状况下进行。

　　牙嵌离合器可以借助电磁线圈的吸力来操纵，称为电磁牙嵌离合器。电磁牙嵌离合器通常采用嵌入方便的三角形细牙，它依据电磁信号而动作，便于遥控和程序控制。

2. 摩擦离合器

　　摩擦离合器是靠接合元件间产生的摩擦力来传递转矩的。接合元件所受的正压力调整确定后，接合元件之间的最大摩擦力随之确定，离合器传递的最大转矩 T_{max} 也随之确定。离合器正常工作时所传递的转矩 T 应小于或等于最大转矩 T_{max}。当过载时，接合元件间产生打滑，保护传动系统中的零件不致损坏。打滑时，接合元件磨损严重，摩擦消耗的功转变为热量使离合器温度升高，将影响到离合器的正常工作。

　　摩擦离合器的类型很多，按接合元件的结构形式有：圆盘式、圆锥式、块式、钢球式和闸块式等。本节只介绍圆盘式摩擦离合器。

　　（1）单片式圆盘摩擦离合器　图 15-20 所示为单片式圆盘摩擦离合器，离合器的圆盘 1

采用键连接在主动轴上，圆盘2可以沿导向键在从动轴上移动，移动滑环3可使两圆盘接合或分离。工作时轴向压力 F_a 使两圆盘的工作表面产生摩擦来传递转矩。

单片式圆盘摩擦离合器结构简单，散热性好，过载时打滑，可起保护作用，但传递转矩小，多用于轻工机械，如包装机械、纺织机械等。

（2）多片式圆盘摩擦离合器 图15-21所示为多片式圆盘摩擦离合器。图中主动轴1与外壳2相连接，从动轴3与套筒4相连接。外壳2的内缘开有几条轴向槽，外摩擦片5以其凸齿插入外壳2的轴向槽中，因此外摩擦片5与主动轴1一起转动，并可在轴向力推动下沿轴向移动。内摩擦片6的凸齿与套筒4上的凹槽相配合，故内摩擦片

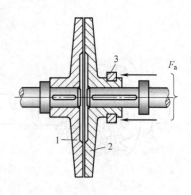

图15-20 单片式圆盘摩擦离合器
1、2—圆盘 3—滑环

6可与从动轴3一起转动并可沿轴向移动。内、外摩擦片间隔安装。另外，在套筒4上开有三个轴向槽，其中安置可绕销轴10摆动的曲臂杠杆8。当滑环7向左移动时，压下曲臂杠杆8的右端，通过曲臂杠杆8的左端、压板9使两组摩擦片压紧，离合器即处于接合状态。若滑环向右移动时，曲臂杠杆8在弹簧11的作用下右端抬起，使摩擦片被松开，离合器即分离。多片式圆盘摩擦离合器的摩擦片材料为淬火钢片或压制石棉片，摩擦片数目多，可以增大所传递的转矩。但片数过多，将使各层间压力分布不均匀，所以一般不超过12~15片。

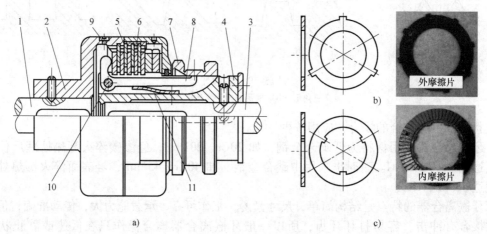

图15-21 多片式圆盘擦离合器
a）结构组成 b）外摩擦片 c）内摩擦片
1—主动轴 2—外壳 3—从动轴 4—套筒 5—外摩擦片 6—内摩擦片
7—滑环 8—曲臂杠杆 9—压板 10—销轴 11—弹簧

多片式圆盘摩擦离合器的优点是：两轴能在任何转速下接合，接合与分离过程平稳，过载时会发生打滑，适用载荷范围大。其缺点是：外廓尺寸较大，结构复杂，成本较高，在接合、分离过程中要产生滑动摩擦，故发热量较大，磨损也较大。且滑动时两轴不能同步转动。

摩擦离合器也可用电磁力来操纵，称为电磁离合器，其中电磁摩擦离合器是应用最广泛的一种。电磁摩擦离合器在电路上尚可进一步实现各种特殊要求，如快速励磁电路可以实现快速接合，提高了离合器的灵敏度。相反，缓冲励磁电路可抑制励磁电流的增长，使起动缓

慢，从而避免起动冲击。

3. 超越离合器

超越离合器又称定向离合器，其结构如图 15-22 所示。星轮 1 和外圈 2 分别与传动轴相连接，星轮 1 和外圈 2 间的楔形空腔内装有滚柱 3，每个滚柱都被弹簧推杆 4 向前推进，在楔形腔内处于半楔紧状态。

星轮 1 和外圈 2 都可作为主动件。若以外圈 2 为主动件，并逆时针回转时，弹簧推杆 4 的推力和外圈 2 对滚柱的摩擦力会推动滚柱 3 滚向楔口的小端，进一步楔紧在外圈 2 和星轮 1 间，从而驱动星轮 1 一起转动，离合器处于接合状态。当星轮 1 转速超过外圈 2 的转速时，相当于外圈 2 相对星轮 1 做顺时针转动，这时滚柱 3 被外圈 2 的摩擦力带动克服弹簧推力而滚向楔形空腔的宽敞部分，离合器处于分离状态，因而超越离合器只能单向传递转矩，反向时会自动分离开。超越离合器工作时没有噪声，宜用于高速传动，但制造精度要求较高。

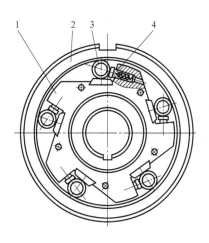

图 15-22　超越离合器
1—星轮　2—外圈
3—滚柱　4—弹簧推杆

三、离合器的设计

由于大多数离合器已标准化或系列化，因此在设计中，往往参考有关设计手册对离合器进行类比设计或选择。

设计或选择离合器时，首先应根据机器的工作特点和使用要求，结合各类离合器的特点，确定离合器的类型。然后，再根据两轴的直径、转速、转矩等从有关手册中选取合适的规格，必要时对其薄弱环节进行承载能力的校核。

本章学习要点

1. 了解常用联轴器的类型、特点，掌握选用方法。
2. 了解常用离合器的类型、特点，掌握选用方法。

第五篇

▶▶▶ 其他零、部件及机械结构设计

第十六章

弹簧

提示

本章主要介绍弹簧的功用、类型、弹簧的材料和制造过程以及圆柱螺旋压缩弹簧、拉伸弹簧的设计计算。其中重点介绍圆柱螺旋压缩弹簧和拉伸弹簧的承载及特性曲线、受力分析和强度计算。

第一节 概　述

一、弹簧的功用

在设计机器时经常需要解决一些与缓冲、吸振、储能、加力和柔性环节设置等相关的问题，如颠簸的车辆需要缓冲、减振，凸轮机构中从动件需要压紧凸轮，安全离合器需要在一定的转矩下才允许动作。弹簧是解决这类问题的常用零件。弹簧是靠弹性变形工作的弹性零件。在外载荷作用下，弹簧产生较大的弹性变形，把机械功或动能转变为变形能，当卸载后弹簧变形消失并迅速恢复原状，将弹性变形能释放转化为机械能。由于弹簧具有变形和储能的特点，它在机械设备、仪器仪表、交通运输工具及日常生活用品中得到了广泛应用。

弹簧的主要功用有：

（1）控制机构运动　如内燃机中的进气门和排气门的控制弹簧、离合器中的控制弹簧等。这类弹簧常要求在一定变形范围内有稳定的作用力。

（2）缓冲和减振　如各种车辆中的缓冲弹簧和弹性联轴器中的弹簧等。这类弹簧要求具有较大的弹性变形，以便吸收较多的冲击能量；也有些弹簧在变形过程中能依靠摩擦消耗部分能量以增加缓冲和吸振作用。

（3）储存及释放能量　如钟表和仪表中的发条、自动控制机构上的弹簧等。这类弹簧既要求有较大的弹性变形，又要求有稳定的作用力。

（4）测力或力矩　如弹簧秤和测力器中的弹簧等。这类弹簧要求有稳定的载荷-变形性能。

二、弹簧的类型和特点

弹簧的种类很多。按弹簧的承载方式不同，可分为拉伸弹簧、压缩弹簧、扭转弹簧和弯曲弹簧等；按弹簧形状不同，可分为圆柱螺旋弹簧、圆锥螺旋弹簧、环形弹簧、碟形弹簧、板弹簧、平面涡卷形弹簧等；按制造弹簧材料的不同，可分为金属弹簧、橡胶弹簧、塑料弹簧和空气弹簧等。常用的各种弹簧类型如图 16-1 所示。

圆柱螺旋弹簧用弹簧丝按螺旋线卷绕而成，制作方法简便，应用广泛。圆柱螺旋弹簧又可分为圆柱螺旋压缩弹簧（图 16-1a）、圆柱螺旋拉伸弹簧（图 16-1b）和圆柱螺旋扭转弹簧（图 16-1c）等类型。

圆锥螺旋弹簧（图 16-1d）用弹簧丝按螺旋线卷绕而成，外形呈圆锥状，一般为压缩弹簧，其防共振能力强，结构紧凑，稳定性好。

环形弹簧（图 16-1e）和碟形弹簧（图 16-1h）都是压缩弹簧。在工作过程中，一部分能量消耗在各圈之间的摩擦上，因此其具有很高的缓冲吸振能力，多用于重型机械的缓冲装置等。

平面涡卷形弹簧（图 16-1f）也称盘弹簧，轴向尺寸小，抗扭转能力好，常用于各类钟表、仪表中的储能装置。

板弹簧（图 16-1g）是用许多长度不等的钢板叠合而成，抗弯曲能力强，缓冲吸振性能好，主要用于各种车辆的悬架装置。

橡胶弹簧是利用橡胶的弹性变形实现弹簧的弹性作用，常用作仪器的底座、发动机的支承和机器的隔振装置等。空气弹簧是在柔性的橡胶囊中充入压力空气，利用空气的可压缩性实现弹簧的弹性作用，主要用于车辆的悬架装置中。

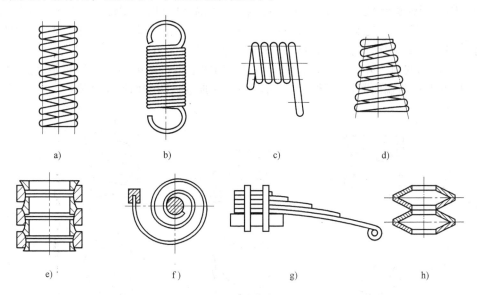

图 16-1　弹簧类型

a）圆柱螺旋压缩弹簧　b）圆柱螺旋拉伸弹簧　c）圆柱螺旋扭转弹簧　d）圆锥螺旋压缩弹簧

e）环形弹簧　f）平面涡卷形弹簧　g）板弹簧　h）碟形弹簧

此外，为了满足某些特殊功能要求还出现了一些具有特殊功能的弹簧，如变径螺旋弹簧、扭杆弹簧等。

在一般机械中，最常用的是圆柱螺旋弹簧。本章主要介绍圆柱螺旋压缩弹簧、拉伸弹簧的设计计算。

第二节　圆柱螺旋弹簧的结构、制造、材料及许用应力

一、圆柱螺旋弹簧的结构形式

圆柱螺旋弹簧的结构如图 16-2 所示。

1. 圆柱螺旋压缩弹簧

如图 16-2a 所示。在自由状态下，弹簧长度为 H_0，螺旋升角为 ψ，弹簧的节距为 p，各圈之间应有适当间隙 δ，以便弹簧受压时能产生相应的变形。弹簧在最大载荷作用下各圈之间必须保持一定的间隙 δ_1。δ_1 的大小推荐为

$$\delta_1 = 0.1d \geqslant 0.2\text{mm}$$

式中　d——弹簧丝直径（mm）。

圆柱螺旋压缩弹簧的端部结构形式，如图 16-3 所示。弹簧两端分别有 0.75 ~ 1.75 圈与邻圈并紧，只起支承作用，不参加变形，所以称为支

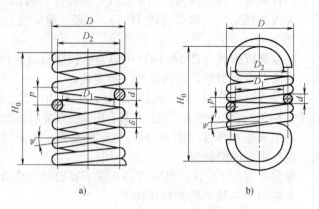

图 16-2　圆柱螺旋弹簧的结构
a）圆柱螺旋压缩弹簧　b）圆柱螺旋拉伸弹簧

承圈或死圈。当弹簧圈数 $n \leqslant 7$ 时，弹簧每端的支承圈约为 0.75 圈；$n > 7$ 时，弹簧每端的支承圈为 1 ~ 1.75 圈，支承圈端面与弹簧座接触。根据端部结构形式，圆柱螺旋压缩弹簧分为多种类型，弹簧冷卷时为：YⅠ 型 ~ YⅢ 型；热卷时为：RYⅠ 型、RYⅡ 型（Y 表示压缩弹簧）等。常用的为：YⅠ 型和 YⅡ 型。YⅠ 型和 RYⅠ 型：两端面圈与邻圈并紧且磨平；YⅡ 型和 RYⅡ 型：两端面圈与邻圈并紧但不磨平；YⅢ 型：两端面圈不并紧。

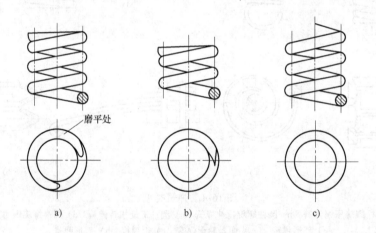

磨平处

图 16-3　圆柱螺旋压缩弹簧的端部结构
a）YⅠ型、RYⅠ型　b）YⅡ型、RYⅡ型　c）YⅢ型

在弹簧受变载荷的重要场合，应采用 YⅠ 型和 RYⅠ 型，以保证支承端面与弹簧轴线垂直，防止弹簧受压时发生倾斜。

2. 圆柱螺旋拉伸弹簧

如图 16-2b 所示。在自由状态下，弹簧长度为 H_0，螺旋升角为 ψ，弹簧的节距为 p，各圈相互并紧，即各圈之间间隙 $\delta = 0$。端部制成挂钩，以便安装和加载。根据端部结构形式，圆柱螺旋拉伸弹簧分为多种类型，弹簧冷卷时为：LⅠ 型 ~ LⅧ 型；热卷时为：RLⅠ 型 ~ RLⅢ 型（L 表示拉伸弹簧）等。几种常用的端部结构如图 16-4 所示。LⅠ 型和 RLⅠ 型（图 16-4a）的端部为半圆钩环、LⅡ 型和 RLⅡ 型（图 16-4b）的端部为圆钩环，制造

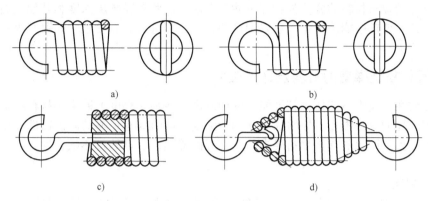

图 16-4　圆柱螺旋拉伸弹簧的端部结构

a) LⅠ型、RLⅠ型　b) LⅡ型、RLⅡ型　c) LⅦ型　d) LⅧ型

简便，应用广泛，但在挂钩过渡处弯曲应力较大，所以只适用于弹簧丝直径 $d \leqslant 10\mathrm{mm}$ 的弹簧。LⅦ型（图 16-4c）的端部为可调式钩环，LⅧ型（图 16-4d）的端部为可转钩环，挂钩受力情况较好，安装方便，适用于载荷大的重要弹簧。

二、圆柱螺旋弹簧的制造

圆柱螺旋弹簧的制造工艺过程包括：卷制、端部制作、热处理、工艺试验及必要的强压强化处理等过程。

1. 卷制

弹簧的卷制是将符合技术条件的弹簧丝卷绕在芯棒上。大量生产时，是在万能自动卷簧机上卷制；单件及小批量生产时，是在卧式车床和手动卷绕机上卷制。

弹簧的卷制分为冷卷和热卷两种。当弹簧丝直径 $d < 8 \sim 10\mathrm{mm}$ 时，直接用预先经过热处理的弹簧丝在常温下卷制，称为冷卷。对于直径较大的弹簧丝，卷制时要在 $800 \sim 1000\,℃$ 的温度下进行，称为热卷。冷卷压缩、拉伸弹簧的代号分别为 Y、L，热卷压缩、拉伸弹簧的代号分别为 RY、RL。

2. 端部制作

弹簧的端部制作包括端面圈精加工（压缩弹簧）、钩环制作（拉伸及扭转弹簧）。端面圈精加工是将压缩弹簧两端支承圈的位置进行调整，并按要求在专用磨床上磨平，以保证两端面与弹簧轴线垂直。钩环制作是对拉伸及扭转弹簧的两端制出钩环或杆臂，以便于连接、固定和加载。

3. 热处理

热处理是在完成弹簧成形工序后进行的。经冷卷后的弹簧，一般需要进行低温回火，热卷弹簧必须进行淬火和中温回火等处理，用以消除卷制时产生的内应力。

4. 工艺试验及强压处理

对于重要的弹簧还需要进行性能试验和冲击疲劳试验。为了提高弹簧的承载能力，可将弹簧在超过工作极限载荷作用下持续强压 $6 \sim 48\mathrm{h}$，以便在弹簧丝截面的危险区产生塑性变形和残余应力，从而提高弹簧的强度。在长期振动、高温或腐蚀性介质中工作的弹簧及一般用途的弹簧不应进行强压处理。为了提高弹簧的疲劳强度，常采用喷丸处理，使弹簧表面产生有益的残余应力。经过强压处理或喷丸处理的弹簧不得再进行热处理。弹簧的表面状况严重影响弹簧的疲劳强度和抗冲击强度，所以弹簧表面必须光洁、无裂纹和伤痕等缺陷。表面脱碳将严重降低弹簧材料的疲劳强度和抗冲击性能，因此对脱碳层深度和其他表面缺陷要求都应在弹簧技术要求中明确规定，重要用途的弹簧还需进行表面处理，如镀锌等；普通弹簧一般涂油或漆。

三、圆柱螺旋弹簧的材料及许用应力

弹簧多数在变应力下工作，其性能与使用寿命，在很大程度上取决于材料的选择。弹簧材料要具有较高的抗拉强度、屈服强度和疲劳强度，同时要有足够的冲击韧性和良好的热处理性能。对淬火、回火的弹簧材料要求具有良好的淬透性、低的过热敏感性，且不易脱碳等性能。

1. 弹簧材料

（1）碳素弹簧钢　这种弹簧钢（如65、70钢）价格便宜，原材料来源广泛；缺点是弹性极限较低，淬透性差，多次重复变形后易失去弹性，且不能在高于130℃的温度下正常工作。用于尺寸较小和一般用途的螺旋弹簧及板弹簧。普通碳素弹簧钢丝分为B、C、D三级，分别用于低应力弹簧、中等应力弹簧和高应力弹簧。

（2）低锰弹簧钢　这种弹簧钢（如65Mn钢）与碳素弹簧钢相比，优点是淬透性较好，强度较高；缺点是淬火后容易产生裂纹及热脆性。价格便宜，常用于制造尺寸较小的弹簧，如离合器弹簧等。

（3）硅锰弹簧钢　这种弹簧钢（如60Si2Mn钢）中含有锰、硅等合金元素，可显著提高弹性极限，并提高了回火稳定性，有良好的力学性能。适用于制作在循环载荷和冲击载荷工况下工作的弹簧，一般用于制造汽车、拖拉机的弹簧。

（4）铬钒弹簧钢　这种弹簧钢（如50CrVA钢）中加入钒的目的是细化组织，提高钢的韧性和强度，抗冲击性能好，并能在 $-40 \sim 210℃$ 的温度下可靠工作，但价格较贵。多用于性能要求较高的场合，如用于航空发动机的调节系统中的弹簧等。

（5）不锈钢和铜合金　对于有防腐蚀、防磁和导电等性能要求的弹簧，可以选用不锈钢和铜合金材料制作弹簧。铜合金中以锡青铜、硅青铜和铍青铜应用较多。

另外，非金属材料也可以用于制作弹簧，常用的非金属材料有橡胶和纤维增强塑料等。

选择弹簧材料时，应考虑弹簧的用途、重要程度、工作条件（包括载荷性质、大小及循环特性，工作温度和周围介质情况等），以及加工、热处理和经济性等因素，一般应优先选用碳素弹簧钢。

2. 许用应力

影响弹簧许用应力的因素很多。除了弹簧材料的品种外，弹簧类型、材料质量、热处理方法、载荷性质、弹簧的工作条件和重要程度，以及弹簧丝的尺寸大小等，都是确定弹簧许用应力时应当考虑的因素。

根据弹簧的重要程度和载荷性质，弹簧可分为三类：

Ⅰ类　用于承受载荷循环次数在 10^6 以上的变载荷弹簧或很重要的弹簧，如内燃机的进气门和排气门弹簧、电磁制动器弹簧等。

Ⅱ类　用于承受载荷循环次数在 $10^3 \sim 10^6$ 范围内的变载荷的弹簧，或承受冲击载荷的弹簧和承受静载荷的重要弹簧，如调速器用弹簧、安全阀用弹簧和一般车辆用弹簧等。

Ⅲ类　用于承受载荷循环次数在 10^3 以下的变载荷弹簧或承受静载荷的一般弹簧，如摩擦离合器用弹簧等。

常用弹簧材料的力学性能和用途见表16-1。

常用弹簧丝的抗拉极限 σ_b 见表16-2。

表 16-1　常用弹簧材料的力学性能和用途

材料及代号	圆柱螺旋压缩弹簧许用切应力 $[\tau]$ /MPa			圆柱螺旋扭转弹簧许用弯曲应力 $[\sigma]$ /MPa		切变模量 G/GPa	弹性模量 E/GPa	推荐硬度范围（HRC）	推荐使用温度 /℃	特性及应用
	Ⅰ	Ⅱ	Ⅲ	Ⅱ	Ⅲ					
碳素弹簧钢丝、琴钢丝	$(0.3 \sim 0.38)$ σ_b	$(0.3 \sim 0.45)$ σ_b	$0.5\sigma_b$	$(0.6 \sim 0.68)$ σ_b	$0.8\sigma_b$	80	206	—	$-40 \sim 130$	强度高,性能好,用于制作小尺寸弹簧或要求不高的大尺寸弹簧
要求淬火-回火碳素弹簧钢丝	$(0.35 \sim 0.4)\sigma_b$	$(0.4 \sim 0.47)$ σ_b	0.55 σ_b	$(0.60 \sim 0.68)$ σ_b	0.8 σ_b					
65 Mn	340	455	570	570	710					
60Si2Mn 65Si2MnWA 70Si2MnA	445	590	740	740	925			$45 \sim 50$	$-40 \sim 200$	强度高,弹性好,回火稳定性好,用于普通机械的大载荷弹簧
50CrVA								$45 \sim 50$	$-40 \sim 210$	疲劳性能好,耐高温,用于高应力或变载荷、高温下弹簧
60Si2CrVA	560	745	931	931	1167			$47 \sim 52$	$-40 \sim 250$	强度高,弹性好,耐高温、耐冲击
30W4Cr2VA	442	588	735	735	920			$43 \sim 47$	$-40 \sim 350$	高温时强度高,淬透性好

注：1. 圆柱螺旋拉伸弹簧的许用切应力为圆柱螺旋压缩弹簧的80%。

2. 表中 $[\tau]$、$[\sigma]$、G 和 E 值,是在常温下按表中推荐硬度范围的下限时的数值。

3. 不锈钢丝、青铜丝等其他弹簧材料参见有关机械设计手册。

表 16-2　常用弹簧丝的抗拉极限 σ_b　　　　　　　　（单位：MPa）

钢丝直径 d/mm	碳素钢丝			琴钢丝			不锈钢丝		
	B 级	C 级	D 级	G1	G2	F	A 组	B 组	C 组
1.0	1660	1960	2300	2059	2256		1471	1863	1765
1.2	1620	1910	2250	2010	2206		1373	1765	1667
1.4	1620	1860	2150	1961	2158		1373	1765	1667
1.6	1570	1810	2110	1912	2108		1324	1667	1569
1.8	1520	1760	2010	1883	2053		1324	1667	1569
2.0	1470	1710	1910	1814	2010	1716	1324	1667	1569
2.2	1420	1660	1810						
2.3				1765	1961	1716	1275	1569	1471
2.5	1420	1660	1760						
2.6				1765	1961	1667	1275	1569	1471
2.8	1370	1620	1710						
2.9				1716	1912	1667	1177	1471	1373
3.0	1370	1570	1710						
3.2	1320	1570	1660	1667	1863	1618	1177	1471	1373
3.5	1320	1570	1660	1667	1814	1618	1177	1471	1373
4.0	1320	1520	1620	1618	1765	1589	1177	1471	1373
4.5	1320	1520	1620	1569	1716	1520	1079	1373	1275
5.0	1320	1470	1570	1520	1667	1471	1079	1373	1275
5.5	1270	1470	1570	1471	1618		1079	1373	1275
6.0	1220	1420	1520	1422	1563		1079	1373	1275
6.5	1220	1420					981	1275	
7.0	1170	1370					981	1275	

（续）

钢丝直径	碳素钢丝			琴钢丝			不锈钢丝		
d/mm	B 级	C 级	D 级	G1	G2	F	A 组	B 组	C 组
8.0	1170	1370					981	1275	
9.0	1130	1320						1128	
10.0	1130	1320						981	
11.0	1080	1270							
12.0	1080	1270						883	
13.0	1030	1220							

注: 1. 表中 σ_b 值均为下限值。

2. 碳素钢丝用 25 ~ 80，40Mn ~ 70Mn 钢制造；琴钢丝用 60 ~ 80，60Mn ~ 70Mn 钢制造；不锈钢丝用 1Cr18Ni9，0Cr19Ni10，0Cr17Ni12Mo2，0Cr17Ni18Al 钢制造。

第三节　圆柱螺旋压缩（拉伸）弹簧的设计计算

圆柱螺旋压缩弹簧与圆柱螺旋拉伸弹簧除结构有区别外，两者的应力、变形与作用力之间的关系等基本相同。

这类弹簧的设计计算内容主要有：①确定结构形式与特性曲线；②选择材料和确定许用应力；③由强度条件确定弹簧丝的直径和弹簧中径；④由刚度条件确定弹簧的工作圈数；⑤确定弹簧的基本参数、尺寸等。

一、几何参数计算

圆柱螺旋压缩（拉伸）弹簧的主要几何参数包括：外径 D、中径 D_2、内径 D_1、节距 p、螺旋升角 ψ、弹簧丝直径 d、自由高度 H_0、有效圈数 n 和总圈数 n_1 等。由图 16-5 可知，螺旋升角 ψ 和中径 D_2 的关系为

$$\psi = \arctan \frac{p}{\pi D_2} \qquad (16-1)$$

对于圆柱螺旋压缩弹簧，螺旋升角 ψ 一般应在 5° ~ 9°范围内选取。弹簧的旋向有右旋、左旋两种形式，但无特殊要求时，一般都用右旋。

表 16-3 所示为圆柱螺旋压缩（拉伸）弹簧的结构尺寸计算公式。

在其余条件相同的情况下，弹簧丝直径 d 越大，弹簧的刚度越大，弹簧能承受的载荷越大。弹簧的中径 D_2 是弹簧在自由状态下弹簧丝中心处的直径。表 16-4 所示为圆柱螺旋压缩（拉伸）弹簧的尺寸系列。计算出的弹簧丝直径 d 及中径 D_2 应按表 16-4 中数值圆整。

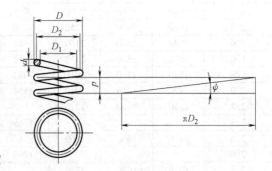

图 16-5　圆柱螺旋弹簧的几何参数

二、弹簧的特性曲线

弹簧应具有经久不变的弹性，并且不允许产生永久变形。因此在设计弹簧时，必须使其工作应力在弹性极限范围内。表示弹簧工作过程中所受载荷与弹性变形量之间的关系曲线，称为弹簧特性曲线，是弹簧设计、质量检验或试验的重要依据。

表 16-3　圆柱螺旋压缩（拉伸）弹簧的结构尺寸计算公式　　　（单位：mm）

几何参数	计算公式		备　注
	压缩弹簧	拉伸弹簧	
中径 D_2	$D_2 = Cd$		按表 16-4 取标准值
内径 D_1	$D_1 = D_2 - d$		
外径 D	$D = D_2 + d$		
旋绕比 C	$C = D_2/d$		一般 $4 \leqslant C \leqslant 16$
压缩弹簧的高径比 b	$b = H_0/D_2$		b 在 $1 \sim 5.3$ 范围内选取
自由高度或长度 H_0	两端并紧，磨平： $H_0 \approx pn + (1.5 \sim 2)d$ 两端并紧，不磨平： $H_0 \approx pn + (3 \sim 3.5)d$	$H_0 = nd + H_h$	H_h—挂钩轴向长度
有效圈数 n	根据要求变形量按式(16-13)计算		$n \geqslant 2$
总圈数 n_1	冷卷： $n_1 = n + (2 \sim 2.5)$ RY Ⅱ 型(热卷)： $n_1 = n + (1.5 \sim 2)$	$n_1 = n$	压缩弹簧 n_1 的尾数为 0.25、0.5、0.75、整圈，推荐用 0.5 圈
压缩弹簧余隙 δ_1	$\delta_1 \geqslant 0.1d$		
节距 p	$p = (0.28 \sim 0.5)D_2$	$p = d$	
轴向间距 δ	$\delta = p - d$	$\delta = 0$	
展开长度 L	$L = \dfrac{\pi D_2 n_1}{\cos\psi}$	$L = \pi D_2 n_1 + L_h$	L_h—挂钩展开长度
螺旋升角 ψ	$\psi = \arctan \dfrac{p}{\pi D_2}$		对于圆柱螺旋压缩弹簧， 推荐 ψ 在 $5° \sim 9°$ 范围内选取

表 16-4　圆柱螺旋压缩（拉伸）弹簧的尺寸系列　　　（单位：mm）

弹簧丝直径 d/mm	第一系列	0.3　0.35　0.4　0.45　0.5　0.6　0.7　0.8　0.9　1　1.2　1.6　2　2.5　3　　3.5　4 4.5　5　6　8　10　12　15　16　20　25　30　35　40　45　50　60
	第二系列	0.32　0.55　0.65　1.4　1.8　2.2　2.8　3.2　4.2　5.5　6.5　7　9　11　14　18　22 28　32　38　42　55
弹簧中径 D_2/mm		2　2.2　2.5　2.8　3　3.2　3.5　3.8　4　4.2　4.5　4.8　5　5.5　6　6.5　7　7.5　8 8.5　9　10　12　14　16　18　20　22　25　28　30　32　38　42　45　48　50　52　55　58 60　65　70　75　80　85　90　95　100　105　110　115　120　125　130　135　140　145 150　160　170　180　190　200
有效圈数 n/圈	压缩弹簧	2　2.25　2.5　2.75　3　3.25　3.5　3.75　4　4.25　4.5　4.75　5　5.5　6　6.5　7 7.5　8　8.5　9　9.5　10　10.5　11.5　12.5　13.5　14.5　15　16　18　20　22　25　28 30
	拉伸弹簧	2　3　4　5　6　7　8　9　10　11　12　13　14　15　16　17　18　19　20　22　25　28 30　35　40　45　50　55　60　65　70　80　90　100
自由高度 H_0/mm	压缩弹簧	4　5　6　7　8　9　10　11　12　13　14　15　16　17　18　19　20　22　24　26　28　30 32　35　38　40　42　45　48　50　52　55　58　60　65　70　75　80　85　90　95　100 105　110　115　120　130　140　150　160　170　180　190　200　220　240　260　280　300 320　340　360　380　400　420　450　480　500　520　550　580　600

注：1. 本表适用于压缩、拉伸和扭转的圆截面弹簧丝的圆柱螺旋弹簧。

2. 应优先采用第一系列。

3. 拉伸弹簧有效圈数除按表中规定外，由于两挂钩相对位置不同，其尾数还可以为 0.25、0.5、0.75。

1. 圆柱螺旋压缩弹簧的特性曲线

图 16-6 所示为圆柱螺旋压缩弹簧的特性曲线。H_0 为弹簧未受载荷时的自由高度。弹簧安装时，通常预加一个压力 F_{min}，F_{min} 为最小工作载荷，它是为了使弹簧可靠地安装在工作位置上所加的初始载荷。在 F_{min} 作用下，弹簧从自由高度 H_0 被压缩到 H_1，这时弹簧的压缩变形量为 λ_{min}。F_{max} 为弹簧的最大工作载荷，在 F_{max} 作用下，弹簧被压缩到 H_2，这时弹簧的压缩变形量为 λ_{max}；λ_{max} 与 λ_{min} 的差即为弹簧的工作行程 h，$h = \lambda_{max} - \lambda_{min}$。$F_{lim}$ 为弹簧的极限载荷，在 F_{lim} 的作用下，弹簧丝内的应力达到了材料的弹性极限，弹簧被压缩到 H_{lim}，这时弹簧的压缩变形量为 λ_{lim}，产生的极限应力为 τ_{lim}。

圆柱螺旋压缩弹簧的特性曲线为一直线。即

$$\frac{F_{min}}{\lambda_{min}} = \frac{F_{max}}{\lambda_{max}} = \cdots \frac{F_{lim}}{\lambda_{lim}} = 常数 \tag{16-2}$$

2. 圆柱螺旋拉伸弹簧的特性曲线

图 16-7 所示为圆柱螺旋拉伸弹簧的特性曲线。根据制造方法的不同，拉伸弹簧分为无预应力和有预应力（不需淬火的冷卷弹簧）两种。无预应力拉伸弹簧的特性曲线（图 16-7a）与压缩弹簧的特性曲线相同。有预应力拉伸弹簧的特性曲线（图 16-7b）中增加一段假想变形 λ_0，相应的预拉力为 F_0，即在自由状态下拉伸弹簧已经承受了一定的初拉力 F_0。当工作拉力大于 F_0 时，弹簧才开始伸长，所以 $F_0 < F_{min}$。

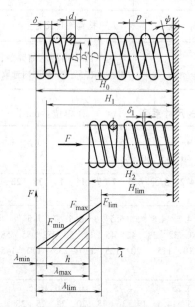

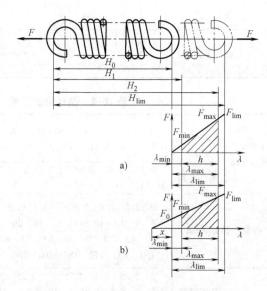

图 16-6　圆柱螺旋压缩弹簧的特性曲线

图 16-7　圆柱螺旋拉伸弹簧的特性曲线
a）无预应力　b）有预应力

圆柱螺旋压缩（拉伸）弹簧的最小工作载荷与最大工作载荷通常取

$$F_{min} \geqslant 0.2\,F_{lim}, F_{max} \leqslant 0.8\,F_{lim} \tag{16-3}$$

因此，弹簧的工作变形量应取在 $(0.2 \sim 0.8)\lambda_{lim}$ 范围内，以便保持弹簧的线性特性。

圆柱螺旋拉伸弹簧的特性曲线为一直线。即

无预应力弹簧

$$\frac{F_{min}}{\lambda_{min}} = \frac{F_{max}}{\lambda_{max}} = \cdots \frac{F_{lim}}{\lambda_{lim}} = 常数 \tag{16-4}$$

有预应力弹簧

$$\frac{F_0}{\lambda_0} = \frac{F_{min}}{\lambda_0 + \lambda_{min}} = \frac{F_{max}}{\lambda_0 + \lambda_{max}} = \cdots = \frac{F_{lim}}{\lambda_0 + \lambda_{lim}} = 常数 \qquad (16-5)$$

弹簧的特性曲线应绘在弹簧工作图中，作为检验和试验时的依据之一。此外，在设计弹簧时，利用特性曲线分析受载与变形的关系也较为方便。

三、圆柱螺旋弹簧受载时的应力及变形

1. 弹簧的应力

圆柱螺旋压缩弹簧和拉伸弹簧的受力情况是相似的。现对图 16-8 所示圆柱螺旋压缩弹簧在通过弹簧轴线的载荷 F 作用下的受力与应力情况进行分析。

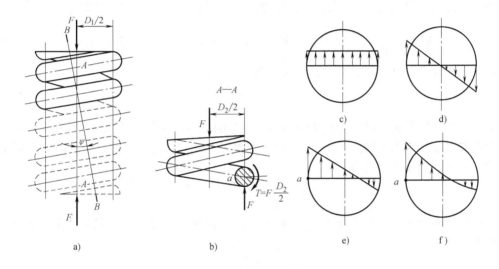

图 16-8　圆柱螺旋压缩弹簧的受力和应力

a）圆柱螺旋压缩弹簧的受力　b）弹簧丝中的转矩　c）切应力分布　d）扭转切应力分布
e）理论合成应力分布　f）实际合成应力分布

由于弹簧丝具有螺旋升角 ψ，所以在弹簧轴向截面 $A—A$ 上，弹簧丝的截面形状为椭圆，而在弹簧丝的法向截面 $B—B$ 上，弹簧丝的截面形状为圆形。由于螺旋升角 ψ 较小，一般为 $5° \sim 9°$，故可近似认为 $\psi = 0°$，这样就可以将弹簧丝的 $A—A$ 截面看成是以直径为 d 的圆形截面（图 16-8b），弹簧丝中起主要作用的外载荷将是转矩 $T = FD_2/2$、切向力 F，其受力情况就相当于一个受转矩和切向力作用的曲梁。

若把弹簧丝的曲率影响忽略不计，将其近似地视为直梁，则由切向力 F 产生的切应力 τ_F（图 16-8c）为

$$\tau_F = \frac{F}{A} = \frac{F}{\pi d^2/4} = \frac{4F}{\pi d^2} \qquad (16-6)$$

由转矩 T 产生的扭转切应力 τ_T（图 16-8d）为

$$\tau_T = \frac{T}{W_T} = \frac{FD_2/2}{\pi d^3/16} = \frac{8FD_2}{\pi d^3} \qquad (16-7)$$

根据力的叠加原理可知，在弹簧丝内侧点 a 的合成应力最大（图 16-8e）。这与实际弹簧丝破坏的危险点是一致的。点 a 的最大合成应力为

$$\tau_\Sigma = \tau_F + \tau_T = \frac{4F}{\pi d^2} + \frac{8FD_2}{\pi d^3} = \frac{8FD_2}{\pi d^3}\left(1 + \frac{d}{2D_2}\right) = \frac{8FD_2}{\pi d^3}\left(1 + \frac{1}{2C}\right) \tag{16-8}$$

式（16-8）中，$C = D_2/d$，称为旋绕比（也称为弹簧指数），它是弹簧设计中的一个重要参数，其值的范围为 4～16，常用值为 5～8。

当弹簧丝直径 d 一定时，由 $C = D_2/d$ 知，C 值越小，说明弹簧圈的中径也越小，弹簧刚度越大，弹簧的曲率也大，卷绕成形困难，弹簧工作时，弹簧圈内侧的应力也大；C 值越大，情况与上述相反。C 值太大时，弹簧将发生颤动。不同弹簧丝直径的旋绕比 C 值见表 16-5。

表 16-5　旋绕比 C

d/mm	0.2～0.4	0.5～1	1.1～2.2	2.5～6	7～16	18～40
C	7～14	5～12	5～10	4～9	4～8	4～16

因 $2C \gg 1$，取 $1 + \dfrac{1}{2C} \approx 1$，此时弹簧丝中的应力主要取决于扭转切应力 τ_T，而切应力 τ_F 影响较小，在计算时可以忽略不计，即式（16-8）可简化为

$$\tau_\Sigma = \frac{8FC}{\pi d^2} \tag{16-9}$$

以上分析计算是在视弹簧为直梁的条件下进行的。而实际条件下弹簧为曲梁，考虑弹簧升角和曲率以及切应力 τ_F 的影响，引入曲度系数 K。对于圆截面弹簧钢丝，曲度系数 K 与旋绕比 C 有关，可由下式计算

$$K = \frac{4C-1}{4C+1} + \frac{0.615}{C} \tag{16-10}$$

弹簧丝剖面上实际应力的分布如图 16-7f 所示，内侧 a 点合成应力最大。其最大压力和强度条件为

$$\tau = K\frac{8FC}{\pi d^2} \leqslant [\tau] \tag{16-11}$$

式中　$[\tau]$——弹簧材料的许用切应力（MPa），可由表 16-1 查取。

以最大工作载荷 F_{max} 代替式（16-11）中的 F，可得弹簧丝直径 d 的设计公式。即

$$d \geqslant \sqrt{\frac{8KF_{max}C}{\pi[\tau]}} = 1.6\sqrt{\frac{KF_{max}C}{[\tau]}} \tag{16-12}$$

式中　F_{max}——弹簧承受的最大工作载荷（N）。

对于碳素弹簧钢丝，由于 $[\tau]$ 和 C 都与弹簧丝直径 d 有关，设计时需要进行试算，即先估算直径 d 值，然后由表 16-1、表 16-5 分别查得 $[\tau]$ 和 C 值，代入式（16-12）中计算直径 d，如计算值与估算的值不符时，应重新估算直径 d 值再次进行计算，直到两者相符合为止，但最后确定的弹簧丝直径 d 值应为表 16-4 中的标准值。

2. 弹簧的变形量和刚度

圆柱螺旋压缩（拉伸）弹簧受载荷 F 后，产生的轴向变形量 λ 可根据材料力学中关于圆柱螺旋弹簧变形量计算公式求出。即

$$\lambda = \frac{8FD_2^3 n}{Gd^4} = \frac{8FC^3 n}{Gd} \tag{16-13}$$

式中　G——弹簧材料的切变模量（MPa），见表 16-1；

　　　n——弹簧的工作圈数。

如果以最大工作载荷 F_{max} 代替式（16-13）中的 F，则最大轴向变形量 λ_{max} 为

1）对于压缩弹簧和无预应力的拉伸弹簧

$$\lambda_{max} = \frac{8F_{max}C^3 n}{Gd} \tag{16-14a}$$

2）对于有预应力的拉伸弹簧

$$\lambda_{max} = \frac{8(F_{max} - F_0)C^3 n}{Gd} \tag{16-14b}$$

式（16-14b）中，F_0 为初拉力。拉伸弹簧的初拉力取决于材料、弹簧丝直径、弹簧旋绕比 C 和加工方法。

用不需淬火的弹簧钢丝制成的拉伸弹簧，均有一定的初拉力。如不需要初拉力时，各圈间应有间隙。经过淬火的弹簧，没有初拉力。

初拉力 F_0 的值，当弹簧丝直径 $d \leqslant 5mm$ 时，取 $F_0 \approx \frac{1}{3}F_{lim}$；当弹簧丝直径 $d > 5mm$ 时，取 $F_0 \approx \frac{1}{4}F_{lim}$。初拉力 F_0 也可按下式计算

$$F_0 = \frac{\pi d^3 \tau_0}{8KD_2} \tag{16-15}$$

式中　τ_0——预应力（MPa），可在图 16-9 中的阴影内选取。

弹簧的载荷变量 dF 与变形变量 $d\lambda$ 之比，即弹簧产生单位变形所需要的载荷，称为弹簧刚度，用 k_F 表示。

压缩、拉伸弹簧的刚度为

$$k_F = \frac{dF}{d\lambda}$$

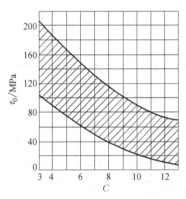

图 16-9　弹簧预应力 τ_0 的选择

弹簧刚度也就是弹簧特性曲线上某点的斜率，它越大，弹簧越硬；反之，弹簧越软。弹簧刚度 k_F 为常数的弹簧称为定刚度弹簧，其特性曲线为一直线，等节距圆柱螺旋弹簧就是定刚度弹簧。而 k_F 值变化的弹簧称为变刚度弹簧，其特性曲线为一曲线，等节距圆锥螺旋弹簧和不等节距圆柱螺旋弹簧等都是变刚度弹簧。由式（16-13）可得，定刚度的压缩（拉伸）弹簧的刚度为

$$k_F = \frac{F}{\lambda} = \frac{Gd}{8C^3 n} = \frac{Gd^4}{8D_2^3 n} \tag{16-16}$$

影响弹簧刚度的因素很多，从式（16-16）可知，弹簧刚度 k_F 与 C 的三次方成反比，即旋绕比 C 值对 k_F 影响很大。因此合理选择 C 值就可有效控制弹簧刚度。此外，弹簧刚度 k_F 还与弹簧材料的切变模量 G、弹簧丝直径 d、弹簧工作圈数 n 有关，在调整弹簧刚度时，应综合考虑这些因素的影响。

弹簧圈数 n 的多少取决于弹簧的变形 λ 或刚度 k_F，可由式（16-13）或式（16-16）计算。

四、圆柱螺旋弹簧的稳定性验算

当作用在圆柱螺旋压缩弹簧的载荷过大或弹簧的圈数过多，弹簧的高径比 $b = H_0/D_2$ 超过一定范围时，弹簧将会产生较大的侧向弯曲而失去稳定，从而影响弹簧的正常工作，如图

16-10a 所示。

为保证弹簧工作的稳定性，应控制弹簧的高径比 b。高径比 b 的许用值取值如下：

1）两端固定时，取 $[b] = 5.3$。

2）一端固定，另一端自由时，取 $[b] = 3.7$。

3）两端自由时，取 $[b] = 2.6$。

当高径比 b 的值大于上述值时，需要进行稳定性验算，并应满足

$$F_c = C_B k_F H_0 > F_{max} \tag{16-17}$$

式中　F_c——稳定时的临界载荷（N）；

　　　F_{max}——弹簧的最大工作载荷（N）；

　　　k_F——弹簧的刚度（N/mm）；

　　　C_B——不稳定系数，取值如图 16-11 所示。

如果 $F_{max} > F_c$ 时，应重新选取参数，改变高径比 b 的值，提高稳定时的临界载荷 F_c 值，以保证弹簧的稳定性。

另外，若受结构限制而不能改变参数时，可以采用加装导杆（图 16-10b）或加装导套（图 16-10c）的结构来增强弹簧的稳定性。由于螺旋弹簧在压缩变形后，其外径和内径都将变大，为了保证弹簧能顺利变形而不受导杆或导套影响，在加装导杆或导套时，导杆或导套与弹簧之间应留有一定的间隙，不同弹簧中径时的间隙 Δ 应按表 16-6 选取。

表 16-6　导杆或导套与弹簧的间隙 Δ （单位：mm）

中径 D_2	≤5	>5~10	>10~18	>18~30	>30~50	>50~80	>80~120	>120~150
Δ	0.6	1	2	3	4	5	6	7

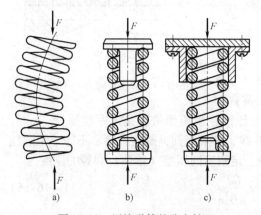

图 16-10　压缩弹簧的稳定性

a）失稳　b）加装导杆　c）加装导套

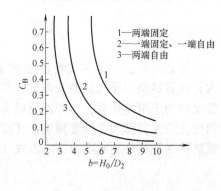

图 16-11　弹簧的不稳定系数

五、圆柱螺旋弹簧的疲劳强度验算

对于受循环载荷的 Ⅰ、Ⅱ 类重要弹簧，必须进行疲劳强度计算。受循环次数少或所受循环载荷的变化幅度小时，应进行静应力强度计算。当两者不易区别时，应同时进行疲劳强度验算和静应力强度验算。

1. 疲劳强度验算

圆柱螺旋弹簧在循环载荷作用下，其应力为非对称循环变应力。当弹簧所受载荷在最大工作载荷 F_{max} 和最小工作载荷 F_{min} 之间不断循环变化时，由式（16-11）可知，最大工作载

荷所产生的切应力 $\tau_{\max}$ 和最小工作载荷所产生的切应力 $\tau_{\min}$ 分别为

$$\tau_{\max} = \frac{8KF_{\max}C}{\pi d^2}$$

$$\tau_{\min} = \frac{8KF_{\min}C}{\pi d^2}$$

疲劳强度的计算安全系数及强度条件可按下式计算

$$S = \frac{\tau_0 + 0.75\tau_{\min}}{\tau_{\max}} \geq [S] \tag{16-18}$$

式中　τ_0——弹簧在脉动循环载荷下的剪切极限应力（MPa），参见表 16-7 选取；

　　　$[S]$——许用安全系数（当弹簧的设计计算材料试验精确度高时，取 $[S] = 1.3 \sim 1.7$；
　　　　　　　当弹簧的设计计算材料试验精确度不高时，取 $[S] = 1.8 \sim 2.2$）。

表 16-7　弹簧材料的脉动循环剪切疲劳极限 τ_0　　　　　　（单位：MPa）

循环载荷作用次数 N	10^4	10^5	10^6	10^7
τ_0	$0.45\sigma_b$	$0.35\sigma_b$	$0.33\sigma_b$	$0.3\sigma_b$

注：1. 此表适用于优质钢丝、不锈钢丝、铍青铜和硅青铜。

　　2. 但对于不锈钢丝和硅青铜，当 $N = 10^4$ 时，τ_0 的值可取 $0.35\sigma_b$。

　　3. 对于喷丸处理的弹簧，表中的数值可增大 20%。

　　4. 表中 σ_b 为弹簧材料的抗拉强度极限，参见表 16-2。

2. 静应力强度验算

静应力强度的计算安全系数及强度条件可按下式计算

$$S = \frac{\tau_s}{\tau_{\max}} \geq [S] \tag{16-19}$$

式中　τ_s——弹簧材料的屈服极限应力（MPa）；

　　　$[S]$——许用安全系数（当弹簧的设计计算材料试验精确度高时，取 $[S] = 1.3 \sim 1.7$；
　　　　　　　当弹簧的设计计算材料试验精确度不高时，取 $[S] = 1.8 \sim 2.2$）。

六、圆柱螺旋弹簧的共振验算

对于受循环载荷的 Ⅰ、Ⅱ 类重要弹簧，经常是在加载频率很高的情况下工作，如内燃机气缸的阀门弹簧等。为了避免引起弹簧的共振而导致弹簧的破坏，需要对弹簧进行共振验算。

1. 高速运转中承受循环载荷的弹簧

对高速运转中承受循环载荷的弹簧，需要按下式进行共振验算

$$f = 3.56 \times 10^5 \frac{d}{nD_2} > 10f_r \tag{16-20}$$

式中　f——弹簧的自振频率（Hz）；

　　　f_r——强迫振动频率（Hz）；

　　　d——弹簧丝直径（mm）；

　　　D_2——弹簧中径（mm）；

　　　n——弹簧有效圈数。

2. 减振弹簧

对于减振弹簧，按下式进行验算

$$f = \frac{1}{2\pi}\sqrt{\frac{k_F g}{F}} \leq 0.5f_r \tag{16-21}$$

式中　g——重力加速度（mm/s^2）；

　　f_r——强迫振动频率（Hz）；

　　k_F——弹簧刚度（N/mm）；

　　F——工作载荷（N）。

七、圆柱螺旋压缩（拉伸）弹簧的设计

1. 受静载荷的圆柱螺旋弹簧的设计

当弹簧承受的载荷不随时间变化，或承受的稳定循环变载荷的次数不超过 10^3 时，可按静强度设计。

设计时的原始数据通常为最大工作载荷 F_{max}、最大变形量 λ_{max}、最小工作载荷 F_{min}、最小变形量 λ_{min} 以及有关的结构尺寸限制（如安装空间对弹簧尺寸的限制）等。通过设计应确定出弹簧材料、弹簧丝直径 d、弹簧中径 D_2、工作圈数 n、总圈数 n_1、螺旋升角 ψ 及其他尺寸（弹簧外径、内径、弹簧丝长度等）等。

弹簧的设计方法和步骤：

1）根据工作情况，选定弹簧材料。

2）选择弹簧旋绕比 C，通常可取 $C = 5 \sim 8$（一般不超过 $4 \sim 16$）。

3）根据安装空间，初估弹簧中径或外径，按 D_2/C 计算出弹簧钢丝直径 d，并根据表16-1查取弹簧钢丝的许用应力。

4）按式（16-10）计算出曲度系数 K，由式（16-12）计算所需弹簧钢丝直径 d。

如果按强度条件计算出的弹簧丝直径与估算的弹簧丝直径相等或相近，即可圆整为标准弹簧丝直径；若两者相差很大，则应参考计算结果重新选择弹簧旋绕比 C，估算弹簧丝直径进行试算，直到获取满意的 d 值为止。最后的 d、D_2、n 和 H_0 值应符合表16-4中所给的标准尺寸系列。

5）按刚度条件确定弹簧有效圈数 n。

6）计算弹簧的其他尺寸。

7）验算压缩弹簧的稳定性。

8）绘制弹簧工作图。

2. 受变载荷的圆柱螺旋弹簧的设计

对于承受稳定循环变载荷的 Ⅰ、Ⅱ 类重要弹簧，按照受静载荷的圆柱螺旋弹簧的设计方法确定弹簧的基本尺寸后，还应当进行疲劳强度验算和共振验算。

例　试设计一圆柱螺旋压缩弹簧。已知该弹簧在一般载荷条件下工作，两端固定安装，当 $F_{max} = 1000N$ 时，变形量 $\lambda_{max} = 40mm$，工作行程 $h = 20mm$，弹簧外径不大于30mm。

解　1）根据工作条件，选择弹簧材料，并确定其许用应力。

初选弹簧旋绕比 $C = 6$，取弹簧外径 $D = 30mm$

由 $C = \dfrac{D_2}{d} = \dfrac{D - d}{d} = 6$，可得 $d = 4.28mm$

查表16-4，取 $d = 4mm$。

由题意知，弹簧在一般载荷条件下工作，可以按第 Ⅲ 类弹簧来设计。选用碳素弹簧钢丝，C级。查表16-2知，$\sigma_b = 1520MPa$。由表16-1知，$[\tau] = 0.5\sigma_b = 0.5 \times 1520MPa = 760MPa$。

2）根据强度条件计算弹簧丝直径 d。

由式（16-10），可得曲度系数 K

$$K = \frac{4C-1}{4C+1} + \frac{0.615}{C} = \frac{4 \times 6 - 1}{4 \times 6 + 1} + \frac{0.615}{6} = 1.25$$

根据式（16-12），可得弹簧丝直径

$$d \geqslant 1.6 \sqrt{\frac{KF_{max}C}{[\tau]}} = 1.6 \times \sqrt{\frac{1.25 \times 1000 \times 6}{760}} \text{mm} = 5.03 \text{mm}$$

与原假设 $d = 4$mm 相差较大，应重新计算。

改选弹簧旋绕比 $C = 5$，取外径 $D = 30$mm

由 $C = \frac{D_2}{d} = \frac{D-d}{d} = 5$，可得 $d = 5$mm

由题意知，弹簧在一般载荷条件下工作，可以按第Ⅲ类弹簧来设计。选用碳素弹簧钢丝，C级。查表16-2知，$\sigma_b = 1470$MPa。由表16-1知，$[\tau] = 0.5\sigma_b = 0.5 \times 1470$MPa $= 735$MPa。

由式（16-10）可以计算出：曲度系数 $K = 1.31$。

根据式（16-12），可得

$$d \geqslant 1.6 \sqrt{\frac{KF_{max}C}{[\tau]}} = 1.6 \times \sqrt{35} \text{mm} = 4.78 \text{mm}$$

与改选弹簧旋绕比 C 后，估算弹簧丝直径 d 值基本一致，故确定弹簧钢丝直径 $d = 5$mm。弹簧中径 $D_2 = D - d = 30$mm $- 5$mm $= 25$mm。查表16-4，选取 $D_2 = 25$mm。

3）计算弹簧有效圈数 n。

查表16-1，碳素弹簧钢丝 C 级的切变模量 $G = 80$GPa $= 80000$MPa。

根据式（16-13），弹簧有效圈数 n 为

$$n = \frac{Gd}{8F_{max}C^3} \lambda_{max} = \frac{80000 \times 5}{8 \times 1000 \times 5^3} \times 40 = 16$$

取 $n = 16$ 圈，考虑到弹簧两端各并紧一圈，则弹簧总圈数 n_1 为

$$n_1 = n + 2 = 16 + 2 = 18$$

4）计算弹簧刚度、变形量及载荷。

根据式（16-16），可得弹簧刚度

$$k_F = \frac{F}{\lambda} = \frac{Gd^4}{8D_2^3 n} = \frac{80000 \times 5^4}{8 \times 25^3 \times 16} \text{N/mm} = 25 \text{N/mm}$$

极限载荷 F_{lim}

$$F_{lim} = \frac{F_{max}}{0.8} = \frac{1000}{0.8} \text{N} = 1250 \text{N}$$

极限变形量 λ_{lim}

$$\lambda_{lim} = \frac{F_{lim}}{k_F} = \frac{1250}{25} \text{mm} = 50 \text{mm}$$

最小变形量 λ_{min}

$$\lambda_{min} = \lambda_{max} - h = 40 \text{mm} - 20 \text{mm} = 20 \text{mm}$$

最小工作载荷 F_{min}

$$F_{min} = k_F \lambda_{min} = 25 \times 20 \text{N} = 500 \text{N}$$

5）计算弹簧的主要几何尺寸。

在最大工作载荷作用下，压缩弹簧相邻两圈的间距

$$\delta_1 \geqslant 0.1d = 0.1 \times 5 \text{mm} = 0.5 \text{mm}$$

无载荷作用下弹簧的节距

$$p = d + \frac{\lambda_{\max}}{n} + \delta_1 = 5mm + \frac{40mm}{16} + 0.5mm = 8mm$$

根据 $p = (0.28 \sim 0.5)D_2 = 7 \sim 12.5mm$，符合要求。

弹簧端部并紧并磨平，弹簧的自由高度 H_0 为

$$H_0 = np + 1.5d = 16 \times 8mm + 1.5 \times 5mm = 135.5mm$$

查表 16-4，取弹簧的自由高度 $H_0 = 140mm$。

无载荷作用下弹簧的节距

$$p = \frac{H_0 - 1.5d}{n} = \frac{140 - 1.5 \times 5}{16}mm = 8.28mm$$

无载荷作用下弹簧的螺旋升角

$$\psi = \arctan \frac{p}{\pi D_2} = \arctan \frac{8.28}{3.14 \times 25} = 6.021°$$

满足 $\psi = 5° \sim 9°$ 要求。

弹簧丝的展开长度

$$L = \frac{\pi D_2 n_1}{\cos\psi} = \frac{3.14 \times 25 \times 18}{\cos6.021°}mm = 1421mm$$

6）稳定性验算。

$$b = \frac{H_0}{D_2} = \frac{140}{25} = 5.6 > 5.3$$

故需进行稳定性验算。

查图 16-11，不稳定系数 $C_B = 0.50$。

由式（16-17）可得，稳定时的临界载荷

$$F_c = C_B k_F H_0 = 0.50 \times 25 \times 140N = 1750N > F_{\max} = 1000N$$

故稳定性满足要求。

7）绘制弹簧工作图（略）。

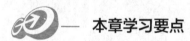 本章学习要点

1. 了解弹簧的功用、类型和特点。
2. 了解弹簧的常用材料、许用应力和制造方法。
3. 掌握圆柱螺旋压缩弹簧和圆柱螺旋拉伸弹簧的设计方法。

第十七章

机械结构设计的方法和准则

提示

机械结构设计是机械设计的重要组成部分。它是以多学科理论为基础,将工程知识和实践经验紧密结合,进行功能、质量、优化和创新设计。本章从满足机器整体要求出发,讲述机械结构设计的特点和基本要求、机械结构设计的典型步骤和方案变异、机械结构设计的基本准则等。

第一节 概　　述

一、机械结构设计的任务、作用和特点

1. 机械结构设计的任务

机械结构设计的任务是在原理方案设计与总体设计的基础上,确定机械装置的具体结构与参数,也就是设计出具体产品的装配图和零件图,以实现其预定的功能。它是将抽象的工作原理具体化为某类机器或零部件的图样及技术资料,具体内容为:在确定机械结构件的材料、形状、构造、尺寸公差、热处理方式及表面状况的同时,还须考虑其加工工艺、强度、刚度、精度以及与其他零部件相互之间的关系等问题。所以,结构设计的直接产物就是产品图样和生产产品所需的全部技术资料。但结构设计工作不是简单的机械制图,图样只是表达设计方案的语言,综合技术的具体化是结构设计的基本内容。

2. 机械结构设计的作用

(1) 结构是机器功能和性能的物质基础　用户购买一台机器,主要是看中了它具有自己所需要的功能和性能,而这些功能和性能能否实现,质量如何,主要是由机械结构决定的,没有结构就没有机器,没有机器就谈不上功能和性能,没有正确的结构设计,就不可能得到具有符合性能要求的产品。

(2) 结构是机械设计计算的基础和计算结果的体现　在计算之前,必须初步确定机械结构,如决定在机械传动系统方案中要采用齿轮,齿轮靠键、花键装配或制造在轴上,轴靠轴承支承,轴承安装在箱体中,由这些零部件组成的轴系的计算就是在结构设计完成后才能进行的。而计算结果一般都能够对结构设计或轴承的类型选择起指导性作用。

(3) 结构图是加工和装配的依据　机械的装配图和零部件图是加工、装配、检验的依据,它在极大程度上 (一般认为是 70% ~ 80%) 决定了机器的成本。结构设计实际上贯穿机械设计的整个过程,它所花费的时间最多,在许多情况下,它直接决定产品设计的成败。

（4）虽然结构设计是在总体方案确定以后进行的，但是确定总体方案时往往必须考虑结构设计中主要零部件的加工、运输、安装、使用、可靠性、维护是否能够解决等，作为有关方案是否能够成立的一个重要条件。

由此可见，结构设计在整个机械设计过程中占有十分重要的地位。

3. 机械结构设计的特点

1）结构设计是集思考、绘图、计算（有时进行必要的实验）于一体的设计过程，是机械设计中涉及问题最多、最具体、工作量最大的工作阶段，在整个机械设计过程中，平均约80％的时间用于结构设计。在结构设计中，人们需要考虑如何使产品外形美观、使用性能优良、成本低廉、容易加工制造、维修简单、方便运输、报废后便于回收材料以及对环境无不良影响等。因此可以说，结构设计具有"全方位"和"多目标"的工作特点。

2）结构设计问题具有多解性，即满足同一设计要求的机械结构并不是唯一的，需要进行多结构方案的分析、比较和优化。但是目前这项工作大都是凭着设计者的经验和"直觉"进行的，所以结构设计具有灵活多变和工作结果多样性的特点。

3）结构设计是一个灵活和活跃的设计环节。因为对于一个产品来说，往往从不同的角度提出许多要求或限制条件，而这些要求或限制条件常常是彼此对立的。例如，高性能与低成本的要求，结构紧凑与避免干涉或具有足够调整空间的要求，零件既要加工简单又要装配方便的要求等。所以设计者常常需要反复权衡，根据其重要程度和具体情况来寻求某种"折中"和平衡。在进行机械结构设计时，应从机器的整体出发去把握对机械结构的基本要求。

二、机械结构设计的基本要求

机械结构设计的主要目标是：保证功能，提高质量，降低成本。基本要求是做到明确、简单和安全可靠。

1. 明确

明确是指机械结构的功能和工作原理明确。即要求每个零部件都有明确的工作任务和实现它所依据的工作原理。机械结构的作用明确肯定，实现后与设计者的预期效果一致，避免模棱两可和冗余的结构，尽量避免静不定结构。

实例一：体现明确要求的结构设计见表17-1。

实例二：图17-1是大直径旋转工作台的两种结构方案，它要求旋转平稳、低速转动。图17-1a用64个车轮3支承工作台，电动机1经过减速器2、小齿轮带动大齿轮4转动，从而使与大齿轮固连的工作台转动。图17-1b支承情况相同，用16组由电动机1、减速器2组成的传动装置，直接使车轮3转动，驱动、支承两种功能都靠车轮3实现。设计中发现，方案a支承和传动两套机构分工明确，任务分担，结构上矛盾较少，是一个功能明确的好方案。方案b由强度角度考虑，希望车轮3所受压力小，但压力不够，主动车轮3的摩擦力小，则车轮的驱动力不足，两者有矛盾，是一个功能不明确的较差方案。

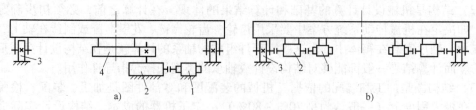

图17-1　旋转工作台的两种结构比较

1—电动机　2—减速器　3—车轮　4—大齿轮

表 17-1　体现明确要求的结构设计

明　确	不明确	不希望的效果
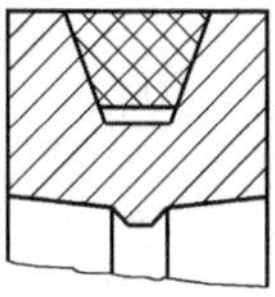 　V 带侧面工作　侧面工作能利用楔形增压作用使带的承载能力得到提高	 　V 带的工作面不明确	 　V 带底面工作不能利用楔形增压作用发挥其优点,相当于平带
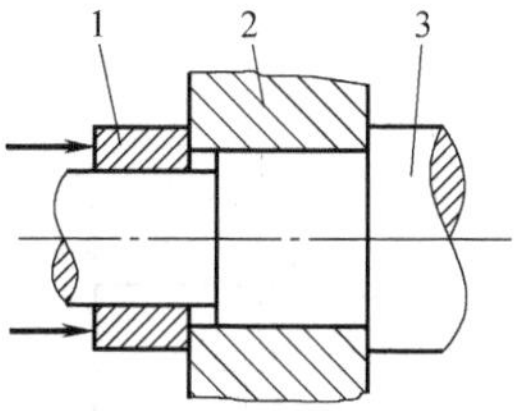 　套筒 1 的定位功能明确,轴上零件 2 在轴 3 上的位置得到确定	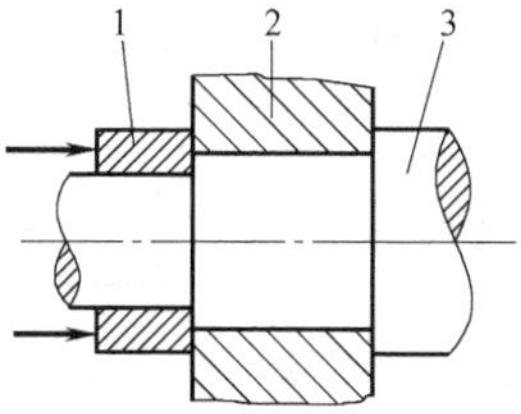 　由于零件 2 和轴 3 的尺寸加工误差,使套筒 1 的定位功能不明确	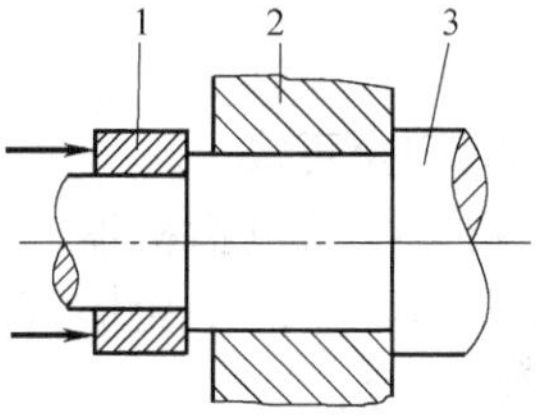 　套筒 1 不能定位轴上零件 2,致使其在轴 3 上的位置不能被确定
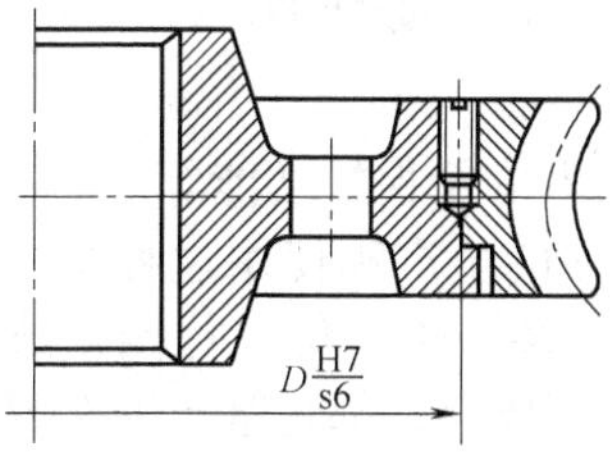 　蜗轮轮毂外圈与轮缘内孔只有一个配合圆柱面,定位功能明确	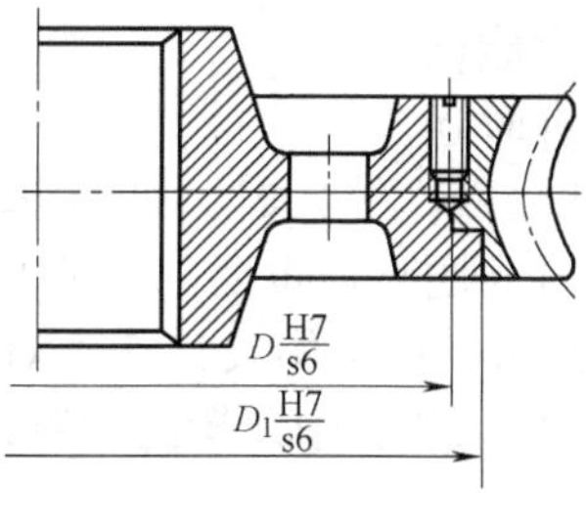 　有两个配合圆柱面,尺寸加工误差使得定位功能不明确	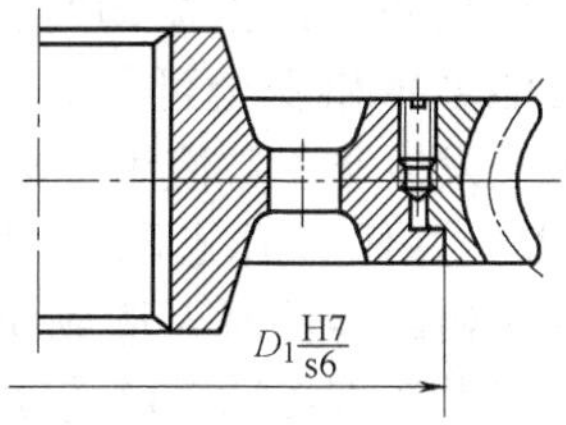 　轮毂外圈与轮缘内孔之间存在间隙,致使轮缘强度降低

2. 简单

在同样可以完成功能要求的条件下,应优先选用结构简单的方案。结构简单有两层含义。其一是指构形简单,即各零部件结构和形状要简单,数量尽量减少,避免复杂结构。如图 17-2 所示的半联轴器,将结构从图 17-2a 所示改进为图 17-2b 所示,减少了结构要素的数量,避免了半联轴器上下两端的圆弧加工量和加工难度。其二是指实现简单,即制造简单,操作简单,容易掌握,运输、安装和维修简单,力求使产品的生产过程省时、省力。

在结构设计中,往往需要采用分析、辩证的方法理解简单的含义。因为构形简单与实现结构简单的要求,有时一致,有时会有冲突。例如,为了保证轴上零件与轴有较高的同轴度和连接后传递更大的载荷,轴与轮毂之间往往选择较紧的过渡配合或过盈配合。在这种情况下,虽然图 17-3a 在轴的构形上更为简单,但是从轴与轮毂装拆方便(即"安装简单")的角度考虑，则图 17-3b 更符合"简单"要求，是好的结构设计，图 17-3a 则是不好的结构设计。所以说，关于结构设计中的简单要求，不能单纯理解为零部件的构形简单，更应当理解为"使做事简单"。

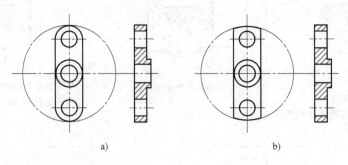

图 17-2　减少加工表面数量的结构设计

3. 安全可靠

安全可靠包括机器、操作者和环境三方面都安全，不受损害。其包括三个方面的内容：

1) 对于机器来说，首先是指在正常使用条件下，机器应当具有可靠的功能和适当的使用寿命。其次是指机器对于环境应具有较强的适应能力。例如，在环境变化和受冲击振动时，机器应能保持功能可靠和安全可靠。此外，有时还

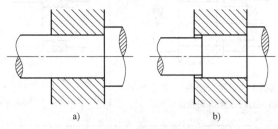

图 17-3　考虑装拆简单的结构设计
a) 无安装轴肩　b) 有安装轴肩

要求当发生非正常使用（如过载或误操作等）时，机器应具有自身安全保护功能等。

2) 在任何情况下，人身的安全问题是最重要的，尤其在机器的生产和使用过程中，应避免机器或零件对人造成伤害。例如，在结构设计中，对零件的某些边、角进行倒角或倒圆，以及在带传动、链传动和齿轮传动装置中设置防护罩或闭式箱体等，都是基于安全要求的考虑。

3) 广义的对人身安全还应当包括环境的安全。必须使机器的噪声、辐射以及排放等符合环境保护规范的要求。

第二节　机械结构设计的典型步骤和方案变异

进行结构设计的两个重要步骤：一是结构方案设计，即为了实现某一原理方案可以构思和提出多种结构方案；二是从这些结构方案中选定最优方案。第一阶段的思路要广，要尽可能多地构思有可能实现原理方案的各种结构方案。第二阶段判断和决定要准确和正确，要深入分析和比较不同结构方案各方面的优缺点，综合选出最优方案。

一、结构设计的典型步骤

1) 在开始进行结构设计以前，必须首先全面理解设计任务和确定机器整体方案。此时设计者一般对机械结构方案已经有初步的考虑，并能够由总体出发对机械结构提出要求，如动作要求、运动范围、工作能力、生产率、传动机构的功率、工作条件、加工装配条件、使

用条件，以及对寿命、成本等方面的要求等。

2）进行结构设计时，一般应把一个机械系统分为若干个部件，根据初步计算或经验，对每个部件的性能、空间位置、尺寸、质量、连接等都应有明确的计划和要求。这样不但便于并行设计，而且也便于制造、装配、修理，以加快进度。结构设计时，要从内到外、从重要到次要、从局部到总体、从粗略到精细。

3）设计过程中注意各零件、部件之间的关系协调，反复进行方案对比，进行必要的修改，设计者应不断给自己提出问题，常思考的问题举例如下：

① 这个零部件起什么作用？所采用的结构能否实现？

② 这个零部件能否不要？或用其他更好的代替？

③ 这个零部件承受什么载荷？可能的失效形式是什么？采用的结构能否避免这些失效？

④ 在运动时是否会发生干涉或碰撞？

⑤ 每个零部件由毛坯生产到加工、装配、检测、运输、使用、修理直到报废回收过程中会产生什么问题？

⑥ 什么是这一零部件、系统的薄弱环节？损坏后是否会引起严重后果？

⑦ 是否采用了标准件、通用件或能够买到的经济适用的成品？

⑧ 材料和热处理是否合适？

⑨ 噪声、振动、腐蚀、潮湿、温度等环境影响因素是否已经完全考虑过？

⑩ 所采用的方案寿命如何？润滑、维护如何？对环境有无污染？

⑪ 操作是否方便？是否便于学习掌握？安全有无问题？

⑫ 所采用的方案是否经济合理？是否符合有关法律的规定？

4）完成全部图样以后，必须进行认真的审查。一定把问题解决在图样阶段，避免带入制造阶段。

5）为了保护设计者的权益，应该考虑是否要申请专利。

6）在试制、实验、试用、正式投产及使用等过程中，进一步发现问题，不断改进结构设计。

二、结构设计的方案变异

机器的功能主要是靠机械零部件的几何形状及各个零部件之间的相对位置关系实现的。零部件的几何形状是由功能表面和连接工作面所构成。功能表面就是零部件上直接与其他零部件相接触的表面，直接与工作介质或被加工物体相接触的表面。实现功能表面之间连接的表面称为连接工作面。例如，滚动轴承套圈滚道与滚动体表面既是功能表面也是连接工作面，而外圈与箱体座孔、内圈与轴颈的配合表面则是连接工作面。零件的功能表面是决定机器功能的重要因素，功能表面的设计是零部件结构设计的核心问题。

结构方案的变异就是靠变换零部件结构本身的形状、数目、位置、尺寸以及这些结构形态变异后的充分组合，就可以得到足够多的独立的结构设计方案。变异设计的目的是为设计提供大量可供选择的结构方案，使设计者便于进行评价、比较，并进行结构和参数优化。

1. 形状变异

改变零部件的形状，特别是改变零部件工作表面的形状而得到不同的结构形式。例如，把直齿轮改为斜齿轮，把渐开线齿面改为圆弧齿面，把滚动轴承的滚动体由球形改为柱形等都属于形状变异。如图 17-4 所示，零部件表面可以是平面、圆柱面、球面或任何一种曲面，但是除非功能有特殊要求，一般不应采用制造困难的表面形状。因此，对于零部件的形状来说，形状变异的限制条件是：采用尽可能简单和用较经济的制造手段可以实现的表面。

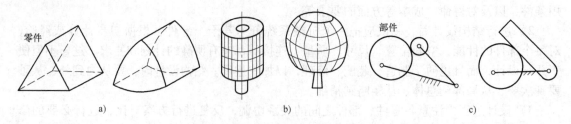

图 17-4　用形状变异改变零件的结构

2. 数目变异

通过改变功能表面数目来改变结构。图 17-5a 所示为齿轮齿数的变异；图 17-5b 所示为单键变异为花键。类似地，也可以用改变零件数目的方法来改变零部件的结构。如一个支点由单个轴承支承变异为两个或多个轴承支承，单根 V 带传动变异为多根 V 带传动等。图 17-6a 所示为单列深沟球轴承变异为双列深沟球轴承，图 17-6b 所示为多个螺栓连接变异为单个螺栓连接。

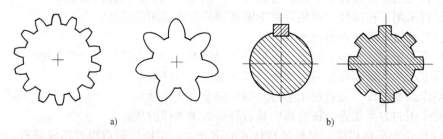

图 17-5　用功能表面数目变异构建零件结构方案

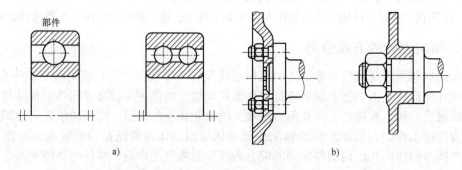

图 17-6　用零件数目变异构建部件结构方案

3. 位置变异

通过改变零件之间功能表面的相对位置得到新的结构方案，如图 17-7 所示。图 17-7a 所示为由外螺纹变异为内螺纹。图 17-7b 中左图摆杆 1 的接触面为平面，推杆 2 的接触面为球面，相互作用时会产生横向推力（如图中箭头表示），不利于推杆的运动；图 17-7b 中右图采用位置相互变异后，受力状况明显改善。图 17-7c 所示为由外齿轮变异为内齿轮。图 17-7d 则是表示部件位置的变异情况。

4. 尺寸变异

通过改变零件或功能表面的尺寸，使之增大或减小而产生形态变化。如增大轴径和齿轮的模数、V 带的截面型号等。在尺寸变异中，经常采用对称结构方案。表 17-2 所示为轴毂

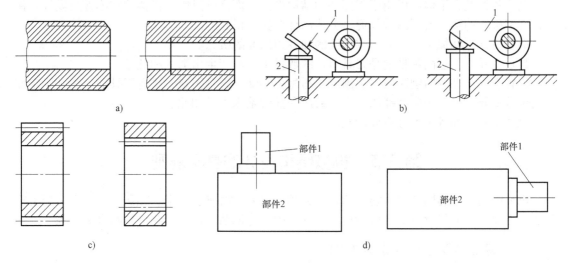

a)　　　　　　　　　　　　　　　b)

c)　　　　　　　　　　　　　　　d)

图 17-7　用位置变异构建结构方案

连接结构设计，通过轴毂连接的形状、数目、位置和尺寸等形态的变异，可获得多种结构设计方案。

表 17-2　轴毂连接结构设计方案

方案	1	2	3	4	5
形状变异					
数目变异					
位置变异					
尺寸变异					

上述各种变异不但可以用于零部件的结构设计，而且可以用于机器的整体方案设计。例如，许多机床的类型就可以看作通过上述四种变异而得到的。

形状变异：如加工平面的、圆柱面的和各种曲面的机床。

数目变异：如刨削和铣削是刀具刀片的数目不同而产生出刨床和铣床。

位置变异：如龙门刨床与牛头刨床，通过工件动、刀具固定，或者刀具动、工件固定而得到位置变异。又如车床和镗床、立式钻床和摇臂钻床也是如此。

尺寸变异：如各种尺寸系列的机床。

第三节　机械结构设计的基本准则

机械结构设计准则涉及功能、运动、力学、精度、防腐、安全、环保、加工和装配工艺等多个方面。下面仅就机械结构设计的基本准则进行说明，详细了解可参阅有关文献。

一、满足功能要求的设计准则

1. 功能分配准则

在设计产品时，根据需要通常将产品的总功能分解为若干个基本功能，为每个基本功能设计相应的结构载体，各结构载体之间应具有合理、协调的联系，以实现总功能对产品多方面的要求。这样，不仅可以充分利用每种材料或结构元素在某一方面突出的优点来达到提高产品性能的目的，也可以降低成本。成功运用该准则的实例较多。

例如，表 17-1 所示组合式结构的蜗轮就是一个典型例子。蜗轮的轮芯采用铸铁制造，价格便宜，又可满足蜗轮轮毂与轴用键连接时的挤压强度要求；蜗轮的轮缘采用青铜制造，主要满足蜗杆传动时的减摩和耐磨要求，同时大量节省贵重材料。

图 8-7 所示 V 带的结构也是功能合理分配准则的一个实例。用柔软而抗拉强度较高的线绳或帘布等材料制作强力层，用弹性好的橡胶制作易变形的拉伸层或压缩层，用耐磨性较好的胶帆布制作包布层，从而较好地解决了对 V 带强度、变形和耐磨性等多方面的要求。

如图 5-22 所示，若只靠螺栓预紧产生的摩擦力来承受横向载荷时，会使螺栓的尺寸过大，且连接的可靠性差。如在被连接件之间增加平键、套筒和销等抗剪元件，以承担横向载荷，这时螺栓主要起连接作用，不同的功能分配到了不同的零件上。

采用同一种材料制造的零件，可以对零件的不同部位实施不同的热处理，使其具有不同的力学性能。典型的例子就是用低碳钢或低碳合金钢制造齿轮，切齿前整体正火或调质处理，切齿后表面渗碳淬火处理加磨齿，结果是齿面硬而耐磨、齿芯韧性好，既提高了齿面强度，又可防止冲击载荷作用下轮齿的断裂。

2. 功能集中准则

为了简化机械产品的结构，降低加工成本，便于安装，在某些情况下，可由一个零件或部件承担多个功能。图 17-8a 所示为实现紧固连接的螺栓组件，通过功能集中，简化为如图 17-8b 所示的一个螺栓结构，它是把螺栓、平垫圈和防松的弹簧垫圈制成一体。但是，功能集中会使零件的形状更加复杂，

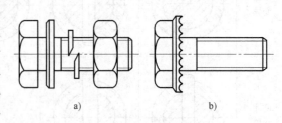

a)　　　　　　b)

图 17-8　螺栓的集成结构

所以要有度，否则反而影响加工工艺、增加加工成本，设计时应根据具体情况而定。

二、满足强度和刚度要求的设计准则

1. 等强度准则

一个零件可能有多种失效形式，设计者应使其对各种失效形式具有大体相同的承载能力，或使零件截面尺寸的变化与其内应力变化相适应，使各截面的强度近似相等时称为等强度设计。按等强度准则设计的结构，材料可以得到充分的利用，减小质量、降低成本。

如标准件大多是按等强度准则设计的，所以一经选用，无需再对标准件其他尺寸进行校核。例如，标准螺栓连接，其螺母和螺栓头的厚度及大小、螺栓杆径、螺纹小径以及螺纹尺寸的关系就是按等强度原则设计的，按螺纹小径处强度计算得到的螺栓承载能力最小，因此按这种失效形式计算选定螺栓尺寸，则其他失效形式不会发生。图 17-9a、b、c 所示分别为按等强度准则设计的悬臂支架、阶梯轴和板弹簧的结构。

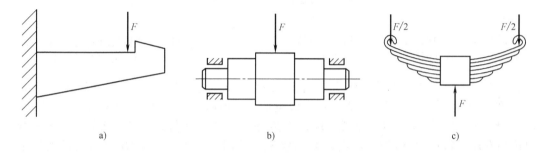

图 17-9　按等强度准则设计的结构

等强度准则的实质是通过最小成本实现给定功能，使用时应注意以下几点：

1) 如果在某些结构中追求等强度会增大成本，则应放弃等强度准则。例如，在滚动轴承轴系结构设计中，同一轴系两端的轴承通常受力不同，如果要求其工作寿命或承载能力相同，就需要选用不同型号的轴承，这虽然可以降低轴承成本，但是会增加加工轴承孔的工艺成本，所以应放弃等强度准则。

2) 不同结构要素的工作原理不同，承载能力的差别很大，使工作原理不同的结构要素的承载能力相同可能会使结构比例不协调。例如，自行车的车架和轴承、轮胎的承载能力相差较大，这种情况下通常采用多次更换易损零件的方法解决，将承载能力较低的零件设计成较易更换的结构，如自行车上的轴承和轮胎可以适时更换。

3) 有些结构参数有标准系列值，在按等强度准则进行设计后应按标准系列圆整参数。如齿轮的模数、轴颈的尺寸和滚子链的型号等。

2. 载荷均布准则

外载荷由多个零件或支点承受时，应使它们尽可能分布均匀。因为当总载荷不变时，载荷分布不均匀必然导致某个零件或支点承受的载荷过大，导致失效。

齿轮的轮齿常发生沿齿宽载荷分布不均匀的现象，行星齿轮传动装置的几个行星轮也存在载荷分布不均的问题。下面介绍几种使载荷均布的方法。

重型齿轮减速器中，齿轮位置的合理布置能改善齿轮、轴和轴承的载荷分布。图17-10b所示的对称布置，就可以使齿轮、轴和轴承的载荷均匀分布。对于一般齿轮减速器，为了使结构简单，多采用如图 17-10a 所示的非对称布置。这时如图 10-12 所示，应将齿轮布置在远离转矩输入端，轴的扭转变形引起的轮齿沿齿宽方向的偏载靠近转矩输入端较大，轴的弯曲变形引起的偏载靠近轴承处较大，这样布置避免了转矩偏载最大值与弯矩偏载最大值的叠

加，使载荷沿齿宽方向分布较为均匀。

由于制造和安装误差以及轮齿、轴和轴承的变形，直齿轮沿齿宽方向的载荷分布往往集中于两端部，容易造成轮齿的偏载断裂，所以如图 17-11 所示，常把轮齿修整成鼓形齿，使轮齿中间部分比两端部分厚出 25 ~ 35μm，就可以靠齿面的弹性变形使载荷沿齿宽方向分布得比较均匀。

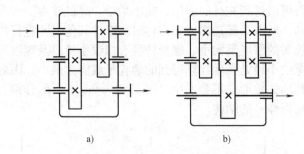

图 17-10　双级圆柱齿轮减速器的两种布置方案
a）非对称布置　b）对称布置

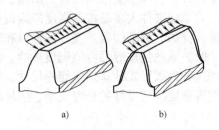

图 17-11　用鼓形齿改善载荷分布
a）普通轮齿　b）鼓形齿

小齿轮与轴的不同连接方式也会影响齿面载荷分布，这是因为传递转矩的结构不同，使小齿轮的扭转变形不同。图 17-12a、d 为齿轮轴，但轴肩处尺寸变化不同；图 17-12b 为普通平键连接；图 17-12e 为花键连接；端键连接的图 17-12c 载荷分布最不均匀；过盈配合连接的图 17-12f 载荷分布最均匀。当齿宽系数 $\phi_d = 2$ 时，图 17-12c 载荷分布的最大值是图 17-12f 载荷分布最大值的两倍。

3. 载荷分担准则

采取一定的结构措施，把作用在一个零件上的载荷，让两个或多个零件分别承担，减轻单个零件的载荷。图 17-13b 所示的卸荷带轮结构就是载荷分担准则应用的一个典型例子。它常用于机床变速箱外的带传动。带轮通过长套支承在两轴承内圈上，两轴承外圈安装在与箱体固定的法兰盘上。V 带

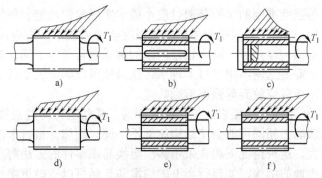

图 17-12　小齿轮与轴的不同连接方式影响齿面载荷分布

的压轴力从带轮经长套传给滚动轴承内圈、滚动体、外圈、法兰盘及螺钉传给箱体，转矩从带轮通过带有内花键的长套传给轴，这样，轴只承受转矩而不承受带的压轴力造成的弯矩，压轴力由箱体分担了。图 17-13a 所示的普通带轮结构使轴既承受转矩又承受弯矩，轴的受载较大，弯曲变形较大。

载荷分担的方法也可用于滚动轴承支承的设计。对于既承受径向载荷又承受较大的或大的轴向载荷时，可以采用向心轴承和推力轴承的组合支承方式，向心轴承承担径向载荷、推力轴承承担轴向载荷，如图 13-27 所示。

图 17-14 所示组合弹簧的使用也是体现了载荷分担准则。当受压螺旋弹簧承受较大载荷且安装尺寸受限时，如果只用一个圆柱螺旋弹簧，弹簧丝就要很粗，而钢丝直径越粗它的许用应力越低，弹簧的绕制也越困难。若设计成直径不同的两三个弹簧套在一起的组合弹簧，由几个弹簧共同承担较大的载荷，则可以得到减小外廓尺寸、减小弹簧质量、降低绕制难度

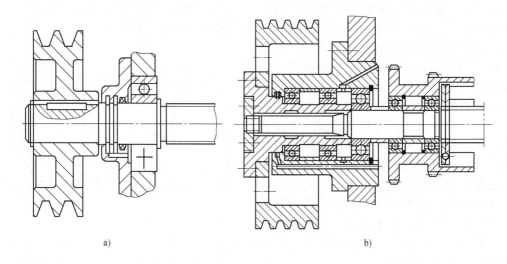

图 17-13 两种带轮的传力结构

a）普通带轮的结构 b）卸荷带轮的结构

和改善弹簧性能的良好综合效果。在实际应用中，内燃机配气凸轮机构中和火车客货车厢支承中都采用了组合弹簧结构。

4. 合理力流准则

力学的光弹性试验研究表明，力在机械零件之间传递时是以力线形式传递的，可将力看作犹如水在零件中流动一样，这些力线汇成力流。力流在零件中不会中断，任何一条力线都不会突然消失，必然是从一处传入，从另一处传出。力流的另一个特性是它倾向于沿最短路径传递。图 17-15 所示为相同材料、相同厚度、不同结构形式零件，在传递相同力 F 时的尺寸对比情况。图 17-15a 所示传力最直接，力流路径最短，所用材料最少；图 17-15b、c 所示的力流路径较长，所用材料较多。因此，要使零件使用较少材料和具有较小的工作变形，则

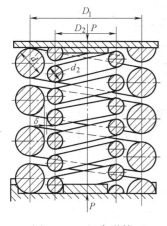

图 17-14 组合弹簧

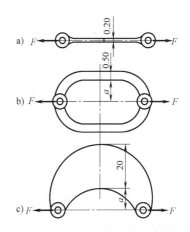

图 17-15 按力流最短路径设计零件结构

1）最好使零件处于单纯受拉或受压工作状态，尽量不使其受弯曲或扭转。

2）应使零件处于简单应力状态，避免复合应力状态。

3）传递力时，所涉及的零件尽量少。

反之，如果希望零件在工作中能够产生较大的弹性变形，则应加长力的传递路径，并应使其受弯曲或扭转。实际上，像螺旋弹簧和 U 形管道的应用就是如此。

按力流最短路径设计机械装置时，可以减少受载零件的数目。图 17-16 所示就是应用力流最短路径改进滑动轴承试验装置的实例，该装置要求对轴承施加较大的载荷。图 17-16a 所示把加载用的螺旋起重器安放在地基上，传力路径较长，地基受螺旋起重器的压力较大，同时该试验装置的地脚螺栓受拉力，地基和地脚螺栓承载较大，需要加固地基和采用较大的地脚螺栓。改为图 17-16b 所示方案，在该试验装置上面加一个支架，地基不受较大压力，地脚螺栓受力不大，力流路径变短。此方案较好。

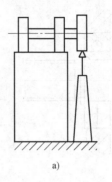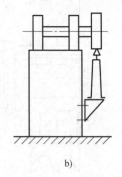

图 17-16 应用力流最短路径改进滑动轴承试验装置
a）力流路径较长方案 b）力流路径最短方案

5. 力流平缓准则

零件在轴肩、钻孔以及截面形状骤然变化处力流方向急剧转折，力流在转折处会过于密集，从而引起应力集中。应力集中是影响零件疲劳强度的重要因素。结构设计时应采取措施，使主要应力集中源处的力流变化平缓。例如，应尽量减小零件尺寸的过大变化、增大过渡圆角半径，也可如图 12-21a 所示用切制卸载槽的方法使力流变化平缓，减小应力集中。轴肩处由于截面尺寸急剧变化，使力流转向急剧变化，应力集中严重。还可以通过加工凹切圆角（图 12-21c）、使用肩环（图 12-21b）、加工椭圆形圆角等方法使力流变化平缓。

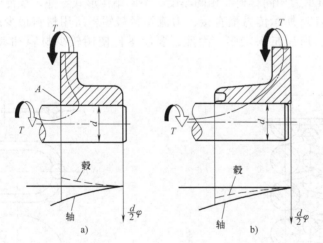

图 17-17 变形协调可减轻应力集中
a）轴、毂扭转变形方向相反 b）轴、毂扭转变形方向相同

6. 变形协调准则

在结构设计中，应尽可能使相互作用的两相关零件变形方向或变形性质一致，以避免或减少应力（或载荷）集中。如图 17-17a 所示，当轴、毂以过盈配合连接方式传递转矩时，因轴和轮毂扭转变形的方向相反，力流变化急剧，A 处应力集中严重；而图 17-17b 所示由于轮毂结构与图 17-17a 相反，同时切制了环形槽，使轴和轮毂扭转变形的方向协调一致，

力流变化趋缓，应力集中减轻。类似的应用还有第五章第六节中讲述的环槽螺母和悬置螺母，都是通过使螺母的部分旋合螺纹与螺杆一样受拉伸，两者的变形性质相同，变形协调，从而改善了旋合螺纹牙间载荷分布不均匀的现象。

7. 发挥材料特性准则

不同的材料具有不同的力学特性，结构设计时应根据所选用材料的特性，合理确定适合充分发挥材料特性的结构，最大限度地发挥材料的承载能力。例如，铸铁材料的抗压强度远高于抗拉强度，所以选用铸铁材料制作抗弯机架时通常将其截面设计成非对称结构，使其最大压应力大于最大拉应力。图 17-18 所示轴承支座中加强肋板即为非对称结构。图 17-18a 所示肋板的最大压应力大于最大拉应力，与铸铁材料自身耐压不耐拉的力学特性相适应。而图 17-18b 所示肋板的最大压应力小于最大拉应力，使轴承支座的抗弯强度不足。

当材料为钢材时，应尽量使其受拉、压应力，这样会比承受弯曲应力的结构更有利。如图 17-19 所示的结构中，图 17-19b 所示用桁架结构（各杆受拉压作用）代替了图 17-19a 所示的简支梁结构（简支梁受弯曲作用），在跨距 L 和载荷 F 不变的情况下，可以使结构参数 d 远小于 D，节省了材料，减小了质量。

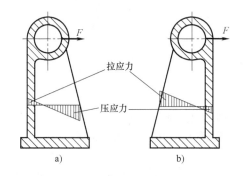

图 17-18　铸铁材料轴承支座结构
a）较合理　b）不合理

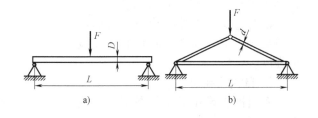

图 17-19　用桁架结构代替简支梁
a）简支梁　b）桁架

三、满足自助要求的设计准则

机械装置通过本身结构或相互关系，在工作过程中达到受力平衡、产生功能增强或避免功能减弱，以及有利于机械装置安全的措施称为自助。机械结构设计中应充分利用自助准则。自助准则通常又可分为自平衡准则、自加强准则和自保护准则三种。

1. 自平衡准则

机器工作时，常产生一些无用的力，如惯性力、斜齿轮的轴向力等，这些力不但增加了轴和轴承等零件的载荷，降低其精度和寿命，同时也降低了机器的传动效率。所谓自平衡，就是指采取结构措施，部分或全部平衡无用力，以减轻或消除其不良影响。常见的结构措施主要是采用平衡元件、对称布置等。

图 17-20a 所示一个行星轮公转时的离心惯性力无法平衡；图 17-20b 所示采用三个行星轮均布安装，使三个行星轮公转时的离心惯性力在系杆上达到自平衡。再如图 17-21a 所示斜齿轮的轴向力最终会作用在轴和轴承上，使其强度或寿命降低；图 17-21b 所示为符合自平衡准则的大功率人字齿轮传动，组成人字齿轮的两边斜齿轮其螺旋角较大，由此产生的较大轴向力自行平衡，支承人字齿轮的轴及轴承不承受轴向力。

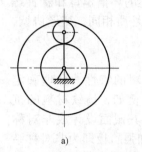

图 17-20 对称布置的行星轮

a) 一个行星轮离心惯性力无法平衡

b) 三个行星轮均布安装惯性力平衡

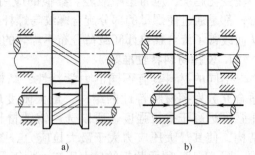

图 17-21 对称结构的人字齿轮

a) 斜齿轮的轴向力无法平衡

b) 人字齿轮轴向力自行平衡

图 17-22 所示为汽轮机中叶片的受力情况。图 17-22a 中蒸汽推力 F 会对叶片根部产生较大的弯曲应力；图 17-22b 所示为将叶片向后倾斜一个角度，使得叶片在高速旋转时的离心惯性力 F_C 对叶片根部产生的弯矩与蒸汽推力 F 产生的弯矩方向相反，平衡了一部分弯矩，于是叶片根部弯曲应力被部分抵消，提高了叶片的弯曲疲劳强度。

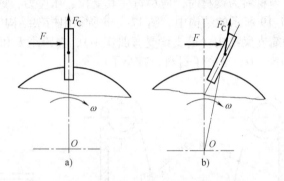

图 17-22 叶片受力分析

a) F_C 不平衡弯矩 b) F_C 平衡部分弯矩

2. 自加强准则

若机械装置在工作状态下产生的辅助功能与初始状态下具备的功能一致，使结构系统的总功能得到加强，称为自加强。图 17-23a 所示压力容器检查孔盖的设计就是自加强准则的应用实例。由于孔盖的设计位于容器内部，当容器工作时，其内部压力 p 使孔盖与容器主体之间的密封效果得到增强，这时固定螺栓的受力较小，但此处孔盖应设计成椭圆形才能装入。而图 17-23b 所示则属于自削弱结构。

图 17-24 所示唇形密封圈在正确安装条件下，其结构两侧利用内外工作介质的压力差加强了油封的密封效果。

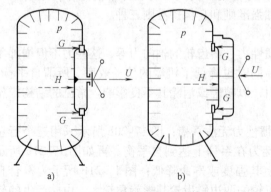

图 17-23 压力容器检查孔盖的设计

a) 自加强结构 b) 自削弱结构

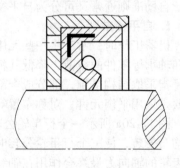

图 17-24 唇形密封圈结构

图 17-25 所示为闸带式制动器工作原理。图 17-25a 所示的操纵杠杆 3，作用于闸带 2 的松边，操纵力为 F 时对闸轮 1 所产生的切向拉力为 T；而图 17-25b 所示的操纵杠杆 3，作用于闸带 2 的紧边，若要求产生相同的制动力矩，则对闸轮 1 的切向拉力 T 必须加大，所需要的操纵力 F 也增大，制动状态不平稳。所以设计闸带式制动器时，应注意分析闸轮 1 的转动方向及闸带 2 的受力状态，操纵杠杆 3 应作用于闸带的松边，操纵杠杆所产生的切向拉力 T 就是松边拉力，此时 T 比较小，闸轮 1 对闸带 2 的摩擦力增大了紧边拉力，而紧边与松边的拉力差与闸轮半径的乘积即为制动力矩，如果操纵力 F 相同时，图 17-25a 相对图 17-25b 闸轮 1 对闸带 2 的摩擦力使制动力矩得到了加强。

3. 自保护准则

当出现过载或其他意外情况时，对机械装置或其重要功能元件可能造成损坏，此时结构要素具有能够有效地保护机械装置或其重要功能元件不受损害的措施称为自保护。各种摩擦传动（如带传动、摩擦轮传动、摩擦离合器等）均具有过载打滑的特性。第十五章介绍的安全式凸缘联轴器（图 6-30）、安全式套筒联轴器（图 15-4）都是利用销轴对传动系统起保护作用。图 15-21 所

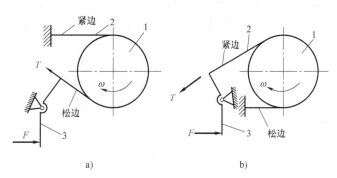

图 17-25　闸带式制动器工作原理
a）摩擦力加强制动力矩　b）摩擦力削弱制动力矩
1—闸轮　2—闸带　3—操纵杠杆

示为多片式圆盘摩擦离合器，当传递载荷达到或超过最大载荷时，在内、外摩擦片之间发生打滑，使传动链中断，不但可以保护离合器，也可以保护传动链中的其他传动零件不因过载而损坏。当过载情况消除后，传动链自动恢复。

弹簧工作应力与变形量成正比，变形量过大会使弹簧失效，如图 17-14 所示的压缩弹簧结构，当变形量达到一定量时弹簧压并，无法继续变形，对弹簧丝起到保护作用。

四、满足易于制造和装拆要求的设计准则

该准则是从零件的制造和装拆角度对结构设计提出的要求和限制条件。其核心内容是讨论结构制造的可行性和方便性，即结构应当有利于保证降低产品的生产成本，有利于提高生产率，有利于提高产品质量，有利于安装和拆卸维修。生产过程主要是机械零件的切削加工和铸造成形以及装拆维修。下面从三个方面，通过图表列举了机械结构设计中常见的典型结构实例，将结构设计的原则具体化、可操作化。通过分析不合理的结构实例，提供前车之鉴；提出改进的结构方案，可供今后在设计过程中应用相应的结构设计准则。

1. 易于切削加工的结构设计准则

切削加工是机械工业中最常见的加工方式，它包括车、铣、刨、磨、镗、锪、钻等。充分考虑各种加工方法和工艺的特性，减少加工成本，提高加工质量，是切削零件结构设计的基本准则。在设计切削零件结构时满足易于切削加工的要求有：能否在机床上装夹固定？能否方便加工和减少调刀、换刀次数？能否保证零件的加工精度？能否尽量减少加工量和提高刀具的使用寿命？工件是否需要多次装夹？如何提高加工效率等。

下面通过表 17-3 列举了一些典型的结构实例，在分析和改进中具体体现了易于切削加工的结构设计准则。

表 17-3 方便切削加工的结构设计准则

结构设计准则	图 例 1		图 例 2	
	不合理结构	改进结构	不合理结构	改进结构
1. 方便工件装夹和固定	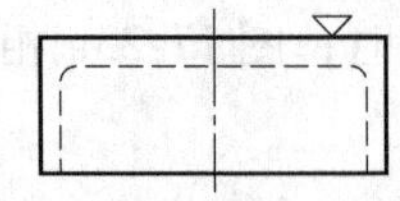 加工时无法装夹	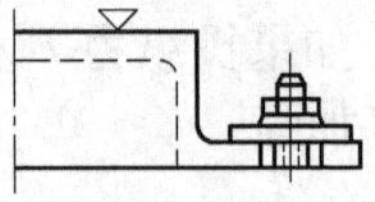 增加了夹紧凸缘	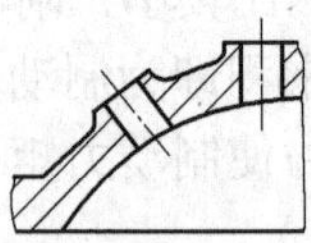 需要两次装夹	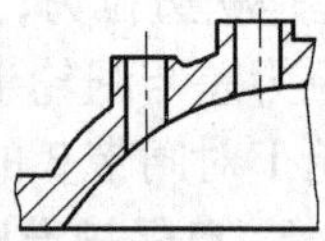 只需一次装夹
2. 方便钻孔和镗孔加工	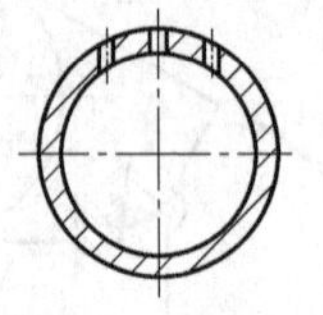 在曲面上钻孔时容易打滑偏钻	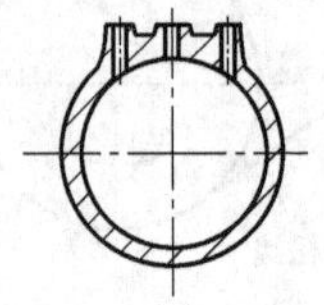 避免了在曲面或倾斜面上钻孔	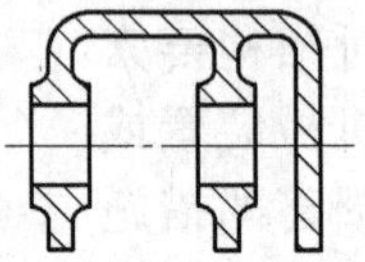 镗孔时刀杆只能悬臂支承,加工精度低	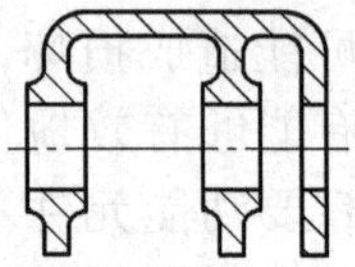 镗孔时刀杆可以两端支承,加工精度高
3. 减少调刀和换刀次数	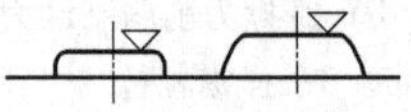 需要两次调刀	 只需一次调刀	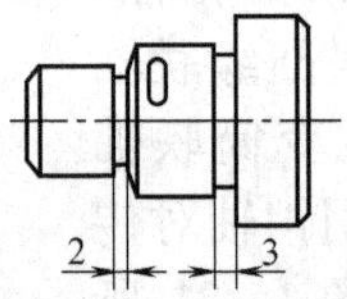 退刀槽尺寸不同,需要两把刀	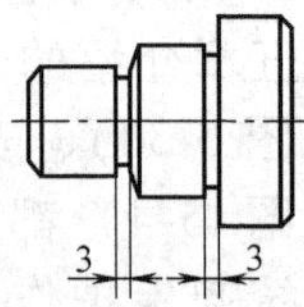 退刀槽尺寸相同,只需一把刀
4. 方便一次加工成形	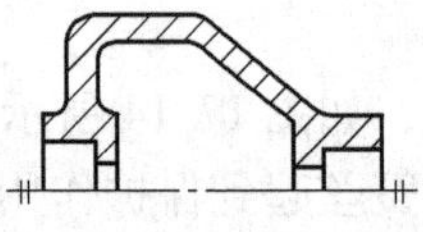 两轴承座孔不能一次镗出,同心度较差	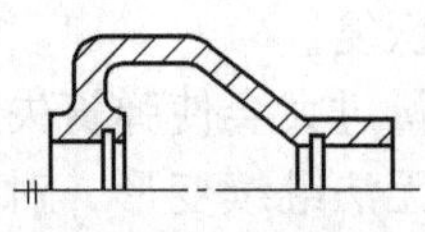 两轴承座孔可以一次镗出,同心度较高	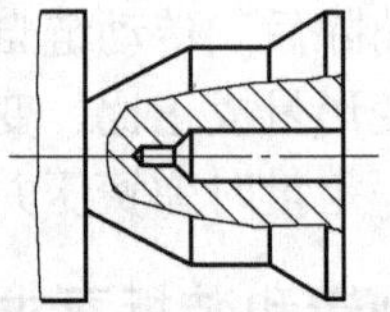 不能一次切削成形	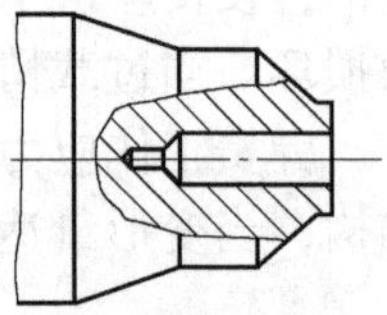 外径依次变大,内径依次变小,一次切削成形
5. 方便退刀	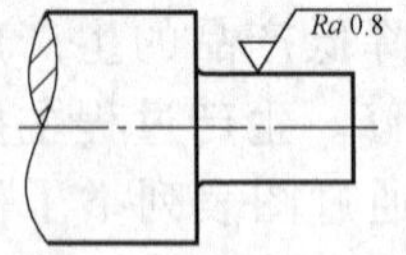 磨削时在轴肩处无法清根	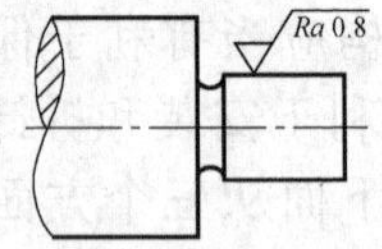 在轴肩处设置砂轮越程槽,便于清根	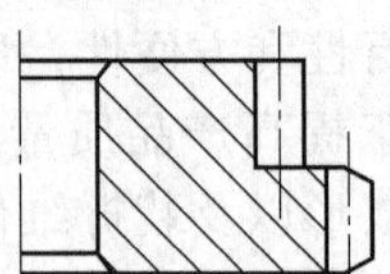 小齿轮无法插齿	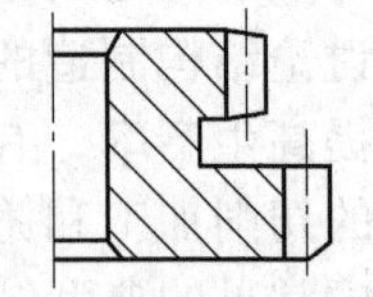 双联齿轮插齿时必须设置退刀槽
	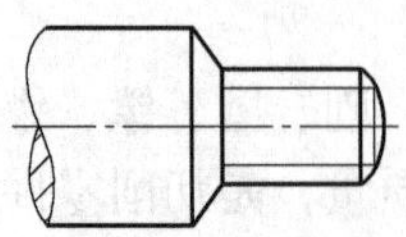 无螺纹退刀槽,轴端圆形加工困难	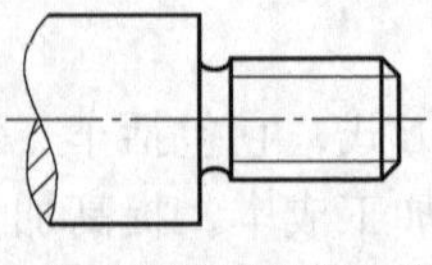 设计螺纹退刀槽和轴端倒角,方便退刀和加工	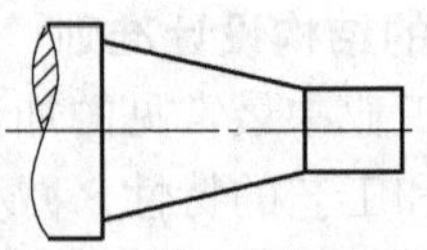 锥面两端退刀困难,耗费工时	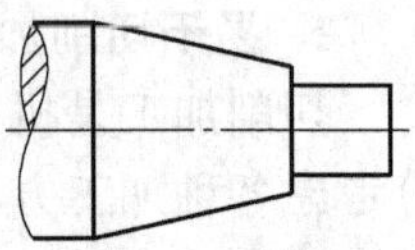 改进锥面两端结构,方便退刀

（续）

结构设计准则	图 例 1		图 例 2	
	不合理结构	改进结构	不合理结构	改进结构
6. 方便切削	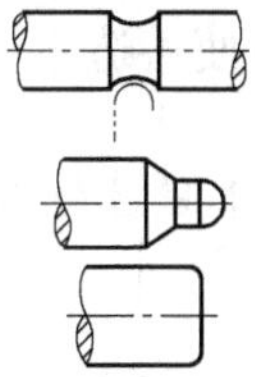 球面、锥面和外圆角切削困难	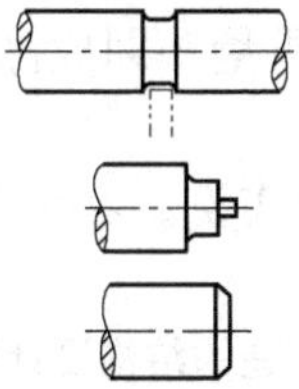 圆柱面、外倒角加工容易	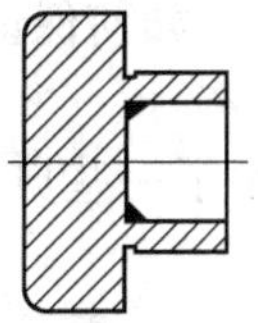 外圆角、内倒角加工困难	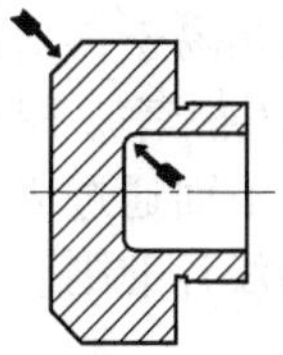 外倒角、内圆角加工容易
7. 减少切削加工面积	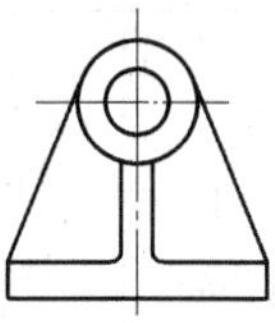 底板处切削面积大	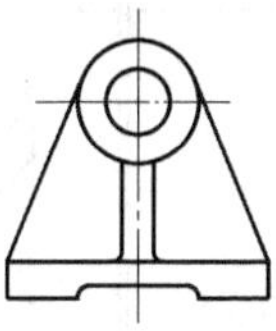 底板处切削面积小	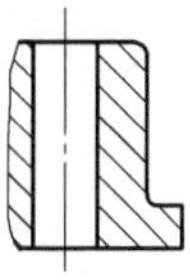 钻孔深度大	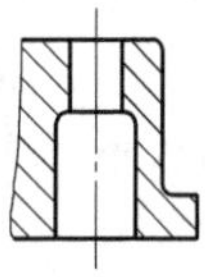 下部铸孔，上部钻孔，钻孔深度小
8. 钻孔时避免受力不均	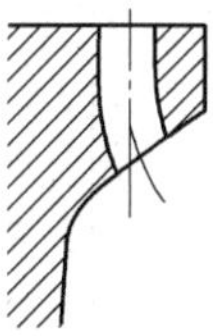 偏钻	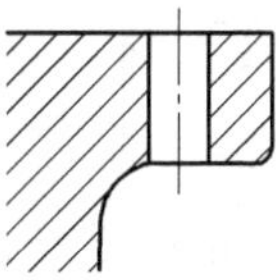 方便钻孔	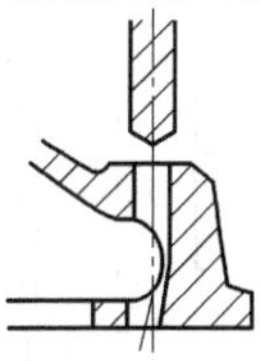 偏钻	 方便钻孔
9. 采用组合结构以避免切削量过大	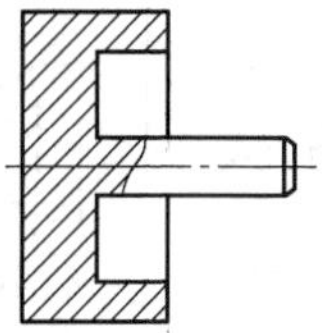 切削量大	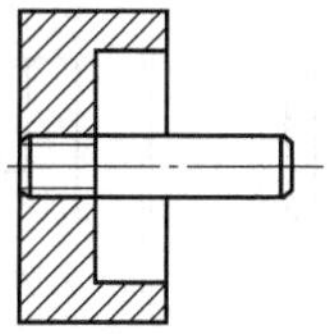 切削量小	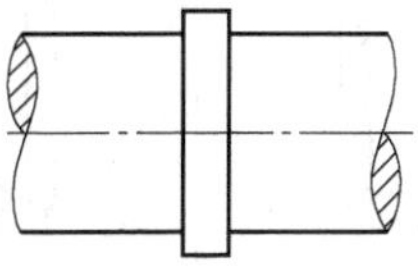 毛坯尺寸大、切削量大	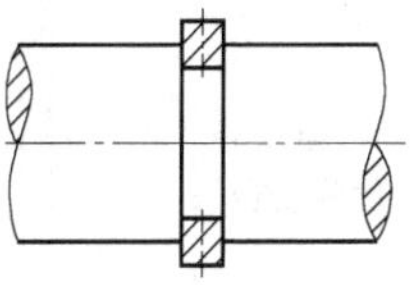 毛坯尺寸小、切削量小
10. 避免无法加工的结构	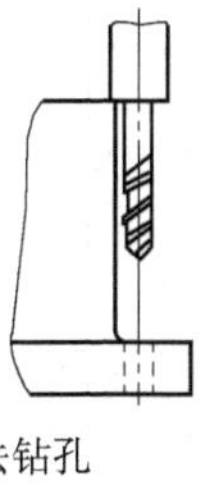 无法钻孔	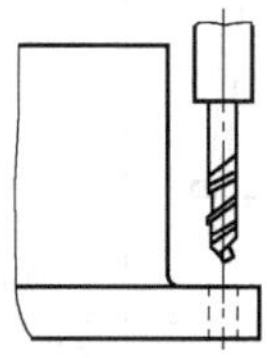 留有加工空间	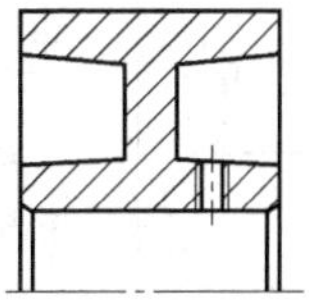 无法钻孔	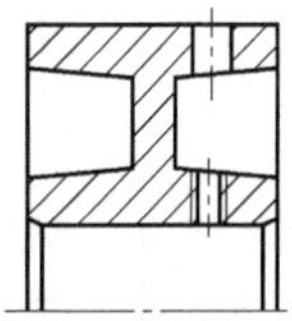 留有加工工艺孔
11. 加工结构要有利于减小应力集中	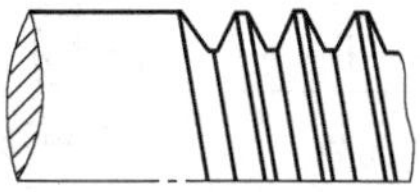 无卸载槽、应力集中大	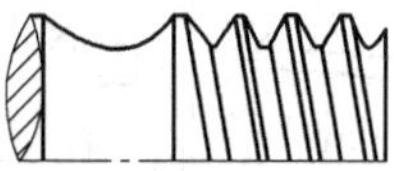 有卸载槽、力流平缓，应力集中小	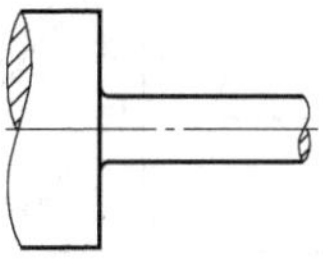 尺寸变化大、应力集中大	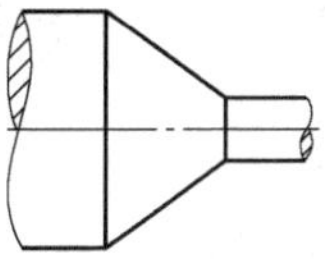 平缓过渡、应力集中小
12. 减小精加工表面	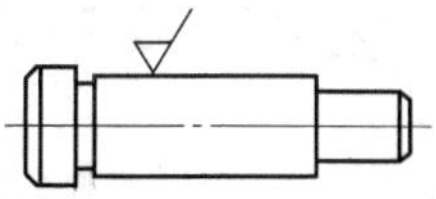 精加工面积大	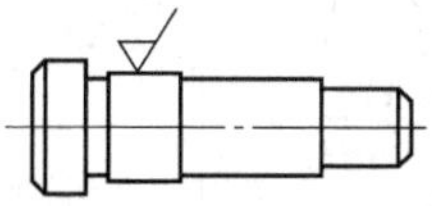 精加工面积小	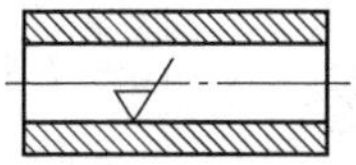 精加工面积大	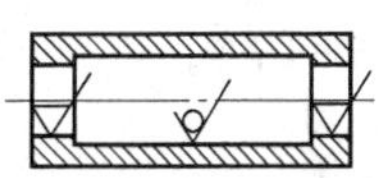 精加工面积小

2. 易于铸造的结构设计准则

铸件的结构设计对铸件的制造成本、铸件的质量具有决定性的影响。铸件的结构设计要充分考虑铸造材料和铸造工艺的特性，特别是后者，它牵涉面广，难度大。在设计铸件结构时满足易于铸造的要求有：如何保证铸件的质量，即成品率；如何使铸造生产简单化，即提高其生产率，降低生产成本。

下面通过表17-4列举了一些典型的结构实例，在分析和改进中具体体现了易于铸造的结构设计准则。

表 17-4　方便铸造的结构设计准则

结构设计准则	图　例 1		图　例 2	
	不合理结构	改进结构	不合理结构	改进结构
1. 应适当减小铸件壁厚	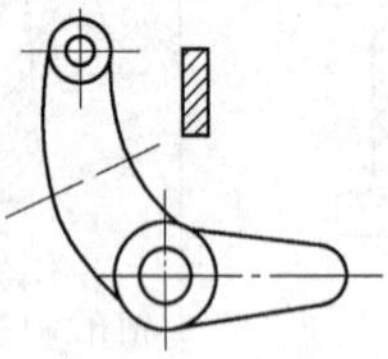	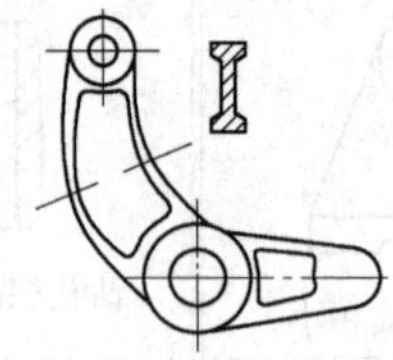	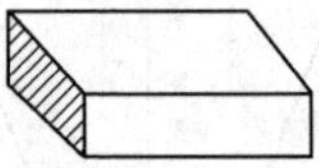 厚壁铸件气泡停留，易造成铸造缺陷	 通过加强肋或拱形结构增加铸造平板刚度
2. 避免直长加强肋	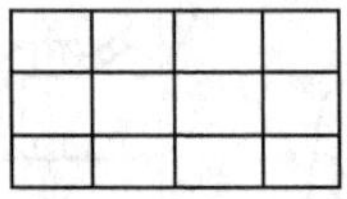 直长肋内应力大	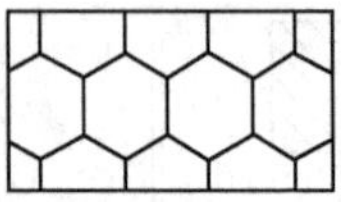 蜂窝状加强肋内应力小	 直长肋内应力大	 弯曲加强肋内应力小
3. 应使铸件优先受压	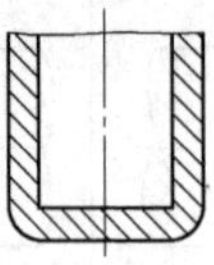 端部受拉	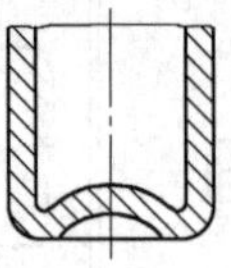 端部受压	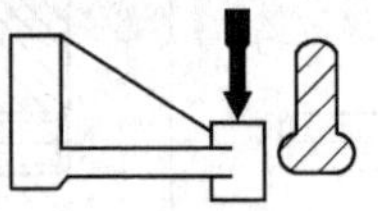 较小面积受拉应力	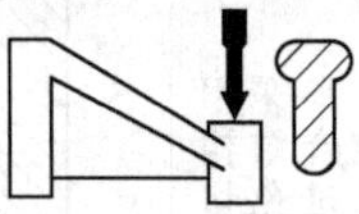 较小面积受压应力
4. 方便起模	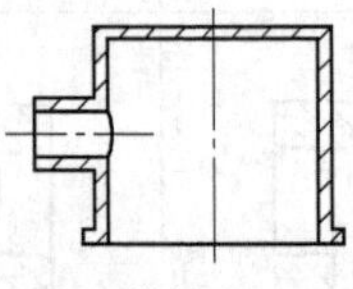 没有起模斜度	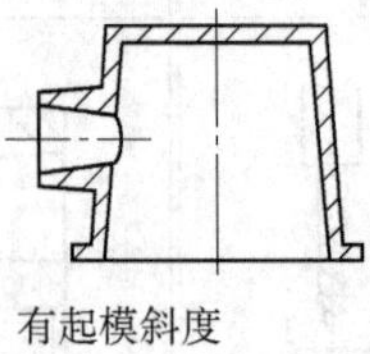 有起模斜度	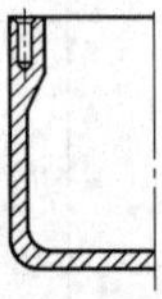 无法直接起模	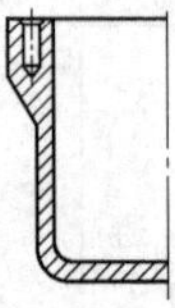 可以直接起模
5. 方便制模	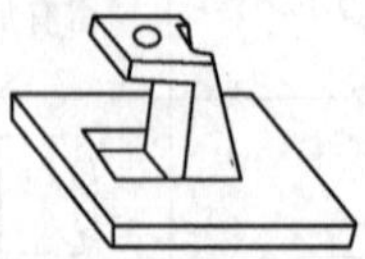 平面不易制模	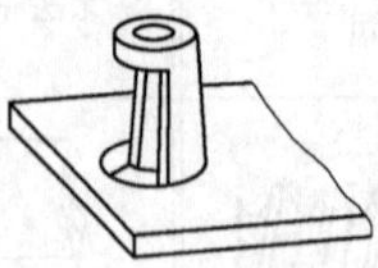 圆锥形方便制模	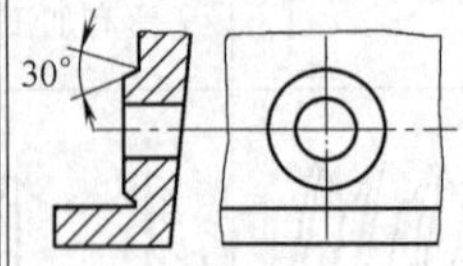 有隐蔽分离部分	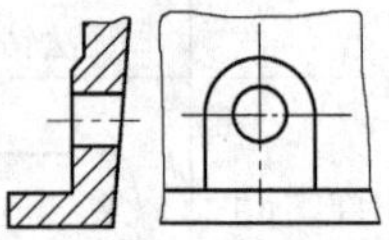 避免隐蔽分离部分
6. 圆角尺寸统一、壁厚应均匀	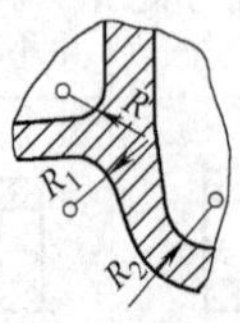 圆角尺寸不统一	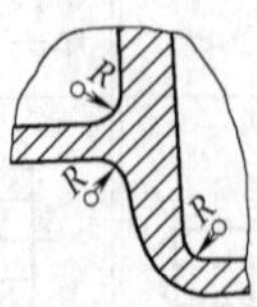 圆角尺寸统一	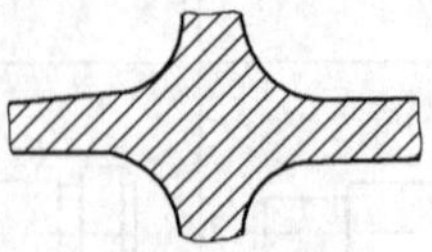 交汇处壁太厚	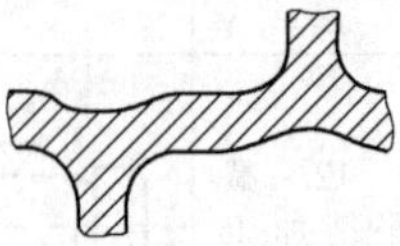 壁厚均匀

（续）

结构设计准则	图 例 1		图 例 2	
	不合理结构	改进结构	不合理结构	改进结构
7. 减少使用型芯	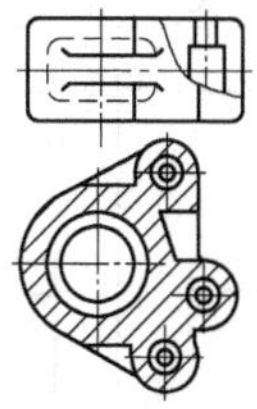 需要 5 个型芯	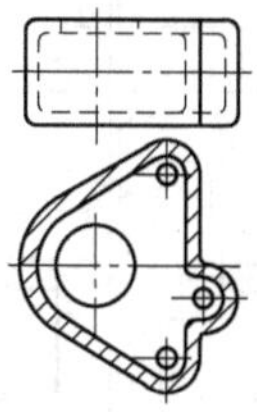 只需要 1 个型芯	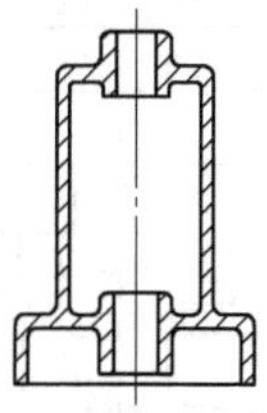 单一铸件需要型芯	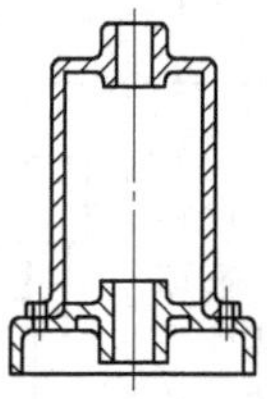 组合结构不需要型芯
8. 利于铁液流动通畅	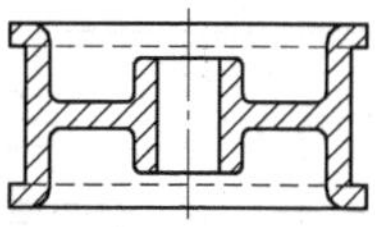 肋板水平,不利于铁液流动	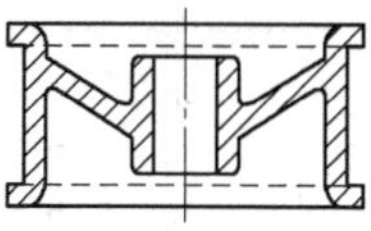 肋板留有坡度,借助重力铁液流动通畅	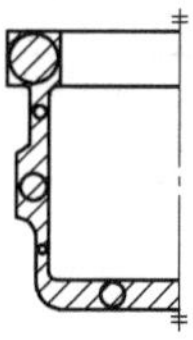 铁液流动不通畅	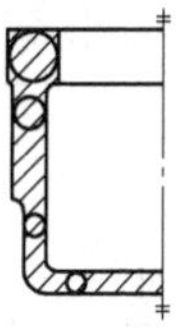 流道上大下小,铁液流动通畅
9. 尽量减少分型面	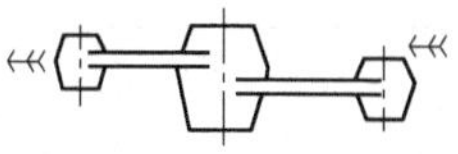 两个分型面造型不便	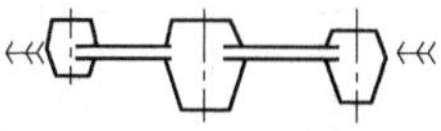 一个分型面造型方便	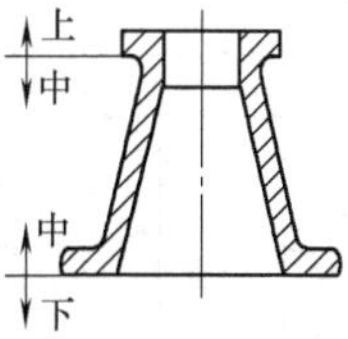 两个分型面	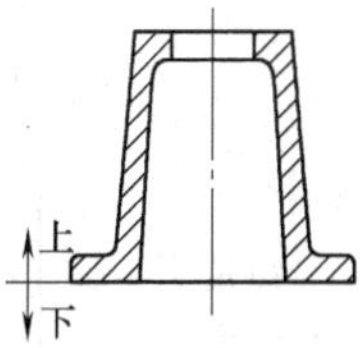 一个分型面
10. 有利于型芯定位和制作	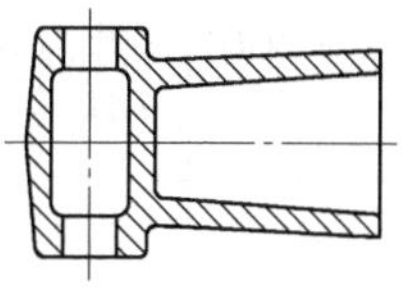 型芯不易定位	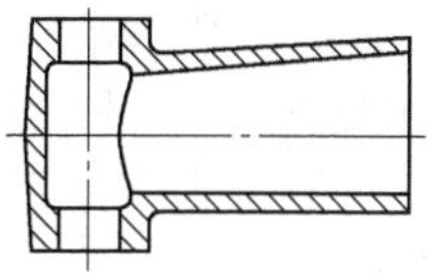 型芯易于定位	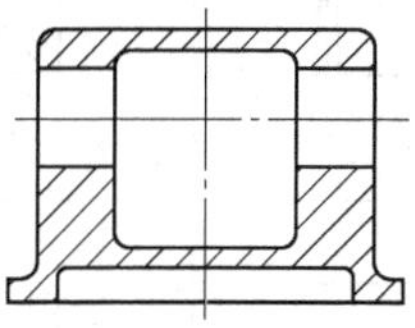 需要复杂型芯	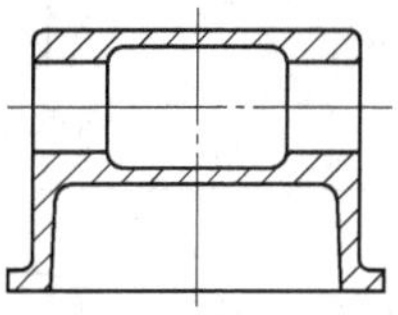 需要简单型芯
11. 方便切削加工	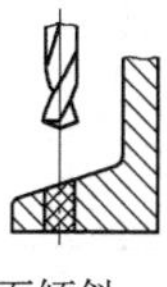 钻孔面倾斜	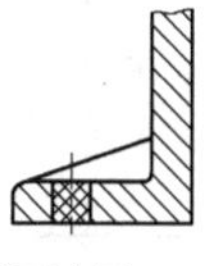 钻孔面水平	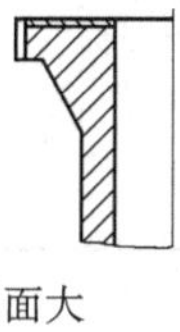 切削面大	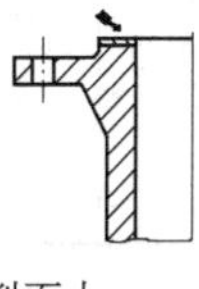 切削面小
12. 局部加强	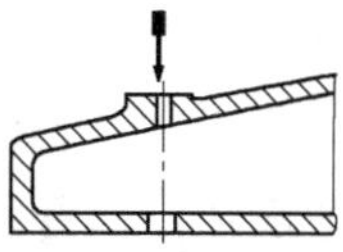 集中力作用处刚度小	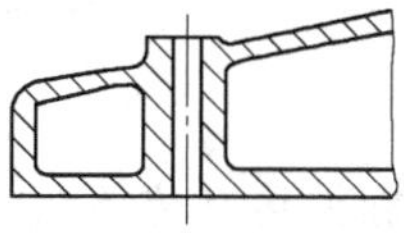 集中力作用处刚度大	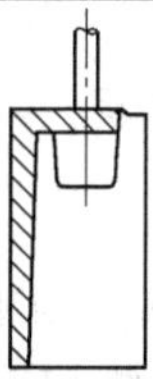 受力状态差,力流路径长	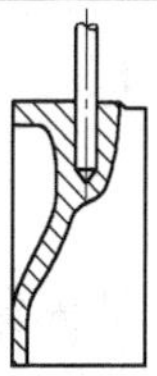 受力状态好,力流路径短

3. 易于装拆的结构设计准则

在设计零件结构时,既要考虑安装方便,还要考虑拆卸方便。下面通过表 17-5 列举了一些典型的结构实例，在分析和改进中具体体现了易于装拆的结构设计准则。

表 17-5　方便装拆的结构设计准则

结构设计准则	图　例1		图　例2	
	不合理结构	改进结构	不合理结构	改进结构
1. 设计有安装次序和自动定位的结构	两个配合面同时装入，不易安装	两个配合面先后装入，易于安装	两个半联轴器无定位，同轴度差，不易安装	两个半联轴器通过止口定位，易于安装
2. 设计易于安装和拆卸的结构	$l_2 > l_1$，螺钉无法装入	$l_2 < l_1$，螺钉可以装入	热套在轴颈上的金属环没有拆卸台肩，无法拆卸	热套在轴颈上的金属环一端留有槽，易于拆卸
3. 轴承内外套圈的定位结构要利于拆卸	轴承外圈无法拆卸	设计有拆卸螺钉孔	轴肩太高，轴承内圈无法拆卸	轴肩高度合适，易于拆卸
4. 设计易于拆卸的起盖螺钉、阶梯凸缘或坡度	压力容器盖子无法拆卸	设计起盖螺钉和易于拆卸的阶梯凸缘	A 型键拆卸困难	在键槽底部留有坡度，用力一击便可拆卸

本章学习要点

1. 机械设计应包括三部分内容：一是机械运动方案的分析与设计，二是机械零部件工作能力的分析与设计，三是机械零部件的结构分析与设计。第一部分内容在机械原理课程中讲授，后两部分内容在机械设计课程中讲授。但是许多机械设计课程的重点是第二部分，在这部分花费了大量时间和精力，而对第三部分即结构设计注重非常不够。本章的重点之一就是要大家认识机械结构设计的重要性。本书把机械结构设计单独列成一章，目的是加强机械结构设计能力的培养。

2. 本章第二个重点是机械结构设计的基本要求和基本准则。要求从满足功能要求、满足强度和刚度要求、满足自助要求、满足易于制造和装拆要求等方面去掌握机械结构设计的基本准则。本章以强化学生的工程知识为目的，列举了一些机械结构设计中常见的典型结构实例，将机械结构设计的准则具体化、可操作化，通过分析不合理的结构实例，提出改进的正确结构实例，目的是培养机械结构设计准则的应用能力。

3. 了解机械结构设计的典型步骤和方案变异，逐步掌握机械结构设计的基本方法和原则。

第十八章

机座和箱体的结构设计简介

提示

机座和箱体是机器的支承骨架，总称为机架，是机器中最大、加工最费时和最复杂的基础零件。本章第一节介绍机座和箱体的一般类型、材料及制造方法的选择。第二节介绍机座和箱体的结构设计准则和作用、机座和箱体截面形状、主要参数的选择以及结构设计特点。

第一节 概 述

机座和箱体等零件，在一台机器的总质量中一般占 70% ~80% 的比例。因此，设法减小这类零件的质量具有一定的经济意义，同时它们在很大程度上影响着机器的工作精度及抗振性能，若兼作运动部件的导轨时，还影响着机器的工作精度和耐磨性等。所以，正确选择机座和箱体等零件的材料，以及正确设计其结构形式及尺寸，是减小机器质量、节约金属材料、提高工作精度、增强机器刚度及耐磨性等的重要途径。本章主要讨论机座和箱体的结构设计。

一、机座和箱体的一般类型

机座是机器的底架、机体、床身以及基础平台的统称。箱体是支承和包容设备中一组运动构件的壳体零件，也可统称为箱壳式机座。机座和箱体就是机器的支承骨架，总称为机架。其他零部件安装在机架上，机器才能正常使用或发挥其功能。机座和箱体的形式繁多，分类方法不一。就其一般构造形式而言，可分为三大类：机座类、箱壳类和机架类，见表 18-1。

表 18-1 机座、箱体和机架分类

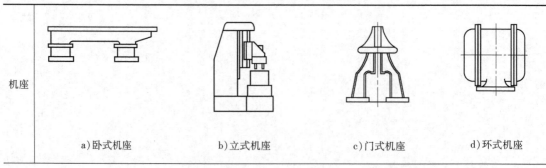

机座			
a)卧式机座	b)立式机座	c)门式机座	d)环式机座

（续）

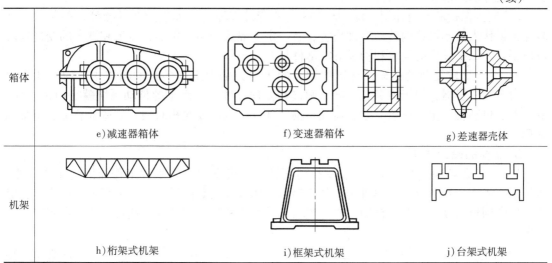

| 箱体 | e) 减速器箱体 | f) 变速器箱体 | g) 差速器壳体 |
| 机架 | h) 桁架式机架 | i) 框架式机架 | j) 台架式机架 |

二、机座和箱体的材料及制造方法

对于固定式重型机器，其机座和箱体的结构较为复杂，刚度要求也较高，因而通常都采用铸造。铸铁流动性好，收缩较小，容易获得形状和结构复杂的箱体；铸铁易于切削，吸振性强，热变形小，价格便宜，适于大批生产。一般箱体用灰铸铁，要求耐磨性高的箱体可用耐磨铸铁，强度和刚度要求高的箱体采用球墨铸铁。承受较大冲击载荷时用铸钢。如重型货车的后桥壳体和轧钢机机座，一般采用铸钢。

对于运行式机器，减小机座和箱体的质量非常重要。如飞机或家用轿车的发动机气缸体形状和结构比较复杂，这时多用铝合金等轻合金压铸成形；而对飞机、汽车及运行式起重机中尺寸较大、形状较简单的大梁或吊臂等，常用钢或轻合金型材焊接成形，如汽车的梁式车架和起重运输机的门式机架等。大型机座的制造，则常采取分零铸造，然后焊成一体的办法。

铸造及焊接零件的基本工艺、应用特性及一般选择原则已在金属工艺学中阐述，设计时，应全面进行分析比较，力求设计合理，且能符合生产实际。一般来说，成批生产且结构复杂的零件以铸造为宜；单件或少量生产，且生产期限较短的零件则以焊接为宜，但对具体的机座或箱体仍应分析其主要决定因素。例如：成批生产的中小型机床及内燃机等的机座，结构复杂是其主要问题，固然应以铸造为宜；但成批生产的汽车底盘及运行式起重机的机体等却以质量小和运行方便为主，则又应以焊接为宜。又如：质量及尺寸都不大的单件机座或箱体以制造简便和经济为主，应采用焊接；而单件大型机座或箱体若单采用铸造或焊接皆不经济或不可能时，则应采用拼焊结构等。

第二节　机座、箱体及其结构设计

一、机座和箱体（机架）的主要功能和设计准则

1. 箱体的功能

1）对箱内的零部件起容纳、支承的作用。如变速器箱体支承其中的轴承、轴、传动零件，使它们保持一定的相对位置，以得到正常的运动关系和足够的精度。箱体为箱内的零件

提供了良好的润滑和工作条件。

2）安全保护和密封作用。保护箱内零件不受外部环境（如尘土、异物等）的侵害，又能保证操作人员不被箱内转动零件伤害，有一定的隔振作用。例如，机床和汽车的变速器就可以很好地保护其中的齿轮和轴承等零部件可靠地工作。

3）对于比较复杂的机械，把密切相关的机构分别固定在各自的箱体中，构成几个部件，再组装成机器，便于加工、装配、调整和修理。例如，汽车的传动系统就是由离合器、变速器、传动轴、主减速器、差速器及半轴等部件组成，彼此相对独立制造、装配、调整和修理。

2. 箱体的设计准则

1）具有足够的强度、刚度。强度和刚度是评定机座和箱体零件工作能力的基本准则。对于锻压机床、冲剪机床等类机器，其机座和箱体零件的截面尺寸往往由强度条件决定；对于金属切削机床及其他要求精确运转的机器，其机座和箱体零件的截面尺寸主要由刚度条件决定。

2）结构简单、良好的制造工艺性及安装工艺性。机座和箱体的体积大，结构复杂，加工工序多、时间长，必须考虑毛坯制造、机械加工和热处理、装配、安装固定、维护修理等的工艺性。对于特大型机座和箱体，加工设备和运输问题也是必须要考虑的。

3）导轨零件表面应具有良好的耐磨性。导轨的耐磨性关系到机器的寿命和工作精度。

4）高速运转的机器的机座和箱体还应具有振动稳定性。对于细长的或薄壁的受压机架及受弯受压机架存在失稳问题，某些箱壳类机架也有可能失稳，重要场合必须校核。

5）造型美观。机座和箱体对机器整体的造型美观常有很大影响，设计者必须给予足够的重视，并进行精心设计。

机座和箱体在机器中常是最大、最费工、最贵的零件，损坏后可能引起整部机器报废。

进行总体结构设计时，必须综合考虑各方面的问题。图 18-1 所示为立式三级圆柱齿轮减速器的箱体结构简图。图 18-1a 中，在每个轴处有一水平分箱面，箱体由五部分组成，结构复杂。图 18-1b 中，通过各轴轴线作一分箱面，箱体由两部分组成，结构简单，但下面容易漏油。图 18-1c 为整体式箱体，不易漏油，但安装困难。图 18-1d 所示箱体由三部分组成，安装方便又不易漏油，是最好的箱体结构设计方案。

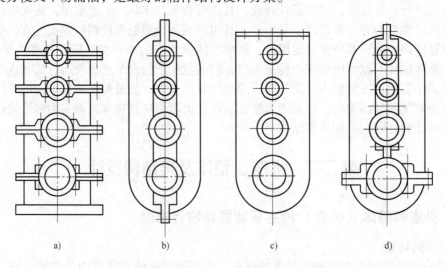

图 18-1　立式三级圆柱齿轮减速器的箱体结构简图

二、截面形状的选择

为保证机座和箱体的刚度和强度，减小质量和节约材料，必须根据其受力情况，选择经济合理的截面形状。多数机座和箱体处于复杂受载状态，不仅受拉、压的作用，可能还受弯、扭作用，所以机座、箱体的变形和应力大小不仅与截面大小有关，也与截面形状有关。在其他条件相同的情况下，截面的惯性矩 I 和截面系数 W 越大，弯曲和扭转变形越小，抗弯和抗扭刚度和强度都越大。当截面面积不变（即材料用量不变），通过合理改变截面形状、增大它的惯性矩 I 和截面系数 W，可以充分发挥材料的性能和作用，提高零件的刚度和强度。表18-2 所示为截面积同为 100cm^2 的 10 种不同截面形状梁的抗弯和抗扭惯性矩的比较。

表 18-2　10 种截面形状梁的惯性矩比较（梁所受载荷垂直向下）

序号	截面形状	抗弯惯性矩（相对值）	抗扭惯性矩（相对值）	序号	截面形状	抗弯惯性矩（相对值）	抗扭惯性矩（相对值）
1	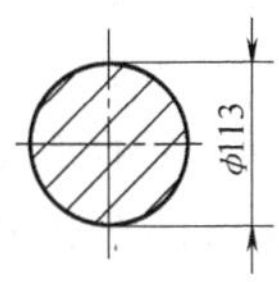 $\phi113$	1	1	6	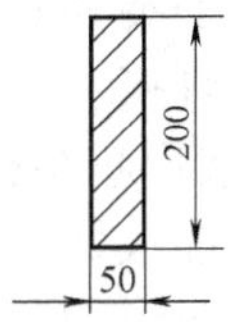 200×50	4.13	0.43
2	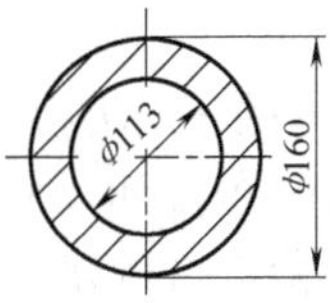 $\phi113/\phi160$	3.02	3.02	7	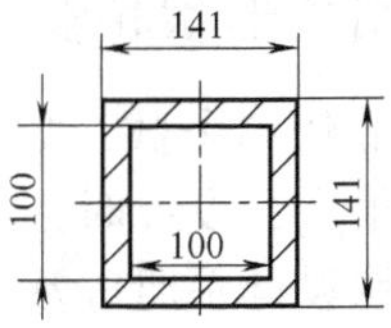 141/100	3.08	2.59
3	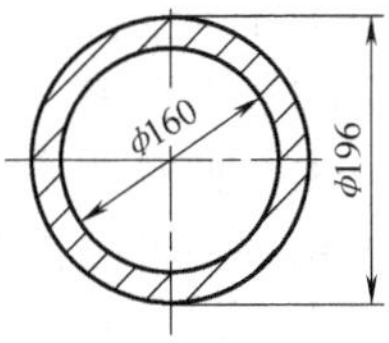 $\phi160/\phi196$	5.03	5.03	8	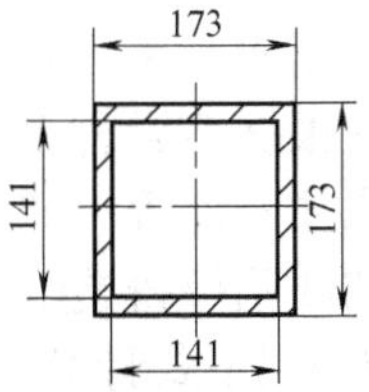 173/141	5.21	4.40
4	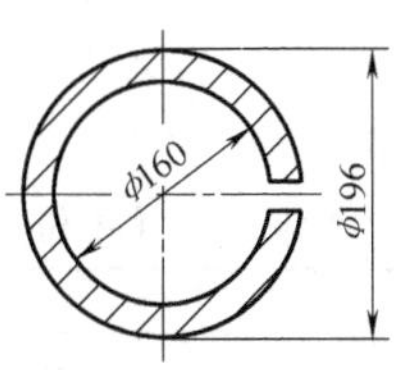 $\phi160/\phi196$	—	0.07	9	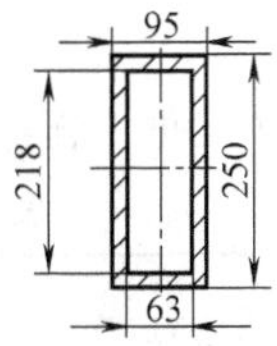 250/218×95/63	8.66	3.50
5	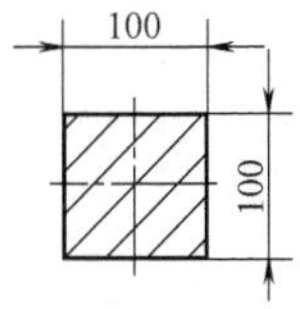 100×100	1.04	0.88	10	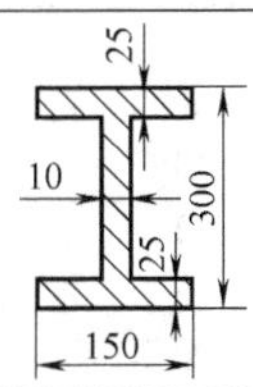 300/150	19.4	0.09

从表18-2可以总结出以下几点：

1）空心截面的惯性矩比实心的大。加大轮廓尺寸，减小壁厚，可大大提高刚度（表中序号 2、3 与 1 对比，序号 7、8 与 5 对比）。因此，设计机座和箱体时总是使壁厚在工艺可能的前提下尽量薄一些。一般不用增加壁厚的办法来提高刚度。

2）方形截面的抗弯刚度比圆形的大，而抗扭刚度则较低（表中序号 5 与 1 对比）。因此，如果支承件所承受的主要是弯矩，则截面形状以方形和矩形为佳。矩形截面在其高度方向的抗弯刚度比方形截面的高，但抗扭刚度则较低（表中序号 9 与 8 对比）。因此，以承受一个方向的弯矩为主的支承件，其截面形状常取为矩形，以其高度方向为受弯方向，如龙门刨床的立柱。如果弯矩和转矩都相当大，则截面形状常取为正方形，如镗床和滚齿机的立柱。

3）不封闭的截面比封闭的截面，刚度显著下降。特别是抗扭刚度下降更多（表中序号 4 与 3 对比）。因此，在可能条件下，应尽量把支承件的截面设计成封闭的框形。但是，实际上，由于排屑、清砂，安装电器件、液压件和传动件等，往往难以做到四面封闭。

4）工字梁和空心矩形梁适合于承受弯矩。但由于工字梁是一种不封闭的截面，不适宜承受转矩，故一般用于结构简单的机器。

5）同时抗弯、扭、拉、压作用的截面的选择，以空心矩形截面或与其类似的截面形状为佳，其外部和内部便于安装和固定其他零件，外部为垂直相交的平面，使人视觉感良好。此外，空心矩形截面便于焊接。

6）截面的高宽比直接影响结构的刚度和强度。从表 18-2 可以看出，空心方形，即高宽比为 1 的截面形状综合性能最好。因此，若无其他条件制约，同时承受弯曲和扭转载荷的机架，应优先考虑采用接近方形的截面形状。

三、箱体主要结构形状和参数的选择

箱体的一些结构形状和参数，如壁厚、凸台、肋板及孔等对箱体的工作能力、材料消耗、质量及成本影响很大，设计时必须处理好。壁厚、肋板和凸台等的布置和尺寸的确定可采用类比法，也可参照设计手册等资料提供的经验数据及设计者的经验进行确定。

1. 箱体的壁厚

强度条件决定截面面积，在面积不变的条件下，材料分布得离中性轴越远，刚度越大，这时壁厚也越小。通常根据熔融材料在浇注时的流动性确定铸造零件的最小壁厚，壁厚过薄时可能出现未浇满、浇注断流等铸造缺陷。壁厚过厚时一是浪费材料和增加箱体质量，二是也会出现气孔、缩孔和凹陷等铸造缺陷。对于一般设计，铸造箱体的壁厚 t 可以参照表 18-3 选取，表中当量尺寸 L_N 用下式计算

$$L_N = \frac{(2L + B + H)}{3000}$$

式中 L、B、H——铸件长度、宽度、高度（mm），其中 L 为最大值。

表 18-3 铸造箱体的外壁厚 t　　　　　　　　　　　　（单位：mm）

当量尺寸 L_N	箱 体 材 料			
	灰铸铁	铸钢	铸铝合金	铸铜合金
0.3	6	10	4	6
0.75	8	10 ~ 15	5	8
1.00	10	15 ~ 20	6	—
1.50	12	20 ~ 25	8	—
2.00	16	25 ~ 30	10	—
3.00	20	30 ~ 35	≥12	—
4.00	24	35 ~ 40	—	—

注：1. 此表为砂型铸造外壁厚的数据。

2. 球墨铸铁、可锻铸铁壁厚减小 20%。

表 18-4　仪器仪表铸造外壳最小壁厚 t　　　　　　　　（单位：mm）

合金种类		铝合金	镁合金	铜合金	锌合金
铸造方法	砂型	3	3	3	—
	金属型	2.5	2.5	3	2
	压力铸造	1 ~ 1.5	1.2 ~ 1.8	2	1.5
	熔模铸造	1 ~ 1.5	1.5	2	1
	壳模铸造	2 ~ 2.5	2 ~ 2.5	—	2 ~ 2.5

仪器仪表铸造外壳的最小壁厚可参考表 18-4 选取。

2. 加强肋板

一般来说，增加壁厚固然可以增大机座和箱体的强度和刚度，但不如加设肋板更为合理。因为加设肋板时，既可增大强度和刚度，又可较增大壁厚时减小质量；对于铸件，由于不使壁厚尺寸太大，就可减少铸造的缺陷；对于焊接件，则壁薄时更易保证焊接的质量。特别是当受到铸造、焊接工艺及结构要求的限制时，如为了便于砂芯的安装或清除，以及需在机座内部装置其他机件等，往往需把机座制成一面或两面敞开的，或者至少需在某些部位开出较大的孔洞，这样必然大大削弱了机座的刚度，此时则加设肋板更属必要。因此加设肋板不仅是较为有利的，而且常常是必要的。

合理布置加强肋板是提高局部刚度的有效方法。如图 18-2a、b 所示的加强肋板，分别用来提高导轨和轴承座的局部刚度；图 18-2c、d、e 所示为当壁板面积大于 400mm × 400mm 时，为避免薄壁振动而在壁板内表面加设的加强肋板，其作用在于提高壁板的抗弯刚度。常见的加强肋板有直形、斜向、交叉、米字和六角形五种。直形肋板（图 18-2c）的铸造工艺简单，但刚度最小；斜向肋板（图 18-2d）、交叉肋板（图 18-2e）、米字肋板（图 18-3a）和六角形肋板（图 18-3b）的抗弯刚度都较大，但铸造工艺复杂，其中米字肋板和六角形肋板抗扭刚度大，但由于都有一些尖角，应力集中大，废品率高，应用较少。加强肋板的厚度，一般取壁厚的 0.8（即 $0.8t$）；肋板的高度，一般小于 $3t$。

表 18-5 列出了四种截面的惯性矩比较值，也即刚度和强度的比较值。由表中数据可知，斜向和交叉肋板可以显著提高截面的刚度，特别是扭转刚度，所以合理布置肋板是提高强度和刚度的有效措施。

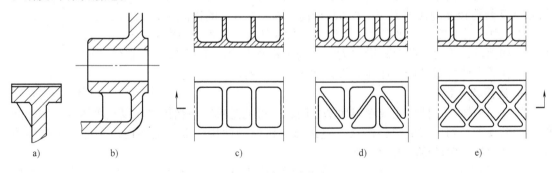

a)　　　　　b)　　　　　c)　　　　　d)　　　　　e)

图 18-2　加强肋板之一

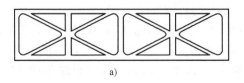

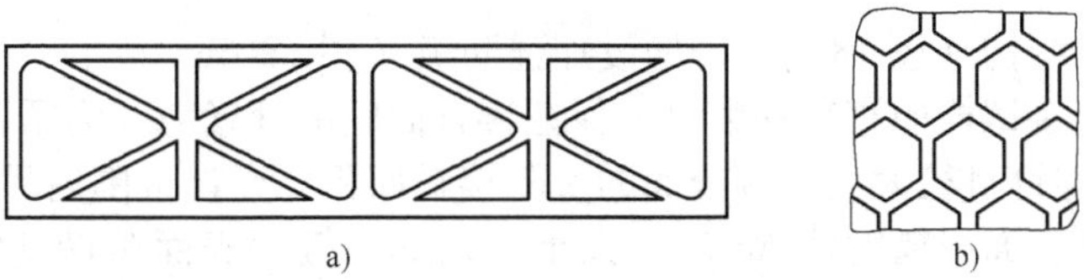

a)　　　　　　　　　　　　　　b)

图 18-3　加强肋板之二

表 18-5 四种截面的惯性矩比较

截 面	抗弯惯性矩	抗扭惯性矩	截 面	抗弯惯性矩	抗扭惯性矩
▢	1	1	◩	1.55	3
▦	1.17	2.16	⊠	1.78	3.7

3. 孔和凸台

同一轴线上的箱体支承孔，其直径设计要充分考虑镗孔工艺。单件小批量生产时，应尽可能使孔的直径相等，便于一次镗出以保证各孔的同心度要求；成批生产时，广泛采用定径镗刀和可调镗刀。在箱外调整好镗刀尺寸，可以提高生产率和加工精度。还常采用同一镗刀杆安装多刀同时加工几个同心孔的工艺。如图 18-4a、b 两支承跨距长的箱体孔，要从两边同时进行加工。支承跨距较短的，为方便进刀和退刀，可以从大孔一端伸进镗刀杆，同时加工各孔，如图 18-4d 从右端进刀。对于图 18-4c 所示中间孔径比两端大的箱体，镗中间孔时必须在箱内调刀，这是非常困难的，设计时应尽可能避免。

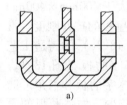 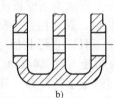 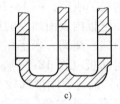 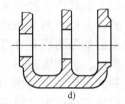

图 18-4 箱体上孔的设计及加工

在箱体壁上开孔会降低箱体的刚度。实验证明，刚度的降低程度与孔的面积大小成正比。在箱壁上与孔中心线垂直的端面处附加凸台，可以增加箱体支承孔处的刚度，同时可以减少加工面。当凸台直径 D 与孔径 d 的比值 $D/d \leqslant 2$ 和凸台高度 h 与壁厚 t 的比值 $h/t \leqslant 2$ 时，刚度增加较大，比值大于 2 以后，效果不明显，如图 18-5 所示。如因设计需要，凸台高度加大时，为了提高凸台处的局部刚度，可在适当位置增设局部加强肋板，如图 13-36 所示。

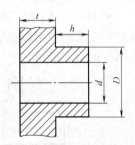

图 18-5 箱体孔处设计凸台

4. 连接和固定

机座、箱体与零件之间或者与地基之间，也可能是机座与箱体之间以及箱体与箱体之间的连接刚度关系到机器的总体刚度，直接影响机器的使用性能。上述连接大都采用螺栓连接，提高连接部位结构刚度的措施有：

1）适当增加连接法兰、底板、地脚板（图 18-6a）、凸缘的厚度，在螺栓孔周围加设厚度较大的凸台。

2）采用壁龛式结构（图 18-6b）、增设加强肋板（图 18-6c）。

3）合理选择连接螺栓的直径和数量，保证接合面间的预紧力。为了保证接合面之间的压力，又不使螺钉直径太大，接合面的实际接触面积在允许范围内尽可能减小。

4）重要接合面表面粗糙度值 Ra 应不大于 $3.2\mu m$，接触表面粗糙度值越小，则接触刚度越高。

5）合理设计连接部位的结构。连接部位的结构特点及应用见表18-6。

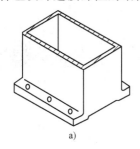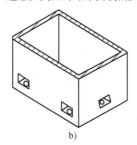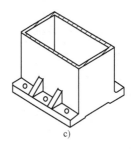

a)　　　　　　　　　　　b)　　　　　　　　　　　c)

图 18-6　提高连接底板的刚度

a）增加底板厚度　b）采用壁龛式结构　c）增设加强肋板

表 18-6　连接部位的结构特点及应用

形式	基本结构	特点和应用
爪座式		爪座与箱壁连接处的局部强度、刚度均较差，连接刚度也低，但铸造简单，节约材料。适用于侧向力小的小型箱体连接
翻边式		局部强度和刚度均较爪座式高，还可在箱壁内侧或外表面间增设加强肋板以增大连接部位的刚度。铸造容易，结构简单，占地面积稍大。适用于各种大、中、小型箱体的连接
壁龛式		局部刚度好，若螺钉设在箱体壁上的中性面上，连接凸缘将不会有弯矩作用。外形美观，占地面积小，但制造较困难。适用于大型箱体的连接

本章学习要点

1. 本章重点是机座和箱体的类型，截面形状的选择，壁厚、加强肋板的布置和连接结构设计等。

2. 机座和箱体是机器中最大、加工最费时和最复杂的基础零件，要充分认识到设计机架和箱体的重要性，逐渐掌握机座和箱体的结构设计。

一、应力集中系数

1. 机械零件结构的理论应力集中系数 α

理论应力集中系数是把零件材料看作理想的弹性体,用弹性理论或试验的方法求出零件几何不连续处的应力集中系数。引起应力集中的几何不连续因素称为应力集中源。理论应力集中系数用 α 来表示。其定义为

$$\alpha_\sigma = \frac{\sigma_{\max}}{\sigma}, \ \alpha_\tau = \frac{\tau_{\max}}{\tau} \tag{附 1-1}$$

式中　$\sigma_{\max}$、$\tau_{\max}$——应力集中源处的最大正应力、切应力（MPa）;

　　　　σ、τ——按无应力集中简化的材料力学公式计算的公称正应力、切应力（MPa）。

对于常见的几种应力集中源,α_σ、α_τ 的数值可从附表 1-1 ~ 附表 1-3 查得。

附表 1-1　轴肩圆角处的理论应力集中系数 α

图例	应力	公称应力计算公式	拉伸、弯曲应力的 α_σ 或扭转切应力的 α_τ									
	拉伸应力	$\sigma = \dfrac{4F}{\pi d^2}$	r/d				D/d					
				2.00	1.50	1.30	1.20	1.15	1.10	1.07	1.05	1.02	1.01
			0.04	2.80	2.57	2.39	2.28	2.14	1.99	1.92	1.82	1.56	1.42
			0.10	1.99	1.89	1.79	1.69	1.63	1.56	1.52	1.46	1.33	1.23
			0.15	1.77	1.68	1.59	1.53	1.48	1.44	1.40	1.36	1.26	1.18
			0.20	1.63	1.56	1.49	1.44	1.40	1.37	1.33	1.31	1.22	1.15
			0.25	1.54	1.49	1.43	1.37	1.34	1.31	1.29	1.27	1.20	1.13
			0.30	1.47	1.43	1.39	1.33	1.30	1.28	1.26	1.24	1.19	1.12
	弯曲应力	$\sigma = \dfrac{32M}{\pi d^3}$	r/d				D/d					
				6.00	3.00	2.00	1.50	1.20	1.10	1.05	1.03	1.02	1.01
			0.04	2.59	2.40	2.33	2.21	2.09	2.00	1.88	1.80	1.72	1.61
			0.10	1.88	1.80	1.73	1.68	1.62	1.59	1.53	1.49	1.44	1.36
			0.15	1.64	1.59	1.55	1.52	1.48	1.46	1.42	1.38	1.34	1.26
			0.20	1.49	1.46	1.44	1.42	1.39	1.38	1.34	1.31	1.27	1.20
			0.25	1.39	1.37	1.35	1.34	1.33	1.31	1.29	1.27	1.24	1.17
			0.30	1.32	1.31	1.30	1.29	1.27	1.26	1.25	1.23	1.20	1.14
	扭转切应力	$\sigma = \dfrac{16T}{\pi d^3}$	r/d				D/d					
				2.00	1.33	1.20	1.09						
			0.04	1.84	1.79	1.66	1.32						
			0.10	1.46	1.41	1.33	1.17						
			0.15	1.34	1.29	1.23	1.13						
			0.20	1.26	1.23	1.17	1.11						
			0.25	1.21	1.18	1.14	1.09						
			0.30	1.18	1.16	1.12	1.09						

附表 1-2　轴上环槽处的理论应力集中系数 α

图例	应力	公称应力计算公式	拉伸、弯曲应力的 α_σ 或扭转切应力的 α_τ									
	拉伸应力	$\sigma = \dfrac{4F}{\pi d^2}$	r/d				D/d					
				∞	2.00	1.50	1.30	1.20	1.10	1.05	1.03	1.02	1.01
			0.04						2.70	2.37	2.15	1.94	1.70
			0.10	2.45	2.39	2.33	2.27	2.18	2.01	1.81	1.68	1.58	1.42
			0.15	2.08	2.04	1.99	1.95	1.90	1.78	1.64	1.55	1.47	1.33
			0.20	1.86	1.83	1.80	1.77	1.73	1.65	1.54	1.46	1.40	1.28
			0.25	1.72	1.69	1.67	1.65	1.62	1.55	1.46	1.40	1.34	1.24
			0.30	1.61	1.59	1.58	1.55	1.53	1.47	1.40	1.36	1.31	1.22
	弯曲应力	$\sigma = \dfrac{32M}{\pi d^3}$	r/d				D/d					
				∞	2.00	1.50	1.30	1.20	1.10	1.05	1.03	1.02	1.01
			0.04	2.83	2.79	2.74	2.70	2.61	2.45	2.22	2.02	1.88	1.66
			0.10	1.99	1.98	1.96	1.92	1.89	1.81	1.70	1.61	1.53	1.41
			0.15	1.75	1.74	1.72	1.70	1.69	1.63	1.56	1.49	1.42	1.33
			0.20	1.61	1.59	1.58	1.57	1.56	1.51	1.46	1.40	1.34	1.27
			0.25	1.49	1.48	1.47	1.46	1.45	1.42	1.38	1.34	1.29	1.23
			0.30	1.41	1.41	1.40	1.39	1.38	1.36	1.33	1.29	1.24	1.21
	扭转切应力	$\sigma = \dfrac{16T}{\pi d^3}$	r/d				D/d					
				∞	2.00	1.30	1.20	1.10	1.05	1.02	1.01		
			0.04	1.97	1.93	1.89	1.85	1.74	1.61	1.45	1.33		
			0.10	1.52	1.51	1.48	1.46	1.41	1.35	1.27	1.20		
			0.15	1.39	1.38	1.37	1.35	1.32	1.27	1.21	1.16		
			0.20	1.32	1.31	1.30	1.28	1.26	1.22	1.18	1.14		
			0.25	1.27	1.26	1.25	1.24	1.22	1.19	1.16	1.13		
			0.30	1.22	1.22	1.21	1.20	1.19	1.17	1.15	1.12		

附表 1-3　轴上径向孔处的理论应力集中系数 α

图例	应力	公称应力计算公式		d/D	0.00	0.05	0.10	0.15	0.20	0.25	0.30
	弯曲应力	$\sigma_b = \dfrac{M}{\dfrac{\pi D^3}{32} - \dfrac{dD^2}{6}}$	α_σ		3.00	2.46	2.25	2.13	2.03	1.96	1.89
	扭转切应力	$\tau_T = \dfrac{T}{\dfrac{\pi d^3}{16} - \dfrac{dD^2}{6}}$	α_τ		2.00	1.78	1.66	1.57	1.50	1.46	1.42

2. 疲劳强度降低系数或有效应力集中系数 k

在有应力集中源的试件上，应力集中对其疲劳强度降低的影响用疲劳强度降低系数或有效应力集中系数 k 来表示。其定义为

$$k_\sigma = \frac{\sigma_{-1}}{\sigma_{-1k}}, \quad k_\tau = \frac{\tau_{-1}}{\tau_{-1k}} \tag{附 1-2}$$

式中　σ_{-1}、τ_{-1}——无应力集中源的光滑试件的对称循环弯曲疲劳极限、扭转剪切疲劳极限（MPa）；

σ_{-1k}、τ_{-1k}——有应力集中源的光滑试件的对称循环弯曲疲劳极限、扭转剪切疲劳极限（MPa）。

试验结果表明，有效应力集中系数 k 总是小于理论应力集中系数 α，根据大量试验总结出来两者的关系为

$$k - 1 = q(\alpha - 1) \qquad (附1\text{-}3)$$

式中 q——材料的敏性系数，其值由附图1-1查取。

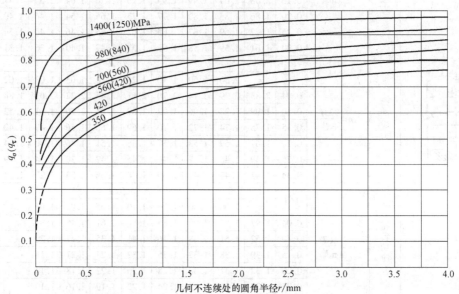

曲线上的数字代表材料的强度极限 σ_b，括号外数字用来查取 q_σ，括号内数字用来查取 q_τ

附图1-1 钢材的敏性系数 q

由式（附1-3）可求出有效应力集中系数为

$$k_\sigma = 1 + q_\sigma(\alpha_\sigma - 1), \quad k_\tau = 1 + q_\tau(\alpha_\tau - 1) \qquad (附1\text{-}4)$$

对于一些典型的零件结构有效应力集中系数值，根据疲劳试验求出，在有关文献中已直接给出。最常用的典型零件结构的有效应力集中系数值列于附表1-4 ~ 附表1-6中。

附表 1-4 轴上键槽处的有效应力集中系数 k

轴材料的强度极限 σ_b/MPa	500	600	700	750	800	900	1000
k_σ	1.5	—	—	1.75	—	—	2.0
k_τ	—	1.5	1.6	—	1.7	1.8	1.9

注：公称应力按照扣除键槽的净截面面积计算。

附表 1-5 外花键的有效应力集中系数 k

轴材料的强度极限 σ_b/MPa		400	500	600	700	800	900	1000	1200
k_σ		1.35	1.45	1.55	1.60	1.65	1.70	1.72	1.75
k_τ	矩形齿	2.10	2.25	2.36	2.45	2.55	2.65	2.70	2.80
	渐开线形齿	1.40	1.43	1.46	1.49	1.52	1.55	1.58	1.60

附表 1-6 公称直径 12mm 的普通螺纹的拉、压有效应力集中系数

轴材料的强度极限 σ_b/MPa	400	600	800	1000
k_σ	3.0	3.9	4.8	5.2

二、绝对尺寸及截面形状影响系数（尺寸及截面形状系数）

绝对尺寸及截面形状影响系数，简称尺寸及截面形状系数。零件实际尺寸及截面形状与标准试件尺寸及截面形状（直径 $d = 10\text{mm}$ 的圆柱形截面）不同时对材料疲劳极限的影响，用尺寸及截面形状系数 ε 来表示。其定义为

$$\varepsilon_\sigma = \frac{\sigma_{-1d}}{\sigma_{-1}}, \quad \varepsilon_\tau = \frac{\tau_{-1d}}{\tau_{-1}} \tag{附 1-5}$$

式中　σ_{-1d}、τ_{-1d}——尺寸为 d 的无应力集中的各截面形状试件的对称循环弯曲疲劳极限、扭转剪切疲劳极根（MPa）。

1. 钢材

钢材的尺寸及截面形状系数，其值由附图 1-2、附图 1-3 查取。

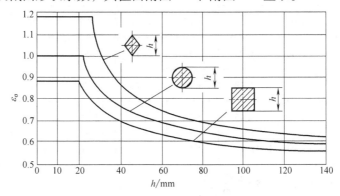

附图 1-2　钢材的尺寸及截面形状系数 ε_σ

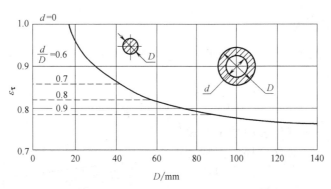

附图 1-3　圆截面钢材的扭转剪切尺寸系数 ε_τ

2. 螺纹连接件

因其截面为圆形，所以只有尺寸影响的尺寸系数，其值可从附表 1-7 中查得。

附表 1-7　螺纹连接件的尺寸系数 ε_σ

直径 d/mm	≤16	20	24	28	32	40	48	56	64	72	80
ε_σ	1.00	0.81	0.76	0.71	0.68	0.63	0.60	0.57	0.54	0.52	0.50

3. 轮毂或滚动轴承与轴过盈配合连接

按附表 1-8 求出其有效应力集中系数与尺寸系数的比值 $\dfrac{k_\sigma}{\varepsilon_\sigma}$。对于切应力作用时的系数，

若缺乏试验数据，可取$\dfrac{k_\tau}{\varepsilon_\tau} = (0.7 \sim 0.85)\dfrac{k_\sigma}{\varepsilon_\sigma}$。

附表1-8 零件与轴过盈配合连接处的$\dfrac{k_\sigma}{\varepsilon_\sigma}$值

直径 d/mm	配合	强度极限 σ_b/MPa							
		400	500	600	700	800	900	1000	1200
30	$\dfrac{H7}{r6}$	2.25	2.50	2.75	3.00	3.25	3.50	3.75	4.25
	$\dfrac{H7}{k6}$	1.69	1.88	2.06	2.25	2.44	2.63	2.82	3.19
	$\dfrac{H7}{h6}$	1.46	1.63	1.79	1.95	2.11	2.28	2.44	2.76
50	$\dfrac{H7}{r6}$	2.75	3.05	3.36	3.66	3.96	4.28	4.60	5.20
	$\dfrac{H7}{k6}$	2.06	2.28	2.52	2.76	2.97	3.20	3.45	3.90
	$\dfrac{H7}{h6}$	1.80	1.98	2.18	2.38	2.57	2.78	3.00	3.40
>100	$\dfrac{H7}{r6}$	2.95	3.28	3.60	3.94	4.25	4.60	4.90	5.60
	$\dfrac{H7}{k6}$	2.22	2.46	2.70	2.96	3.20	3.46	3.98	4.20
	$\dfrac{H7}{h6}$	1.92	2.13	2.34	2.56	2.76	3.00	3.18	3.64

注：1. 滚动轴承与轴配合处的$\dfrac{k_\sigma}{\varepsilon_\sigma}$值按表内$\dfrac{H7}{r6}$配合查取。

2. 表中无相应的数值时，可按插值计算。

三、表面质量系数

机械零件的表面质量，主要指表面粗糙度。表面质量对疲劳强度的影响用表面质量系数β来表示。其定义为

$$\beta_\sigma = \frac{\sigma_{-1\beta}}{\sigma_{-1}}, \quad \beta_\tau = \frac{\tau_{-1\beta}}{\tau_{-1}} \tag{附1-6}$$

式中 $\sigma_{-1\beta}$、$\tau_{-1\beta}$——某种表面质量的试件对称循环弯曲疲劳极限、扭转剪切疲劳极限（MPa）。

钢材弯曲疲劳的表面质量系数β_σ可由附图1-4查取；对于扭转剪切疲劳的表面质量系数β_τ，若缺乏试验数据，可取$\beta_\tau \approx \beta_\sigma$。

四、表面强化系数

对机械零件表面进行强化处理，如表面化学热处理、表面高频感应淬火、表面硬化加工等，均可以不同程度地提高零件的疲劳强度。表面强化处理对疲劳强度的影响用表

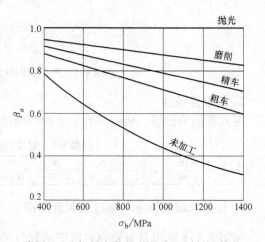

附图1-4 钢材弯曲疲劳的表面质量系数β_σ

面强化系数 β_q 来表示。其定义为

$$\beta_q = \frac{\sigma_{-1q}}{\sigma_{-1}} \qquad\qquad (\text{附 } 1\text{-}7)$$

式中 σ_{-1q}——经过表面强化处理后试件的对称循环弯曲疲劳极限（MPa）。

钢材经过不同强化处理后的表面强化系数 β_q 可由附表 1-9 ~ 附表 1-11 查取。

附表 1-9 表面高频感应淬火的表面强化系数 β_q

试件类型	试件直径/mm	β_q	说　明
无应力集中	7 ~ 20	1.3 ~ 1.6	本表数值适用于旋转弯曲淬硬层厚度为 0.9 ~ 1.5mm,应力集中严重时,β_q 较高
	30 ~ 40	1.2 ~ 1.5	
有应力集中	7 ~ 20	1.6 ~ 2.8	
	30 ~ 40	1.5 ~ 2.5	

附表 1-10 表面化学热处理的表面强化系数 β_q

化学热处理方法	试件类型	试件直径/mm	β_q	说　明
渗碳	无应力集中	8 ~ 15	1.2 ~ 2.1	渗碳层厚度为 0.2 ~ 0.6mm
		30 ~ 40	1.1 ~ 1.5	
	有应力集中	8 ~ 15	1.5 ~ 2.5	
		30 ~ 40	1.2 ~ 2.0	
渗氮	无应力集中	8 ~ 15	1.15 ~ 1.25	表面硬度为 64HRC 以上,渗氮层厚度为 0.1 ~ 0.4mm
		30 ~ 40	1.10 ~ 1.15	
	有应力集中	8 ~ 15	1.9 ~ 3.0	
		30 ~ 40	1.3 ~ 2.0	
碳氮共渗	无应力集中	10	1.8	碳氮共渗层厚度为 0.2mm

附表 1-11 表面硬化加工的表面强化系数 β_q

加工方法	试件类型	试件直径/mm	β_q
滚子碾压	无应力集中	7 ~ 20	1.2 ~ 1.4
		30 ~ 40	1.1 ~ 1.25
	有应力集中	7 ~ 20	1.5 ~ 2.2
		30 ~ 40	1.3 ~ 1.8
喷丸	无应力集中	7 ~ 20	1.1 ~ 1.3
		30 ~ 40	1.1 ~ 1.2
	有应力集中	7 ~ 20	1.4 ~ 2.5
		30 ~ 40	1.1 ~ 1.5

参 考 文 献

[1] 濮良贵，陈国定，吴立言，等. 机械设计 [M]. 9 版. 北京：高等教育出版社，2013.

[2] 张策. 机械原理与机械设计：下册 [M]. 2 版. 北京：机械工业出版社，2010.

[3] 吴宗泽. 机械设计 [M]. 北京：高等教育出版社，2001.

[4] 邱宣怀. 机械设计 [M]. 4 版. 北京：高等教育出版社，1997.

[5] 李柱国. 机械设计与理论 [M]. 北京：科学出版社，2003.

[6] 吴克坚，于晓红，钱瑞明. 机械设计 [M]. 北京：高等教育出版社，2003.

[7] 吴宗泽. 机械结构设计准则与实例 [M]. 北京：机械工业出版社，2006.

[8] 方键. 机械结构设计 [M]. 北京：化学工业出版社，2006.

[9] 吴宗泽. 机械零件设计手册 [M]. 北京：机械工业出版社，2004.

[10] 黄靖远，高志，陈祝林. 机械设计学 [M]. 3 版. 北京：机械工业出版社，2006.

[11] 陶民华，王大康，邱银福. 机械设计学习指南 [M]. 北京：机械工业出版社，1991.

[12] 彭文生，李志明，黄华梁. 机械设计 [M]. 2 版. 北京：高等教育出版社，2008.

[13] 彭文生，黄华梁，等. 机械设计 [M]. 2 版. 武汉：华中理工大学出版社，2000.

[14] 谭庆昌，赵洪志. 机械设计 [M]. 修订版. 北京：高等教育出版社，2008.

[15] 陆凤仪，钟守炎. 机械设计 [M]. 2 版. 北京：机械工业出版社，2010.

[16] 吴宗泽，刘莹. 机械设计教程 [M]. 北京：机械工业出版社，2003.

[17] 王贤民，霍士武. 机械设计 [M]. 北京：北京大学出版社，2012.

[18] 沈萌红. 机械设计 [M]. 武汉：华中科技大学出版社，2012.

[19] 闻邦椿. 现代机械设计师手册：上册 [M]. 北京：机械工业出版社，2012.

[20] 李秀珍. 机械设计基础 [M]. 5 版. 北京：机械工业出版社，2013.

[21] 杨可桢，程光蕴，李仲生. 机械设计基础 [M]. 5 版. 北京：高等教育出版社，2006.

[22] 陈立德. 机械设计基础 [M]. 3 版. 北京：高等教育出版社，2007.

[23] 陈国定. 机械设计基础 [M]. 北京：机械工业出版社，2005.

[24] 马履中. 机械原理与设计：下册 [M]. 北京：机械工业出版社，2009.

[25] 王昆，何小柏，汪信远. 机械设计、机械设计基础课程设计 [M]. 北京：高等教育出版社，1996.

[26] 张建中，何晓玲. 机械设计、机械设计基础课程设计 [M]. 北京：高等教育出版社，2009

[27] 濮良贵，纪名刚. 机械设计学习指南 [M]. 4 版. 北京：高等教育出版社，2001.

[28] 成大先. 机械设计手册 [M]. 北京：化学工业出版社，2008.

[29] 机械设计手册编委会. 机械设计手册 [M]. 北京：机械工业出版社，2007.